Getreide und Braugetreide – weltweit

Arten, Sorten, Anbau, Züchtung und Verarbeitung in der Landwirtschaft, Lebensmittel-, Brau- und Getränkeindustrie

Prof. Dr. habil. Reinhold Schildbach

Im Verlag der VLB Berlin

Bibliografische Information Der Deutschen Bibliothek
Die Deutsche Bibliothek verzeichnet diese Publikation in der Deutschen Nationalbibliografie; detaillierte bibliografische Daten sind im Internet über dnb.ddb.de abrufbar.

Getreide und Braugetreide – weltweit
Reinhold Schildbach
1. Auflage 2013

ISBN 978-3-921690-75-8

Alle Abbildungen ohne Referenz stammen vom Autor.
Titelfotos: Schildbach (2x), ©Václav Mach – Fotolia.com (1x)

Layout, Grafik, Produktion:
VLB Berlin, PR- und Verlagsabteilung, Olaf Hendel, Dieter Prokein
Druck: Best Preis Printing, Seefeld

Vorwort des Autors

Getreide wird in großen Mengen weltweit angebaut und international gehandelt. In den vergangenen 30 Jahren ist die jährliche Produktion von 1,6 auf 2,3 Mrd. t gewachsen – die Tendenz ist weiter steigend. Gleichzeitig erhöht sich aber auch der Bedarf: Je nach Erdteilen/Regionen fließen aus den wichtigsten Anbaugebieten in Nordamerika, Europa und Australien jährlich unterschiedliche Mengen in Bedarfsregionen etwa nach Afrika und Südostasien. Neben dem Einsatz für die menschliche Ernährung gewinnt Getreide aber auch zunehmend an Bedeutung für andere Anwendungen, beispielsweise zur Erzeugung von Primärenergie oder als Basis für alternative Kunststoffe. Den langfristig weiter steigenden Bedarf an Getreide für die einzelnen Einsatzzwecke zu decken, ist daher eine der großen Herausforderungen unserer Zivilisation.

Eine zukunftsorientierte Getreideerzeugung muss neben ökologischen und ökonomischen Aspekten die Anforderungen der Erzeuger, Verarbeiter und Verbraucher berücksichtigen. Hier sind oft Kompromisse erforderlich. Diese verlangen von allen Beteiligten der Herstellungs- und Handelskette bis hin zum Verbraucher grundsätzliche Kenntnisse über die wesentlichen Zusammenhänge bei Anbau, Verarbeitung und Verzehr von Getreide und Getreideprodukten.

Die umfangreiche Fachliteratur zu diesen Themen konzentriert sich im Wesentlichen auf engere fachspezifische Inhalte. In dem vorliegenden Lehrbuch und Nachschlagewerk wird deshalb der Versuch unternommen, Erzeugern, Verarbeitern und Verbrauchern die Zusammenhänge zwischen den Eigenschaften darzustellen, um so das Verständnis füreinander zum allseitigen Nutzen zu fördern. Der besondere Schwerpunkt des Werkes liegt dabei auf dem Einsatz von Getreide in der Brau- und Getränkeindustrie weltweit. Dabei nimmt Gerstenmalz bei der Bierherstellung natürlich eine Sonderstellung ein. Besonders in Deutschland dient auf der Grundlage des Deutschen Reinheitsgebotes von 1516, welches im Vorläufigen Biergesetz bis heute Gültigkeit besitzt, ausschließlich Malz als Basisrohstoff für die Bierbereitung. Der internationale Charakter dieses Lehrbuches verlangt aber auch, den Gegebenheiten in anderen Ländern Rechnung zu tragen. Ein großer Teil der weltweit produzierten Biermenge von derzeit etwa 1.950 Mio. hl pro Jahr wird unter Mitverwendung von aufbereiteter, ungemälzter Getreide-Rohware und ihren aufbereiteten Produkten gebraut. Daher wird das Buch um Ausführungen zur Verarbeitung sogenannter „Rohfrucht" ergänzt.

In zahlreichen Beispielen wird aber auch aufgezeigt, dass Bier und bierähnliche Getränke schon seit Jahrtausenden auch aus vielen anderen Getreidearten hergestellt werden. Gerade im Zuge des aktuell fortschreitenden Interesses an neuen, naturbelassenen alkoholischen und nicht-alkoholischen bierhaltigen und bierähnlichen Getränken liefert dieses Buch daher interessante Ansatzpunkte. Basis für dieses Lehrbuch ist meine 50-jährige Erfahrung in der praktischen Landwirtschaft, der Getreideforschung und der universitären

Lehre. In meiner Funktion als Professor an der Technischen Universität Berlin im Fachgebiet Pflanzliche Rohstoffe, Gründer und langjähriger Leiter des Forschungsinstituts für Rohstoffe der Versuchs- und Lehranstalt für Brauerei in Berlin (VLB) hatte ich die einzigartige Möglichkeit, in diesem Bereich über mehrere Jahrzehnte in Forschung, Lehre und Beratung national und international wirken zu dürfen.

Als Mitglied und Vorsitzender des „Barley and Malt Committee" der European Brewery Convention (EBC) war es mir vergönnt, auch die internationale Zusammenarbeit in diesem Bereich lange Zeit zu koordinieren und mit zu gestalten.

Eine große Anzahl von Daten und Abbildungen dieses Buches stammen aus meinem Archiv, in dem zahllose nationale und internationale Projekte, Vorträge, Vorlesungen, Seminare und Forschungsreisen der vergangenen Jahrzehnte dokumentiert sind. In speziellen Fällen habe ich aber auch auf Material von anderen Autoren zurückgegriffen. Dies wurde im Text entsprechend referenziert.

Es ist mein Wunsch, eine Essenz dieses Wissens an die nachfolgenden Generationen weiterzugeben und es damit auch der Nachwelt zu erhalten. Ich empfehle dieses Werk als Lehrbuch nicht nur allen Studierenden der Landwirtschaft und der Lebensmittel- und Getränketechnologie, sondern auch als Nachschlagewerk für die Ingenieure dieser Branchen, die in ihrer beruflichen Praxis mit Fragen des Getreideanbaus und der Getreideverarbeitung konfrontiert werden – Damit sie das „Rad" nicht ein zweites Mal neu erfinden müssen.

Reinhold Schildbach
im September 2013

Danksagung

Ein besonderer Dank gilt meiner lieben Frau Doris. Sie hat nicht nur meine umfangreichen Auslandstätigkeiten toleriert, welche wesentliche Grundlagen der in meinem Lehrbuch niedergeschriebenen Erfahrungen darstellen. Auch in der langen Phase der Aufbereitung der weltweit zusammengetragenen Daten hat Doris auf unzählige Stunden, Tage, Monate, die eigentlich ihr und der Familie gehören sollten, verzichten müssen. Es bleibt mir dafür nur ein herzliches Dankeschön!

Die Geschäftsführung der Versuchs- und Lehranstalt für Brauerei (VLB) und befreundete Fachkollegen haben mich immer wieder ermahnt, mein erarbeitetes Fachwissen in einem Buch zusammenzufassen und es so an die Nachwelt weiterzugeben. In Anbetracht der schieren Masse an Stoff bin ich heute – nachdem die Arbeit getan ist – umso glücklicher und dankbar, dass sie sich durchsetzen und mich zu dieser Arbeit motivieren konnten.

Auch für die notwendige Unterstützung, ohne die das Werk nicht hätte entstehen können, bin ich der VLB-Geschäftsführung und der PR- und Verlagsabteilung der VLB zu großem Dank verpflichtet. Hier möchte ich insbesondere die Herren Olaf Hendel und Dieter Prokein hervorheben, die meine Texte, Fotos und Grafiken zu diesem Buch zusammengeführt haben. Weiterhin möchte ich die Leiterin der Lorberg-Bibliothek an der VLB, Michaela Knör, dankend erwähnen, die viele Stunden für die notwendigen Literatur-Recherchen beigesteuert hat. Und schließlich danke ich auch meinem Kollegen Prof. Dr. Gerolf Annemüller für die Hinweise zu einigen speziellen brautechnologischen Aspekten.

Allen angeführten Persönlichkeiten und Institutionen sage ich nochmals Danke für die wertvolle Unterstützung.

Reinhold Schildbach

Inhaltsübersicht

Inhalt

4. Gemeinsame Eigenschaften der Getreidearten 53

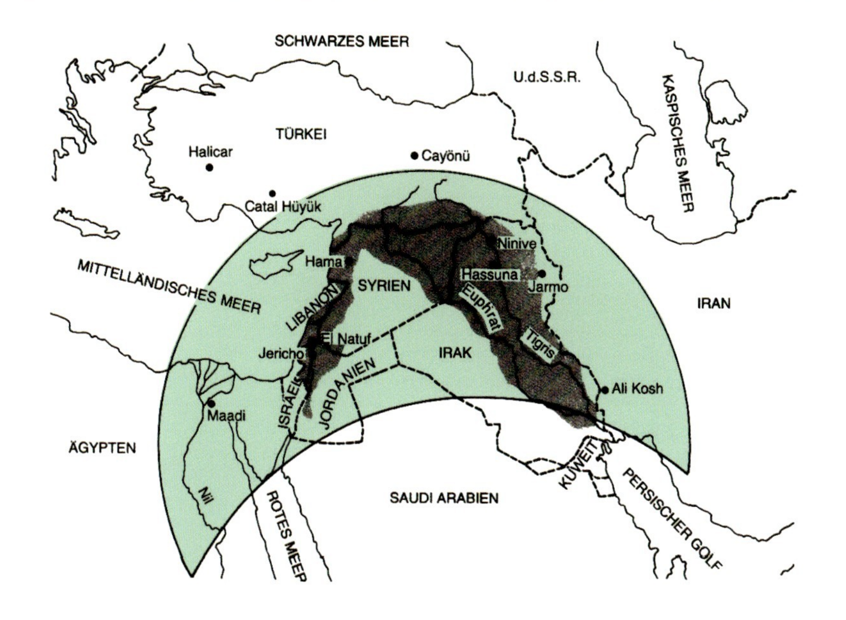

Abb. 1.1. Fruchtbarer Halbmond nach Geisler [1.1]

1. Vom Getreide zum Braugetreide

1.1 Urheimat der Getreidearten

Mit der Sesshaftwerdung der Menschen, die im „Fruchtbaren Halbmond" zwischen Nil, Euphrat und Tigris um 10 000 v. Chr. nachweisbar ist, begann nach Geisler [1.1, 1.2] die Entwicklung von Weizen und Gerste, später auch von Roggen und Hafer zu Kulturpflanzen aus Wildgräsern (Abb. 1.1–1.7). Neben den vorderasiatischen und nordafrikanischen Regionen lässt sich im chinesischen Raum eine systematische Nutzung von Hirsen und Reis sowie in Mittel- und Südamerika von Mais bis zu 5000 Jahre zurückverfolgen.

Im Mittelpunkt blieb nach Aufhammer et al. [1.3] die Nutzung als Nahrungsmittel in den verschiedensten Formen. Standen bei den ersten sesshaften Völkern der Rohverzehr und Aufgüsse von rohen und gerösteten Körnern im Vordergrund, so führte die Weiterentwicklung über Breinahrung aus zerkleinerten Körnern zu Fladenbroten aus ungegorenem Teig bis hin zur heutigen Brotvielfalt. Und schließlich ging nach Bernay et al. [1.4] der Weg bis hin zum Bier über vergorenes Brot in der häuslichen Wirtschaft. Die als Urheimat bezeichneten Zentren der Getreidearten mit all ihrer Vielfalt an Formen liegen nach Vavilow [1.5] in den folgenden Regionen der Erde:

- Weizen: Naher Osten (Tigris, Euphrat), Iran, Irak, Jordanien, Syrien, Palästina
- Gerste: Vorderasien, Mittelasien, westliche Gebirge von China, Tibet, Nordostindien, Nordostafrika
- Roggen und Hafer als Ungräser in Weizen und Gerste
- Triticale: Weizen-Roggen-Bastard seit 1891 in Deutschland
- Reis: Indien, China, Südostasien
- Mais: Südbrasilien, Nordostbolivien, Paraguay, Peru, Mexiko, Mittelamerika
- Millet-Hirsen: Ostasien, Nordwestindien, Mandschurei, Korea, Japan
- Sorghum-Hirsen: Äquatorial-Afrika, Abessinien, Indien

1.2 Produktion

Im Verlauf der vergangenen 30 Jahre sind die Welt-Getreideernten von 1,6 auf 2,3 Mrd. t angestiegen [1.6, 1.7, 1.8]. Im Durchschnitt der Jahre lag der weltweite Getreidezuwachs bei fast 2,2 % jährlich. Zwischen den Jahren 2002 und

Abb. 1.2:
Fruchtbare Ackerebene von Catal Hüyük/Konya

Abb. 1.3:
Getreidevorräte im Fruchtbaren Halbmond

Abb. 1.4: Gemüseernte im Fruchtbaren Halbmond

Abb. 1.5: Ausgrabungen der 9000 Jahre alten Siedlungen in Catal Hüyük, Türkei

Abb. 1.6: Catal Hüyük, Epochen der Besiedlung

Abb. 1.7: Catal Hüyük, Fundstellen von Weizen- und Gerstenresten in den älteren (tieferliegenden) Besiedlungsepochen

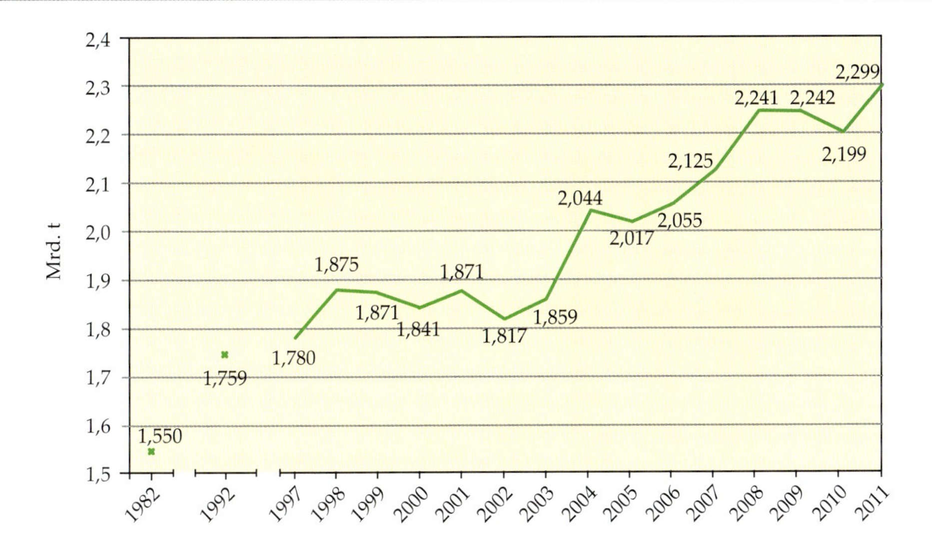

Abb. 1.8: Getreide in der Welt – Produktion (Mrd. t) [1.6, 1.7, 1.8]

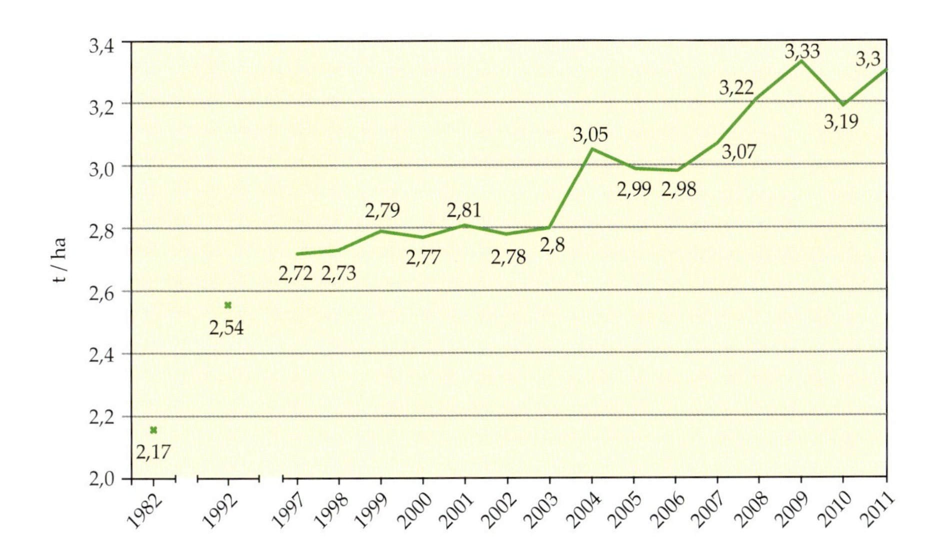

Abb. 1.9: Getreide in der Welt – Erträge (t/ha) [1.6, 1.7, 1.8]

2008 war der Produktionsanstieg am größten (Abb. 1.8, 1.9). Diese Zuwachsraten finden ihre Ursachen im Wesentlichen in der Erhöhung der Produktivität durch steigende Erträge. Eine Erschließung neuer Anbauflächen für die landwirtschaftliche Nutzung, um Nahrungsmittel zu produzieren, stößt an natürliche und wirtschaftliche Grenzen. Die Inanspruchnahme von Land durch die weltweit expandierende Industrie steht in Konkurrenz zum Trend der Verminderung von Anbauflächen für die Nahrungsmittelerzeugung.

Mais ist die Getreideart mit der höchsten Produktion und den größten Zuwachsraten. Im Zeitraum von 2007 bis 2009 wurden durchschnittlich 815 Mio. t pro Jahr produziert (Abb. 1.10). Im Vergleich der beiden Zeiträume 1993 bis 1995 und 2007 bis 2009 stieg die jährliche Welt-Maisproduktion von 521 Mio. t auf 815 Mio. t (Steigerung von 2,2 % pro Jahr). Beim

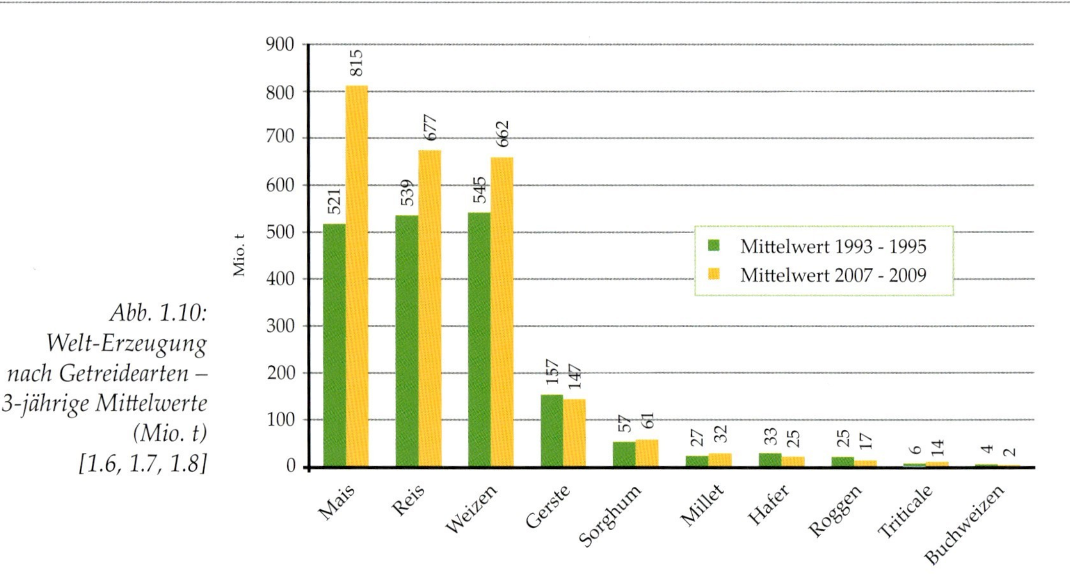

Abb. 1.10: Welt-Erzeugung nach Getreidearten – 3-jährige Mittelwerte (Mio. t) [1.6, 1.7, 1.8]

Reis betrug die jährliche Zunahme 1,3 % und beim Weizen 1,8 %. Die Gerstenproduktion war dagegen rückläufig. Bei vergleichsweise niedriger Gesamtproduktion legten aber die ebenfalls als Braugetreide genutzten Sorghum und Millets geringfügig zu. Mit 61 Mio. t jährlicher Produktion belegt Sorghum Rang 5 und Millet mit 32 Mio. t Position 6. Dennoch sind die beiden letztgenannten Getreidearten äußerst wertvoll, da sie mit ihrer Trockenheitsresistenz auch in Regionen angebaut werden können, die unter Dürre leiden. In vielen Gegenden der Erde sind damit Sorghum und Millet die einzigen anbauwürdigen Getreidearten, um Menschen zu ernähren.

Besonders in den nördlichen Regionen Europas ist Roggen als Brotgetreide ein wichtiges Nahrungsmittel. Hafer und Triticale werden primär als Futtergetreide verwertet. An der bereits pauschal für alle Getreidearten dargestellten Ertragssteigerung (Abb. 1.8) sind die einzelnen Getreidearten sehr unterschiedlich beteiligt (Abb. 1.11).

Mais brachte im Verlauf von 16 Jahren (1993–2009) den größten Produktivitätsfortschritt von 1,5 t pro Hektar, gefolgt von Reis mit 0,7 t. Wei-

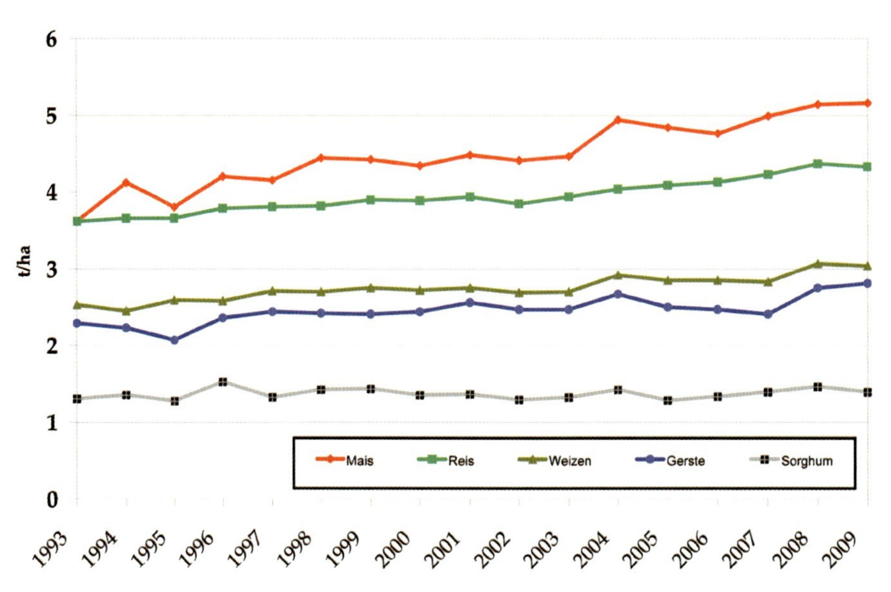

Abb. 1.11: Entwicklung der Welt-Erträge ausgewählter Getreidearten (t/ha) [1.6, 1.7, 1.8]

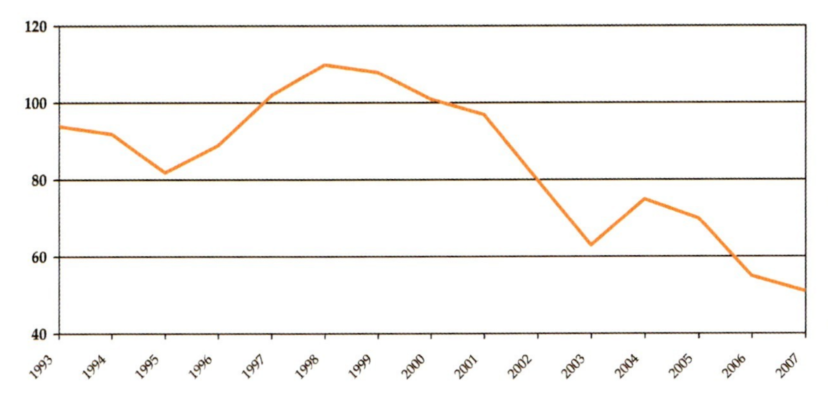

Abb. 1.12: Getreide-Reserven in der Welt nach Tagen, Stand jeweils 30. Juni, nach Girard [1.9]

zen und Gerste lagen bei je 0,5 t pro Hektar. Bei Sorghum blieben die Ertragssteigerungen in 16 Jahren nur bei 0,1 t pro Hektar. Nach den höheren Erträgen in 2004 stagnierten diese im Allgemeinen in den Folgejahren bis etwa 2007, um danach wieder etwas anzusteigen.

1.3 Versorgung

Getreide ist in der Welt knapper und teurer geworden. Im Zeitraum 1993 bis 2000 reichten nach Girard [1.9] die weltweiten Getreidevorräte noch ca. 100 Tage (Abb. 1.12), in 2007 nur noch 52 Versorgungstage. Die verminderten Lagerbestände konnten durch höhere Erträge besonders in den vergangenen Jahren wieder etwas aufgefüllt werden. Der Getreidekonsum in der Welt steigt ständig. Seit 2003/04 werden jährlich ca. 40 Mio. t (= 2 %) mehr benötigt. Gründe:

1. Zunehmende Weltbevölkerung um 1 % jährlich von derzeit 7 Mrd. auf 7,5 Mrd. 2020 [1.10].
2. Steigender Lebensstandard in Schwellen- und auch in einigen Entwicklungsländern verlangt nach mehr tierischen Nahrungsmitteln. Die Erzeugung von 1 kg Schweinefleisch verbraucht 3,5 kg Getreide [1.11].
3. Steigende Verwendung von Getreide und Anbauflächen zur Produktion von alternativen Bio-Kraftstoffen. Nach Hahn [1.12] plant die EU eine weitere Erhöhung der Verwendung von pflanzlichen Rohstoffen (auch Getreide) zur Erzeugung erneuerbarer Energien. Die Bio-Ethanolproduktion aus Getreide stieg in der Welt im Zeitraum von 2004/05 bis 2009/10 von ca. 48 Mio. t auf ca. 140 Mio. t [1.13].

1.4 Bedarf an Braugetreide

Würden 100 % Malz (Basis ca. 17 kg pro Hektoliter) für eine Welt-Biererzeugung von ca. 1,95 Mrd. hl verwendet [1.14], dann läge der theoretische Braugertenbedarf bei ca. 33 Mio. t (Tab. 1.1). Es kann jedoch davon ausgegangen werden, dass im Welt-Durchschnitt 20 % bis 25 % des notwendigen Extraktes aus ungemälzten Cerealien und Zuckerstoffen (Rohfrucht) stammen (nur weniger als 10 % der weltweiten Biererzeugung wird zu 100 % aus Malz hergestellt). Wird der theoretische Malzbedarf um den Rohfruchtanteil reduziert (ca. 12 Mio. t), dann errechnet sich ein realistischer weltweiter Malzbedarf von ca. 22 Mio. t. Nach Gauger [1.15] lag die weltweite Mälzungskapazität 2002 bei etwa 20 Mio. t. Die erforderliche Menge aufbereiteter Braugerste (+20 %) läge dann bei ca. 26 Mio. t (10 % Wasserdifferenz zwischen Gerste und Malz +10 % Schwand). Die angeführte aufbereitete Braugerste entsteht aber erst aus roher Druschware durch Reinigung und Kalibrierung, die mit weiteren ca. 15 % Verlust zu kalkulieren ist. Daraus resultiert ein weltweiter Bedarf von ca. 30 Mio. t Braugerste in Form von roher Druschware. Hinzu kommt dann noch ein Bedarf von geschätzt 10 Mio. t an Rohfrucht, berechnet auf der Basis von 81 % Extrakt (Tab. 1.1).

Der geschätzte weltweite Rohfruchtbedarf resultiert je nach Land und Verfügbarkeit aus den unterschiedlichsten Kohlenhydrate enthaltenden Produkten. Die dominierenden Rohfrüchte sind Mais- und Reisprodukte. Aus der Mais-Trockenvermahlung entstehen

Grieße/Grits der verschiedensten Kalibrierungen, die hohe Extraktausbeuten liefern. Besonders in Südostasien ist der Bruchreis als Nebenprodukt aus der Speisereisherstellung eine weitere willkommene Rohfrucht für die Bierbrauer. Die Ausbeute ist sehr hoch. Sorghum wird vorwiegend in Afrika zu Malz, aber auch teilweise als Rohfrucht zu Bier verarbeitet. Millet dient in Afrika überwiegend als Nahrungsmittel. Es wird nur in kleinen Mengen als Brauereirohstoff in Form von Malz als Enzymträger zur Verbesserung des Aufschlusses der enzymschwachen Sorghumprodukte verwendet. Weizen, Roggen und Hafer finden als Malz, aber auch gelegentlich als Rohfrucht in Form von Grieß, Mehl oder Flocken für Bierspezialitäten Verwendung. Gerste – der wichtigste Rohstoff für die Malzherstellung – wird auch gelegentlich zu Flocken verarbeitet und als Rohfrucht zur Bierbereitung mit eingesetzt. Nur der Vollständigkeit halber soll am Rande der Buchweizen erwähnt werden, der botanisch nicht zu den Getreidearten (*Gramineae*), sondern zu den Knöterichgewächsen (*Polygonaceae*) gehört. Buchweizen ist eine zweikeimblättrige Pflanze für marginale Böden und extensive Bewirtschaftung (echte Getreidearten sind einkeimblättrig). Mit zunehmender Intensivierung im Ackerbau verliert Buchweizen an Bedeutung. Größere Anbauflächen gibt es noch in Osteuropa. Hier dient er vorwiegend als Nahrungsmittel (Grütze), dürfte sich aber auch als Rohfrucht für die Bierbereitung eignen. Das starke Quellvermögen kann die Mälzung erschweren.

Die zuckerhaltigen Stoffe werden sowohl als Sirupe aus Mais als auch aus Weizen und anderen Cerealien mit sehr unterschiedlichen Anteilen an vergärbaren Kohlehydraten zum Bierbrauen verwendet. Aber auch reine Saccharose aus Rüben- oder Rohrzucker findet ihren Weg direkt in die Brauereien.

Die Frage nach dem Grad der Versorgung der Brauereien und Mälzereien lässt sich aus der Gegenüberstellung der jährlichen weltweiten Getreideernten und dem Verbrauch in der Brauindustrie näherungsweise beantworten. Diese Kalkulation basiert auf einer gegenwärtigen Weltbierproduktion von ca. 1,95 Mrd. hl. Heute werden weniger als 0,1 % der Weizenernte in Form von Malz für die Bierherstellung eingesetzt. Vor 6000 Jahren bei den Sumerern im Zweistromland hatte dagegen der Weizen eine größere Bedeutung für die Bierbereitung als die Gerste. Aus der Sicht der Versorgung der Bevölkerung mit hochwertigem Weizen als Nahrungsmittel war es notwendig, den Weizenverbrauch für die Bierproduktion in Grenzen zu halten. Die als Nahrungsmittel weniger gut geeignete Gerste (viel Spelzen, kein Klebereiweiß) wurde damit zum wichtigsten Brauereirohstoff. Mit großem Abstand folgen heute Mais und Reis mit ihren Veredlungs- und Nebenprodukten

Braugersten-Bedarf weltweit *(Abschätzung)*	
Für ca. 1,95 Mrd. hl Bier x 17 kg/hl Malz liegt der theoretische Braugerstenbedarf bei	ca. 30 Mio. t
Abzüglich des Rohfruchtanteiles von ca. 30 % der Schüttung auf der Basis von 81 % Extrakt	./. 10 Mio. t
Wirklicher Malzbedarf	ca. 20–22 Mio. t
Daraus resultierender Bedarf an aufbereiteter Braugerste (Malzbedarf + 20 %)	ca. 24 Mio. t
Daraus resultierender Braugersten-Bedarf an roher Druschware (aufbereitete Braugerste +20 %)	ca. 30 Mio. t
Weltweite Gerstenernte [1.6]	147 Mio. t
⇒ ca. 20 % der Welt-Gerstenernte wird als Braugersten-Rohware benötigt	

Tab. 1.1: Zusammenfassende Abschätzung des Bedarfes an Braugerste für die Malzherstellung in der Welt (Basis 1,95 Mrd. hl Bier Weltproduktion)

Tab. 1.2: Welt-Getreide-Erntemengen Mittel aus 2007–09 [1.6–1.8] und Rohstoff-Bedarf der Brauereien (Schätzwerte)

Getreide-Arten*	Erntemengen in Mio. t	Bedarf der Brauereien in Mio. t	Bedarf der Brauereien in % der Ernte	Bemerkungen
Mais (roh)	815	5,7	0,7	als Rohmais kalkuliert
Reis	677	1,4	0,2	als Bruchreis
Weizen	662	0,2	< 0,1	primär als Malz
Gerste	147	ca. 30**	20	primär als Malz
Hafer	25	–	–	nur kleine Mengen
Roggen	13	–	–	nur kleine Mengen
Triticale	14	–	–	nur kleine Mengen
Buchweizen	2	–	–	nur kleine Mengen
Sorghum	61	0,2	0,3	als Malz und Rohfrucht
Millet	32	0,1	0,3	als Malz
Total Welt	**2447**	**37,6**	**< 1,5**	–

** Zuzüglich Saccharose aus Rübe und Rohr* ***theoretischer Braugerstenbedarf*

aus der Trocken- und Nassvermahlung als Rohfrucht. Die übrigen Getreidearten der gemäßigten Klimazonen der Erde (Hafer, Roggen, Triticale, Buchweizen) werden nur gelegentlich in der Brauindustrie als Malz oder Rohfrucht für die Herstellung von Spezialbieren eingesetzt. Aus Sorghum- und Milletmalzen werden in Afrika lokale bierähnliche nährstoffreiche, naturtrübe Getränke hergestellt. Sorghum wird zudem auch als Rohfruchtzusatz verwendet, vor allem bei der Herstellung von Lagerbieren. Nicht nach botanischen, dafür aber ausschließlich nach kommerziellen Gesichtspunkten wird die große Familie der Hirsen in zwei Gruppen unterteilt:

- Große Hirsen = Sorghum
- Kleine Hirsen = Millet

Die Sorghum-Hirsen haben große Körner und sind im Allgemeinen enzymschwächer. Daraus resultiert die notwendige Zugabe von Millet-Malz zum Sorghum bei der Bierbereitung. Von großem Interesse ist weiterhin, dass Mais, Reis, Sorghum und Millet (die wichtigsten Getreidearten der Trockenzonen) kein Gluten enthalten und deshalb als Rohstoffe für Nahrungsmittel für Zöliakie-Kranke unentbehrlich sind. Alles in allem werden nur ca. 1,5 % der jährlichen weltweiten Getreideernte (Tab. 1.2), aber ca. 20 % der weltweiten Gerstenernte für die Bierherstellung benötigt (Tab. 1.1).

Literatur zu Kapitel 1

[1.1] Geisler, G.: Pflanzenbau. 11–31, 223–281, Paul Parey, Berlin u. Hamburg, 1980

[1.2] Geisler, G.: Ertragsphysiologie. 12–89, Paul Parey, Berlin u. Hamburg, 1983

[1.3] Aufhammer, G., Fischbeck, G.: Getreide – Produktionstechnik und Verwertung. 1–12, Gemeinschaftsverlag DLG-Verlag, Frankfurt a.M, Landwirtschaftlicher Verlag, Hiltrup, Österreichischer Agrarverlag, Wien, Verlag Aarau, Schweiz, 1973

[1.4] Bernay, J.: Das große Lexikon vom Bier und seinen Brauereien. 53–70, Scripta Verlags-Gesellschaft, Stuttgart, 1982

[1.5] Vavilov, N., in: Hoffmann, W., Mudra, A., Plarre, W.: Lehrbuch der Züchtung landwirtschaftlicher Kulturpflanzen, Bd. 1., 1–24, Paul Parey, Berlin u. Hamburg, 1971

[1.6] faostat.fao.org, 21.11.2011

[1.7] Toepfer International: Statistische Informationen zum Getreide- und Futtermittelmarkt. 1–8, Dezember 2005, Februar 2012

[1.8] International Grain Council: Grain Market Report, GMR, No. 395, World Estimates, Summary. 26.11. 2009

[1.9] Girard, J. C.: Orges de Brasserie un atout pour la France. Vortrags-Manuskript, 36. International Malting Barley Seminar der VLB Berlin, 2007

[1.10] Statistisches Bundesamt: Statistisches Jahrbuch für das Ausland. Wiesbaden, 2003–2008

[1.11] Ruhr-Stickstoff AG: Faustzahlen für die Landwirtschaft. 5. Aufl., 128, Münster-Hiltrup, Landwirtschaftsverlag Hiltrup, 1963

[1.12] Hahn, P.: Malting Barley vs. Biofuel. Vortrags-Manuskript, Berlin: 36. International Malting Barley Seminar der VLB Berlin, 2007

[1.13] Ernährungsdienst Deutsche Getreidezeitung: Getreideeinsatz für die Industrie, 5.2, 2010

[1.14] Joh. Barth & Sohn: Der Barth Bericht, Weltbierausstoß 2011/202. Barth-Haas Group, 7

[1.15] Gauger, H. H.: Desk Study Malt Market. H.H Gauger bvba, 13, 2002/2003

Abb. 2.1: Trennung der Spreu vom Weizen bei den Inkas in den Hochanden wie zu vorchristlicher Zeit

2. Getreide nach Kontinenten und Ländern

Auch heute noch gibt es in der Welt unterentwickelte Regionen, in denen Getreide wie zu vorchristlicher Zeit angebaut und geerntet wird (Abb. 2.1). Einer Weltbevölkerung von ca. 7 Mrd. Menschen im Jahr 2011 steht zum gegenwärtigen Zeitpunkt theoretisch eine jährliche durchschnittliche Brutto-Getreidemenge von ca. 2,3 Mrd. t zur Verfügung. Im Weltdurchschnitt werden im Mittel der Jahre, Kontinente, Getreidearten und Bewirtschaftungsintensitäten ca. 3,4 t Getreide pro Hektar geerntet.

In diesem Kapitel werden hochgerechnete dreijährige Mittelwerte in Mio. t dargestellt. Diese enthalten die Brutto-Produktion nach Kontinenten geordnet und zudem die durchschnittlichen Erntemengen der wichtigsten Erzeugerländer. Abweichungen bei den Mengen (Mio. t) resultieren aus unterschiedlichen Statistiken, Mittelbildungen und Hochrechnungen (Abb. 2.2–2.5) [2.1–2.6]. Während die trockenen Kontinente Afrika und Australien mit 1,6 bzw. 2,2 t pro Hektar deutlich darunter liegen, erreichen und überschreiten die übrigen Erdteile den Weltdurchschnitt. Zu den Regionen mit den höheren Erträgen gehören aber nicht nur die humiden Getreidezonen von Europa. Sowohl die Getreidesteppen in Nordamerika (verstärkter Maisanbau) als auch die subtropischen und tropischen Reisanbaugebiete im Fernen Osten sind für die Welternährung wichtige Zentren. Besonders die intensive Reiskultur in Südostasien stabilisiert die Gesamt-Getreideerträge. In Nord- und Zentralamerika ist es der Mais, der die Durchschnittserträge von Getreide hoch hält. In den riesigen Getreideanbaugebieten Asiens werden auch Dank hoher Reiserträge und umfangreichem Weizenanbau in den Steppen insgesamt ca. 1 Mrd. t und damit ca. 45 % der weltweiten Getreideernte erzeugt. Es folgen mit Mengen um 502 Mio. t Nord- und Zentralamerika und mit 452 Mio. t Europa. Allein daraus den Schluss zu ziehen, dass diese drei Kontinente auch Überschüsse für den Export erzeugen, die zur Deckung des Bedarfes der übrigen Welt verwendet werden können, wäre eine voreilige, oberflächliche Betrachtung. In diese Kalkulation muss der Stand der Entwicklung der Getreide verzehrenden Weltbevölkerung einbezogen werden. Immerhin ist nicht ohne Bedeutung, dass Asien der Kontinent ist, der ca. 60 % der Weltbevölkerung zu ernähren hat (Abb. 2.4). Allein auf der Basis der Getreide-Brutto-Erzeugung – ohne Berücksichtigung von Verlusten, Saatgut, Grad der tierischen Vered-

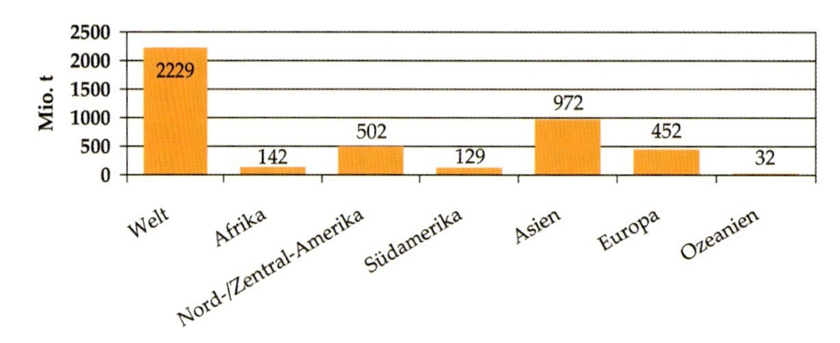

Abb. 2.2: Getreideproduktion nach Kontinenten (Mio. t), Mittel 2007–2009 [2.1–2.5]

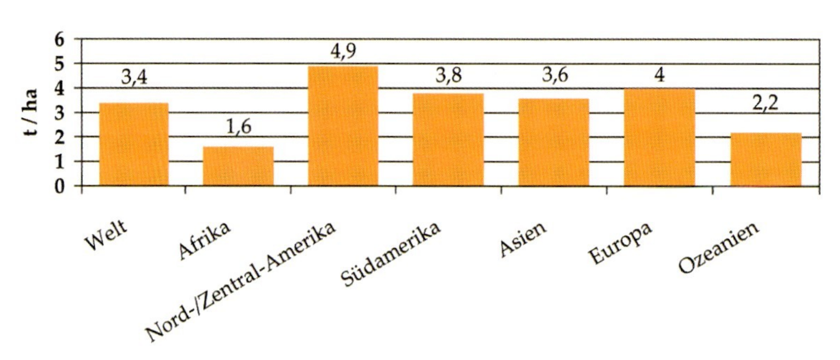

Abb. 2.3: Getreideerträge nach Kontinenten (t/ha), Mittel 2007–2009 [2.1–2.5]

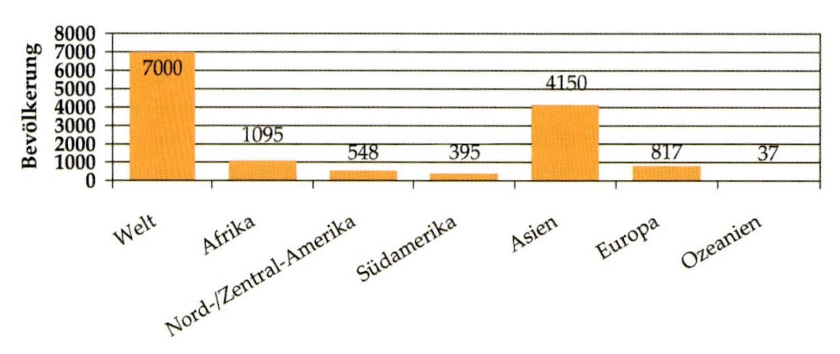

Abb. 2.4: Bevölkerung nach Kontinenten 2011 in Mio. [2.6]

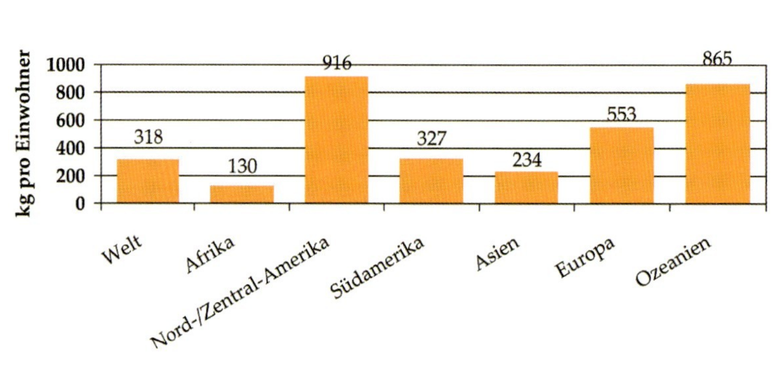

Abb. 2.5: Getreideverbrauch aus der Eigenerzeugung in kg/ pro Kopf der Bevölkerung nach Kontinenten für Nahrungsmittel und industrielle Verwertung [2.1–2.6]

Abb. 2.6: Dürreschäden

lung, Im- und Export und Problemen der Verteilung – stehen auf den einzelnen Kontinenten ganz gravierende unterschiedliche Getreidemengen pro Kopf der Bevölkerung zur Verfügung (Abb. 2.4–2.5).

Daraus ergibt sich ein jährlicher Brutto-Pro-Kopf-Verbrauch von ca. 318 kg. Bleibt auch der unterschiedliche Verbrauch zwischen den Ländern aufgrund des variierenden Lebensstandards unberücksichtigt, so könnten die genannten 318 kg pro Kopf am Erzeugungspotenzial ein Indikator für die Abgrenzung von Getreidemangel- und Überschussregionen sein. Danach wäre mit ca. 865 kg pro Kopf Ozeanien (Australien) der Kontinent, der aufgrund seiner geringen Populationsdichte am ehesten in der Lage ist, Getreide in größerem Umfang zu exportieren. In Normaljahren ist das auch so. Hier tun sich aber weitere natürliche Grenzen auf, da im Mittel der Jahre nur ca. 32 bis 34 Mio. t Getreide erzeugt werden und häufigere Trockenperioden die Produktion unsicher gestalten (Abb. 2.6). Eine weitere wichtige Position nimmt Nordamerika ein, wo jährlich 916 kg Getreide pro Kopf der Bevölkerung erzeugt werden. Durch die hohe Getreideproduktion dieses Kontinents von jährlich ca. 500 Mio. t liegt hier ein beachtliches Exportpotenzial. Ähnlich ist die Situation in Europa, wo jährlich mehr als eine halbe Tonne Getreide pro Kopf der Bevölkerung erzeugt wird. Hier gibt es auch deshalb jährlich größere Exportüberschüsse, weil über die Jahre recht sichere Erträge zu erzielen sind. In Afrika dagegen herrscht ein gravierender Getreidemangel. So werden dort jährlich durchschnittlich nur 142 Mio. t Getreide erzeugt. Eine Menge, die sicherlich mit einer besseren Bewirtschaftung steigerungsfähig wäre – trotz der zweifellos teilweise ungünstigeren Klimaverhältnisse. Dennoch bleibt festzuhalten, dass auf dem gesamten afrikanischen Kontinent mit fast 1 Mrd. Menschen nicht mehr Getreide produziert wird als in Deutschland und Frankreich zusammen, wo 2011 etwa 146 Mio. Menschen lebten [2.6]. Nach den vorliegenden Daten dürfte Südamerika nahe an der Selbstversorgungsgrenze liegen, wobei die gemäßigten bis subtropischen Klimalagen des Südens – Argentinien, Südbrasilien (Rio Grande do Sul, Santa Catarina, Paranna), Chile und Uruguay – einen wesentlichen Versorgungsbeitrag leisten. Auch in den Hochanden wächst in den niederen Breiten Gerste bis auf 4000 Metern Höhe und in den andinen Hochtälern um 2500 Metern Höhe ist der Mais die dominierende Getreideart. Asien, der Erdteil mit der größten Getreideproduktion der Erde von ca. 1 Mrd. t, entpuppt sich aufgrund seiner großen Bevölkerung von ca. 4,3 Mrd. Menschen eher als ein Erdteil, der im Allgemeinen keine Exportüberschüsse erzeugt. Ganz pauschal betrachtet, steigt die Getreideverwendung für die Vielzahl von Einsatzmöglichkeiten kontinuierlich an (Abb. 2.7) [2.1–2.5]. Jahresbedingte Schwankungen der Erzeugung streuen um die Verbrauchskurve. Immer aber führt der Trend zur weiteren Steigerung der Getreideerzeugung und folgt damit der Entwicklung der Bevölkerungszunahme.

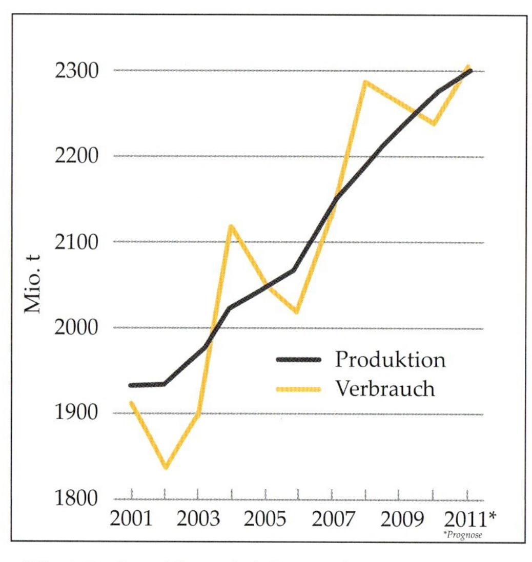

Abb. 2.7: Getreideproduktion und Verwendung 2001–2011, nach FAO [2.4]

2.1 Getreidearten der kühleren Klimazonen

2.1.1 Weizen *(Triticum species)*

Unter dem Begriff „Weizen" werden mehrere *Triticum*-Arten zusammengefasst, die als Kulturarten genutzt werden. Es sind hauptsächlich *Triticum aestivum* (Weichweizen, Brotweizen) und *Triticum durum* (Hartweizen). Der Brotweizen, der auch als Brauweizen Verwendung findet, nimmt ca. 90 % der weltweiten Weizenernte ein (Geisler [2.7], Plarre u. Zeller [2.8]). Die genannten Autoren beschreiben u.a. die Entwicklungsgeschichte des Weizens wie folgt: Die Entstehung von Weizen ist eng an die Entwicklung der Menschheit in der Tigris-Euphrat-Region und ihren Randgebieten gebunden. Bereits in Pharaonengräbern aus 4000 bis 3000 v. Chr (Abb. 1.1–1.7). war Weizen in Wandzeichnungen abgebildet. Im alten Babylonien und Assyrien ging ähnlich wie in Ägypten der bespelzte Emmerweizen dem späteren Nacktweizen voraus. Die ältesten europäischen Funde von 3000 bis 2500 v. Chr. gehen nach Aufhammer und Fischbeck [2.9] sicherlich auf Urformen aus Asien zurück. Nach Anbauverbreitung und Welthandelsanteil ist Weizen nach Klapp [2.10] die wichtigste Getreideart der Erde und die bedeutendste Brotfrucht. Dies schließt jedoch nicht aus, dass schon 2000 v. Chr. in Babylonien neben Bieren aus Gerste auch solche aus Weizen gebraut wurden [2.11]. Nicht nur auf den guten Böden der gemäßigten Klimazonen ist Weizen mit Erträgen bis zu 10 t pro Hektar (Abb. 2.8) die bedeutendste Getreideart. Kontinenteübergreifend dominiert Weizen auch in den riesigen Steppenregionen Asiens in Lagen, in denen nicht mehr als 350 mm Regen pro Jahr fallen. Im „Dry-Farming" System werden hier 1,5 t bis 2,5 t pro Hektar geerntet (Abb. 2.9). Aus diesen Zonen Asiens kommen mehr als 40 % der weltweiten Weizenmenge. Die Riesenreiche China und Indien sind vor den USA und Russland die größten Weizenerzeuger der

Abb. 2.8:
Intensiv bewirtschaftetes Weizenfeld mit Spitzenerträgen um 10 t/ha in Sachsen-Anhalt

Abb. 2.9: Weizen im „Dry Farming" mit 1,5–2,5 t/ha in Vorderasien. Hintergrund: Brachland zur Wasserspeicherung

Afrika 22 Mio. t	Ägypten 8 Marokko 4	Äthiopien 3 Algerien 2	Südafrika 2
N/Z-Amerika 93 Mio. t	USA 61	Kanada 25	Mexiko 4
Südamerika 20 Mio. t	Argentinien 11	Brasilien 5	Chile 1
Asien 286 Mio. t	China 112 Indien 78 Pakistan 23 Türkei 19	Kasachstan 15 Iran 13 Usbekistan 6 Rumänien 5 Dänemark 5	Turkmenistan 2 Saudi-Arabien 2
Europa 197 Mio. t	Russland 46 Frankreich 35 Deutschland 22 Ukraine 16 UK 15	Polen 9 Italien 7 Spanien 6 Rumänien 5 Dänemark 5	Ungarn 4 Tschechien 4 Bulgarien 4 Schweden 2 Serb./Monten. 2
Ozeanien 19 Mio. t	Australien 19		

Tab. 2.1: Weizenproduktion – weltweit 650 Mio. t, Mittel aus 2007–09, nach FAO-Statistik [2.1–2.3, 2.5]

Erde (Tab. 2.1). Es folgen in Europa mit beachtlichen Weizenernten Frankreich und Deutschland, die Ukraine und Großbritannien (UK). In Nord- und Zentralamerika nimmt nach den USA Kanada eine bedeutende Rolle auch beim Export von Weizen ein. Erwähnenswert sind darüber hinaus auch die beachtlichen Weizenproduktionen in Pakistan, der Türkei, Kasachstan und Argentinien. Der große afrikanische Kontinent baut nur mit 22 Mio. t überwiegend in den nördlichen Mittelmeerländern Weizen mit geringerer Produktivität an.

2.1.2 Gerste *(Hordeum vulgare)*

Ähnlich dem Weizen ist Gerste eine sehr alte Kulturpflanze und der wichtigste Rohstoff für die Bierbereitung. Die Bevorzugung der Gerste gegenüber dem Weizen steht sicherlich im Zusammenhang mit der Verwachsung der Vor- und Deckspelzen mit der Epidermis des Gerstenkornes, sodass bei der Mehrzahl der Sorten und Formen während des Drusches die Spelzen fest am Korn verbleiben. Dieses Merkmal ist aus der Sicht der Verwendung zur Bierbereitung positiv (Aufbau einer Läuterschicht), führt allerdings auch zu einer niedrigeren Extraktausbeute. Unter dem Aspekt des menschlichen Verzehrs von Gerste als Nahrungsmittel ist dies aber eher negativ zu werten. Obwohl die Produktion von Gerste weit hinter der des Weizens zurückfällt, umschließt der Anbau große geografische Extreme (Abb. 2.10–2.12) [2.9, 2.10]. Gerstenanbau stößt am weitesten gegen den Nordpol, am höchsten ins Gebirge und auch sehr weit in Richtung Äquator vor. Ursache dafür ist die enorme Formenvielfalt. So gibt es die sogenannten „kleinen Gersten", die noch bis am Polarkreis in nur 90 Vegetationstagen heranwachsen und abreifen (Abb. 2.10). Andere gedeihen noch als einzige Getreideart im montanen Klima auf 4000 m Höhe in den Anden (Abb. 2.12). Die Erträge liegen in den Extremlagen bei ca. 2 t pro Hektar. Und schließlich sind die gemäßigten Klimazonen in Europa für den Gerstenanbau prädestiniert. Hier benötigen die Sommerformen ca. 120 Vegetationstage bei Erträgen von ca. 4 t bis 6 t pro Hektar und die Winterformen bis zu 270 Tage mit Erträgen von 6 t bis 8 t pro Hektar. Nach Schildbach [2.12] liegen fast zwei Drittel der weltweiten Gerstenerzeugung in Europa. Russland, Deutschland, Frankreich, Ukraine, Spanien und Großbritannien. Aus der Sicht der speziellen Produktion an Qualitätsbraugersten sind aber auch die Länder mit kleineren Produktionsmengen von wirtschaftlichem Interesse, weil sie im Allgemeinen über Erfahrungen zur Qualitätserzeugung verfügen und so auch einen wertvollen Beitrag zur Versorgung der Welt mit Qualitätsbraugerste leisten (Tab. 2.2). Immerhin wird

Afrika 6 Mio. t	Marokko 0,8 Tunesien 0,4	Ägypten 0,2 Südafrika 0,2	Äthiopien
N/Z-Amerika 16 Mio. t	Kanada 10,8	USA 4,9	Mexiko 0,6
Südamerika 3 Mio. t	Argentinien 1,5 Uruguay 0,4	Brasilien 0,2 Peru 0,2	Bolivien 0,1 Chile 0,1
Asien 20 Mio. t	Türkei 6,8 Iran 2,7 China 2,6 Kasachstan 2,3	Indien 1,4 Marokko 0,8 Syrien 0,6 Irak 0,6	Aserbaidschan 0,6 Kirgisien 0,2 Japan 0,2
Europa 94 Mio. t	Russland 18,9 Deutschland 11,5 Frankreich 11,5 Spanien 10,2 Ukraine 18,1 UK 7 Polen 3,9 Dänemark 3,2 Tschechien 2,1	Finnland 2,1 Weißrussland 2,1 Schweden 1,6 Irland 1,2 Ungarn 1,2 Italien 1,2 Rumänien 1,0 Litauen 1,0 Österreich 0,9	Slowakei 0,7 Bulgarien 0,7 Norwegen 0,5 Belgien 0,4 Estland 0,4 Griechenland 0,3 Niederlande 0,3 Serbien 0,3 Lettland 0,3
Ozeanien 7 Mio. t	Australien 6,8		

Tab. 2.2: Gerstenproduktion – weltweit 147 Mio. t, Mittel aus 2007/09, nach FAO-Statistik [2.1–2.3, 2.5]

inzwischen ca. 20 % der weltweiten Gerstenernte als Braugerste benötigt und stammt im Wesentlichen aus Europa. Nach Ackermann [2.13] hat die klassische Züchtung von Qualitätsbraugersten eine weit über 100-jährige Tradition. Entsprechend hochwertig sind die Sorten, die unter den günstigen Klima- und Bodenverhältnissen in Europa heranwachsen. Auch wenn beispielsweise die Türkei beachtliche 7 Mio. t Gerste erzeugt und intensive Braugerstenentwicklung betreibt, aber auch u.a. China, Kasachstan und Indien sich bemühen, Braugerstensorten in hoher Qualität zu entwickeln, so bleibt der asiatische Kontinent aufgrund der enormen Steigerungen des Bierkonsums eine Importregion für Braugersten und Malz. Kanada ist exportorientiert, ein Teil der Braugerste bleibt aber auf demselben Kontinent und geht in die USA. Europa exportiert vorwiegend Gerstenmalz. Die nordafrikanischen Gersten sind

Abb. 2.10: Kleine mehrzeilige Gersten in Nordskandinavien, Anbau um 60. bis 70. Grad nördlicher Breite

Abb. 2.11: Traditionelle Ernte in einem der Gersten-Ursprungszentren in der Steppe von Ostanatolien

Abb. 2.12: Gerstenanbau in den peruanischen Anden in 4000 m Höhe auf alten Inka-Terrassen

bisher nicht zu Braugersten entwickelt worden. Bescheidene Ansätze gibt es nur in Ägypten, Äthiopien und Tansania. In Südafrika betreiben die Brauereien gemeinsam mit den staatlichen Instituten die Braugerstenentwicklung. In Südamerika exportieren Argentinien etwas Braugerste und Uruguay Malz. Diese Partien decken aber teilweise in erster Linie den Riesenbedarf in Brasilien. Australien ist bei der Braugerste stark exportorientiert.

2.1.3 Hafer *(Avena species)*

Hafer (Abb. 2.13) ist im Vergleich zum Weizen nach Aufhammer et al. [2.9] eine junge Getreideart. Ursprünglich als Unkraut in der Gerste wurde Hafer in den eher feucht-kühlen Klimaten zur Kulturpflanze entwickelt (Tab. 2.3). Neben der Verwendung als Futtergetreide – besonders in Nordeuropa und in Gebirgsregionen, wo Weizen nicht mehr anbauwürdig ist – wurde Hafer zu einem wichtigen Nahrungsmittel mit diätetischen Eigenschaften. In nordischen Ackerbaugebieten soll Haferbrot das eigentliche Brot der Bauern gewesen sein. Bekannter ist aber die Hafergrütze, die in einem alten Kräuterbuch von 1588 beschrieben wird [2.9]. Danach soll sie der beste Proviant für Kriegsleute sein. Aus der Schweiz wird über Haferdörren zur Bereitung von Grütze und Bier berichtet – auch in Mischungen mit Hafer, Gerste und Weizen. Optimale Anbaubedingungen liegen auf der nördlichen Halbkugel im Bereich um den 45.° bis 55.° nördlicher Breite vor. So produzieren Nordeuropa und Nordosteuropa zwei Drittel des gesamten weltweiten Haferaufkommens. Ein besonderer Anbauschwerpunkt liegt dabei in Russland.

Abb. 2.13: Hafer

Tab. 2.3: Hafer-Produktion – weltweit 25 Mio. t (Mittel aus 2007–09) [2.1-2.3, 2.5]

Afrika 0,2 Mio t.	N/Z-Amerika >5 Mio. t	Südamerika <2 Mio. t	Asien 1 Mio. t	Europa 16 Mio. t	Ozeanien <2 Mio. t
Südafrika <0,1 Äthiopien<0,1	Kanada 3,9	Argentinien 0,3	China 0,6	Russland 5,5	Australien 1,3
	USA 1,3	Chile 0,3	Türkei 0,2	Polen 1,4	
		Brasilien 0,2		Finnland 1,2	
				Spanien 1,1	
				Ukraine 1,0	
				Deutschland 0,8	
				Schweden 0,8	

2.1.4 Roggen *(Secale cereale)*

Ähnlich wie Hafer ist auch Roggen – bekannt als Unkraut im Weizen – viel später in Kultur genommen worden als Weizen und Gerste. Aufhammer et al. [2.9] berichten weiter: Die Anspruchslosigkeit gegenüber Klima und Boden und auch die gute Frostresistenz haben dazu beigetragen, dass die nordeuropäischen Regionen überhaupt erst intensiver landwirtschaftlich genutzt werden konnten. Die Klimaverschlechterung in Mitteleuropa im 15. bis 11. Jh. v. Chr. ist sicherlich ein Grund, warum Roggen an Bedeutung gewann. Von den Römern wurde er als minderwertiges Getreide betrachtet, welches aber immerhin geeignet ist, Hunger zu stillen. In Nordeuropa ist der Roggen ein wichtiges Brotgetreide bis in die Gegenwart geblieben. Aber auch als Futtergetreide findet Roggen Verwendung. Eine kleine Menge dient der Herstellung von Branntwein und auch Spezialbieren. 90 % der weltweiten Roggenernte wird in Europa erzeugt. Dabei spielt Russland eine besondere Rolle. Es folgen Polen, Deutschland, Weißrussland und die Ukraine (Tab. 2.4.]. Es sind eher die mageren Sandböden im Bereich der nördlichen Küsten Europas, die sich für den Roggenanbau eignen (Abb. 2.14). Auf dem gesamten asiatischen Kontinent wird jährlich nicht mehr als ca. 1 Mio. t Roggen er-

Abb. 2.14: Roggenfeldbestand

Tab. 2.4: Roggen-Produktion – weltweit rund 13 Mio. t (Mittel aus 2007/09) [2.1–2.3, 2.5]

Afrika >0,1 Mio t.	N/Z-Amerika <1 Mio. t	Südamerika <0,1 Mio. t	Asien 1 Mio. t	Europa 12 Mio. t	Ozeanien <0,1 Mio. t
Südafrika <0,1	Kanada 0,3	Argentinien <0,1	China 0,7	Russland 3,0	Australien <0,1
Ägypten <0,1	USA 0,2		Türkei 0,3	Polen 2,6	
Marokko <0,1				Deutschland 2,5	
				Weißrussland 1,0	
				Ukraine 0,6	

Tab. 2.5: Triticale-Produktion – weltweit 14 Mio. t (Mittel aus 2007–09) [2.1–2.3, 2.5]

Afrika < 0,1 Mio t.	**N/Z-Amerika < 0,1 Mio. t**	**Südamerika < 1 Mio. t**	**Asien < 1 Mio. t**	**Europa 11 Mio. t**	**Ozeanien < 1 Mio. t**
Tunesien < 0,1	Kanada < 0,1	Brasilien < 0,2	China 0,4	Polen 4,6	Australien 0,4
		Chile < 0,1	Türkei < 0,1	Deutschland 2,3	
				Frankreich 1,8	
				Weißrussland 1,6	
				Ungarn 0,4	
				Schweden 0,3	

zeugt. Davon stehen 70 % in China. Die übrigen Regionen der Erde tragen nur mit sehr geringen Mengen zur weltweiten Roggenernte bei.

2.1.5 Triticale *(Triticosecale)*

Im 19. Jh. wurden spontane Bastardbildungen in Weizen (*Triticum*) und Roggen *(Secale)* beobachtet (Abb. 2.15) [2.7]. Diese wurden danach auch experimentell mit dem Ziel erzeugt, die Anspruchslosigkeit des Roggens mit der besseren Ertragsfähigkeit und der Qualität des Weizens zu kombinieren. Der Beginn einer systematischen Züchtung zu einer neuen Getreideart (*Triticale*) wird nach Krolow [2.14] um 1930 datiert. Die enorme Anbauentwicklung in den vergangenen beiden Jahrzehnten bestätigt, dass insbesondere nach Überwindung von Sterilitätsproblemen eine ökonomisch bedeutende Eigenschaftskombination gelungen ist. Wenn auch die Verbreitung von Triticale besonders in Europa vorankam, so findet diese neue Getreideart auch in China und Australien größeres Interesse als Futtergetreide mit hohem Proteingehalt und guter -qualität (Tab. 2.5). Mälzungs- und Brauversuche haben aber auch gezeigt, dass Triticale bei der Verwendung einer individuellen Verarbeitungstechnologie als preiswerter Rohstoffzusatz für die Bierproduktion mit verwendet werden kann. Bei der Branntweinherstellung findet Triticale ebenfalls ähnlich wie der Roggen Einsatzmöglichkeiten. Die besonders intensive Enzymentwicklung, die sicherlich vom Roggen vererbt wurde, kommt der Verwendung als Rohstoff für die Gärungsindustrie entgegen.

Abb. 2.15: Triticale

2.1.6 Buchweizen *(Fagopyrum esculentum)*

Buchweizen hat als Knöterichgewächs *(Polygonaceae)* genetisch nichts mit den übrigen Getreidearten *(Gramineae)* zu tun (Abb. 2.16). Aus diesem Grunde wird Buchweizen auch zu der Gruppe der Pseudogetreidearten gezählt. Buchweizen stammt aus Mittelasien und fand Anbauregionen vorwiegend in Europa und Asien [2.9, 2.15, 2.16]. Buchweizen ist eine sehr anspruchslose Pflanze, entsprechend niedrig ist auch die Ertragsleistung. Die Vegetationszeit ist sehr kurz. Mit der Intensivierung der Landwirtschaft ging der Anbau deutlich zurück. In der Verwendung zur Herstellung von Graupen liegt wohl die größte Bedeutung. Aber auch für verschiedene Mehlspeisen wird Buchweizen benötigt. Als Stärkelieferant ist Buchweizen auch für die Produktion von alkoholischen Getränken verwendbar. Die bedeutendsten Anbauländer sind China, Russland und die Ukraine. Aus den dreikantigen Körnern werden

Tab. 2.6: Welt-Buchweizenproduktion 2002 nach FAO [2.15]

Buchweizenproduktion	Mio. t
China	1,200
Russland	0,600
Ukraine	0,250
USA	0,065
Polen	0,060
Brasilien	0,048
Kasachstan	0,040
Frankreich	0,035
Japan	0,026
Welt gesamt (2002)	**2,400**

Mehle, Grieße und Graupen hergestellt. Die hohen Gehalte an Stärke machen Buchweizen auch für die Alkoholerzeugung interessant. Aufgrund des starken Quellvermögens stößt eine Verarbeitung zu Malz aber auf technologische Probleme. Die Verwendung als Rohfrucht für die Bierherstellung dürfte möglich sein.

Abb. 2.16: Buchweizen-Feldbestand in der Blüte [2.16]

2.2 Getreidearten der wärmeren Klimazonen

In dieser Gruppe werden Mais, Reis, Sorghum und Millet behandelt. Die Klimaansprüche dieser Arten und ihre ökologischen Streubreiten sind unterschiedlich ausgeprägt. So wächst beispielsweise Mais auch in den wärmeren Lagen des gemäßigten Klimas in Europa und den USA. Ein anderes Beispiel liefern die sogenannten „Kleinen Hirsen", die auch als Millets bezeichnet werden. In dieser eher aus kommerziellen Gründen zusammengefassten Gruppe herrscht eine weit gestreute, große Artenvielfalt mit den unterschiedlichsten Klimaansprüchen. Darunter gibt es Arten, die nur in den heißen Klimaregionen Afrikas gedeihen, aber auch andere, die in vergangenen Jahrhunderten aufgrund ihrer kurzen Vegetationszeit wichtige Nahrungspflanzen in Mittel- und Nordeuropa waren.

2.2.1 Mais *(Zea mays)*

Obwohl heute Nord- und Zentralamerika und insbesondere die USA im Maisanbau dominieren, liegt das primäre Domestikationszentrum in Peru. Mexiko und Zentralamerika sind nach Mudra [2.17] als sekundäre Entwicklungszentren anzusehen. Christoph Kolumbus brachte im Jahr 1493 die ersten Maiskörner von Amerika mit nach Portugal. Vorher war Mais in der alten Welt unbekannt. Im 16. Jh. verbreitete sich Mais wegen seiner hohen Leistungsfähigkeit schnell entlang der Handelswege in Südeuropa, Nordafrika, Indien und China. Nach Hepting und Oltmann [2.18] eroberte der Mais ein zweites Mal in Form leistungsstarker Hybriden – diesmal von USA ausgehend – die

Abb. 2.17: Maistrocknung in Ungarn

Tab. 2.7: Maisproduktion weltweit 812 Mio. t, Mittel 2007–09 [2.1–2.3, 2.5])

Kontinent			
Afrika 54 Mio. t	Südafrika 11	Nigeria 7	Äthiopien 4
	Ägypten 6	Tanzania 4	Kenia 3
N/Z-Amerika 361 Mio. t	USA 324	Mexiko 23	Kanada 11
Südamerika 85 Mio. t	Brasilien 54	Venezuela 3	Peru 2
	Argentinien 16	Kolumbien 2	Paraguay 2
Asien 230 Mio. t	China 161	Philippinen 7	Vietnam 4
	Indien 19	Thailand 5	Türkei 4
	Indonesien 16	Pakistan 4	Iran 2
Europa 82 Mio. t	Frankreich 15	Russland 5	Grieschenland 2
	Ukraine 10	Serbien 5	Kroatien 2
	Rumänien 7	Deutschland 5	Iran 2
	Ungarn 7	Spanien 4	Polen 2
Ozeanien < 1 Mio. t	Australien < 1		

alte Welt (Abb. 2.17, 2.18). Auf dem asiatischen Kontinent hat Mais neben der Verwendung als Viehfutter inzwischen auch eine große Bedeutung als Nahrungsmittel. In Europa hat der Mais speziell in den wärmeren Gebieten erheblich an Bedeutung gewonnen. Führende Erzeugerländer sind hier Frankreich, die Ukraine, Rumänien und Ungarn (Tab. 2.7). In Südamerika dominiert Brasilien in der Maisproduktion. Die Verwendung als Nahrungsmittel (darunter als Polenta und Fladenbrot) hat in diesem Erdteil eine lange Tradition. Auf dem afrikanischen Kontinent werden nur etwa 7 % der weltweiten Maisernte erzeugt, wobei Südafrika den größten Anteil bringt. Der Maisanbau in Australien ist noch von untergeordneter Bedeutung.

Abb. 2.18: Maisanbau in Zentral-Europa

2.2.2 Reis *(Oryza sativa)*

Vom Ursprungszentrum des indisch-chinesischen Subkontinents ausgehend, breitete sich der Reisanbau nach ten Have [2.19] bereits seit dem Altertum mit Schwerpunkten in Südostasien über alle tropischen und subtropischen Regionen der Erde aus. Im gemäßigten Klima hat Reis nur eine geringe Verbreitung. Über 90 % der weltweiten Reisernte stammen aus den Kleinbetrieben Südostasiens, die mit handarbeits- und kapitalintensiven Methoden im Bewässerungsfeldbau Pflanzreiskultur betreiben (Abb. 2.19 u. 2.20).

In Großbetrieben – etwa von Brasilien und Australien – werden die ausnivellierten Beete trockengelegt und der Reis nach entsprechender vollmechanisierter Bodenvorbereitung nicht mehr nach alter Tradition mit Jungpflanzen von Hand bepflanzt, sondern mit normalen Drillmaschinen ausgesät. Erst danach erfolgt das Einleiten von Wasser, das mit dem Wachstum

Abb. 2.19: Reisbauer in China

Abb. 2.20: Nassreis-Pflanzung in China

Afrika 23 Mio. t	Ägypten 7	Nigeria 4	Madagaskar 4
N/Z-Amerika 11 Mio. t	USA 9		
Südamerika/ Karibik 23 Mio. t	Brasilien 12	Kolumbien 3	Peru 2 Ecuador 2
Asien 614 Mio. t	China 192 Indien 142 Indonesien 61 Bangladesch 46 Vietnam 38	Thailand 33 Myanmar 32 Philippinen 16 Japan 11 Korea Rep. 7	Pakistan 10 Kambodscha 7 Nepal 4 Sri Lanka 4 Iran 2
Europa 4 Mio. t	Italien 1,5	Spanien 1	Russland 0,7 Ukraine 0,1
Ozeanien 0,2 Mio. t	Australien 0,2		

Tab. 2.8: Reisproduktion – weltweit 677 Mio. t, Mittel 2007–09 [2.1–2.3, 2.5]

des Reises angestaut wird. In tropisch-subtropischen regenreichen Regionen ist auch Reis-Trockenfeldbau (ohne Bewässerung) üblich. Eine Umstellung von der Trockenkultur auf Nassreisanbau ist möglich, umgekehrt geht es jedoch nicht. Die Hälfte der jährlichen Reisernte wird von den Bauern selbst benötigt und nur wenige Länder können Reisüberschüsse exportieren (Tab. 2.8). Bei der Aufbereitung zu Speisereis (Schälen, Polieren) fallen Bruchkörner an. Dieser Bruchreis ist weltweit ein wichtiger Rohstoff für die Bierherstellung.

2.2.3 Wildreis *(Zizania aquatica)*

Als Grasart gehört der Wildreis in dieselbe Familie wie der Kulturreis und auch die übrigen Getreidearten. Im Gegensatz zu dem bekannten Kulturreis wächst der Wildreis aber auch in kühleren Regionen. Nach Seibel [2.15] ist Wildreis ein Wasserreis aus den östlichen Sümpfen von Nordamerika. Die Samen waren Grundnahrungsmittel, die von den Indianerstämmen in der Wildnis gesammelt wurden. Heute wird dieser Wildreis in den USA und auch in Kanada züchterisch bearbeitet und auch wie der normale Nassreis kultiviert. Die schwarzen Körner sind ernährungsphysiologisch sehr wertvoll. Sie werden mit steigender Tendenz weltweit als Reisspezialität in relativ kleinen Mengen exportiert.

2.2.4 Sorghum *(Sorghum species)*

Dank seiner echten Dürrerresistenz ist Sorghum in allen warmen und trockenen Gebieten der Erde bis an die Grenzen der Wüsten anbauwürdig (Abb. 2.21 u. 2.22). Die Erträge sind dort aber entsprechend niedrig. Sorghum bietet in Trockengebieten die Grundlage für die menschliche Ernährung. Besonders in den USA gab die Züchtung ertragreicher Hybriden dem Anbau zahlreiche Impulse. Äquatorialafrika, Abessinien und Indien werden nach Schuster [2.20] als Herkunftszentren angenommen. Während in den USA, Argentinien, Europa und Australien Sorghum primär als Futtergetreide verwendet wird, dient es in Asien nur teilweise, in Afrika dagegen ausschließlich der Herstellung von Brei- und Teigspeisen sowie dem Brauen von Bier. Allerdings sind naturtrübe Sorghumbiere aus den Dorfgemeinschaften nach entsprechender kurzer spontaner Gärung mit europäischen Bieren nicht vergleichbar. Aber auch zur Herstellung von Lagerbieren nach europäischen Verfahren wird Sorghum großtechnisch sowohl als Rohfrucht als auch als Malz eingesetzt. Nur in den südlicher gele-

Abb. 2.21: Sorghum-Bicolor [2.23]

Abb. 2.22: Sorghum wird vor der Ernte zur Unterbrechung des Wassertransportes abgeknickt zwecks besserer Trocknung der Körner vor der Ernte (Regenzeit) in Nigeria

Tab. 2.9: Sorghumproduktion – weltweit 60 Mio. Mittel 2007–09 [2.1–2.3, 2.5]

Afrika 24 Mio. t	Nigeria 8 Sudan 4 Äthiopien 2 Burkina Faso 2	Mali 1 Niger 1 Ägypten 0,9 Tanzania 0,8	Tschad 0,6 Kamerun 0,6 Uganda 0,5 Yemen 0,4
N/Z-Amerika 18 Mio. t	USA 11	Mexiko 6	
Südamerika 6 Mio. t	Argentinien 3 Bolivien 0,4	Brasilien 2 Uruguay 0,2	Venezuela 0,4
Asien 10 Mio. t	Indien 7 China 2	Jemen 0,4 Saudi-Arabien 0,2	Pakistan 0,2
Europa 1 Mio. t	Frankreich 0,3	Ukraine 0,2	Spanien < 0,1
Ozeanien 3 Mio. t	Australien 2		

genen europäischen Gefilden gelangen speziell dafür gezüchtete frühreife Sorten zur Kornreife.

2.2.5 Millet-Hirsen

(Setaria und Panicum species)

Als Millets werden aus kommerzieller Sicht – wie schon erwähnt – alle sogenannten „Kleinen Hirsen" zusammengefasst, die botanisch aus einer großen Anzahl Arten bestehen. Gemeinsam ist diesen sehr alten Kulturpflanzen lediglich die Dürreresistenz und die Frühreife. Unter ihnen befinden sich Arten, die sogar auch die Trockenheitsresistenz von Sorghum übertreffen. Vor diesem Hintergrund sind diese kleinen Hirsen selbst bei niedrigen Erträgen äußerst wertvoll für die Ernährung der Menschen, die mit den Bedingungen am Rande der Wüsten fertig werden müssen. Die bedeutendsten Arten sind die Rispen-(*Panicoideae*) und die Kolbenhirsen (*Setariaceae*).

Abb. 2.23: Abgeerntete Milletfelder in Nigeria dienen der Nachweide für Ziegen und Schafe

Auch in Südeuropa waren in den vergangenen Jahrhunderten die Millet-Hirsen wichtige Brot- und Breinahrungspflanzen [2.20]. Sie sind im Allgemeinen enzymstärker als Sorghum und dienen auch deshalb in Form von Malz als wertvoller Zusatz zum Sorghum für die Herstellung lokaler Biere in Afrika. Nigeria und Niger gehören zu den bedeutendsten Produzenten (Abb. 2.23). In Indien und China sind es heute noch wichtige Nahrungspflanzen. In der Vergangenheit gab es auch in Mitteleuropa beachtliche Anbaugebiete für Millet-Hirsen, die jedoch mit der Intensivierung des Feldbaues verschwunden sind. In Europa haben diese Hirsen lediglich in Russland und in der Ukraine speziell auf den marginalen Böden noch eine geringe Bedeutung (Tab. 2.10).

2.2.6 Quinoa *(Chenopodium quinoa)*

Dieses auch Reismelde genannte Gänsefußgewächs (Pseudogetreide) ist eine Pflanze der Hochandenländer. Sie gedeiht selbst in Lagen über 4000 Metern Höhe. Dort hat sie heute noch regionale Bedeutung, obwohl weltweit bei

Region			
Afrika 17 Mio. t	Nigeria 7 Niger 3 Mali 1,3 Burkina Faso 1,1	Uganda 0,8 Sudan 0,7 Senegal 0,6 Tschad 0,6	Äthiopien 0,5 Tansania 0,2 Myammar 0,2 Ghana 0,2
N/Z-Amerika 0,3 Mio. t	USA < 0,3	Mexiko < 0,1	
S-Amerika < 0,1 Mio. t	Argentinien < 0,1		
Asien 13 Mio. t	Indien 11 China 1,3	Pakistan 0,3 Nepal 0,3	Yemen < 0,1 Korea < 0,1
Europa < 1 Mio. t	Russland 0,5	Ukraine 0,1	Frankreich 0,1
Ozeanien < 0,1 Mio. t	Australien < 0,1		

Tab. 2.10: Milletproduktion – weltweit 32 Mio. t, Mittel 2007–09 [2.1–2.3, 2.5]

Abb. 2.24: Quinoa-Pflanzen [2.21]

Abb. 2.25: Quinoa auf alten Inkaterassen in Peru

mehr als 1 t pro Hektar nach Seibel [2.15] nur ca. 45.000 t erzeugt werden. Ein Tausendkorngewicht um 3 g zeigt, dass die Samen – ähnlich wie beim Amaranth – sehr klein sind und deshalb besondere Anforderungen auch an die technologische Verarbeitung stellen. Zu Inhaltsstoffen und Verwertung siehe Kapitel 13.2.

2.2.7 Amaranth *(Amaranthus species)*

Nach Seibel [2.15] wird Amaranth – auch Inkaweizen genannt – wie Buchweizen den Pseudogetreidearten zugeordnet. Die Urheimat von Amaranth liegt in den Hochanden. Diese anspruchslose, krautige Pflanze stammt ursprünglich aus Zentralamerika und wird heute weltweit in kleineren Mengen angebaut. Es ist eine altbekannte Nahrungspflanze in Südostasien, Russland und USA, aber auch in Mitteleuropa findet sie Interesse. In China werden ca. 200.000 t Amaranthsamen erzeugt. Bis zu 6 t Kornertrag pro Hektar sind in Peru erzielbar. Im Allgemeinen lässt sich aus Amaranthkörnern eine ähnlich breite Palette von Nahrungsmitteln und Getränken herstellen wie aus den bekannten Hauptgetreidearten. Das Tausendkorngewicht liegt im Bereich um 1 g. Zu Inhaltsstoffen und Verwertung siehe Kapitel 13.3.

Abb. 2.26: Amaranth-Pflanzen [2.22]

Literatur zu Kapitel 2

[2.1] FAO Statistical Yearbook, 71–73, 2003, und FAO Statstical Yearbook Tab B1, 2010, 26.8.2011, Area harvested and production of cerelas, Tab B1, 2010

[2.2.] FAO Food Oulook Statistical Appendixx Tables A1-A8, 92-105, 2011

[2.3] faostat.fao.org, Population, 24.11.2011

[2.4] FAO Crop Prospects and Food Situation, No 3. Page 5; Fig. 1, World Cereal Productionand Utilization, Oktober 2011

[2.5] faostat.fao.org, 24.11.2011

[2.6] wikipedia.de, Bevölkerungstabelle, 2011

[2.7] Geisler, G.: Pflanzenbau. Berlin, Paul Parey, 11–31, 223–281, 1980

[2.8] Plarre, W., Zeller, F.: In: Lehrbuch der Züchtung landwirtschafticher Kulturpflanzen, Bd. 2, Spezieller Teil. Hoffmann, W., A. Mudra u. W., Plarre. Berlin: Paul Parey, 30–50, 1985

[2.9] Aufhammer, G., Fischbeck, G.: Getreide – Produktionstechnik und Verwertung. Frankfurt a.M., Gemeinschaftsverlag DLG-Verlag, 75–88, 209–281, 285–325, 1973

[2.10] Klapp, E.: Lehrbuch des Acker- und Pflanzenbaues, 6. Aufl., Berlin, Paul Parey, 389, 402–413, 1967

[2.11] Bernay, J., et al.: Das große Lexikon vom Bier und seinen Brauereien. Stuttgart: Scripta Verlags-Gesellschaft, 53–70, 1982

[2.12] Schildbach, R.: Vorlesungsmanuskript 1997/98, Gerste, TU Berlin, Fachgebiet Rohstoffe, unveröffentlicht

[2.13] Ackermann, Dr.: Entwicklung der Braugerstenzüchtung in Europa. In: Jahrbuch der VLB Berlin, 67–77, 1934

[2.14] Krolow, K. D.: In: Lehrbuch der Züchtung landwirtschaftlicher Kulturpflanzen, Bd. 2, Spezieller Teil, Hoffmann W.; Mudra; A. u. Plarre W., Verlag Paul Parey, Berlin u. Hamburg, S. 67–77, 1985

[2.15] Seibel, W.: Warenkunde Getreide. Clenze, AgriMedia, 43–60; 73–125; 127–190, 361–369, 2005

[2.16] wikipedia.de, Echter Buchweizen, 2013

[2.17] Mudra, A.: Handbuch der Landwirtschaft, Bd. 2, Roemer, Th.; Scheibe, A.; Schmidt, J. u. Woermann, E.; Berlin: Paul Parey, 86–129, 1953

[2.18] Hepting, L., Oltmann, W.: Lehrbuch der Züchtung landwirtschaftl. Kulturpflanzen, Bd. 2, Spezieller Teil, Hoffmann, W. Mudra, A. und Plarre, W.; Verlag Paul Parey, Berlin und Hamburg, S. 152–173, 1985

[2.19] ten Have, H.: In: Lehrbuch der Züchtung landwirtschaftlicher Kulturpflanzen, Bd. 2, Spezieller Teil; Hoffmann, W.; Mudra, A. u Plarre, W., Berlin: Paul Parey, 110-121, 1985

[2.20] Schuster, W.: Lehrbuch der Züchtung landwirtschaftlicher Kulturpflanzen, Bd. 2, Spezieller Teil; Hoffmann, W.; Mudra, A. und Plarre, W.; 123 –137, 1985

[2.21] wikipedia.de, Quinoa, 2013

[2.22] wikipedia.org, Amaranth, 2013

[2.23] wikipedia.org, Sorghum, 2013

3. Erträge und Inhaltsstoffe von Getreide

3.1 Allgemeine Übersicht

In Abhängigkeit von Klima, Boden, Sorten, Bewirtschaftung und Untersuchungsmethoden unterliegen Erträge und Inhaltsstoffe außerordentlich großen Streuungen. Es können hier nur die Mittelwerte aus den verschiedensten Recherchen dargestellt werden. Entsprechend kritisch sind diese zu bewerten.

Die im 3-Jahresmittel dargestellten weltweiten Erträge (Tab. 3.1 und Abb. 1.11) sind vergleichsweise niedrig. Es zeigt sich die klare Ertragsüberlegenheit von Mais und Reis, gefolgt von Triticale und Weizen. Sorghum bringt hohe Erträge in den wärmeren Regionen. Millet, Buchweizen und Amaranth erreichen im Durchschnitt nur weniger als 1 t pro Hektar. Hohe Gehalte an Rohprotein kennzeichnen die Pseudogetreidearten Amaranth und Quinoa (Tab. 3.2). Sie dokumentieren in Verbindung mit hohen Fett- und Mineralstoffmengen und auch beachtlichen Energiegehalten ihre große lokale Bedeutung als Nahrungsmittel. Unter den Hauptgetreidearten zeichnen sich hohe Proteingehalte bei Triticale, geschältem Hafer, Weizen und Sorghum ab. Besonders erwähnenswert sind die hohen Fettgehalte von Hafer, Mais, Millet und Sorghum. Die Getreidefette sind zwar ernährungsphysiologisch sehr positiv zu bewerten. Aus der Sicht der Brauereirohstoffe sind sie aber eher unerwünscht, weil sie als Bierschaumzerstörer und auch in Form

Tab. 3.1: Erträge von Getreide t/ha [3.1, 3.2]

Getreide-Arten	Welt	Afrika	Nordamerika	Südamerika	Asien	Europa	Ozeanien
Weizen	3,0	2,3	2,8	2,3	2,6	3,7	1,4
Gerste	2,7	1,2	3,2	2,4	1,7	3,4	1,7
Hafer	2,4	1,0	2,7	2,1	2,0	2,3	1,3
Roggen	2,6	1,7	2,1	1,4	2,3	2,7	0,6
Triticale	3,5	2,1	2,4	2,7	1,9	3,9	1,3
Mais	5,2	1,9	9,8	4,1	4,5	5,7	6,6
Reis	4,3	2,6	7,9	4,7	4,4	6,0	7,5
Sorghum	1,4	0,9	4,3	3,2	1,1	3,7	3,2
Millet	0,9	0,8	1,9	1,7	1,0	1,3	1,0
Buchweizen	0,9	0,4	1,0	1,1	0,8	0,9	0,9
Amaranth	(0,7)	–	–	–	–	–	–
Quinoa	(2–4)	–	–	–	–	–	–

Selbst die im dreijähringen Mittel dargestellten Erträge streuen innerhalb derselben Getreideart zwischen den Erdteilen um 100 % und mehr. Bei der Verwendung von Mittelwerten muss generell auch bei anderen Eigenschaften dieser Situation Rechnung getragen werden. Entsprechend kritisch sind Einzel- und Mittelwerte zu betrachten. Im vorliegenden Fall wurde versucht, über mehrere Literaturquellen zu einer brauchbaren Aussage über Erträge und Inhaltsstoffe zu kommen [3.1–3.7]

Tab. 3.2: Erträge und bedeutende Inhaltsstoffe von Getreide [3.1–3.4]

Getreide-Arten	Erträge t/ha*	Roh-protein %	Fett %	Verwertbare Kohlen-hydrate %	Zucker %	Stärke %	Ballast-stoffe %	Mineral-stoffe %	Energie-gehalt Kcal/100 g
Weizen	3,0	11,7	2,0	61	2,8	58	10,3	1,8	309
Gerste	2,7	10,6	2,1	64	2,1	63	9,8	2,3	316
Hafer	2,4	12,6	7,1	60	1,0	57	5,6	2,9	350
Roggen	2,6	9,5	1,7	61	2,3	52	13,2	1,9	294
Triticale	3,5	12,9	2,5	64	–	–	6,7	1,9	329
Mais	5,2	9,2	3,8	65	2,2	61	9,2	1,3	327
Reis	4,3	7,8	2,2	74	–	73	2,2	1,2	345
Sorghum	1,4	11,1	3,2	70	2,2	–	3,7	1,8	349
Millet	0,9	10,6	3,9	69	2,1	60	3,8	1,6	350
Buchweizen	0,9	9,8	1,7	71	–	–	3,7	1,7	336
Amaranth	0,7	18,0	8,8	57	–	55	–	3,3	365
Quinoa	2–4	16,0	5,0	61	–	–	4,4	3,3	344

**Hafer ohne Spelzen, Reis unpoliert, Millet geschält, Buchweizen geschält, Weltdurchschnittserträge, rohe Druschware, Mittel aus 3 Jahren 2007/09 [3.1]*

ihrer Abbauprodukte geschmacklich eher negativ zu bewerten sind. Die fettreicheren Getreidearten werden deshalb vor der Verwendung in der Brauerei zu fettarmen Grießen aufgearbeitet. Hinsichtlich der verwertbaren Kohlenhydrate liegen die Reisprodukte, gefolgt von Sorghum und Buchweizen, mit über 70 % an der Spitze. Die übrigen als Brauereirohstoffe prädestinierten Getreidearten liegen im Bereich um 60 % bis 65 % verwertbarer Kohlenhydrate.

Aus der Sicht der Nahrungsmittel spielen die Ballaststoffe eine positive Rolle. Hier treten durch höhere Gehalte Roggen, Weizen, Gerste und Mais deutlich positiv hervor. Andererseits sind jedoch geringere Gehalte an Ballaststoffen für Brauereirohstoffe vorteilhaft, da diese dann höhere Ausbeuten liefern. Reis und Mais gehören zu den Getreidearten die vergleichsweise geringere Mineralstoffkonzentrationen von ca. 1 % enthalten. Die übrigen Hauptgetreidearten

Abb. 3.1: Getreide-Erdmieten in ariden Regionen von Vorderasien

Abb. 3.2: Bunkers in Australien

Abb. 3.3: Ernte hoher Erträge bei hoher Feuchtigkeit in Zentral- und Nordeuropa

Abb. 3.4: Moderne Siloanlagen

bewegen sich um 2 %. Aus energetischer Sicht sind geschälter Hafer, Sorghum, Millet und Reis besonders positiv zu bewerten.

3.2 Bedeutung einzelner Inhaltsstoffe

3.2.1 Wassergehalt

Die Wassergehalte von erntereifem Getreide sind nur unwesentlich von der Getreideart abhängig (Ausnahme Mais). Wesentlichen Einfluss hat die Witterung ab der Kornbildung und in der Reifephase. So erreicht das Getreide in Trockenregionen zur Zeit der Ernte nicht selten Wassergehalte um 8 %. Diese niedrigen Werte haben einen konservierenden Effekt, der so weit geht, dass Getreide über ein ganzes Jahr in Erdmieten mit Folien- und Erdabdeckung in den Getreidesteppen Vorderasiens (Abb. 3.1) oder in Flachsilos mit Folienabdeckung, den sogenannten „Bunkers", in Australien (Abb. 3.2) unter freiem Himmel ohne zusätzliche Belüftung gelagert werden kann. Unter diesen Bedingungen bleiben Keimfähigkeit und auch die übrigen Qualitätskriterien erhalten. Diese für den weltweiten Getreideanbau so wichtigen Trockenregionen erreichen im Mittel Jahresniederschläge < 400 mm bei Erträgen von ca. 2 t pro Hektar. Anders dagegen ist es in den intensiveren Getreideanbauzonen der Erde. Hier werden bei Jahresniederschlägen um 600 mm und mehr Spitzenerträge bis ca. 10 t pro Hektar geerntet (Abb. 3.3). Im Interesse der Vermeidung von Verlusten muss oft bei bewölktem Himmel und hoher Luftfeuchtigkeit bei Kornwassergehalten um 18 % und mehr geerntet werden. Dann ist die aufwändige, schonende künstliche Trocknung und Lagerung der Ware in festen Silos (Abb. 3.4) eine Voraussetzung für die Gesunderhaltung. In Mitteleuropa werden in Lieferverträgen Wassergehalte des Getreides bis 14 % toleriert. Steigende Kornfeuchten verstärken den Verderb des Getreides umso schneller, je höher die Temperaturen sind. In Ländern

Lagertemperatur (°C)		5	10	15	20	25
		maximale Kornfeuchte in %				
		Risiko sehr hoch				
Maximal mögliche Lagerzeit ohne Qualitätsverlust	Einige Tage	24,0	21,0	17,5	16,0	14,5
	Einige Wochen	21,0	19,0	15,5	14,5	14,0
	Einige Monate	19,0	17,5	14,5	14,0	13,7
	Ein Jahr	17,0	16,0	14,0	13,7	13,0
	Über ein Jahr	16,0	15,0	13,7	13,0	12,0
		Risiko hoch		Risiko gering		

Tab. 3.3: Maximale Kornfeuchtigkeit (%). Zusammenhang zwischen maximaler Lagerungstemperatur und -zeit für Weizen, Roggen und Gerste nach Seibel [3.2]

mit Lagertemperaturen über 20 °C sollte nach Seibel [3.2] der Wassergehalt des Getreides nicht wesentlich über 13 % liegen (Tab. 3.3).

3.2.2 Verwertbare Kohlenhydrate

Die Kohlenhydrate sind die größte Stoffgruppe im Getreide. Ihre unterschiedlichsten Eigenschaften erlauben nach Souci et al. [3.4] die folgende Differenzierung:

- Gesamt-Kohlenhydrate: 70–85 % der Kornmasse
- Verwertbare Kohlenhydrate: 60–75 %
- Stärke 55–73 %
- Zucker 1,8–2,0 %
- Ballaststoffe 3–13 %
- Zellulose bis 6 %
- Hemizellulose
- β-Glukan
- Pentosane

Die verwertbaren Kohlenhydrate resultieren aus der Differenzrechnung:
100 – (Wasser + Protein + Fett + Asche + Gesamt-Ballaststoffe) [3.4].

3.2.2.1 Stärke

Die Stärke ist in Form von großen und kleinen Stärkekörnern in die Endospermzellen des Kornes eingelagert. Verschiedene Zelluloseverbindungen und Proteine bilden die Strukturen der Zellwände, die wiederum die Endospermzellen gegeneinander abgrenzen (Abb. 3.5). Grundlegende Arbeiten zur Biosynthese von Stärke liegen u.a. auch von Mengel [3.5] und Jeromanis [3.6, 3.7] vor. Nach Kunze [3.8] besteht die Stärke zu 75 % bis 80 % aus Amylopektin, eine wasserlösliche Hüllsubstanz, die bei hohen Temperaturen verkleistert. Die übrigen 20 % bis 25 % bestehen aus Amylose im Korninneren, die in heißem Wasser löslich ist und nicht verkleistert. Durch Anlagerung von Glykosylresten an Disaccharide entsteht über Tri- und Oligosaccharide schließlich Amylose, aus der auch Amylopektin aufgebaut wird (Abb. 3.6). Besonders reich an verwertbaren Kohlenhydraten mit Gehalten von ca. 70 % bis 75 % sind Reis, Buchweizen, Sorghum und Millet. Stärkegehalte von ca. 65 % erreichen Mais, Triticale und Gerste (Tab. 3.2).

3.2.2.2 Zucker

Die niedrigen Zuckergehalte um 2 % im Getreide (Tab. 3.2) bestehen vorwiegend aus Saccharose, etwas Glukose und Fruktose. Diese dienen als Startenergie für die Keimung, da zu dieser Zeit des Energiebedarfes aus Mangel an Chlorophyll noch keine eigene photosynthe-

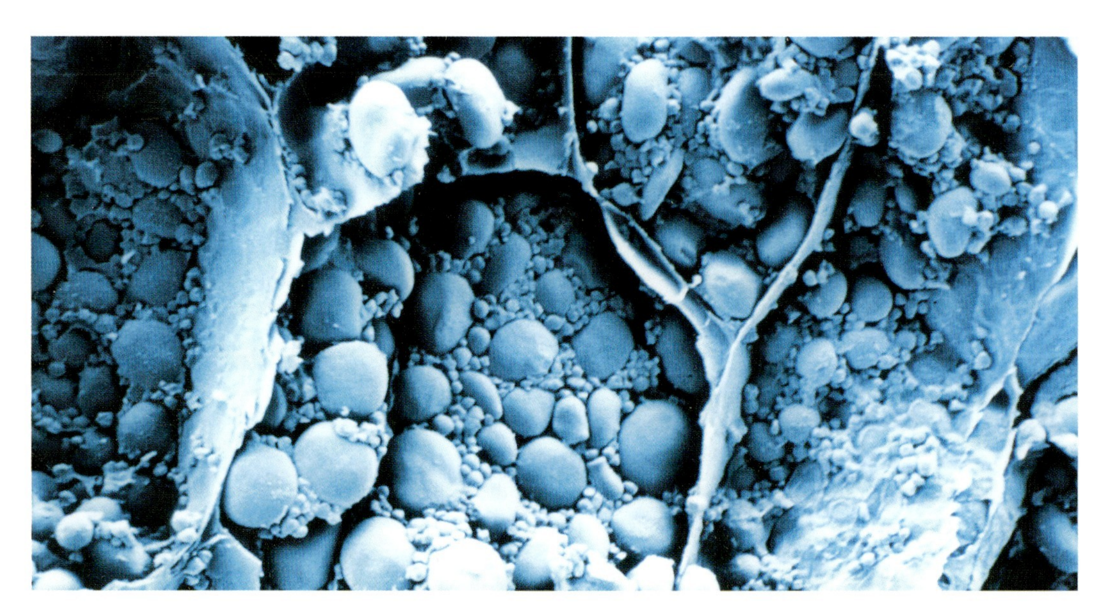

Abb. 3.5: Endospermzellen von Gerste mit kleinen und großen Stärkekörnern (500fache Vergrößerung)

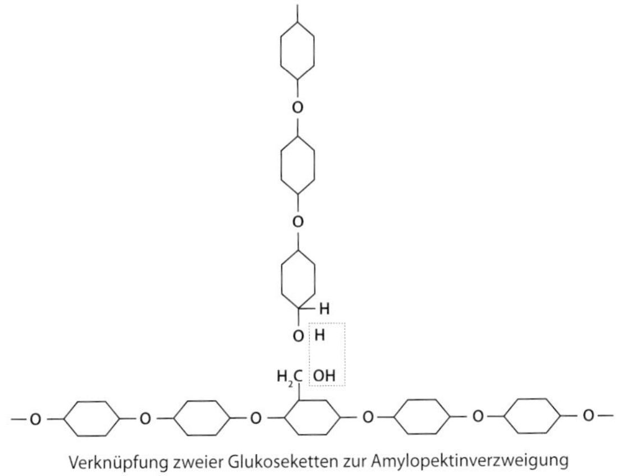

Verknüpfung zweier Glukoseketten zur Amylopektinverzweigung

Abb. 3.6: Struktur von Stärke [3.5]

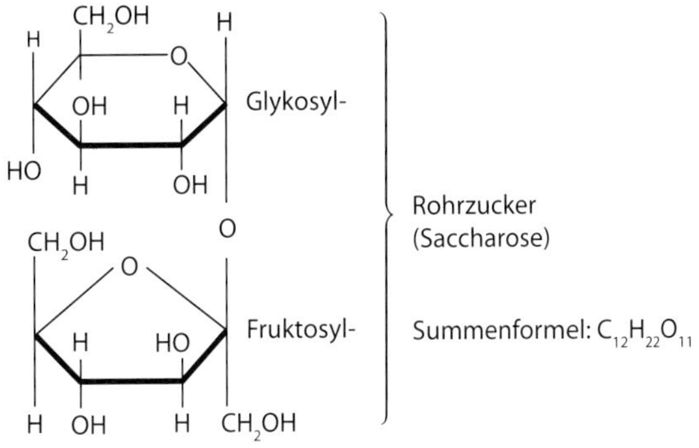

Glykosyl-

Fruktosyl-

Rohrzucker (Saccharose)

Summenformel: $C_{12}H_{22}O_{11}$

Abb. 3.7: Struktur von Saccharose [3.5]

tische Leistung der jungen Pflanze möglich ist (Abb. 3.6, 3.7).

3.2.3 Ballaststoffe

Die Gesamt-Ballaststoffe errechnen sich aus: 100 – (Wasser + Protein + Fett + Asche + verwertbare Kohlenhydrate) [3.4]. Sie ersetzen den früher gebräuchlichen Begriff der Rohfaser. Es handelt sich in der Regel um Zellulose und Hemizellulose und um weitere polymere Verbindungen.

3.2.3.1 Zellulose

Als wichtiges Baumaterial der Zellwände besteht die Zellulose aus glykosidisch gebundenen Glukoseresten, deren C_6-Atome alternierend angeordnet sind. Diese aus mehr als 1000 Glukoseresten bestehenden geraden Ketten werden durch Sauerstoffbrücken zwischen C_1 und C_4 zusammengehalten. Zellulose kann beim Mälzen nicht abgebaut werden (Abb. 3.8).

3.2.3.2 Hemizellulose

Weitere Zellwandbestandteile sind die Hemizellulosen, die (in der Gerste) zu 80 % bis 90 % aus Glukan und zu 10 % bis 20 % aus Pentosan bestehen [3.8]. Glukane sind langgestreckte Glukoseketten, die mit höhermolekularen Proteinen vernetzt sind. Durch mögliche Gel- und Faserbildung können Glukane zu Filtrationsschwierigkeiten im Brauprozess führen. Der Glukangehalt in der Gerste ist mit 3 % bis 5 % vergleichsweise höher als in anderen Getreidearten. Da für die Bierherstellung primär Gerstenmalz Verwendung findet, sind einerseits hohe Glukangehalte technologisch eher negativ zu bewerten. Andererseits spielen sie aber als Ballaststoffe für die Ernährung eine positive Rolle, da nach Newman und Newman [3.9, 3.10] und Nagel-Held [3.11] davon ausgegangen werden kann, dass bei hohen Blut-Cholesterinwerten von Glukanen eine cholesterinsenkende Wirkung zu erwarten ist.

Pentosane bestehen aus langen Xylose- und Arabinose-Ketten. Da sie im Mälzungs- und Brauprozess teilweise abgebaut werden, spielen sie für den Brauprozess mit Gerstenmalz keine große Rolle. Nach Seibel [3.2] sind im Roggen die Pentosane willkommene Quellstoffe.

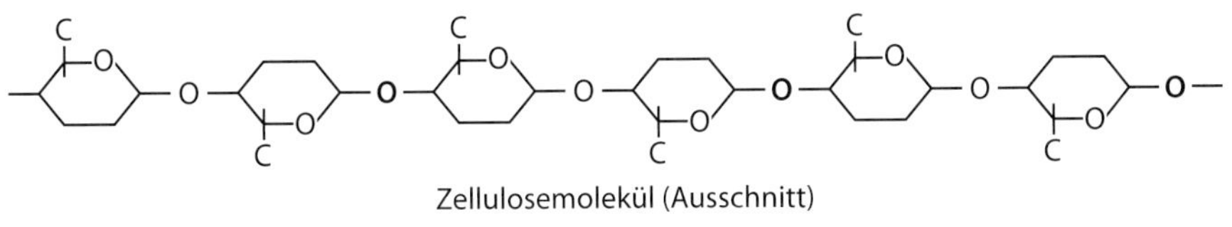

Zellulosemolekül (Ausschnitt)

Abb. 3.8: Zellulosemolekül (Ausschnitt) [3.5]

3.3 Proteine

Neben C, H und O sind N und in geringen Mengen S und P charakteristische Elemente des Eiweißes. Im Durchschnitt enthalten Eiweißsubstanzen nach Nehring [3.12] und Kirchgesser [3.13] folgende Elemente:

- C ca. 52 % (50–55 %)
- H ca. 7 % (6,8–7,7 %)
- O ca. 23 % (21–24 %)
- N ca. 16 % (15,0–18,4 %)
- P ca. 0,6 % (0,4–0,9 %)
- S ca. 2 % (0,3–2,3 %)

Diese Stoffe sind Bausteine der Aminosäuren. Eiweiß ist der lebenswichtigste Bestandteil aller Organismen. Der menschliche Körper kann zwar als Nahrung aufgenommene Eiweißkörper „mundgerecht" umbauen. Der erste Schritt zum Aufbau von Eiweißen – der Einbau N-haltiger anorganischer Verbindungen in organische Moleküle – ist jedoch nur auf dem Wege der Photosynthese möglich [3.5]. Die echten Eiweiße werden gemeinsam mit den weiteren N-haltigen anorganischen Substanzen des Kornes als „Rohprotein" (RP) zusammengefasst. Aufgrund der zentralen Bedeutung des RP als Qualitätskriterium ist im internationalen Handel mit Getreide eine vergleichsweise einfache RP-Bestimmungsmethode gebräuchlich. Dazu reicht die Analyse des Gesamt-N-Gehaltes. Allerdings ist der N-Gehalt im RP je nach Getreideart unterschiedlich. Da der N-Gehalt im Gersten-RP ca. 16 % beträgt, ergibt sich ein RP-Gehalt aus der Multiplikation N-Gehalt x 6,25. Beim Weizen wird der Faktor 5,7 verwendet. Auch wenn heute mit Hilfe physikalischer Schnellmethoden (NIR, NIT) der RP-Gehalt in wenigen Minuten bei der Getreideannahme vor der Entladung bestimmt werden kann, so bedarf es doch immer noch der Kalibrierung mit Hilfe der klassischen chemischen Kjeldahl-Methode aus dem Jahr 1883 [3.14]. Je nach Provenienz, Bewirtschaftung, Art und Sorte streuen die RP-Gehalte im Getreide im Bereich von ca. 8 % bis ca. 20 %. Während beim Qualitäts-Backweizen eher höhere RP-Gehalte von ca. 14 % wünschenswert sind, sollten sie bei der Braugerste nicht höher als 11,5 % liegen. Nach der Löslichkeit lassen sich die Eiweiße nach

Tab. 3.4: Essenzielle Aminosäuren in Getreide mg/100 g Rohware (nach Souci et al [3.4])

Getreide-Arten	Arginin	Histidin	Iso-leucin	Leucin	Lysin	Methio-nin	Phenyl-alanin	Threo-nin	Trypto-phan	Valin
Weizen	620	280	540	920	380	220	640	430	150	620
Gerste	560	210	460	800	380	180	590	430	150	580
Hafer*	850	270	560	1020	550	230	700	490	190	790
Roggen	490	190	390	670	400	140	470	360	110	530
Triticale	560	300	380	810	430	180	510	420	–	540
Mais	420	260	430	1220	290	190	460	390	70	510
Reis*	600	190	340	690	300	170	420	330	90	500
Sorghum	380	220	580	1360	260	200	440	440	110	580
Millet*	370	190	550	1350	280	250	460	420	180	610
Buchweizen*	970	220	490	660	580	190	410	470	170	660
Amaranth	1310	396	557	866	847	314	641	561	196	633
Quinoa	1100	368	717	930	860	188	530	570	165	633

**Hafer ohne Spelzen, Reis unpoliert, Millet geschält, Buchweizen geschält, Erträge sind der Durchschnitt aus 5 Jahren, rohe Druschware*

Osborne [3.15] in vier Fraktionen zu folgenden Anteilen auftrennen:

Gluteline 30 %

Sie befinden sich vorwiegend im Aleuron. Sie werden nicht abgebaut und verbleiben bei der Bierherstellung überwiegend in den Trebern. Gluteline sind löslich in verdünnten Alkalien.

Prolamine 37 %

Bei der Gerste sind es die Hordeine. Sie verbleiben teils in den Trebern. Neben den ernährungsphysiologisch positiven Eigenschaften ist darauf hinzuweisen, dass Prolamine, die in Weizen, Roggen, Gerste und Hafer vorkommen, für Zöliakiekranke unverträglich sind. Prolamine sind löslich in 80%igem Alkohol.

Globuline 15 %

Bei der Gerste ist es das Edestin. Es fällt beim Kochen nicht vollständig aus und kann Trübungen verursachen. Globuline sind löslich in verdünnter Salzsäure.

Albumine 11 %

Bei der Gerste ist es das Leucosin; es wird beim Kochen ausgefällt. Albumine sind in reinem Wasser löslich.

Der Rest sind weitere Abbauprodukte.

Die kleinsten Bausteine der Proteine, die beim Auf- und Abbau entstehen, sind die Aminosäuren (AS). Diese sind im Allgemeinen nach der Formel aufgebaut, wie sie Abbildung 3.9 zeigt. Etwa 25 Aminosäuren konnten seither als Bausteine pflanzlicher Eiweiße nachgewiesen werden. Zehn davon gelten als essenziell, d.h., für den Körper sind sie lebenswichtig und können vom menschlichen Organismus nicht selbst synthetisiert werden. Eine Zufuhr aus der Nahrung ist erforderlich. Das gilt auch im übertragenen Sinne für die Nährstoffversorgung der Hefe. Insofern sind natürlich die unterschiedlichen Gehalte an essenziellen AS in den Getreidearten von besonderem Interesse (Tab. 3.4). Besonders reich an essenziellen AS sind die Pseudogetreidearten Amaranth und Quinoa. Der Buchweizen ist durch hohe Gehalte an Arginin und Valin gekennzeichnet. Millet, Sorghum und Mais enthalten mehr Isoleucin und Leucin. Der besondere ernährungsphysiologische Wert des Hafers wird durch die generell hohen Gehalte an AS dokumentiert. Reis und Roggen enthalten im Vergleich zu den anderen Getreidearten geringere Anteile an essenziellen AS [3.4].

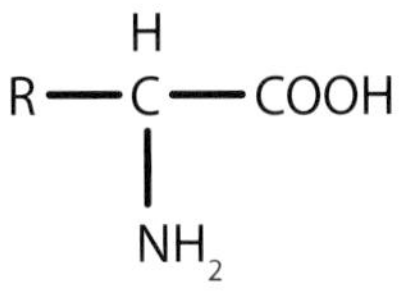

$$R - \overset{H}{C}(NH_2) - COOH$$

Abb. 3.9: Aufbau der Aminosäuren

3.4 Fette

Es wurde bereits darauf hingewiesen, dass die Pseudogetreidearten Amaranth und Quinoa 5 % bis 9 %, Hafer, Mais Sorghum und Millet bis um 4 % und die übrigen Getreidearten nur um 2 % Fett enthalten [3.4]. Fette sind vorwiegend in Keimling und Aleuron deponiert [3.5]. Ihre Hauptkomponenten sind Fettsäuren. Es sind Kohlenwasserstoffe mit einer endständigen COOH-Gruppe, deren bis zu 20 C-Atome zu kurz, mittel- und langkettigen Verbindungen verknüpft sein können. Nach Rapoport [3.16] reagieren die Fettsäuren mit Glycerin (C_3H_5) zu Lipiden (Fette, Öle). Fettsäuren, bei denen die C-Atome durch Einfachbindungen verknüpft sind, werden als „gesättigt" bezeichnet (Abb. 3.10).

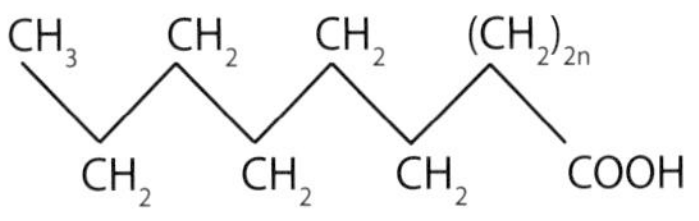

$$CH_3 - CH_2 - CH_2 - CH_2 - CH_2 - CH_2 - CH_2 - (CH_2)_{2n} - COOH$$

$$CH_3(CH_2)_{2n} - COOH$$

Abb. 3.10: Allgemeine Struktur einer gesättigten Fettsäure

Die ungesättigten enthalten entsprechende Doppelbindungen. Ungesättigte Fettsäuren sind einerseits lebenswichtig. Der Mensch ist nicht in der Lage, diese selbst zu synthetisieren. Diese essenzielle Funktion macht sie zu den F-Vitaminen. Die bekanntesten sind:

- Ölsäure mit 1 Doppelbindung
- Linolsäure mit 2 Doppelbindungen und die
- Linolensäure mit 3 Doppelbindungen (Abb. 3.11)

Andererseits sind nach Kunze [3.8] besonders

Tab. 3.5: Ungesättigte Fettsäuren in Getreide (mg /100 g Rohware) nach Souci et al. [3.4]

Getreideart	Ölsäure	Linolsäure	Linolensäure
Doppelbindungen	**1**	**2**	**3**
Weizen	280	1100	76
Gerste	230	1200	110
Hafer*	2460	2700	120
Roggen	410	700	65
Triticale	184	1000	89
Mais	1100	1600	40
Reis*	540	800	30
Sorghum	990	1000	70
Millet*	930	1800	130
Buchweizen*	580	500	80
Amaranth	2140	4000	81
Quinoa	1220	2400	200

**Hafer ohne Spelzen, Reis unpoliert, Millet geschält, Buchweizen geschält, Erträge sind der Durchschnitt aus 5 Jahren, rohe Druschware*

die reaktionsfähigeren ungesättigten Fettsäuren mitverantwortlich für den Alterungsgeschmack des Bieres. Die einfach ungesättigte Ölsäure liegt besonders reichlich im Fett von Hafer, Amaranth, Quinoa und Mais vor. Die zweifach ungesättigte Linolsäure ist in höherer Konzentration in Amaranth, Hafer und Quinoa zu finden. Schließlich enthalten auch Quinoa, Millet, Hafer und Gerste vergleichsweise höhere Mengen an der dreifach ungesättigten Linolensäure (Tab. 3.5) [3.4].

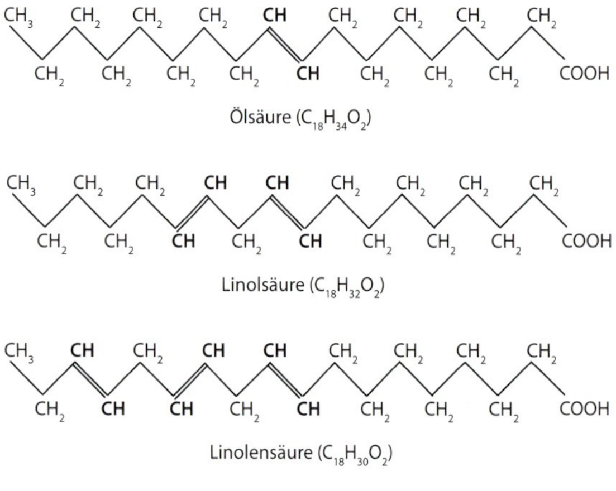

CH_3 CH_2 CH_2 CH_2 CH_2 CH_2 CH_2 CH_2 **CH** **CH** CH_2 CH_2 CH_2 CH_2 CH_2 CH_2 CH_2 COOH

Ölsäure ($C_{18}H_{34}O_2$)

CH_3 CH_2 CH_2 CH_2 CH_2 **CH** **CH** CH_2 **CH** **CH** CH_2 CH_2 CH_2 CH_2 CH_2 CH_2 CH_2 COOH

Linolsäure ($C_{18}H_{32}O_2$)

CH_3 CH_2 **CH** **CH** CH_2 **CH** **CH** CH_2 **CH** **CH** CH_2 CH_2 CH_2 CH_2 CH_2 CH_2 CH_2 COOH

Linolensäure ($C_{18}H_{30}O_2$)

Abb. 3.11: Ungsättigte Fettsäuren

3.5 Vitamine

Vitamine sind lebenswichtige Wirkstoffe. Sie sollten mit der Nahrung als Ergänzungsstoffe verabreicht werden. Ihre Funktion besteht in der Regulation der Ausnutzung von Nährstoffen und der Erhaltung von Gesundheit und Leistungsfähigkeit (Tab. 3.6) [3.12, 3.13]. Getreide enthält besonders Vitamine der B-Gruppe, die in den Randschichten deponiert und deshalb in Vollkornprodukten stärker konzentriert sind. Mais, Roggen und Weizen enthalten besonders in den Ölen des Keimlings viele Vitamine. Reich an Tokopherolen sind Mais und Buchweizen, gefolgt von Weizen, Roggen und Millet. Tokotrienole finden sich häufiger in Weizen und Roggen, Vitamin B_1 in Amaranth und Hafer, der zudem viel Vitamin B_2 enthält. Nikotinamid liegt häufiger in Weizen, Gerste, Reis, Sorghum und Buchweizen vor. Mehr Pantothensäure enthalten Roggen und Reis. Den höchsten Vitamin-B_6-Gehalt erreicht Hafer. Roggen hat mehr Folsäure. Schließlich sind nach Souci et al. [3.4] Reis, Gerste und Weizen reicher an Niacin. Der Vitaminbedarf der Hefe lässt sich im Wesentlichen aus dem Malz decken.

3.6 Mineralstoffe

Angaben über Zuordnung und Gehalte streuen zwischen den Autoren in weiten Bereichen [3.2–3.6, 3.13, 3.16, 3.17]. Unter diesem Vorbehalt steht auch hier die nachfolgende Interpretation. Die Mineralstoffe des Getreides entsprechen dem Ascherest nach vollständiger Verbrennung der organischen Substanz. Ihr Anteil im Getreide liegt um 1 % bis 3 %. Aus landwirtschaftlicher Sicht als Pflanzennährstoffe wird unterschieden zwischen den Makro- und Mikro-Elementen.

Makro-Elemente: (Mengen-Elemente)

- N, P, S, K, Ca, Mg, (Na)

Mikro-Elemente: (Spuren-Elemente)

- B, Cl, Mo, Cu, Fe, Mn, Zn

Tab. 3.6: Einige Vitamine in Getreide, Milligramm/100 g Rohware (nach Souci et al. [3.4])

Vitamin Getreideart	E	Toko-pherol	Toko-trienol	B_1	B_2	Nikoti-namid	Panto-thensäure	B_6	Fol-säure	Niacin
Weizen	1,3	4,1	2,7	0,5	0,1	5,1	1,2	0,3	0,1	5,1
Gerste	0,7	2,2	1,8	0,4	0,2	4,8	0,7	0,6	0,1	4,8
Hafer*	0,8	1,8	1,3	0,5	0,2	2,4	0,7	1,0	<0,1	2,4
Roggen	2,0	4,0	2,3	0,4	0,2	1,8	1,5	0,2	0,1	1,8
Triticale	–	–	–	0,4	0,3	2,1	0,7	–	–	–
Mais	2,0	6,6	0,7	0,4	0,2	1,5	0,7	0,4	<0,1	1,5
Reis*	0,7	1,9	1,1	0,4	0,1	5,2	1,7	0,3	<0,1	5,2
Sorghum	0,2	1,1	–	0,3	0,2	3,3	–	–	–	–
Millet*	0,4	4,0	1,5	0,4	0,1	1,8	–	0,5	–	–
Buchweizen*	0,8	6,5	0,2	0,2	0,2	2,9	–	–	–	–
Amaranth	–	–	–	0,8	0,2	1,2	–	–	–	–
Quinoa	–	–	–	0,2	–	0,5	–	–	–	–

** = Hafer ohne Spelzen, Reis unpoliert, Millet geschält, Buchweizen geschält*

Weitere nützliche Elemente sind Al, Co, Na, Ni, Si, V, F. Getreide enthält auch die Schwermetalle Cd, Cr, Hg, Pb. Diese sind als Schadfaktoren einzuordnen. Besondere Beachtung finden in diesem Zusammenhang Cd und Pb, für die Grenzwerte von 0,2 mg/kg Frischmasse nicht überschritten werden dürfen [3.2]. All diese Elemente werden von der Pflanze während der Vegetationszeit aus dem Boden aufgenommen und in den vegetativen und generativen Organen gespeichert. Je nach Angebot betreibt die Pflanze auch einen sogenannten Luxuskonsum an Mineralstoffen, der die Zuordnung zu den wichtigen und weniger bedeutenden Elementen für die Pflanzenernährung erschwert. Unter ernährungsphysiologischen Aspekten ergeben sich für die Gruppe der Mineralstoffe des Kornes andere Prioritäten. Zwischen der Menge der Nährstoff-/Mineralstoffzufuhr durch die Düngung und dem entsprechenden wertbildenden Mineralstoffgehalt im Korn muss nicht unbedingt eine positive Beziehung bestehen. Bei vorherigem Mineralstoffmangel im Boden kommt es sogar vor, dass durch eine reichliche Mineraldüngung zwar die Erträge signifikant steigen, der entsprechende Mineralstoffgehalt im Korn aber auch sinken kann, solange die Erträge noch steigen (Verdünnungseffekt). Umgekehrt führt Mangel an Nährstoffen zu Mindererträgen und diese können auch mit einer Erhöhung der Mineralstoffkonzentration in der Pflanze einhergehen. Logischerweise fallen bei der Behandlung der Mineralstoffe N und S heraus, da diese Elemente in organische Strukturen fest eingebaut sind (Proteine) und bei der für die Analyse notwendigen Veraschung verbrennen. Das ändert nichts an ihrer überragenden Bedeutung sowohl als Pflanzennährstoffe als auch als wertvolle Samen-Inhaltsstoffe für die menschliche Ernährung. Die N-Gehalte lassen sich näherungsweise aus dem Rohproteingehalt – dividiert durch 6,25 bei Gerste und 5,7 bei Weizen – zurückrechnen. Daraus ergeben sich N-Gehalte bei den Samen der Hauptgetreidearten zwischen 1,2 % und 2,0 %. Die S-Gehalte schwanken von 1,5 % bis 1,8 %.

Auch wenn die Pseudogetreidearten nur regionale Bedeutung haben, so sind sie doch auch aus der Sicht ihrer Mineralstoffgehalte wertvolle Nahrungsmittel (Tab. 3.7). Sie sind reich an K und P. Amaranth und Quinoa enthalten darüber hinaus reichlich Mg und Ca, Fe und

Cu. Unter den Hauptgetreidearten treten Sorghum, Roggen und Gerste in ihrem K-Gehalt, Triticale beim P, Millet, Reis und Triticale beim Mg, Hafer und Roggen beim Ca, Roggen beim Na und Hafer bei den Cl-Verbindungen besonders deutlich hervor. Bei den Hauptgetreidearten sind Millet, Triticale, Hafer und Sorghum reicher an Fe. Hafer enthält mehr Zn. Höhere Mengen an Cu liegen bei Amaranth, Quinoa, Millet, Sorghum und Triticale vor. Mehr Mn enthalten Sorghum, Roggen und Triticale. Geschälter Hafer ist reich an Co und Mo. Auch Buchweizen enthält viel Mo, gefolgt von Millet und Reis. Roggen und Gerste sind reich an F und J.

Für die menschliche Ernährung haben die Mineralstoffe aus den Cerealien grundlegende Bedeutung, da sie je nach Konzentration die Stoffwechselfunktionen beeinflussen. Angesichts der Vielzahl von Wechselwirkungen auf den menschlichen Körper können hier nur einige Beispiele erwähnt werden. Nach Rapoport [3.16] sind Na, K und Cl als wichtige Bestandteile der osmotischen und ionalen Struktur der Körperflüssigkeiten unentbehrlich. Ca, Mg und P beeinflussen gemeinsam den Knochenstoffwechsel und übernehmen zudem zahlreiche Einzelfunktionen. Ca beeinflusst die Erregbarkeit und den Stoffwechsel über die Herzfunktion. Mg unterstützt ebenfalls die Herztätigkeit. P ist Bestandteil der Co-Enzyme und beim Aufbau der Proteine lebensnotwendig. Fe-Verbindungen sind unentbehrliche Bestandteile von Atmungsenzymen. Cu-Mangel stört den Fe-Stoffwechsel. Zn-Mangel führt zu Wachstumsstörungen und Haarausfall. Mn ist notwendig zur Vermeidung von Sterilitäten und Knochenmissbildungen. Co-Mangel führt zu Blutarmut und Massenverlust. Mo-Mangel konnte seither noch nicht nachgewiesen werden, ein geringer Überschuss wirkt aber schon toxisch.

Solange jährlich je nach Erdteil um 130 bis 1000 kg Getreide pro Kopf der Weltbevölkerung geerntet und allein zur Nahrungsmittelerzeugung verwendet würden, ist Getreide nicht nur eine Quelle zur Deckung des physiologischen Energiebedarfes. Vielmehr liefert es auch allein aufgrund des hohen Verzehrs – trotz des vergleichsweise niedrigen Anteils an Mineralstoffen – die Grundlage für die Versor-

Tab. 3.7: Mineralstoffe Mengenelemente in Getreide in Milligramm/100 g Rohware nach Souci et al. [3.4]

Getreideart	Kalium	Phosphor	Magnesium	Kalzium	Natrium	Chloride
Weizen	381	340	130	38	8	55
Gerste	444	340	115	38	18	23
Hafer*	355	340	130	80	8	120
Roggen	510	340	120	65	38	20
Triticale	444	380	155	38	26	–
Mais	330	256	120	15	6	12
Reis*	150	325	157	23	10	–
Sorghum	592	330	–	17	21	–
Millet*	150	310	170	25	3	15
Buchweizen*	324	254	85	21	–	12
Amaranth	484	582	308	214	26	–
Quinoa	804	328	276	80	10	–

** = Hafer ohne Spelzen, Reis unpoliert, Millet geschält, Buchweizen geschält*

Tab. 3.8: Mineralstoffe – Spurenelemente in Getreide nach Souci et al. [3.4]

	Eisen	Zink	Mangan	Kupfer	Kobalt	Molybdän	Fluor	Jod
Getreideart	**mg/100 g**	**mg/100 g**	**mg/100 g**	**µg/100 g**	**µg/100 g**	**µg/100 g**	**µg/100 g**	**µg/100 g**
Weizen	3,3	2,7	3,7	459	2,0	40	90	6
Gerste	2,8	2,5	1,7	373	6,8	43	1120	7
Hafer*	5,8	4,5	3,7	470	8,5	70	95	6
Roggen	4,9	3,9	4,2	463	3,1	35	150	7
Triticale	5,9	3,2	3,9	675	–	–	–	–
Mais	1,5	2,5	0,5	160	4,0	55	62	3
Reis*	2,6	1,5	1,1	240	–	75	50	2
Sorghum	5,7	3,9	4,3	735	–	170	–	–
Millet*	9,0	1,8	1,9	850	–	–	–	3
Buchweizen*	3,2	–	–	–	–	485	–	–
Amaranth	9,0	3,7	3,0	1600	–	–	–	–
Quinoa	8,0	2,5	3,0	790	3,1	–	–	–

** = Hafer ohne Spelzen, Reis unpoliert, Millet geschält, Buchweizen geschält*

gung auch mit mineralischen Elementen. Dabei sind unter den Hauptgetreidearten Hafer, Triticale, Sorghum und Millet aufgrund ihrer höheren Gehalte von größerer Bedeutung. In der Tendenz sind die energiereicheren Arten eher durch etwas niedrigere Mineralstoffgehalte gekennzeichnet. Die lokal begrenzt angebauten Pseudogetreidearten liefern dort, wo sie anbauwürdig sind, auch einen wesentlichen Beitrag zur Mineralstoff-Versorgung der Menschen.

Die Mineralstoffe gelangen während des Brauprozesses ins Bier und übernehmen dort die gleiche ernährungsphysiologische Funktion wie alle anderen Lebensmittel auf Getreidebasis. Für einen problemlosen Gärverlauf verlangt auch die Hefe eine optimale Ausstattung der Würze mit Mineralstoffen, die über die verschiedensten Getreideprodukte bei der Bierbereitung gewährleistet wird.

Literatur zu Kapitel 3

[3.1] faostat.fao.org, 21.11.2011

[3.2] Seibel, W.: Warenkunde Getreide, 43–60, 101–125, 127–190, 202, Bildtafel 18 u. 22, AgriMedia, Bergen/Dumme, 2005

[3.3] Pelshenke, P.: Getreidequalität, Brot und Nahrungsmittel, in: Handbuch der Landwirtschaft Bd. 2. Roemer, Th., Scheibe, A., Schmidt, J. und Woermann, E, 122–129, 1953

[3.4] Souci, S., Fachmann, W., Kraut, H.: Die Zusammensetzung der Lebensmittel. Nährstofftabellen Getreide, 5. Aufl. Stuttgart: Medapharm Scientific Publishers, 499–533 und 1989/90 XIII -XX, 459–502, 1994

[3.5] Mengel, K.: Ernährung und Stoffwechsel der Pflanze. 2. Aufl. Jena: VEB Gustav Fischer, 1–5, 139–166, 229–331, 1965

[3.6] Jeromanis, K.: Zur Biosynthese der Amylose. Naturwissenschaftliche Rundschau 14, 150, 1961

[3.7] Jeromanis, K.: Zur Biosynthese der Amylose. Naturwissenschaftliche Rundschau 15, 399, 1962

[3.8] Kunze, W.: Technologie Brauer und Mälzer. 8. Aufl. Berlin: VLB Berlin, 31–64, 1998

[3.9] Newman, R. K., C.W., Newman, H., Graham: The hydrocholesterolemic function of barley Beta-Glucans. Cereal Foods World 34, 10, 883–885, 1989

[3.10] Newman, R. K., Newman, C.W.: Barley as a Food Grain. Cereal Foods World 36, 9; 800–805, 1991

[3.11] Nagel-Held, B.: Herstellung ernährungsphysiologisch wertvoller Fraktionen aus Gerste und deren Verarbeitung in Backwaren. Dissertation D 83 TU Berlin FB 15;/ 045; 16–20; 128–129, 1995

[3.12] Nehring, K.: Lehrbuch der Tierernährung und Futtermittelkunde. Radebeul: Neumann, 33–48, 187–190, 1951

[3.13] Kirchgessner, M.: Tierernährung. 6. Aufl. Frankfurt (a.M): DLG-Verlag, 133–177, 1984

[3.14] Kjeldahl, J.: In: Hoegger, R.: Training Papers Nitrogen determination to Kjeldahl. Flawil: Büchi Labortechnik AG, 1–8, 1998

[3.15] Osborne, Th. B.: J. Am.Chem. Soc. 18, S. 542, zit. nach Kunze [3.8], 38

[3.16] Rapoport, S. M.: Medizinische Biochemie. Berlin: VEB Verlag Volk und Gesundheit, 297-301, 832–857, 858–913, 1965

[3.17] Bergmann, W.: Ernährungsstörungen bei Kulturpflanzen. 2. Aufl. Stuttgart: Gustav Fischer-Verlag, 78–362, 1988

4. Gemeinsame Eigenschaften der Getreidearten

4.1 Systematik im Pflanzenreich

Von den etwa 375.000 bekannten lebenden Pflanzenarten gehören ca. ⅓ zu den samenlosen und ⅔ zu den Samenpflanzen, davon entfallen 172.000 Arten auf die Dikotyledonen (zweikeimblättrige Pflanzen) und 54.000 auf die Monokotyledonen (einkeimblättrige Pflanzen), zu denen alle Getreidearten gehören (Tab. 4.1).

Tab. 4.1: Systematik der Pflanzen (auszugsweise) [4.1-4.5, 4.134]

Im Pflanzenreich werden unterschieden:

Abteilung / Gliederung	Gruppe	Beschreibung
Thallophyten	**Lagerpflanzen**, die keine Differenzierung zeigen. Dazu gehören Spaltpflanzen, Algen, Pilze und Flechten.	
Kormophyten	**Höhere Pflanzen**. Diese sind in Spross und Wurzel gegliedert. Dazu gehören Moose, Farne und Samenpflanzen.	
In der Abteilung der **Samenpflanzen** (*Spermatophyten*) gibt es zwei Unterabteilungen	**Nacktsamer**	Diese bilden bei der Keimung der Samen viele Keimblätter aus.
	Bedecktsamer	Diese bilden bei der Keimung der Samen ein oder zwei Keimblätter aus.
Die **Bedecktsamer** werden weiter unterteilt:	Klasse der **zweikeimblättrigen Pflanzen** (= *Dikotyledonen*)	Diese bilden bei der Keimung ihrer Samen zwei Keimblätter aus. Dazu gehören alle krautartigen Gewächse. Unter anderem auch die Pseudo-Getreidearten Buchweizen, Amaranth und Quinoa.
	Klasse der **einkeimblättrigen Pflanzen** (= *Monokotyledonen*)	Diese bilden bei der Keimung ihrer Samen nur ein Keimblatt aus. Dazu gehört die
	Ordnung der **Gräser** (= *Gramineae*)	
	Familie der **Süßgräser** (= *Poaceae*) Diese enthält u.a. in den Unterfamilien (*Tribus*)	
	Festucoideae die Arten (*Species*) Weizen, Gerste, Hafer, Roggen, Triticale	
	Panicoideae die Arten (*Species*) Mais, Sorghum, verschiedene Milletarten	
	Eragrostoideae die Arten (*Species*) verschiedene Milletarten	
	Oryzoideae die Arten (*Species*) Reis	

4.2 Morphologie

4.2.1 Aufbau der Getreidepflanze

Das charakteristische Merkmal der höheren Pflanzen ist die Differenzierung in die Organe, wie sie Tabelle 4.2 zeigt. Die Sprossachse mit Blättern und Blütenständen wird auch als Spross bezeichnet. Blütenstände sind keine eigenständigen Organe, sie gehören zur Sprossachse (Abb. 4.1).

Tab. 4.2: Aufbau der Getreidepflanze

Sprossachse mit Blättern, Blütenständen und Wurzeln als	
Ähren	bei Weizen, Gerste, Roggen, Triticale
Rispen	bei Hafer, Reis, einigen Sorghum- und Milletarten
Kolben	bei Mais, einigen Sorghum- und Milletarten
Wurzel	als Flachwurzler bei Getreide

4.2.1.1 Wurzel

Die Wurzelbildung entwickelt sich nach Aufhammer et al. [4.7] in zwei Phasen: Im ersten Schritt dienen die Nährstoffe im keimenden Korn als Grundlage für die Entwicklung der Keimwürzelchen. Die Nährstoffreserven im Korn reichen im Allgemeinen aus, um die Keimwürzelchen und den Blattkeim zu entwickeln. Der Blattkeim durchstößt die Bodenkruste, entfaltet das Keimblatt und entwickelt den ersten Halmknoten an der Grenze zur Bodenoberfläche, bevor er unter dem Einfluss der Sonnenenergie das erste Blattgrün bildet. Damit kann sich die junge Pflanze von nun an selbst ernähren. Im zweiten Schritt bildet sich eine zweite Generation von sogenannten Adventiv- oder Kronenwurzeln, die ihren Nährstoffbedarf aus der eigenen Photosyntheseleistung bestreiten. Diese Wurzeln finden ihren

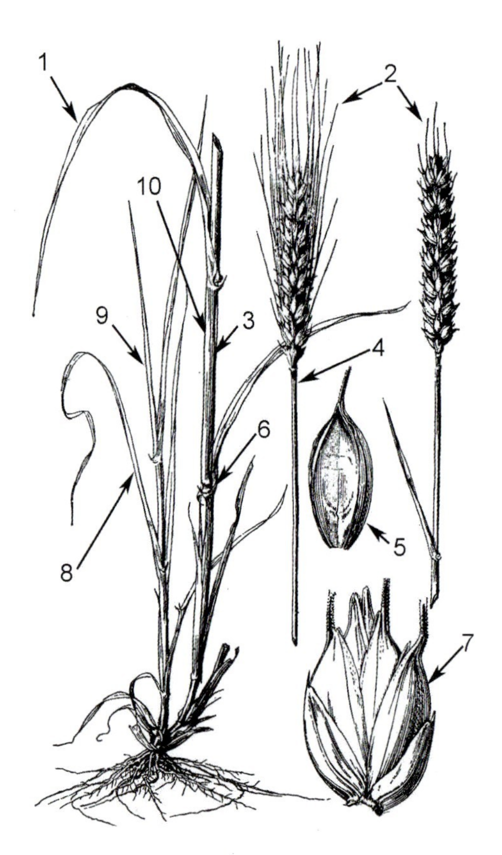

Abb. 4.1: Schematischer Aufbau einer Getreidepflanze [4.6]
***1** Blattspreite **2** Blütenstände (Ähren, Rispen, Kolben) **3** Zwischenknotenstücke (Internodien) **4** Ährentragender Haupthalm **5** Korn mit Spelzen **6** Halmknoten (Nodi) **7** Ährchen **8** Blattspreite **9** unfruchtbarer Nebenhalm **10** Blattscheide*

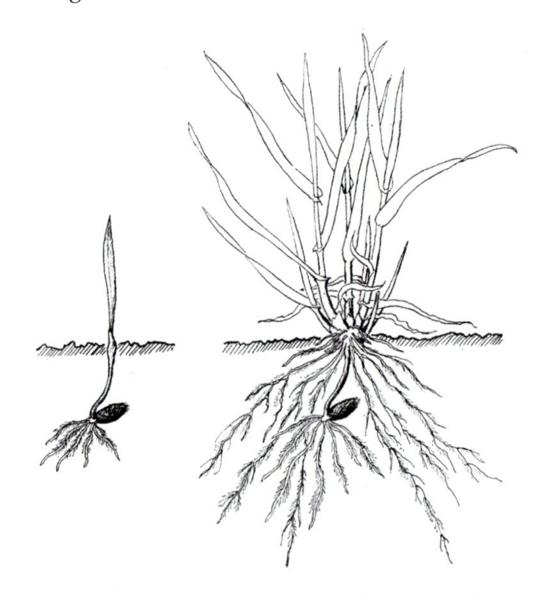

Abb. 4.2: Entwicklung von Wurzelsystem und Sprossachsen nach Aufhammer et al. [4.7]. Links: Korn mit Keimwurzeln, Koleoptyle und erstem Laubblatt. Rechts: Aus dem Bestockungsknoten wachsen Sprosse und Kronenwurzeln

Abb. 4.3: Starkes pflanzliches Wurzelwachstum [4.133]

Ursprung am ersten Halmknoten, an dem sich auch gleichzeitig neben dem Haupttrieb die Nebentriebe zu weiteren Sprossachsen entwickeln können. Je nach Nährstoff- und Wasserversorgung bildet sich dieses Wurzelsystem zu einem leistungsfähigen Organ weiter aus, das einen wesentlichen Einfluss auf den Ertrag und die Standfestigkeit hat (Abb. 4.2, 4.3) [4.7].

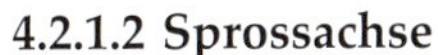

4.2.1.2 Sprossachse

Dem ersten Halmknoten entstammen – neben den Kronenwurzeln – nicht nur die Hauptachse (Haupthalm). Es entwickeln sich auch die Nebentriebe (Bestockung). In der Regel sind es neben dem Haupttrieb noch ein bis drei Nebentriebe, die bis zur Ährenbildung gelangen (produktive Bestockung). Die übrigen sterben ab. Die Sprossachsen gliedern sich in Knoten (*Nodi*) und Zwischenknotenstücke (*Internodien*). Je zahlreicher diese Organe angeordnet sind, umso fester steht die Pflanze. In den Knoten befindet sich embryonales Gewebe, welches bei auftretendem Lager durch partielle Zellteilung Halm und Ähre teilweise wieder aufrichten kann. Das ist ein wertvolles ertrags- und qualitätssicherndes Merkmal. Die *Nodi* sind markerfüllt, die *Internodien* sind im Allgemeinen hohl (Abb. 4.4) [4.7].

4.2.1.3 Blätter (Laubblätter)

Die Blätter entspringen beim Getreide seitlich versetzt (wechselständig) an den Halmknoten. Bei den Getreidearten lassen sich die Blätter in Blattscheiden und Blattspreiten unterteilen. Die Blattscheide umschließt röhrenartig den Halm und verleiht ihm damit eine gute Stabilität. Die Blattspreite wendet sich seitlich von der Sprossachse ab und dient vorwiegend als Assimilationsorgan. An der Übergangsstelle von Blattscheide zur Blattspreite befin-

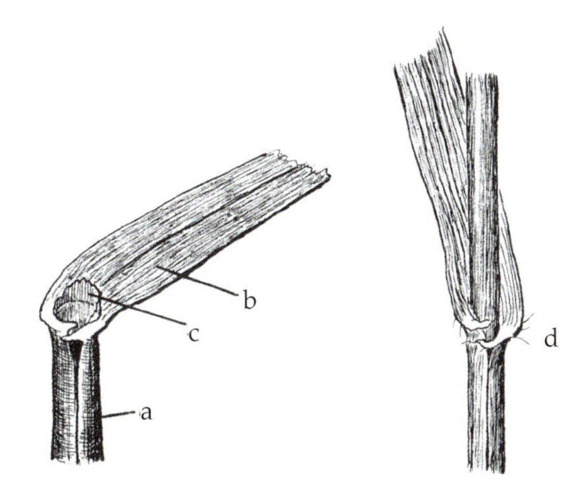

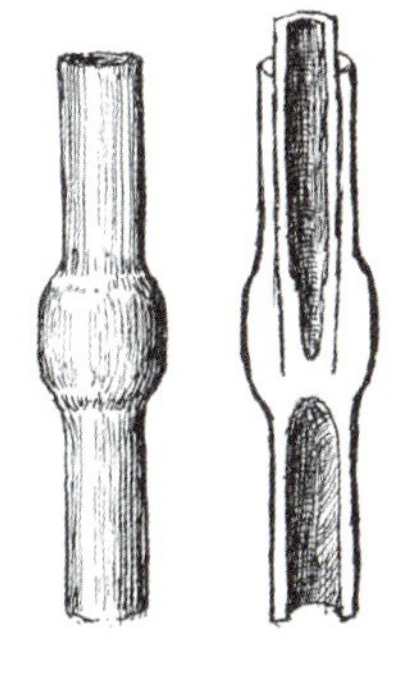

Abb. 4.4: Halmknoten u. Blattanlagen nach Aufhammer et al. [4.7]
a *Blattscheide* **b** *Blattspreite* **c** *Blatthäutchen* **d** *Blattöhrchen*

Abb. 4.5: Blütchen von Getreidearten nach Aufhammer [4.7] und Klapp [4.8]

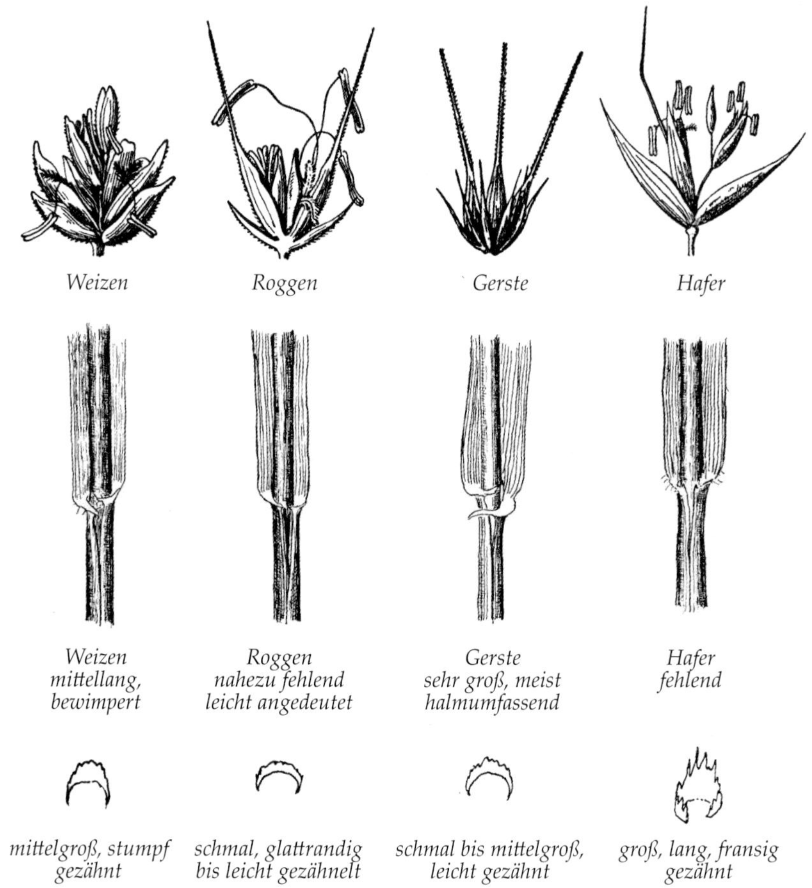

Blütchen zur Artenbestimmung

Weizen · *Roggen* · *Gerste* · *Hafer*

Blattöhrchen zur Artenbestimmung

Weizen mittellang, bewimpert · *Roggen nahezu fehlend leicht angedeutet* · *Gerste sehr groß, meist halmumfassend* · *Hafer fehlend*

Blatthäutchen zur Artenbestimmung

mittelgroß, stumpf gezähnt · *schmal, glattrandig bis leicht gezähnelt* · *schmal bis mittelgroß, leicht gezähnt* · *groß, lang, fransig gezähnt*

den sich artspezifische kleine Blattöhrchen und Blatthäutchen mit Scharnierfunktionen, die die Blattspreite im Laufe des Tages immer in den günstigsten Winkel zur Sonne für eine maximale Syntheseleistung stellen können. Diese beiden Organe dienen aber auch dazu, die Getreidearten bereits in einem sehr jungen Wachstumsstadium auf dem Feld zu identifizieren (Abb. 4.5). Nach dem Schossen (Abb. 4.13) kann man die Arten zudem an den Blütchen erkennen. Die Blätter sind beim Getreide von einem parallel verlaufenden Röhrensystem – den Blattadern – durchzogen. Diese sind sowohl für den Nährstofftransport aus dem Boden in die Assimilationsorgane (*Xylem* = totes Gewebe) als auch für den Abtransport der Assimilate aus den Blättern hin zu den Speicherorganen (*Phloem* = lebendes Gewebe) verantwortlich. Zwischen den Blattadern liegen vorwiegend Chlorophyllschichten, die für die Synthese der Kohlenhydrate aus Kohlendioxid und Wasser unter Nutzung der Sonnenenergie gebildet werden.

4.2.1.4 Blütenstand

Am Ende der Sprossachse entwickelt sich der Blütenstand mit der Ährenspindel und den Ährchen. Die Ährchen sind durch je zwei Hüllspelzen gegeneinander abgegrenzt. Unterschieden werden beim Getreide drei verschiedene Typen von Blütenständen (Abb. 4.6, 4.7) [4.7, 4.11].

Ähren

Bei den Ähren (Weizen, Gerste, Roggen, Triticale) sitzen auf den einzelnen Stufen der Ährenspindel die sogenannten Ährchen mit mehreren zwittrigen Blütchen (männliche und weibliche Geschlechter befinden sich in derselben Blüte). Gerste, Hafer, Reis und Hirsen sind Selbstbefruchter. Beide Geschlechter derselben

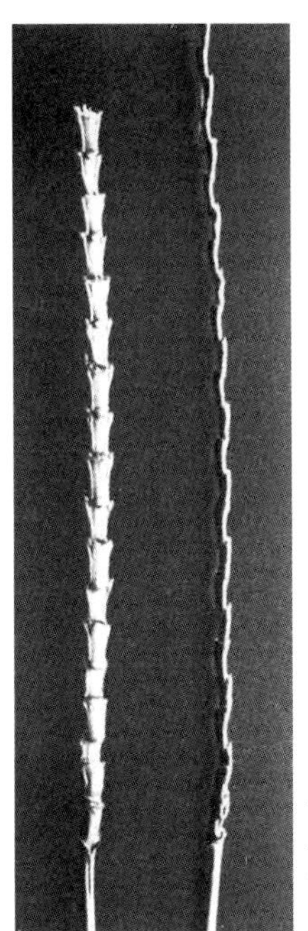

Abb. 4.6: Ährenspindel nach Kießling [4.9]

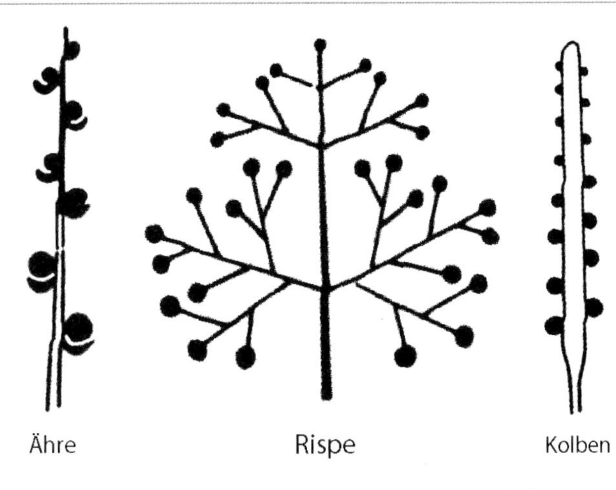

Abb. 4.7: Blütenstände bei Getreide nach Seibel [4.11]

Blüte können sich also selbst befruchten. Dies kann teilweise sogar schon vor dem Öffnen der Blüte geschehen. Roggen und Mais dagegen sind Fremdbefruchter. Nur mit dem Pollen einer fremden Blüte ist eine Befruchtung möglich (Transport des Pollens durch Insekten und Wind). Beim Ährengetreide sitzen die Ährchen direkt auf der Achse der Blütenstände (Spindelstufen) (Abb. 4.6, 4.7).

Rispen
Bei Hafer, Reis und auch bei einigen Sorghum- und Milletarten sitzen die Ährchen am Ende von verzweigten Seitenachsen (Abb. 4.7).

Kolben
Bei den Kolben (Mais, einigen Sorghum- und Milletarten) handelt es sich um Ährchen, die direkt an der Hauptachse sitzen. Die Spindel ist stark verdickt. Damit wird Platz geschaffen für eine große Zahl von Reihen, auf denen viele Blütchen angeordnet sind. Nach der Befruchtung kommt es so zur Ausbildung zahlreicher Kornreihen. Bei Trockenheit während der Blüte kommt es gelegentlich zu Schwierigkeiten bei der Fremdbefruchtung. Es entstehen dann die Lücken in den Kornreihen.

Sind Ährenspindeln und Spindelstufen lang, neigen sich die Ähren zur Seite. Die Körner haben dann mehr Platz auf der Ähre. Es bilden sich große und volle Körner. Sind Spindeln und Stufen kurz, haben die Körner weniger Platz auf der Ähre. Sie bleiben schmaler und klein. Bei den zwitterblütigen Selbstbefruchtern (Weizen, Gerste) sind die beiden Geschlechtsorgane zwischen Bauch- und Rückspelzen angeordnet. Zur Geschlechtsreife entlassen die männlichen Geschlechtsorgane (Antheren) die Pollenkörner, welche die Eizelle im weiblichen Fruchtknoten befruchten. Aufnahmeorgane für die Pollen sind die beiden federförmigen Narben am oberen Teil des Fruchtknotens. Die Befruchtung führt zur

Abb. 4.8: Ährchen am Beispiel Weizen [4.7]

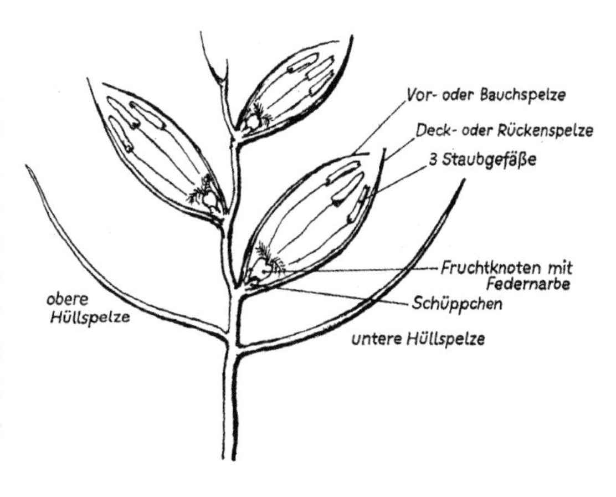

diploiden Zygote, aus der sich durch fortwährende Zellteilung und Wachstum schließlich der gesamte Innenraum zwischen den beiden Spelzen mit Kornmasse ausfüllt (Abb. 4.9, 4.10).

4.2.2 Aufbau des Getreidekorns

Es wurde bereits gezeigt (Abb. 4.8), dass die Hüllspelzen die kleinen Ährchen untereinander abgrenzen und dass selbst innerhalb eines Ährchens auch mehrere zwittrige Blütchen vorkommen können. Jedes dieser Blütchen, welches auch ein Korn bilden kann, wird von der Bauch-(Vor)Spelze und der Rücken-(Deck) Spelze geschützt (Abb. 4.8). Darunter schließen sich die verschiedenen Kornschichten an. Die bedeutendsten Kultursorten von Weizen (Abb. 4.10), Roggen, Triticale, Mais, Sorghum und Millet sind Nacktfrüchte. Ihre Deck- und Vorspelzen umschließen das Korn nur locker. Während des Drusches fallen beide ab. Im Druschgut liegt dann die Nacktform vor. Gerste, Hafer und Reis sind im allgemeinen Spelzfrüchte, deren Vor- und Deckspelzen das Korn so fest umschließen, dass sie während des Drusches am Korn verbleiben. Grundsätzlich lässt sich ein Korn nach Pelshenke [4.12] in Schalen, Mehlkörper und Keim differenzieren (Tab. 4.3, 4.4). Danach nimmt die Fruchtschale (*Pericarp*) 5,5 %,

Abb. 4.9: Die Kornfüllung [4.135]

Abb. 4.10: Weizenbestand mit Höchstertragspotenzial

Tab. 4.3: Anteil der Schichten im Getreidekorn nach Pelshenke [4.12]

	Prozent des Gesamtkorns (Mittelwerte)
Epidermis (Oberhaut)	3,5
Längszellen	0,8
Querzellen	0,7
Schlauchzellen	0,5
Fruchschale insgesamt	5,5
Braune Schicht	0,3
Farbstoffschicht	0,2
Hyaline Membran	2,0
Samenschale insgesamt	2,5
Aleuronschicht	7,0
Keim	2,5
Endosperm (Mehlkörper allein)	82,5

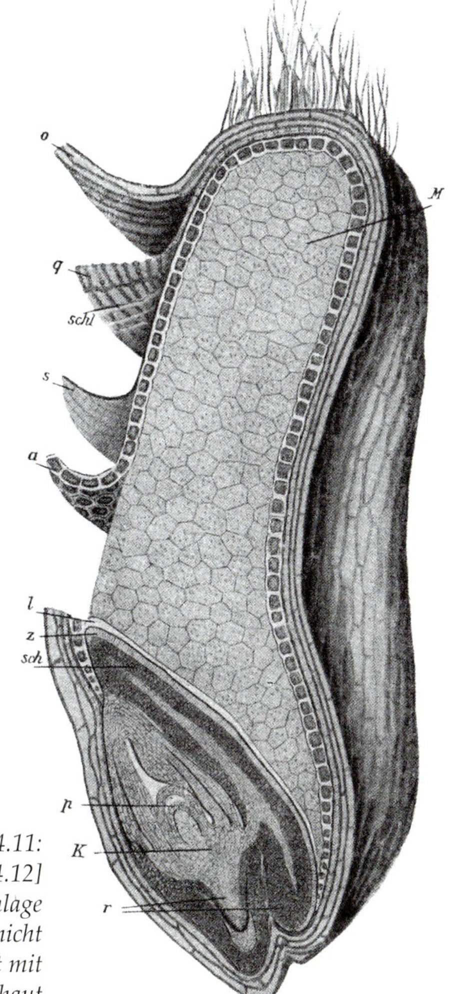

Abb. 4.11:
Längsschnitt durch ein Weizenkorn [4.12]
***K** Keimling mit Wurzelkeim **r** Wurzelkeim **p** Blattanlage **sch** Schildchen **z** Aufsaugepithel **M** Mehlkorn **l** leere Schicht **a** Aleuronzellen **o–s** Schale des Korns **o** Oberhaut mit Längszellen **q** Querzellen **schl** Schlauchzellen **s** Samenhaut*

Tab. 4.4: Getreideinhaltsstoffe nach Gewebeschichten/Mittelwerte in Prozent der Schichten [4.12]

	Epidermis	Fruchtschale (Pericarp)	Samenschale (Testa)	Aleuronschicht	Mehlkörper (Endosperm)	Keimling (Embryo)
Asche	1,5	5,0	20	7,5	0,7	4,5
Protein	4,4	7,5	19	34	11,4	26
Fett	1,0	0	0,1	10	1,6	10
Rohfaser	28	38	1,3	6,5	0,3	2
Zellulose	32	0	0	5,5	0,3	–
Pentosane	36	–	17	30	3,3	–
Stärke	–	–	–	–	8,1	–
Pentosane und übrige Kohlenhydrate	–	34,5	–	–	–	–
Zucker	–	–	–	–	–	26

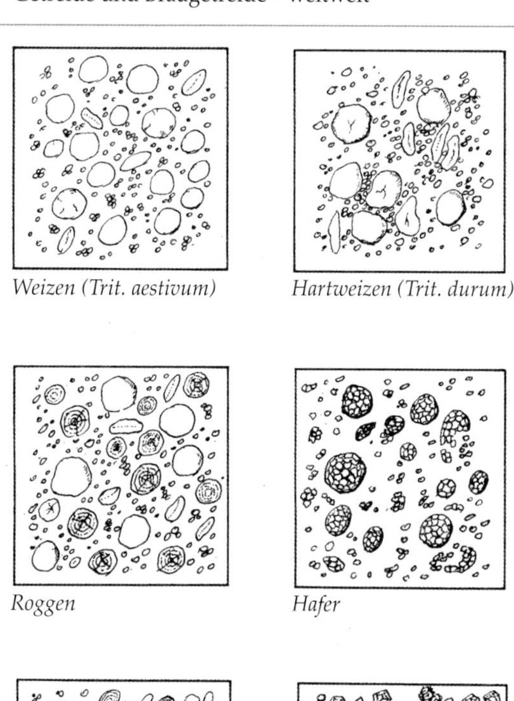

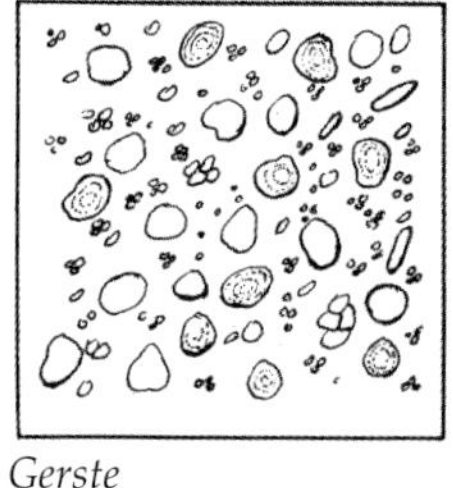

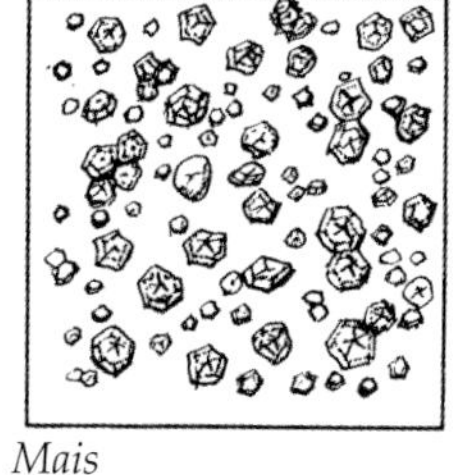

Abb. 4.12:
Stärkekörner in 200facher Vergrößerung nach Aufhammer [4.7]

die Samenschale (*Testa*) 2,5 %, die Aleuronschicht 7,0 %, der Keim (*Embryo*) 2,5 % und das Endosperm 82,5 % des Gesamtkornes ein. Beim Getreide sind die Frucht- und Samenschale eng miteinander verwachsen. Es sind deshalb keine echten Früchte, sondern Scheinfrüchte (*Karyopsen*). Die einzelnen Gewebe eines Kornes unterscheiden sich nicht nur in ihrem Anteil am Gesamtkorn. Sie sind auch sehr verschieden hinsichtlich ihrer Inhaltsstoffe (Tab. 4.4). Die Epidermis ist besonders reich an Rohfaser, Zellulose und Pentosanen. Die Fruchtschale enthält viel Rohfaser, Pentosane und übrige Kohlenhydrate. Die Samenschale ist reich an Asche, Proteinen und Pentosanen. Das Aleuron enthält viel Protein, Pentosan und Fett. Der Keimling ist reich an Protein und Zucker, die Stärke ist im Mehlkörper deponiert. Abbildung 4.11 zeigt den Längsschnitt durch ein Weizenkorn. Die Stärkekörner haben eine artenspezifische Form. Diese erlaubt eine Identifikation der verwendeten Getreideart am verarbeiteten Produkt (Abb. 4.12) [4.7].

4.3 Wachstum und Entwicklung

Von der Keimung bis zur Ernte durchläuft das Getreide eine Reihe von Wachstums- und Entwicklungsstadien, in die der Landwirt mit seinen agrotechnischen Maßnahmen eingreift, um Ertrag und Qualität zu optimieren. Nach Seibel [4.13] und Sturm [4.14] wurden diese Stadien international nach der sogenannten „BBCH-Skala" einheitlich festgelegt (BBCH = Biologische Bundesanstalt, Bundessortenamt und Chemische Industrie) (Abb. 4.13).

Der Keimung nach der Saat folgt die Bildung des Haupthalmes und der Nebentriebe, von denen – je nach Witterung, Nährstoff- und Wasserversorgung – einige bis zur Ähren- und Kornausbildung gelangen (produktive Bestockung). Dies ist ein sehr ertragswirksamer Schritt. Es schließt sich die Schossphase und das Ährenschieben an. In diesen beiden Perioden hat die Pflanze einen sehr hohen Wasserbedarf. Schließlich folgt die Phase der Kornfüllung, die möglichst lang sein soll (Abb. 4.9). Feuchte und kühle Witterung in dieser Zeit fördern die Kornausbildung. Trockenheit und Hitze (arides Klima) behindern die Kornfüllung; die Körner können dann schmal und klein bleiben (Notreife). Da sich die proteinreicheren Außenschichten des Korns zuerst bilden und erst danach vorwiegend Kohlenhydrate in das Korn fließen, führt eine Störung des Nährstoff-Einlagerungsprozesses im Allgemeinen zu höheren Protein- und niedrigeren Kohlenhydratgehalten. Dies ist für die verarbeitende Industrie ein wichtiges Phänomen.

Bei den Getreidearten der gemäßigten Klimazonen (Weizen, Gerste, Roggen, Triticale, Hafer) werden nach Geisler [4.15, 4.16] Winter- und Sommerformen unterschieden. Die Winterformen werden im Herbst vor dem Winter ausgesät. Diese haben im Jugendstadium einen Kältebedarf von –2 °C bis +4 °C je nach Getreideart über einen Zeitraum von 40 bis 50 Tagen (Verna-

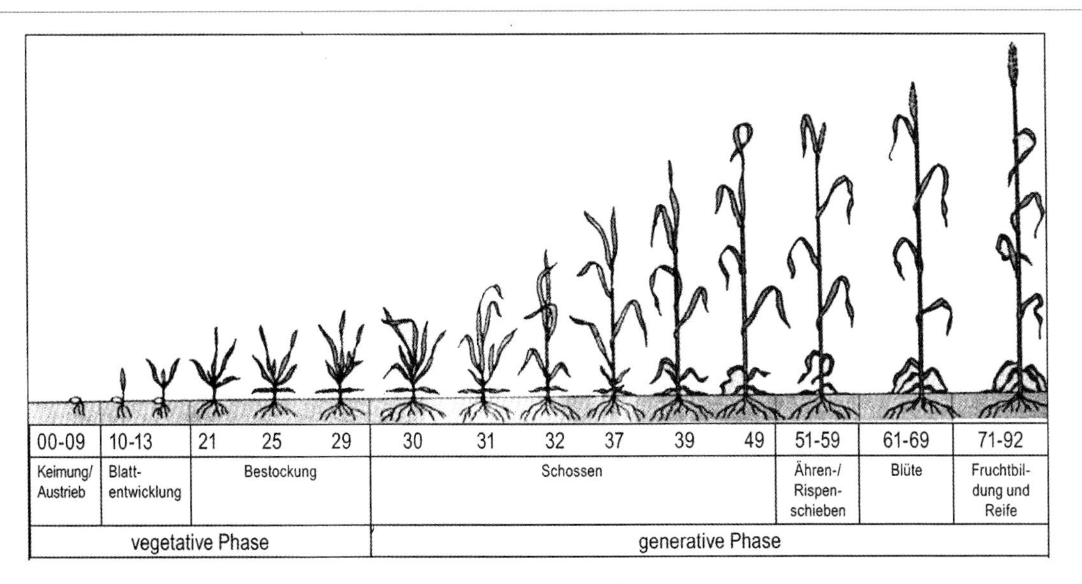

Abb. 4.13: Wachstums- und Entwicklungsstadien des Getreides (ohne Mais) nach BBCH-Code [4.13, 4.14]

***00** = trockenes Korn **09** = Auflaufen **11** = Einblatt-Stadium **12** = Zwiebelblatt-Stadium **21** = Bestockungsbeginn **25** = Hauptbestockung **29** = Bestockungsende **30** = Schossbeginn **31** = 1. Knoten-Stadium **37** = Erscheinen des Fahnenblattes (F) **39** = Blatthäutchen-Stadium; F voll entwickelt; Öffnen der Blattscheide*
***49** = Ende des Schossens; **51** = Beginn – **52** = Mitte – **59** = Ende des Ährenschiebens **61** = Beginn – **69** = Ende der Blüte **71** = Bildung des Korns **75** = Milchreife **85** = Teigreife **87** = Gelbreife **91** = Vollreife **92** = Totreife*

lisationsbedürfnis). Wenn sie irrtümlicherweise im Frühjahr ausgesät werden, erhalten sie im Normalfall diesen Kältereiz nicht mehr. Das führt dazu, dass es nicht zum Schossen und zur Ähren- und Kornausbildung kommen kann. Darüber hinaus muss Wintergetreide aber auch resistent gegen Frost sein, um kalte Winter mit –20 °C und mehr unbeschadet zu überstehen. Aufgrund der längeren Vegetationszeit und der besseren Ausnutzung der Niederschläge bringen in Zentraleuropa die Winterformen in den meisten Fällen höhere Erträge.

Die Sommerformen werden im zeitigen Frühjahr ausgesät. Diese haben ein geringeres Vernalisationsbedürfnis von nur 0 °C bis +8 °C über einen Zeitraum bis zu 14 Tage. Ihre kürzere Vegetationszeit (März bis August, Abb. 4.14) führt nicht nur zu niedrigeren Erträgen. Vielmehr besteht auch ein höheres Anbaurisiko. Sie sind empfindlicher gegenüber der Trockenheit im Vorsommer. Im praktischen Anbau überwiegen bei Weizen, Roggen und Triticale die Winterformen, bei Gerste, Hafer, Mais und Reis die Sommerformen. Winterhafer hat die geringste Frostresistenz. Der Anbau beschränkt sich auch deshalb eher auf kleinere Anbauregionen in Südwesteuropa. Die Wintergerste hat eine größere wirtschaftliche Bedeutung in den klimatisch milderen europäischen Ackerebenen. Aber auch dort dominiert noch die Sommergerste.

Die europäischen Länder nördlich des 55. Breitengrades (Skandinavien, Großbritannien und Irland) sind wertvolle Braugersten-Anbaugebiete, hier steht vorwiegend die Sommerbraugerste. In den wärmeren Klimazonen Europas tritt an Stelle des Frostwinters die Regenzeit. Eine hohe Frostresistenz im zentraleuropäischen Sinne ist dort nicht erforderlich. Es besteht allerdings oft die Gefahr, dass selbst kurze und schwache Fröste in der Blütezeit zu Ertragsverlusten führen können. Südlich der Alpen wird Sommergetreide (außer Mais, Reis, Sorghum) im Spätherbst ausgesät, um den Regen im Winter besser zu nutzen. Sommergerste ist auf solchen Standorten nicht frostgefährdet und bringt unter diesen Bedingungen in etwa gleiche und teils sogar bessere Erträge als die Wintergerste.

Tab. 4.5: Vegetationszeiten von Getreide in Europa – Aussaat bis Ernte

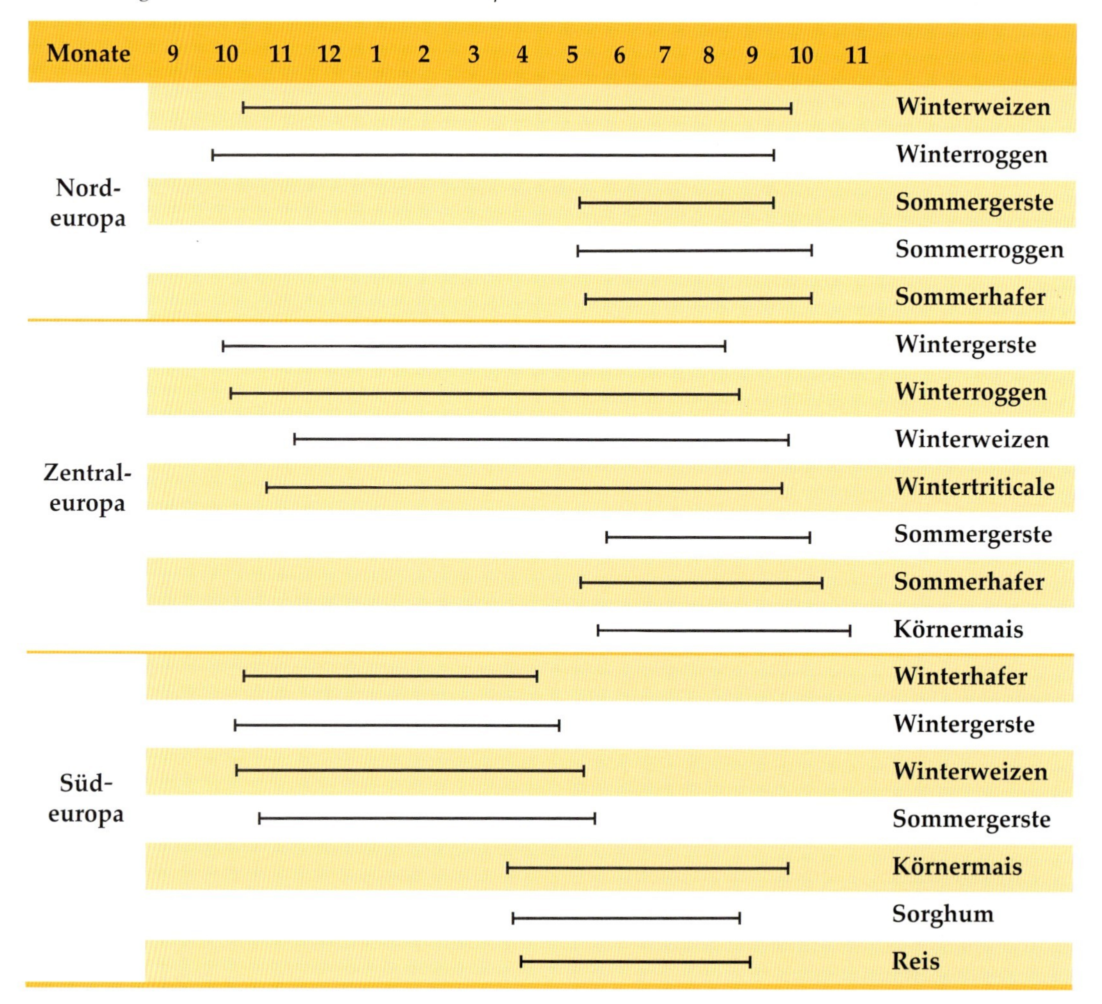

Im hohen Norden von Europa gedeihen nur noch Sommergerste, -hafer und -roggen. Aufgrund der strengen Bodenfröste ist dort oft eine Aussaat nicht vor Mai möglich, aber die Ernte muss spätestens im September erledigt sein. Für solche Extremlagen werden frühreife Sorten, die in 90 Tagen unter den Langtagsbedingungen des Nordens bis zur Reife heranwachsen, entwickelt und erfolgreich angebaut. Die gute Winterhärte des Winterroggens bewährt sich auch besonders im Norden. Im mittleren Teil von Skandinavien gelingt noch der Anbau von Winterweizen, der dann nahezu ein ganzes Jahr auf dem Feld steht. Zentraleuropa ist die Region, in der alle Getreidearten der gemäßigten Klimazone prächtig gedeihen. Das Wintergetreide wird im September bis Oktober ausgesät. Die Ernten sind im Juli bis August. Wintergerste verlangt in Mittel-, West- und Nordeuropa die früheste Aussaat um Mitte September, damit sie sich noch im Herbst gut bestocken kann. Es folgen Winterroggen (bis Mitte Oktober) und der Winterweizen bis zum Eintritt des Winters.

Die Sommergetreidearten stehen in Zentraleuropa von März bis August auf dem Feld. Sommergerste ist am frühesten. Die Aussaat von Körnermais sollte infolge der Frostempfindlichkeit und der langsamen Jugendentwicklung bei kühlem Wetter nicht vor Mitte bis Ende Mai erfolgen. Die Ernte ist allgemein nicht vor Ende Oktober. In Südeuropa wächst die Wintergerste von November bis Juni, die Sommergetreidearten von Dezember bis Juni. Die milden Winter des Südens erlauben beim Sommergetreide eine Herbstaussaat, um den Winterregen besser nutzen zu können. Körnermais wächst von April/ Mai bis September/Oktober. Europäischer Reis wird im April gesät oder im Mai gepflanzt und von August bis September geerntet. In Tabelle 4.5 sind die Vegetationszeiten der wichtigsten Getreidearten Europas aufgeführt.

4.4 Reife und Ernte [4.17, 4.18]

4.4.1 Reife

Mit dem Beginn der Reife schließt die Pflanze den Transport der Assimilate in das Korn ab. Das Korn hat sein größtes Volumen erreicht. Die Reife kündigt sich durch allmähliches Verfärben von Grün zu Gelb durch den Abbau des Chlorophylls an. Sie beginnt in der Regel an der Basis der Halme und setzt sich bis zur Ähre fort. Die Blütenstände der Haupthalme werden zuerst reif, bevor die Nebenhalme folgen. Nach Aufhammer et al. [4.17] lassen sich über den Wassergehalt des Kornes fünf Reifestadien unterscheiden, die jedoch nahtlos ineinander übergehen.

4.4.1.1 Milch-Teigreife [4.17]

(Wassergehalt der Körner ca. 50 %)

Die Körner sind noch vollkommen grün. Ihr Inhalt ist ein milchiger Stärkebrei. Die Einlagerung von Reservestoffen hält noch an. Die Keimfähigkeit befindet sich im ersten Entwicklungsstadium (Abb. 4.15).

4.4.1.2 Gelbreife [4.17]

(Wassergehalt der Körner ca. 30 %)

Die Kornfarbe wechselt von Grün nach Gelb. Der Korninhalt ist wachsartig. Das Volumen der Körner nimmt infolge des Wasserverlustes ab. Die Ausbildung des Embryos ist beendet.

Abb. 4.14: Gerste in der Schossphase, Zentralasien

Abb. 4.15: Gerste zu Beginn der Milchreife, Vorderasien

Abb. 4.16: Gerste in Vollreife, Zentralasien

Abb. 4.17: Notreife bei Getreide, Australien

Abb. 4.18: Zwiewuchs nach früher Trockenheit und spätem Regen vor der Ernte auf leichten Sandböden in Niedersachsen

Dieser ist nun keimfähig. Trotzdem werden noch Stoffe in das Endosperm eingelagert. Das Korn lässt sich leicht auseinanderbrechen. Dies ist das früheste Stadium, zu dem die in vielen unterentwickelten Ländern noch übliche, zeitraubende Handernte beginnen kann. Zur Nachtrocknung und Nachreife bleibt das Getreide ungedroschen in Hocken aufgestellt oder auch lose auf den Stoppeln noch einige Tage (auch Wochen) auf dem Felde liegen.

4.4.1.3 Vollreife [4.17]

(Wassergehalt der Körner 20–25 %)

Sämtliche Pflanzenteile sind abgestorben. Der Korninhalt ist zäh und hart. Die Körner lassen sich zwar von Hand noch verbiegen, aber nicht brechen. Der Korninhalt wird mehlig oder glasig. Sofern das Getreide in zwei getrennten Arbeitsgängen gemäht und erst nach Tagen gedroschen wird, ist dafür nun der optimale Zeitpunkt gekommen. Für die Mähdruschernte ist es noch zu früh (Abb. 4.16).

4.4.1.4 Totreife [4.17]

(Wassergehalt der Körner 14–16 %)

Das Getreide ist nun reif für den Mähdrusch. Das Stroh ist brüchig, der Feldbestand verliert seinen leuchtenden Glanz. Eine hellfahle Farbe breitet sich aus. In einem totreifen Feldbestand ist bei Sonnenschein ein ständiges Knistern zu hören. Die Körner sind eingedörrt. Sie lassen sich nicht mehr brechen. Bei feuchter Witterung kann es zum vorzeitigen Auskeimen der Körner auf dem Halm kommen. Die Endstufe der Ausreifung ist erreicht. Es beginnt der Verlust an Körnern durch Ausfallen.

4.4.1.5 Notreife

Zur Notreife kommt es dann, wenn Trockenheit auftritt. Oft stirbt ein Teil der Pflanzen schon in frühen Stadien ab. Die Pflanzen und Ähren sind oft nicht voll ausgebildet. Die Körner bleiben klein, schrumpfen und lagern nur wenig Stärke ein. Es entstehen Schmachtkörner. Oft keimen diese Körner auch schlecht.

4.4.1.6 Zwiewuchs

Extremen Trockenphasen während der Bestockung und Blüte folgen oft unerwünschte, länger andauernde Regenperioden vor und zur Zeit der Ernte. Besonders Sommergerste neigt dann zur Nachholung der Bestockung und Nebentriebbildung zu einem Zeitpunkt, an dem die erste Generation der durch Trockenheit geschädigten Ähren schon heranreift. Es kommt damit zur Bildung einer zeitlich verzögerten zweiten grünen Ährengeneration, während die erste Generation schon reif ist. Da in der Regel die erste Generation die etwas höheren Erträge bringt, wird zu deren Reifezeit geerntet. Zu diesem Zeitpunkt ist aber die zweite Generation noch grün und feucht. Diese verunreinigt das Druschgut und mindert die Qualität nachhaltig. Diese unterentwickelten Körner werden als Zwiewuchs bezeichnet (Abb. 4.18).

Bildserie: Entwicklung der Getreide-Erntetechnik über 100 Jahre – von der Sichel zum Mähdrescher

Abb. 4.19: Getreideernte mit Sichel, China

Abb. 4.20: Getreideernte mit Sense, Türkei

*Abb. 4.21:
Getreideernte mit Ablegemaschine, Türkei*

Abb. 4.22: Nachreife lose auf dem Feld in ariden Steppen der Türkei

Abb. 4.23: Binden in Garben, Türkei

Abb. 4.24: Aufstellen in Hocken zum Nachtrocknen und Nachreifen in feuchterem Klima in Vorderasien

Abb. 4.25: Aufladen lose

Abb. 4.26: Transport der Weizengarben zum Druschplatz, Syrien

Abb. 4.27: Lose-Transport zum Druschplatz

Abb. 4.28: Erste Schritte des maschinellen Drusches

Abb. 4.29: Schonender Drusch mit Druschschlitten, Türkei

Abb. 4.30: Druschschlitten, Türkei

Abb. 4.31: Schwadmäher in Windrows zum Trocknen, Südafrika

Abb. 4.32: Mähdrusch aus dem Schwad, Südafrika

Abb. 4.33: Vollmechanisierter Direktdrusch in ariden Gebieten

Abb. 4.34: Vorreinigung auf dem Feld, Südafrika

Abb. 4.35: Qualitätskontrolle unter freiem Himmel in Steppen-Regionen

Abb. 4.36: Künstliche Trocknung bei Bedarf in humiden Regionen der Ukraine

Abb. 4.37: Mähdruschgetreide auf dem Weg zum Getreide-Basar in der Steppe

Abb. 4.38: Auf dem Getreidebasar unter freiem Himmel in der Steppe

Abb. 4.39: Moderne Getreidelagerung, Australien

Abb. 4.40: Nachernte – Stoppelweide in der Getreidesteppe

4.4.2 Ernte

Noch heute wird in vielen unterentwickelten Regionen der Erde Getreide in zwei Stufen geerntet – ein Verfahren, das früher auch in Europa weit verbreitet war. Dabei wird das Getreide vergleichsweise früh zwischen Gelb- und Vollreife mit Sichel, Sense, Mähmaschine oder Mähbinder geschnitten, um es später nach einer Phase der Trocknung und Nachreife (Fermentation) zu dreschen. In den trockeneren Getreidesteppen bleibt das abgemähte Getreide oft sogar noch einige Wochen offen zum Nachtrocknen und Nachreifen auf dem Feld liegen. In etwas feuchteren Regionen wird es in Garben gebunden und für ein bis zwei Wochen in Hocken von fünf oder neun Garben aufgestellt. Nach dieser schonenden Trocknung in der Sonne an frischer Luft werden in ariden Gebieten nicht selten Wassergehalte unter 10 % auf natürlichem Wege erreicht. Das Getreide wird anschließend zum Druschplatz gefahren. Bei diesen primitiven Ernteverfahren ist noch eine Trennung von Stroh und Korn erforderlich. Danach wird die Ware in den Steppenregionen auf den Getreidebasaren angeboten, nachdem sie oft noch wochenlang unter freiem Himmel (ohne Regen) gelagert hatte. Diese Erntemethoden sind für heutige Verhältnisse zweifellos kein Maßstab mehr für eine rationelle Getreideerzeugung. Dennoch bieten aber gerade die traditionellen Ernteverfahren die besten Voraussetzungen, um zu ausgezeichneten Kornqualitäten beizutragen (Abb. 4.19–4.32). Maßgeblichen Anteil hierbei haben die natürliche Ausreife und Trocknung des Getreides, die Lagerung in der Sonne und der schonende

Drusch. Die Körner haben auch den natürlichen Schwitzprozess im Stroh hinter sich. Sie sind trocken, frei von Druschverletzungen und in der Regel auch gut keimfähig.
Nach der Ernte werden die Stoppeln als Weide für Rinder und Schafe ein weiteres Mal genutzt (Abb. 4.40). In der leistungs- und kostenorientierten Landwirtschaft heutzutage muss rationell produziert werden. Oft kann aber dabei auch die Qualität auf der Strecke bleiben. Diese Getreideproduktion verlangt große Anbauflächen, einen direkten Drusch vom Halm und den sofortigen Abtransport hin zu den Großraumsilos. Ein Schneiden des Getreides zum optimalen Zeitpunkt der Vollreife mit nachfolgender Nachreife und Trocknung auf dem Feld gehört im Zeitalter eines rationellen Getreideanbaus der Vergangenheit an. Heute wird versucht, durch eine spätere Ernte zum Zeitpunkt der Totreife im Direktdrusch mit

Tab. 4.6a: Getreideerntezeiten in der Welt nach N.D.A.A./USDA [4.19]

Monat	Sommergetreide Land/Region	Sommergetreide Getreideart	Wintergetreide Land/Region	Wintergetreide Getreideart
Januar	Ostafrika	Getreide ohne Mais	Australien	Weizen
	Australien	Sorghum	Argentinien	Weizen
Februar	Australien	Sorghum		
März	Ostafrika	Getreide ohne Mais		
April	Argentinien	Mais	Mexiko	Weizen
	Südafrika	Mais		
Mai	Argentinien	Mais	Mexiko	Weizen
	Südafrika	Mais	Mexiko	Weizen
	Australien	Sorghum		
Juni	Australien	Sorghum	Südeuropa	Getreide
			USA	Getreide
			Nordafrika	
			Mittl. Osten u. Ägypten	Weizen
			China	Getreide
			Mexiko	Weizen
Juli	Westafrika	Futtergetreide	USA	Getreide
		Reis	Europa	Getreide
	Äthiopien	Getreide ohne Mais	Russland	Getreide
August	Europa	Getreide ohne Mais	Europa	Getreide
	Russland	Getreide ohne Mais	Mittl. Osten u. Ägypten	Weizen
	USA	Getreide ohne Mais		
	China	Früher Reis		
	Westafrika, Küste	Futtergetreide, Reis		
	Ostafrika	Mais, Sorghum		

Tab. 4.6b: Getreideerntezeiten in der Welt (Fortsetzung)

Monat	Sommergetreide Land/Region	Sommergetreide Getreideart	Wintergetreide Land/Region	Wintergetreide Getreideart
September	Kanada	Getreide ohne Mais		
	Europa	Mais		
	Russland	Mais, Getreide		
	USA	Mais, Sorghum, Getreide		
	China	Mais, Reis		
	Westafrika	Futtergetreide, Reis		
	Südostasien	Reis, Mais		
	Ostafrika	Mais, Sorghum		
Oktober	Europa, Russland	Mais		
	USA	Mais		
	China	Mais, Reis		
	Mexiko	Mais, Sorghum		
	Westafrika	Futtergetreide, Reis		
	Südostasien	Mais		
	Ostafrika	Mais, Sorghum		
November	Kanada	Mais	Brasilien	Weizen
	Europa	Mais	Südafrika	Weizen
	Russland	Mais	Australien	Weizen
	USA	Mais		
	China	Spätreis		
	Mexiko	Mais, Sorghum		
	Westafrika	Futtergetreide, Reis		
	Südasien	Reis		
	Ostafrika	Mais, Sorghum, Getreide		
	Sudan, Äthiopien	Getreide		
Dezember	China	Spätreis	Brasilien	Weizen
	Mexiko	Mais, Sorghum	Argentinien	Weizen
	Südasien	Reis	Argentinien	Weizen
	Ostafrika	Getreide		

dem Mähdrescher Qualitätsnachteile am Getreide zu verhindern (Abb. 4.33).

Zur Vermeidung von Ausfallverlusten sollte die Erntephase kurz gehalten werden. Das bedeutet den Einsatz großer Erntekapazitäten. Im humiden Klima muss aber mit jedem Tag der Ernteverzögerung mit häufigeren Schlechtwetterperioden gerechnet werden. So ist dann gegebenenfalls auch eine Mähdrescherernte erforderlich, wenn der Wassergehalt deutlich über 14 % liegt. Dies verlangt allerdings eine aufwändige künstliche Nachtrocknung, um das Getreide für Perioden bis zu über einem Jahr lagerfest zu erhalten. Ohne direkte Mähdruschernte wäre der Getreideanbau in den bedeutendsten Produktionszentren der Erde kaum noch möglich. Hinsichtlich der Qualität müssen dann Abstriche gemacht werden, wenn Fragen der Kornverletzungen, der künstlichen Trocknung und der sachgerechten Lagerung vernachlässigt werden. In einigen Getreideregionen der Erde ist das „Windrowing-System“ weit verbreitet (Abb. 4.31). Das Getreide wird etwas früher in der Phase der Vollreife abgemäht und in Schwaden zum Trocknen und Nachreifen auf dem Feld abgelegt. Ist es dann trocken und reif genug, wird es vom Mähdrescher mit angebauter „Pick up-Trommel“ aufgenommen und gedroschen. Die Einschaltung dieses Zwischenschrittes ist außerordentlich qualitätsfördernd.

Getreide wird weltweit in den Sommermonaten geerntet. Auf der nördlichen Halbkugel sind das vorwiegend die Monate zwischen Mai und September. Auf der südlichen Halbkugel liegen die Ernten im Allgemeinen zwischen November und Januar (Tab. 4.6) [4.19]. Ausnahmen machen Mais und Reis. Körnermais der nördlichen Halbkugel reift später. Der Wassergehalt des Korns reduziert sich – auch als Folge der Lieschblätter, die eine stärkere Verdunstung verhindern – sehr langsam. So liegen beim Mais die Erntetermine oft erst im Spätherbst, bis in den November hinein bei Kornwassergehalten von immer noch ca. 30 %. Die intensiven Nassreiskulturen im tropischen Gürtel um den Äquator in Südostasien ermöglichen bis zu drei Ernten pro Jahr. Entsprechend verteilen sich die Erntezeiten. Von den ca. 2,2 Mrd. t Getreide, die jährlich weltweit geerntet werden, stammen annähernd 90 % von der nördlichen Halbkugel der Erde. Wie die Tabellen 4.6a und 4.6b zeigen, wird täglich rund um die Welt Getreide geerntet.

4.5 Aufbereitung und Lagerung

Im Gegensatz zum traditionellen stufenweisen Ernteverfahren von Hand liefert der moderne Mähdrusch in einem Schritt rohe Druschware, die in der Regel jedoch noch nicht für die Lagerung geeignet ist. Sie ist nicht sauber und in vielen Fällen auch noch nicht trocken genug. In Abhängigkeit vom Unkrautbesatz auf dem Feld enthält sie auch Unkrautsamen verschiedenster Arten. Darüber hinaus fehlt ihr das Durchlaufen des Nachreifeprozesses im Stroh (Fermentation). Daraus nun gesundes, handelsübliches Qualitätsbraugetreide herzustellen, ist der nächste notwendige Schritt.

4.5.1 Reinigung

Bereits bei der Entladung geht es darum, den anfallenden Staub (Partikel bis zu 6 µ) umweltfreundlich zu entsorgen. Dies geschieht nach Kunze [4.20] heute etwa mit modernen Düsenfiltern. Die rohe Druschware (Abb. 4.44) enthält neben den gut ausgebildeten, gesunden Körnern auch noch weitere artfremde und arteigene Beimengungen in sehr unterschiedlichen Mengen (Abb. 4.41–4.43). Diese sind nach den

Abb. 4.41: Wildkräuter und Grasarten konkurrieren mit dem Getreide um Wasser und Nährstoffe und verunreinigen die Druschware (Zentraleuropa)

Abb. 4.42: Wild-/Flughafer verunreinigt das Kulturgetreide, vermindert Ertrag und Qualität, Mittelmeer-Region

Abb. 4.43: Verunreinigung von Getreide durch Schneckenbefall in Südostasien

internationalen ICC 102/1 und ICC 103/1-Vorschriften (ICC = Internationale Gesellschaft für Getreideforschung) und der damit weitgehend identischen EU-Verordnung 824/2000 bei der Vermarktung einzuhalten und nach Seibel wie folgt definiert [4.21]:

Bruchkorn bis 5 % bei Weizen und Gerste (Interventionskriterium)

Zum Bruchkorn gehören alle nicht angefressenen, zum Grundgetreide gehörenden Körner, bei denen der Mehlkörper in Teilen freiliegt.

Kornbesatz bis 7 % bei Weizen und bis 12 % bei Gerste (Interventionskriterium)

Dazu gehören Schmachtkorn (kleiner als 2 mm bei Weichweizen), Fremdgetreide, Schädlingsfraß, Keimverfärbungen sowie fleckige Körner, mit Fusarien befallene Körner, durch Trocknung überhitzte Körner und Auswuchs.

Auswuchs bis 4 % bei Weizen und bis 6 % bei Gerste (Interventionskriterium)

Der Auswuchs ist am äußerlich sichtbaren Wurzel- und Blattkeim erkennbar. Eine weitergehende Differenzierung in äußerlich sichtbaren und verdeckten Auswuchs bedarf individueller Vereinbarungen zwischen Käufer und Verkäufer.

Schwarzbesatz bis 3 % bei Weizen und Gerste (Interventionskriterium)

Fremdkörner (kein Getreide), verdorbene Körner (Abb. 4.47), Verunreinigungen und Spelzen, Brandbutten, Mutterkorn und Insekten- und Kleintierfragmente

Die Vorreinigung hat das Ziel, diesen Besatzanteil unter die artspezifisch tolerierbare Höchstgrenze zu reduzieren. Oft sind Besatzkompo-

Abb. 4.44: Weichweizen, rohe Druschware v. Feld

Abb. 4.45: Weichweizen, aufbereitete Handelsware

Abb. 4.46: Druschverletzungen bei Sommergerste [4.9]

Abb. 4.47: Braugerste, Schimmelpilze in der Bauchfurche

nenten auch besonders feucht. Eine Absiebung vor der Trocknung verbessert die Effektivität des Trockners. Die erste Reinigungsstufe erfolgt am ungetrockneten Rohgetreide. Der Trocknung – sofern erforderlich – folgt die Hauptreinigung. Dabei geht es im Wesentlichen darum, den Schwarzbesatz bis zur gesundheitlichen Unbedenklichkeit weiter zu reduzieren. Auf diese Weise entsteht gesunde und handelsübliche Ware (Abb. 4.45), wie sie in den Musterverträgen gefordert wird.

4.5.2 Belüftung und Kühlung

Oft sind in feuchten Jahren die Trocknungskapazitäten überlastet. Besonders dann müssen Puffermöglichkeiten geschaffen werden. Hier leisten Belüftungs- und Kühlungsanlagen wertvolle Dienste im Rahmen einer begrenzten Zwischenlagerung. Für nur bedingt lagerfähiges Getreide mit Wassergehalten von 14,5 % bis 16 % bietet die Belüftungstrocknung eine preiswerte Alternative auch zur Erreichung der vollen Lagerfähigkeit, wenn die Temperatur der Belüftungsluft mindestens 5 °C unterhalb der Temperatur des Getreidestapels liegt und die Ware vorgereinigt ist. Als lebender Organismus atmet das Getreide in Abhängigkeit von Wassergehalt und Temperatur. Dabei werden die Kohlenhydrate des Kornes unter Sauerstoffeinfluss zu Wasser, Kohlendioxid und Wärme abgebaut [4.21].

Beim Abtransport der frei werdenden Atmungswärme durch Belüftung und Halten der Temperatur um 10 °C erreicht das Getreide dann auch die volle Lagerfähigkeit mit einer Kornfeuchte um 14 % bis 15 %. Der Trocknungseffekt einer Kaltluftbehandlung darf jedoch nicht überschätzt werden. Er beträgt im günstigsten Falle 1 % Wasserentzug in 24 h. Dabei muss aber darauf geachtet werden, dass die relative

Tab. 4.7: Wassergehalt der Gerste und Gleichgewicht zur relativen Feuchte der Belüftungsluft nach de Clerck [4.22]

Wassergehalt der Gerste %	Im Gleichgewicht dazu stehende relative Luftfeuchte %
13,5	60
14,0	65
15,0	70
16,0	75
17,0	80
19,0	85
21,0	90
25,0	95

Tab. 4.8: Maximale Temperatur der Trocknungsluft an der wärmsten Stelle im Trockner nach Mainwald [4.23]

Korneingangs-feuchte %	Brotweizen °C max.	Roggen, Hafer, Gerste anderes Konsumgetreide °C max.	Mälzungsgetreide °C max.
16	55	65	49
18	49	59	43
20	43	53	38
22	37	47	34
24	35	40	30

Luftfeuchte unter 75 % bleibt. Zwischen der relativen Feuchtigkeit der Luft und dem Wassergehalt des Getreides stellt sich im Verlauf der Lagerung ein Gleichgewicht ein. Ist die relative Feuchte höher als der äquivalente Kornwassergehalt, dann besteht die Gefahr, dass durch die Belüftung der Wassergehalt der Getreidepartie ansteigt. Damit tritt eigentlich das Gegenteil von dem ein, was mit der Belüftung erreicht werden sollte (Tab. 4.7). Unter Berücksichtigung der angeführten Gleichgewichtsreaktion zwischen dem Kornwassergehalt und der relativen Luftfeuchte muss davon ausgegangen werden, dass sich bei der Belüftung und Trocknung mit Kaltluft in Abhängigkeit von der relativen Luftfeuchte die unterschiedlichsten Wassergehalte im Lagergut einstellen.

4.5.3 Trocknung

In den klassischen ariden Getreidesteppen der Erde kann das Getreide im Allgemeinen mit so niedrigen Wassergehalten (oft unter 10 %) geerntet werden, dass keine künstliche Trocknung erforderlich wird. In den Intensivregionen der humiden und subtropischen Klimate (Europa, Südamerika, Kanada) dagegen muss das Getreide gelegentlich mit 20 % Wassergehalt geerntet werden. In diesem Fall ist künstliche Trocknung im Interesse der Gesund- und Substanzerhaltung erforderlich. Da die künstliche Trocknung sehr teuer ist, (ca. 1 € pro 1 % Wasserabgabe je 100 kg Getreide) sollte der Mähdrusch bei gutem Wetter so lange hinausgezögert werden, bis der Wassergehalt des Getreides auf dem Feld durch die natürliche Witterung nicht mehr weiter absinkt. Um die Ware nicht durch unsachgemäße Trocknung zu schädigen, sind nach Mainwald [4.23] einige wichtige Grundsätze zu beachten (Tab. 4.8). Alle Getreidearten, die zur Malzbereitung Verwendung finden, müssen so schonend getrocknet werden, dass die Keimeigenschaften keinen Schaden erleiden. Bei 16 % Wassergehalt darf die Trocknungsluft an der wärmsten Stelle im Trockner 49 °C nicht übersteigen. Liegen die Wassergehalte aber höher, so darf beispielsweise bei 24 % Kornfeuchte nur mit maximal 30 °C getrocknet werden, um Keimschädigungen zu vermeiden. Entsprechend niedriger ist die Effizienz des Trockners und umso höher sind die Trocknungskosten.

4.5.4 Lagerung

Bei der Lagerung geht es im Wesentlichen darum, die Ware gesund zu erhalten und Verluste durch Verderb zu vermeiden. Selbst bei normaler Lagerung treten im ersten Vierteljahr Substanzverluste von mehr als 1 % auf, die sich jedoch nach einem Jahr auf 0,3 % reduzieren. Auch die Schütthöhe spielt eine große Rolle besonders in Relation zur Kornfeuchte (Tab. 4.10). Es wurde bereits dargestellt, dass der Substanzverlust (Tab. 4.9) während der Lagerung einhergeht mit der Freisetzung nicht nur von CO_2, sondern auch von Wasser und Wärme. Auf der nördlichen Halbkugel fällt die Ernte in den

Tab. 4.9: Substanzverlust bei Gerste nach Leberle [4.24]

Verluste im	%
1. Vierteljahr	1,3
2. Vierteljahr	0,9
3. Vierteljahr	0,5
4. Vierteljahr	0,3

Tab. 4.10: Maximale Schütthöhe für vorgereinigtes Getreide nach Mainwald [4.23]

Getreide-Kornfeuchte %	Maximale Schütthöhe m
< 16	4,5
16 – 18	4,0
18 – 20	3,5
20 – 22	2,0

Tab. 4.11: Substanzverlust bei Gerste in Abhängigkeit vom Kornwassergehalt nach Leberle [4.24, 4.25]

Wassergehalt %	Substanzverlust mg /(kg • d)
11	0,24
14 – 15	0,96
17	84
20	245

trockeneren Teil des Sommers und die Hauptlagerzeit in die kühleren Herbst- und Wintermonate. In den subtropischen Getreideregionen dagegen ist die Situation problematischer. Hier fällt die Ernte oft noch in die Regenzeit und die Lagerung in feucht-warme Perioden. Eine solche Situation gefährdet den Gesundheitszustand des Getreides umso stärker, auch in zweifacher Hinsicht. Zum einen wird die getreideeigene Veratmung forciert, zum anderen führt die stärkere Besiedelung durch Mikroorganismen (Schimmelpilze) und ihre weiteren zersetzenden Stoffwechselaktivitäten zu größeren Verlusten. Mit zunehmendem Wassergehalt steigen die Substanzverluste progressiv an. Die Intensität des Abbaus der organischen Kornmasse bis hin zum Verderb lässt sich auch in Abhängigkeit von Getreideart, Lagertemperatur und Kornwassergehalt mit Hilfe der CO_2-Bildung quantifizieren (Abb. 4.48, 4.49). Bei Lagertemperaturen um 0 °C kann die Atmung bei Wassergehalten von bis zu 18 % vernachlässigt werden. Aber bereits ab 10 °C steigt sie schon ab Wassergehalten von 16 % deutlich an. Ab 18 °C muss für eine gesunde Lagerung der Kornwassergehalt um 14 % und darunter liegen (Abb. 4.49). Anzumerken ist darüber hinaus auch, dass die Atmung zwischen den Getreidearten unterschiedlich intensiv verläuft. Es ist schon beachtenswert, dass die Gerste im Vergleich zu anderen Getreidearten deutlich intensiver veratmet und deshalb einer besonderen Sorgfalt bei der Lagerung bedarf. Bei Wassergehalten über 14 % und höheren Temperaturen steigt die Zersetzung progressiv an (Abb. 4.48).

Nach Schildbach [4.27] nehmen erhöhte Wassergehalte und Temperaturen während der

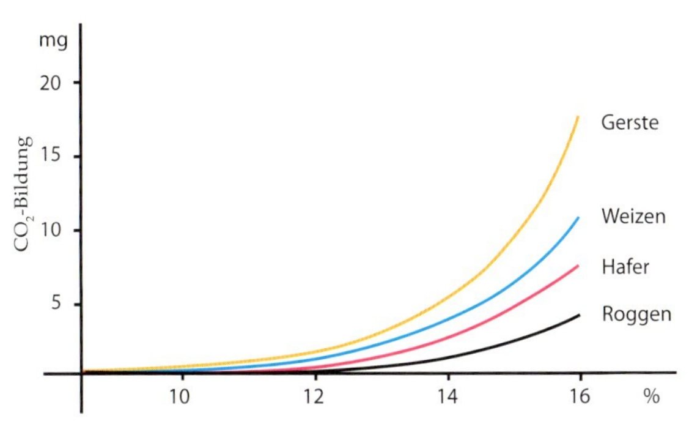

Abb. 4.48: CO_2-Bildung bei der Lagerung unterschiedlicher Getreidearten (CO_2-Bildung /100 g TrS. in 24 h bei 37,8 °C) [4.26]

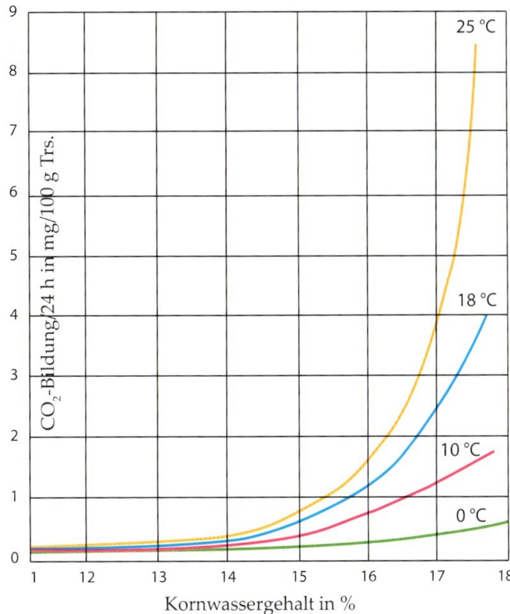

Abb. 4.49: CO_2-Bildung während der Lagerung der Gerste in Abhängigkeit vom Kornwassergehalt nach Kosima [4.26]

Tab. 4.12: Gersten- und Malzeigenschaften bei unterschiedlichen Lagerbedingungen [4.27]

	Versuchs-beginn	12 °C 13 %	12 °C 14,5 %	12 °C 16 %	17 °C 13 %	17 °C 14,5 %	17 °C 16 %
Keimenergie (%)	95 – 100	99 – 100	99	94 – 95	99 – 100	96 – 97	57 – 88
Lagerpilze (KBE/g Korn)	0	0	99 – 100	4000	0 – 100	1000	37 000
Extraktgehalt (%)	81,4	81,6	81,5	81,0	81,7	81,4	79,9
Extraktdifferenz (%)	2,2	2,0	2,1	3,4	2,0	2,6	8,8
VZ 45 (%)	36,9	40,1	39,1	36,4	40,5	38,0	29,7
Viskosität 8,6 % (mPas)	1,47	1,47	1,48	1,60	1,48	1,60	1,97
Mürbigkeit (%)	86,0	84,0	84,0	79,0	84,0	80,0	56,0
Glasigkeit > 2,2 mm (%)	2,2	2,2	2,3	8,3	2,3	6,2	27,6
Proteingehalt (%)	11,0	10,9	11,0	11,0	11,0	11,0	11,3
Kolbachzahl	42	42	42	41	43	42	37
Endvergärungsgrad, scheinb.	80,0	80,2	80,0	78,8	80,2	79,3	75,5

Tab. 4.13: Maximale Lagerzeit zur Erhaltung der Braugerstenqualität bei unterschiedlichen Lagerbedingungen [4.28]

Temperatur °C	Wassergehalt 10 %	Wassergehalt 12 %	Wassergehalt 14 %	Wassergehalt 16 %	Wassergehalt 18 %
0	16 Jahre	6 Jahre	2 Jahre	1 Jahr	190 Tage
2	14 Jahre	5 Jahre	1,8 Jahre	315 Tage	160 Tage
4	11 Jahre	4 Jahre	1,5 Jahre	260 Tage	130 Tage
6	9 Jahre	3 Jahre	1,3 Jahre	210 Tage	105 Tage
8	7,5 Jahre	2,5 Jahre	1 Jahre	170 Tage	89 Tage
10	6 Jahre	2 Jahre	300 Tage	140 Tage	70 Tage
12	5 Jahre	1,6 Jahre	240 Tage	110 Tage	55 Tage
14	3,8 Jahre	1,3 Jahre	190 Tage	85 Tage	45 Tage
16	3 Jahre	1 Jahr	150 Tage	65 Tage	35 Tage
18	2,3 Jahre	290 Tage	115 Tage	50 Tage	25 Tage
20	1,8 Jahre	220 Tage	90 Tage	40 Tage	20 Tage
22	1,4 Jahre	170 Tage	70 Tage	30 Tage	15 Tage
24	1 Jahr	130 Tage	55 Tage	25 Tage	12 Tage
26	290 Tage	100 Tage	40 Tage	18 Tage	9 Tage
28	210 Tage	70 Tage	30 Tage	13 Tage	7 Tage
30	160 Tage	55 Tage	22 Tage	10 Tage	5 Tage

Lagerung von Braugerste auch einen gravierenden Einfluss auf die Keimeigenschaften und den Schimmelpilzbefall der Gerste mit ganz gravierenden Folgen für die Malzqualität (Tab. 4.12).

Bei Wassergehalten ab 14,5 % und 12 °C, aber auch schon ab 13 % Wasser und 17 °C Lagertemperatur beginnt bereits der Lagerstress. Je stärker die Wassergehalte im Korn und die Lagertemperaturen ansteigen, umso intensiver verläuft das Lagerpilzwachstum mit seinem schädigenden Einfluss auf die Keimenergie. Nach einem Jahr Lagerzeit bei 17 °C und 16 % Wasser haben die 37.000 keimebildenden Lagerpilze pro Gramm Korn die Partie schon so weit zerstört, dass sie für die Herstellung von Malz nicht mehr zu gebrauchen ist. Wird trotzdem eine solche Partie zu Malz verarbeitet, dann führt eine derartige Stresssituation zu nachhaltigen Verlusten bei der Malzqualität. Extraktausbeute, zytolytische- und proteolytische Lösung und selbst auch die Vergärungseigenschaften verschlechtern sich gravierend. Die Partie ist für die Bierherstellung nicht mehr zu gebrauchen. Die Erhaltung der Keimenergie hat demzufolge eine zentrale Stellung bei der Qualitätssicherung. Sie übernimmt damit aber auch eine „Indikatorfunktion" bei der Beurteilung des Gesundheitszustandes und der Lagerkonditionen. Daraus resultiert eine sehr praktische Frage: Unter welchen Lagerbedingungen erhält Braugetreide wie lange seine Verarbeitungsqualität? Damit haben sich aus aktuellem Anlass u.a. auch skandinavische Forscher (Rues [4.28] mit dem folgenden Ergebnis beschäftigt. So wird etwa bei 0 °C Lagertemperatur und 10 % Kornwassergehalt eine Gerstenpartie über 16 Jahre die Keimfähigkeit erhalten. Bei 30 °C und 10 % Wasser sind es dagegen nur 160 Tage. Bei 0 °C und 18 % Feuchtigkeit sind es 190 Tage. Bei 30 °C und 18 % Wasser verdirbt die Ware schon nach fünf Tagen. Wie bereits erwähnt, reagiert Gerste besonders empfindlich auf Lagerstress. Unter Berücksichtigung der jeweils pflanzenspezifischen Eigenheiten dürften diese Resultate aber auch auf andere Getreidearten übertragbar sein.

Nach de Clerck [4.22] unterscheidet u.a. Nuret bei der Weizenlagerung Sicherheits-, Alarm- und Gefahrenzonen in Abhängigkeit von der Interaktion zwischen Korn-Wassergehalt und Lagertemperatur (Abb. 4.50). Dabei erscheint selbst bei Lagertemperaturen von nur 10 °C die Sicherheitszone bis zu 23 % Weizen-Wassergehalt relativ hoch. Dennoch dürften im Allgemeinen diese Kurvenverläufe auch für die übrigen Getreidearten nutzbar sein.

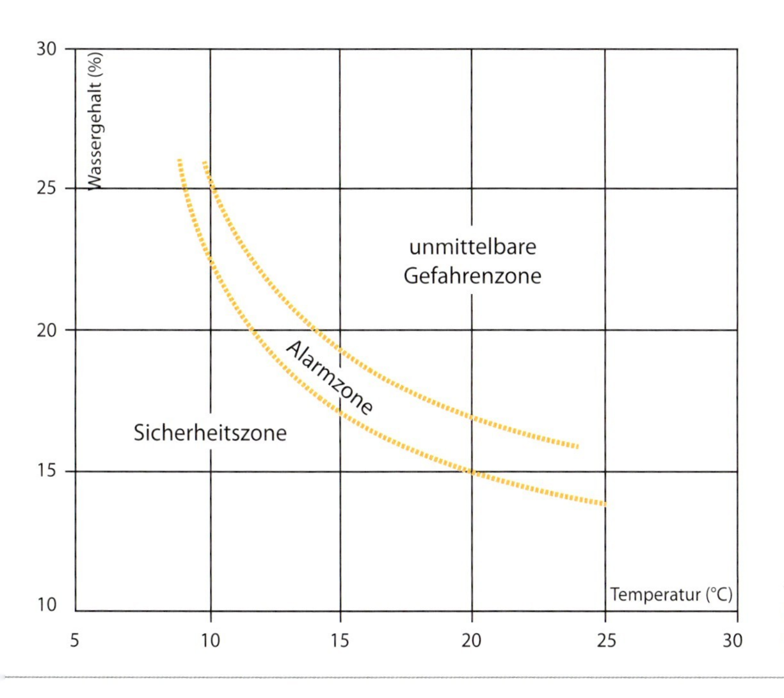

Abb. 4.50: Lagerkonditionen für Weizen [4.22]

4.6 Krankheiten und Schädlinge

Schätzwerte nach Ling [4.29] gehen davon aus, dass die jährlichen Verluste bis zur Ernte 20 % und bei der Vorratshaltung 10 % der Getreide-Welternte betragen. Zur Beurteilung und Bekämpfung von Krankheiten und Schädlingen wurden artspezifische Strategien entwickelt. Sie sind in der einschlägigen landwirtschaftlichen Literatur umfassend behandelt [4.30–4.35]. Es kann an dieser Stelle nur auf einige bedeutende Schadfaktoren eingegangen werden.

Es werden sowohl die Kontaminationen behandelt, die auf dem Feld durch Schadorganismen entstehen, als auch diejenigen, welche die Konsequenzen für das lagernde Getreide haben. Neben den klassischen Lagerschädlingen werden auch einige bedeutende Krankheiten und Schädlinge, die auf dem Feld auftreten, mit angeführt.

4.6.1 Wichtige Feldkontaminationen

4.6.1.1 Pilzkrankheiten

4.6.1.1.1 Schimmelpilze

Von der Aussaat bis zur Verarbeitung werden alle Getreidearten durch die verschiedensten Schimmelpilze besiedelt. Während der Vegetationszeit entwickeln sich vorwiegend die Feldpilze der Gattungen: *Alternaria, Aureobasidium, Cladosporium* und *Fusarium* (Abb. 4.51). Sie erreichen bis zur Getreideernte ihr maximales Wachstum. Unter den anderen Umweltbedingungen während der Lagerung werden die Feldpilze durch die Lagerflora, die im Wesentlichen *Aspergillus* und *Penicillium* enthält, verdrängt. Unter den höheren Wassergehalten und Temperaturen während der Mälzung erhalten Feld- und Lagerpilze neue Wachstumsimpulse. Gleichzeitig kommt es zur sprunghaften Vermehrung von Mälzungspilzen, zu denen u.a. *Geotrichum, Mucor* und *Rhizopus* gehören. Neben den Getreidearten der gemäßigten Klimate spielt der Befall mit Schimmelpilzen vor allem beim Anbau von Reis und auch Sorghum (Ernte in der Regenzeit) eine große Rolle. Nicht alle kornbesiedelnden Schimmelpilze produzieren Mykotoxine. Bekannt als Mykotoxinbildner sind in erster Linie Pilze der Gattungen *Aspergillus, Penicillium, Fusarium, Cephalosporium, Trichoderm* und *Trichotecium*. Inzwischen sind ca. 400 Mykotoxine bekannt. Viele dieser Toxine sind so stabil, dass sie die Verarbeitungsprozesse von Getreidekörnern überstehen. Sie können zu chronischen Vergiftungen führen. Leider besteht zwischen der Anzahl Schimmelpilze und der Menge an Mykotoxinen nur ein sehr lockerer positiver Zusammenhang. Es scheint so zu sein, dass die Schimmelpilze erst zum Ende ihres Wachstumszyklus zur Mykotoxinbildung neigen. So kann es einerseits vorkommen, dass verschimmelte Partien frei von Pilzgiften sind, weil die Pilze erst in einem späteren Stadium ihrer Entwicklung Mykotoxine produzieren. Andererseits kann auch äußerlich gesund aussehende Ware hohe Mykotoxin-

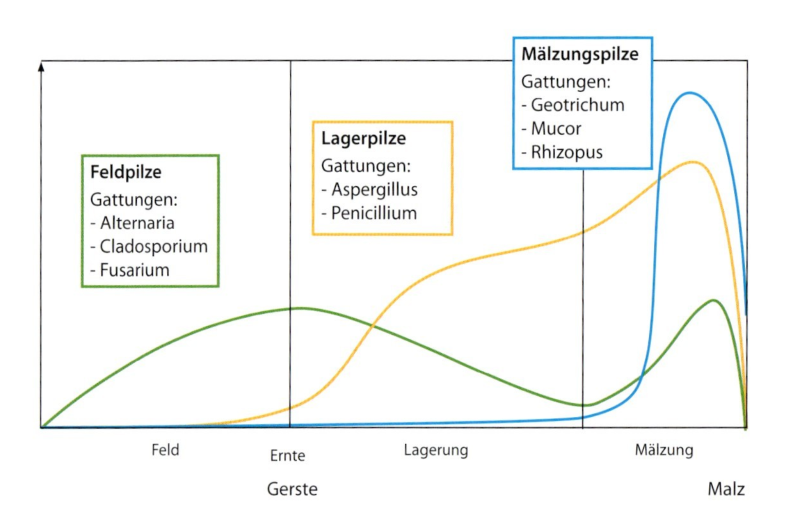

Abb. 4.51: Entwicklung von Feld-, Lager- und Mälzungspilzen

konzentrationen enthalten. Obwohl die Toxinbildner bereits abgestorben sind, können die Pilzgifte erhalten bleiben. Bei einigen Schimmelpilzen muss zudem davon ausgegangen werden, dass sie neben der Mykotoxinbildung auch für das unkontrollierte Überschäumen des Bieres beim Öffnen der Flaschen verantwortlich sind (Gushing). Ferner gibt es Schimmelpilze, die Mykotoxinbildungen vermindern können. Dazu gehört nach Boivin [4.36] *Geotrichum*. Versuche aus Frankreich haben gezeigt, dass eine *Geotrichum*-Beimpfung als Starterkultur beim Mälzen die Gehalte an Zearalenon und Deoxynivalenol deutlich reduzierten. Der Gehalt an Nivalenol blieb jedoch weitgehend unverändert. Zweifellos spielen die Fusarien eine dominierende Rolle, da die Infektionsmöglichkeiten über die gesamte Vegetationszeit in Abhängigkeit von der Witterung außerordentlich vielschichtig sind (Abb. 4.52).

Aus bayerischen Versuchen von Obst [4.43] geht außerdem hervor (Tab. 4.14), dass neben dem Mais als Vorfrucht auch die flache Minimalbodenbearbeitung, bei der das Stroh der Vorfrucht nicht tief genug in den Boden eingearbeitet wird, die DON-Gehalte der nachfolgenden Frucht deutlich erhöhen. Möglichkeiten, um die Kontamination durch Schimmelpilze zu vermeiden, beschreibt Tabelle 4.16.

Nach Weinert et al. [4.37] ist gegen Ährenfusarien zur Zeit nur die Resistenzzüchtung wirksam. Das hauptsächliche Vorkommen und deren Mykotoxine beschreibt Nirenberg [4.38] in Tabelle 4.15.

Ergebnisse nach Nirenberg [4.38] aus der Biologischen Bundesanstalt in Berlin zeigen, dass

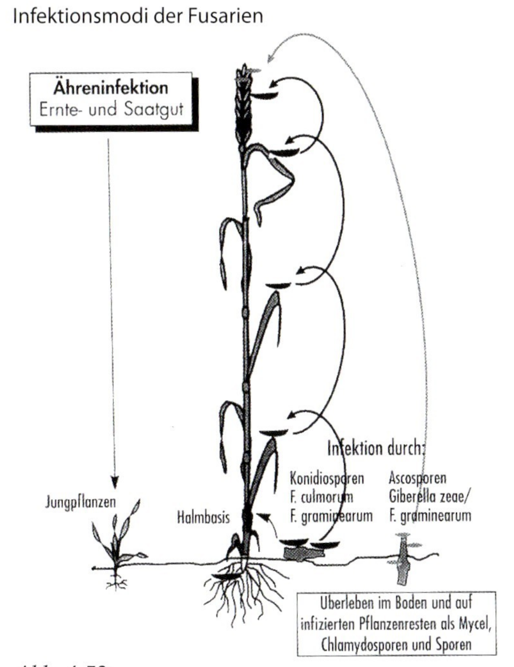

Abb. 4.52:
Infektionsmodi der Fusarien nach Weinert [4.37]
Das Problem Schimmelpilze/Mykotoxine wurde u.a. auch von Gareis [4.34], Rodemann [4.35] und Seibel [4.11] mit den folgenden Aussagen behandelt: „Jedes Entwicklungsstadium kann durch Fusarien infiziert werden. Die wichtigsten Quellen für Jungpflanzen sind bereits kontaminiertes Ernte- und Saatgut sowie Sporen im Boden. Halmbasiserkrankungen haben ihre Ursache im Befall mit Konidiosporen von Ernteresten. Ährenbefall kann auf zwei Wegen erfolgen. Zum einen ist die sukzessive, treppenartige Ausbreitung der Konidiosporen (durch Regenspritzer) vom Boden über Blätter (symptomlos) bis zur Ähre möglich. Zum anderen können auch windverbreitete Ascosporen (von F. graminearum/Giberella zeae) von Pflanzenresten zur Ähre transportiert werden."

Tab. 4.14: Einfluss von Vorfrucht und Bodenbearbeitung auf den Deoxynivaleolgehalt von Weizen (Ergebnisse Fusarium-Monitoring, Bayern 1992–1997) nach Obst [4.43]

Pflanzenbaumaßnahme	**Deoxynivalenolgehalt**	
	µg/kg	**relativ**
Vorfrucht Nicht-Mais	143	1,0
Vorfrucht Silomais insgesamt	310	2,2
Vorfrucht Silomais + Pflugfurche	207	1,4
Vorfrucht Silomais + Minimalbestellung	923	6,5
Vorfrucht Körnermais insgesamt	473	3,3

Tab. 4.15: Fusarien und Fusarientoxine in Deutschland [4.38])

Fusarium-Art	Wichtige Wirtspflanzen	Gebildete Toxine*
Fusarium graminearum	Getreide, Mais	ZEA, DON, NIV
Fusarium culmorum	Getreide, Mais	ZEA, DON
Fusarium avenaceum	Getreide, Mais, Kartoffel	Moniliformin
Fusarium poae	Getreide, Mais	NIV, T2, HT2
Fusarium tricinctum	Getreide, selten Mais	Moniliformin
Fusarium sporotrichoides	Getreide	NIV, T-2, HT-2
Fusarium cerealis (crookwellense)	Getreide, Mais, Kartoffeln	ZEA, NIV
Microdochium (Fusarium) nivale	Getreide	Keine Toxine!

**ZEA = Zearalenon, DON = Deoxynivalenol, NIV = Nivalenon, T2 = T2-Toxin, HT2 = HT2-Toxin. Daneben bilden Fusarien viele weitere Toxine in unbedeutend kleinen Mengen. Dazu zählen Enniatine, Chlamydosporol, Fusari C, Fusarenon X, Fusarinsäure und Beauvericin*

sowohl eine Fusariumart mehrere Mykotoxine als auch mehrere Fusariumarten die gleichen Mykotoxine produzieren können (Tab. 4.15). Diese Pilze können auch gleichermaßen den Ertrag schädigen. Nach Heitefuss [4.40] bleiben infizierte Ährchen taub, andere bilden nur Schmachtkörner aus (Abb. 4.53, 4.54).

Am Befall durch *Fusarium graminearum* ließ sich in mehrjährigen bayerischen Versuchen von Lepschy und Beck zeigen [4.41], dass der Einfluss des Jahrgangs gravierend ist. In diesem Falle konnten auch positive Beziehungen zwischen Fusariumbefall und DON-Gehalt bei Winterweizen und Sommergerste gefunden werden (Abb. 4.55). Im Winterweizen lagen die DON-Gehalte höher als bei der Sommergerste. Wie in weiteren Untersuchungen von Rath nachgewiesen werden konnte [4.42], spielt der Zeitpunkt der Probennahme eine ganz gravierende Rolle (Abb. 4.56). So kann der Fusariumbefall zur Zeit der Ernte – sicherlich abhängig von der Witterung – drei Mal so hoch sein wie zwei bis drei Wochen vor der Ernte.

4.6.1.1.2 Schneeschimmel [4.33]

(Fusarium nivale, Abb. 4.57a, 4.57b)

Bei Wintergetreide sind die befallenen jungen Pflanzen nach dem Winter abgestorben. Im günstigsten Falle entsteht nur noch partielle Taubährigkeit. *Fusarium nivale* ist aber kein Mykotoxinbildner. Eine sorgfältige Einarbeitung der Reststoppeln kann den Befall begrenzen. Die Saatgutbeizung ist erforderlich.

Abb. 4.53: Von Fusarien befallener Weizen nach Cyanamid Agrar [4.39]

Abb. 4.54: Von Fusarien befallener Weizen nach Heitefuss et al. [4.40]

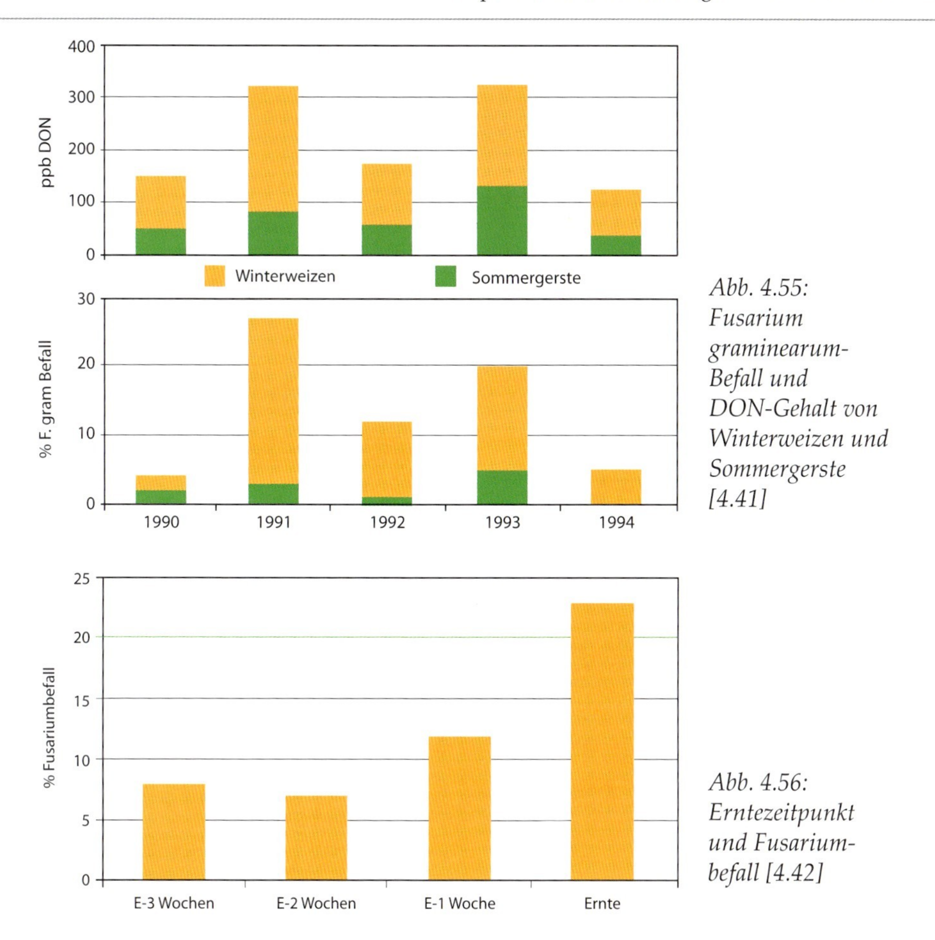

Abb. 4.55: Fusarium graminearum-Befall und DON-Gehalt von Winterweizen und Sommergerste [4.41]

Abb. 4.56: Erntezeitpunkt und Fusariumbefall [4.42]

Tab. 4.16: Möglichkeiten der Verminderung von Schimmelpilz- und Mykotoxinbelastungen an Braugetreide [4.39, 4.44]

Resistenzzüchtung gegen Schimmelpilze am Korn
Verwendung von gesundem, gebeiztem Saatgut
Anbau von Sorten mit geringer Neigung zur Spelzen- und Kornrissigkeit
Vermeidung von Lager auf dem Feld
Ausgewogene Stickstoffdüngung, gezielt nur nach Bedarf
Anbau von Braugetreide in Trockenregionen (dünne Bestände)
Gesunde, blattfruchtreichere Fruchtfolgen mit vermindertem Getreideanteil (weniger Mais)
Keine pfluglose Ackerkultur, tiefes Unterpflügen von Infektionsquellen (Stroh, Stoppeln)
Strohbergung, keine Strohdüngung zu Getreide
Anbau von Langstrohsorten, keine Wachstumsregulatoren zur Halmverkürzung
Kein Mais als Braugetreide-Vorfrucht
Einsatz von Fungiziden
Entwicklung eines Schimmelpilz-Prognosesystems aus Daten der Witterung und Phänologie
Getreidetrocknung unmittelbar nach der Ernte
Gesunde Lagerung des Braugetreides bei niedrigen Wassergehalten, möglichst unter 14 %
Mälzungshygiene, gründliches Waschen beim Weichen

Abb. 4.57a und 4.57b: Schneeschimmel nach Heitefuss et al. [4.33]

Abb. 4.58: Mutterkorn nach Senat Bundesforschungsanstalten [4.34]

4.6.1.1.3 Mutterkorn [4.34]
(Claviceps purpurea, Abb. 4.58)
Der Mutterkornpilz befällt vorwiegend Roggen, wobei ältere Hybridsorten stärker gefährdet sind als die alten Populationssorten. Es ist aber auch nicht auszuschließen, dass Mutterkorn gelegentlich bei anderen Getreide- und auch Grasarten auftritt. Nach der Infektion in die Blüte bildet sich das Mutterkorn als übergroßes pilzliches Dauerorgan *(Sklerotium)* an Stelle der Körner in den Ährchen. Beim Drusch wird in der Regel das Mutterkorn zerschlagen. Es fallen Bruchstücke etwa so groß wie Getreidekörner an, die sich oft auch durch sorgfältige Reinigung nicht völlig aus der Partie entfernen lassen. Dies ist problematisch, da das Mutterkorn ein sehr giftiges Alkaloid enthält. Wird es verzehrt, kann es bei Warmblütern (alle Säugetiere und Vögel) viele Beschwerden auslösen, darunter Lähmungen, Krämpfe, Abstoßen von Föten bzw. zum Tode führen. Die Bekämpfung des Mutterkornes erfolgt über sorgfältiges Herausreinigen aus der jeweiligen Partie.

4.6.1.1.4 Fußkrankheiten [4.33]
(Ophiobolus graminis, Abb. 4.59)
Bei einem zu hohen Anteil von Wintergetreide in der Fruchtfolge kann es durch Fußkrankheiten zu einem vollständigen Absterben der Pflanzen oder auch zu Kümmerkornbildung und Taubährigkeit kommen. Das kann zu Ertragsverlusten bis zu 50 % führen. Eine Verminderung der Infektion wird über die Reduktion des Getreideanbaus erreicht. Fußkrankheiten der verschiedensten Erreger schädigen auch die Reiskulturen. Eine Bekämpfung mit Fungiziden ist heute möglich.

Abb. 4.59: Wurzelbefall durch Ophiobolus nach Heitefuss et al. [4.33]

4.6.1.1.5 Streifenkrankheit [4.33]
(Helminthosporium gramineum, Abb. 4.60a/b)
Es erfolgt eine Blüten-Keimlingsinfektion, die bei der Aussaat der infizierten Körner im Folgejahr zum Schossen gelbe und braune Längsstreifen auf den Blättern bilden. Das Chlorophyll wird zerstört. Bei starkem Befall der gesamten Pflanze bleiben die Ähren unvollständig in den Blattscheiden vertrocknet sitzen, was zum Totalschaden führt. Eine wirksame Bekämpfung erfolgt über die bewährte Saatgutbeizung.

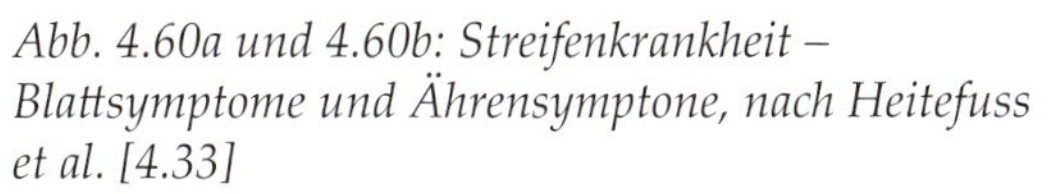
Abb. 4.60a und 4.60b: Streifenkrankheit – Blattsymptome und Ährensymptone, nach Heitefuss et al. [4.33]

Abb. 4.61a und 4.61b: Rhynchosporium an Gerste und Roggen, nach Heitefuss et al. [4.33]

4.6.1.1.6 Netz- und Blattfleckenkrankheiten und Echter Mehltau [4.33]

(Helminthosporium teres, Rhynchosporium secalis, Erysiphe graminis, Abb. 4.61, 4.62)

Diese Blattkrankheiten können zu erheblichen Ertrags- und Qualitätsverlusten durch Zerstören der Assimilationsflächen führen. Die Befallsintensität ist im Wesentlichen vom Verlauf der Witterung und von den Resistenzeigenschaften der Sorten abhängig. Eine Spritzung mit modernen Blattfungiziden ist ökonomisch sinnvoll. Im Durchschnitt von 20 Versuchen über einen Zeitraum von drei Jahren (2004 bis 2006) konnte nach Jentsch et al. [4.44] ein Vollgersten-Mehrertrag von 700 kg pro Hektar erzielt werden. Im Jahr 2008 entsprach dieser Mehrertrag einem Wert von ca. 100 € pro Hektar, dem ca. 70 € pro Hektar an Kosten gegenüberstanden.

4.6.1.1.7 Halmbruch [4.33]

(Pseudocercosporella herpotrichoides, Abb. 4.63)

Halmbruchpilze befallen vorwiegend die unteren Halmregionen. Es zeigen sich glasigbraune Flecken. Der Halm wird geschwächt, er vermorscht und bricht leicht ein. Der Ertragsausfall kann bis zu 50 % betragen. Es entsteht Weißährigkeit. Mit Blattfrüchten aufgelockerte Fruchtfolgen können Halmbruch verhindern.

Abb. 4.62a und 4.62b: Mehltaupusteln und Ährenmeltau mit Kleisthothezien, nach Heitefuss et al. [4.33]

Abb. 4.63: Halmbruchkrankheiten, nach Heitefuss et al. [4.33]

4.6.1.1.8 Brandkrankheiten [4.32, 4.33]

Weizensteinbrand (*Tilletia caries)*
Zwergsteinbrand (*Tilletia contraversa)*
Weizen- und Gersten-Flugbrand
(Ustilago nuda)
Hafer-Flugbrand (*Ustilago avenae)*
Mais-Beulenbrand (*Ustilago zeae)*

Brandkrankheiten zerstören die Ährchen. Auf den Spindelstufen hinterlassen sie offene Lager voller dunkler Sommersporen, die vorwiegend durch den Wind zur Zeit der Blüte gesunde Ährchen infizieren (Abb. 4.64, 4.65].

Der Pilz verbleibt am oder im frisch infizierten Korn. Nach der folgenden Aussaat wächst er mit dem keimenden Korn in die neue Pflanze und deren Blüten und setzt dort sein Zerstörungswerk fort. Beim Steinbrand bilden sich an Stelle der Körner zunächst geschlossene Sporenbehälter (Brandbutten), die später beim Drusch aufplatzen und die unangenehm fischartig riechenden Sporen als dunkle Wolke freisetzen. Beim Flugbrand sitzen die Sporen offen auf der Ähre, um sich schon vor der Ernte durch den Wind zu verbreiten. Der Mais-Beulenbrand zerstört die gesamten Kolben. Eine zwingend notwendige Bekämpfungsmaßnahme ist die Saatgutbeizung (Abb. 4.66).

Abb. 4.64a: Weizensteinbrand, Ährenbefall.

Abb. 4.64b: Weizensteinbrand, stark verseuchtes Erntegut

nach Heitefuss et al. [4.33]

Abb. 4.65a: Gerstenflugbrand

Abb. 4.65b: Gerstenflugbrand, leere Ährenspindel von Gerste

nach Heitefuss et al. [4.33]

Abb. 4.66: Ustilage zeae nach Bayer Pflanzenschutz Compendium [4.32]
***1** „Reife“ Brandbeulen mit der weißgrauen, glänzenden Haut. Der Inhalt besteht aus schwarzem Staub (Sporen), der nach dem Aufplatzen vom Wind in alle Himmelsrichtungen transportiert wird **2** Brandbeulen an einem unreifen Maiskolben, der Inhalt der Auftreibungen ist noch schmierig. Befallene Kolben müssen rechtzeitig entfernt (rausgebrochen) werden.*

Abb. 4.67a: Braunrost im Bestand

Abb. 4.67b: Zwergrost Blattbefall

Abb. 4.67c: Gelbrost Blattbefall

von links, nach Heitefuss et al. [4.33]

4.6.1.1.9 Rostkrankheiten [4.33]

(Puccina Arten, Abb. 4.67)

Gelbrost tritt bei Weizen, Gerste und Roggen auf, Braunrost bei Weizen und Roggen, Zwergrost bei Gerste. Die Rostpilze führen zu empfindlichen Ertragsverlusten durch Vernichtung von Blattflächen. Eine dauerhafte räumliche Trennung von Winter- zu Sommergetreideflächen vermindert die Infektionsübertragung. Rostfungizide sind wirksam.

4.6.1.1.10 Blatt- und Spelzenbräune [4.33]

(Septoria nodorum)

Dieser Pilz kann Ertragsverluste bis zu 30 % bewirken (Abb. 4.68). Er zerstört die Assimilationsflächen an Spelzen und Blättern. Eine Bekämpfung mit systemischen Fungiziden ist möglich.

4.6.1.1.11 Virosen [4.33]

Zwei verschiedene Viren sind von besonderem Interesse. Gelbmosaikvirus (*Barley yellow mosaic – BYMV Virus*) befällt vorwiegend Wintergerste (Abb. 4.69). Virose Verzwergung *(Barley yellow dwarf BYDV Virus*) bei Gerste, Hafer und Weizen. Während BYMV durch Bodenpilze auf Gerstenwurzeln übertragen werden, sind Blattläuse die Infektionsquellen für BYMV. Hohe

Abb. 4.68a und 68b: Blatt- und Spelzenbräune – Ährenbefall und Septoria tritici nach Heitefuss et al. [4.33]

Abb. 4.69a und 4.69b: Virusschaden an Wintergerste (BYDV) mit unterschiedlich geschädigten Pflanzen [4.33]

Abb. 4.70: Brusome-Krankheit beim Reis nach Bayer Pflanzen-schutz Compendium [4.32]
***1** Schadbild an der Rispe („rotten neck") **2** u. **5** Schadbild auf Reissorten mittlerer Resistenz **3** u. **4** Schadbild auf weniger resistenten Reissorten*
***6** Konidie und Konidiophore, stark vergrößert*

Anteile an Sommer- und Wintergerste in der Fruchtfolge verstärken den Befall. BYMV ist die gefährlichste Erkrankung in der Wintergerste. Es können Verluste bis zu 80 % entstehen. Eine direkte Bekämpfung der Virosen ist noch nicht möglich. Sowohl Insektizid-Behandlungen gegen Blattläuse als auch die Vermeidung von nahe gelegenen Winter- und Sommergerstefeldern sind erfolgversprechende Vermeidungsstrategien.

4.6.1.1.12 Brosume-Krankheit [4.32]

Die Brosume-Krankheit beim Reis führt zu gravierenden Ertragsverlusten (Abb. 4.70).

4.6.2 Einige wichtige Schädlinge [4.33]

4.6.2.1 Nematoden Getreide-Zystenälchen
(Heterodera avena)

Die Ausweitung des Getreideanbaus auf Kosten der Hackfrüchte steht in ursächlichem Zusammenhang mit dem verstärkten Auftreten von Älchen (Nematoden). Sie bewirken Saugschäden an jungen Wurzeln, die zu beachtlichen Ertragsausfällen führen. Da die Zysten über Jahre im Boden lebensfähig bleiben, ist eine Bekämpfung aufwendig und schwierig. 5-jährige Anbaupausen zwischen Sommergetreide reduzieren die Nematoden nachhaltig (Abb. 4.71). Bei der Sommergerste gibt es inzwischen einige resistente Sorten.

4.6.2.2 Fliegen [4.33]

Eine Vielzahl von Fliegenarten befallen nahezu alle Getreidearten, wo ihre gefräßigen Larven vorwiegend Fraßschäden an Blättern, Blüten und Halmen/Stengeln anrichten. Die bekanntesten sind folgende Arten:

Abb. 4.71a: Nemathoden-Bestandsbild
Abb. 4.71b: Nemathoden – Zysten an Wurzeln beide Bilder nach Heitefuss et al. [4.33]

- Fritfliegen (*Oscinella frit*)
- Zünsler (*Ostrinia nubilalis*)
- Brachfliegen (*Delia coar ctala*)
- Halmfliegen (*Chlorops pumilionis*)
- Sattelmücken (*Haplodiplosis marginata*);
- Minierfliegen (*Hydrellia griseola*)
- Getreidehähnchen (*Lema lichensis*)
- Getreide- und Ährenwickler (*Cnephasia pumicana*)
- Gallmücken (*Contarinia tritici*)
- Stengelbohrer (*Schoenobius bipunetifer*)
- Heerwurm (*Army worm, Cirphis unipuncta Haw.*)

Besonders gefährlich sind der Maiszünsler (Abb. 4.72) und der *Army worm* (Abb. 4.73). Letzterer kann besonders im eher subtropisch/tropischem feucht-warmen Klima in wenigen Tagen vor der Ernte beachtlichen Fraßschaden an den Körnern verursachen. In der Regel können diese spontan einfallenden Schädlinge nur durch den Einsatz von systemischen Insektiziden wirkungsvoll bekämpft werden.

Abb. 4.73: Army worm

Abb. 4.72: Maiszünsler nach Bayer Pflanzenschutz Compendium [4.32]
***1** P.nubilalis, männlicher Falter, schwach vergrößert* ***2** Befallsbild mit Kolben mit Raupe, natürliche Größe* ***3** Befallsbild im Stengel mit Raupe und Puppe*

4.6.2.3 Blattläuse [4.33]

Große Getreideblattlaus (*Sitobion avenae*)
Haferblattlaus (*Rhopalosiphum padi*)
Bleiche Getreideblattlaus (*Metopolophium dirhodum*).

Blattläuse schädigen in dreierlei Hinsicht: Sie schwächen die Pflanzen durch das Absaugen von Assimilaten aus den Leitungsbahnen. Sie übertragen Pflanzen-Viruskrankheiten. Sie verschmieren die Ernteprodukte bis hin zur Ungenießbarkeit. Eine erfolgreiche Bekämpfung erfolgt durch Spritzung von systemischen Insektiziden (Abb. 4.74).

4.6.3 Einige wichtige Lagerschädlinge

Der weltweite Getreidehandel sorgt für die gleichmäßige Verbreitung von Lagerschädlingen, wenn nicht durch gezielte Maßnahmen eine wirksame Bekämpfung erfolgt. Trotz sorgfältiger Durchführung gezielter Hygienemaßnahmen lässt es sich bei kontinuierlichem Getreideumschlag nicht immer vermeiden, dass Lagerschädlinge eingeschleppt werden. Um größere Verluste zu verhindern, helfen dann meistens nur noch Begasungsmaßnahmen mit geeigneten Insektiziden in geschlossenen Siloeinheiten. Das Spektrum der verwendeten Mittel zeigt nach Rasch [4.45] die folgende Entwicklung:

Abb. 4.74a: Haferblattlaus

Abb. 4.74b: Bleiche und Große Getreideblattlaus

Abb. 4.74c: Getreideblattlaus an Weizen, nach Heitefuss et al. [4.33]

- Blausäure seit 1877
- Äthylenoxyd seit 1927
- Methylenbromid seit 1932
- Phosphorwasserstoff seit 1936

Über die Auswahl geeigneter Mittel informiert das *Pflanzenschutzmittelverzeichnis der Biologischen Bundesanstalt*. Die der Zulassungspflicht unterliegenden Insektizide kommen als Sprüh-, Spritz- und Stäubemittel, als Vernebelungs- und Räuchermittel oder als gasförmige Produkte zum Einsatz. Entscheidend für die Anwendung ist die Kenntnis über die Schädlinge selbst sowie ihre Unterscheidbarkeit und das Wissen über die Entwicklungszyklen. In der Regel durchlaufen die Lagerschädlinge drei Entwicklungsphasen: Das Weibchen, das Imago, legt Eier in oder an die Körner. Daraus entwickeln sich die Larven, welche große Fraßschäden an den Körnern verursachen. Nach der Verpuppung schlüpft das Vollinsekt, welches ein weiteres Mal durch Fraß am Korn schädigt. Auch durch die Exkremente der Insekten werden Wasser und Wärme frei, die zusätzlich den Verderb fördern.
In den folgenden Ausführungen und Abbildungen, die überwiegend von Rasch [4.45] und den angeführten Institutionen und Mitarbeitern erstellt wurden, sind die bedeutendsten Lagerschädlinge aus den drei Gruppen der Käfer, Motten und Milben zusammengestellt.

4.6.3.1 Käfer [4.45]

Käfer haben harte Vorderflügel, mit denen sie ihre häutigen Hinterflügel schützen. Sie nehmen die Nahrung mit ihren Beißwerkzeugen auf. Oft ernähren sich die Käfer von ganz anderen Stoffen wie die Larven oder sie zehren von ihrem Fettkörper. Ausgewachsene Tiere sind im Allgemeinen schwarz. Nicht alle Käferarten sind flugfähig.

4.6.3.1.1 Kornkäfer [4.45]
(Calandra granaria)
Reiskäfer (*Calandra oryzae)**
La-Plata-Maiskäfer (*Calandra zea mais)**
* *dem Kornkäfer ähnlich*

Der Kornkäfer (Abb. 4.75) ist weltweit der gefährlichste Lagerschädling. Er vernichtet jährlich 2,5 % der Weltgetreideernte. Der ausgewachsene Käfer misst ca. 4 mm, die Eier 0,7 mm und die Larve 3,5 mm. Kornkäfer können nicht fliegen. Ein Weibchen legt bis zu 200 Eier in vorher ausgehöhlte Fraßlöcher des Kornes. Danach verschließt es das Loch wieder. Das erschwert die Diagnose (Körner ins Wasser werfen – die oben schwimmenden Körner sind die befallenen).
Bei hohen Temperaturen um 27 °C dauert die Entwicklung vom Ei bis zum Imago nur 29 Tage, bei 14 °C aber 113 Tage. Die Käfer können kalte Winter durch eine Kältestarre ohne Nahrung

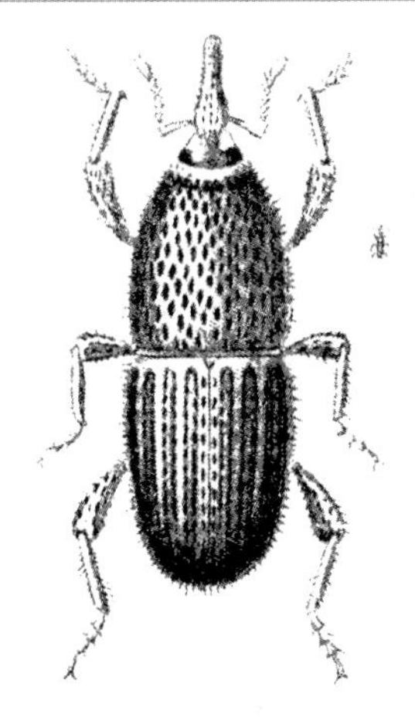

Abb. 4.75: Kornkäfer vergrößert, nach Rasch [4.45]

überleben, zwei bis drei Jahre alt werden und im gemäßigten Klima zwei bis drei Generationen pro Jahr erzeugen. Der Käfer ist lichtscheu und deshalb im Inneren eines Getreidehaufens zu finden. Getreide direkt vom Feld ist frei von Kornkäfern, da der Schädling nicht im Freien leben kann. Dafür wandert er von Lager zu Lager, um so alle Getreidearten zu befallen. Der Käfer entwickelt eine besondere Vorliebe für Malz. Das Kühlhalten unter 12 °C bewirkt nur eine geringe Fraßtätigkeit. Auch in leeren und sauberen Lagerräumen finden die Käfer in Ritzen Möglichkeiten zum Überleben. Wareneingangskontrollen, Sauberhalten und Kontrollen auch der leeren Speicher sind unentbehrliche Vermeidungsstrategien. Bei Befall hilft nur die Bekämpfung mit geeigneten Insektiziden. Der Reiskäfer ist 3 mm lang, dem Kornkäfer sehr ähnlich und lediglich an den vier orangefarbigen Flecken auf den Flügeldecken zu unterscheiden. Er kann im Gegensatz zum Kornkäfer fliegen. Während des Verlaufes von 5 Monaten legt das Weibchen nahezu 600 Eier analog zum Kornkäfer in die Körner. In heißen Ländern kann die Eiablage auch in reifende Körner auf dem Feld erfolgen. Ein Entwicklungszyklus dauert zwei Monate. Der La-Plata-Maiskäfer ist dem Reiskäfer sehr ähnlich.

4.6.3.1.2 Getreideplattkäfer [4.45]

(Oryzaephilus surinamensis)

Der schmale Käfer (Abb. 4.76) ist ca. 3 mm lang, glanzlos und dunkelbraun. Die Larven erreichen die gleiche Länge. Die Weibchen legen ca. 200 Eier lose an das befallene Getreide. Der Entwicklungszyklus dauert vier Monate. Die Larven leben frei im Getreide. Neben Getreide werden auch zahlreiche andere pflanzliche und tierische Produkte befallen. Käfer und Larven entwickeln eine starke Fressgier. Die befallene Ware wird dumpfig und verklumpt. Das Vollinsekt kann jahrelang überleben. Dieser Schädling ist oft mit dem Kornkäfer vergesellschaftet.

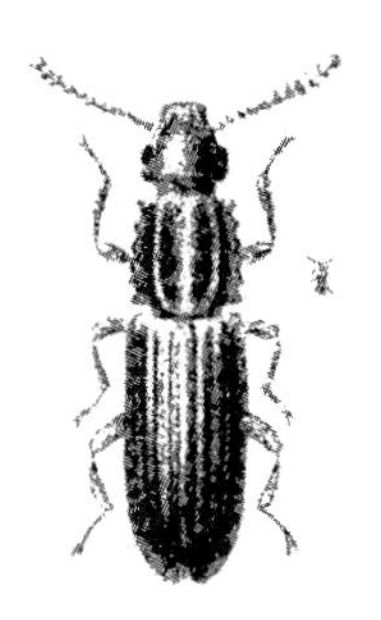

Abb. 4.76 Getreideplattkäfer, vergrößert, nach Rasch [4.45]

4.6.3.1.3 Leistenkopfplattkäfer [4.45]

(Laemophlocus spec.)

In diese Gruppe gehören der dunkle-, der kleine-, der rotbraune- und der türkische Leistenkopflattkäfer. Sie sind sich alle äußerlich und auch hinsichtlich ihrer Lebensgewohnheiten sehr ähnlich. Die Käfer werden bis zu 2 mm, die Larven bis zu 4 mm lang. Ein Weibchen legt 100 bis 400 Eier. Der Entwicklungszyklus liegt bei drei Monaten. Dieser Schädling befällt Getreide und Getreideprodukte. Die Lebensgewohnheiten ähneln denen der Getreideplattkäfern. Die befallene Ware wird stark verunreinigt, dagegen sind die Fraßschäden eher geringer. Die Larven schädigen bevorzugt Keimlinge, was besonders dem Braugetreide schadet.

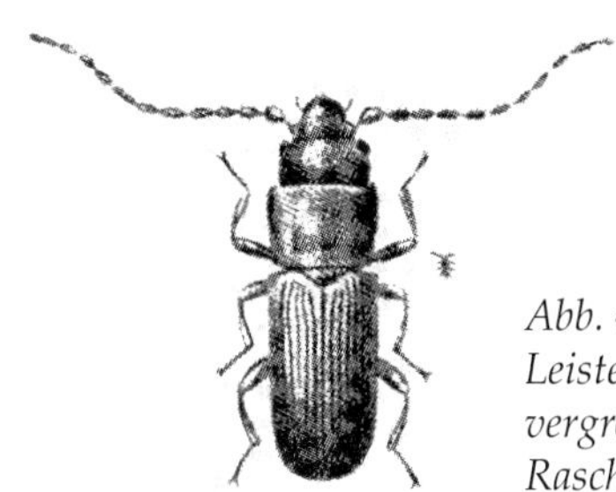

Abb. 4.77: Leistenkopfplattkäfer, vergrößert, nach Rasch [4.45]

4.6.3.1.4 Schwarzer Getreidenager [4.45]
(Tenebrioides mauritanicus)
Der erwachsene Käfer (Abb. 4.78) erreicht 9 mm, die Larve bis zu 18 mm. Auch dieser Schädling ist über die ganze Erde verbreitet. Ein Weibchen legt bis zu 1200 Eier in Haufen von 10 bis 40 Stück in das befallene Gut oder auch in Ritzen der Lagerräume. Die gesamte Entwicklung dauert ein bis vier Jahre. Der Käfer befällt alle Getreidearten. Er ist ein gefürchteter Schädling in tropischen Regionen.

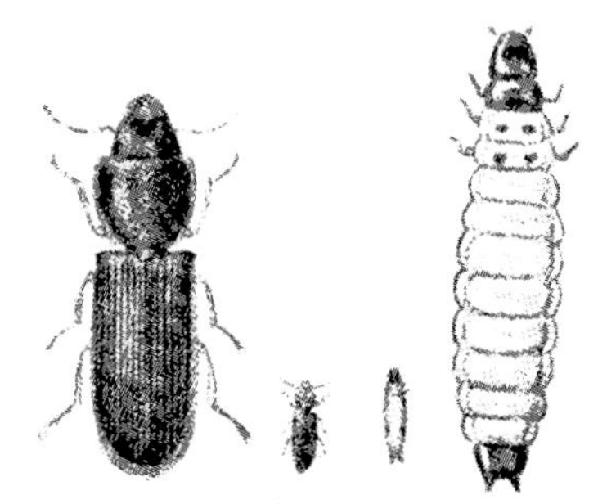

Abb. 4.78: Schwarzer Getreidenager, links Vollkerf, rechts Larve (vergr. u. natürl.Größe), nach Rasch [4.45]

4.6.3.1.5 Getreidekapuziner [4.45]
(Rhizopertha dominica)
Käfer und Larven erreichen eine Länge von 2,5 mm bis 3 mm. Das Weibchen legt 500 Eier einzeln oder in Häufchen lose ins Getreide. Die Entwicklung dauert einen Monat. Die Verpuppung erfolgt im Korn. Unregelmäßige Fraßlöcher und weißes Bohrmehl deuten auf den Befall hin (Abb. 4.79).

Abb. 4.79: Getreidekapuziner, etwa 2,5 mm lang, nach Rasch [4.45]

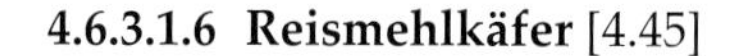

4.6.3.1.6 Reismehlkäfer [4.45]
Amerikanischer Reismehlkäfer
(Tribolium confusum)
Großer Reismehlkäfer
(Tribolium destructor)
Rotbrauner Reismehlkäfer
(Tribolium castaneum; T. navale; T. ferrogineum)
Rundköpfiger Reismehlkäfer
(Latheticus oryzae)

Diese vier Arten sind sich sehr ähnlich. Der Rundköpfige Reismehlkäfer (Abb. 4.80) ist mit 2,5 mm etwas kleiner. Die anderen erreichen 3,5 mm. Die Larven werden 4 mm bis 5 mm lang. Die Weibchen legen bis zu 80 Eier einzeln ab. Der Entwicklungszyklus dauert bis zu zwei Monate. Der Schädling ist in Europa, Nordamerika, Ostafrika, im Vorderen Orient und auch in Argentinien zu finden. Er befällt bevorzugt im tropischen Klima Mahlprodukte und beschädigte Körner. Bei starkem Befall wird die Ware muffig und warm. Sie nimmt einen stechenden Geruch an. Oft überträgt befallenes Getreide den Schädling auf die Mahlprodukte.

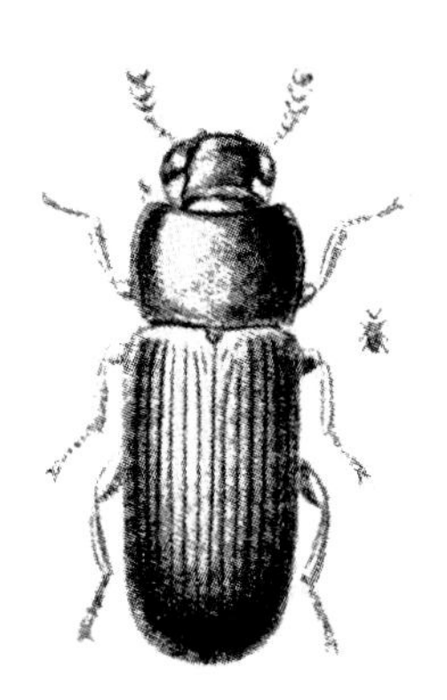

Abb. 4.80: Reismehlkäfer vergrößert, nach Rasch [4.45]

4.6.3.1.7 Khaprakäfer [4.45]
(Trogoderma granarium)
Der Käfer (Abb. 4.81) wird 2 mm bis 3 mm, die erwachsene Larve 4 mm lang. Das Weibchen legt bis zu 100 Eier einzeln an die Außenseite der Körner. In Abhängigkeit von der Wärme dauert die Entwicklungszeit 30 Tage bis 4 Jahre. Die vorwiegenden Befallsregionen liegen in Indien, Australien und auch zunehmend in den

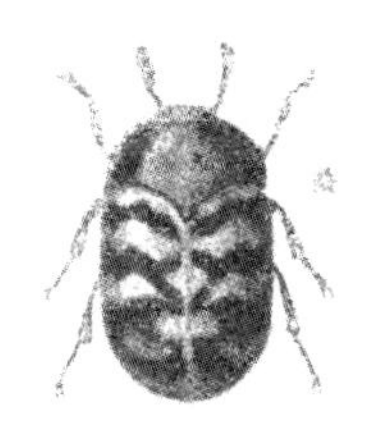

Abb. 4.81: Khaprakäfer, vergrößert, nach Rasch [4.45]

USA. Die Fraßschäden in den Ursprungsgebieten können dramatisch sein. Der Khaprakäfer bevorzugt Getreide, besonders aber Malz. Typisch ist das Zusammenklumpen der Larven bei ungünstigen Temperaturen. Ähnlich wie der Kornkäfer kann der Khaprakäfer auch länger ohne Nahrung auskommen.

4.6.3.1.8 Gemeiner Mehlkäfer, Mehlwurm [4.45]

(Tenebrio molitor)

Der Mehlkäfer wird 14 mm lang. Der daraus sich entwickelnde Mehlwurm erreicht die doppelte Größe. Das Weibchen legt 150 bis 600 Eier einzeln oder in Haufen zu 16 in alle zur Ernährung der Larven geeigneten Stoffe, so auch Getreide. Die Entwicklung dauert 20 Monate. Dieser Schädling ist eher als Lästling zu bezeichnen.

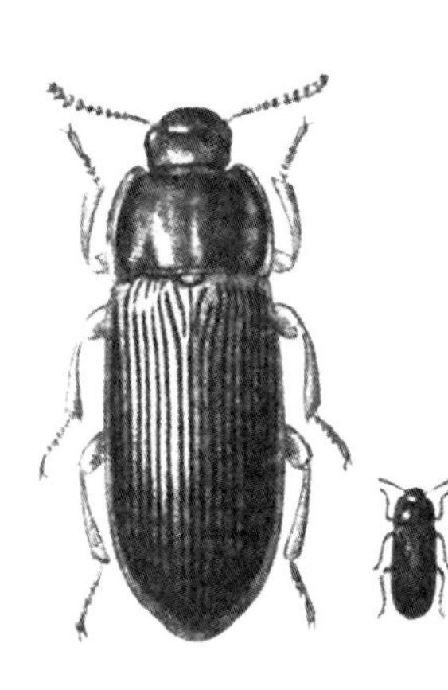

Abb. 4.82: Gemeiner Mehlkäfer, vergrößert, nach Rasch [4.45]

4.6.3.2 Motten [4.45]

Motten sind Kleinschmetterlinge. Vorder- und Hinterflügel sind häutig. Da sich die Falter leckend-saugend ernähren,verursachen sie keinen Fraßschaden. Doch die Larven ernähren sich beißend und sind sehr gefräßig. Eine Bekämpfung erfolgt mit gängigen Insektiziden.

4.6.3.2.1 Kornmotte [4.45]

(Tinea granella)

Die Falter (Abb. 4.83) sind 6 mm lang, ausgewachsene Raupen erreichen 9 mm. Die Flügelspannweite liegt bei 12 mm. Die Weibchen legen bis zu 200 Eier einzeln oder in Haufen zu 30 Stück an den Körnern ab. Die Entwicklung dauert zwei bis drei Monate. In den gemäßigten Breiten entstehen meistens zwei Generationen pro Jahr. Gefürchtet werden die Kornmotten in Deutschland und Skandinavien, wo sie große Schäden anrichten. Sie sind aber auch im übrigen Europa, Nordafrika, Kleinasien, Nordamerika und Japan verbreitet. Die Tiere bevorzugen Getreide als Nahrung. Die jungen Raupen fressen zuerst den Keimling aus, bevor sie das Korninnere zerstören. Sie verspinnen dann Körner zu ganzen Klumpen und bilden so an der Getreideoberfläche dichte Gespinste. Auch wegen des unangenehmen Geruches kann befallene Ware als Nahrungsmittel nicht mehr verwendet werden.

4.6.3.2.2 Getreidemotte [4.45]

(Sitotroga cerealella)

Falter und Raupe werden 6 mm lang. Die Flugspannweite liegt bei 17 mm. Im Allgemeinen legen die Weibchen bis zu 50 Eier zwischen Spelze und Korn. Ihre Entwicklung dauert mindestens sechs Monate. Sie bevorzugen tropische Regionen und befallen alle Getreidearten, besonders Weizen, Mais und Hülsenfrüchte. Die

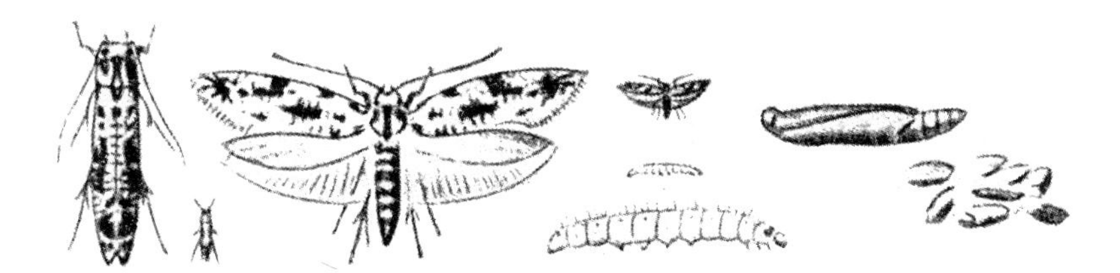

Abb. 4.83: Kornmotte (v.l.), Ruhestellung, fliegend, Raupe, Puppe, nach Rasch [4.45]

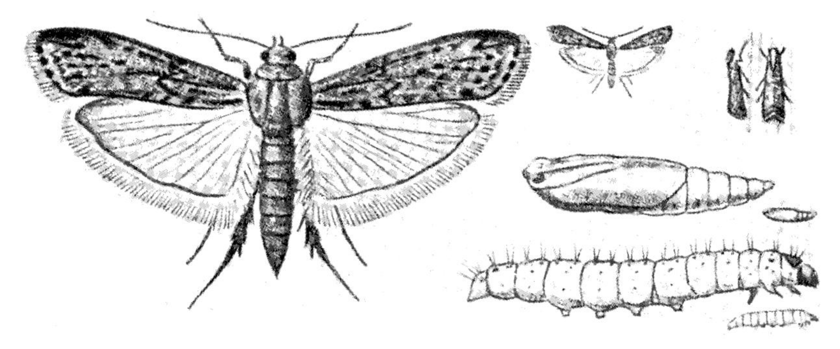

Abb. 4.84: Mehlmotte, l. vergrößert, r. oben fliegend und sitzend in natürl. Größe, r. Mitte Puppe, unten Raupe, nach Rasch [4.45]

Raupen fressen den Mehlkörper des Kornes aus, bilden aber im Gegensatz zur Kornmotte keine dichten Gespinste. Sie überspinnen aber die Schlupflöcher im Maiskorn. Dadurch ist der Befall leicht zu erkennen.

4.6.3.2.3 Mehlmotte [4.45]
(Ephestia Kühniella)
Der Falter (Abb. 4.84) wird 14 mm lang, die erwachsene Raupe 19 mm. Die Flügelspannweite liegt bei 22 mm. Das Weibchen legt 50 bis 500 Eier einzeln oder in Häufchen bevorzugt dort ab, wo sich Mehlstaub und Ritzen befinden. Nach drei Monaten schlüpfen die Raupen. Die Verbreitungsgebiete liegen in allen Teilen der Erde. Neben einer ganzen Reihe von Lebensmitteln befällt die Mehlmotte alle Mahlerzeugnisse und gelegentlich auch Getreide. Die Mehlmotte gehört zu den gefürchtetsten Schädlingen in den Mühlen. Schäden entstehen nicht nur durch das Auffressen des Getreides, sondern auch durch die intensive Spinntätigkeit der Raupen, die die Ware und auch Einrichtungen verschmutzen.

4.6.3.2.4 Kakaomotte [4.45]
(Ephestia elutella)
Ausgewachsene Falter und Raupen werden 11 bis 12 mm lang. Die Flügelspannweite liegt bei 17 mm. Die Weibchen legen bis zu 150 Eier. Die Entwicklung dauert sieben Monate. Kakaomotten sind über ganz Europa verbreitet. Sie werden häufig aus heißeren Gefilden mit dem Rohkakao eingeschleppt. Neben zahlreichen Nahrungsmitteln befallen sie auch Getreide und ihre Erzeugnisse.

4.6.3.2.5 Samenmotte [4.45]
(Hofmannophila pseudospretella)
Diese Motte mit 6 mm Faltergröße und 20 mm Flügelspannweite ist in Amerika, Europa und Indien verbreitet. Sie befällt alle trockenen pflanzlichen Produkte, wie Mais und alle anderen Getreidearten und ihre Mahlerzeugnisse.

4.6.3.3 Milben [4.45]
Milben sind extrem kleine Schädlinge, die in frühen Befallsstadien oft nur sehr schwer zu erkennen sind. Sie ernähren sich beißend, saugend oder stechend. Es kommt sehr schnell zur Massenvermehrung (lebender Staub). Raubmilben können den Befall durch Schadmilben unterbinden. Trotzdem muss befallene Ware aus der Sicht der Herstellung von Nahrungsmitteln beanstandet werden. Eine wirksame Bekämpfung ist durch Begasung mit geeigneten Mitteln üblich. In der Regel ist die Gefahr des Befalls von Getreide durch Milben bei warmer und sehr trockener Lagerung größer.

4.6.3.3.1 Mehlmilben
(Tyroglyphus farinae)
Die Weibchen der nur ca. 0,4 mm großen, nahezu durchscheinenden Mehlmilben (Abb. 4.85) legen verstreut ca. 30 Eier in das befallene Getreide. Der aus dem Ei schlüpfenden Larve folgen zwei bis drei Nymphenformen, denen bei ungünstigen Wachstumsbedingungen eine widerstandsfähige Zwischenform eingeschaltet wird. Diese kann mehrere Jahre schadlos überstehen. Eine solche Dauerform dient der Erhaltung der Art. Im günstigsten Fall dauert die Entwicklung nur 17 Tage. Mehlmilben

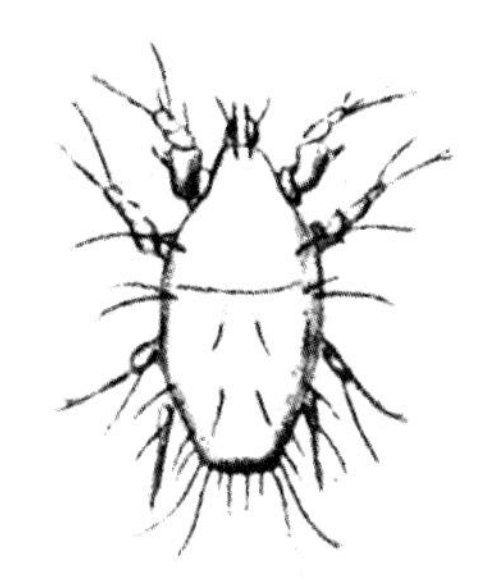

Abb. 4.85: Mehlmilbe nach Rasch [4.45]

sind über die ganze Erde verbreitet. Sie befallen primär Getreide und seine Erzeugnisse. Bei ihrer Fraß- und Zerstörungstätigkeit entsteht Feuchtigkeit und Wärme, die eine Besiedelung mit Schimmelpilzen mit all den dargestellten Konsequenzen beschleunigt.

4.6.4 Allgemeine Anmerkungen zum Pflanzenschutz

Es wurde in Kapitel 1.5 bereits ausführlich dargestellt, dass von einem gesamten jährlichen Getreidebedarf für die weltweite Brauindustrie von ca. 38 Mio. t allein 30 Mio. t (= ca. 80 %) aus der Gerste stammen. Aufgrund dieser dominierenden Bedeutung der Gerste als Malz für die Bierherstellung ist es erforderlich, auch Aspekte des Pflanzenschutzes der Gerste separat und ausführlicher zu behandeln. Aufgrund weiterer Besonderheiten werden auch Mais, Reis, Hirsen und die Pseudo-Getreidearten hinsichtlich ihrer speziellen Ansprüche an den Pflanzenschutz gesondert beschrieben. Für die übrigen Getreidearten der gemäßigten Klimazonen – Weizen, Roggen, Triticale und Hafer – liegt die Befallssituation durch Schädlinge und Krankheiten und auch die Bekämpfungsstrategie in ähnlichen Bereichen wie bei den Gersten. Die Thüringer Landesanstalt für Landwirtschaft hat in ihrer Schriftenreihe Heft 2/2009 Hinweise zum Pflanzenschutz im Ackerbau 2009 erarbeitet. In dieser Broschüre von Gößner et al. [4.46] ist es in vorbildlicher Weise gelungen, aus der unüberschaubaren Vielzahl von Pestizid-Handelsnamen und Wirkstoffen praktikable und bewährte Bekämpfungsstrategien artspezifisch herauszuarbeiten und übersichtlich darzustellen. Bewährte Problemlösungen werden deshalb in der angeführten Publikation beschrieben [4.46].

4.6.4.1 Saatgutbehandlung [4.46]

Sowohl am Korn als auch im Boden lauern Krankheiten und Schädlinge, um Aussaat und Keimpflanzen ertragswirksam zu dezimieren. Diese Schadeffekte sind umso größer, je ungünstiger die Witterung nach der Saat ist. Damit ist natürlich Wintergetreide, welches in der Regel unter tieferen Temperaturen (Oktober bis November) und häufig auch unter Feuchtigkeitsstress keimen und heranwachsen muss, stärker gefährdet als Sommergetreide (März bis April). Winter- aber auch Sommerformen bedürfen eines fungiziden- und insektiziden Schutzes der Samenkörner durch Beizung.

4.6.4.2 Schadschwellen [4.46]

Der rationelle, sparsame Umgang mit Pestiziden verlangt nach Grenzwerten des Befalls, um die Notwendigkeit, die optimale Aufwandmenge und den Behandlungszeitpunkt beurteilen zu können. Je nach Art und Intensität des Befalls liegen bei den Getreidearten Mitteleuropas die Bekämpfungsschwellen in unterschiedlichen Entwicklungsstadien während des Pflanzenwachstums. Die Entwicklungsstadien (ES) des Getreides sind in Kap. 4.3 beschrieben, die Bekämpfungsschwellen in Tab. 5.32.

4.6.4.3 Pestizide [4.46]

Bei sachgerechter Anwendung vernichten im Allgemeinen moderne Pestizide die Unkräuter, Krankheiten und Schädlinge in wachsenden Getreidebeständen, ohne die Kulturpflanzen zu schädigen (nährere Erläuterungen in den Kapiteln zu den jeweiligen Getreidearten).

4.7 Allgemeine Vermarktungskriterien und Grenzwerte

4.7.1 Zur Definition des Qualitätsbegriffes

Die Erzeugung und Verarbeitung von Braugetreide betrifft gleichermaßen die Landwirtschaft, den Getreidehandel, die Malz- und Brauindustrie und nicht zuletzt die Konsumenten. Deshalb ist es nicht verwunderlich, dass jede dieser Interessentengruppen eigene Vorstellungen zur Qualität entwickelt, die nicht in allen Fällen identisch sind. In der Praxis ergeben sich daher oft endlose Diskussionen. So lässt sich über Qualität wunderbar streiten, wenn jeder aus seiner Sicht an diesen Begriffskomplex herangeht. Für den Landwirt steht – neben den rein agrotechnischen Kriterien – die Menge an verkaufsfähiger Ware pro Hektar im Vordergrund. Dies betrifft neben dem Rohertrag insofern auch die Vermarktungskriterien, da das Getreide sowohl den gesetzlichen Anforderungen als auch den handelsüblichen Gepflogenheiten und den Vorstellungen der Käufer zu entsprechen hat. Nur dann ist die Ware zu einem angemessenen Preis vermarktungsfähig.

In vielen Fällen liefern aber ertragsstarke Sorten eine verminderte Qualität. Beim Händler steht der Anteil verkaufsfähiger Ware, die er aus der rohen Druschware durch seine Aufbereitung gewinnen kann, im Vordergrund. Diese ist aber wiederum abhängig von dem, was der Mälzer verlangt. Hier geht es zum Beispiel um präzise Forderungen an Keimeigenschaften, Kornsortierung, Proteingehalt und Gesundheitszustand. Der Brauer erwartet vom Malz eine gute Verarbeitungsfähigkeit und hohe Ausbeuten. Und schließlich hat er die Wünsche der Konsumenten zu erfüllen, die letztlich das Bier trinken sollen. Dazu gehören u.a. sensorische Biereigenschaften wie Geschmack, Haltbarkeit, Farbe und Schaum, Energiegehalt, Produktreinheit und nicht zuletzt umweltschonende Herstellungsverfahren. Schließlich werden in der Praxis oft auch noch Sonderwünsche zu Forderungen erhoben, deren reale Beziehungen zu bedeutenden Vermarktungs- und Qualitätskriterien noch nachzuweisen wären. Interaktionen zwischen Eigenschaften führen zu Problemen über die Definition von Vermarktungs- und Qualitätseigenschaften. Nur als Beispiel dazu sei angeführt, dass einerseits eine zu Recht geforderte gute Malzlösung Vorteile bei der Verarbeitung in der Brauerei bringt. Andererseits können aber die geschmacklichen Eigenschaften des Bieres bei knapper Malzlösung besser sein. Ein anderes Beispiel zeigt, dass einerseits hohe Proteingehalte in Gerste und Malz die Ausbeute und die Lösung des Malzes verschlechtern, aber andererseits den gewünschten Schaum des Bieres nachhaltig verbessern. Letztlich verlangt die dargestellte Thematik des Qualitätsbegriffs eine Versachlichung. Schließlich stehen über all den genannten Kriterien auch noch die jeweilig unterschiedlichen nationalen Vorschriften für die Herstellung von Bier sowie die jeweils vom Gesetzgeber vorgegebenen Grenzwerte der Schadstoffbelastung. Nicht alle Getreidearten,

Tab. 4.17: Verwendung des Getreides für die Bierherstellung [4.47–4.51]

Getreideart	Verwendung als Malz	Verwendung als Rohfrucht	TKG g Mittel	TKG g Streuung	HL kg Mittel	HL kg Streuung
Gerste	X	(X)	42	30–54	70	65–75
Weizen	X	(X)	43	35–50	75	65–85
Roggen	X	(X)	28	20–35	73	70–75
Triticale	X	(X)	49	40–57	77	76–79
Hafer	X	–	37	23–50	51	40–62
Sorghum	X	(X)	33	20–45	68	54–81
Millet	X	–	4	2–6	68	60–75
Mais (Rohware)	–	X	350	250–450	73	70–75
Reis	–	X	–	–	–	–
Buchweizen	–	(X)	20	15–25	60	55–65
Amaranth	–	(X)	1	–	–	–
Quinoa	–	(X)	3	2–5	–	–

TKG = Tausendkorngewicht in Gramm; HL = Hektolitergewicht in Kilogramm/100 Liter (X) = Alternative Nutzung

die zur Bierherstellung Verwendung finden, gelangen über das Malz zum Bier. Einige werden als Rohfrucht (=ungemälztes Getreide) verwendet. Andere werden vermälzt oder sowohl als Malz oder auch ungemälzt eingesetzt. Weltweit hat Gerste die dominierende Bedeutung für die Malzherstellung und wird nur gelegentlich als Rohfrucht eingesetzt. Die für die Bierbereitung verwendeten kleineren Mengen an Weizen, Roggen, Triticale und Sorghum werden zwar ebenfalls zur Malzbereitung verwendet. Das schließt aber nicht aus, dass sie auch als Rohfrucht – infolge ihrer beachtlichen Anteile verwertbarer Kohlenhydrate – direkt zur Bierherstellung eingesetzt werden können. Millet wird in der Regel nur zu Malz mit hoher Enzymkraft verarbeitet. Es dient damit dem Aufschluss der übrigen Rohfrucht. Mais in Form von fettarmen Grits oder auch als Sirup und Reis als Bruchreis sind die wichtigsten Rohfrüchte für die Bierherstellung (Tab. 4.17).

Die Pseudogetreidearten Buchweizen, Amaranth und Quinoa könnten für die Brauereien nur als Rohfrucht interessant sein, da sie primär der menschlichen Ernährung dienen. Aufgrund ähnlicher TKG- und HL-Gewichte lassen sich bestenfalls nur Gerste, Weizen, Roggen, Triticale und Sorghum nach den allgemeinen Vermarktungskriterien und Mindestanforderungen für die äußeren Korneigenschaften bewerten. Für alle übrigen Getreidearten sind aufgrund der angeführten großen Kornunterschiede individuelle Vermarktungsparameter festzulegen. Die bedeutendsten Parameter sind u.a. in der einschlägigen Fachliteratur beschrieben [4.47–4.51]

4.7.2 Technische und hygienische Anforderungen

4.7.2.1 Technische Anforderungen

Grundlage für die allgemeinen Vermarktungskriterien für Getreide in der EU sind nach Seibel et al. [4.21] die Interventionsbedingungen, die in den Verordnungen EWG Nr. 1766/92 und EG 824/2000 festgelegt sind (Tab. 4.18). Das Getreide, welches in den Markt gelangt, muss „gesund und handelsüblich" sein. Dies bedeutet im Einzelnen: eine getreideeigene Farbe, ein gesunder Geruch und Reinheit, d.h. ohne lebende Schädlinge und ihre Stadien. Hinzu kommt – sofern es den aufgeführten Mindestqualitätskriterien entspricht – die Einhaltung der zulässigen Radioaktivitätshöchstwerte und der weitergehenden Schadstoffbelastung. In den genannten Verordnungen sind die Anforderungen weiter definiert und quantifiziert. Diese allgemeinen Erfassungskriterien zur Aufnahme von Getreide für die Intervention sind eher als Grundlage auch für den Handel mit Braugetreide anzusehen. Sie bilden damit die Voraussetzung für die Vermarktungsfähigkeit. Während bei der Mitverwendung des Braugetreides in ungemälzter Form als Rohfrucht es eigentlich im Wesentlichen nur auf die Ausbeute an vergärbaren Kohlehydraten, die Verarbeitungsfähigkeit und die Vermeidung von unerwünschten Geschmackskomponenten im Bier ankommt, sind beim Mälzungsgetreide eine Vielzahl von Parametern bei der Definition der Qualität zu beachten. Diese wurden zwischen den nationalen und internationalen Interessenverbänden ausgehandelt und abgestimmt. Sie sind Bestandteil von Muster-Kaufverträgen, die im täglichen Handel mit Braugerste verwendet werden (Tab. 4.19). Die drei gebräuchlichsten Musterverträge sind wahlweise:

- Einheitsbedingungen im Deutschen Getreidehandel mit den Zusatzbestimmungen für Braugerste [4.52]
- Deutsch-Niederländischer Vertrag Nr. 7 mit den Zusatzbestimmungen für Geschäfte in Braugerste [4.53]
- GAFTA Contract for EU-Grain No: 80A and Malting Barley Addendum No. 76. [4.54]

Diese Musterverträge enthalten untereinander im Wesentlichen gleiche Kriterien. Daher eignen sie sich mit ihren Zusatzbestimmungen für Geschäfte mit Braugerste unter Einbeziehung kleiner Ergänzungen auch als Orientierung für die übrigen Braugetreidearten, die nicht über ein Muster-Vertragssystem verfügen. Für Geschäfte mit Malz wird ein sogenannter „Malz-Schlussschein" individuell ausgehandelt. Die Forderung nach „gesunder" Ware „mittlerer Art und Güte" (Durchschnittsqualität) verlangt unter den heutigen Kontrollmöglichkeiten eine

Tab. 4.18: EU-Getreidemindestanforderung für die Intervention
Auszug aus VO (EG) Nr. 824/2000 Anlage 12 – IR/Getreide [4.21]

Getreideart	Weichweizen	Gerste	Mais	Sorghum
A: Höchste Feuchtigkeit %	14,5	14,5	14,5	14,5
B: Höchstanteil kein einwandfreies Grundgetreide %	12	12	12	12
1. max. Bruchkorn %	5	5	10	10
2. max. Kornbesatz %	7	12	5	5
a: davon max. Fremdgetreide %	–	5	–	–
b: max. Schädlingsfraß %	–	5	–	–
c: max. überhitzte Körner %	0,5	3	3	3
3. max. Auswuchs %	4	6	6	6
4. max. Schwarzbesatz %	3	3	3	3
a: davon max. schädliche Fremdkörner %	0,10	0,10	0,10	0,10
b: davon maximal verdorbene Körner %	0,05	–	–	–
c: davon max. Mutterkorn %	0,05	–	–	–
C: Mindest-Hektolitergewicht kg/hl	73	62	–	–
D: Mindest-Eiweiß % jährliche Anpassung	–	–	–	–

Tab. 4.19:
Mindestanforderungen an Braugerste nach den Musterverträgen, Zusammenfassung aus [4.52, 4.53, 4,54]

Vertragskriterien	Mindest-anforderungen	Annahme-Verweigerung (Stoßgrenze)
Reinheit (ganze u. zerbrochene Körner) %	98	< 95
Keimfähigkeit bis 15. Oktober %	95	–
Keimenergie ab 16. Oktober %	95	< 90
Vollgerste (Siebfraktion 2,5 mm) %	90	–
Ausputz (Siebfraktion 2,2 mm) %	2	–
Rohprotein in der Trockensubstanz %	< 11,5	< 12
Wassergehalt	< 14,5	–
Sortenreinheit	> 93	< 85
Wintergerste in Sommergerste %	< 5	< 5

Vielzahl von aufwendigen Untersuchungen. So hat etwa der Käufer das Recht, die Annahme zu verweigern, wenn die Ware die vom Gesetzgeber festgelegten Höchstgehalte an Schadstoffen übersteigt. Natürlich können auch Kaufvereinbarungen nach freier Gestaltung ohne die Nutzung von Musterverträgen abgeschlossen werden. Die von den Interessenverbänden ausgehandelten Musterverträge bieten aber viele Vorteile für Käufer und Verkäufer. Besonders im Falle von Reklamationen erweisen sich die auf langjährigen Erfahrungen aufgebauten Mustervertragssysteme als sehr hilfreich. Es muss jedoch darauf hingewiesen werden, dass die in Tabelle 4.18 angeführten Anforderungen für die Intervention verbindlichen EU-Verordnungscharakter haben. Die Musterverträge dagegen basieren auf zwischen den Interessensverbänden abgestimmten und auch in gegenseitigem Einvernehmen änderbaren Kriterien. Aber auch inhaltlich unterscheiden sich die Systeme. Während die Interventionsverordnungen für jede Getreideart einzeln vorwiegend allgemeine Parameter enthalten, geht es bei den Musterverträgen für den Handel mit Braugerste um die Festlegung detaillierter Brauwertkriterien (Tab. 4.19) sowie um die Folgen bei Nichterfüllung. Anschaulich zeigt dies Tabelle 4.20. Bei Erfüllung der Kriterien ist der vereinbarte Kaufpreis zu 100 % zu zahlen. Am Beispiel des DNV 7 werden folgende Preisabschläge bei Nichterfüllung angewendet. Die wichtigsten Voraussetzungen für die Verwendung von Getreide für die Malzbereitung sind gute Keimeigenschaften. Ohne eine ausreichende Keimung ist die Herstellung eines guten Malzes nicht möglich. Vor einer Kaufentscheidung sind deshalb Untersuchungen zur Keimung nach international anerkannten Methoden erforderlich. Diese sind in der einschlägigen Literatur beschrieben [4.47–4.51] und werden auch im Allgemeinen in den genannten Musterverträgen verwendet. Sie dürften für alle Mälzungsgetreidearten anwendbar sein. Die von Natur aus vorgegebene Keimkraft kann in Abhängigkeit von der Witterung zeitlich unterschiedlich entwickelt sein. Bei feuchter Wachstumsperiode hat in der Regel das Korn eine längere Keimruhe (Dormancy). Lager vor der Ernte auf dem Feld, Auswuchs aber auch zu hohe Trocknungstemperaturen führen zu Schädigungen der Keimkraft. Alle übrigen genannten Mindestanforderungen

Tab. 4.20: Preisabschläge bei Nichterfüllung von Braugersten-Lieferverträgen nach DNV 7 mit Zusatzbestimmungen für den Handel mit Braugerste [4.53]

Vertragskriterien	Verminderte Qualität %	Preisabschlag in %
Reinheit	–1	–1
Keimenergie	–1	–0,5
	–2	–1,5
	–3	–3
	–4	–4,5
	–5	–6
Vollgerste (> 2,5 mm)	–1	–0,25
Ausputz (< 2,2 mm)	+ 1	–0,25
Rohprotein	+1	–1
	+1,5	–2
Wasser	+1	–1
	+2	–4
Sortenreinheit Prämienzahlung	–1	–20 % der Prämie

sind in der Regel mit der rohen Druschware noch nicht einzuhalten. Das vom Mähdrescher kommende Getreide kann aber zu marktfähiger Handelsware aufbereitet werden. In humiden Klimaregionen ist es oft nicht möglich, Wassergehalte unter 14,5 % auf dem Feld zu erreichen. In diesen Fällen muss künstlich nachgetrocknet werden. Die Selektion auf Proteingehalte unter 11,5 % entscheidet über die Verkaufschancen als Braugetreide. Schließlich sind zwei Reinigungs- und Sortierschritte erforderlich, um die gewünschten Korngrößen und Reinheiten zu erreichen (Tab. 4.19, Tab. 4.20).

4.7.2.2 Hygienische Anforderungen

Der Begriff „gesunde Ware" beinhaltet im weitesten Sinne zwei Komplexe:

a. Die Vermeidung von Umweltkontaminationen (aus Boden und Atmosphäre) mit Schadstoffen durch Bewirtschaftungsmaßnahmen. Dazu ist vor allem die Landwirtschaft gefordert. Zur Erhaltung der Bodenfruchtbarkeit und der Minderung von schädigenden Umweltkontaminationen sind Artenvielfalt, Erosionsschutz, Verminderung der Nitratauswaschung, Begrenzung des Einsatzes von Pflanzenschutzmitteln und eine Nutztierhaltung nach wirtschaftseigenem Futterangebot wichtige Forderungen.

b. Vermeidung von Braugetreide-Produktkontaminationen durch Schadstoffe. Hier geht es vor allem um Schwermetalle, Pestizide und Schimmelpilze mit ihren Stoffwechselprodukten, den Mykotoxinen, und das so genannte „Gushing" (unkontrolliertes Überschäumen des Bieres beim Öffnen der Flaschen).

4.7.2.2.1 Vermeidung von Umweltkontaminationen

In diesem Zusammenhang ist die Bewirtschaftungsintensität in der Landwirtschaft von großem Einfluss. Die Düngung spielt in den Beziehungen zwischen Umwelt und Kontaminationen einerseits und Ertrags- und Qualitätsanforderungen andererseits eine besondere Rolle (Abb. 4.86, 4.87). Fragen dieser Interaktionen sind so spezifisch, dass sie bei der detaillierten Behandlung der einzelnen Getridearten in den Kapiteln 5–12 deshalb ausführlicher beschrieben und hier nur pauschal behandelt werden.

4.7.2.2.1.1 Maximale Intensität

Hier steht die Erzielung von Höchsterträgen im Vordergrund. Der Aufwand an Agrochemikalien ist hoch. Die natürlichen Gesetzmäßigkeiten der Ertragsbildung, wonach bei steigendem Aufwand der Ertragszuwachs zunächst immer kleiner wird und bei weiterer Aufwandssteigerung sogar Ertragsverluste eintreten, wurde oft in der Vergangenheit nicht ausreichend beachtet (Abb. 4.88). Eine zunehmende Sensibilisierung der Bevölkerung für umweltfreund-

Abb. 4.86: Gerstenfeld, links ohne Düngung, rechts bei optimaler Bewirtschaftung

Abb. 4.87: Lager von Weizen vor der Ernte auf dem Feld durch einseitige Stickstoff-Überdüngung

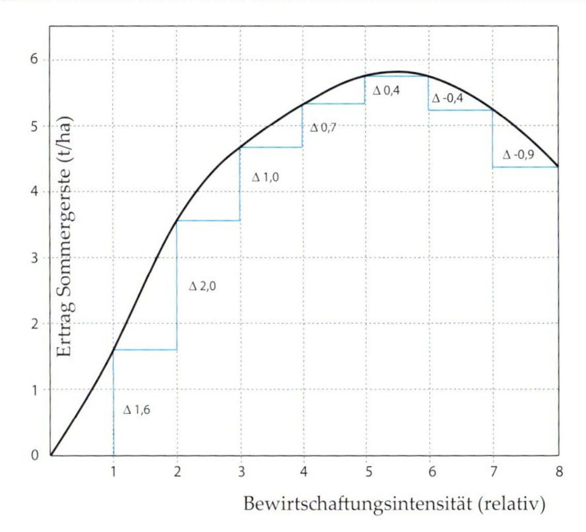

Abb. 4.88: Gesetzmäßigkeiten vom abnehmenden Ertragszuwachs bei Intensitätssteigerungen in der Bewirtschaftung am Beispiel der Sommergerste

Abb. 4.89: Integrierter Pflanzenbau ist ein umfassendes System des modernen Landbaus. Die Bestandteile stehen in einem Kreislauf gleichrangig nebeneinander laut Fördergemeinschaft Integrierter Pflanzenbau nach Nilder et al. [4.57]

liche Produktionstechniken und auch spürbare Preiserhöhungen für Mineraldünger, Pflanzenschutzmittel und Treibstoffe geben dieser Produktionstechnik der maximalen Intensität keine Zukunft mehr. Am Beispiel einer Überdüngung mit Stickstoff tritt beim Getreide der Ertragsverlust durch das Umknicken der Halme (Lager) (Abb. 4.87) in der Kornbildungs- und Reifephase ein. Die Leitungsbahnen der Pflanze werden unterbrochen. Die Stoffeinlagerung wird vermindert. Die Ertragsverluste gehen einher mit schlechter Kornausbildung, verminderter Keimkraft, höherem Proteingehalt, mehr Schimmelpilzen, Mykotoxinen und Gushing. Die weitere N-Aufnahme der Pflanze wird bei Lager vermindert. Damit steigt die Gefahr der stärkeren Anreicherung und Auswaschung von Nitrat in Boden und Grundwasser.

4.7.2.2.1.2 Gute fachliche Praxis

Mineraldüngung und Pestizideinsatz werden unter Nutzung resistenter Sorten auf den Bedarf eingestellt. Kurz vor Erreichen des Maximalertrages liegt der ökonomisch vertretbare Aufwand. Die N-Düngung erfolgt unter Berücksichtigung des Rest-N aus der vorangegangenen Ernte. Bodenkontaminationen können auf diese Weise weitgehend ausgeschlossen werden. Der Aufwand an Produktionsmitteln ist ökonomisch ausgewogen. Dazu zwingen heute auch das Pflanzenschutzgesetz und die Düngeverordnung [4.55, 4.56].

4.7.2.2.1.3 Integrierte, kontrollierte Produktion

Hierbei handelt es sich um eine ökologisch, ökonomisch standortspezifisch abgestimmte Produktionstechnik, die im Wesentlichen auch die umweltschonenden Komponenten der „guten fachlichen Praxis“ mit einschließt. Zusätzlich werden alle Arbeitsschritte kontrolliert und dokumentiert. Sowohl altbekannte, bewährte Produktionstechniken als auch aktuelle Verfahren besonders in Pflanzenschutz und Düngung sind gleichwertige Komponenten der Erzeugung (Abb. 4.89).

4.7.2.2.1.4 Biologischer (ökologischer) Landbau

Der ökologische Landbau ist frei von umweltbelastenden Bewirtschaftungsverfahren. Er verzichtet auf die Anwendung von synthetisch hergestellten Düngemitteln und Pestiziden. Das weitgehend geschlossene Nährstoffkreislaufsystem ist ein wesentliches Merkmal dieses Produktionsverfahrens. Pflanzenbau und Tierhaltung müssen gekoppelt werden. Die Nährstoffversorgung der Öko-Getreideproduktion resultiert im Wesentlichen aus dem betriebseigenen organischen Dünger und dem Anbau von N-sammelnden Pflanzen (Leguminosen). Die Erträge sind erwartungsgemäß ca. 20 % niedriger als die aus dem Verfahren der „guten fachlichen Praxis". Der Aufwand an manueller Arbeit (u. a. Unkrautbekämpfung) ist höher. Das macht die Produkte deutlich teuerer, die dafür aber weitgehend frei von Pestiziden sind und somit die Umwelt schonen (Abb. 4.90).

Für die Produktion gibt es strenge Regeln, die je nach Organisationsform auch geringfügig voneinander abweichen können. Es existieren zwei Organisationsformen. Die ersten älteren Verbände haben sich nach Hassisu [4.58] in der „Arbeitsgemeinschaft Ökologischer Landbau" (AGÖL) zusammengeschlossen. Dazu gehören folgende Organisationen:

- Demeter (1924)
- Bioland (1971)
- Biokreis (1979)
- Naturland (1982)
- ANOG (1962)
- Ecovin (1965)
- Gäa (1989)
- Ökoriegel (1988)
- Biopark (1991)

Diese haben sich zwar gemeinsame „Rahmenrichtlinien" gegeben, weichen aber in Details noch geringfügig voneinander ab. Nach Schmidt et al. [4.59] ist die zweite, jüngere Organisationsform der „Ökologische Landbau" nach der EU-Verordnung. Ihre Richtlinien sind nicht ganz so streng wie die der genannten Verbände.

Eine vollständige Versorgung der Mälzereien und Brauereien mit Öko-Getreide ist noch nicht möglich. Die zwangsläufig höheren Öko-Braugetreidepreise infolge der geringeren Erträge und des höheren Arbeitsaufwandes bei der Erzeugung lassen sich bis zum Bier noch nicht weiterreichen. Außerdem gibt es nicht genügend Öko-Bauern, ihre Getreideproduktion hält sich noch in sehr engen Grenzen. Das schließt aber nicht aus, dass inzwischen eine ganze Reihe von kleineren Mälzereien und Brauereien diese Marktlücke mit Erfolg nutzen.

4.7.2.2.2 Vermeidung von Produkt-Kontaminationen

a. Schwermetalle (Dichte > 4,6 g/cm³)

Schwermetalle sind natürliche Bestandteile aller Böden und werden als solche von den Pflanzen auch aufgenommen. Sie können aber auch in größeren Mengen durch den Menschen in die Atmosphäre und in den Boden eingetragen werden (industrielle Emissionen, Kraft-

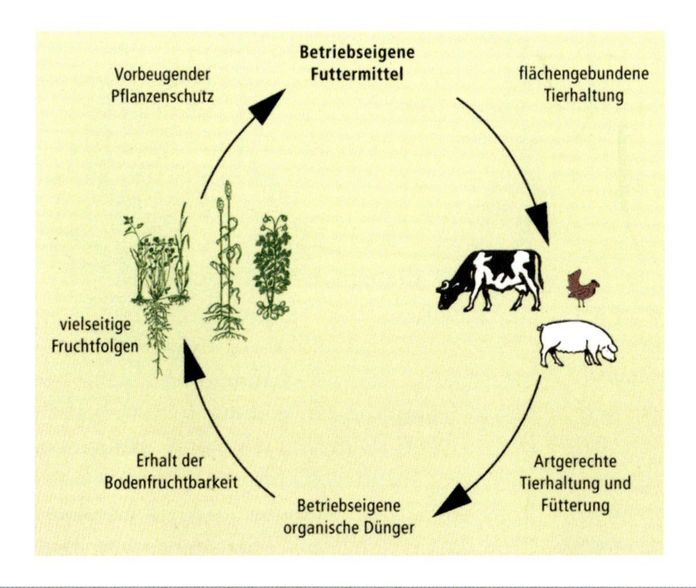

Abb. 4.90: Grundprinzipien der ökologischen Produktionssysteme – Ökologischer Landbau umfasst mehr als den Verzicht auf chemisch-synthetischen Stickstoff und Pflanzenschutz, nach Hassius [4.58]

Tab. 4.21: Gehalte und Höchstmengen von Blei und Cadmium nach Seibel [4.21]

	1975 – 1990 Besondere Ernteermittlung	
	Cadmium mg/kg Frischmasse	**Blei mg/kg Frischmasse**
Weizen	0,046 – 0,064	0,013 – 0,072
Roggen	0,009 – 0,019	0,029 – 0,106
Grenzwerte EU	**0,1**	**0,2**

fahrzeuge, Dünge- und Pflanzenschutzmittel). Unter den Schwermetallen sind neben den für Mensch, Tier und Pflanze eher nützlichen Elemente auch diejenigen zu nennen, die in überhöhten Konzentrationen schädlich sein können. Es handelt sich dabei insbesondere um Blei (PB) und Cadmium (Cd), für die auch entsprechende Grenzwerte für die EU vorliegen (Tab. 4.21). Das schließt aber nicht aus, dass verschiedene Länder weitere Elemente einbeziehen und auch andere Höchstmengen festlegen. So etwa Russland mit den GOST-Vorschriften (Tab. 4.22). Bei den langjährigen Untersuchungen aus der „Besonderen Ernteermittlung" in Deutschland hat sich gezeigt, dass durch Cadmium der Weizen etwas stärker belastet ist als Roggen. Beim Blei ist es umgekehrt. In allen Fällen aber liegen die Kontaminationen beim Getreide in Deutschland deutlich unterhalb der Grenzwerte. Dies bedeutet, dass die Ware hinsichtlich der Schwermetalle sauber ist.

b. Pflanzenschutzmittel-Problematik

Es wurde bereits darauf hingewiesen, dass ein Drittel der Welterzeugung an Agrarprodukten durch Schädlinge und Krankheiten vernichtet wird [4.29]. Die Verluste weist Tabelle 4.23 aus. Allein diese wenigen Zahlen zeigen, wie wichtig eine gezielte Schädlings- und Krankheitsbekämpfung für die Welternährung ist. An den enormen Ertragssteigerungen gerade der vergangenen 50 Jahre beim Getreide hat der Pflanzenschutz einen erheblichen Anteil [4.61] (Abb. 4.91). Ohne wirksamen Pflanzenschutz wären die rund 7 Mrd. Menschen der Erde heute nicht mehr zu ernähren. Dies begründet die Notwendigkeit zur Durchführung von Pflanzenschutzmaßnahmen. Vor dem Einsatz chemischer Bekämpfungsmittel sollten aber alle agrotechnischen Vermeidungsstrategien ausgeschöpft werden. Dazu gehören vor allem die folgenden Handlungsoptionen:

- optimale Standortwahl
- vielseitige Fruchtfolge
- gute Bodenbearbeitung
- ausgeglichene Düngung
- Auswahl resistenter Sorten
- optimale Pflege
- sorgfältige Erntemaßnahmen
- sachgerechte Aufbereitung und Lagerung

Tab. 4.22: Grenzwerte aus den GOST-Richtlinien (Russland) mg/kg Frischmasse [4.60]

Metall	**mg/kg Frischmasse**
Blei Pb	0,5
Cadmium Cd	0,1
Quecksilber Hg	0,03
Arsen As	0,2
Kupfer Cu	10
Zink Zn	**50**

Tab. 4.23: Verlust der Welternten nach Ling [4.29]

Gesamtverlust 35 % davon durch	
tierische Schädlinge	13,8 %
durch Krankheiten	11,6 %
durch Unkräuter	9,6 %
Gesamtverlust bei	
Weizen	23,9 %
Reis	46,4 %
Mais	34,8 %

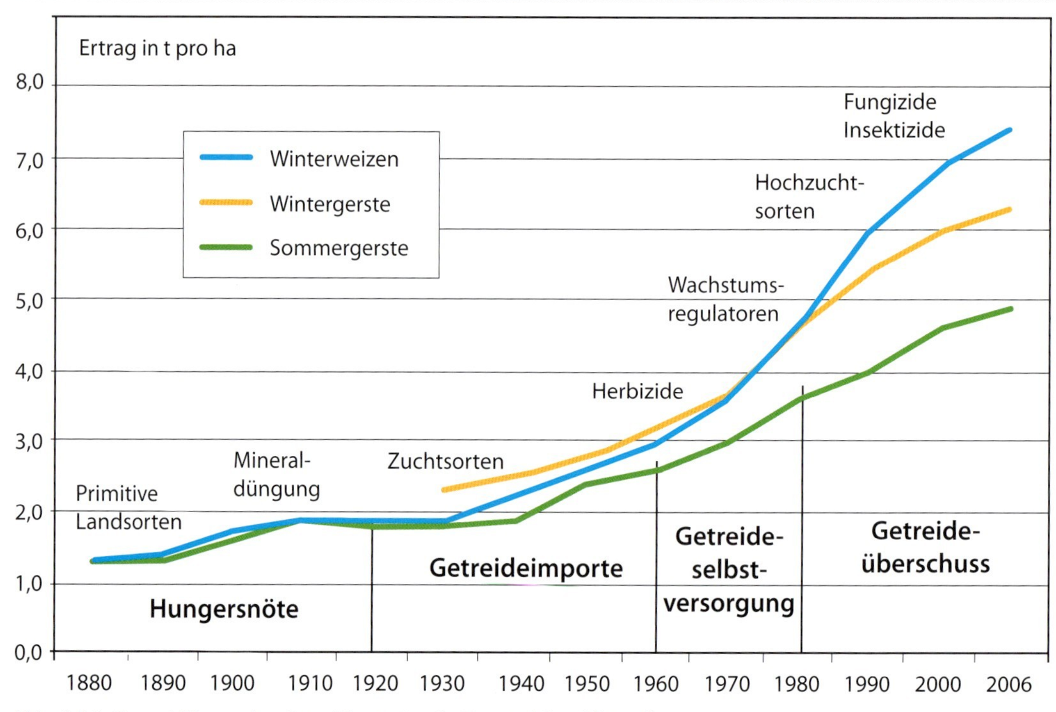

Abb. 4.91: Entwicklung der Getreideerträge in Deutschland [4.61]

Erst wenn mit diesen Schritten kein ausreichender Erfolg erzielt werden kann, sollten chemische Mittel zum Einsatz kommen. Einige der angeführten agrotechnischen Maßnahmen sind oft erst mittelfristig – dafür aber meistens nachhaltig – wirksam. Insbesondere bei den Bestrebungen nach hohen Erträgen und beim Auftreten von Epidemien geht es leider in der Regel nicht ohne eine gezielte chemische Bekämpfung. Diese ist im Allgemeinen kurzfristig wirksam und dann von hoher Effizienz. Damit entstehen aber nicht nur Probleme mit der Pestizidresistenz, sondern auch Fragen im Hinblick auf Rückstände an Pflanzenschutzmitteln im Getreide und den daraus hergestellten Lebensmitteln. Die Höhe von Schadstoffkontaminationen ist u. a. abhängig von den Resistenzeigenschaften der Sorten und Arten, die im Wesentlichen die Häufigkeit der Spritzfolgen bestimmen. Zum Einsatz kommen Herbizide (gegen Unkräuter), Fungizide (gegen Pilzkrankheiten), Insektizide (gegen Schadinsekten) und Wachstumsregulatoren (zur Halmverkürzung).

Von der Biologischen Bundesanstalt waren bis 1987 insgesamt 1695 Präparate mit 308 Wirkstoffen zugelassen. Diese Zahlen haben sich bis 1990 auf 958 Präparate mit 216 Wirkstoffen reduziert. In 2008 waren es lt. Ernährungsdienst in Deutschland noch 626 Präparate mit 253 Wirkstoffen [4.62]. Zur weiterführenden Literatur gehören insbesondere Gesetze und Verordnungen zu Höchst- und Grenzwerten [u.a. 4.63–4.72]. Leider besteht ein Trend zur Überschreitung von Rückstandsgrenzen, welche mit rund 5 % aller untersuchten Proben einzuschätzen ist.

Seit 2008 gilt für Pflanzenschutzmittelrückstände in Nahrungsmitteln (Getreide) in der EU die Verordnung (EG) Nr. 396/2005 [4.65]. Diese dient der Harmonisierung und der Vereinfachung der Handhabung der Rückstandsgrenzwerte für Pestizide und stärkt den EU weiten Verbraucherschutz. Danach dürfen keine Pflanzenschutzmittel verwendet werden, die schädliche Auswirkungen auf Personen und unannehmbare Auswirkungen auf die Umwelt haben und nicht hinreichend wirksam sind. Nach diesen neuen Regeln unterliegen die Pflanzenschutzmittel nun einer einheitlichen Beurteilung in der EU. Sie legt für alle Lebens- und Futtermittel die sogenannten MRL-Werte

Tab. 4.24: Höchstmengen an Mykotoxinen in Getreide [4.65]

	Aflatoxin µg/kg	Summe Aflatoxine B1, B2, G1, G2 µg/kg	Ochratoxin µg/kg	Desoxy-Nivalenol µg/kg	Zeara-Nivalenol µg/kg	Summe Fumonisine B1 u. B2 µg/kg
Getreide einschl. Buchweizen und Verarbeitungserzeugnisse ohne unverarbeit. Mais	2	4	–	–	–	–
Unverarbeiteter Mais; nicht für den Direktverzehr	5	10	–	–	–	–
Getreidebeikost für Säuglinge u. Kleinkinder	0,1	–	–	200	20	100
Rohe Getreidekörner einschl. Reis und Buchweizen	–	–	5	–	–	–
Alle Getreideerzeugnisse und Getreidekörner zum direkten Verzehr	–	–	3	–	–	–
Andere unverarbeit. Getreide als Hartweizen, Hafer und Mais	–	–	–	1250	–	–
Unverarbeiteter Hartweizen und Hafer	–	–	–	1750	–	–
Unverarbeiteter Mais	–	–	–	1750	–	–
Getreidemehl einschl. Maismehl, -grits u. -schrot	–	–	–	750	–	–
Brot, feine Backwaren, Kekse, Getreide-Snacks	–	–	–	500	50	–
Teigwaren trocken	–	–	–	750	–	–
Andere unverarbeitete Getreide als Mais	–	–	–	–	100	–
Unverarbeiteter Mais, -mehl, -schrot, -grits, raffiniertes Öl	–	–	–	–	200	–
Getreidemehl, ohne Maismehl	–	–	–	–	75	–
Maismehl, -schrot, -grits, raffiniertes Öl	–	–	–	–	200	1000
Lebensmittel aus Mais zum unmittelbaren Verzehr	–	–	–	–	–	400

fest (**M**aximum **R**esidues **L**evels of pesticides) [4.68]. Die Verordnung enthält MRL-Werte für 315 frische Erzeugnisse. Sie erfasst ca. 1100 Pestizide. Sofern ein Pestizid nicht ausdrücklich erwähnt wird, gilt ein Standard-MRL-Wert von 0,01 mg pro Kilogramm. Die Menge zu erwartender Pestizidrückstände im Getreide ist natürlich abhängig von der Spritzhäufigkeit und der Aufwandmenge je Spritzung. Zwischen den Getreidearten ist dieser Aufwand sehr unterschiedlich. Es muss davon ausgegangen werden, dass die Landwirtschaft sich an die vorgegebenen Gebrauchsanweisungen hält und die vorgeschriebenen Aufwandmengen sorgfältig dosiert. Unter diesem Aspekt dürften dann auch die MRL-Werte nicht überschritten werden. In der Regel werden in Deutschland im Rahmen der „guten fachlichen Praxis" die folgenden chemischen Behandlungsverfahren eingesetzt (Tab. 4.25). Diese Daten beruhen auf langjährigen Praxiserfahrungen. Sie sind in Abhängigkeit von Witterung, Sorten und Bewirtschaftungsintensitäten variabel. Wintergetreide braucht infolge der längeren Vegetationszeit (September bis August) auch einen höheren Aufwand an Pflanzenschutzmitteln. Umso kritischer ist es hinsichtlich der Rückstände zu bewerten. Sommergetreide kommt auch infolge der kürzeren Vegetationszeit (März bis August) im Allgemeinen mit der Saatgutbeize, einer Herbizid- und einer Fungizidbehandlung aus. Besonders gering ist der Einsatz von Pestiziden bei Sommerhafer und Sommerbraugerste. Entsprechend weniger Rückstände sind zu erwarten. Mais braucht auch wegen seiner langsamen Jugendentwicklung einen verstärkten Schutz gegen Unkräuter. Die am weitesten verbreitete Nassreiskultur – teilwei-

Tab. 4.25: Behandlungen mit chemischen Pflanzenschutzmitteln und Wachstumsregulatoren im Getreideanbau in Deutschland

** kein Anbau in Deutschland*

Behandlungen	Saatgut-Beize	Herbizide	Fungizide gegen Fußkrankheiten	Fungizide gegen Blattkrankheiten	Fungizide gegen Ährenkrankheiten	Insektizide	Wachstumsregulatoren – Halmverkürzung
Winter-Weizen	X	X(X)	(X)	XX	X	X	XX
Winter-Gerste	X	XX	–	XX	–	X	XX
Winter-Roggen	X	X	(X)	X	–	–	X
Winter-Triticale	X	X	(X)	X	X	–	(X)
Sommer.-Futter-Gerste	X	X	–	X	–	–	X
Sommer-Gerste	X	X	–	X	–	–	–
Sommer-Weizen	X	X	–	X	–	–	–
Sommer-Hafer	X	X	–	–	(X)	–	–
Körner-Mais	X	XX	–	–	(X)	X	–
Sorghum	(X)	(X)	–	–	–	–	–
Millet	(X)	(X)	–	–	–	–	–
Reis*	X	X(X)	X	X	X	X	–

se mit mehreren Ernten im Jahr – bedarf eines intensiven Pflanzenschutzes. Nur bei einem sehr umfangreichen und intensiven kommerziellen Anbau von Sorghum und Millet werden neben der Saatgutbeize noch weitere chemische Pflanzenschutzmittel eingesetzt. Obwohl die Rückstandssituation im Getreideanbau auch aufgrund des hohen Verzehrs von Getreide als Nahrungsmittel durchaus von großer Bedeutung für die Gesunderhaltung von Mensch und Tier ist, können im Rahmen dieses Lehrbuches nicht alle Pestizide sowie ihre Wirkung und Kontamination behandelt werden. Die Darstellung einzelner Pestizide und deren Wirkung ist in diesem Rahmen weder möglich noch erforderlich. Es wird deshalb auf die entsprechende Verordnung (EG) Nr. 396/2005 und auf die MRL-Datenbank der EU verwiesen [4.68, 4.69].

c. Mykotoxine

Im Kapitel 4.6.1.1.1 wurden die Schimmelpilze ausführlich behandelt. Dazu gehörte auch die Darstellung ihrer Einflüsse auf die Bildung von Mykotoxinen. An dieser Stelle muss aber der Vollständigkeit halber noch einmal kurz auf die Mykotoxinproduzenten und die Höchstwerte eingegangen werden. Nach Müller [4.70] und Nirenberg [4.71] sind Mykotoxine giftige Naturstoffe, die von bestimmten Pilzen (*Mykomyceten*) während ihres Wachstums auf Pflanzen gebildet werden. Inzwischen sind mehr als 400 Pilzmetabolite mit vielfältiger toxischer Wirkung der Gruppe der Mykotoxine zuzuordnen, von denen 20 in Nahrungsmitteln häufiger und in höheren Konzentrationen auftreten können (Tab. 4.26). Die aktuellen Höchstmengen für Mykotoxine resultieren aus einer Vielzahl nationaler Vorschriften und EU-Verordnungen. Diese wurden vom Bayerischen Landesamt für Gesundheit und Lebensmittelsicherheit unter dem Titel *Höchstmengenregelungen für Mykotoxine in Lebensmitteln in der EU und in Deutschland* zusammengestellt [4.65]. Diese entsprechen dem aktuellen Stand von 2008 (Tab. 4.24).

4.8 Spezifische technologische Eigenschaften der Getreide-, Mälzungs- und Brauqualität

Allgemeine Vermarktungskriterien für Getreide einschließlich der hygienischen Anforderungen

Tab. 4.26: Bekannte Mykotoxine und ihr Ursprung nach Müller [4.70] und Nivenberg [4.71]

Schimmelpilze (Gattung/Art)	gebildete Mykotoxine	Vorkommen
Feldpilze		
Alternaria	Alternariol, Tenuazonsäure, Alternariolmethylether	Frischgemüse, Feuchtgetreide
Fusarien		Getreide, Mais, Kartoffeln
F. avenaceum	Moniliformin, Fusarin C	
F. culmorum	Desoxynivalenol, Zearalenon, Fusarin C	
F. equiseti	Zearalenon, Equisetin	
F. graminearum	Desoxynivalenon, Zearaleon, Nivelonol	
F. poae	HR2-Toxin, T2 Toxin, Nivalenol	
F. tricinctum	Monilifomin, Fusarin C, Visoltricin	
Trichotecium	Trichotecin, Roseotoxin	
Lagerpilze		
Aspergillus	Alflatoxine, Ochratoxine, Citrinin	Getreide, Futtermittel, Nüsse
Penicilium	Ochratoxine, Citrinin	Reis, Mehl, Bohnen, Futtermittel

(Schadstoffe) wurden bereits im vorangegangenen Abschnitt abgehandelt. Bei den spezifischen Eigenschaften der Mälzungs-, Brau- und Bierqualität geht es primär um die Bedeutung einzelner Korn- und Malzparameter für die technologische Verarbeitbarkeit und den Komplex der Bierqualität. Für eine rationelle Produktion qualitativ hochwertiger Biere erwarten Brauindustrie und Verbraucher neben den technologischen und den ökologisch hygienischen Parametern u.a. auch weitere sensorische Eigenschaften, wie sie Tabelle 4.27 skizziert. Das Anforderungsprofil berührt damit die Landwirtschaft, die Malz- und Brauindustrie und auch den Biertrinker als Endverbraucher gleichermaßen. Es ist zu erwarten, dass die Vielzahl der Eigenschaften aus den unterschiedlichsten Interessenkreisen nicht zwangsläufig alle positiv miteinander korrelieren. In einigen Fällen treten sogar negative Beziehungen zwischen den Parametern auf. So sind etwa gute Lösungseigenschaften des Malzes erwünscht, die jedoch zu einer Verminderung des Schaums führen können. Es zeigt sich darüber hinaus, dass oft auch eine knappere Malzlösung den geschmacklichen Eigenschaften des Bieres eher entgegenkommt. In Abhängigkeit vom Verwendungszweck als Malz oder Rohfrucht gestalten sich auch die Qualitätsanforderungen etwas unterschiedlich. Eine objektive und zuverlässige Vorhersage von Brau- und Biereigenschaften erlaubt eigentlich nur der Mälzungs- und Brauversuch. Diese Untersuchungen sind aber sehr zeitaufwendig und teuer und deshalb für kurzfristige Entscheidungen zum Kauf von Braugetreide, die zur Erntezeit getroffen werden müssen, ungeeignet. Für die Qualitätsbeurteilung von Mälzungsgetreide zur Zeit des Einkaufs unmit-

Tab. 4.27: Anforderungsprofil Braugetreide

1. Ertrag			
2. Optimales technologisches Verhalten im Mälzungs- und Brauprozess			
	Braugetreide		
		Gute Keimeigenschaften (> 95 %) Hoher Vollkornanteil (> 95 % bei Gerste und Weizen) Wenig Rohprotein (< 11,5 %) Sortenreinheit	
	Malz		
		Hohe Extrakausbeute (> 81 %) Gute Lösungseigenschaften	
			Günstige zytologische Auflösung Extr.-Diff. < 1,8 %, Viskosität < 1,6 mPa, Friabilität > 80 %
			Gute, aber nicht zu intensive Proteolyse Kolbachzahl 38–42
	Homogenität		
3. Gute sensorische und physikalische Eigenschaften des Bieres			
	Guter Geschmack und Geruch		
	Stabiler Schaum		
	Gute Geschmacks- und Kältestabilität		
	Angenehme Bittere		
	Sortentypische Farbe		
	Angemessener Preis		

telbar zur Ernte bleibt daher nur die Suche nach Kornmerkmalen, welche mit den Brau- und Biereigenschaften in enger Beziehung stehen. Am Rohgetreide werden zur Vorhersage von Mälzungs- und Braueigenschaften zahlreiche Untersuchungen vorgenommen. Die verschiedensten Eigenschaftskomplexe lassen sich mit den unterschiedlichsten Analysenmethoden messen [4.47–4.51]. Hinzu kommen noch nationale Besonderheiten, die die Anzahl der Analysenvorschriften erhöhen und die Übersichtlichkeit und Vergleichbarkeit behindern. Leider konnte keineswegs in allen Fällen davon ausgegangen werden, dass die geforderten Kriterien auch wirklich eine relevante Bedeutung für die Malz- und Bierqualität besitzen. Es entstand auf diesem Wege ein großes Maß an Unübersichtlichkeit, die einen objektiven Qualitätsvergleich besonders auf internationaler Ebene erschwerten. Die Notwendigkeit einer internationalen Koordination erkannten in Europa die European Brewery Convention (EBC), die in ihrem Analysenkomitee Methoden prüft und im Falle der Brauchbarkeit in die Analytica EBC aufnimmt [4.47].
Eine umfangreichere vergleichbare Analysensammlung erarbeitete die Mitteleuropäische Brautechnische Analysenkommission MEBAK [4.48]. Schließlich wird in Deutschland auch die Sammlung von Krüger, Bielig und Anger, die ursprünglich von Silbereisen verfasste *Betriebs- und Qualitätskontrolle in Brauerei und alkoholfreier Getränkeindustrie*, verwendet [4.49]. Kennzahlen zur Betriebskontrolle von Krüger und Anger ergänzen die genannten Standardwerke [4.50]. Letztere sind weitgehend koordiniert. Auf dem amerikanischen Kontinent wird vorwiegend die Analysensammlung der American Society of Brewing Chemists (ASBC) verwendet, die jedoch stärker von den genannten europäischen Analysenmethoden abweichen kann [4.51].

4.8.1 Ertrag

Bei den wichtigsten Getreidearten werden die in Tabelle 4.28 angeführten Erträge an roher Druschware erzielt [4.61]. Die Erträge der Getreidearten sind aber nicht nur für den Landwirt von großer Bedeutung. Da ihre Höhe den Preis des Rohstoffs mitbestimmt, finden auch die Industrie und der Konsument Interesse an diesem Problem. Der Preis lässt sich aber nicht nur vom Ertrag herleiten. Klima und Boden, aber auch Verwendungsmöglichkeiten (Brot-Futter-Braugetreide), Angebot und Nachfrage nehmen einen wesentlichen Einfluss auf die Anbauwürdigkeit. So sind etwa trotz geringer Welterträge Sorghum und Millet interessante Braugetreidearten, weil sie wegen ihrer Dürreresistenzen auch noch bis an die Sahelzone in Afrika anbauwürdig sind. In solchen Regionen gedeiht keine andere Getreideart mehr. Gerste eignet sich infolge ihrer Spelzen weniger gut als Nahrungsmittel als der Weizen, der in der Regel als spelzenfreies Korn vorliegt. Wie bereits erwähnt, ist das sicherlich auch ein Grund, weshalb Gerste zum bedeutendsten Rohstoff für die Bierherstellung geworden ist.

Tab. 4.28: Getreideerträge in t/ha (3-jähriger Durchschnitt 2005–2007) [4.61]

Getreideart	Welt	EU
Mais	4,7	7,6
Reis	2,7	4,2
Weizen	2,8	5,4
Gerste	2,4	4,3
Roggen	2,1	2,2
Hafer	1,9	2,2
Sorghum	1,4	4,3
Millet	0,8	1,5

4.8.2 Optimales technologisches Verhalten im Mälzungs- und Brauprozess

4.8.2.1 Braugetreide

4.8.2.1.1 Keimeigenschaften [4.47–4.54]

Aus Getreide, das wegen der Keimruhe noch nicht keimt oder das seine Keimeigenschaften durch eine unsachgemäße Behandlung verloren hat, kann kein Malz hergestellt werden. Damit kommt den Keimeigenschaften des Braugetreides eine überragende Bedeutung zu. Unmittelbar nach der Ernte muss mit einer unbefriedigenden Keimung gerechnet werden.

Der Grad der Ausprägung dieser „Keimruhe" ist abhängig von den Sorten, Formen und der Umwelt (Abb. 4.92). Häufig haben Wintergetreidearten eine stärker ausgeprägte und damit eine längere Keimruhe als Sommerformen. Nach Fischbeck et al. [4.73] führen feucht-kühle Perioden insbesondere vor der Ernte zu längeren Keimruhen. Während in trockenen Jahren die Keimruhe auf wenige Wochen begrenzt sein kann, dauert sie in feuchten Jahren bei bestimmten Sorten einige Monate, bis die volle Keimkraft von mehr als 95 % (Mindestanforderung in Muster-Lieferverträgen für Braugetreide) erreicht wird. Bei einer mitteleuropäischen Ernte von Mitte Juli bis Mitte August kann nicht davon ausgegangen werden, dass das Braugetreide vor dem 15. Oktober die volle Keimkraft immer erreicht. Die Keimkraft ist deshalb oft bis zu diesem Zeitpunkt nicht direkt bestimmbar. Um aber beim Einkauf von Braugetreide sofort

Abb. 4.92: Keimruhe von Gerstenkörnern, Keimenergie nach 5 Tagen ca. 6 Wochen nach der Ernte, Gerste mit Keimruhe (oben), Gerste ohne Keimruhe (unten)

nach der Ernte unterscheiden zu können, ob ein Keimling abgestorben ist oder ob er sich nur in der Keimruhe befindet, müssen zumindest alle lebensfähigen Körner erfasst werden. Die Trennung lebensfähiger Körner (zu erwartende Keimung nach dem 15. Oktober) von den toten Körnern durch Schädigung zu einem früheren Zeitpunkt unmittelbar nach der Ernte ist mit Hilfe einer indirekten Methode zur Bestimmung der Keimfähigkeit möglich. [4.48, 4.49]

Keimfähigkeit [4.48–4.50]
Nach der Behandlung längsgeteilter Körner mit einer farblosen Triphenyltetrazoliumchloridlösung färben sich lebende Keimlinge infolge der Wirkung ihrer Oxidoreduktasen und der gebildeten Co-Enzyme in rotes Formazan. Über den Grad der Rotfärbung des Keimlings lässt sich die zu erwartende Keimfähigkeit nach Aufhebung der Keimruhe auf diesem indirekten Wege voraussagen. In den klassischen in Europa verwendeten Lieferverträgen für Braugerste wird diese Tetrazolium-Methode als verbindlicher Test bis zum 15. Oktober anerkannt. Diese indirekte Methode, welche eigentlich nur die zu erwartende Lebensfähigkeit nach der Aufhebung der Keimruhe erfasst, wird auch als „Keimfähigkeit" bezeichnet. Allerdings ist diese Definition im engeren Sinne nicht ganz exakt. Statt dessen wäre der Begriff „Lebensfähigkeit" korrekter (Abb. 4.93) [4.74].

Keimenergie [4.48–4.50]
Nach dem 15. Oktober treten in Europa an Stelle des Tetrazolium-Tests nun Methoden der direkten Bestimmung gekeimter Körner, weil davon ausgegangen wird, dass in normalen Jahren bis zu diesem Zeitpunkt die Keimruhe abgebaut ist. Individuelle Sonderregelungen in feuchten Jahren sind üblich. Bei diesen direkten Bestimmungsmethoden wird versucht, weitgehend normale Mälzungsbedingungen im Labor zu simulieren. Die Anzahl gekeimter Körner nach drei und fünf Tagen wird ausgezählt. Es haben sich im Wesentlichen die folgenden Methoden zur Bestimmung der Keimenergie durchgesetzt. Diese sind auch als EBC- und MEBAK-Methoden anerkannt [4.47, 4.48]:

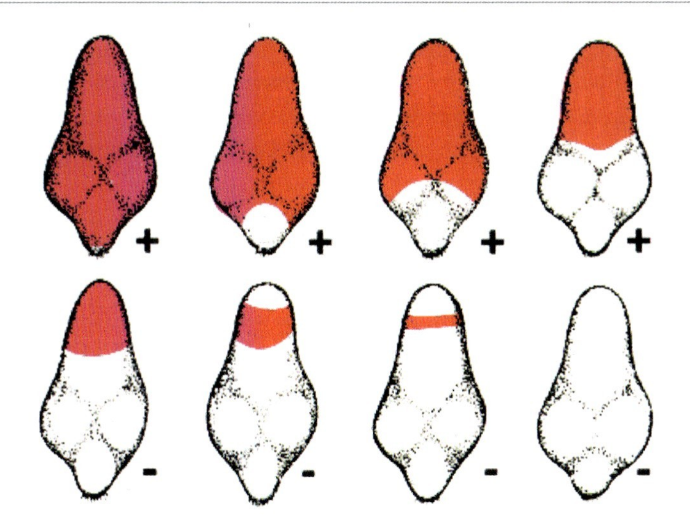

Abb. 4.93: Bewertung der Keimfähigkeit (Lebensfähigkeit) von Getreidekeimlingen mit Hilfe der Tetrazolium-Methode, nach Eggebrecht [4.74]

a. Keimkasten-Methode nach Aubry
Diese Methode ist die Gebräuchlichste. Sie arbeitet mit 2 x 500 Körnern, die auf Glasplatten mit Filterpapier bei voller Wassersättigung und 20 °C (Zimmertemperatur) angesetzt werden.

b. Schönfeld-Methode
Nach diesem System werden ebenfalls 2 x 500 Körner, jedoch in Glastrichtern mit wechselnden Nass- und Trocken-Weichphasen angesetzt.

c. BRF-Methode
Dieses Prinzip arbeitet mit Filterpapier in Petrischalen. Es werden 4 x 100 Körner mit unterschiedlichen Wassermengen angesetzt (2 Schälchen mit 4 ml Wasser und 2 Schälchen mit 8 ml Wasser). Aus der Differenz der gekeimten Körner bei 4 ml und 8 ml Wassergabe errechnet sich zusätzlich zur Keimenergie der Grad der Wasserempfindlichkeit.

4.8.2.1.2 Vollkörnigkeit [4.48, 4.50]
Neben dem Ertrag an roher Druschware entscheidet die Zusammensetzung der Korngrößen über den wirtschaftlichen Erfolg, weil unter normalen Gegebenheiten nur die größeren Kornfraktionen für die Herstellung von Braumalz Verwendung finden. Diese werden über Schlitzlochsiebe unterschiedlicher Schlitzlochbreiten bestimmt.

Die gereinigte Rohware wird in die folgenden vier Fraktionen zerlegt:

Schlitzlochbreiten (im Schüttelsieb)		
❑ Fraktion	> 2,8 mm %	*Vollkorn-*
❑ Fraktion	2,5 – 2,8 mm %	*anteil*
❑ Fraktion	2,2 – 2,5 mm %	
❑ Fraktion	< 2,2 mm %	*Ausputz*

Pro Probe werden 2 x 100 g gereinigte Druschware untersucht. Die Summe aus den beiden ersten Fraktionen wird als Vollkornanteil bezeichnet (= 1. Sorte). Dieser Wert ist im Allgemeinen Gegenstand in den Lieferverträgen. Bei Braugerste und Brauweizen sollte dieser Vollkornanteil über 85 % liegen. In trockenen Jahren und auch in Steppenregionen fällt der Anteil großer Körner niedriger aus. Unter

Abb. 4.94: Vollkornanteil (l.) und Fraktion 2,2 mm bis 2,5 mm (r.) bei Weizen und Gerste

solchen Bedingungen wird auch die Fraktion 2,2 mm bis 2,5 mm zu Malz verarbeitet. Dies erfolgt aber in der Regel getrennt von den großen Körnern. Eine Mischung aller drei Fraktionen kann zu einer unterschiedlichen Wasseraufnahme und Keimung führen, die als Ursachen für mangelnde Homogenität beim Malz angesehen werden kann. Die Fraktion kleiner als 2,2 mm wird als Ausputz bezeichnet und dient als minderwertiges Futtergetreide (Ausnahme Millet).

4.8.2.1.3 Rohprotein [4.48–4.50]

Der Rohproteingehalt im Braugetreide nimmt im Komplex der Qualitätseigenschaften eine zentrale Stellung ein. Nachdem es Kjeldahl 1883 gelungen war [4.75], über die Quantifizierung der N-Menge im Korn dessen Rohproteingehalt abzuschätzen, begann eine Periode über die Erforschung der Bedeutung des Rohproteingehaltes für die Malz- und Bierherstellung. Haase (1904) [4.76] sowie Bishop und Day [4.77] weisen schon vor 100 bzw. 80 Jahren auf die engen negativen Zusammenhänge zwischen dem Rohproteingehalt im rohen Korn und der Extraktausbeute des daraus hergestellten Malzes hin. Letztere kamen zu der Erkenntnis, dass bei steigendem Rohprotein um 1 % der Extraktverlust um 0,7 % beträgt. Umfangreiche neuere eigene Versuche haben aber gezeigt [4.78, 4.79], dass bei einem generell höheren Proteinniveau der Extraktverlust pro 1 % Proteinzunahme niedriger als 0,7 % sein kann. Umgekehrt kann aber auch der Extraktrückgang bei allgemein niedrigem N-Niveau pro 1 % Proteinzunahme deutlich höher und damit auch um 1 % liegen (Abb. 4.95). Es wird oft unterschätzt, dass neben dem Extraktverlust ein steigender Rohproteingehalt noch weitergehende Konsequenzen für Malz und Bier hat (Tab. 4.29). Seit Jahrzehnten wird die tolerierbare Höchstgrenze des Proteingehaltes von 11,5 % in der Trockensubstanz (TrS) in den Lieferbedingungen für Braugerste (Musterverträgen) festgeschrieben [4.52–4.54]. Steigende Erträge haben gelegentlich aber auch schon dazu geführt, dass Getreide mit sehr niedrigen Rohproteingehalten angeboten wird (Verdünnungseffekt). Um auch die negativen Folgen zu niedriger Rohproteingehalte zu vermeiden (mangelhafte He-

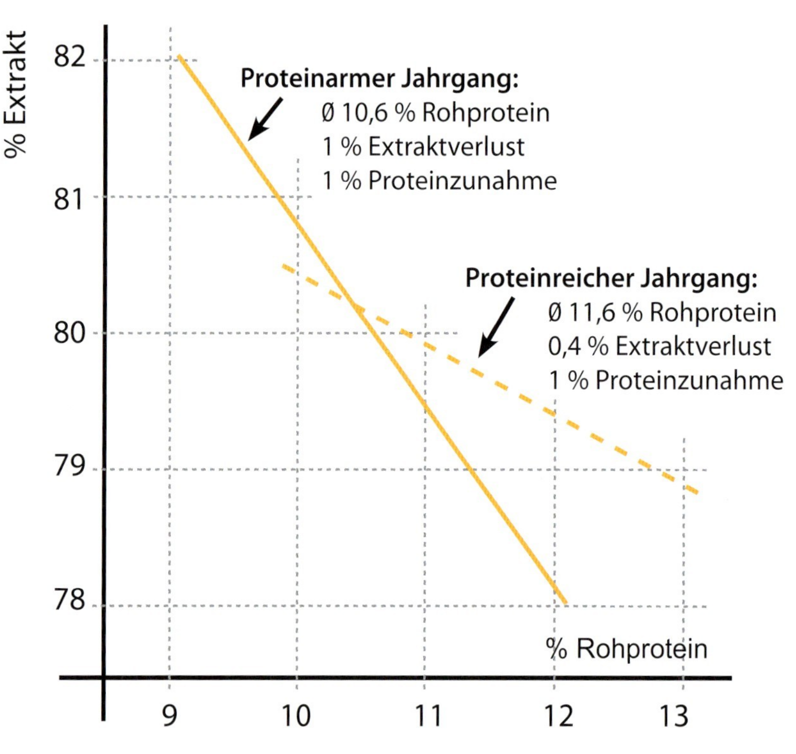

Abb. 4.95: Proteingehalt der Gerste und Extraktausbeute des Malzes nach Schildbach [4.78, 4.79]

Tab. 4.29: Einfluss steigender Rohproteingehalte auf die Malz- und Bierqualität

Steigende Rohproteingehalte im Braugetreide führen zu:	
	Reduzierung der Malzextrakt-Ausbeute
	Verschlechterung der Zellwandlösung (Verlust an Zytolyse)
	Erhöhung des Proteingehaltes in Malz und Bier, aber bei gleichzeitiger Verminderung des Eiweißlösungsgrades (Absinken der Kolbachzahl)
	Gute Versorgung der Hefe mit lebensnotwendigen Proteinen
	Verbesserung der Schaumhaltbarkeit des Bieres
	Die physikalische Stabilität des Bieres scheint durch die Malzlösung stärker beeinflusst zu werden als durch den Rohproteingehalt
	Keine sensorischen Veränderungen des Biers in Abhängigkeit vom Rohprotein im Malz

feernährung, schlechter Schaum, Störungen im Gärverlauf), diskutiert auch die verarbeitenden Industrie eine Untergrenze von ca. 9 %, die nicht noch weiter unterschritten werden sollte.

4.8.2.1.4 Sortenreinheit

Zwischen Arten und Sorten treten auch an den Körnern gravierende Unterschiede in der Brauqualität auf, die den Prozess der technologischen Verarbeitung bis zum Bier nachhaltig beeinflussen können (Tab. 4.30). Die Identifikation der Getreidearten untereinander auf der Grundlage morphologischer Kornmerkmale ist leicht möglich. Wesentlich komplizierter ist es aber innerhalb einer Art die Sorten an den geernteten Körnern zu unterscheiden. Da zwischen den verschiedensten Sorten innerhalb einer Art Qualitätsdifferenzen vorliegen, ist eine Sortenidentifikation an geernteten Körnern in Handelspartien ein bedeutendes wirtschaftliches Anliegen. An Beispielen aus sehr umfangreichen Versuchprogrammen [4.79–4.83] werden Mittelwerte von Korn- und Malzeigenschaften zwischen Arten und Sorten angeführt. Auch wenn diese Daten noch längst keinen Anspruch auf Vollständigkeit erheben können (größere Abweichungen nach oben und unten sind möglich), geben sie doch einen groben Überblick über Streuungen zwischen Arten und Sorten. So ist etwa die Sommerbraugerstensorte *Sebastian* durch besonders hohe Extrakte, gute Lösung und Gärleistung bei hoher Diastatischer Kraft gekennzeichnet und übertrifft damit die Leistung der älteren Sorte *Barke*. Weiterhin zeigt

Tab. 4.30: Unterschiede in der Korn- und Malzqualität zwischen Arten und Sorten. Zusammenstellung aus Arbeiten verschiedener Autoren [4.79–4.83] (aus Versuchen des VLB-Forschungsinstituts für Rohstoffe)

	Sommer-Braugerste		Winter-Braugerste		Winter-Weizen		Winter-Triticale	
	Barke	**Sebastian**	**Esterel**	**Regina**	**Monopol**	**Okapi**	**Fidelio**	**Vero**
Vollkorn	91	93	89	95	94	94	89	87
Rohprotein	9,7	9,3	10,3	10,8	13,5	12,2	11,1	11,2
Extrakt	81,3	82,8	80,9	81,4	81,9	84,6	89,3	87,3
Viskosität mPas	1,59	1,51	1,84	1,53	1,73	1,79	2,40	1,96
Lösl. N mg/100 gM	680	750	640	710	768	818	764	670
Eiweißlösung %	40	44	42	44	34	39	50	40
S. Endvergärung %	81,3	84,4	84	84	77,5	77,9	76,5	76,5
Diastatische Kraft WK	375	400	391	304	348	232	349	373

sich, dass die schon etwas älteren Winterbraugersten im Vergleich zu den Sommerformen in nahezu allen Qualitätskriterien (Ausnahme: Diastatische Kraft) abfallen und auch deshalb eine Vermischung mit Sommergersten unerwünscht ist [4.80, 4.81]. Auch zwischen Weizensorten treten die Unterschiede in der Brauqualität deutlich hervor. So bringt die Sorte *Okapi* [4.82] zwar deutlich höhere Extrakte, aber nur eine schwache Diastatische Kraft. Beim Triticale liegen die Extrakte bei der Sorte *Fidelio* sehr hoch. Diese Sorte neigt zu ungünstiger Viskosität bei der Tendenz zur extrem hohen Eiweißlösung [4.83]. Die Vielzahl verfügbarer Sorten bietet einerseits die Möglichkeit der individuellen Auswahl geeigneter Varietäten. Um diese aber auch sicher zu bekommen, sind Methoden der Sortenidentifikation an geernteten Körnern in der Handelsware erforderlich. Die Identifikation von Sorten an Einzelkörnern in der Handelsware wird am Beispiel der Gerste beschrieben, weil sie bei dieser Getreideart am weitesten entwickelt ist. Dies schließt aber nicht aus, dass vergleichbare Verfahren auch bei anderen Getreidearten wirkungsvoll zur Sortenidentifikation eingesetzt werden können. So werden etwa auch bei der Selektion von Qualitätsweizen Sortenreinheitsbestimmungen an Körnern vorgenommen. Verfahren dieser Art finden aber auch Eingang in die moderne Pflanzenzüchtung, etwa zur Bestimmung des Grades der Reinerbigkeit. In der Praxis werden haupt-

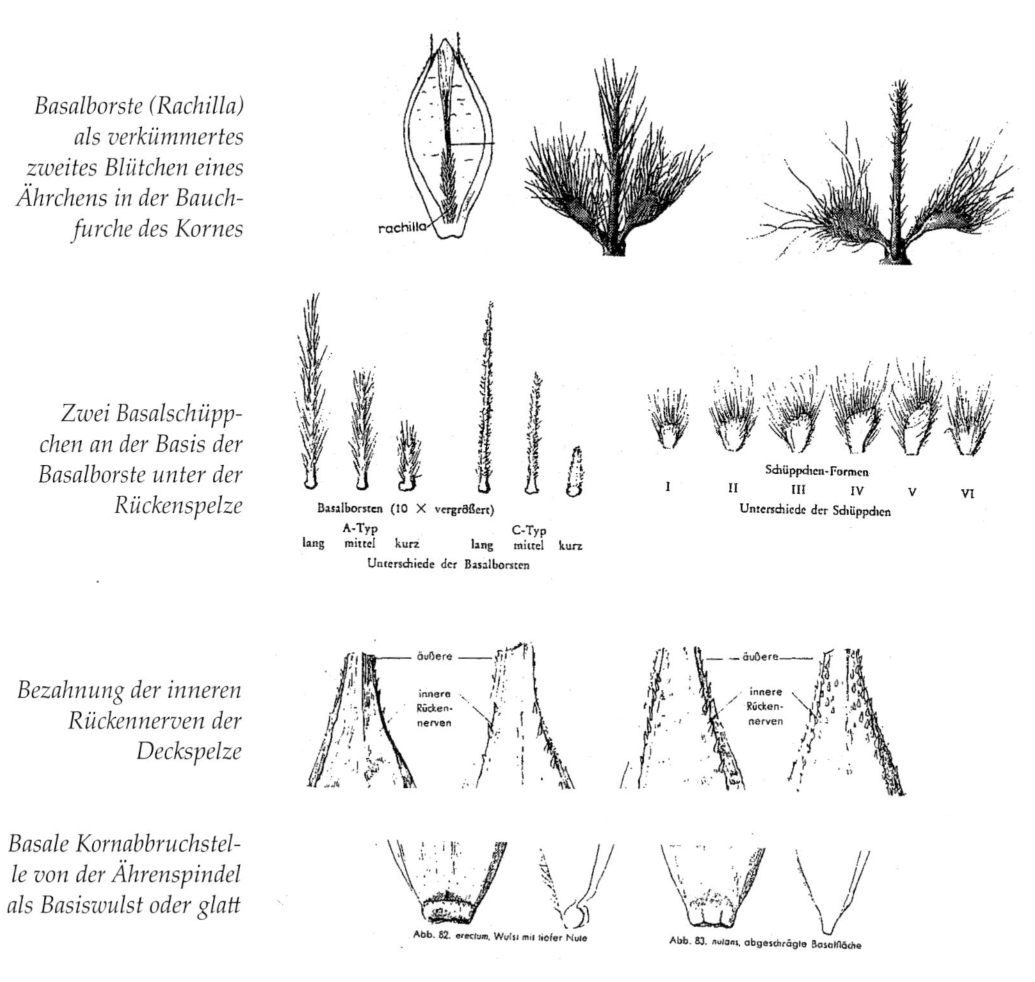

Abb. 4.96: Morphologische Kornmerkmale zur Identifikation von Gerstensorten [4.85–4.87]

sächlich zwei Methoden zur Identifikation von Sorten in der Handelsware eingesetzt. Es sind die morphologischen und die biochemischen (proteinelektrophoretischen) Verfahren. In beiden Fällen sollten die Untersuchungen an einer großen Zahl von Einzelkörnern (mindestens 50) durchgeführt werden.

4.8.2.1.4.1 Morphologische Sortenbestimmung (Gerste)

Es gibt eine ganze Reihe von morphologischen Kornmerkmalen, die sortentypisch ausgeprägt sind. Diese erlauben im begrenzten Rahmen auch eine Sortenzuordnung von Einzelkörnern in Handelsmischungen. In Ländern mit einer geringen Anzahl von Sorten und ohne Importware kann mit Hilfe der morphologischen Methode eine Sortenidentifikation leichter vorgenommen werden. Am Beispiel der Gerste wird gezeigt, welche morphologischen Kornmerkmale für die Sortenerkennung Anwendung finden [4.85–4.87].

Die typischen Kornmerkmale, die sich zur Sortenidentifikation eignen, sind in Abbildung 4.96 zusammengestellt. Eine tiefer greifende Betrachtung wird im Kapitel über die Morphologie der Gerste vorgenommen. Die erfolgreiche Nutzung dieser Merkmale zur Sortenbestimmung verlangt eine vorangegangene, gründliche morphologische Studie an den sortenreinen Standards, die zum Vergleich zur Verfügung stehen müssen. Die angeführten äußeren Erkennungsmerkmale variieren aber in ihrer Ausprägung jedoch sehr stark in Abhängigkeit von den Umweltbedingungen während des Wachstums. Das erschwert eine zweifelsfreie Zuordnung und begrenzt damit die Erkennungsmöglichkeiten. Mit der steigenden Anzahl von Sorten eines Landes, die auch durch interne Kreuzungen miteinander verwandt sein können, wird die Sicherheit der Aussage begrenzt. Und schließlich werden in vielen Ländern Gersten aus anderen Regionen der Erde und auch heimische Ware verarbeitet. So kann es zu Vermischungen kommen. Auch diese Situation erschwert eine sichere morphologische Sortenbestimmung.

4.8.2.1.4.2 Biochemische Sortenidentifikation mit Hilfe der Protein-Elektrophorese

Bei der Protein-Elektrophorese (PEP) geht es nach Maurer [4.88] im Wesentlichen um das Auffinden sortenspezifischer Proteine mit hohem Erblichkeitsanteil (Heritabilität). Es müssen demzufolge Proteine sein, die sich durch Umwelteinflüsse (Boden, Klima, Bewirtschaftung) in ihrer Struktur nicht verändern. Beim Weizen sind es die Gliadine, bei der Gerste die Hordeine. Diese alkohollöslichen Fraktionen werden mit Hilfe von Trichlorethanol aus Ein-

Protein-elektrophoretische Hordein-Bandmuster von Sommergersten

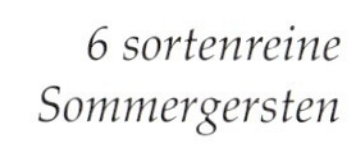
6 sortenreine Sommergersten

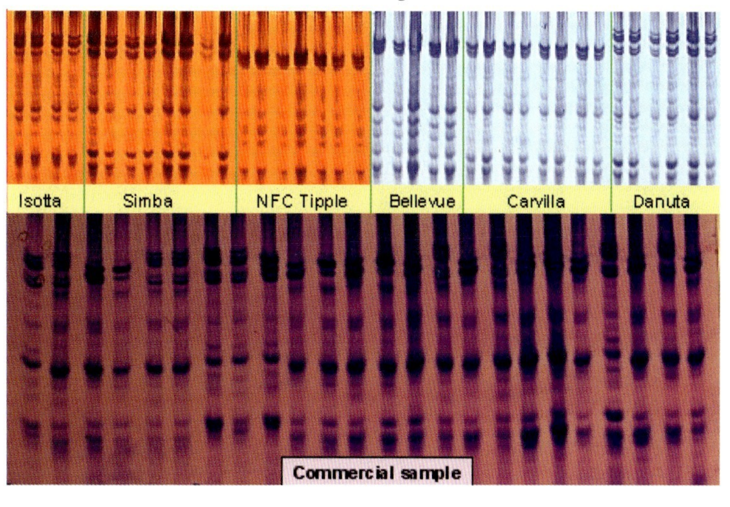

Sommergersten-Handelsware, Sortenmischung

Abb. 4.97: Protein-Elektrophorese zur biochemischen Sortenidentifikation, nach Schildbach und Burbidge [4.94, 4.96]

Tab. 4.31: Anzahl Sorten in kommerzieller Handelsware von Gerste und Malz [4.94–4.96]

Muster aus Handelsware	gefundene Anzahl Sorten pro Muster	
	1980 – 1985	1990
Braugerste	4,5	2,6
Malz	6,2	3,0

zelkörnern extrahiert und mit Hilfe des elektrischen Stromes in ihre einzelnen Fraktionen in Polyacrylamid-Flachgelen weiter zerlegt. Nach Beendigung individueller Laufzeiten werden nach der Färbung mit Methylenblau sortentypische Hordeinbänder-Konstellationen sichtbar, deren unterschiedliche Anordnungen eine Sortenidentifikation an Einzelkörnern erlauben (Abb. 4.97). Dieses Verfahren wurde bereits 1971 von Maurer [4.88] in seinen Grundzügen beschrieben und in den Folgejahren vorwiegend für die Identifikation von Getreidesorten in Australien, England, Niederlande, Deutschland und Kanada weiterentwickelt [4.89–4.93]. Schließlich wurde vom Forschungsinstitut für Rohstoffe (FIR) der VLB Berlin das Verfahren so zur Praxisreife geführt, sodass es sowohl für Gersten- als auch für Malz-Handelspartien als internationales Kontrollverfahren verwendet werden kann [4.94, 4.96]. Dies gelang auch deshalb, weil parallel zu den Verfahrensverbesserungen rechtzeitig erkannt wurde, dass zu einer erfolgreichen Arbeit der Aufbau einer internationalen Sortendatenbank mit entsprechenden sortenreinen Referenzmustern unerlässlich ist [4.96]. Die Wirksamkeit dieses internationalen Kontrollinstrumentes zeigt sich an den Ergebnissen mehrerer 1000 Untersuchungen an Gersten- und Malzhandelspartien (Tab. 4.31).

Tab. 4.32: Malzeigenschaften Gerstenmalz – Kriterien im Malzschlussschein und Handelsanalysen nach Kunze [4.97]
Weitere Ergänzungen zur Vermeidung von Mälzungshilfen und -behandlungen, zum Hygienestatus, zur Sortenreinheit und Homogenität und auch zur Enzymaktivität sind in einem Malzliefervertrag (Malzschlussschein) üblich

4.8.2.2 Malz

4.8.2.2.1 Das klassische Gersten-Handelsmalz

Der Mälzungsprozess verändert neben der chemischen Zusammensetzung auch die Struktur des Getreidekornes nachhaltig. Abbildung 4.98 zeigt, dass die Zellwände der ungemälzten Gerste noch vollständig erhalten und sehr dick sind. Auch die Stärkekörner liegen in den Endospermzellen in ursprünglicher Form vor. In Abbildung 4.99 ist zu sehen, dass mit dem Mälzen die Endospermzellwände aufgebrochen werden. Die kleinen Stärkekörner sind schon

	Werte nach Kunze	Mittelwerte aus VLB-Handelsanalysen
Eiweißgehalt	< 10,8 %	10,5 %
Kolbachzahl	38 – 42	42
Extraktgehalt	> 80 %	80,9 %
Extrakt-Differenz	1,2 –1,8 %	1,3
Viskosität	1,55 mPa s	–
Würzefarbe	3,4 EBC	–
Kochfarbe	5 EBC	5,6 %
N in Malz Trs	> 0,65 g/ 100 g Malz	–
Friabilimeterwert	80 – 86 %	84,4 %
Ganzglasigkeit	< 2 %	–
VZ 45 C	37– 41	36,3 %
Wassergehalt	< 5 %	4,4 %
Ausputz	< 0,8 %	–
Blattkeimlängen bis ¼ der Kornlängen	0 %	–
½	bis 3 %	–
¾	bis 25 %	–
1	bis 70 %	–
über 1	bis 2 %	–

Abb. 4.98: REM Gerstenendosperm, Zellwände vollständig erhalten (500fach)

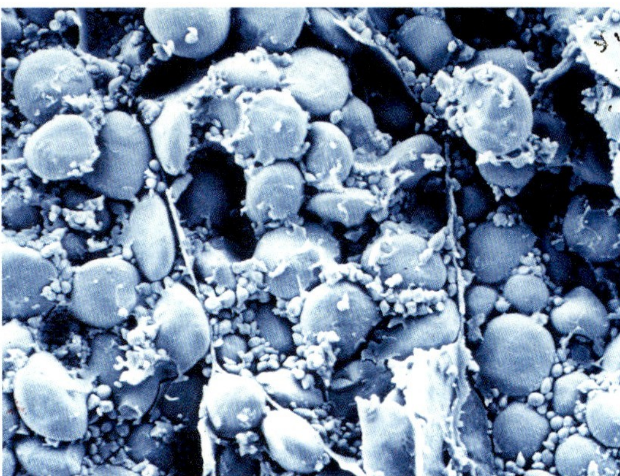

Abb. 4.99: REM Malzendosperm, Zellwände aufgebrochen (500fach)

weitgehend abgebaut, die großen werden bereits von dem Auflösungsprozess erfasst.
Mit dem Züchtungsfortschritt und der Weiterentwicklung der Verarbeitungstechnologie verändert sich auch von Jahrzehnt zu Jahrzehnt das Leistungs- und Anforderungsprofil an das Malz. Das ist der Grund, weshalb viele Autoren, die sich mit diesem Problem befasst haben, teilweise zu sehr unterschiedlichen Angaben kommen. 1989 beschreibt Kunze [4.97] ein gutes helles Gerstenmalz mit den in Tabelle 4.32 aufgeführten Parametern.

4.8.2.2.2 Unterschiede zwischen Malzen der verschiedenen Getreidearten

Es bleibt auch bei all diesen Eigenschaften im Malzschlussschein die Frage, ob einerseits alle angeführten Parameter wirklich so wichtig sind und andererseits das Argument, ob einige wichtigere Eigenschaften nicht enthalten sind. Es wird deshalb nun bei der Betrachtung der Malze aus den verschiedensten Getreidearten der Versuch unternommen, nur die bedeutendsten Kriterien aus der Sicht des Verfassers anzuführen. Es wurde schon darauf hingewiesen, dass in Abhängigkeit von den Umweltbedingungen und den unterschiedlichsten Literaturquellen die Angaben über die Malzeigenschaften in weiten Bereichen streuen. Am Beispiel einiger Getreidearten werden in Tabelle 4.33 Mittelwerte und Streuungen der Malze angeführt. Auch aufgrund der unterschiedlichsten Angaben zwischen den Autoren, die teilweise erheblich voneinander abweichen, wird unter Einbeziehung auch der Erfahrungen des Verfassers versucht, die Unterschiede zwischen den Malzen der verschiedensten Getreidearten so realistisch wie möglich herauszuarbeiten. Als Anhaltspunkte dienten u.a. eine Vielzahl von Literaturquellen [4.97–4.116], die an dieser Stelle nicht alle im Detail behandelt werden können. Die wesentlichen notwendigen Informationen für den Praktiker ergeben sich aus der Gegenüberstellung brautechnologisch relevanter Qualitätsparameter zwischen den Getreidearten in der Tabelle 4.33.
Die **Extraktausbeute** nimmt eine zentrale Stellung unter den Qualitätsparametern des Malzes ein. Um so bedeutender ist auch hier die Frage nach den Unterschieden zwischen den Getreidearten. Der Extrakt erfasst pauschal alle die aus dem Malz und im sogenannten Kongress-Maischverfahren in Lösung gegangenen Substanzen. Das sind im Wesentlichen die aus der Getreidestärke resultierenden Zucker, Proteine unterschiedlicher Molekülgrößen, Fette sowie einige Zwischenprodukte. Die Summe der gelösten Stoffe wird mit Hilfe der Dichtemessung bestimmt. Da der Labor-Maischprozess nicht demjenigen im Sudhaus entspricht, ist auch der ermittelte Extrakt nicht mit der Sudhausausbeute identisch. Es existiert aber eine enge positive Korrelation zwischen dem Extraktgehalt im Labor und der Sudhausausbeute. Diese enge Beziehung reicht aus, um Malze hinsichtlich der zu erwartenden Ausbeute un-

tereinander zu vergleichen. Der Bezug zum wichtigsten Rohstoff Gerstenmalz charakterisiert die Bedeutung der übrigen Getreidearten für die Malz- und Brauindustrie. Im Gegensatz zu den Nacktfrüchten: Weizen, Roggen, Triticale führen die mit der Epidermis des Gerstenkornes verwachsenen 9 % bis 12 % Spelzen, die vorwiegend aus Zellulose-Verbindungen bestehen, zu einer nachhaltigen Verminderung des Extraktes. Unter den Nacktfrüchten bringt der Roggen die höchsten Extrakte. Diese können bis zu 90 % erreichen. Es folgen mit Durchschnittswerten von ca. 85 % der Triticale und mit ca. 83 % der Weizen. Malze aus zweizeiliger Sommerbraugerste liegen im Mittel um 81 %. Die hohen Spelzengehalte von 30 % beim Hafer reduzieren die Extraktausbeute bis in den Bereich von 60 %. Ältere afrikanische Sorghum-Landpopulationen erreichen Extrakte von 75 % bis 80 %, moderne Hybriden dagegen können auch höher liegen.

Die **Zytolyse** als wichtiges Kriterium für die Auflösung der Zellwände während der Mälzung wird bei guten Malzen durch niedrige Extrakt-Differenzen, niedrige Viskositäten und hohe Friabilimeterwerte dokumentiert. Die Bestimmung des Grades der Mürbigkeit mit Hilfe des Friabilimeters ist nur bei Gerstenmalz üblich. Die Endospermstruktur des Malzes bei den Nacktgetreidearten ist dafür zu hart (z.B. Weizen).

Tab. 4.33: Malzeigenschaften verschiedener Getreidearten, Mittelwerte und Streuung [4.97–4.116]

Malze aus	Gerste	Weizen	Roggen	Triticale	Hafer	Sorghum
Extrakt %	81 (78 – 84)	83 (80 – 86)	88 (85 – 91)	85 (78 – 90)	62 (60 – 64)	79 (74 – 85)
Extr.-Diff. %	1,4 (1 – 2)	1,5 (1 – 2,5)	1,8 (1 – 4)	1,3 (1 – 2)	–	6,0 (2 – 11)
Viskosität 8,6 % mPas	1,50 (1,4 – 1,7)	1,50 (1,4 – 2)	3,0 (2 – 6)	1,80 (1,6 – 2,1)	1,50 (1,5 – 1,6)	1,45 (1,3 – 1,65
Friabilität %	80 (70 – 90)	–	–	–	–	–
VZ 45 C %	38 (35 – 44)	38 (30 – 55)	62 (54 – 71)	–	–	–
Protein % Trs.	>11,5 (9 – 14)	13,5 (12 – 14)	11,0 (7 – 14)	13,0 (11 – 17)	11,5 (9 – 13)	11,2 (8 – 13)
N total %	1,8 (1,4 – 2,2)	2,2 (2,1– 2,5)	1,7 (1,2 – 2,5)	2,1 (1,9 – 3,4)	1,8 (1,5 – 2,3)	1,8 (1,4 – 2,3)
N löslich %	0,60 (0,55 – 0,90)	0,90 (0,85 –1)	0,90 (1,2 – 2,5)	1,25 (1,15 – 2,4)	0,70 (0,5 – 0,9)	0,40 (0,2 – 0,6)
Kolbachzahl %	40 (32 – 48)	40 (38–50)	53 (50 – 70)	60 (55 – 70)	38 (34 – 39)	22 (12 – 42)
Fett %	2,1	2,0	1,8	2,2	6 (4 – 8)	3,5
S. Endvergärung %	80 (74 – 84)	80 (77 – 82)	–	77 (74 – 80)	83 (80 – 88)	86 (66 – 98)
Würzefarbe EBC	< 4 (2 – 8)	6 (5 – 8)	6 (4 – 11,5)	6 (3 – 6)	4 (3 – 5)	3 (2 – 4)
Kochfarbe EBC	5 (3 – 10)	7 (6 – 10)	–	–	6 (5 – 7)	5 (3 – 11)
Verzuckerung min.	5 – 15	15 – 20	0 – 15	8 – 20	< 10 – 25	20 – 90
α-Amylase DU	55 (35 – 70)	50 (35 – 70)	100 (50 – 120)	80 (60 – 140)	100 (70 – 150)	50 (15 – 115)
Diastatische Kraft WK	250 (150 – 450)	300 (250 – 450)	450 (200 – 650)	400 (200 – 650)	135 (70 – 185)	42 (7 – 92)

Bei gleichem Mälzungsverfahren hinterlassen Malze aus Roggen und Triticale erhöhte Viskositäten. Beim Sorghum liegen zwar günstige Viskositäten vor, die Differenzen beim Extrakt aber fallen negativ aus dem Rahmen. Eine besonders hohe VZ 45 zeugt beim Malz aus Roggen für eine außerordentlich hohe enzymatische Aktivität. Die Proteolyse informiert über den Grad des Eiweißabbaus während der Mälzung und wird als Relation zwischen dem Gesamt-N im Malz und der während des Maischens freigesetzten Menge an N-Verbindungen in der Würze (bezogen auf Malz) bestimmt. Diese Relation ist die Kolbachzahl. Da niedrige Protein-/N-Gehalte Extraktausbeute und Lösungskriterien des Malzes verbessern, werden von guten Malzen niedrige Proteinwerte, die bei der Gerste nicht über 11,5 % liegen sollten, verlangt. Beim Mälzen gehen dann ca. 0,3 % bis 0,5 % Protein vorwiegend durch das Keimlingswachstum verloren. Weizen und Triticale neigen zu deutlich höheren Protein- und N-Gehalten. Darüber hinaus ist bei Roggen und Triticale die Aktivität ihrer proteolytischen Enzyme deutlich höher als die der Gerstenmalze. Das führt schließlich auch zu den für helle Biere eher unerwünschten dunkleren Farben. Trotz niedrigerer Proteingehalte bleibt die Proteolyse bei Hafer- und ganz besonders beim Sorghummalz deutlich zurück.

Die **Vergärungsgrade** der Würzen aus Hafer- und Sorghummalzen sind sehr gut.

Die **Verzuckerung** der Sorghumwürzen ist deutlich verzögert. Aber auch bei Hafer, Weizen und Triticale verläuft die Verzuckerung etwas langsamer.

Der **Würzeablauf** beim Triticale verzögerte sich nach Annemüller et al. [4.83] in einigen Versuchen deutlich. Die **α-Amylasen** sind bei Roggen, Triticale und Hafer hoch.

Die **Diastatische Kraft** fiel bei Hafermalz und besonders gravierend beim Sorghummalz ab.

Die **Fettgehalte** von Gerste, Weizen, Roggen und Triticale liegen bei ca. 2 %. Zum Vergleich dazu erreichen sie bei Hafer bis zu 6 %, bei Sorghum ca. 3,5 % (Mais ca. 3,8 % Millet ca. 3,9 %; Reis ca 2,2 %).

Hirsen, Reis und Mais erscheinen in Tabelle 4.34 nicht. Diese Arten verlangen auf Grund ihrer Unterschiede zu den übrigen Getreidearten auch eine individuelle Behandlung beim Vermälzen. Da sie auch nicht zu den klassischen Mälzungs-Getreidearten gehören, werden in der Literatur eher unvollständige und wenig vergleichbare Mälzungseigenschaften beschrieben. Wesentliche Besonderheiten während der Mälzung dieser Getreidearten werden in den Kapiteln über Mais, Hirsen, Reis und Pseudogetreide behandelt.

4.9 Entwicklung von Sorten

4.9.1 Biologische Grundlagen [4.121]

Staubblätter (Antheren) in den Blüten sind die männlichen (♂) Geschlechtsorgane. Sie entlassen bei der Geschlechtsreife den Blütenstaub mit den Pollenkörnern. Diese befruchten die weiblichen (♀) Blüten (Fruchtblätter mit Fruchtknoten und Eizelle). Alle Geschlechtszellen enthalten einen einfachen Chromosomensatz (n = haploid). Die Anzahl Chromosomen (Träger der Erbinformationen) kann je nach Pflanzenart sehr verschieden sein. Die Gene auf den Chromosomen verkörpern die Erbeigenschaften. Die befruchtete Eizelle nennt man Zygote. Daraus

Tab. 4.34: Chromosomen des Getreides [4.121]

	Chromosomen der Körperzellen 2n
Saatweizen *(Triticum aestivum)*	42
Hartweizen *(Triticum durum)*	28
Roggen *(Secale cereale)*	14
Triticale unterschiedlich, je nach Polyploidie-Stufe des Weizenelters	56 42 28
Gerste *(Hordeum vilgare)*	14
Hafer *(Avena sativa)*	42
Mais *(Zea mays)*	20
Reis *(Oryza sativa)*	24
Kolbenhirse *(Setaria italica)*	18
Rispenhirse *(Panicum millaseum)*	36
Mohrenhirse *(Sorghum bicolor)*	20
Buchweizen *(Fagopyrum esculentum)*	16

entwickelt sich das Korn und alle weiteren Körperzellen. Sie enthalten den doppelten Chromosomensatz (2n = diploid) (Tab. 4.34). Blüten, die gleichzeitig Staub- und Fruchtblätter (beide Geschlechter) enthalten, werden als zwittrig (zweigeschlechtlich) bezeichnet. Es gibt aber auch Blüten, die nur Staub- oder nur Fruchtblätter enthalten. Diese sind entweder männlich oder weiblich, d.h. eingeschlechtlich. Befinden sich männliche und weibliche Blüten auf derselben Pflanze (Gerste, Weizen), so werden diese als einhäusig (monözisch) bezeichnet. Es können aber auch die Geschlechter auf verschiedene Pflanzen verteilt sein. In diesem Falle sind es zweihäusige Pflanzen (diözisch, z.B. Hopfen) (Tab. 4.35). Von diesen botanischen Eigenheiten zwischen den Arten und den auch daraus resultierenden Befruchtungsverhältnissen ist die Züchtungstechnik abhängig. Es werden weiterhin unterschieden

Selbstbefruchtung:

- Die Pollen einer Zwitterblüte befruchten die Eizelle der gleichen Blüte oder der
- Nachbar- Geschwisterblüten

Vorwiegend Selbstbefruchter sind:
Weizen, Gerste, Hafer und Reis

Fremdbefruchtung:

- Die Pollen einer Blüte befruchten die Blüte einer nicht verwandten Pflanze der gleichen Art. Die Pollenübertragung erfolgt im Wesentlichen durch Wind oder Insekten.

Vorwiegend Fremdbefruchter sind Roggen, Mais, Amaranth und Buchweizen

4.9.2 Zuchtverfahren

4.9.2.1 Auslesezüchtung

Die Auslesezüchtung als alte Zuchtmethode verspricht heute nur noch begrenzte Erfolge durch Selektion in primitiven Landpopulati-

Tab. 4.35: Geschlechtsverhältnisse bei Getreide und Hopfen [4.121]

<table>
<tr><th></th><th>Zweigeschlechtliche Pflanzen</th><th colspan="2">Eingeschlechtliche Pflanzen</th></tr>
<tr><td rowspan="3">Lokalisation der Geschlechter</td><td rowspan="3">♀ + ♂ Geschlechter sitzen in der gleichen Blüte
= zwittrige Pflanzen</td><td colspan="2">♀ Geschlecht ist räumlich getrennt vom ♂ Geschlecht
= eingeschlechtliche Blüten</td></tr>
<tr><td>auf gleicher Pflanze</td><td>auf verschiedenen Pflanzen</td></tr>
<tr><td>an verschiedenen Stellen
♀ bzw. ♂ Blüten
= einhäusige Pflanzen
= monözische Pflanzen</td><td>Pflanze der gleichen Art
♀ bzw. ♂ Blüten
= zweihäusige Pflanzen
= diözische Pflanzen</td></tr>
<tr><td>Pflanzenarten</td><td>Die meisten Getreidearten wie Weizen, Gerste, Roggen, Hafer, Triticale, Reis, Sorghum, Millets</td><td>z.B. Mais (Kürbis)</td><td>z.B. Hopfen (Hanf) (Mensch und Tier)</td></tr>
<tr><td>Anordnung der Blüten</td><td>Blütenstände mit zahlreichen zwittrigen Blütchen in Ähren, Rispen und Kolben</td><td>♀ Blütenstände als Kolben seitlich an der Sproßachse

♂ Blütenstände als Rispen (Fahnen) am Ende der Sproßachs der gleichen Pflanze</td><td>♀ Blütenstände als Zapfen/Dolden in den Blattachsen einer Pflanze

♂ Blütenstände als Rispen am Ende der Sproßachse einer anderen Pflanze</td></tr>
</table>

onen und -sorten, in denen noch eine größere Vielfalt zu finden ist. So haben sich in besonderen ökologischen Nischen oft unter extremen Wachstumsbedingungen Formengemische als besonders widerstandsfähig erhalten und damit ihre Existenzberechtigung auch als Genreserven für die Züchter dokumentiert. Je nach Grad der Heterogenität können durch Selektion der besten Pflanzen aus diesen Formengemischen und deren Vermehrung auch noch Leistungssteigerungen erreicht werden. Neue Eigenschaftskombinationen sind jedoch nicht zu erwarten. Durch die Selektion wird aber die Variabilität und damit auch die ökologische Streubreite (Anpassungsfähigkeit) eingeengt. Bei der Suche nach Resistenzgenen gegen Krankheiten sind solche Landpopulationen jedoch wertvolle Quellen. Selektionen in Landpopulationen zeigt die Bildserie „Gersten-Selektionen in einer Landpopulation" (Abb. 4.100–4.105)

Eine Untersuchung an der alten türkischen, sehr erfolgreichen Landsorte Tokak gibt Auskunft über den Grad der Heterogenität, wie die Abbildungen 4.100 bis 4.105 zeigen. Schon äußerlich ist an den Pflanzen, Kornformen und -farben zu erkennen, dass es sich um ein ganz unterschiedliches, formenreiches Typengemisch handelt. Dies wird auch durch die elektrophoretische Auftrennung der Hordeinfraktion bestätigt. Es handelt sich um Wechselgersten, die sowohl im Herbst als auch im Frühjahr in den Steppen Vorderasiens angebaut werden. Sie sind sehr winterhart (mit geringem Kältebedürfnis), trockenresistent, relativ ertragsstark und verfügen über eine große Anpassungsfähigkeit. Diese ausgeprägte ökologische Varianz könnte in einem ursächlichen Zusammenhang stehen mit der großen Formen-Vielfalt solcher Landsorten.

4.9.2.2 Kreuzungs-Kombinationszüchtung

Im Gegensatz zur Auslesezüchtung, bei der nur die in einer Landgerste bzw. Population vorliegende Vielfalt für die Selektion neuer Sorten genutzt werden kann, entstehen bei der Kreuzungszüchtung Nachkommen mit neuen Eigenschaften. Diese ergeben sich aus der Kombination der Gene aus beiden Kreuzungseltern [4.122, 4.123]. Artspezifische Eigenheiten der Blüten, aber auch individuelle Vorstellungen der Züchter haben zu den verschiedenartigsten Methoden innerhalb der Kreuzungs-Kombinationszüchtung geführt. Die wichtigsten Getreidearten (Ausnahmen sind Mais und Roggen) sind zwittrige Selbstbefruchter, an deren Beispiel die klassische und die moderne Kreuzungszüchtung dargestellt werden (Tab. 4.36). Nach sorgfältiger Auswahl der Kreuzungseltern auf Ertrag, Qualität, Krankheits-, Trockenheits- und Frostresistenz entsteht aus der Vereinigung der ♀ und ♂ Gameten (Geschlechtszellen) die F 1 (Filial)-Generation. Diese ersten Nachkom-

Tab. 4.36: Kreuzungs- und Kombinationszüchtung (vereinfachtes Modell)

	Klassische Kreuzungszüchtung	**Kreuzungszüchtung in Kombination + Zell- und Gewebekultur + Marker gestützte Selektion**
1. Jahr	Kreuzung A x B = F 1	Kreuzung A x B = F 1
2. Jahr	Selektionen F 2	Antherenkultur: haploid, steril, 100 % homozygot
3. Jahr	Selektionen F 3	Colchicin-Behandlung diploid fertil: 100 % homozygot
4. Jahr	Selektionen F 4	Selektion im Labor mit Hilfe spezifischer Marker
5. Jahr	Selektionen F 5	Selektion und Vermehrung
6. Jahr	Selektionen F 6	Vermehrung der neuen Sorte
7. Jahr	97 % homozygot	
8.–10. Jahr	Vermehrung der neuen Sorte	

Bildserie: Gersten-Selektionen in einer Landpopulation

Abb. 4.100: Einzelähren-Selektion aus einer Landpopulation in Vorderasien

Abb. 4.101: Drusch der Restpopulation nach der Einzelähren-Selektion

Abb. 4.102: Drusch der Einzelähren-Nachkommenschaften

Abb. 4.103: Druschprobe aus einer Landpopulation

Abb. 4.104: Probenahme aus der Druschware in der Steppe

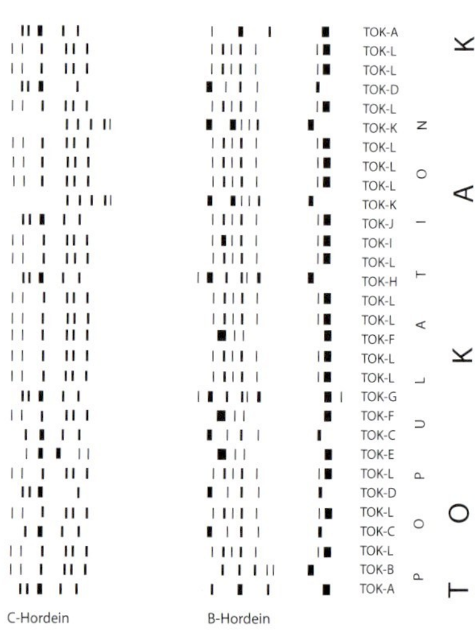

Abb. 4.105: Auftrennung einer Gersten-Tokak-Landpopulation mittels Protein-Elektrophorese

Abb. 4.106: Kreuzungszüchtung [4.122]

men aus der Kreuzung der Eltern A x B sind nach der Uniformitätsregel nach Gregor Mendel untereinander alle gleich (Abb. 4.106). Nach der Mendelschen Spaltungsregel aber treten in den Folgegenerationen die unterschiedlichsten Formen bei den Nachkommen auf [4.123]. Dieses Phänomen wird als mischerbig (heterozygot) bezeichnet. Durch die Selbstbefruchtung werden die Nachkommen von Generation zu Generation immer reinerbiger (homozygot). Erst in der 7. Nachfolge-Generation wird eine Reinerbigkeit von 97 % erreicht. Die ausgesäten Samen bringen dann konstante Nachkommen, die genetisch identisch zum Ausgangssaatgut sind. In den Jahren zwischen F 2 bis F 7 laufen Selektionen und erst danach können einheitliche, konstante, reinerbige Nachkommen als neue eigenständige Sorten geerntet werden. Nach Jahren der Saatgutvermehrung folgen in Deutschland weitere drei Jahre der amtlichen Wertprüfung durch das Bundessortenamt. Nach Kunhard [4.124] hat während dieser Periode die neue Sorte den Nachweis ihrer Leistungsfähigkeit zu erbringen. Sortenschutz wird erteilt, wenn eine Sorte leistungsstark, unterscheidbar, homogen, beständig, neu und bezeichnet ist. Erst bei positivem Abschluss dieser staatlichen Prüfung erhält die neue Varietät den Sortenschutz für 25 Jahre. Dieser ist vergleichbar mit einer Patenterteilung. Für die Nutzung des Saatgutes sind Lizenzgebühren zu zahlen [4.124].

In die moderne Kreuzungszüchtung sind heute biotechnologische Rationalisierungsmaßnahmen integriert, die den in der klassischen Kreuzungszüchtung sehr zeitaufwendigen Züchtungsgang um zwei bis vier Jahre verkürzen (Tab. 4.36). Bereits im zweiten Jahr werden von den uniformen F 1-Pflanzen in sterilen Medien Antheren zu Pflanzen kultiviert (Abb. 4.107). Diese haben zwar als männliche Geschlechtszellen nur den halben Chromosomensatz. Sie sind darüber hinaus auch noch steril, aber sie sind von Beginn an 100 % reinerbig (homozygot). Durch Behandlung mit Colchicin (Gift der Herbszeitlose) werden sie diploid, fertil und behalten ihre Reinerbigkeit. Mit Hilfe von eigenschaftsspezifischern Markern können bereits im Labor die geeigneten reinerbigen Pflanzen gefunden werden. Diese brauchen dann nur noch vermehrt zu werden. Auch mit anderen Pflanzenzellen wird mit ähnlichen Methoden reinerbiges Pflanzengewebe zu reinerbigen Pflanzen entwickelt (Mikrosporentechnik). Diese Einbindung biotechnologischer Verfahren zur Rationalisierung der Kreuzungszüchtung spart nicht nur zwei bis vier Jahre der Selektion, sondern vermindert auch den Aufwand an Feldversuchen nachhaltig. Damit zeigen die modernen Methoden der Kreuzungszüchtung Wege zur schnelleren Entwicklung leistungsstarker Zuchtsorten beim

Abb. 4.107: Antherenkultur bei Gerste [4.126]

Getreide. Die genannten biotechnologischen Rationalisierungsmaßnahmen haben mit Gentechnologie nichts zu tun.

4.9.2.3 Hybridzüchtung

Hahlbock et al. [4.125] beschreibt die Hybridzüchtung am Beispiel des Maises wie folgt: Bei der Hybridzüchtung, die besonders bei Mais und Sorghum die Entwicklung neuer Sorten bestimmt, geht es um die wirtschaftliche Nutzung des so genannten Heterosiseffektes. Es handelt sich dabei um die Verbesserung der Leistung der Nachkommen über diejenige der Elternsorten hinaus. Diese kommt zu Stande, indem man die Elternsorten (vorwiegend heterozygote Fremdbefruchter) zur Selbstbefruchtung durch gezielte Bestäubungslenkung (Verhinderung der Fremdbefruchtung durch Isolation) zwingt. Dabei wird von Generation zu Generation der Grad der Reinerbigkeit erhöht, aber auch Inzuchtdepressionen der Elternlinien in Kauf genommen.
Beim Mais beispielsweise wird die ganze Elternpflanze mit den endständigen männlichen Blütenständen (Fahnen) und den weiblichen Blütenständen in der Mitte der Sprossachse (Kolben) in eine große Tüte verpackt und auf diese Weise zur Selbstbefruchtung gezwungen. Über mehrere Generationen dieser erzwungenen Selbstbefruchtung werden die Nachkommen zwar immer homozygoter, aber auch immer schwächer in ihrer Leistungsfähigkeit (Inzuchtdepressionen). Nach entsprechender Auswahl der Inzuchtlinien durch Testkreuzungen werden die passenden I-Linien miteinander gekreuzt. Bei optimaler Auswahl der I-Linien geht die Ertragssteigerung der Nachkommen deutlich über diejenige der ursprünglichen Elternsorten hinaus. Diese Leistungsverbesserung bezeichnet man als Heterosis-Effekt. Man nutzt dieses Phänomen als Grundlage der modernen Maiszüchtung. Die leistungsstarken Nachkommen verlieren aber im weiteren jährlichen Nachbau wieder an Gleichförmigkeit und auch der ertragssteigernde Heterosis-Effekt geht wieder schrittweise verloren. Aus diesem Grunde muss der Landwirt jedes Jahr wieder neues Hybridsaatgut kaufen, um die Ertragssteigerung durch Heterosis auch wei-

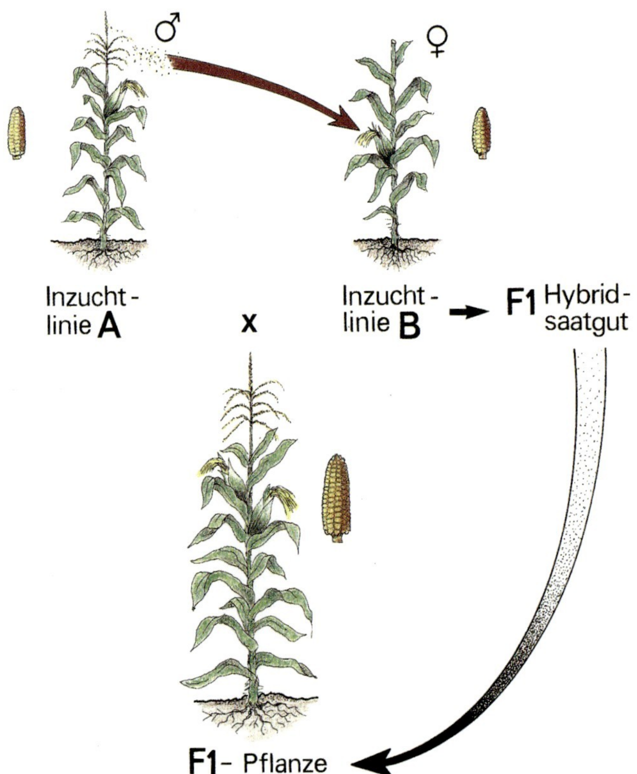

Abb. 4.105:
Prinzip der Hybridzüchtung am Beispiel von Mais. Die Ausgangslinien A und B sind Inzuchtlinien, die selbst nur schwache und wenig ertragreiche Pflanzen hervorbringen. Werden zwei solcher Linien miteinander gekreuzt, entstehen Nachfolgegenerationen, die bedeutend robuster und ertragreicher sind als die Ursprungssorten A und B (Heterosiseffekt) [4.125]

ter wirtschaftlich nutzen zu können. Mit dem Ziel, den Heterosis-Effekt zu verstärken und auch über weitere Generationen wenigstens teilweise zu erhalten, werden auch Hybriden aus mehr als 2 I-Linien hergestellt. Man spricht dann auch von Doppel- oder Dreifachhybriden. Neben dem Fremdbefruchter Roggen wird auch bei klassischen zwitterblütigen Selbstbefruchtern (Weizen, Gerste) auf dem Wege der Entwicklung männlich steriler Pflanzen versucht, Heterosis-Effekte zu erzeugen. Seit vielen Jahren sind Roggenhybriden im Markt. Bei Gerste ist es 1992 gelungen, männliche Sterilität aufzufinden und inzwischen wurde auch eine mehrzeilige Hybrid-Futtergerstensorte daraus entwickelt, wie Wulff berichtet [4.127].
Am Beispiel einer Einfach-Hybride des Maises wird das Prinzip der Herstellung von Hybrid-Saatgut dargestellt (Abb. 4.105).

4.9.2.4 Mutationszüchtung

Nach Hoffmann et al. [4.128] sind Mutationen spontane, sprunghafte erbliche Veränderungen, die bei der Evolution der Kulturpflanzen eine entscheidende Rolle gespielt haben. Züchter haben diese Variabilität häufig in ihre Zuchtprogramme mit einbezogen. Zur praktischen Nutzung bei der Entwicklung neuer Sorten war es erforderlich, die natürliche Mutationsrate durch Behandlung der Pflanzen beispielsweise mit Röntgen- oder Gammastrahlen oder Chemikalien, wie Ethylmethansulfat, Diethylsulfat, Nitrosoharnstoff oder Natriumazid, zu erhöhen. Es konnten auf diesem Wege besonders bei der Gerste wichtige Kreuzungseltern entwickelt werden. Da es sich bei der Mutationszüchtung eher um spontane Eingriffe in das Genom handelt, bleibt der Erfolg eher dem Zufall überlassen. Eine gezielte Veränderung einer Eigenschaft (Gen) ist auf diesem Wege nicht möglich. Trotzdem sind aber Gersten-Mutanten mit speziellen Resistenzgenen wertvolle Kreuzungseltern.

4.9.2.5 Polyploidiezüchtung

Viele Kultur- und Wildpflanzen haben im Zellkern ein Vielfaches des Grund-Chromosomensatzes. Nach Hoffmann et al. [4.121] ist diese Situation im Verlauf der Evolution entstanden. Wichtige Eigenschaftsveränderungen der Pflanzen finden ihre Ursachen in der Vervielfältigung der Chromosomen. Züchter nutzen dies, indem sie künstliche Chromosomenveränderungen durch Einwirkung von Chemikalien (Colchicin) oder durch Temperaturbehandlung bewirken. Bei der Längsteilung der Chromosomen während der Zellteilung wird durch diese Behandlung die Bildung der neuen Zellwand verhindert. Auf diesem Wege entsteht beispielsweise eine Tochterzelle mit doppeltem Chromosomensatz und damit auch mit anderen Eigenschaften. Durch weitere züchterische Bearbeitung können auf diesem Wege neue Sorten entstehen. Seit Jahrzehnten haben sich u.a. polyploide Zuckerrübensorten bewährt. Beim Braugetreide gibt es allerdings noch keine Sorten, die auf diese Weise entstanden sind.

4.9.2.6 Artkreuzungen

Nach Korolow et al. [4.128] berichtete Rimpau erstmals über einen spontan entstandenen Weizen-Roggen-Bastard. Gezielte Kreuzungen zwischen den beiden Arten führten aber zu sterilen Nachkommen, die mit Hilfe einer Colchicin-Behandlung und der damit verbundenen Verdoppelung der Chromosomenzahl wieder fruchtbar wurden. Bei dieser künstlichen Herstellung von Weizen-Roggen-Artbastarden (Weizen = *Triticum sativum,* Roggen = *Secale cereale* Artkreuzung = Triticale) ging es um die Kombination von Winterhärte, Anspruchslosigkeit und Krankheitsresistenz des Roggens mit der hohen Ertragsfähigkeit und der Kornqualität des Weizens. Wenn auch die aktuellen Triticale-Sorten etwas anspruchsvoller sind als der Roggen und auch die Kornausbildung noch verbesserungsbedürftig ist, so haben doch die hohe Ertragsfähigkeit und die inneren Korneigenschaften (mehr Lysin) dazu geführt, dass der Triticale sich weltweit zu einer bedeutenden neuen Getreideart entwickelt hat. Triticale ist so für die Brauindustrie als Malz oder Rohfrucht von Interesse, nachdem dieses neue Getreide bereits auch als Rohfrucht in die Spirituosenindustrie Eingang gefunden hatte.

4.9.2.7 Gentechnik

4.9.2.7.1 Gesetzliche Grundlagen für den Anbau genetisch veränderter Pflanzen in Deutschland

Grundlage für den Umgang mit gentechnisch veränderten Organismen (GVO) ist in Deutschland das Gentechnik-Gesetz (GenTPflEV) [4.129, 4.130]. Darüber hinaus muss auch lokalen Vorschriften zusätzlich Rechnung getragen werden. Nach §16a+b Gen TG muss der Anbau von GVO mindestens drei Monate vor der Aussaat dem Bundesamt für Verbraucherschutz und Lebensmittelsicherheit mitgeteilt werden. Dazu gehören folgende Angaben:

- GVO-Erkennungsmarker
- gentechnisch veränderte Eigenschaft
- Name und Anschrift des Bewirtschafters und die Grundstücksdokumentation

Der GVO-Anbauer hat Beimischungen, Einträge in andere Grundstücke und Auskreuzungen zu vermeiden. Er steht in voller Haftung. Nach dem GenTPflEV hat der GVO-Anbauer die Pflicht seine Feldnachbarn umfassend zu informieren und artenspezifische Mindestabstände (Mais = 300 m) einzuhalten. Eine separate Lagerung des GVO-Erntegutes in gekennzeichneten, geschlossenen Behältern ist erforderlich. Einrichtungen müssen nach der Nutzung gereinigt werden. Nach der Ernte ist eine Durchwuchswirkung verbleibender Restpflanzen und Samen vollständig zu verhindern. Erst nach einer artspezifischen Anbaupause (Mais = 1 Jahr) darf wieder eine nicht gentechnisch veränderte Sorte der gleichen Art angebaut werden. Der GVO-Anbauer hat alle Behandlungsschritte zu dokumentieren und die Unterlagen mindestens fünf Jahre aufzubewahren. Lokale Naturschutzauflagen sind zu akzeptieren.

4.9.2.7.2 Was ist Gentechnik in der Pflanzenzüchtung? [4.131]

In der klassischen Kreuzungszüchtung geht es stets um eine vollständige Verschmelzung der Genome der beiden Elternpflanzen aus der gleichen Art. Es besteht auf diesem Wege keine Kon-

Tab. 4.37: Möglichkeiten des Gentransfers [4.125, 4.126, 4.130, 4.131]

1. Indirekter Gentransfer mit Hilfe des Bodenbakteriums Agrobakterium *tumafaciens*

Zu transferierende Gene werden in das Bakterium als „Trittbrettfahrer" eingeschleust. Diese Methode ist erfolgreich bei der Übertragung von Genen zweikeimblättriger Pflanzen (Raps, Kartoffeln, Zuckerrüben).

2. Gentransfer mit Partikelbeschuss

Das ist ein sehr erfolgreiches Verfahren bei einkeimblättrigen Pflanzen (Getreide). Es werden. Desoxi-Ribonucleinsäuren (DNA-Erbinformationen) um winzige Gold- und Wolfgramkügelchen gewickelt und in die Pflanzenzelle geschossen (Abb. 4.109).

3. Gentransfer in Protoplasten

Hier werden Protoplasten (wandlose Zellen) in DNA-Lösung kurzen Stromstößen ausgesetzt. Dabei gelangt die DNA in die Protoplasten, aus denen gentechnisch veränderte Pflanzen gewonnen werden.

4. Herausschneiden von Genen aus einem Genom

Mit den Methoden 1 bis 3 wurden Wege aufgezeigt, artfremde Gene in ein anderes Genom einzubauen. Gleichermaßen interessant ist es aber auch, Gene aus einem Genom mit Hilfe von Enzymen herauszuschneiden. So liegt es zwar noch im Bereich der Spekulation, Krankheitsgene aus einem Genom zu entfernen, um so Resistenzen zu manifestieren.

trolle, welche Eigenschaften sich in der Nachfolgegeneration zeigen oder auch verloren gehen. Der Züchtungseffekt zeigt sich erst in den aufspaltenden Nachfolgegenerationen (Spaltungsregel von Mendel) [4.123]. Der Zufall ist dabei ein stetiger Begleiter. Die Veränderungen erfolgen stets unkontrolliert und unspezifisch. Die gesamte Erbinformation zwischen artverwandten Organismen wird bei jeder Kreuzung neu gemischt.

Mit Hilfe der Gentechnik ist es dagegen möglich, eine ganz gezielte Eigenschaft aus irgendeinem Organismus zu entnehmen und diese in einen anderen – auch artfremden – einzupflanzen. Die Gentechnik ermöglicht damit die Übertragung von bestimmten Eigenschaften über Artgrenzen hinweg. Die erwünschten Eigenschaften müssen nicht mehr nur im begrenzten Vorrat derselben Pflanzenart gesucht werden. Nicht in allen Fällen übersteht das eingeschleuste, artfremde Gen in einem anderen natürlichen Genom auch die automatisch folgenden Nachfolgegenerationen. Es besteht so die Möglichkeit, dass ein artfremdes Gen nicht integriert und wieder ausgeschieden wird. Nützliche Gene können einer ganz anderen Pflanzenart, Tieren oder Bakterien entnommen werden. So kann es gelingen mit Hilfe der Gentechnik eine bewährte Weizensorte durch Einpflanzung eines Resistenz-Gens aus einem Bakterium widerstandsfähig gegen eine bestimmte Krankheit zu machen, ohne die übrigen Eigenschaften zu verändern. Es ist aber auch denkbar, unerwünschte Gene (Erbkrankheiten) mit Hilfe von Enzymen aus einem Genom herauszuschneiden. Im Wesentlichen werden drei verschiedene Methoden zum Gentransfer von einem in einen anderen artfremden Organismus verwendet, wie Tabelle 4.37 ausweist.

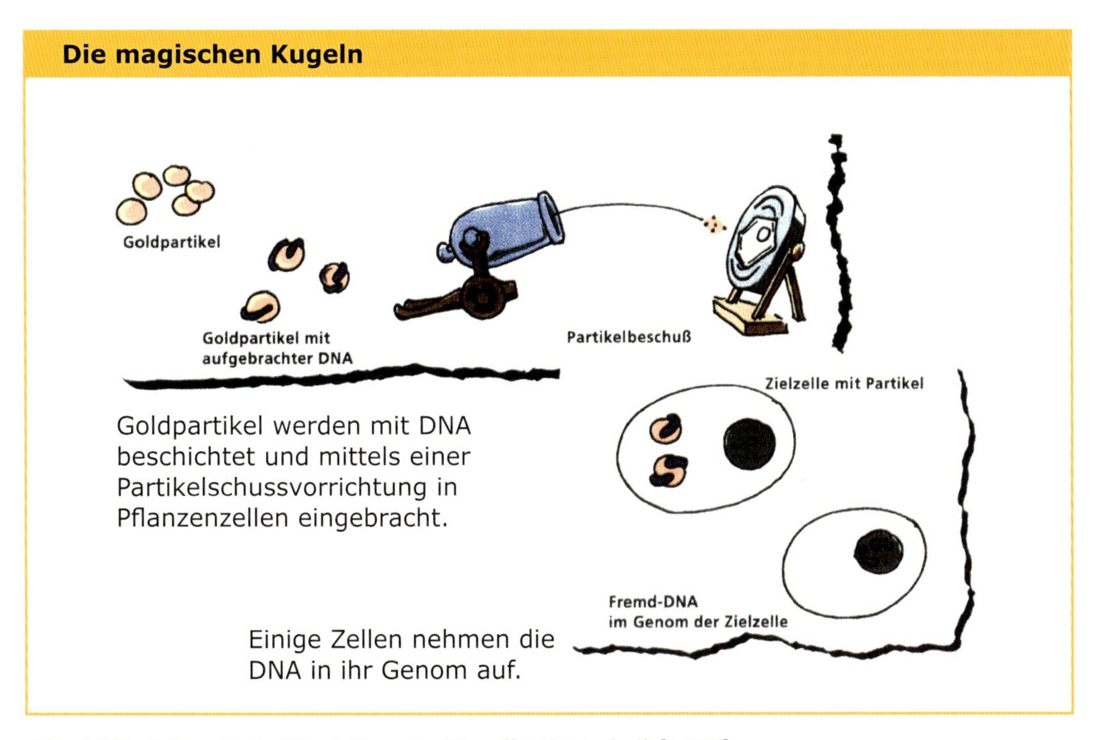

Abb. 4.109: Schematische Darstellung traditioneller Gentechnik [4.122]

4.9.2.7.3 Chancen und Risiken

[4.125, 4.130, 4.131]

Die Befürworter berichten u.a. über:

- Maßgeschneiderte Stärke aus Kartoffeln – mehr Amylopektin
- Gezieltes Fettsäurenspektrum bei Raps – mehr Laurinsäure, mehr Erucasäure
- Tomaten mit Reifeverzögerung – Anti-Matsch-Tomate
- Herbizid-Resistenzen in Sojabohnen, Raps, Mais
- Insektizid-Resistenzen bei Mais

Die Kritiker führen an:

- Ertragsverluste bei Soja
- Roundup-Ready-Baumwolle hält die Resistenz nicht
- Bt-Mais enthält mehr Holzfasern und verlagert Toxin in den Boden
- Herbizid-Resistenz beeinträchtigt die Artenvielfalt
- Kein besseres Einkommen
- Unkontrollierte Auskreuzungen

Getreidesorten, die auf der Basis gentechnischer Verfahren hergestellt wurden, gibt es bei Mais und Reis. Von Wettstein berichtet [4.132], dass in den USA an Gersten mit dem Ziel der Verbesserung der Futterqualität gearbeitet wird. Bei allen übrigen Getreidearten sind zum Stand 2013 keine Sorten gentechnisch veränderten Ursprungs bekannt.

Literatur zu Kapitel 4

[4.1] Geisler, G.: Ertragsphysiologie 16–20, Systematik. Paul Parey, Berlin, 1983

[4.2] Aufhammer, G., Fischbeck, G.: Getreide. S.80-88, 219–224, 290–293, 157–160, 332–376, DLG-Verlag, Frankfurt a.M., 1973

[4.3] Hoffmann, W., et al.: Lehrbuch der Züchtung landwirtschaftlicher Kulturpflanzen. Band 1, 3, Paul Parey, Berlin, 1971

[4.4] Hoffmann, W., et al.: Lehrbuch der Züchtung landwirtschaftlicher Kulturpflanzen. 2. Auflage, 40, 67, 78, 97-98, 110, 123–131, 138–142, 153–155, Paul Parey, Berlin, 1985

[4.5] Roemer Th., et al.: Handbuch Landwirtschaft. Paul Parey Berlin, 1953

[4.6] Wikipedia.org: Weizenpflanze. 2013

[4.7] Aufhammer, G.,Fischbeck, G.: Getreide. Frankfurt: DLG, 12–31, 1975

[4.8] Klapp, E.: Lehrbuch des Acker- und Pflanzenbaus. Berlin, Paul Parey, 364, 1967

[4.9] Kießling, L., Aufhammer, G.: Bilderatlas zur Braugerstenkunde. Verein des deutschen Braugerstenanbaues Berlin, Tafel XXII u. XXIII, 1931

[4.10] Schönfeld, F.: Braugersten im Bild. Berlin: VLB, 1–18, 1904

[4.11] Seibel, W.: Warenkunde Getreide. Agri Media, 19–32, 20–169, 2005

[4.12] Pelshenke, P. et al.: Handbuch der Landwirtschaft II. 121–129

[4.13] Seibel, W.: Warenkunde Getreide. Agri Media, Bergen, 23, 2005

[4.14] Sturm, H.,Becker, F.A.: Was sagen die Wachstumsstadien aus? Limburgerhof: DLG-Mitteilungen Plus 7/, 1–8, 1986

[4.15] Geisler, G.: Pflanzenbau. Berlin: Paul Parey, 90–92, 1980

[4.16] Geisler, G.: Ertragsphysiologie, Verlag Paul Parey, Berlin u. Hamburg, 16–47, 1983

[4.17] Aufhammer, G., Fischbeck, G: Getreide, Produktionstechnik und Verarbeitung, Frankfurt: Gemeinschaftsverlag DLG, 36–37, 1973

[4.18] Roemer, T.: In: Handbuch der Landwirtschaft II, Verlag Paul Parey, Berlin u. Hamburg, 26–29, 1953

[4.19] N.D.A.A./USDA: Joint Agricultural Wheater Facilities 2008

[4.20] Kunze, W.: Technologie Brauer und Mälzer, 8. Aufl., Verlag VLB Berlin, 117–119, 1998

[4.21] Seibel, W.: Warenkunde Getreide. Agri Media, Bergen, 47, 62, 64, 88, 89, 91-99, 114–118, 143, 2005

[4.22] Clerck, J. De: Lehrbuch der Brauerei, Band 1. 2. Auflage, VLB Verlag, 141–152, 1964

[4.23] Mainwald, R., zitiert in: Seibel, W.: Warenkunde Getreide. 232–243, 2005

[4.24] Leberle, H., zitiert in: Lüers, H.: Wissenschaftliche Grundlagen von Mälzerei und Brauerei, Verlag Hans Carl, Nürnberg, 54,, 1950

[4.25] Leberle, H.: Die Brauerei, Band 1, 128, 1938

[4.26] Kosmina, zitiert in: Clerck, J. De: s. [4.22], 145

[4.27] Schildbach, R.: Schimmelpilze an Braugerste. Vortrag Latin America Seminaron Barley, Malting and Malt, Vassouras RJ, Brasilien, 17./18. Juni 2002, Manuskript 27–29

[4.28] Rues, P.: Carlsberg Research Laboratory, zitiert in: EBC BMC Results Field Trial Harvest 9, 2004

[4.29] Ling, zitiert in: Cramer, H. H.: Pflanzenschutznachrichten Bayer 20. 24, 1961

[4.30] Hoffmann, G.M., Nienhaus, F., Schönbeck, F., Weltzien, H.C., Wilbert, H.: Lehrbuch der Phytomedizin, 2. Auflage, Verlag Paul Parey, Berlin u. Hamburg, 17–456, 1976

[4.31] Rasch, W.: Vorratsschädlinge an Bord und im Lagerhaus. Einfuhr- und Vorratsstelle für Getreide und Futtermittel in Frankfurt am Main, 14–66, 1956

[4.32] Farbenfabriken Bayer AG Leverkusen: Bayer Pflanzenschutz Compendium 124–126, Band II, Bildtafeln 1–6, 102–111, 117, 1967

[4.33] Heitefuss, R.,König, A., Obst, M., Reschke: Pflanzenkrankheiten und Schädlinge im Ackerbau. Verlagsunion Agrar, Frankfurt am Main, 14–53, 1984

[4.34] Gareis, M.: Mykotoxine und Schimmelpilze. Zeitschrift des Senats der Bundesforschungsanstalten, 2, 4–5, 1999

[4.35] Rodemann, B.: Mykotoxine im Getreide. Zeitschrift des Senats der Bundesforschungsanstalten, 2, 6–9, 1999

[4.36] Boivin, P., Mandala, M.: Improvement of Malt Quality and Safety by Adding Starter Cultur During the Malting Process. MBAA Techn. Quarterly 34, 96–101, 1997

[4.37] Weinert, J., Wolf, G.A.: Gegen Ährenfusarien helfen nur resistente Sorten, Pflanzenschutzpraxis 2. zitiert in: Cyanamid Agrar, Risiken durch Ährenfusarien, 9, 27, 1995

[4.38] Nirenberg, H.I.: Identifikation of Fusaria occuring in european on cereals and potatoes, in: Chelkowski J. Fusarium: Mykotyxins, Taxonomy and Pathogenicity zit., in Risiken durch Ährenfusarien. Cyanamid Agrar, S. 8, 1989

[4.39] Cyanamid Agrar: Risiken durch Ährenfusarien. Titelseite und Bild 9c, Tabellen 9 und 10, 1998

[4.40] Heitefuss, R., König, K., Obst, A., Reschke, M.: Pflanzenkrankheiten und Schädlinge im Ackerbau. Bildserie S. 17, DLG-Verlag, BLV, Landw. Verlag Münster-Hiltrop, Österreich. Agragverlag, Wien, Grafino/Wirz, Bern, 1984

[4.41] Lepschy, J., Beck, R.: Forschungsbericht Wissenschaftsförderung der deutschen Brauwirtschaft. 1995

[4.42] Rath, F.: Forschungsbericht aus dem Forschungsinstitut für Rohstoffe der Versuchs- und Lehranstalt für Brauerei in Berlin für AIF, Arbeitsgemeinschaft Industrielle Forschungsvereinigungen, 2002.

[4.43] Obst, A., Lepschy, J., Beck, R.: Pflügen senkt Fusarium Risiko. Bayerisches Landwirtschaftliches Wochenblatt 34, zit. in: Cyananmid Agrar, S. 18 (Tab. 10), 1998

[4.44] Jentsch, U., Günter, K.: Landessortenversuche Sommergerste 2004–2005, 7–39

[4.45] Rasch, W.: Vorratsschädlinge an Bord und Lager aus Einfuhr. Vorratsstelle für Getreide und Futtermittel. Verlag Kumpf und Reis, Frankfurt am Main,9–70, 1956

[4.46] Gößner, K., et al.: Hinweise zum Pflanzenschutz im Ackerbau. Schriftenreihe H2, Thür. Ministerium für Landwirtschaft, Naturschutz und Umwelt, 1–48, 2009

[4.47] European Brewery Convention: EBC Analysis Committee Analytica EBC, Barley 3.1–3.13, Malt 4.1–4.22, Coloured Malt 5.1– 5.10, Adjuncts 6.11–6.16, Edition Fachverlag Hans Carl Nürnberg

[4.48] Anger, Michael et al.: Brautechnische Analysenmethoden. Rohstoffe, Gerste, Rohfrucht, Malz, Hopfen und Hopfenprodukte. Methodensammlung der Mitteleuropäischen Brautechnischen Analysenkomission (MEBAK). Selbstverlag der MEBAK, 9–278, 2006

[4.49] Krüger, E., Bielig, H-J.: Betriebs- und Qualitätskontrolle in Brauerei und alkoholfreier Getränkeindustrie. Berlin: Paul Parey, 114–163, 1976

[4.50] Krüger, E., Anger, H.-M.: Kennzahlen zur Betriebskontrolle und Qualitätsbeschreibung in der Brauwirtschaft Stärkehaltige Rohstoffe 2.1.–2.9, Malz 3.1.–3.10, 1990

[4.51] Analysensammlung der American Society of Brewing Chemists (ASBC)

[4.52] Arbeitsgemeinschaft Deutscher Produkten und Warenbörsen: Zusatzbestimmungen zu den Einheitsbedingungen im deutschen Getreidehandel für Geschäfte in der deutscher Braugerste. Agrimedia, 1–8, 1995

[4.53] Hamburger Getreidebörse: Deutsch-Niederländischer Vertrag Nr. 7 mit den Zusatzbestimmungen für Geschäfte in Braugerste. DNV 7

[4.54] The Grain and Feed Association: London Contract for EEC Grain Parcels or Cargos No 80A, and, Malting Barley Terms and Addendum No 76

[4.55] Petzold, R. Linn, H.: Bundesministerium für Ernährung, Landwirtschaft und Forsten (BMELF), Referat Pflanzenschutz: Pflanzenschutzgesetz, 19-80, 2000

[4.56] BMELF, Referat 312: Die neue Düngerverordnung. 8–51, 1998

[4.57] Nilder, H. Weyen, J.: Fördergemeinschaft integrierter Pflanzenbau e.V. (FIP), Broschüre, Bonn, 1–27, 1998

[4.58] Hassius, M., AGÖL e.V.: Ökologische Landbau-Grundlagen und Praxis, AID 1070. Auswertungs- und Informationsdienst für Ernährung,

Landwirtschaft und Forsten (AID), Bonn, Broschüre, 1–54, 1996

[4.59] Schmidt, H.P., Hassius, M.: EG-Verordnung, Ökologischer Landbau, Alternative Konzepte. Stiftung Ökologie und Landbau, Verlag C.F. Müller, Karlsruhe, 9-474, 1993

[4.60] GOST 5086: Interne russische Vorschriften über Grenzwerte

[4.61]Agrarstatistiken 1880-2007. Statistische Jahrbücher und Vorläufer, FAO Production Yearbooks und FAO Stat Getreide international, Auswertung und Ergänzung durch Autor

[4.62] Ernährungsdienst/Deutsche Getreidezeitung: Deutlich weniger Pflanzenschutz. 45 Jhg. Nr. 18, 1990

[4.63] Bundesanstalt für Risikobewertung (BFR): Analyse und Auswertung von Pflanzenschutzmittelrückständen. Berlin, www.bfr-bund.de/cd/11269, 2.6.2008

[4.64] BFR Berlin: Grenzwerte für die gesundheitliche Bewertung von Pflanzenschutzmittel-Rückständen. Aktualisierte Information Nr.003/2008

[4.65] Bayerische Landesanstalt für Gesundheitsschutz und Lebensmittelsicherheit: Höchstmengenverordnung für Mykotoxine on Lebensmitteln in der EU und Deutschland. www.bvl-bund.de, 24.10.2008

[4.66] Verordnung EG Nr. 396/2005 des Europäischen Parlaments: Höchstgehalte an Pestizidrückständen in Lebenmitteln und Futtermitteln. 2005

[4.67] Landwirtschaftsverwaltung Baden-Württemberg: Gesetzliche Höchstmengen für Schadstoffe. www.landwirtschaft-mlr.badenwuertemberg.de, Oktober 2008

[4.68] Europäische Kommission Generaldirektion: Neue Vorschriften über Pestizidrückstände in Lebensmitteln. Merkblatt (MRL-Werte), 2008

[4.69] Bundesamt für Verbraucherschutz und Lebensmittelsicherheit: Rückstandshöchstgehalte. www.bvl.bund.de, 2008

[4.70] Müller, G.: Mikrobiologie pflanzlicher Lebensmittel. VEB Fachbuchverlag Leipzig, 175, 1988

[4.71] Nirenberg, H.J., zitiert in: Risiken durch Ährenfusarien. Cyanamid Agrar, 8, 1995

[4.72] Gareis, M.: Forschungsreport 2. Zeitschrift des Senats der Bundesforschungsanstalten, 4-5, 1999

[4.73] Fischbeck, R., Reiner, L.: Untersuchungen über Jahrgangs- und Sortenunterschiede in der Keimruhe von Sommergerste. Brauwissenschaft 17, 81, 1964

[4.74]Eggenbrecht, H.: Methodenbuch Band V, Untersuchungen von Saatgut: Tafel IV. Verband deutscher landwirtschaftlicher Untersuchungs- und Forschungsanstalten, 1949

[4.75] Kjeldahl, J.: Die Kjeldahlsche Stickstoffbestimmung. In: Wikipedia, 1–2, 1883

[4.76] Haase, G.: Einkauf der Gerste nach Analyse. Wochenschrift der Brauerei 20, 212, 1903

[4.77] Bishop, L.R., Day, F. E.: The effect of variety on the relation between nitrogen content and extract. J. Inst. Brew., 39, 545, 1933

[4.78] Schildbach, R.: Beziehung zwischen Braugersten-Düngung und Bierqualität. Zeitschrift Acker-Pflanzenbau 136, 219–237, 1972

[4.79] Schildbach, R.: Rohproteingehalt der Gerste und Malzqualität. Monatsschrift für Brauerei, 27, 10/11, 217–241, 1974

[4.80] Braugersten-Gemeinschaft: Braugersten-Jahrbuch. 9–36, 2008

[4.81] European Brewery Convention: EBC Barley and Malt Committee Results Field Trials Winterbarley Central Europe. 2007

[4.82] Kohnke, V.: Versuche zur Optimierung der technologischen Verarbeitung von Weichweizensorten in Mälzerei und Brauerei. Dissertation, D 83 FB 13/ Nr. 202, 33, 1986

[4.83] Annemüller, G., Mietla, B., Creydt, G., Rath, F., Schildbach, R. u. Tuszynski,T: Triticale und Triticale-Malze. Monatsschrift für Brauwissenschaft, 7/8, 126–134, 1999

[4.84] Schönfeld, F.: Braugersten im Bild. Versuchs- und Lehranstalt für Brauerei in Berlin, 1–18, 1904

[4.85] Aufhammer, G., Bergal, P., Horne, F.R.: Barley Varieties EBC 2. Edition, European Brewery Convention, Elselvier Publishing Company, Amsterdam, London, New York; Princeton, 1, 1958

[4.86] Kießling, L., Aufhammer, G.: Bilderatlas zur Braugerstenkunde. Verein zur Förderung des deutschen Braugerstenanbaus, Berlin, 3–16; Tafeln I–XXIII, 1931

[4.87] Schuster, Weinfurtner, F., Narziss, L.: Die Bierbrauerei, 1. Band. Die Technologie der Malzbereitung, 6. Aufl., Ferdinand Ehnke-Verlag Stuttgart, 5, 1976

[4.88] Maurer, H.R.: Discelektrophoresis. Walter de Grüyter, 1–186, 1971

[4.89] Zillmann, R. R., Bushuk, W.: Catalogue of electrophoregram formulas of Canadian Wheat Cultivars. Ca. J. Plaunr Sci, 59, S 287–298, 1979

[4.90] Wrigley,C. W., Baxter,R.I.: Journal Experim. Agricult. Animal Husb. 14, 805–810, 1974

[4.91] Quaite, E.; Schildbach, R., Burbidge, M.: Getreide – Mehl – Brot

[4.92] Günzel, G., Fischbeck, G.: Braugersten-Jahrbücher. 131–136 u. 205–224, 1975, 1979

[4.93] Wilten, W. et al.: EBC Proceedings 17th EBC Congress Berlin. 533–543, 1979

[4.94] Schildbach, R., Burbidge, M.: Monatsschrift für Brauerei 32/11, 470–480, 1997

[4.95] Schildbach, R.: EBC Proceedings, 31–38, 1983

[4.96] Burbidge, M., Schildbach, R.: Aus der Arbeit des VLB-Forschungsintituts für Rohstoffe. Berlin, 1980–1990

[4.97] Kunze, W.: Technologie Brauer Mälzer. 8. Auflage, Verlag der VLB Berlin, 174, 1998

[4.98] Schuster, Weinfurtner, Narziss: Die Technologie der Malzbereitung. Ferdinand Ehnke Verlag, Stuttgart, 332–333, 1976

[4.99] Schildbach, R.:Vorlesungs-Manuskript Gerste, unveröffentlicht, 1997

[4.100] Briggs, D. E.: Malts and Malting. Department of Biochemistry University of Birmingham, UK, 721–741, 1998

[4.101] Hermandes, M.L., Sacher, B., Back, W.: Brauwelt 35, 1385–1392, 2000

[4.102] Kohnke, V.: Versuche zur Optimierung der technologischen Verarbeitung von Weizensorten in Mälzerei und Brauerei. Diss. D88 FB15 TUB Nr. 202, 33–46, 1986

[4.103] Narziss, L., Friedrich, G.: Brauwissenschaft 18, 390–398, 1965

[4.104] Narziss, L. u. Friedrich, G.: Brauwissenschaft 19, 401–414, 1966

[4.105] Pomeranz, B.A., Burkhart, A., Moon, L.C.: Proc. Americ. Society of Brewing Chemists. 40, 40–46, 1970

[4.106] Taylor, G.D., Humphrey, P.M., Boxal,J., Smith, R.J.: Technical Quarterly, Vol 35, Nr.1, 20–23, 1998

[4.107] Luers, H.: Die wissenschaftlichen Grundlagen von Mälzerei und Brauerei. Verlag Hans Carl, Nürnberg, 13–56 u. 279–303, 1950

[4.108] Hanke, S., Zarnkow, M., Kreisz, S., Back, W.: Monatsschrift für Brauwissenschaft. März/April, 11–17, 2005

[4.109] Seidl, P.: interne Mitteilung (Vortrag u. Publ.

[4.110] Little, B.T.: Alternative cereals for Beer Production. Feature Articles, 163-168, 1993

[4.111] Nduka, O, Jude, Iwouno: World Journal of Microbiology and Biotechnology, 6, 187–194, 1990

[4.112] Ceppi, E.L.M., Brenna, O.V.: Experimental studies to obtain rice malt. Journal of Agricultural and Food Chemistry, 58 (13), 7701, 2010

[4.113] Eneje, L.O., Ogu, E.O.,Alog, C.U., Odibo, F.J.C., Agu, R.C., Palmer, G.H.: Science Direct. Elsevier Process Biochemistry, 39, 1013–1016, 2004

[4.114] Narziss, L., Hunkel, zitiert bei: Briggs, D.E., Malts and Malting, 727, 1968

[4.115] Jani, M.: Untersuchungen zur Verbesserung der Verfahrensführung und der Produktqualität traditioneller afrikanischer, alkoholarmer Getränke am Beispiel von Mbegebier in Tanzania. Dissertation TU Berlin, FB 15 Lebenswissenschaft und Biotechnologie, FG Grundlagen der Gärungs- und Getränketechnologie, 1–19, 1997

[4.116] Winthorp, zitiert in: Briggs, D.E.: Malts and Malting, 735, 1968

[4.117] Levy, Petit, zitiert in: Briggs, D.E.: Malts and Malting, 735, 1968

[4.118] Weichherz, zitiert in: Briggs, D.E.: Malts and Malting, 735, 1968

[4.119] Souci, S.W., Fachmann, W., Kraut, H.: Die Zusammensetzung der Lebensmittel. Nährstofftabellen Getreide, 5. Auflage, Medapharm Scienific Publishers, Stuttgart, 499–600, 1994

[4.120] Pelshenke, P.: Handbuch der Landwirtschaft II. Roemer, Th. Scheibe A, Schmidt, J, Woermann, E.: Getreidequalität. Paul Parey, Berlin-Hamburg, 129, 1953

[4.121] Hoffmann, W., Mudra, A., Plarre, W.: Lehrbuch der Züchtung landwirtschaftlicher Kulturpflanzen Band 1 Allgemeiner Teil
D. Auslesezüchtung, 50–68
E. Kreuzungszüchtung 69–97
F. Polyploidie, 128–138
C. Mutationszüchtung, 138–152,
Verlag Paul Parey, Berlin-Hamburg , 1971

[4.122] Anonym (Bundesverband Deutscher Pflanzenzüchter e.V.)

[4.123] Mendel, G.,: Mendelsche Regel. Wikipedia.de

[4.124] Kunhardt, H.: Sorten- und Saatgutrecht. Verlag Alfred Strothe, Frankfurt am Main, 58–67, 1986

[4.125] Hahlbrock, K. et al.: Pflanzenzüchtung aus der Nähe gesehen. Max Plank Institut für Züchtungsforschung, Köln, S. 13–16, 33, 70, 1991

[4.126] LBP Bayerische Landeanstalt für Bodenkultur und Pflanzenbau. Flyer Bio- und Gentechnologie in der Pflanzenzüchtung. Biotechnologiegruppe, www.lfl.bayern.de

[4.127] Wulff, G.: Ernährungsdienst Geschichte der Hybridgerste. 14, 25. 07. 2008

[4.128] Hoffmann, W., Mudra, A., Plarre, W.: Lehrbuch der Züchtung landwirtschaftlicher Kulturpflanzen, Bd. 2, Spezieller Teil, 2. Auflage Krolow, K-D., Odenbach, W., 67–77, Fischbeck, G., 95, Verlag Paul Parey, Berlin u. Hamburg, 1985

[4.129] Thüringer Landesanstalt für Landwirtschaft; Merkblatt, Anbau von genetisch veränderten Pflanzen. 1–2, Jena, April 2008

[4.130] Bundesministerium für Ernährung, Landwirtschaft und Forsten: Landwirtschaft heute. Die Grüne Gentechnik. 3–64, 1997

[4.131] Bund für Umwelt und Naturschutz: Deutschland BUND faire Nachbarschaft: Informationen für Bäuerinnen und Bauern zum Einsatz der Gentechnik in der Landwirtschaft, 3. Auflage, 46-57, 2006

[4.132] von Wettstein, D.: mündl. Mitteilung

[4.133] Foto Wikipdia.org, Pflanzenwurzel

[4.134] Foto: Gerstenfeld, Pixeljaeger, fotolia.com

[4.135] Foto: Broschüre Pflanzenschutzindustrie

5. Gerste *(Hordeum vulgare)*

5.1 Morphologie

Grundlagen für die Darstellung der morphologischen Situation und der Besonderheiten der Gerstenähren bilden die wissenschaftlichen Arbeiten von Schönfeld [5.1], Kießling et al. Aufhammer [5.2], Aufhammer et al. [5.3], Roemer et al. [5.4], Aufhammer et al. [5.5], Klapp [5.6] und Mansfeld [5.7].

5.1.1 Zeiligkeit

Die große Vielfalt an Formen und einige Abweichungen vom „Standardmodell" einer Getreideähre verlangen eine detaillierte Darstellung der morphologischen Unterschiede der Gersten (Abb. 5.1. u. 5.2). Diese nehmen einen nachhaltigen Einfluss auf die Ertrags- und Qualitätseigenschaften.

Abb. 5.1: Ähren von mehrzeiliger Gerste [5.114]

Abb. 5.2: Ähren von zweizeiliger Gerste [5.115]

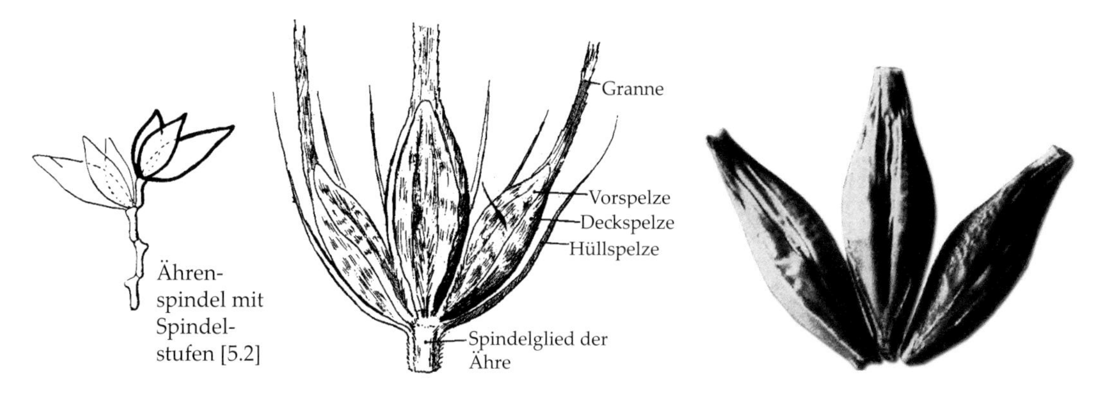

Abb. 5.3: Mehrzeilige Gerste [5.2, 5.3]

Pro Spindelstufe = 3 Ährchen mit je einem fruchtbaren Blütchen. Daraus entstehen je ein Korn. In der Summe bilden sich drei Körner pro Spindelstufe. Ein Korn ist das große Mittelkorn, die beiden anderen sind die schmaleren Seitenkörner (Krummschnäbel). Jedes der drei Körner auf der Spindelstufe wird abgegrenzt durch zwei rudimentäre Hüllspelzen

Abb. 5.4: Mehrzeilige Gerste [5.2]

Anordnung von drei ungleichen groben Körnern pro Spindelstufe

Nach der Anordnung der Kornreihen auf der Ährenspindel werden die älteren mehrzeiligen von den jüngeren zweizeiligen Gersten unterschieden. Bei den mehrzeiligen Gersten sitzen auf jeder Spindelstufe drei Ährchen mit je einem fruchtbaren Blütchen, welches sich nach der Selbstbefruchtung zu einem Korn entwickelt. So entstehen pro Spindelstufe auch drei Körner. Bei der Draufsicht (von oben nach unten) lassen sich drei Kornreihen links und weitere drei Kornreihen rechts erkennen. Bei den Gersten mit den kurzen Spindelgliedern werden die Körner stärker seitlich abgedrängt. Die Draufsicht lässt dann sechs Kornreihen klar erkennen. Diese Formen werden auch als echte sechszeilige Gersten bezeichnet (Abb. 5.7).

Bei den Formen mit den längeren Spindelgliedern haben die Körner mehr Platz auf der Ähre.

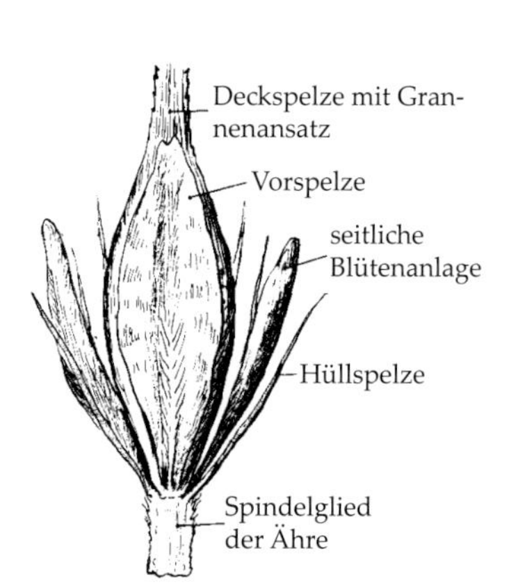

Abb. 5.5: Zweizeilige Gerste [5.3]

Pro Spindelstufe = 3 Ährchen, doch nur das mittlere Ährchen enthält ein fruchtbares Blütchen. In der Summe bilden sich nur ein Korn pro Spindelstufe. Die zwei sterilen Seitenährchen verbleiben ebenfalls als funktionslose Rudimente an der Ährenspindel. Diese werden aber auch noch durch je zwei funktionslose Hüllspelzen abgegrenzt.

Abb. 5.6: Zweizeilige Gerste [5.2]

Anordnung von einem gleichmäßigen, gut ausgebildeten Korn pro Spindelstufe

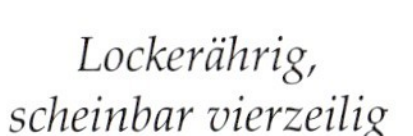

Abb. 5.7:
Zeiligkeit der Gerste [5.3]

Lockerährig, scheinbar vierzeilig — *Dichtährig, echt sechszeilig* — *zweizeilig*

Die drei Körner pro Spindelstufe werden deshalb nicht so stark seitlich abgedrängt. Auch wenn die drei Körner bzw. die Spindelstufen voll ausgebildet werden, erscheinen bei der Draufsicht nur ungleichmäßige zwei Kornreihen links und weitere zwei Kornreihen rechts. Diese Formen werden auch als scheinbar vierzeilige Gersten bezeichnet. Botanisch exakter wäre der Begriff „lockerährige" sechszeilige Gersten oder „mehrzeilige Gersten" (Abb. 5.3 u. 5.7). Der Begriff „mehrzeilig" wird von nun an für alle Formen verwendet, die je drei Körner pro Spindelstufe links und rechts in der Höhe versetzt aufweisen, unabhängig von der Länge der Spindelglieder.

Bei den zweizeiligen Gersten sitzen zwar auch drei Ährchen auf jeder Spindelstufe. Von diesen drei Ährchen ist aber nur ein Ährchen (das Mittlere) fruchtbar. Die anderen beiden Seitenährchen bleiben steril. So entwickelt sich pro Spindelstufe nur ein Korn. Bei der Draufsicht lassen sich nur eine Kornreihe links und in der Höhe versetzt eine weitere zweite Kornreihe rechts erkennen. Das sind die zweizeiligen Gersten (Abb. 5.5, 5.6, 5.7, Beispiele für zwei- und mehrzeilige Gersten siehe Kasten).

Bei den zweizeiligen Gersten haben die wenigen Körner mehr Platz auf den Spindelstufen. Sie bilden sich gleichmäßiger und vollkörniger aus. Diese Körner lassen sich besser verarbeiten und liefern höhere Extrakte. Sie werden deshalb von den Brauern bevorzugt.

Bei allen mehrzeiligen Gersten entwickelt sich das mittlere Korn am stärksten. Die beiden anderen seitlich abgedrängten Körner haben weniger Platz auf der Spindelstufe. Durch ihre seitliche Positionierung können sie sich nicht so gut entwickeln wie das Mittelkorn (Krummschnäbel, Abb. 5.4). Da im rohen Druschgut der mehrzeiligen Gersten das Verhältnis zwischen der Anzahl großer, gut ausgebildeter Mittelkörner zu den schmaleren Krummschnäbeln 1 zu 2 beträgt, dient diese optische Unterscheidungsmöglichkeit zur Kontrolle, um Vermischungen zwischen zwei- und mehrzeiligen Gersten festzustellen. In der durch Absiebung aufbereiteten Ware sind allerdings ein Teil der schmaleren Krummschnäbel abgesiebt. Das erschwert die Identifikation (Abb. 5.7).

Beispiel für mehrzeilige Gersten:
Auf einer Ährenspindel sitzen nach oben versetzt ca. acht Spindelglieder links und ca. acht Spindelglieder rechts
Pro Spindelglied = 3 fruchtbare Ährchen mit je einem fruchtbaren Blütchen
3 fruchtbare Blütchen/Spindelstufe bilden je 1 Korn:
8 x 2 = 16 Spindelglieder/Ähre x 3 Körner/Spindelgliedstufe = ca. 48 Körner/Ähre

Beispiel für zweizeilige Gerste:
Auf der Ährenspindel sitzen versetzt ca. 10 Spindelglieder links und ca. 10 Spindelglieder rechts
Pro Spindelglied = nur 1 fruchtbares Ährchen mit nur 1 fruchtbaren Blütchen
1 fruchtbares Blütchen/Spindelglied kann auch nur 1 Korn bilden
10 x 2 = 20 Spindelglieder/Ähre x 1 Korn/Spindelstufe = ca. 20 Körner/Ähre

Abb. 5.8: Spelzgersten [5.2] *Nacktgersten [5.2]*

5.1.2 Spelzen, Grannen, Kapuzen

Jedes Ährchen – unabhängig ob fruchtbar oder unfruchtbar – ist gegenüber seinem Nachbarährchen auf der gleichen Spindelstufe durch zwei Hüllspelzen abgegrenzt (Abb. 5.3, 5.5). Im Verlauf der Evolution sind diese Organe infolge ihrer Funktionslosigkeit verkümmert. Beim Drusch verbleiben diese wertlosen Rudimente als kleine federförmige Organe an der Ährenspindel. Das Gerstenkorn selbst wird im Normalfall von einer dünneren Bauch-(=Vor-) spelze und einer dickeren Rücken-(=Deck-) spelze umschlossen. An den Seiten des Kornes überlappt die Rückenspelze die Bauchspelze. Bei der Gerste werden Spelz- von Nacktformen unterschieden (Abb. 5.8). Bei den Kulturgersten überwiegen die Spelzformen. Hier sind Vor- und Deckspelze so eng mit der Epidermis des Kornes verwachsen, dass sie beim Drusch fest am Korn erhalten bleiben. Die Nacktgersten besitzen zwar auch Vor- und Deckspelzen. Diese umschließen das Korn aber nur locker, um sich erst beim Dreschen abzulösen. Braugersten sind nahezu ausnahmslos Spelzgersten. Die Malz- und Bierbereitung unter Mitverwendung von Nacktgersten und ihren Malzen ist in begrenzten Anteilen möglich.

An der Bauchseite des Kornes befindet sich in der Mitte die Bauchfurche. Die dünnere Bauchspelze bedeckt die ganze Bauchseite des Kornes und kleidet so auch die Bauchfurche vollständig aus. Bei den von der Industrie gewünschten vollbauchigen Gersten mit dünnen Spelzen kommt es aber bei bestimmten Sorten bei ungünstiger Witterung in der Kornbildungs- und Reifephase (häufiger Wechsel von

Abb. 5.9: Spelzenrissigkeit: Aufgeplatzte Vorspelzen in der Bauchfurche mit nachfolgender Kornrissigkeit (links), Schmalkörnigkeit schützt vor Spelzen- und Kornrissigkeit (rechts)

Abb. 5.10:
Gerstenkorn mit gutem Spelzenschluss [5.10]

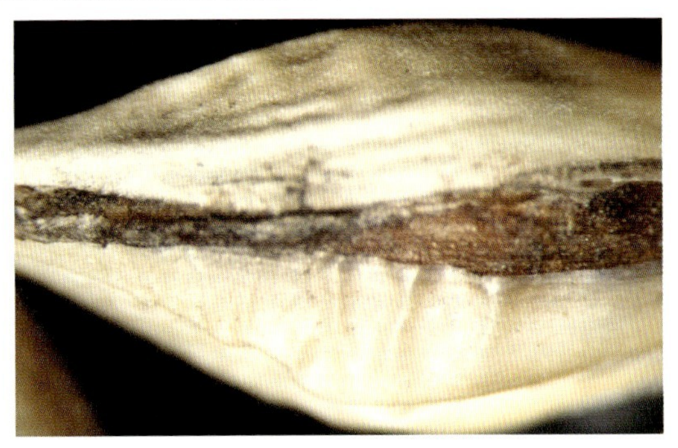

Abb. 5.11: Spelzen- und Kornrissigkeit mit nachfolgendem Schimmelpilzbefall

Regen- und Trockenperioden vor der Ernte) gelegentlich zum Aufplatzen der Spelzen und der Kornrandschichten an den Seiten, wo die Bauch- und Rückenspelzen überlappen. Dieses Aufplatzen kann auch in der Bauchfurche vorkommen. Es entsteht die Gefahr, dass sich Schimmelpilze ansiedeln können mit all ihren negativen Konsequenzen für die Qualität (Keimschädigung, Pre-Malting, Gushing und Mykotoxine). Vollkörnigere Sorten sind stärker gefährdet (Abb. 5.9–5.11). In der Regel mündet die Rückenspelze in eine Granne. Diese kann mit vielen kleinen, scharfen Zähnchen besetzt oder gelegentlich auch glatt sein. Es gibt aber auch Formen, bei denen die Deckspelzen nur eine ganz kurze Granne haben. Diese Gersten werden als „grannenspitzig" bezeichnet. Andere Formen können auch vor der Ernte oder unter bestimmten Umweltbedingungen (Kurztagsreaktion) die Grannen schon vor der Ernte abwerfen. Besonders in ariden Klimazonen werden gelegentlich auch Formen gefunden, bei denen sich die Rückenspelze als Kapuze fortsetzt. Solche Formen sind jedoch in humiden Klimaten nicht anbauwürdig. Der Grund? Regnet es vor der Ernte, dauert es länger, bis die Kapuzen wieder trocken werden, was letztlich die Erntearbeiten deutlich erschwert und damit unnötige Kosten verursachen würde (Abb. 5.12).

Abb. 5.12:
Gersten mit Kapuzen und Grannen [5.2]

5.1.3 Basalborsten mit Basalschüppchen

Unter Kapitel 5.1.1. wurde angeführt, dass bei der zweizeiligen Gerste pro Ährchen nur ein fruchtbares zwittriges Blütchen vorhanden ist. Deshalb kann sich pro Ährchen auch nur ein Korn entwickeln. Aus Gründen der Erhaltung der Übersichtlichkeit blieb zunächst unerwähnt, dass auch noch ein zweites, aber unfruchtbares, Blütchen im Ährchen vorhanden ist. Dieses zweite unfruchtbare Blütchen ist nur ein kleines, verkümmertes Rudiment. Es bleibt beim Drusch unverletzt im unteren Teil der Bauchfurche des Kornes erhalten. Wird das Korn mit der Bauchfurche nach oben gerichtet und an beiden Enden mit den Fingern nach unten gedrückt,

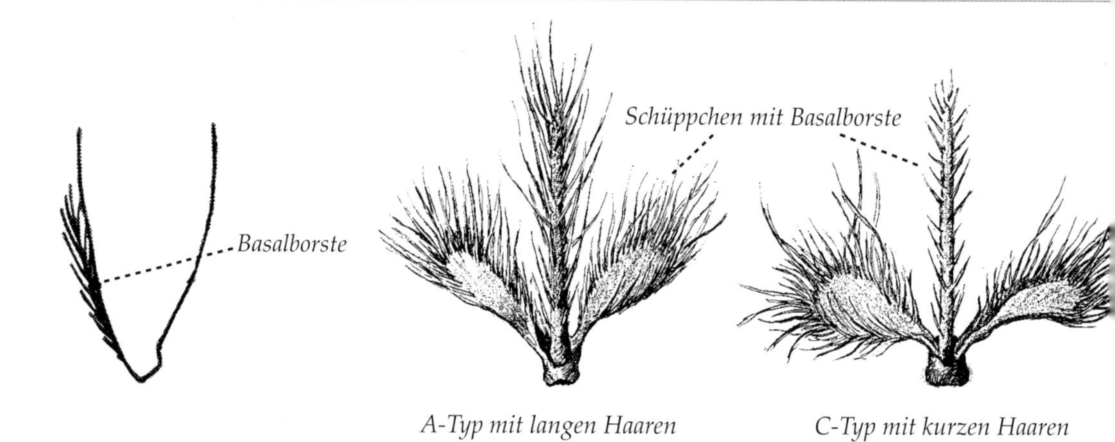

Abb. 5.13: Basalborsten und Basalschüppchen [5.2, 5.4]

so tritt dieses sterile Blütchen in Form der Basalborste deutlich sichtbar aus der Bauchfurche heraus. Diese Basalborste ist am unteren Ende mit der Kornbasis verwachsen. Es werden Basalborsten mit langer, zotteliger Behaarung und mit kurzer, wolliger Behaarung unterschieden. Während die Basalborste außen am Korn sitzt, befinden sich an der Basis der Basalborste links und rechts unter der Spelze zwei Basalschüppchen. Basalborsten und Basalschüppchen (Abb. 5.13) haben zwar aus der Sicht ihrer Inhaltsstoffe keinerlei wirtschaftliche Bedeutung. Sie sind aber zwischen Gerstenformen und -sorten sehr unterschiedlich ausgeprägt und werden deshalb auch als morphologische Kriterien zur Identifikation von Sorten herangezogen (s. Kap. 4.8) [5.1, 5.2]. Dabei ist zu beachten, dass diese morphologischen Merkmale innerhalb der Gerstenformen und -sorten auch großen Streuungen unterliegen können, je nachdem welche unterschiedlichen Wachstumsbedingungen geherrscht haben. Dies erschwert die morphologische Sortenbestimmung und gestaltet sie unsicher.

5.1.4 Basale Kornabbruchstelle

Die Kornbasis ist an einer Spindelstufe der Ährenspindel festgewachsen. Beim Drusch werden die Körner von der Ährenspindel getrennt. Die basale Abbruchstelle des Kornes kann je nach Gerstenform unterschiedlich ausgeprägt sein (Abb. 5.14). Sie kann deshalb auch einen wertvollen Beitrag zur Formen- bzw. Sortenidentifikation an der rohen Druschware liefern. Nach Kießling et al. [5.2] werden im Wesentlichen zwei morphologisch verschiedene Formen der Abbruchstelle am Korn unterschieden. Bei den zweizeiligen Gersten mit den kurzen Spindelgliedern (*Hordeum erectum*-Typen = Imperialgersten) befindet sich an der Kornbasis der sogenannte Basiswulst mit einer tiefen

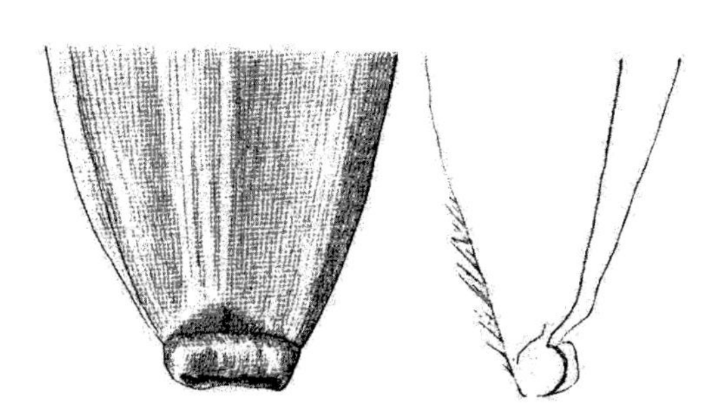

H. erectum, Wulst mit tiefer Nute

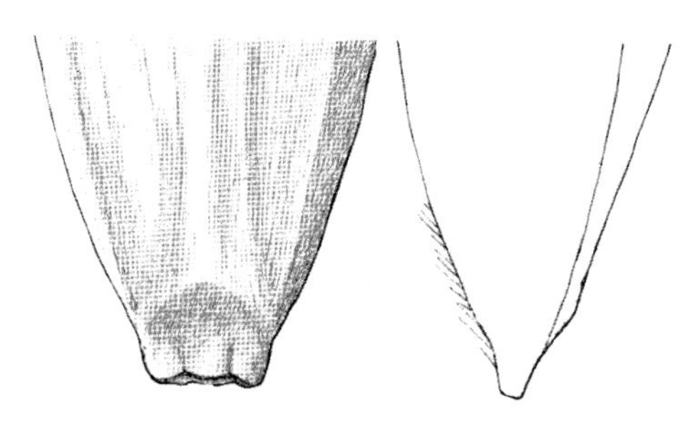

H. nutans, abgeschrägte Basalfläche

Abb. 5.14: Basale Abbruchstellen an Gerstenkörnern [5.2]

Abb. 5.15: Ährenhaltung von Erectum- und Nutans-Gersten im Feld

Nute. Die kurzen Ährenspindeln führen darüber hinaus auch dazu, dass die Ähren im Feld eher aufrecht stehen. Anders ist die Situation bei den zweizeiligen Gersten mit den langen Spindelgliedern (*Hordeum nutans*-Typen). Bei diesen liegt auch eine glatte, abgeschrägte Basalabbruchstelle vor. Ihre Ähren neigen sich stärker zur Seite (Abb. 5.15) und haben meistens größere Körner.

5.1.5 Bezahnung der Rückennerven

An der Rückenspelze verlaufen parallele äußere und innere Rückennerven. Die äußeren Rückennerven sind stets bezahnt. Die inneren Rückennerven zeigen zwischen Formen und Sorten Unterschiede in der Bezahnung. Auch dieses Kriterium liefert einen wertvollen Beitrag zur morphologischen Sortenidentifikation (Abb. 5.16).

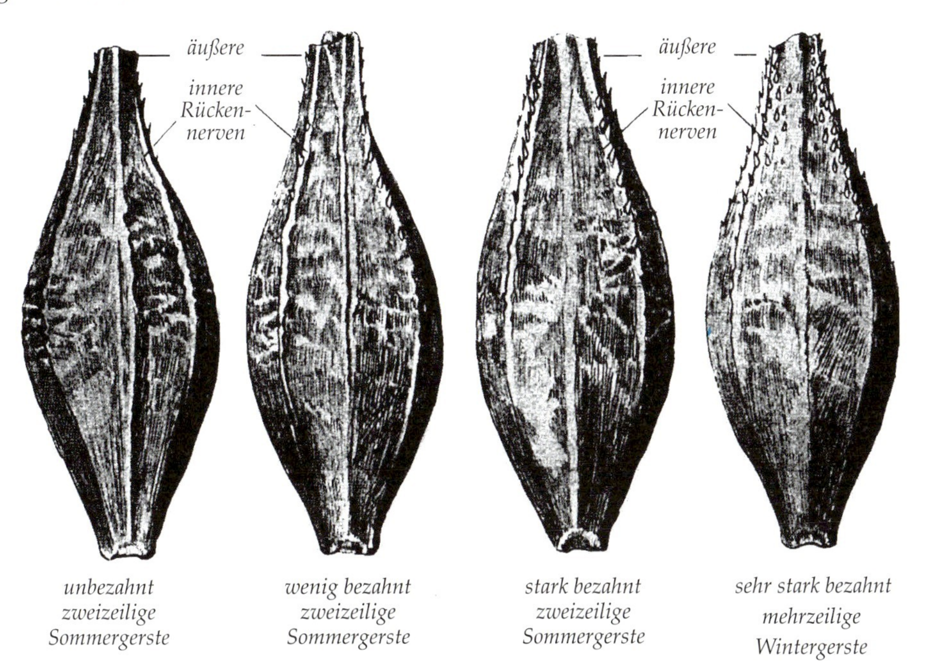

Abb. 5.16: Bezahnung der Rückennerven an der Deckspelze [5.2]
Verschiedene starke Bezahnung der inneren Rückennerven auf den Gerstenspelzen (die äußeren Rückennerven sind stets bezahnt)

Abb. 5.17: Beispiele für die Vielförmigkeit mehrzeiliger und zweizeiliger Gersten

5.2 Systematik

Die im Kapitel 5.1 behandelten wesentlichen morphologischen Eigenschaften des Gerstenkornes bieten die Grundlage für eine systematische Einordnung der vielfältigsten Gerstenformen. Ziel ist es dabei, ein vereinfachtes System zu entwickeln, welches die Gerstenformen herausfindet, die für die Malz- und Brauindustrie relevant sind. Die Artengruppe *Hordeum* ist gekennzeichnet durch eine große Vielfalt [5.5, 5.6, 5.7]. Die Brau- und Malzindustrie bevorzugt ausnahmslos helle bespelzte Gersten mit Grannen, deren morphologische Besonderheiten im vorangegangenen Kapitel beschrieben sind. Demgegenüber liefert die Natur eine beispiellose Bandbreite an Formen. Diese reichen in der Farbe von hellgelb bis blauschwarz, bespelzt bis nackt, stark begrannt bis grannenlos oder auch bis zur Kapuzenbildung. Die weiteren großen Variationen in der Kornform sind in erster Linie geprägt durch unterschiedliche Spindelgliedlängen und Zeiligkeiten (Abb. 5.17). Von einer guten Braugerste werden aber nur gleichmäßige, vollbauchige, kurze Körner mit einer feinen Spelze erwartet, die durch den Grad der Kräuselung – speziell an der Rückenspelze – dokumentiert wird (Abb. 5.18). Solche Körner liefern insbesondere die zweizeiligen Sommergersten, die weltweit bei der Braugerste dominieren (Abb. 5.19). Bei den mehrzeiligen Gersten muss ein gewisser Grad an Ungleichmäßigkeit (Mittelkorn und Krummschnäbel) in Kauf genom-

Abb. 5.18: Vollkörnigkeit und feine Kräuselung einer guten Braugerste

men werden. Das schließt aber nicht aus, dass weltweit auch mehrzeilige Gersten zu Braugersten entwickelt werden. Solche Sorten wurden beispielsweise in Frankreich bei Wintergerste mit den bekannten Varietäten Plaisant und Esterel gezüchtet. Auch in den USA und Kanada wurden auf der Basis von Sommergersten beispielsweise die mehrzeiligen Braugersten Robust, Stander und Forster aus den *Hordeum vulgare*-Typen entwickelt. Die in Mitteleuropa stark verbreiteten Wintergersten (Aussaat im September, Ernte im Juni/Juli) liefern auch als Folge der längeren Vegetationszeit größere, gröbere Ähren und im Allgemeinen auch höhere Erträge. Die Sommergersten dagegen (Aussaat im März, Ernte im August) produzieren in der kürzeren Zeit auf feineren und kleineren Ähren meistens auch niedrigere Erträge. Zwei- und Mehrzeiligkeit liegt also sowohl bei Sommer- als auch bei Wintergersten vor (Abb. 5.19).

Lange Spindelglieder und Zweizeiligkeit sind die Garanten für die von der Malz- und Brauindustrie favorisierten Sommergersten. Dazu gehören die *Hordeum nutans*-Formen des a-Typs (grob behaarte lange Basalborsten). Diese Gersten werden auch als die sogenannten Land- oder Hanna- oder Böhmische Gersten bezeichnet. Sie sind anspruchslos im Anbau und von hoher Mälzungs- und Brauqualität. Ebenfalls von großer Bedeutung sind die *Hordeum nutans* c-Typen (kurz, wollig behaarte lange Basalborsten). Das sind die sogenannten Chevalier-Gersten. Sie stammen aus England, sind anspruchsvoller besonders hinsichtlich der Wasserversorgung. Ihre Qualität ist ebenfalls gut. Beide Formen haben eine schräge und glatte Basalabbruchstelle. Hinweise auf den Typ geben die unterschiedlichen Behaarungen der Basalborsten. Zu der Gruppe der Braugersten können aber auch noch die Formen mit den mittellangen Spindelgliedern von 2,7 bis 2,1 mm gerechnet werden. Es sind die *Hordeum erectum*-Typen, die auch als Imperialgersten bezeichnet werden. Diese Gersten zeigen im Vergleich zu den *Hordeum nutans*-Gersten infolge der etwas kürzeren Spindelglieder nur eine schwach hängende Ähreneigung und leicht abstehende Grannen (Abb. 5.20a). Am Erntegut ist an der Kornbasis der Basiswulst mit der tiefen Querfurche zu erkennen. Die Formen mit den kürzesten Spindelgliedern (2,1 bis 1,7 mm) bilden sehr schmale Körner mit hohem Spelzenanteil aus.

Abb. 5.19: Ähren von zwei- und mehrzeiligen Sommer- und Wintergersten in Europa

Spindelgliedlängen mm	4,0 – 2,7 mm	2,7 – 2,1 mm	2,1 – 1,7 mm
	Hordeum nutans [5.3] 	*Hordeum erectum [5.3]* 	*Hordeum zeocrithum [5.3]* 
Zweizeilige Gersten			
Disticha-Reihe		Imperialgersten	Pfauengersten
Ährenstellung	hängend	schwach hängend	steil aufrecht
Grannen	parallel	leicht abstehend	stark abstehend
Basale Kornabbruchstelle	schräg glatt  [5.2]	 Basalwulst [5.2]	
Basal-Borsten-Behaarung	lang / lang  lang / kurz grob / wollig Land-, Hanna-, Böhmische Gersten / Chevalier-Gersten aus England [5.2]		

Abb. 5.20a: Systematik zweizeiliger Gersten [5.2, 5.3]

Spindelglied-längen mm	**4,0 – 2,7 mm**	**2,7 – 2,1 mm**	**2,1 – 1,7 mm**
Mehrzeilige Gersten Polysticha-Reihe **Ährenstellung**	*Hordeum vulgare* lockerährig scheinbar vierzeilig hängend *[5.3]* 	*Hordeum hexastichum* pallelum dichtährig sechszeilig schwach hängend *[5.3]* 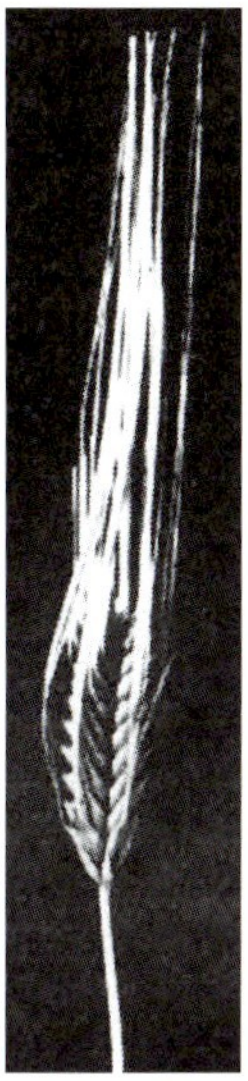	*Hordeum hexastichum* pyramidatum überdicht-ährig sechszeilig steil aufrecht *[5.3]* 

Abb. 5.20b: Systematik mehrzeiliger Gersten [5.3]

Die sechszeiligen *Hordeum hexastichum pyramidatum*-Formen und auch die zweizeiligen *Hordeum zeocrithum* (Pfauengersten) eignen sich für den klassischen Brauprozess nicht. Einige dieser Typen haben aber höhere Enzymaktivitäten und dienen der Herstellung enzymreicher Spezialmalze. Wenn morphologische Unterschiede zwischen den *Hordeum nutans*-Gersten zu erkennen sind (Basalborsten) und auch deutliche morphologische Unterschiede an der Kornbasis zu den Imperialgersten vorliegen (Basiswulst), so verlangt auf Grund der angeführten morphologischen Merkmale doch eine zweifelsfreie Identifikation viel Erfahrung. Es muss auch davon ausgegangen werden, dass bei der permanenten und rasanten Weiterentwicklung hin zu neuen, verbesserten Sorten Kreuzungen zwischen den genannten Formen vorgenommen werden. Auf diese Weise kommen auch intermediäre neue Nachkommen in den Markt, die eine zweifelsfreie Zuordnung auf Basis morphologischer Merkmale zu der einen oder anderen Form erschweren. Die Systematik der mehrzeiligen Gersten orientiert sich im Wesentlichen nur an den Spindelgliedlängen und ihren Einfluss auf die Gestaltung des Korns (Abb. 5.20b).

5.3 Braugersteneigenschaften und ihre Beziehungen zur Malzqualität

Aufbau und Inhaltsstoffe des Gerstenkornes folgen im Wesentlichen den im Kapitel 4 „Gemeinsame Eigenschaften" behandelten Kriterien. Es bleibt an dieser Stelle, auf einige Besonderheiten bei der Gerste hinzuweisen.

5.3.1 Deck- = Rücken- und Vor- = Bauchspelzen

Diese beiden Spelzen sind, wie Eingangs erwähnt, bei den meisten Sorten/Formen mit der Epidermis des Kornes eng verwachsen. Bei den zweizeiligen Sommerbraugersten nehmen die beiden Spelzen 8 bis 12 Gewichtsprozente der Kornmasse ein. Bei Futtergersten – insbesondere bei den mehrzeiligen Wintergersten – kann der Spelzengehalt nach Aufhammer et al. 10 % bis 15 % betragen [5.3]. Höhere Spelzengehalte sind einerseits eher negativ zu bewerten. Ihre wichtigsten Bestandteile sind Zellulose-Produkte. Je höher ihr Anteil ist, umso niedriger sind die Extraktausbeute und das Rohprotein. Niedrige Spelzengehalte bis um 10 % sind erwünscht, weil sie einen positiven Einfluss auf die Läuterarbeit nehmen, ohne Extrakt und Malzlösung wesentlich zu verschlechtern. Die chemisch-physikalische Bestimmung des Spelzengehaltes nach Withmore [5.8] ist aufwendig. Es besteht aber eine ganz gute positive Beziehung zwischen der Intensität der äußerlich gut erkennbaren Kräuselung – besonders der Rückenspelze – und dem tatsächlichen Spelzengehalt. Diese morphologischen Unterschiede lassen sich nach Aufhammer et al. [5.5] visuell ganz gut beurteilen (Handbonitierung) (Abb. 5.21, 5.22). Nach Schildbach [5.9] fällt nicht nur die Extraktausbeute des Malzes bei steigendem Spelzengehalt ab (Verdünnungseffekt), sondern auch die Zellwandlösung wird schlechter, wie die steigenden Extraktdifferenzen anzeigen (Tab. 5.1). In den klassischen Braugersten-Anbau-Regionen von Zentraleuropa dominieren die zweizeiligen Sommerbraugersten. Ihr Spelzengehalt liegt bei ca. 10 %. Die mehrzeiligen amerikanischen Sommerbraugersten liegen im Allgemeinen geringfügig darüber. Auch die feinsten Winterbraugersten dürften höhere Spelzenanteile von mehr als 11 % haben.

5.3.2 Zusammensetzung der Korngrößen und Malzqualität

Einen gravierenden qualitativen Einfluss haben die Kornform und die Zusammensetzung der Korngrößen. Die erwünschten kurzen und vollbauchigen Körner enthalten größere Anteile an Stärke und sind damit als Rohstoff für die Malz- und Brauindustrie wertvoller als schmale Körner mit höheren Spelzen- und Schalenanteilen (Abb. 5.23).

Im Kapitel 4.7.2 (Technische Anforderungen/

Abb. 5.21: Europäische zweizeilige Sommerbraugerste mit Spelzenkräuselung (feine, dünne Spelze) [5.5]

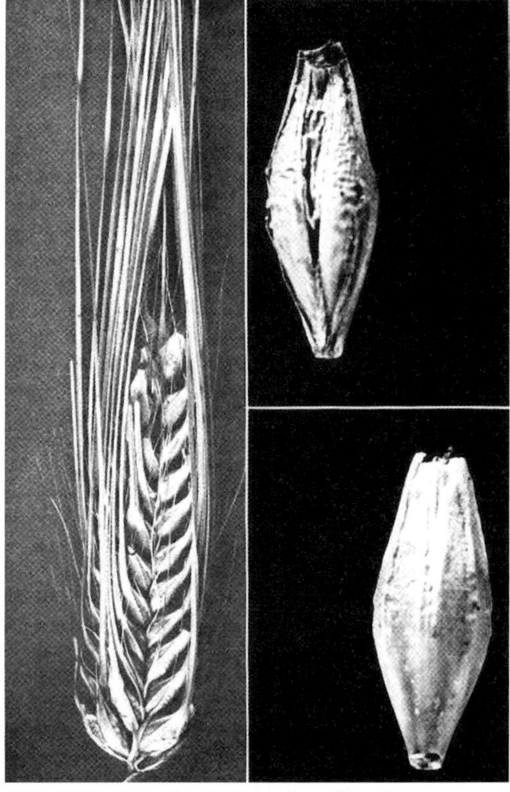

Abb. 5.22: Amerikanische sechszeilige Sommerbraugerste mit wenig Spelzenkräuselung (dicke, etwas gröbere Spelze) [5.5]

Tab. 5.1: Spelzengehalte und Malzeigenschaften [5.9]

Spelzen % in TrS	Gerstenformen		Extraktausbeuten in % der TrS	Extrakt-differenz %
8,1 – 9,0	zweizeilig, sehr fein	Sommergersten	> 81,0	< 1,8
9,1 – 10,0	zweizeilig, fein	Sommergersten	80,7	2,2
10,1 – 11,0	zweizeilig, grob	Sommer- und einige Wintergersten	80,2	2,2
11,1 – 12,0	mehrzeilig, grob	Wintergersten	78,6	2,8
12,1 – 13,0	mehrzeilig, sehr grob	Wintergersten	78,1	3,2

Musterverträge) wurde bereits dargestellt, dass die Vollgerste (Summe aus Fraktionen > 2,8 mm und 2,8 bis 2,5 mm) in der Handelsware mindestens 90 % erreichen sollte. Bei Unterschreitung dieser Grenze kommt es zu Abzügen. Oft liegt aber in trockenen Jahren oder auch häufiger in ariden Getreidesteppen der Vollgerstengehalt in der rohen Druschware nur bei ca. 60 %. Die notwendige Aufsiebung auf handelsfähige Braugerste führt in solchen Fällen zu erheblichen wirtschaftlichen Verlusten, da die Untergrößen nur noch als minderwertige Futtergersten verwendet werden können. In ariden Klimalagen, wo häufiger Trockenheit zu schmaleren Körnern führt, wird oft auch noch die Fraktion 2,5 bis 2,2 mm separat vermälzt. Diese kleinkörnigen Malze finden auch Verwendung in der Brennereiindustrie, weil sie höhere Enzymaktivitäten liefern (mehr enzymbildende Embryonen pro Gewichtseinheit). Da mit der Verminderung des Vollgerstengehaltes unter 85 % auch die Extraktausbeute des Malzes zurückgeht (Tab. 5.2), kommt es zu finanziellen Einbußen. Es ist aber darüber hinaus anzumerken, dass in dieser Versuchsserie auch die Auflösung der Zellwände mit fallender Vollgerste schlechter wird. Dies machen die steigenden Extraktdifferenzen deutlich. Daraus aber allein das Zuchtziel nach extrem dicken Körnern abzuleiten, ist mit Sicherheit der falsche Weg, um qualitativ bessere Braugerstensorten zu erhalten.

In Kapitel 5.1.2. (Abb. 5.9, 5.11) konnte gezeigt werden, dass die einerseits technologisch gewünschten vollbauchigeren Körner, andererseits auch zu verstärkter Spelzen- und Kornrissigkeit führen können. Daraus lassen sich eine Vielzahl von negativen Konsequenzen wie Schimmelpilze, Mykotoxine und Gushing für

Abb. 5.23: Vollkörnige Qualitätsbraugerste neben schmalen Gerstenkörnern mit verminderter Qualität [5.9]

Tab. 5.2:
Vollgerstengehalt und Malzeigenschaften [5.9]

Vollgerste %	Extraktausbeute %	Extraktdifferenz %
< 60	77,3	4,3
60,1 – 70	78,9	2,9
70,1 – 80	79,6	2,8
80,1 – 90	80,5	2,3
> 90	82,1	1,0

die hygienische Qualität des Malzes ableiten. Es muss weiter darauf hingewiesen werden, dass bei vielen Sorten die brautechnologisch erwünschte bessere Vollkörnigkeit auch mit schlechteren Erträgen korrespondiert. Bei überdimensional großen, vollbauchigen Körnern muss zudem mit einer langsameren Wasseraufnahme beim Mälzen gerechnet werden. Vielleicht ist dieses Phänomen der Grund, warum sich gelegentlich großkörnige zweizeilige Wintergersten im Mälzungsprozess etwas schlechter lösen.

5.3.3 Keimenergie und Malzqualität

Die Rolle der Keimeigenschaften der Gerste für die enzymatische Entwicklung während des Mälzens und die Malzqualität sind Gegenstand umfangreicher Forschungsarbeiten. Stellvertretend für die Vielzahl vorliegender Resultate sei auf die Arbeiten von Palmer verwiesen [5.10] (Abb. 5.25).

Piendl et al. [5.11] entwickelten ein sehr anschauliches Modell über die physiologischen Abläufe bei der Keimung (Abb. 5.26). Für das geerntete Korn bringt der angestrebte Wassergehalt unter 14,5 % die erforderliche Lagersicherheit. Für einen optimalen Keimprozess in der Gersten-Mälzerei werden Wassergehalte um 42 % angestrebt. Unter diesen Bedingungen treten bei ca. 14 °C bis 16 °C schon nach einem Keimtag die ersten Keimwürzelchen hervor. Schließlich haben sich am 5. Keimtag alle Keimwürzelchen außerhalb des Kornes voll entfaltet (Abb. 5.24), während der Blattkeim nach Palmer [5.10, 5.13] und Kunze [5.12] – etwas verzögert – im Idealfall unterhalb der Rückenspelze bis unter die Kornspitze heranwächst. Parallel zum Wachstum der Wurzel- und Blattkeime verläuft auch die Enzymbildung und das systematische Eindringen der verschiedensten Enzyme aus Keimling und Aleuronschicht in das Korninnere [5.10, 5.13]. So lange der Blattkeim unter der Spelze bleibt, kann der Schwand in Grenzen gehalten werden. Die verschiedensten Enzymsysteme (Zytolasen, Amylasen, Proteasen, Lipasen, Esterasen) beginnen aus dem Epithel- und dem Aleurongewebe heraus, zunächst die Zellwände abzubauen. Je höher das Enzympotenzial ist, umso eher ist damit zu rechnen, dass der Abbau der Inhaltsstoffe des Kornes beschleunigt wird.

Abb. 5.24:
Keimende Gerste [5.9]

Gute Braugersten zeigen während der Mälzung einen schnelleren und vollständigeren Abbau in Abhängigkeit von der Keimung. Diese Unterschiede lassen sich im Rasterelektronenmikroskop (REM) sichtbar machen. Nach Schildbach et al. zeigen die Abbildungen 5.27, 5.28 und 5.29 bei 500facher Vergrößerung die Abbauintensitäten zwischen guten und schlechteren Braugersten bei der Anwendung der gleichen Mälzungsverfahren [5.14]. Im Vergleich zum Endosperm der ungemälzten Gerste (Abb. 5.27) zeigen die Malze einen deutlichen Abbau der Zellwände insbesondere in der Nähe des Keimlings. Dort ist die enzymatische Aktivität während des Keimprozesses am stärksten. Deutliche Strukturunterschiede liegen aber auch bei den Malzen zwischen den Sorten vor. Bei der Qualitäts-Sommerbraugerste Alexis sind während der Mälzungszeit die Zellwände im Bereich des

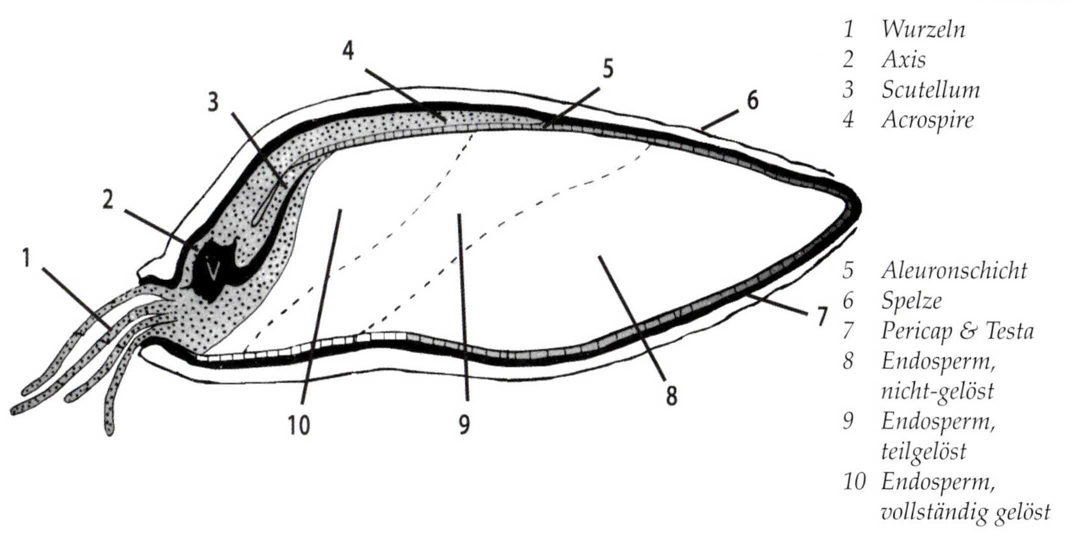

Abb. 5.25: Wachstumsvorgänge während der Keimung nach Palmer [5.10]

Embryos und im Kornzentrum komplett abgebaut. Hier war die durch die Keimung aktivierte Enzymentwicklung so stark, dass die Stärkekörner bereits an den Löchern erkennen lassen, dass ein frühzeitiger Prozess der Stärkeverflüssigung eingesetzt hat (Abb. 5.29). Dieser Effekt ist das Resultat einer erfolgreichen Züchtung in Richtung Brauqualität. Ganz anders ist die Situation bei dem Malz der Winterfuttergerste Gerbel. Nach dem gleichen Mälzungsverfahren verarbeitet, sind aufgrund der schwächeren Enzymentwicklung noch große Mengen an ungelösten Zellwandfragmenten zu erkennen (Abb. 5.28). Sie weisen auf schlechtere

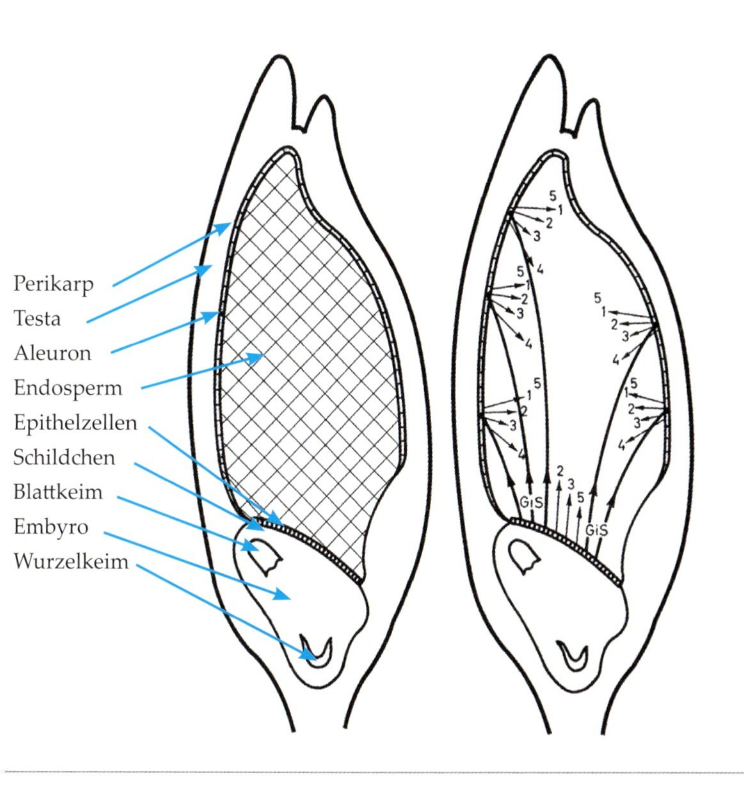

Abb. 5.26: Enzymbildungsvorgänge in keimender Gerste nach Piendl et al. [5.11]

1 Endo-β-Glucanase
2 α-Amylase
3 Protease
4 Phosphatase
5 β-Amylase
Gis: Gibberellinsäure und gibberellinsäureähnliche Substanzen

Rasterelektronenmikroskopische Aufnahmen, 500-fache Vergrößerung nach Schildbach et al. [5.14]

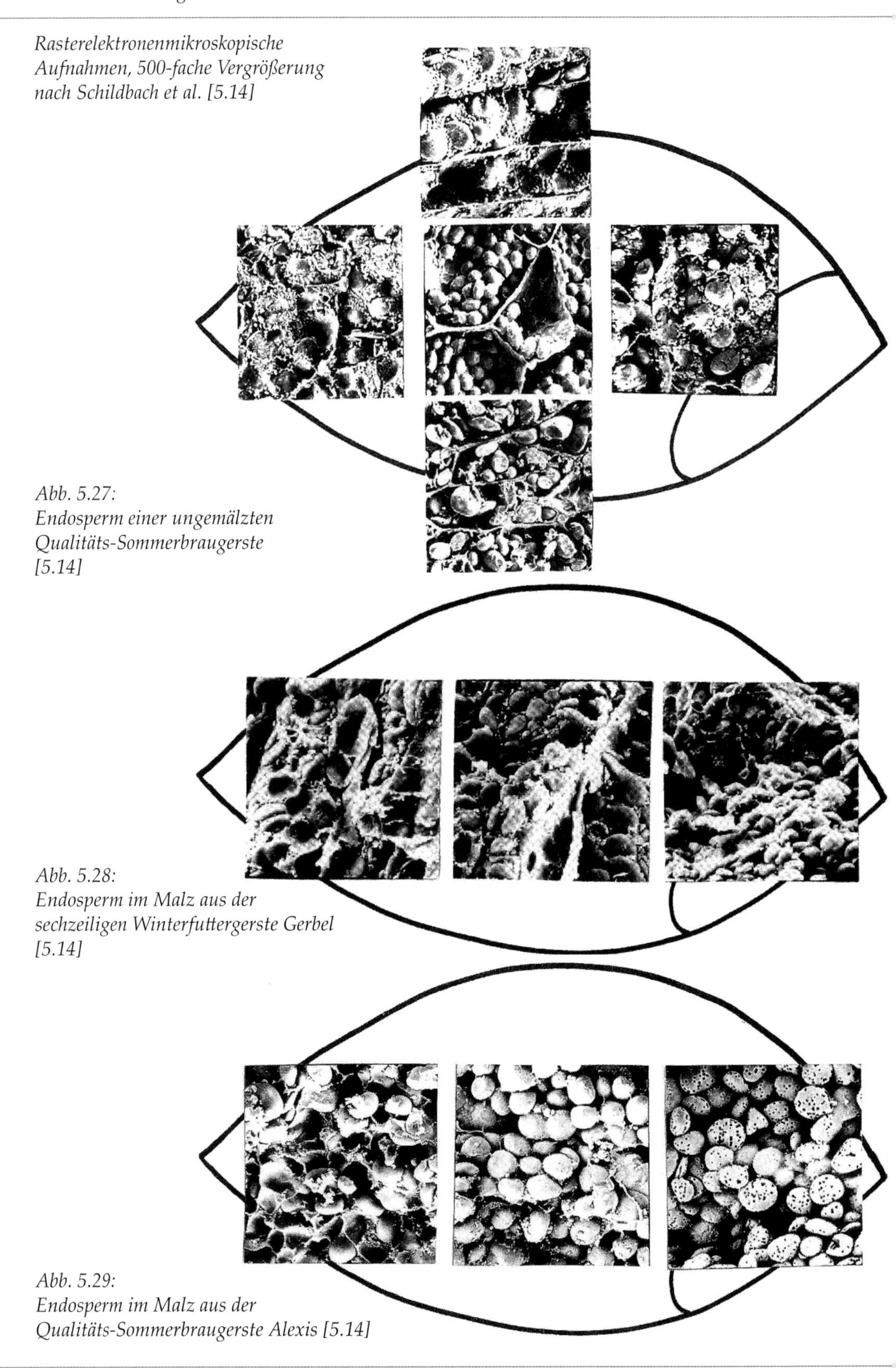

Abb. 5.27:
Endosperm einer ungemälzten Qualitäts-Sommerbraugerste [5.14]

Abb. 5.28:
Endosperm im Malz aus der sechzeiligen Winterfuttergerste Gerbel [5.14]

Abb. 5.29:
Endosperm im Malz aus der Qualitäts-Sommerbraugerste Alexis [5.14]

Keimenergie %	71 – 80	81 – 90	91 – 100
Extrakt	78,4	79,1	81,1
Extrakt-Differenz %	3,6	2,7	1,4
Kochbachzahl	40	42	44
Viskosität mPas 8,6 %	1,61	1,59	1,54
S. Endvergärung %	78,5	79,8	81,1

Tab. 5.3: Keimenergie der Gerste und Malzqualität [5.15]

Malzlösungseigenschaften hin. Diese Resultate begründen die Forderung nach maximaler Keimkraft und der damit korrespondierenden enzymatischen Entwicklung während des Mälzens. Die Abhängigkeit klassischer Malzparameter von der Keimenergie zeigt u.a. die Versuchsserie aus Tabelle 5.3 [5.15]. Mit der Verbesserung der Keimenergie steigt nicht nur der Extrakt. Es werden darüber hinaus auch deutliche Verbesserungen der Zellwandlösung (niedrige Extraktdifferenz und Viskosität), eine Erhöhung der Eiweißlösung (höhere Kolbachzahl) und eine Verbesserung der Gärleistung festgestellt. Mit diesen Resultaten lassen sich die hohen Anforderungen der Mälzer und Brauer von mindestens 95 % Keimenergie begründen.

5.3.4 Rohproteingehalt der Gerste, Malz- und Bierqualität

Allgemeine Ausführungen zum Rohproteingehalt von Braugetreide wurden im Kapitel 4.7.2 behandelt.

In einer umfassenden Arbeit von der Gerste bis zum fertigen Bier von Schildbach, Sommer, Enari, Loisa, Herrmann und Hiefer [5.16] wurde aus gleichem Anbau und gleicher Sorte über eine variierte N-Düngung der Proteingehalt in der Gerste stufenweise verändert. Alle Gersten wurden über alle Verarbeitungsstufen bis zum fertigen Bier geführt. Erst auf diesem Wege konnte die Wirkung der zahlreichen Verarbeitungsschritte reproduzierbar im Kleinmaßstab quantifiziert werden.

Hier geht es u.a. auch im Detail darum, welchen spezifischen Einfluss die unterschiedlichen Rohproteingehalte der Gerste auf die Malzqualität haben. Es spielen natürlich auch die Formen- und Sortenunterschiede eine große Rolle [5.17] die in Kapitel 5.4 im Detail behandelt werden. Mit dem Ziel der Erarbeitung vergleichbarer Resultate wurde in diesen Programmen über alle Versuche mit der gleichen Sommerbraugerste „Firlbeck's-Union" gearbeitet.

Bei der Verwendung des gleichen Mälzungsverfahrens für die gleichen Gerstensorten aller Proteingruppen zeigt sich, dass steigende Rohproteingehalte von 9 % bis 13 % nicht nur den Extrakt von 82,2 % auf 77,9 % vermindern (Tab. 5.4). Es verschlechtert sich auch die Zellwandlösung, wie die steigenden Extraktdifferenzen und Viskositäten erkennen lassen. Der lösliche N-Gehalt in der Würze steigt stark an, der prozentuale Anteil am Gesamt-N des Malzes (Kolbachzahl) geht aber von 46 % auf 39 % zurück. Mit steigendem Rohproteingehalt der Gerste wird auch der Endvergärungsgrad reduziert (weniger vergärbare Kohlenhydrate).

In Modellversuchen konnten auch bei iden-

Abb. 5.30: N-Überdüngung erhöht den Rohproteingehalt und vermindert Ertrag und Vollgerste [5.15]

Tab. 5.4: Rohproteingehalt der Gerste und Malzeigenschaften [5.16, 5.17]

Rohproteingehalt der Gerste % TrS	Extraktausbeute %	Extraktdifferenz %	N Würze mg/100 g Malz	Kolbachzahl	Viskosität mPas 8,6 %	Scheinbare Endvergärung %
< 9,5	82,2	0,6	585	46	1,52	82,0
9,1 – 10	81,0	1,6	608	43	1,54	81,2
10,1 – 11	79,2	3,2	658	39	1,62	78,4
11,1 – 12	79,0	3,3	706	39	1,59	79,4
12,1 – 13	77,9	3,5	788	39	1,61	78,9

tischem Mälzungsverfahren mit steigendem Rohproteingehalt der Gerste Beziehungen der Malzlösung zu Läuterzeit und Sudhausausbeute nachgewiesen werden (Tab. 5.5) [5.18]. Mit der Erhöhung des Rohproteins in der Gerste stieg als Folge der schlechteren Malzlösung die Läuterzeit deutlich an und die Sudhausausbeute fiel ab. Wenn jedoch für die proteinreiche Gerste der Weichgrad von 43 % auf 46 % erhöht wurde, sah das Bild ganz anders aus (Tab. 5.6) [5.18]. Die Erhöhung des Weichgrades um 3 % brachte eine nachhaltige Verbesserung von Zytolyse und Proteolyse. Damit verbesserten sich auch bei proteinreichen Gersten die Läuterzeit und die Sudhausausbeute. Allerdings ging die Weichgraderhöhung einher mit einem höheren Schwand. Nach diesen Versuchen konnte davon ausgegangen werden, dass im Bereich von 8 % bis 14 % Gerstenprotein der N-Gehalt in der Würze ansteigt, Malzlösung und Vergärbarkeit schlechter werden.

Sommer et al. [5.16] hat aus einer großen Anzahl Untersuchungen die durchschnittlichen Veränderungen von Malz-, Würze- und Biereigenschaften, die bei der Zunahme des Rohproteingehaltes in der Gerste um 1 % zu erwarten sind, zusammengestellt. Dabei wird von einer Streubreite von 9 % bis 13 % Rohprotein und der notwendigen individuellen Mälzung (Erhöhung des Weichgrades und ggf. Verkürzung der Keimzeit) proteinreicher Gersten ausgegangen (Tab. 5.7). Nach vorherrschender Lehrmeinung [5.19] steht

Tab. 5.5: Läuterzeiten und Sudhausausbeute in Abhängigkeit vom Rohprotein der Gerste bei gleichem Mälzungsverfahren (43 % Weichgrad, Modellversuch) [5.18]

Rohprotein Gerste % TrS	Extrakt-Differenz %	Kolbachzahl	Läuterzeit* min/2 l	Sudhausausbeute* %
9,5	0,6	5,0	13	75,0
11,8	1,6	7,5	22	72,9
13,0	1,8	0	28	71,9
14,7	2,3	38	37	70,5
15,5	2,5	–	51	69,6

Tab. 5.6: Einfluss des Mälzungsverfahrens auf die Lösungseigenschaften, Läuterzeit und Sudhausausbeute proteinreicher Gersten (Modellversuch) [5.18]

Rohprotein Gerste % in TrS	Weichgrad %	Extraktdifferenz %	N Würze mg/100g	Kolbachzahl	Läuterzeit min/2 l	Sudhausausbeute %	Mälzungsschwand %
13,8	43	2,7	740	34	43	66,6	9,2
13,8	46	2,0	821	38	39	68,6	9,8

die Malz- und Brauindustrie der Verarbeitung proteinreicher Gersten eher skeptisch gegenüber. Es werden u.a. Verarbeitungsschwierigkeiten angeführt, wie etwa langsames Abläutern oder auch schlechte Filtrierbarkeit sowie eine ungenügende physikalisch, chemische Haltbarkeit. Auch der für helle Pilsener Biere charakteristische Geschmack soll sich beim Einsatz eiweißreicher Malze nachteilig verändern.
Hall [5.20] hat festgestellt, dass Biere aus eiweißreicheren Malzen (Vergleich 8,8 % zu 11,8 %) dunklere Farben, eine stärkere Bittere, dafür aber eine bessere Stabilität lieferten. Krauß [5.21] stellte Nachteile bei der Verarbeitung eiweißreicher Gersten fest, betont aber, dass die eiweißreiche Gerste in diesem Falle genauso vermälzt wurde wie die eiweißarme Partie. Zu diesem N-Gesamtkomplex schreibt Sommer [5.16]: „Bei der (großen) Bedeutung dieses Problems ist es überraschend, dass nur wenige konkrete Untersuchungen über den tatsächlichen Einfluss des Malzeiweißes auf die Bierbereitung vorliegen.“ Offenbar wird die Wirkung einer schlechteren Lösung dem Proteingehalt zugeschoben, obwohl es ein Problem der Malzlösung ist, was korrigiert werden kann. Die neueren Praxiserfahrungen und auch die dargestellten lückenlosen Versuchsserien haben klar gezeigt, dass auch mit proteinreicheren Gersten durchaus gute helle Biere herstellbar sind, sofern die Mal-

Tab. 5.7: Veränderungen von Malz-, Brau- und Biereigenschaften bei Erhöhung des Rohproteingehaltes in der Gerste um 1 % [5.16]

Verarbeitung in der Mälzerei		**Verarbeitung in der Brauerei**	
Schwand bei gleicher Extraktdifferenz %	+ 0,3	Läuterzeit bei gleicher Extraktdifferenz %	0
Extraktausbeute %	– 0,9	Sudhausausbeute %	– 0,9
Extraktdifferenz %	+ 0,25	Hauptgärung	0
Lösl. N mg/100 g Malz TrS	+ 36	Nachgärung	0
Kolbachzahl	– 1,8	Klärung	+
		Filtration	0
Anstellwürze		**Bier**	
Farbe EBC	0	Farbe EBC	+ 0,2
Endvergärungsgrad %	0	Gesamt N mg/100 ml	+ 8,8
pH-Wert	– 0,02	Koagulierbarer N mg/100 ml	+ 0,3
Bittereinheiten	0	$MgS0_4$-fällbarer N mg/100 ml	+ 2,1
Gesamt N mg/100 ml	+ 9,3	Formol N mg/100 ml	+ 3,1
Koagulierbarer N mg/100 ml	+ 0,2	Viskosität mPas	0
$MgS0_4$-fällbarer N mg/100 ml	+ 1,9	Schaumhaltbarkeit sek.	+ 1,5
Aminosäuren	+	Bittereinheiten	0
–		Anthocyanogene mg/1 l	– 4,8
–		Gerbstoffe mg/l	0
–		Kältestabilität	0
–		Geschmack	0
		Geschmacksstabilität	(-)

0 = kein Unterschied; + = mehr; – = weniger

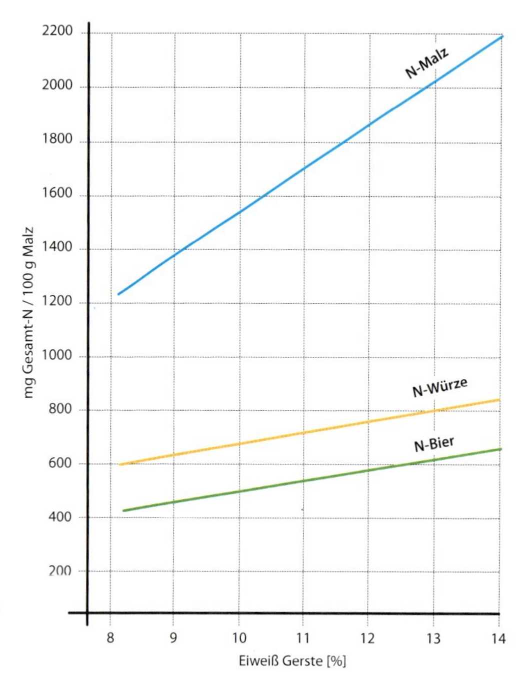

Abb. 5.31: Beziehungen zwischen Eiweißgehalt der Sommergerste und den N-Mengen in Malz, Würze und Bier [5.18]

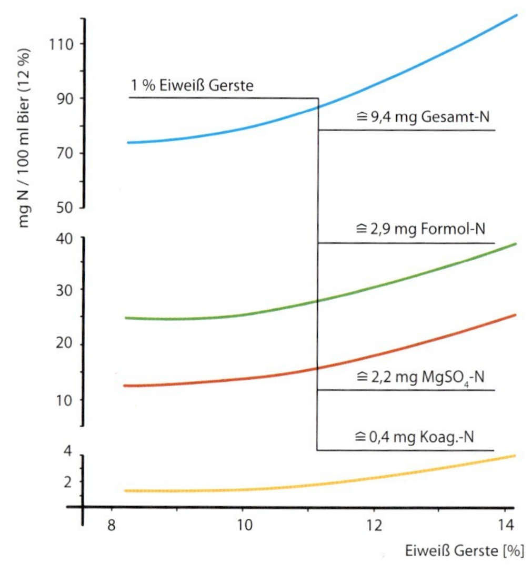

Abb. 5.32: Einfluss des Eiweißgehaltes auf die N-Fraktionen im Bier [5.18]

ze ausreichend gelöst sind. Die Extraktverluste proteinreicher Malze lassen sich über den Malzpreis korrigieren und die ungünstigere Lösung durch geringen Mehraufwand in der Mälzerei (höhere Weichgrade) beheben.

Als Folge einer höheren N-Düngung erhöhen sich erwartungsgemäß die Proteingehalte nicht nur in der Gerste, sondern auch im Malz, in der Würze und dem Bier. Von besonderer Bedeutung ist dabei, dass mit steigendem Protein in der Gerste der N-Gehalt in Würze und Bier langsamer steigt als im Malz. Zwar verläuft der N-Gehalt des Bieres parallel zu dem der Würze. Auf dem Wege von der Würze bis zum Bier verarbeitet die Hefe erwartungsgemäß weitere N-Verbindungen, um sich zu ernähren. Die Verminderung der N-Verbindungen im Brauprozess kommt damit der Verwendung proteinreicherer Gersten entgegen. Schließlich kann davon ausgegangen werden, dass mit der Zunahme um 1 % Rohprotein in der Gerste die Mengen an N-Verbindungen pro 100 ml Bier in dieser Versuchsserie beim Gesamt-N um ca. 9,4 mg, beim niedermolekularen Formol-N um ca. 2,9 mg, beim mittelmolekularen $MgSO_4$-N um ca. 2,2 mg und beim höhermolekularen koagulierbaren N um ca. 0,4 mg ansteigen (Abb. 5.31 u. 5.32).

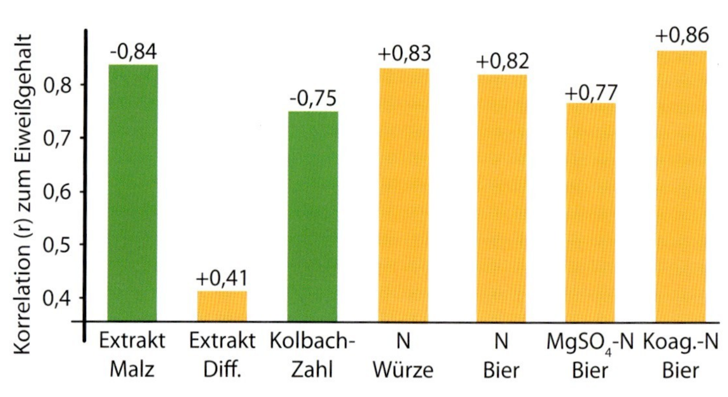

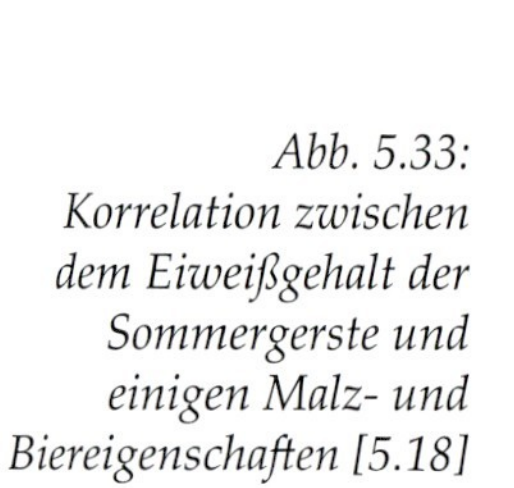

Abb. 5.33: Korrelation zwischen dem Eiweißgehalt der Sommergerste und einigen Malz- und Biereigenschaften [5.18]

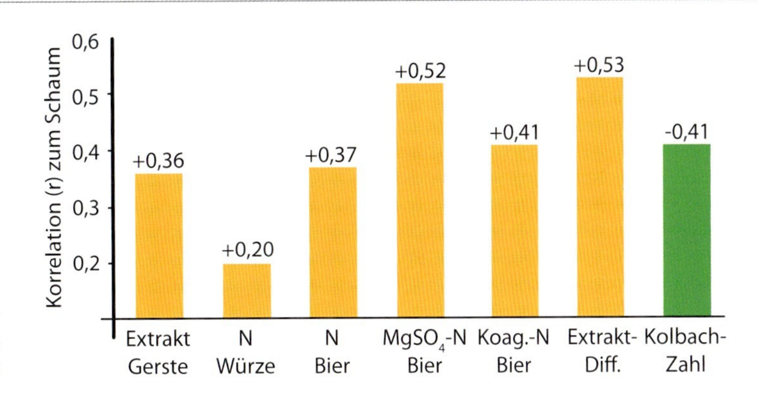

Abb. 5.34: Einflussgrößen auf die Schaumhaltbarkeit [5.18]

In diesen Versuchen zeigten sich trotz der an höhere Proteingehalte angepassten Mälzung für proteinreiche Gersten positive Korrelationen zwischen dem Schaum des Bieres und allen untersuchten N-Verbindungen (Abb. 5.33 u. 5.34). Die erhöhte N-Düngung bringt demnach auch bei ausreichender Malzlösung eine Verbesserung des Schaumes. Erwähnenswert ist aber weiterhin, dass nicht nur die Proteine den Schaum verbessern. Wie die Korrelationskoeffizienten weiter zeigen, spielt die Malzlösung für den Schaum eine mindestens genauso große Rolle wie die Proteinverbindungen. Mit der Verminderung von Zytolyse und Proteolyse verbessert sich der Schaum.

Gerste

Malz

Würze (ungehopft)

Bier

Nr	1	2	3	4	5	6	7	8
Eiweiß % Gerste	9,1	9,1	9,1	8,9	10,4	12,3	12,9	13,6

Abb. 5.35: Immunoelektrophoretische Bestimmung von trübungsbildenden Proteinen in Gerste, Malz, ungehopfter Würze und Bier [5.16]

Untersuchungen von Enari und Loisa [5.16] zeigten zwar bei den spezifischen immunoelektrophoretischen Analysen der möglichen trübungsbildenden Proteine, dass mit zunehmenden Protein in Gerste, Malz, Würze und Bier die Proteine, welche zu Trübungen führen können, zunahmen (Abb. 5.35). Ob das Vorhandensein von Proteinen, die an der Trübung beteiligt sein können, aber auch wirklich der Auslöser von Trübungen sind, wurde in weiteren Versuchen an rund 100 Bieren untersucht. Die Resultate sind in Abb. 5.36 und Abb. 5.37 zusammengefasst.

Von großem Interesse und entgegen der oft in der Praxis vertretenen Meinung konnte bei Verwendung proteinreicher Malze – allerdings nach individueller, an den höheren Proteingehalt angepasster Mälzung – keine Verschlechterung in der Klarheit der Biere nach der Filtration und bei der Kältestabilität festgestellt werden (Abb. 5.36).

Alle Verkostungen wurden mit je 30 Stimmen pro Vergleich als 2-Glasproben mit Zuordnung auf die folgenden Kriterien untersucht:

- Reinheit des Geruchs
- Reinheit des Geschmacks
- Intensität der Bittere
- Güte der Bittere
- Hopfenaroma
- Vollmundigkeit
- Rezenz und Güte

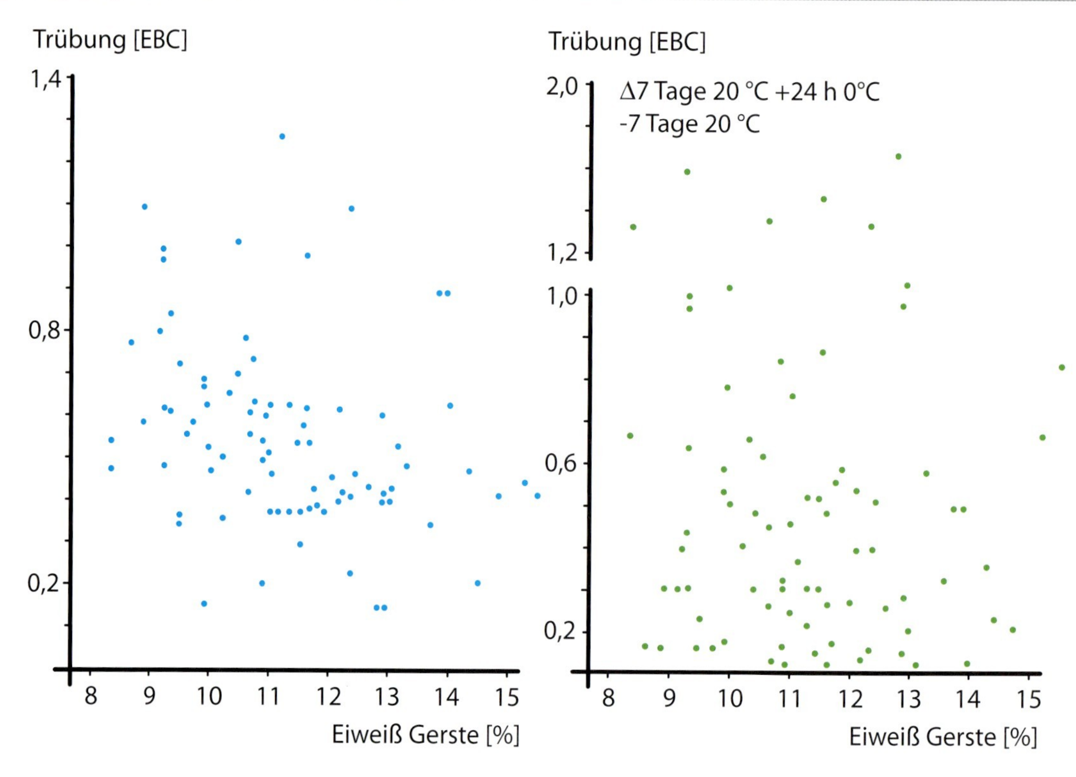

Abb. 5.36: Klarheit nach Filtration [5.18]

Abb. 5.37: Kältestabilität [5.18]

Während das Bier aus Gerste mit 9 % Eiweiß gegenüber dem Bier aus Gerste mit 12 % Eiweiß statistisch gesichert bevorzugt wurde, brachten die Vergleiche der Biere aus Gersten mit 9 % und 10 % bzw. 9 % und 14 % Protein weder in der Zuordnung noch bei der Bevorzugung einen signifikanten Unterschied (Abb. 5.38).

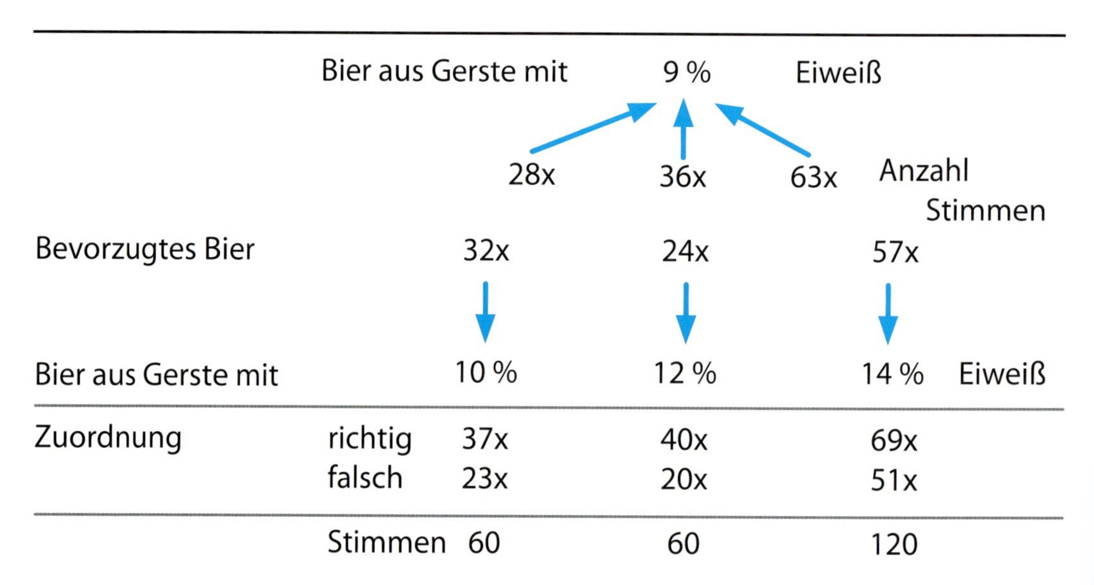

Abb. 5.38: Ergebnisse aus der Verkostung in Abhängigkeit vom Eiweißgehalt [5.18]

Abb. 5.39: Weltweite Gersten- und Malzströme [5.26]

5.4 Gerste – Braugerste in der Welt

Je nach Klimalage, Bodenbeschaffenheit, Sommer- oder Winterformen weisen Gersten ein sehr unterschiedliches Leistungsvermögen auf. Nicht nur die Vielfalt an Gersten-Kultursorten, sondern auch die Unterschiede in den Produktionsbedingungen sind auf der Welt sehr groß (Tab. 5.8). So werden von der weltweiten Gerstenernte, die pro Jahr bei rund ca. 147 Mio. t liegt – allerdings mit abnehmender Tendenz – allein 64 % in Europa angebaut [5.22]. Weit abgeschlagen folgen Asien und Nord- und Zentralamerika mit 14 % bzw. 12 % auf den Rängen 2 und 3. Als Nr. 1 nimmt Europa eine Sonderstellung auch bei der weltweiten Versorgung mit Qualitätsbraugerste und Malz ein. Von den nahezu 23 Mio. t des Welt-Malzbedarfs [5.23] liegt allein die dominierende Menge von 48 % in Europa, gefolgt von Asien (24 %) und Nord- und Zentralamerika (15 %). Die Tatsache, dass nur

	Gerste Durchschnitt (2007–2009)		Malzbedarf (2009, geschätzt)		Bierausstoß (2010)	
	Mio. t	%	Mio. t	%	1000 hl	%
Welt	147	100	23,0	100	1846	100
Europa	94	64	11,0	48	542	29
Asien	20	14	5,5	24	632	34
Nord- und Zentralamerika	17	12	3,5	15	339	19
Südamerika	2	1	1,6	7	207	11
Ozeanien	8	5	0,9	4	21	1
Afrika	6	4	0,5	2	106	6

Tab. 5.8: Gersten-produktion, Malzbedarf und Bierausstoß in der Welt [5.22, 5.23, 5.24, 5.25, 5.27]

29 % der Welt-Biererzeugung in Europa liegt, macht Europa nicht nur zum größten Gerstenerzeuger, sondern auch zum bedeutendsten Braugersten- und Malzexporteur der Welt. Vom gesamten weltweiten Malzexport von ca. 4 Mio. t bestreitet die EU allein ca. 1,4 Mio. t [5.23–5.26]. Die Brutto-Gerstenernte eines Landes bestimmt nicht allein die Versorgung mit Braugerste und Malz. Nach Ackermann [5.26] ist eine notwendige Voraussetzung für ein hohes Aufkommen an Qualitätsbraugersten die seit mehr als 100 Jahren systematisch und sehr erfolgreich betriebenen Braugersten-Entwicklungsarbeiten besonders in Europa. Es konkurrieren Europa – der bedeutendste Braugersten- und Malzproduzent der Welt – mit den Exportländern Kanada, den USA und Australien um die Gunst der Malz- und Braugerstenmärkte in Asien, Südamerika und Afrika (Abb. 5.39). Vergleichsweise sichere und hohe Ernten und gute Qualitäten der europäischen Ware bieten gute Chancen im globalen Wettbewerb [5.26].

5.4.1 Entwicklungen in Europa

In Europa ist Gerstenanbau vom 37. Breitengrad Nord bis zum Polarkreis möglich. Dieser Raum lässt sich in vier klimatisch unterschiedliche Gerstenanbauzonen in Abhängigkeit von den jährlichen Durchschnittstemperaturen unterteilen. Die Isothermen sind näherungsweise in Abbildung 5.40 eingezeichnet.

5.4.1.1 Region nördlich der 6 °C Jahresisotherme

Im Bereich nördlich der 6 °C-Jahresisotherme dominieren die sogenannten „kleinen Gersten". Da das Klima eine Aussaat erst im Mai zulässt, muss die Ernte im August abgeschlossen sein. Für diese Region wurden Gerstentypen entwickelt, die die kurze Vegetationszeit bis zu 100 Tagen durch die langen Sommertage gut kompensieren. Diese frühreifen kleinen, vorwiegend mehrzeiligen Formen dienten in vergangenen Jahrhunderten der menschlichen Ernährung und der Verwendung als Viehfutter. Bis in die Gegenwart hinein wurden sie aber zu leistungsstarken – auch zweizeiligen – Som-

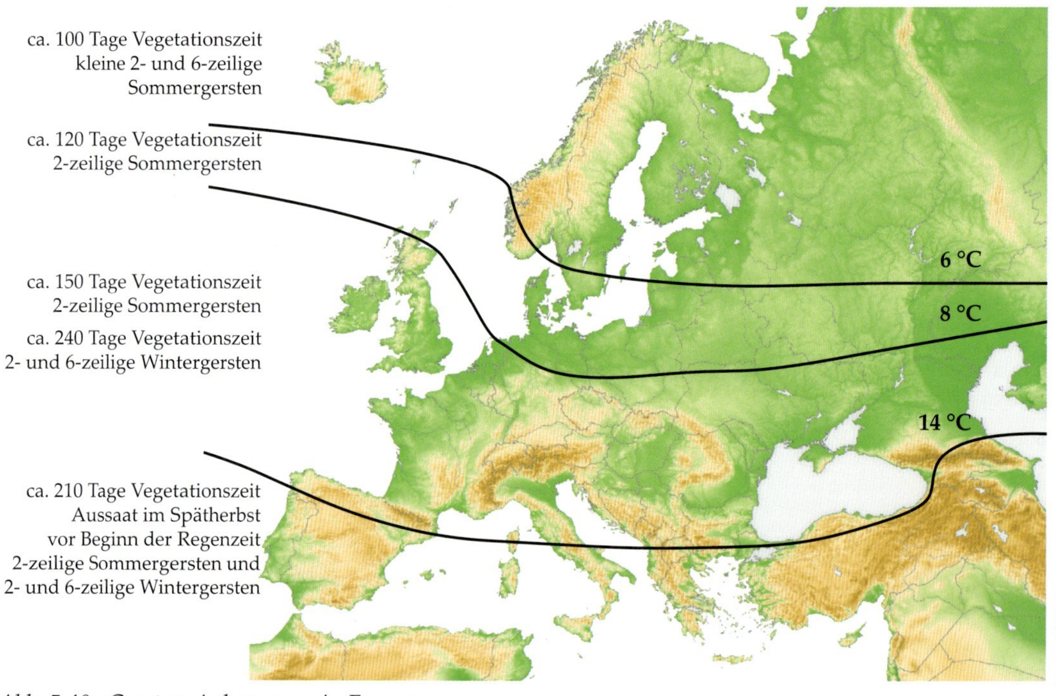

Abb. 5.40: Gersten-Anbauzonen in Europa

Tab. 5.9: Sommergersten im Bereich der 6 °C-Jahresisotherme in Europa nach Home und Linko [5.28, 5.29]

Sorten	Zweizeilige Sommergersten Durchschnitt aus Ingrid und Karri	Sechszeilige Sommergerste Pomo
Extrakt %	79,9	80
Extraktdifferenz %	1,9	1,7
Viskosität mPas 8,6 %	1,60	1,53
α-Amylase DU	49	79
Diastatische Kraft WK	220	310

mersorten weiterentwickelt. Es entstanden daraus sowohl aus agronomischer als auch als mälzerei- und brautechnologischer Sicht wertvolle Varietäten [5.28, 5.29].
Diese verschiedenen Sorten von Sommergersten, die bis zum Ural hin angebaut werden können, sind photoperiodisch so gut an die langen Sommertage angepasst, dass sie unter diesen extremen Bedingungen noch beachtliche Erträge um 3,5 t pro Hektar bringen können. Nach Home et al. [5.29] und Home [5.30] liefern die daraus entwickelten Braugerstensorten Extraktausbeuten von ca. 80 % bei guter Lösung. Besonders die am weitesten nach Norden bis an den Polarkreis vordringenden mehrzeiligen Sorten zeichnen sich durch besonders hohe Amylase-Aktivitäten aus. Sie eignen sich deshalb – neben der Verwendung als Braumalz – auch gut als Enzymträger für die Herstellung von Whisky und für die Lebensmittelindustrie. Diese Spezialmalze werden weltweit gehandelt. Finnland ist in dieser Zone der wichtigste Produzent. Die in Tabelle 5.9 aufgeführten Gersten wurden alle nach demselben Standardverfahren vermälzt. Durch eine diesen Sorten noch stärker angepasste individuelle Mälzung (höhere Weichgrade, niedrigere Abdarrtemperaturen) kann besonders bei den sechszeiligen Varietäten die Enzymkraft noch weiter wesentlich verbessert werden.

5.4.1.2 Regionen zwischen der 6° bis 8 °C und der 8° bis 14° C-Jahresisotherme

Die sich nach Süden anschließende 6° bis 8° C Region gehört überwiegend den zweizeiligen Sommergersten mit einer Vegetationszeit von ca. 120 Tagen. Das günstigere Klima liefert optimale Wachstumsbedingungen für eine Vielzahl von Sommerbrau- und Sommer-Futtergerstensorten. In dieser bedeutenden Anbauzone für Sommergersten liegen die Erträge bei 4,5 t pro Hektar. Dänemark hat als Exporteur von Braugersten dieser Region die größte Bedeutung. Es folgen Schweden und Finnland.
In der Klimazone zwischen der 8° bis 14° C-Jahresisotherme und dem südlichen Grenzbereich der 6° bis 8° C Isotherme sind die Bedingungen für den Sommer- und Wintergerstenanbau am günstigsten. Nach der Frühjahrsaussaat im März wird die Sommergerste in 150 Tagen reif. Diese lange Vegetationszeit ist eine gute Voraussetzung für hohe Erträge und gute Brauqualitäten. In den beiden letztgenannten Regionen Europas zwischen der 6 °C- und der 14 °C-Jahresisotherme liegen die weltweit wichtigsten Produzenten von Braugerste- und Malz. Es sind Deutschland, Frankreich, England und Dänemark. Hier wachsen nicht nur hohe Erträge (bei der Sommergerste ca. 5,5 t pro Hektar, bei der Wintergerste ca. 7 t pro Hektar) und gute Qualitäten heran. Hier wird auch seit 150 Jahren intensiv an der züchterischen Weiterentwicklung der Sorten und an speziellen Anbautechniken für Qualitätsbraugersten gearbeitet [5.30–5.32].

5.4.1.2.1 Entwicklungen bei der Sommerbraugerste

Die Braugerstenzüchtung auf der Basis von Sommergerste reicht bis in das Jahr 1860 zurück. Untersuchungen von Riggs et al. [5.30–5.32] zeigen eindrucksvoll, dass über 100 Jahre die Sommergerstensorten kürzer und damit

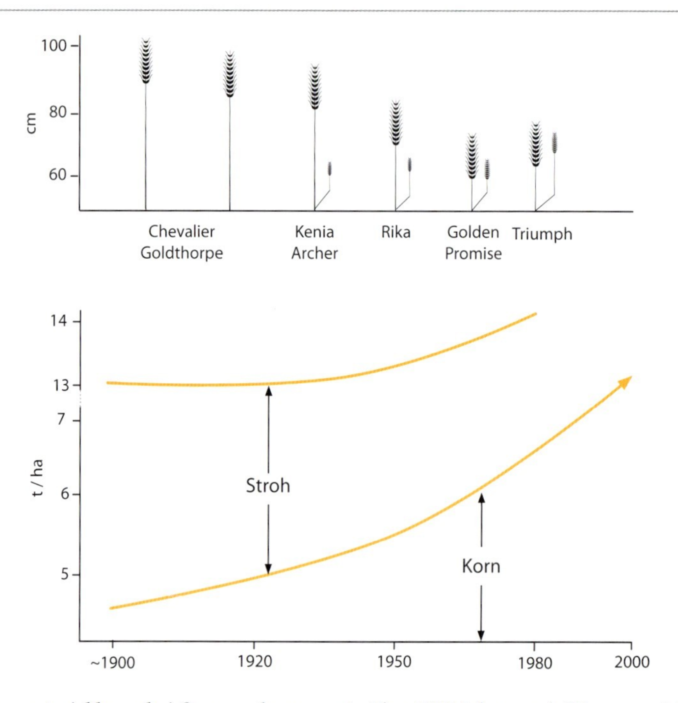

Abb. 5.41: Ertragsentwicklung bei Sommerbraugerste über 100 Jahre nach Riggs und Schildbach [5.30, 5.31]

standfester gezüchtet wurden. Das ist die Voraussetzung für eine optimale Nutzung moderner agrotechnischer Bewirtschaftungsmaßnahmen. Ziel ist dabei, das genetisch vorgegebene Leistungspotenzial so weit wie möglich auszunutzen. Die jüngeren Sortengenerationen bringen höhere Erträge durch eine stärkere Bestandesdichte (mehr ährentragende Halme pro ausgesätem Korn). Dieses als „produktive Bestockung" bezeichnete Phänomen nimmt unter allen ertragsbildenden Komponenten die größte Bedeutung ein. Mit dieser Entwicklung verändert sich auch das Korn-Strohverhältnis zu Gunsten des Ertrages (Abb. 5.41). Aber auch bei der Brauqualität ist ein deutlicher Fortschritt zu erkennen. Ackermann [5.32] berichtet u.a. über die Entwicklung des Braugersten-Sortenwesens. Als 1955 im Grundstein des Nürnberger Stadttheaters in Glasröhrchen eingeschmolzene Gerstenkörner aus der Ernte 1831 gefunden wurden, ergab sich für Aufhammer et al. [5.33] die einmalige Gelegenheit, den Züchtungsfortschritt bei der Sommerbraugerste über einen Zeitraum von 175 Jahren exakt zu ermitteln. Die noch keimfähigen Körner aus dem Jahr 1831 wurden einer modernen Sorte im Anbau

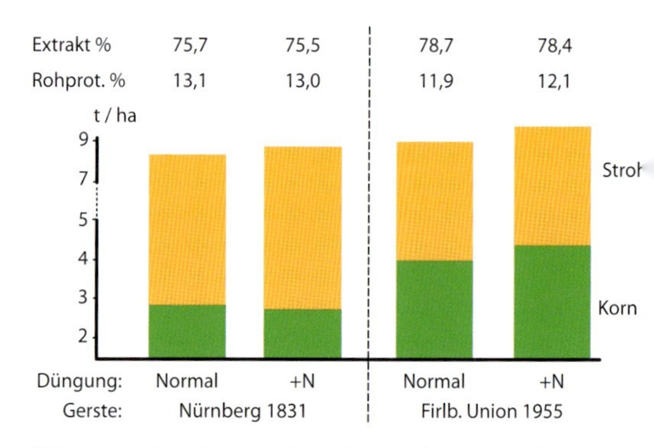

Abb. 5.42: Züchtungsfortschritt über 124 Jahre, Versuche aus 1964 nach Aufhammer et al. [5.33]

gegenübergestellt (Abb. 5.42).
In 124 Jahren haben sich in Zentraleuropa die Erträge der Sommerbraugersten verdoppelt. Mit dieser positiven Ertragsentwicklung ist ein sogenannter Verdünnungseffekt beim Rohprotein eingetreten, der zu einer nennenswerten Verminderung des Rohproteingehaltes in der Braugerste geführt hat. Im Zusammenhang mit der angeführten Proteinreduktion stiegen die Extraktgehalte von 75,7 % auf 78,7 % an. Das zeigt sich auch in den internationalen Versuchen des EBC-Barley Committee [5.34]. Dies ist ein Beispiel dafür, dass durch eine gezielte

Züchtung und eine verbesserte Anbautechnik es auch bei der Braugerste möglich ist, hohe Erträge mit guter Qualität zu kombinieren. Damit ist die oft in der Praxis vertretene Meinung widerlegt, dass ertragsstarke Sommergersten in der Qualität schlechter sind. Baumer [5.35] errechnete im Zeitraum 1955 bis 2000 bei der Sommerbraugerste einen züchtungsbedingten Ertragszuwachs von mehr als 1 t pro Hektar und einen Extraktfortschritt von annähernd 3 % (Abb. 5.43 u. 5.44).

5.4.1.2.2 Entwicklungen bei der Winterbraugerste

Im Hinblick auf die Möglichkeiten, Braugerste zu produzieren, lässt sich die große zentraleuropäische Region sinnvollerweise in die West-, Zentral- und Ostregion unterteilen. Vor allem die Klimazone zwischen der 8 °C bis 14 °C Jahresisotherme bietet die besten Voraussetzungen für den Anbau von Sommer- und Winterbraugersten gleichermaßen. Letztere benötigt nach Herbstaussaat im September ca. 300 Vege-

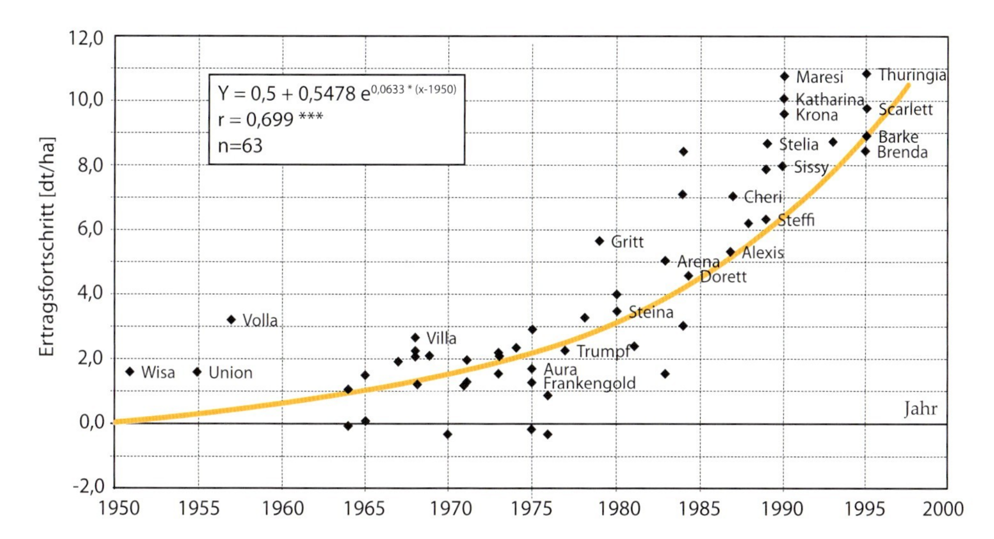

Abb. 5.43: Züchtungsbedingter Ertragsfortschritt bei Sommerbraugerste nach Baumer [5.35]

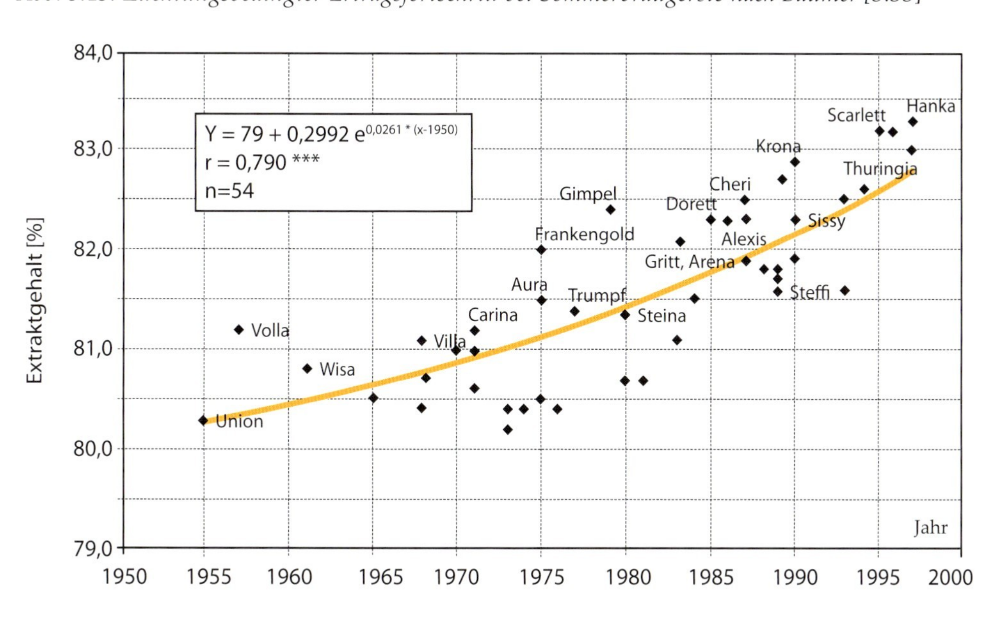

Abb. 5.44: Einfluss der Züchtung auf den Extraktgehalt der Sommergerste nach Baumer [5.35]

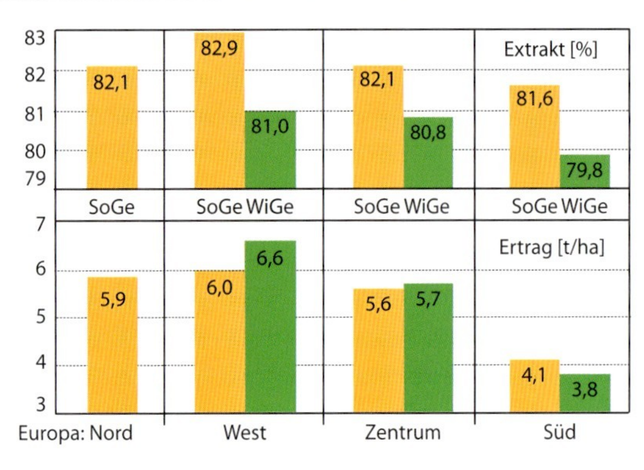

Abb. 5.45: Leistungen von Sommer- und Wintergersten (EBC Field trails 1986–2006) [5.34]

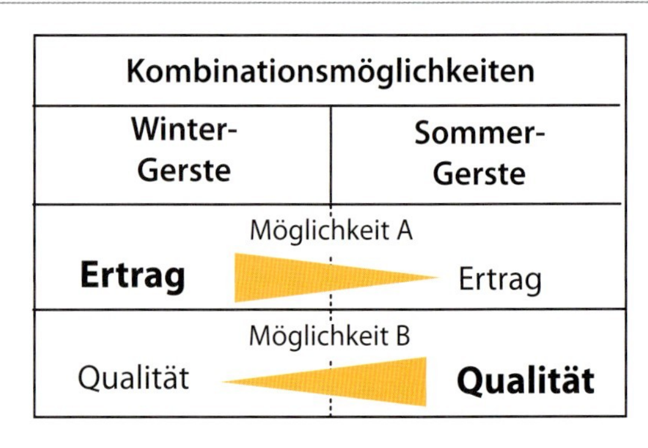

Abb. 5.46: Kombinationsmöglichkeiten bei Sommer- und Wintergersten [5.38]

tationstage. Sie ist aber infolge ihrer geringen Frostresistenz bis minus 15 °C die Gerste für die milderen Klimaregionen. Zur Ausnutzung ihres hohen Ertragspotenzials verlangt sie aber auch die besseren Böden.

Im Norden Europas spielt die Wintergerste keine nennenswerte Rolle. In den mehrjährigen Versuchen hat sich nach Schildbach [5.34] aber gezeigt, dass die neu entwickelten Winterbraugersten im milden Klima Westeuropas mit 6,6 t pro Hektar die höchsten Erträge bringen (Abb. 5.45). Sie lagen aber trotzdem nur 10 % über denen der Sommergerste. Für den internationalen Braugersten- und Malzmarkt sind in der Westregion Frankreich, England, Irland und die BeNeLux-Staaten wichtige Handelspartner auch für Winterbraugersten. Zum Zentrum hin verminderten sich in diesen Versuchen die Erträge der Wintergerste und die Sommergerste erreicht annähernd die gleichen Erträge wie die Wintergerste. Zu dieser Region gehören primär Deutschland, Tschechien und Österreich. Die langjährigen Erträge aus der Besonderen Ernteermittlung in Deutschland über einen Zeitraum von 1990 bis 2006 lagen nur bei 4,7 t pro Hektar bei der Sommergerste und bei der Wintergerste bei 6,2 t pro Hektar [5.36, 5.37]. Ursachen für die Diskrepanzen zu den EBC-Versuchen liegen im methodischen Bereich begründet. Nach Süden hin fielen die Erträge weiter ab und die Wintergerste brachte sogar etwas geringere Erträge als die Sommergerste. Beim Extrakt dagegen war die Sommergerste dank der langjährigen züchterischen Entwicklung immer deutlich überlegen.

Der Osten umfasst die Regionen der ehemaligen USSR bis zum Ural und Polen. Diese Gebiete bauen vorwiegend Sommergersten an. Die größten Gerstenexporteure dieser Ostregion sind die Ukraine (ca. 5 Mio. t) und Russland (ca. 2 Mio. t) [5.25].

Im Allgemeinen sind die Winterbraugersten im Ertrag besser, aber in der Qualität schlechter als die Sommergersten. Eine Kombination der hohen Erträge der Wintergerste mit der hohen Qualität der Sommergerste erscheint daher züchterisch ein sehr lukratives Ziel zu sein (Abb. 5.46). Dieses ist nach Schildbach [5.38] auf zwei Wegen erreichbar: Die Möglichkeit „A“ liegt im Transfer der hohen Wintergerstenerträge in die ertragsschwächere, aber qualitativ hochwertigere Sommergerste. Die Möglichkeit „B“ ist der Transfer von Qualitätsgenen aus der Sommergerste in die ertragsstarke Wintergerste. An beiden Möglichkeiten wird züchterisch intensiv und erfolgreich gearbeitet.

Bei den Diskussionen um die zweizeiligen Winterbraugersten verweist Aufhammer [5.37] auf Arbeiten an der VLB Berlin von Neumann [5.39] bereits aus dem Jahr 1921, in denen die Chancen der Entwicklung von Winterbraugerstensorten diskutiert werden. In umfangreichen Versuchen seit den 1960er-Jahren [5.34, 5.40, 5.41] wird die züchterische Ertrags- und Qualitätsentwicklung bei der Winterbraugerste dargestellt. Besonders in Frankreich spielt neben der zweizeiligen- auch die mehrzeilige Winterbraugerste eine wichtige wirtschaftliche Rolle (Tab. 5.10). Die Sortenentwicklung bei der

Tab. 5.10: Entwicklung von Winterbraugerste in Europa – Versuche aus den Jahren 1960 bis 2006 [5.34]

	1960 – 1970		**1980 – 1990**		**1990 – 2000**		**1999 – 2006**	
Sorte Herkunft	**Malta Deutschland**	**M.Otter Großbritannien**	**Kaskade Deutschland**	**Plaisant Frankreich**	**Regina Deutschland**	**Esterel Frankreich**	**Winterbraugerste**	**Sommerbraugerste**
Zeiligkeit	2	2	2	6	2	6	2 + 6	2
Ertrag pro Hektar	5,7	4,8	6,8	7,3	6,5	7,0	6,2	6,0
Vollgerste %	91	6,5	96	87	94	87	93	92
Rohprotein %	13,0	11,5	12,1	10,7	10,3	9,9	11,4	10,7
Extrakt %	77,8	80,9	80,0	79,4	81,3	79,9	80,4	82,5
Kohlbachzahl	38	45	40	36	43	37	41	45
Extrakt-differenz %	4,3	2,9	1,9	3,6	–	–	–	–
Viskosität mPas 8,6 %	–	–	1,56	1,70	1,58	1,79	1,64	1,47
S.-Endvergärungsgrad	–	–	–	–	–	–	80,9	82,0

Wintergerste über annähernd 40 Jahre zeigt (Tab. 5.10), dass auch die Erträge um ca. 1 t pro Hektar gestiegen sind. Bei guter Vollgerste ist die Tendenz zu niedrigeren Proteingehalten zu erkennen. Der Extraktgehalt bei der Winterbraugerste liegt auch in Deutschland im Durchschnitt bei 80 %.

Während die Proteolyse bei den Wintergersten inzwischen normale Werte erreicht, bleibt die Zytolyse immer noch etwas zurück. Dem kann jedoch auch mit einer angepassten Mälzung begegnet werden. Alles in allem tendieren auch die zweizeiligen Winterbraugersten der Gegenwart im Vergleich zu Sommergersten zu etwas höheren Proteingehalten, deutlich geringerer Extraktausbeute, zu einer etwas schwächeren Zytolyse und Endvergärung. Dennoch kommen aber die besten zweizeiligen Winterbraugersten der aktuellen Generation (2010–2012) den mittleren Sommerbraugersten schon recht nahe. So sind die Züchter in Mitteleuropa auf gutem Wege, um der verarbeitenden Industrie besonders mit den besten zweizeiligen Winterbraugersten der Gegenwart Alternativen zur Sommerbraugerste anzubieten.

5.4.1.3 Region südlich der 14 °C-Jahresisotherme

In den Gefilden südlich der 14 °C-Jahresisotherme und auch den angrenzenden Regionen der 8°- bis 14°-Isotherme werden im Allgemeinen Sommergersten im späten Herbst ausgesät und im Mai geerntet (Abb. 5.40). Eine Frühjahrsaussaat, wie sie bei der Sommergerste in Mittel-, West- und Nordeuropa üblich ist, bringt im Süden gravierende Mindererträge, weil hier ab Februar die Temperaturen zu schnell steigen und die Niederschläge nur noch in geringeren Mengen und unregelmäßiger fallen. Der Anbau klassischer Wintergersten stößt im Süden insofern auch auf Probleme, weil trotz Herbstaussaat die Bestockungs- und Kornbildungsphasen oft spät einsetzen und dann in Hitze- und Trockenperioden fallen. Diese können die Ertrags- und Kornausbildung schädigen (Abb. 5.47 u. 5.48). Andererseits aber sind die Winter sehr mild (Regenzeit), sodass kaum Frostgefahr besteht und deshalb auch bevorzugt Sommergersten bei Herbstaussaat dort erfolgreich angebaut werden können. Die Gersten der Südregion stehen in der Regel ca. 240 Tage auf dem Feld. Ganz entscheidend ist in dieser Zone der Anbau frühreifer Sorten, die vor der beginnenden Vorsommer-Trockenheit

Abb. 5.47: Wein und Braugerste in Sizilien

Abb. 5.48: Trockenschäden an Braugerste in Südeuropa (Frühjahrsaussaat)

ihre Ähren- und Kornbildungsphasen weitgehend abgeschlossen haben sollten. Anderenfalls kommt es zu deutlichen Missernten. Die Herbstaussaat von Sommerbraugersten in Südeuropa bietet die Möglichkeit, den enormen Züchtungsfortschritt von zentraleuropäischen Sorten zu nutzen. So ist es möglich und auch üblich, ohne eigene langwierige und teuere Züchtung moderne Braugerstensorten aus Zentraleuropa – nach entsprechender Selektion – in Südeuropa bei Herbst- bzw. Winteraussaat unmittelbar vor Beginn der Regenzeit erfolgreich anzubauen. Am Beispiel aus Italien wird von Schildbach und Zasio [5.42] gezeigt, dass in jeder neuen Sortengeneration aus Deutschland, den Niederlanden und auch Großbritannien der Züchtungsfortschritt mess- und durch Lizenznahmen auch in Italien nutzbar ist [5.42] (Tab. 5.11). Gegenüber der älteren deutschen Carina, die in Italien in großem Rahmen kommerziell angebaut und als Braugerste genutzt wurde und auch viele Jahre als Standardsorte in den Versuchen stand, brachten die holländische Prisma und auch die deutsche Cheri signifikant höhere Erträge und nachhaltige Qualitätsverbesserungen. Etwa zehn Jahre danach zeigten die neueren deutschen Sorten Cheri und Barke weitere deutliche Qualitätsverbesserungen. Und schließlich lieferten nun ein weiteres Jahrzehnt danach die moderneren englischen Sorten Prague und Quench im italie-

Tab. 5.11: Nutzung des internationalen Züchtungsfortschrittes in Italien (SAPLO-EBC-Versuche) [5.42]

Versuchs-jahre	Sorte	Herkunft	Ertrag t pro Hektar	Extrakt %	Friabilität	Scheinbare Endvergärung %
1990/91	Carina	Deutschland	5,1	81,7	86	79,6
	Prisma	Niederlande	5,7	81,3	84	80,0
	Cheri	Deutschland	6,0	82,1	90	81,2
1998/99	Prisma	Niederlande	6,1	82,3	85	82,3
	Cheri	Deutschland	6,0	83,0	87	82,8
	Barke	Deutschland	6,3	83,4	92	83,3
2007	Cheri	Deutschland	7,1	82,5	78	78,8
	Barke	Deutschland	6,2	82,6	80	85,6
	Prague	Großbritannien	8,4	82,9	94	82,1
	Quench	Großbritannien	7,9	83,5	96	82,2

nischen Anbau weitere nachhaltige Ertrags- und Qualitätsverbesserungen. Diese Fortschritte ausländischer Sorten werden im italienischen Anbau auch wirtschaftlich genutzt.

5.4.2 Sortenstrategie

In der Regel ist international weiterhin die amtliche Zulassung von Sorten eine staatlich festgelegte Hoheitsaufgabe. Sie kann – je nach Ursprungsland – unterschiedlichen Vorschriften unterliegen. Auch bei der Saatguterzeugung sind strenge Regeln zu beachten [5.43–5.46]. In Deutschland stellt sich die Situation folgendermaßen dar: Hat ein Züchter einen Erfolg versprechenden neuen Stamm entwickelt, meldet er diesen beim Bundessortenamt mit dem Ziel der „Amtlichen Wertprüfung" an. Nach Vorprüfungen auf Eigenständigkeit und einer dreijährigen Feldprüfung und Qualitätsuntersuchung entscheidet das jeweilige Sortenamt über die Zulassung. In Deutschland wird eine neue Sorte nur dann zugelassen, wenn sie folgende Kriterien erfüllt:

- unterscheidbar
- homogen
- beständig
- landeskultureller Wert
- bezeichnet

Es folgen weitere Prüfungen in Landessortenversuchen und Praxistests vom Anbau der Gerste bis hin zum fertigen Bier. Nach einer amtlichen Zulassungen und weiteren Prüfungen spricht die Deutsche Braugersten-Gemeinschaft in Zusammenarbeit mit den Landesförderverbänden in Abstimmung mit der Malz- und Brauindustrie und den Prüfinstituten für die besten Neuzüchtungen Empfehlungen für den Anbau aus. Mit Hilfe von Vermehrungsorganisationen baut der Züchter dann die Saatgutproduktion und die Sorten-Erhaltungszüchtung auf. Bewährt sich eine Neuzüchtung, wird sie sehr schnell an Anbaufläche gewinnen und Lizenzeinnahmen und Saatgutverkauf werden in wenigen Jahren auch Gewinn bringen. Hat die Sorte keinen wirtschaftlichen Erfolg, wird sie sehr bald wieder vom Markt verschwinden und die ca. 10-jährige Züchtungsarbeit war letztlich eine teuere Fehlinvestition.

Im Jahr 2011 waren in Deutschland 41 mehrzeilige Wintergerstensorten, 39 zweizeilige Wintergerstensorten und 55 zweizeilige Sommergerstensorten zugelassen. Alle Getreidesorten werden jährlich in der „Beschreibenden Sortenliste des Bundessortenamtes (BSA)" veröffentlicht [5.43]. Jährlich werden ca. fünf neue Sommergerstensorten zugelassen. Alte Sorten ohne landeskulturellen Wert werden aus der Liste gestrichen. Der Sortenschutz ist dem Patentschutz ähnlich und kann für eine Laufzeit von bis zu 25 Jahren erteilt werden. Von den jährlich durch das BSA, den Braugersten-Förderverbänden, dem Forschungsinstitut für Rohstoffe der VLB Berlin und dem Brautechnologischen Institut in Weihenstephan geprüften neuen Sorten haben in der Praxis eigentlich nur dann eine Chance für den weiteren Anbau, wenn sie die Empfehlung der Deutschen Braugersten-Gemeinschaft erhalten („Berliner Programm", Abb. 5.49). Rationellere Züchtungsmethoden und auch internationale Kooperationen bringen heute den Züchtungsfortschritt viel schneller auf den Markt als noch vor 20 Jahren. Dies bedeutet aber auch, dass eine noch gute Sorte viel schneller der besseren weichen muss. Die Lebensdauer einer Braugerstensorte ist kürzer geworden, da heute viel früher eine noch bessere Sorte nachfolgt. Dementsprechend verläuft der Sortenwechsel heute viel rasanter als früher. Diese Entwicklung ist einerseits sehr positiv, weil der Züchtungsfortschritt durch den schnelleren Sortenwechsel viel früher der Landwirtschaft und der verarbeitenden Industrie zur Verfügung steht. Andererseits geht damit aber auch eine größere Sortenvielfalt einher. Da die Sortenwechsel in kürzeren Abständen erfolgen, ergeben sich logistische Probleme (sortenreine Lagerung und Verarbeitung, mehrere kleinere Silos, Rückverfolgbarkeit vom Feld bis zur Brauerei). Das wirtschaftlich nutzbare Sortenspektrum ändert sich von Jahr zu Jahr. Von den 56 in Deutschland im Jahr 2011 zugelassenen Sommergersten können etwa 40 Sorten auf Grund ihrer Qualitätseigenschaften als Braugersten bezeichnet werden [5.43]. Das heißt aber nicht, dass diese auch alle wirtschaftlich erfolgreich sind. Nur ein kleiner Kreis von etwa fünf

Berliner Programm

Abb. 5.49:
Das „Berliner Programm" der Braugersten-Sortenprüfung in Deutschland [5.47]

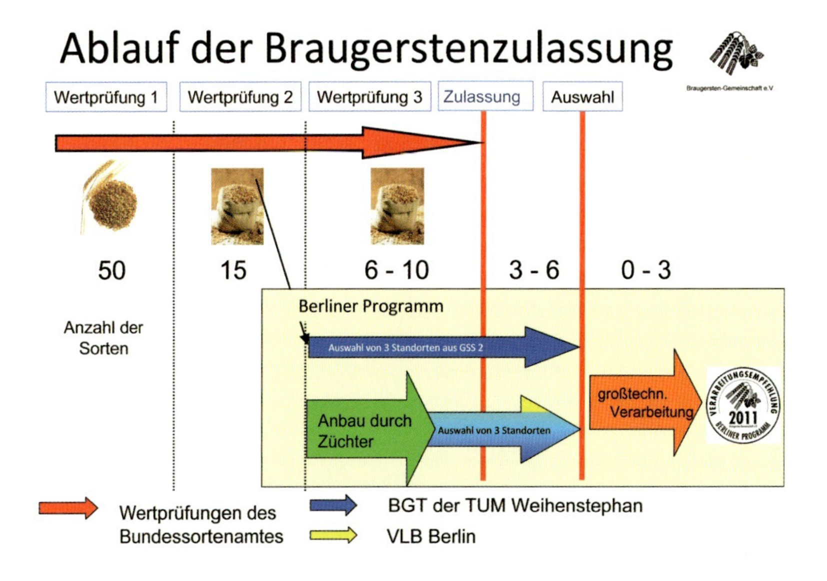

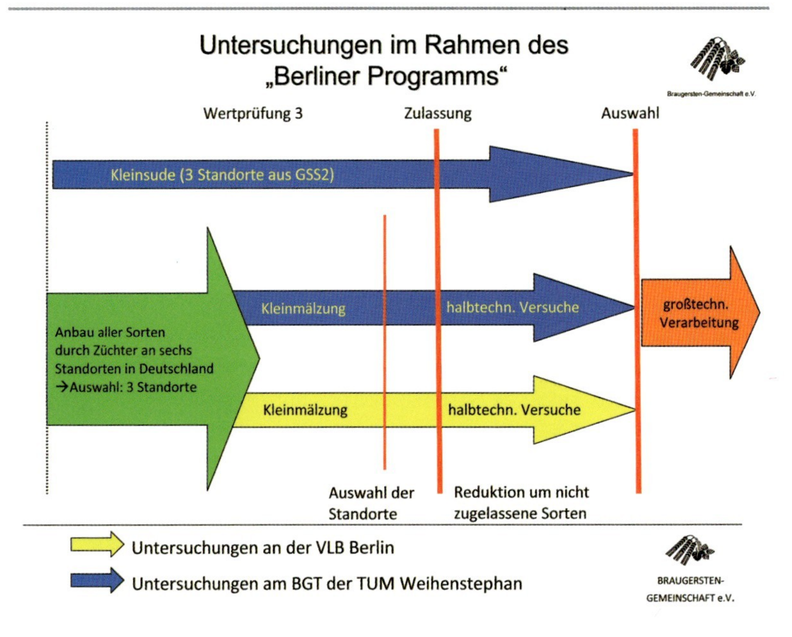

Sorten beherrscht den Markt in Deutschland. Oft sind es nur kleinste agrotechnische oder technologische Vorteile, die über den Anbauerfolg einer neuen Sorte entscheiden. Daher ist der Markt für Braugerste in ständiger Bewegung. Während neue Varietäten hinzukommen, werden ältere aufgegeben. Nur der aktuelle Stand der Sortenverbreitung ist für die Praxis von Bedeutung. Bei den Züchtern ist die Meinung weit verbreitet, dass eine neue Sorte mindestens einige Jahre die 5 %-Hürde der gesamten Saatgut-Vermehrungsfläche in Deutschland erreichen muss. Gleichzeitig sollte auch die dafür erzeugte Saatgutmenge verkauft werden, um die enorm hohen Kosten für die Züchtung einer neuen Sorte zu decken. Es erreichte zum Beispiel die Sorte Margret 2004 nur 3,6 % der Anbaufläche, ehe die Nachfrage wieder sank (Abb. 5.50). Ähnlich verlief die Entwicklung bei der Sorte Hanka, die zwar 1999 die 5 %-Hürde überschritt, danach aber im Konkurrenzkampf mit den Sorten Scarlett und Barke unterlag. Allerdings waren sowohl Margret als auch Hanka aus der Sicht von Ertrag und Qualität gute Braugersten. Demgegenüber erreichte die 1995 zugelassene Scarlett bereits nach vier Jahren 40 % der Saatgut-Vermehrungsflächen, um dann ab 2002 Anteile an die neue Generation, wie Braemar und auch Marthe und Quench, abgeben zu müssen. Braemar, erst 2003 zugelassen, erreichte bereits 2005 mit ca. 20 % schon ihren Höhepunkt, bevor sie an Bedeutung wieder verlor. Diese Beispiele zeigen auch, dass die Erfolgsphasen neuer Sorten aufgrund der harten Konkurrenz auf dem Sortenmarkt immer kürzer werden. Diese Entwicklung verlangt auch von Landwirten, Mälzern und Brauern, ihren Kenntnisstand über die Sorten ständig zu aktualisieren. Diese am Beispiel Deutschland dargestellte Situation trifft auch für andere Braugerste erzeugenden Länder in ähnlicher Weise zu. Die Bedeutung einzelner Gerstensorten für den weltweiten Braugersten- und Malzmarkt ist erwartungsgemäß in den Ländern mit einer hohen Gerstenproduktion und einer leistungsstarken Malzindustrie am größten. Details zu Gerstenernte, Malzbedarf und Bierausstoß siehe Tabelle 5.8. Danach produziert Europa 64 % der weltweiten Gerstenernte und verfügt über ca. 48 % der weltweiten Malzproduktion. Daraus resultiert die Erkenntnis, dass die europäischen Braugerstensorten mit Abstand die größte wirtschaftliche Bedeutung auf dem internationalen Braugersten- und Malzmarkt haben. Es folgen die nordamerikanischen Sorten vor allem aus Kanada und USA. Die Brau-

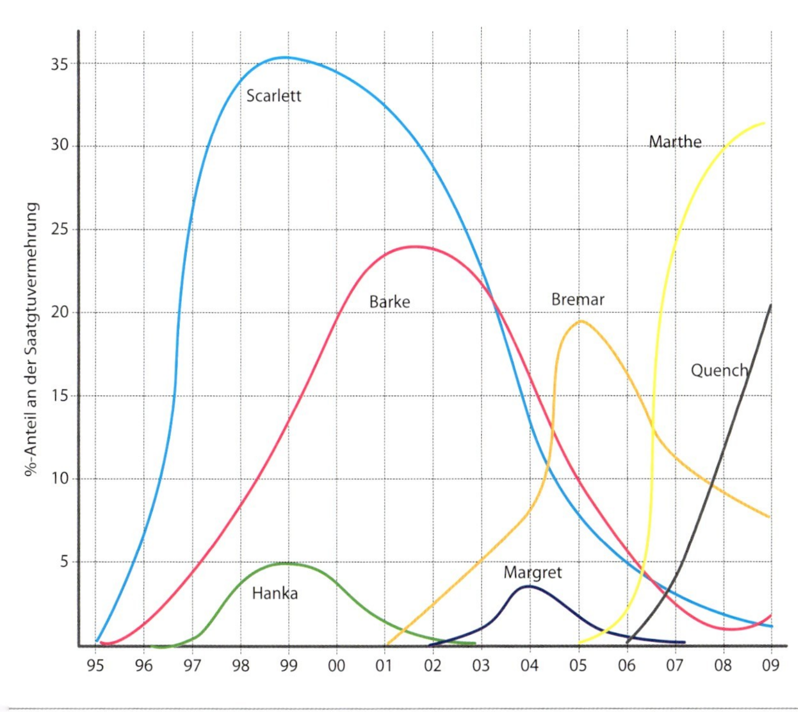

Abb. 5.50: Verbreitung einiger Sommerbraugerstensorten in Deutschland [5.43]

gerstensorten aus asiatischen und afrikanischen Ländern spielen nur für die lokale Brauindustrie eine Rolle. In Ozeanien werden zwar nur 5 % der weltweiten Gerstenmenge geerntet, aber der Eigenbedarf an Braugersten ist gering, sodass im Allgemeinen ein Exportüberschuss anfällt. Um die wirtschaftliche Bedeutung einer Braugerstensorte für den Weltmarkt realistisch zu beurteilen, muss sie stets im Zusammenhang mit der jeweils produzierten Gerstenmenge (%-Anteil an der Anbaufläche) gesehen werden. Erst aus dieser Gesamtbetrachtung resultiert letztlich der wirtschaftliche Wert einer Sorte.

Im Folgenden wird nun der Versuch unternommen, eine Übersicht zu geben, in welchen Ländern welche Sorten und Mengen an Braugersten/Gersten erzeugt werden. Hierbei ist aber zu beachten, dass nur in wenigen Staaten zuverlässige Daten über die Sortenverbreitung vorliegen. Hinzu kommt ein weiteres Problem. Da das Zahlenwerk oft nicht jahresaktuell ist, die Angaben zwischen den Ländern oft nicht vergleichbar und Statistiken unvollständig sind, kann jede Übersicht nur grobe Informationen ohne Anspruch auf Vollständigkeit und Aktualität geben. Die meisten Angaben in den Kapiteln 5.4.3–5.4.8 basieren auf den Literaturquellen [5.22–5.82]. Ergänzende Mitteilungen stammen aus persönlichen Gesprächen des Autors mit lokalen Fachleuten vor Ort. Alle Daten unterliegen zudem großen jahresbedingten Schwankungen. Die Aussagefähigkeit der nun folgenden Ergebnisse steht deshalb unter dem Vorbehalt der angeführten Einschränkungen. Die Länder sind nach Erdteilen und produzierten Gerstenmengen geordnet.

5.4.3 Braugersten und Malz in Europa

Von Europa, dem Erdteil mit der größten Gerstenproduktion und einem enormen Züchtungsfortschritt, kann die Entwicklung von Qualitätsbraugerstensorten weltweit partizipieren.

5.4.3.1 Russland

- Gerstenproduktion pro Jahr: 18 bis 22 Mio. t
- Malzproduktion pro Jahr: 1,7 Mio. t

Es überwiegen die zweizeiligen Sommergerstensorten. Doch allein in Südrussland gibt es 16 Winter- und 123 Sommergerstensorten. Wintergersten haben für die Biererzeugung noch keine größere Bedeutung. Bei den zweizeiligen Sommerbraugerstensorten werden zwei Gruppen unterschieden:

1. Russische Züchtungen: u.a. Odessky 100, Gonar, Zazersky 85, Maskowsky 3, Bios, Ranshan, El Acha, Rakhat und Abava
2. Zentraleuropäische, überwiegend deutsche zweizeilige Sommerbraugersten: u.a. Scarlett, Margret, Annabell, Ursa und Pasadena

Diese zweite Gruppe wurde auf Initiative der russischen Malzindustrie als Saatgut importiert, registriert und vermehrt, weil sie die Qualitätsanforderungen eher erfüllt. Für die hervorragenden Schwarzerdeböden in Russland

Abb. 5.51: Sommerbraugerste auf Schwarzerde in Russland

Abb. 5.52: Zentraleuropäische Sorten von Sommerbraugerste auf den fruchtbaren Schwarzerdeböden in der Ukraine

(Wolga-Region) und in der Ukraine sind die aus Mitteleuropa eingeführten Qualitäts-Sommerbraugersten oft aber nicht standfest genug (Abb. 5.51, 5.52).

5.4.3.2 Deutschland

- Gerstenproduktion in 2011: 8,7 Mio. t, davon 2,1 Mio. t Sommergerste und 6,7 Mio. t Wintergerste
- Malzproduktion pro Jahr: 2,2 Mio. t

Aus den in Deutschland 2011 vom Bundessortenamt (BSA) insgesamt 56 zugelassenen Sommergerstensorten (Abb. 5.53) stehen ca. 40 zweizeilige Sommerbraugersten zum Anbau zur Verfügung [5.43]. Aus diesem Sortiment kristallisieren sich nach erweiterten Prüfungen im „Berliner Programm“ [5.47, 5.48] jährlich einige wenige Sorten (0–4 Neuzüchtungen) heraus, die eine Anbauempfehlung der Deutschen Braugersten-Gemeinschaft erhalten. In 2011 waren dies KWS-Bambina, Propino und Sunshine. 2011 belegten die bedeutendsten Sommer-Braugerstensorten 89 % der gesamten Saatgutvermehrungsfläche (Tab. 5.12). Obwohl die große Menge von jährlich ca. 7 Mio. t Wintergerste aus 41 mehrzeiligen und 39 zweizeiligen Sorten stammt, bleibt die Bedeutung für die Malz- und Brauindustrie in Deutschland noch gering. Zur Zeit werden nur ca. drei zweizeilige Wintergersten als Braugersten verwendet. Es sind die Sorten Wintmalt, Malwinta und Vanessa, die soweit entwickelt sind, dass daraus

Abb. 5.53: Sortenprüfung in Deutschland

Abb. 5.54: Produktive Sommerbraugerste in Zentraleuropa

Sorte	Herkunftsland	Jahr d. Zulassung	Saatgutvermehrung 2011 in %
Grace	D	2008	25
Quench	GB	2006	22
Marthe	D	2005	12
Propino	D	2009	9
Simba	D	2003	6
Tocada	D	2003	4
NFC Tipple	GB	2003	3
JB Flavour	D	2007	3
Sunshine	D	2009	3
Conchita	D	2007	2
Gesamt			**89 %**

Tab. 5.12: Bedeutende zweizeilige Sommerbraugersten in Deutschland [5.43]

Sorten Herkunftsland	Marthe D	Quench GB	Grace D
Gerste			
Ertrag t/ha	6,8	7,2	6,9
Vollgerste %	97,4	96,8	97,7
Rohprotein %	10,6	10,1	10,7
Malz			
Extrakt %	82,5	83,2	82,5
Friabilität %	90,5	92,9	94,5
Viskosität mPas	1,47	1,48	1,46
Kolbachzahl	45,5	47,5	47,5
Sch. Endvergärung %	83,5	82,7	83,0

Tab. 5.13: Leistungen einiger in Deutschland angebauten Sommer-Qualitäts-Braugerstensorten nach Braugersten-Gemeinschaft „Berliner Programm" [5.48]

bei gezieltem Anbau und angepasster technologischer Verarbeitung mittlere Qualitäten erreicht werden können. Ihr Anteil an der Saatgutvermehrungsfläche der Winterbraugerste beträgt allerdings nur knapp 4 %. Leistungen einiger in Deutschland angebauten Sommer-Qualitätsbraugerstensorten (Tab. 5.13) zeigen, dass bedeutende Sorten bei gleichzeitig hoher Ertragsleistung hervorragende Gersten- und Malzqualitäten liefen können. All drei Varietäten sind Spitzensorten, die sich in ihrer Qualität nur in kleinen Nuancen unterscheiden.

5.4.3.3 Ukraine

- Gerstenproduktion 2008: 12 Mio. t
- Malzproduktion pro Jahr: 0,6 Mio. t

Die Ukraine belegt immerhin Rang 3 in der weltweiten Gerstenproduktion und ist mit ca. 5 Mio. t der größte Gerstenexporteur der Welt. Es werden vor allem zweizeilige Sommergersten erzeugt. Es ist anzunehmen, dass das angebaute Sortenspektrum weitgehend dem von Russland entspricht.

5.4.3.4 Frankreich

- Gerstenproduktion 2008: 12 Mio. t, davon 3,4 Mio. t Sommergerste und 8,7 Mio. t Wintergerste
- Malzproduktion pro Jahr: 1,4 Mio. t

Die Sommerbraugersten sind Sebastian (48 %), Prestige (15 %), Henley (11 %), NFC Tipple (9 %), Pewter (6 %), Scarlett (4 %), Belini, Beatrix, Thorgal, Canoni. Die Winterbraugersten in Frankreich sind (außer der zweizeiligen Vanessa) alle sechszeilig. Es sind Cervoise (17 %), Esterel (7 %), Azurel (6 %), Arturio (4 %) und Cartel (3 %).

5.4.3.5 Spanien

- Gerstenproduktion 2008: 11,3 Mio. t, davon 9,6 Mio. t Sommergerste und 1,7 Mio. t Wintergerste.
- Malzproduktion pro Jahr: 0,5 Mio. t

Aufgrund häufig auftretender Dürreperioden schwanken die Erntemengen in weiten Bereichen. Der überwiegende Teil der Sommergersten wird vor Winterbeginn ausgesät, die Wintergersten etwas früher im Spätherbst. Im Anbau stehen die folgenden Sorten:

- Sommerformen: Scarlett, Beka Prestige, Nevada, County, Sultane, Garbo und Aspen
- Winterformen: Prudentia, Sunrise, Vanessa, Dobla und Esterel

5.4.3.6 Großbritannien

- Gerstenproduktion 2008: 6,1 Mio. t, davon 3,3 Mio. t Sommergerste und 2,8 Mio. t Wintergerste.
- Malzproduktion pro Jahr: 1,5 Mio. t

50 % der Sommer- und 24 % der Wintergersten sind zweizeilige Braugersten. Dazu gehören folgende Sorten:

- Sommerbraugersten: NFC Tipple (20 %), Optic (15 %), Oxbridge (13 %), Quench (6 %), Cocktail (3 %), Westminster (13 %), Publican, Toucan, Decanter; Belgravia
- Winterbraugersten: Pearl (20 %), Flagon (11 %), Cassata (8 %), Maris Otter (3 %), Wintmalt (1%)

5.4.3.7 Dänemark

- Gerstenproduktion 2007: 3,0 Mio. t, davon 2,2 Mio. t Sommergersten und 0,9 Mio. t Wintergersten
- Malzproduktion pro Jahr: 0,3 Mio. t

43 % der Sommerbraugersten bestehen aus den Sorten Power (30 %), Prestige (6 %), Publican (6 %), Class (4 %), Quench (4 %), NFC Tipple (4 %), Henley (3 %), Sebastian, Barke und Troon. Als Winterbraugersten werden in geringem Umfang die deutschen Sorten Wintmalt und Vanessa angebaut.

5.4.3.8 Polen

- Gerstenproduktion 2008: ca. 3,7 Mio. t, davon 3 Mio. t Sommergerste und 0,7 Mio t Wintergerste
- Malzproduktion pro Jahr: 0,4 Mio. t

8 % der Sommergersten sind Braugersten. Dazu gehören Sebastian, Prestige, Mauritia, Barke und Jersey. Zu den Winterbraugersten zählt die zweizeilige Tiffany.

5.4.3.9 Tschechien

- Gerstenproduktion 2008: 2,1 Mio. t, davon 1,7 Mio. t Sommergerste und 0,4 Mio. t Wintergerste
- Malzproduktion pro Jahr: 0,7 Mio. t

50 % der Sommergersten bestehen aus den Sorten Sebastian, Bojos, Prestige, Malz, Jersey, Xanadu, Diplom, Kangoo, Tolar und Calgary.

Abb. 5.55: Kreuzungen mit sogenannten kleinen Gersten in Finnland

5.4.3.10 Finnland

- Gerstenproduktion 2008: 2,1 Mio. t Sommergerste, davon 15 % Braugerste
- Malzproduktion pro Jahr: 0,2 Mio. t

Aufgrund seiner geografischen Lage kann Finnland keine Wintergerste mehr anbauen. Die Sommerbraugersten sind Saana (6 %), NFC Tipple (6 %), Barke (6 %), Braemar (4 %), Scarlett, Prestige und Annabell (Abb. 5.55).

5.4.3.11 Schweden

- Gerstenproduktion 2008: 1,6 Mio. t, davon 1,5 Mio. t Sommergerste und 0,1 Mio. t Wintergerste
- Malzproduktion pro Jahr: 0,2 Mio. t

25 % der gesamten Sommergersten sind Braugersten. Davon erreichen die Sorten Prestige (15 %), NFC Tipple (14 %), Astoria (7 %), Pasadena (4 %), Sebastian (3 %), Henley (3 %), Marthe, Catriona und Scandium (< 3 %).

5.4.3.12 Italien

- Gerstenproduktion 2008: 1,2 Mio. t, davon 0,6 Mio. t Sommergerste und 0,6 Mio. t Wintergerste
- Malzproduktion pro Jahr: < 0,1 Mio t

25 % der gesamten Sommergersten sind die folgenden zweizeiligen Braugersten Quench, Prague, Scarlett, Braemar, Barke, Otis. In geringem Umfang wird auch die zweizeiligen Winterbraugersten Wintmalt angebaut.

5.4.3.13 Ungarn

- Gerstenproduktion 2008: 1,4 Mio. t, davon 0,5 Mio. t Sommergeste und 0,9 Mio. t Wintergerste
- Malzproduktion pro Jahr: 0,1 Mio. t

Als Sommerbraugersten stehen im Anbau Scarlett, Jubilant, Pasadena und Annabell. Winterbraugersten sind die zweizeiligen Sorten Angora, K.H. Korso, Tiffany, Esterel, Vanessa und Lambic.

5.4.3.14 Irland

- Gerstenproduktion 2008: 1,2 Mio. t, davon 1,0 Mio. t Sommergerste und 0,2 Mio. t Wintergerste
- Malzproduktion pro Jahr: 0,1 Mio. t

20 % der gesamten Sommergersten sind Brau-

gersten der Sorten Quench (20 %), Sebastian (9 %), Cocktail (6 %), Prestige (4 %), Magaly und Snakebite.

5.4.3.15 Litauen

- Gerstenproduktion 2008: 0,9 Mio t, zweizeilige Sommergerste, keine Wintergersten
- Malzproduktion pro Jahr: 0,1 Mio. t

Einheimische Sorten sind Auksinia, Aidas, Luoke, Ula, Aura DS und Alsa. Zentraleuropäische Sommerbraugersten stehen in den Prüfungen.

5.4.3.16 Slovakei

- Gerstenproduktion 2008: 0,9 Mio. t, davon 0,8 Mio. t Sommergerste und 0,1 Mio. t Wintergerste
- Malzproduktion pro Jahr: 0,3 Mio. t

Zu den 40 % der im Anbau befindlichen zweizeiligen Sommerbraugersten gehören Malz (29 %), Ebson (21 %), Xanadu (11 %), Sebastian (8 %), Express (7 %), Bojos (6 %), Prestige (4 %) und Ezer (3 %).

5.4.3.17 Österreich

- Gerstenproduktion 2008: 1,0 Mio. t, davon 0,5 Mio. t Sommergersten und 0,5 Mio. t Wintergersten
- Malzproduktion pro Jahr: 0,2 Mio. t

40 % von den gesamten Sommergersten sind die Braugersten Xanadu (24 %), Bodega (15 %), Roxana (6 %), Bojos (4 %), Margret (4 %), Marthe (3 %), Antigala (3 %), Elisa (4 %), Class und Sigura. Als Winterbraugersten werden die zweizeiligen Sorten Opal, Astrid und Vicky angebaut.

5.4.3.18 Rumänien

- Gerstenproduktion 2008: 1,3 Mio. t, davon 0,4 Mio. t Sommergerste und 0,9 Mio. t Wintergerste
- Malzproduktion pro Jahr: 0,1 Mio. t

8 % der Sommergersten und 12 % der Wintergersten werden als Braugersten verwendet. Sommerbraugersten sind Thurdeana und Prima. Eine Winterbraugerste ist Andra.

5.4.3.19 Bulgarien

- Gerstenproduktion 2008: 0,9 Mio. t, davon 0,1 Mio. t Sommergersten und 0,8 Mio. t Wintergersten
- Malzproduktion pro Jahr: < 0,1 Mio. t

20 % der Gerste dient als Braugerste. Es werden zum überwiegenden Teil die zweizeiligen Wintergerstensorten Obzor, Kaskador, Korten, Emon, Aster, Perun, Oglon, Alfa und Plaisant (sechszeilig) zur Malzherstellung verarbeitet.

5.4.3.20 Norwegen

- Gerstenproduktion pro Jahr ca. 0,6 Mio. t, zwei- und sechszeilige Sommerfuttergersten
- Malzproduktion pro Jahr: 0 t

5.4.3.21 Belgien

- Gerstenproduktion 2008: 0,4 Mio. t, davon 0,1 Mio. t Sommergerste und 0,4 Mio. t Wintergerste
- Malzproduktion pro Jahr: 0,7 Mio. t

Sommergersten sind Prestige, Canders, Scarlett, Cellar, Adans, Sebastian und Barke: Wintergerstensorten sind Vanessa und Aureval. Belgien importiert nicht nur Sommer- und Winterbraugerste, sondern exportiert auch in großem Umfang Malz.

5.4.3.22 Niederlande

- Gerstenproduktion 2008: 0,3 Mio. t, davon 0,3 Mio. t Sommergersten und < 0,1 Mio. t Wintergersten
- Malzproduktion pro Jahr: 0,3 Mio. t

70 % der folgenden Sorten sind die zweizeiligen Sommerbraugersten Prestige, Class und NFC Tipple. Es wird Braugerste importiert.

5.4.3.23 Übrige europäische Länder

Die folgenden Länder sind für den internationalen Markt für Braugerste nur von untergeordneter Bedeutung (Tab. 5.14). Das Sortenspektrum dieser Länder stammt vorwiegend aus lokalen Sorten und Saatgutimporten anderer europäischer Länder.

Tab. 5.14: Übrige europäische Länder [5.58]

Land	Gersten-produktion Mio. t	Mälzungskapazität 100.000 t	Sorten
Estland	0,3		Anni, Elo, Annabell, Justina, Gaute
Lettland	0,3		Rasa, Sencis, Ansis, Druvis
Serbien/ Montenegro	0,3	134	
Schweiz	0,2		
Griechenland	0,2	45	
Moldavien	0,2		
Kroatien	0,2		Sommergersten: Scarlett, Ortega Wintergersten: Rex, Slatko, Plaisant, Tiffany, Vanessa, Aster
Mazedonien	0,1		
Bosnien/ Herzegowina	0,1		
Zypern	0,1		
Luxemburg	< 0,1		
Slovenien	< 0,1		
Portugal	< 0,1	88	
Albanien	< 0,1		
Malta	< 0,1		

5.4.4 Braugerste und Malz in Asien

In Asien mit seinen riesigen Hochsteppen ist – ganz anders als in Europa – die Toleranz der Sorten für Trockenheit und Frostresistenz die Voraussetzung für jede Getreideproduktion. Einige Länder, teils mit beachtlichem Gerstenanbau, brauchen und produzieren aufgrund religiöser Vorbehalte weder Braugerste noch Malz und Bier. Wenn dort trotzdem Gerste angebaut wird, so hat das mehrere Gründe: Die Steppen sind prädestiniert für den Anbau von Weizen und Gerste. Mit Gerste gemästete Schafe sind die wichtigsten Fleischlieferanten in diesen Trockenregionen. Zu diesen Ländern gehören der Iran (2,9 Mio. t Gerste), Syrien (1,3 Mio. t) Irak (1,0 Mio. t), Afghanistan (0,3 Mio. t), Saudi-Arabien (0,1 Mio. t), Pakistan (0,1 Mio. t) und Usbekistan. Drei weitere tropische Länder haben zwar Mälzungskapazitäten, aber keinen Gerstenanbau. Dazu gehören Vietnam (80.000 t Mälzungskapazität), Taiwan (52.000 t) und Thailand (11.000 t). Diese Länder versorgen ihre Mälzereien vorwiegend mit Gerste aus Australien.

5.4.4.1 Türkei

- Gerstenproduktion pro Jahr: ca. 8,0 Mio. t (vorwiegend zweizeilige Sommer-Winter-Wechselgersten)
- Malzproduktion pro Jahr: 0,1 Mio. t

Das kontinentale Klima des Hauptanbaugebietes in der anatolischen Hochsteppe um 1000 mNN stellt höchste Anforderungen an die Sorten hinsichtlich der Frostresistenz sowie Hitze- und Trockenheitstoleranz. Darüber hinaus muss der Bedarf an Kältereizen (Vernalisationsbedarf) niedrig sein, sodass eine Aussaat sowohl im Herbst als auch im

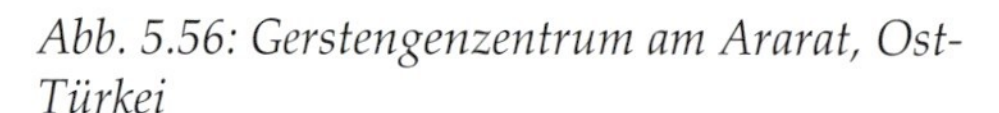

Abb. 5.56: Gerstengenzentrum am Ararat, Ost-Türkei

Abb. 5.57, 5.58: Gersten-Selektionen in Landpopulationen am Ararat, Ost-Türkei

Abb. 5.59, 5.60: Feldbonituren und Ernte von selektierten Braugersten-Nachkommenschaften in Zentralanatolien

Abb. 5.61: Russsische Weizenblattläuse an Gerste und ihre Schadwirkung in asiatischen Steppenregionen, gesunder Bestand (r.), befallener Bestand (l.)

Abb. 5.62: Resistente (l.) und anfällige (r.) Braugerstensorten gegen russische Weizenblattläuse in der asiatischen Steppe

Frühjahr noch möglich ist. Auf der Basis der dominierenden Tokak-Wechselgerste wurden durch umfangreiche Kreuzungsprogramme mit internationalen Qualitätsgersten angepasste Wechselgersten mit verbesserten Mälzungs- und Braueigenschaften entwickelt. Nach Schildbach, Basgül und Engin [5.50] sind inzwischen u.a. die Neuzüchtungen Efes 98, Catalhüyük, Aydanhanim, Atilir, Firat und Merice erfolgreich. Nach wie vor dominiert aber die alte Tokak-Landgerste, die Dank ihrer großen ökologischen Streubreite eine sichere Sorte auch unter den extremen Klimaverhältnissen der Hochsteppen ist (Abb. 5.56–5.62).

5.4.4.2 China

- Gerstenproduktion pro Jahr: ca. 3,4 Mio. t
- Malzproduktion pro Jahr: 5,6 Mio. t

Aus der jährlichen Gerstenernte resultieren nur ca. 1 Mio. t Braugerste. Der Rest dient als Nahrungs- und Futtermittel. In China werden 40 % Sommer- und 60 % Wintergerste angebaut. Noch immer ist die alte ungarische zweizeilige Sommerbraugerste Favorit weit verbreitet [5.63–5.66]. Zur Auslastung der eigenen Mälzungskapazitäten und zur Deckung des Eigenbedarfs sind Importe von Braugerste erforderlich. Diese kommen in erster Linie aus Australien, Frankreich und Kanada. Mehrere chinesische Institute arbeiten aber auch daran, eigene Qualitäts-Braugerstensorten zu züchten (Abb. 5.63–5.66).

Abb. 5.63: Braugersten-Parzellenaussaat in China

Abb. 5.64: Braugersten-Selektionsarbeiten in China

Abb. 5.65: Braugersten-Parzellenernte in China

Abb. 5.66: Neue Braugerstensorten in China

Abb. 5.67: Adaptionsversuche mit europäischen Braugestensorten in Kirgisistan

Abb. 5.68: Traditioneller Gerstenbegrüßungstrunk in Kasachstan

Dabei werden Sommer- und Wintergersten zu Braugersten entwickelt. Obwohl Gerste bereits seit einigen 1000 Jahren in China angebaut wird, entstand das erste gezielte Zuchtprogramm für Braugerste erst in den 1980er Jahren. Nach wie vor müssen aber jährlich größere Mengen an Braugerste importiert werden. Die wichtigsten chinesischen Braugersten sind zweizeilige Wintergersten. Im Nordwesten des Landes werden Gan 4, Gan 3, Wupi 1, Ken 2 und Ken 3 angebaut, im Osten Humai 8, Humai 16, Gangpil, Suyin 1, Huaimai 19, Linnong, Nongmai, KA4B und Gang 2 [5.59, 5.63, 5.63].

5.4.4.3 Kasachstan

- Gerstenproduktion 2008: 1,8 Mio. t
- Malzproduktion pro Jahr: 0,08 Mio: t

Dieses Land mit einer Jahrhunderte alten Braugerstentradition baut vorwiegend die zweizeiligen Sommerbraugerstensorten Arna, Sever 1, Asem, Saule, Odesski 100 und Zhuldyz an. Auch internationale Braugerstensortimente wurden geprüft (Abb. 5.67, 5.68).

5.4.4.4 Indien

- Gerstenproduktion 2008: 1,4 Mio. t
- Malzproduktion pro Jahr: 0,2 Mio t.

Indien baut neben der lokalen Mandigerste weitere zwei- und mehrzeilige Sorten an. Die zweizeiligen Sorten werden eher als Braugersten, die sechszeiligen als Futtergersten verwendet. Neuere RD- und DWR-Sorten wurden für spezielle Anbauregionen entwickelt und sind von guter Qualität. Umfangreiche internationale Sortimente werden auf ihre Anbaueignung in Indien geprüft. Braugerstensorten werden an mehreren Instituten entwickelt. Neuere Braugerstensorten sind DWRUB 52, RD 2668 und DWR 28. Einige sechszeilige Futtergersten sind PL751, BH902 und BHS380. Für die verschiedensten Klimazonen werden individuell angepasste Sorten gezüchtet [5.64–5.66].

5.4.4.5 Japan

- Gerstenproduktion pro Jahr: 0,2 Mio. t
- Malzproduktion pro Jahr: 0,1 Mio. t.

Japan selektiert aus den ca. 200.000 t Gerste ca. 100.000 t Braugerste. Sofern die Qualität den Anforderungen der amtlichen Kontrolleure entspricht, ist die Industrie verpflichtet, diese als Braugerste aufzukaufen und zu verarbeiten. Damit deckt Japan aber nur 12 % des Braugerstenbedarfes, sodass 88 % importiert werden müssen. Braugersten werden in Japan schon seit 120 Jahren gezüchtet. Zur Zeit besteht eine enge Züchtungskooperation mit Australien. Eine ältere bekannte japanische Züchtung aus den 1970er Jahren ist die Sorte Amagi Nijyo. Erfolgreichere neuere japanische Sorten waren Misato Golden, Nishino Gold, Mikamo Golden, Tone Nijyo, Nesu Nijyo, Kinu Yutako, Haruno Nijo, Myog 1 und Nijo [5.67–5.69].

Abb. 5.69:
Versuchsernte aus Praxisfeldern in Australien

Abb. 5.70:
Braugersten-Höchsterträge in Neuseeland

Abb. 5.71, 5.72:
Prüfung europäischer Braugerstensorten auf der Südinsel in Neuseeland

Abb. 5.73, 5.74:
Braugersten-Seminar am Objekt vor der Ernte auf der Südinsel Neuseelands

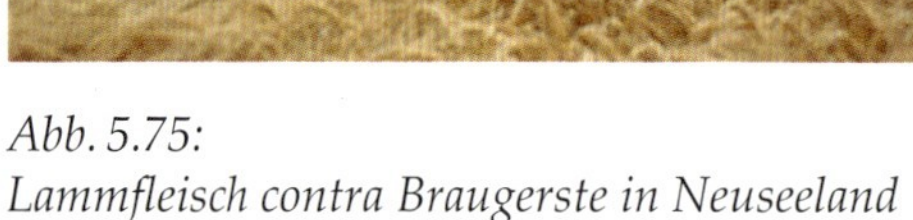

Abb. 5.75:
Lammfleisch contra Braugerste in Neuseeland

Abb. 5.76: Mit Gerste gemästete Schafe aus Australien und Neuseeland bei der Verladung nach Arabien

5.4.5 Braugersten und Malz in Ozeanien

Bei der Braugerstenerzeugung auf den Inseln des Pazifiks, die unter der Bezeichnung Ozeanien zu einem Kontinenten zusammengefasst werden, nimmt Australien eine überragende Stellung ein. Das Land weist – ähnlich wie Spanien – klimatisch bedingte Ertrags- und Qualitätsschwankungen auf, die sehr extrem sein können. Neuseeland dagegen verfügt über nahezu europäische Wachstumsbedingungen.

5.4.5.1 Australien

- Gerstenproduktion 2008: 7,0 Mio. t
- Malzproduktion pro Jahr: 1 Mio. t

Die klimabedingten Ertragsschwankungen bei den Ernten liegen zwischen 4 Mio. t und 10 Mio. t. Große Chargen an Braugerste und Malz werden überwiegend in den asiatischen und afrikanischen Raum exportiert. Futtergerste geht in großen Mengen in die arabischen Länder. Es werden zweizeilige Sommergersten vorwiegend in den Bundesländern nahe der Küstenregionen angebaut (Tab. 5.15) (Abb. 5.67). Im Anbau sind folgende zweizeiligen Sommergersten Gairdener (21 %), Sloop (13 %), Schooner (10 %), Baudin (6 %), Buloke (5 %), Flagship (3 %), Stirling (3 %), Vlamingh (3 %), Hamelin (2 %), Grimmet (0,3 %), Fitzrog (0,3 %) und Commander (0,11 %) [5.70–5.74].

Tab. 5.15: Gerstenproduktion in Australien 2008 (ca. 65 % sind Braugersten, etwa 35 % Futtergersten) [5.70–5.74]

Bundesstaat	Gerstenproduktion Mio. t (Marktanteil)
Westaustralien	2,6 (37 %)
Südaustralien	1,7 (24 %)
Victoria	0,9 (13 %)
New South Wales	1,6 (23 %)
Quensland	0,2 (3 %)
Tasmania	< 0,1 (< 1%)
Gesamt	7,0 (100 %)

5.4.5.2 Neuseeland

- Gerstenproduktion pro Jahr: ca. 0,4 Mio. t
- Malzproduktion pro Jahr: 0,04 Mio t.

Mit Schwerpunkt auf der Südinsel bieten sich in Neuseeland auch Möglichkeiten der Nutzung europäischer Sorten, die nördlich des 40° südlicher Breite unter diesen Langtagsbedingungen erfolgreich anzubauen sind. Der weltweite Export von Lammfleisch hält aber die Futtergerste nahe am Braugerstenpreis. Obwohl Höchsterträge und gute Malzqualitäten erreicht werden, haben Braugersten- und Malzexport nur eine untergeordnete Bedeutung. Neben eigenen Züchtungen werden auch europäisch zweizeilige Sommergersten angebaut. Den Braugerstenanbau beherrschen Optic, Sherwood, Valetta und Corniche (Abb. 5.75, 5.76) [5.71–5.76].

5.4.6 Braugersten und Malz in Nord- und Zentralamerika

Im gemäßigten Klima des Nordens wachsen vorwiegend zwei- und sechszeilige Sommergersten. Letztere enthalten zwar weniger Extrakt; sie sind aber stärker in ihrer enzymatischen Kraft. In Mexiko dagegen gedeihen daneben auch Wintergersten. In den übrigen zentralamerikanischen Regionen spielt der Gerstenanbau als Folge der tropisch/subtropischen Klimabedingungen keine wesentliche Rolle [5.71].

5.4.6.1 Kanada

- Gerstenproduktion 2008: 11 Mio. t
- Malzproduktion pro Jahr: 0,9 Mio t.

Von diesen ca. 11 Mio. t Gersten der Gesamtproduktion entstammen allein ca. 10 Mio. t aus den westkanadischen Prärieprovinzen Alberta (5 Mio. t), aus Saskatchewan 4 Mio. t und aus Manitoba (1 Mio. t). Es werden zwei- und sechszeilige Sommergersten angebaut. Davon sind 50 % zweizeilige Braugersten, 11 % sechszeilige Braugersten, 38 % Futtergersten und 1 % Nacktgersten. Zweizeilige Sommerbraugersten sind Metcalf (28 %), Copeland (11 %), Kendall (6 %), Newdale (2 %), Harrington (1 %), Merit (< 1 %), CDC Select (< 1 %), Calder (> 1 %). Sechszeilige Sommerbraugerstensorten sind Legacy (5 %), Tradition (4 %), Excel (1 %), Robust (< 1 %), Lacey (1 %), CDC Battleford (< 1 %) und CDC Yorkton (< 1 %) [5.23–5.26]. Da Kanada beachtliche Mengen an Braugerste und Malz exportiert, wird mit diesen Braugerstensorten auf dem Weltmarkt ein reger Handel getrieben.

5.4.6.2 USA

- Gerstenproduktion 2008: 5,0 Mio. t
- Malzproduktion pro Jahr: 2,4 Mio t.

Es werden auch in USA überwiegend zwei- und sechszeilige Sommergersten angebaut. Ähnlich wie in Kanada wurden sowohl zweials auch sechszeilige Sorten zu Braugersten entwickelt. Aufgrund des hohen Eigenverbrauches von Bier (USA = 232 Mio. hl; Kanada 24 Mio. hl [5.24]) ist auch die Mälzungskapazität in den USA nahezu zehn Mal größer als in Kanada. In den USA werden in etwa 50 % der Gerstenproduktion als Braugerste benötigt. Ca. 40 % der gesamten Gerstenerzeugung in den USA kommt aus Norddakota. Die bedeutendsten zweizeiligen Sommerbraugerstensorten sind Metcalfe (31 %), Harrington (26 %), Conlon (18 %), Conrad (14 %), Merit (10 %), Copeland (1 %), Scarlett (<1%), Charles (<1 %). Die bedeutendsten sechszeiligen Sommerbraugerstensorten sind Tradition (45 %), Ladey (23 %), Stellar-ND (12 %), Legacy (11 %), Robust (8 %) und Drummond (2 %) [5.23–5.26, 5.71].

5.4.6.3 Mexiko

- Gerstenproduktion pro Jahr: ca. 0,7 Mio. t
- Malzproduktion pro Jahr: 0,5 Mio t.

Mexiko benötigt ca. 1 Mio. t Malz. Die nationale Mälzungskapazität reicht aber nur für die Hälfte des Eigenbedarfes. Malz wird sowohl aus nationaler als auch aus importierter Gerste hergestellt. Gersten- und Malzimporte entstammen überwiegend aus Kanada und den USA. Mexiko baut ca. 17 % Winter- und 83 % Sommergersten an. Gerste ist in Mexiko ein wichtiges Getreide im Hochland. Zu den Braugersten gehören die zweizeiligen Sommergersten Puebla, Esmeralda, Adabella, Armida sowie Alina [5.77, 5.78].

5.4.7 Braugersten und Malz in Südamerika

Züchtung und Anbau von Braugerste werden von der jeweiligen Brauindustrie und von den staatlichen Institutionen gefördert. In Argentinien, Chile und im Süden von Uruguay sind auf Grund der etwas längeren Sommertage, der besseren Böden und der gelegentlich etwas geringeren Niederschläge die Wachstumsbedingungen für Gerste etwas günstiger als in den nördlichen und montanen Regionen.

Im Wesentlichen werden Gersten in Südamerika in drei unterschiedlichen Klimazonen angebaut, die auf den folgenden Seiten näher beschrieben werden.

Südamerika, Anbauzone 1: Argentinien, Chile, Süden von Uruguay
Das Klima in dieser Anbauzone ist den europäischer Bedingungen ähnlich. Erfolgreiche Adaptionsversuche haben gezeigt, dass einige europäische und argentinische, nordamerikanische und australische Sommergersten in dieser Zone anbauwürdig sein können.

Abb. 5.77: Adaptionsversuche in Uruguay mit europäischen, nordamerikanischen, australischen und argentinischen Sommergerstensorten

5.78: Bonituren eines internationalen Braugerstensortimentes in Uruguay

Südamerika, Anbauzone 2: Südbrasilien, Norduruguay
Besonders auf den frisch gerodeten, nährstoffarmen tropischen Böden führt vorzugsweise in den Hanglagen bei erhöhten Niederschlägen der Sojaanbau zu starker Erosion.

5.79: Wasser-Erosionsschäden durch tropische Regenfälle beim Anbau von Soja auf Laterit-Roterde-Böden nach eingepflügten Gerstenstoppel in Brasilien

5.80: Erfolgreiche Soja-Direktsaat in die Stoppeln der abgeernteten Braugerste zur Verminderung der Erosion

5.81: Schäden durch tropische Regenfälle

5.82: Wasserschäden vor der Ernte

5.83: Wasser-Erosions-Schutzstreifen in Uruguay

5.84: Mälzerei in Paysandu, Uruguay

5.85: Mälzerei in Paysandu, Uruguay – Energieversorgung erfolgt ausschließlich mit Holz aus Eukalyptus-Plantagen

5.86: Mälzerei in Paysandu am Rio del la Plata

Südamerika, Anbauzone 3: Hochanden-Regionen, Peru, Bolivien
Vom Leben der Bauern in den Dörfern der Hochanden.

5.87: Dorf in den Hochanden mit Anbauterassen

5.88: Familie bei der Feldvorbereitung, im Hintergrund Gerstenfelder am Steilhang

5.89: Bauernfamilie

5.90: Bauernhof in den Hochanden

5.91: Pflügen und Aussaat von Hand

5.92: Verkauf der kleiner Braugerstenmengen in Säcken

5.4.7.1 Argentinien

- Gerstenproduktion 2008: 1,5 Mio. t
- Malzproduktion pro Jahr: 0,8 Mio t.

Für den Eigenbedarf benötigt Argentinien nur 0,2 Mio. t Malz. Boden und Klima bieten günstige Wachstumsbedingungen für die Braugerstenproduktion. Gersten- und Malzindustrie sind exportorientiert. Im Mittel der Jahre verlassen ca. 0,2 Mio. t Gerste und ca. 0,3 Mio. t Malz das Land. Argentinien produziert im Wesentlichen zweizeilige Sommergersten auf der Basis folgender eigener Züchtungen: Palomar, Pampa, Alfa, Sur, Carla, B1215. Nach entsprechenden Adaptationsversuchen ist es besonders im Süden auch möglich, Qualitäts-Sommerbraugerstensorten aus Europa in Argentinien direkt anzubauen [5.71, 5.25].

5.4.7.2 Brasilien

- Gerstenproduktion 2008: 0,3 Mio. t (vorwiegend zweizweilige Sommergersten)
- Malzproduktion pro Jahr: 0,4 Mio t.

Brasilien muss zur Deckung des Eigenbedarfes jährlich ca 0,8 Mio. t Malz und 0,2 bis 0,3 Mio. t Braugerste importieren. Auf Initiative der Brauindustrie wird in Brasilien die gesamte Gerste als Braugerste angebaut. In Kooperation mit staatlichen Institutionen (EMBRAPA) werden eigene Sorten entwickelt. Da im tropischen Norden Gerstenkultur nicht möglich ist, beschränkt sich die ohnehin nur geringe jährliche Erzeugung auf die etwas kühlere, noch subtropische Hügellandschaft des Südens im Rio Grande do Sul, Parana und Santa Catarina.

Abb. 5.93: Adaptationsversuche mit europäischen Braugerstensorten in Brasilien

Abb. 5.94: Züchtungserfolge mit neuen brasilianischen Braugerstensorten

Abb. 5.95: Taubährigkeit durch Aluminiumtoxizität auf den subtropischen Lateritböden in Brasilien

Abb. 5.96: Fusarienbefall vor der Ernte in Brasilien

Erfolgreiche Versuche laufen auch im Serrado-Hochland mit Bewässerung. Dort aber treten Sonderkulturen in Konkurrenz zur Braugerste. In den Hauptanbaugebieten des Südens fällt die Ernte in die Regenzeit, was im Hinblick auf die Gesunderhaltung der Ware eine Vielzahl negativer Konsequenzen mit sich bringt. Aufgrund der vergleichsweise ungünstigeren Wachstumsbedingungen (tropische, sauere Roterdeböden mit Aluminiumtoxizität, Erosionsgefahr, heißeres Klima, Kurztag, feuchte Ernte, hoher Krankheits- und Schädlingsbefall) liegen die Erträge nur bei 2 t pro Hektar. Ein direkter Anbau europäischer Qualitätssorten ist nur gelegentlich erfolgreich. In der Vergangenheit war nach vielen Adaptationsversuchen nur eine einzige europäische Sorte erfolgreich. Es war „Breuns Volla", die in Brasilien als „Antarctica 3" Toleranz sowohl gegen die Aluminium-Toxizität zeigte als auch etwas toleranter gegen Pilzkrankheiten war. So konnte sie sich einige Jahre im praktischen brasilianischen Anbau halten.

Führend in der brasilianischen Züchtung von Sommerbraugersten ist das EMBRAPA-Institut in Passo Fundo, deren „BR"-Sorten heute den nationalen Anbau beherrschen. Die bekannteste Sorte ist „BR 2". Darüber hinaus sind auch Sorten des ehemaligen Brahma-Braukonzern im Anbau, die mit „MN" (Malteria Navegantes) gekennzeichnet sind (MN 682, MN 684) (Abb. 5.93–5.96).

Abb. 5.97: Gewächshaus in Brasilien für die Züchtung von Braugerste

Abb. 5.98: Regen-Schutzterassen in Brasilien zur Vermeidung von Erosionen bei 2000 mm jährlichem Niederschlag

Abb. 5.99: Kreuzungsarbeiten von Braugerste in Uruguay

Abb. 5.100: Feldversuche mit nationalem und internationalem Zuchtmaterial in Uruguay

5.4.7.3 Uruguay

- Gerstenproduktion pro Jahr: 0,2–0,4 Mio. t
- Malzproduktion pro Jahr: 0,3 Mio. t

Der Eigenbedarf liegt bei ca. 50 % der nationalen Mälzungskapazität. Die übrigen 50 % werden überwiegend nach Südbrasilien exportiert. Auf Initiative der Malzindustrie wurde in Uruguay der Anbau von Gerste entwickelt. Ursprünglich wurden argentinische zweizeilige Sommergersten angebaut. Es folgten in Kooperation zwischen staatlichen Instituten, der Malzindustrie, dem Agrarhandel und externer Beratung nationale Züchtungsprogramme für Braugerste. Zahlreiche Adaptions-Feldversuche mit Sorten aus der ganzen Welt zeigten, dass es in Uruguay auch möglich ist, einige australische, europäische und auch nordamerikanische sowie brasilianische zweizeilige Sommerbraugersten mit Erfolg direkt anzubauen (Abb. 5.99–5.101). Aus der genannten Arbeitsgemeinschaft gingen für den erfolgreichen Anbau in Uruguay die folgenden zweizeiligen Qualitätssommerbraugersten hervor: Clipper, Stirling, MN599, Nortena Carumbe, Nortena Cangue, Nortena Dayman, Quebracho, FNC-Sorten, Defra, Aphrodite, Bowman, Perun und Diamalta.

Aufgrund vergleichbarer Breitengrade (gleiche Tageslängen) ist es trotz 5facher Regenmenge in Uruguay möglich, auch einige australische Braugerstensorten anzubauen. Allerdings können gravierende Schäden nicht ausgeschlossen werden. Diese entstehen häufig durch wolken-

Abb. 5.101: Kommerzielle Braugerstenproduktion in Uruguay

Abb. 5.102: Überschwemmungen vor der Ernte in Uruguay (ca. 2000 mm Regen/Jahr)

Abb. 5.103 u. 5.104: Wasserstress von Braugerste in Uruguay vor der Ernte

bruchartigen Regen vor der Ernte mit allen Konsequenzen für Ertrag und die hygienische Qualität (Abb. 5.102–5.104). Wie Eingangs angeführt, stellt sich im Gegensatz zu den tieferen Lagen in Brasilien, Argentinien und Uruguay der Braugerstenanbau in den Hochanden ganz anders dar [5.79].

5.4.7.4 Peru

- Gerstenproduktion pro Jahr: 0,2 Mio. t
- Malzproduktion pro Jahr: < 0,1 Mio. t

In den niederen geografischen Breiten ist der Gerstenanbau nur im Hochgebirge unter montanem Klima möglich. Selbst in Tälern auf 2500 Metern Höhe kann dort das Klima noch subtropisch sein. Der Gerstenanbau in Peru wird von Kleinbauern in Handarbeit auf den Jahrtausende alten Terrassen der Inkas im Hochland betrieben und reicht bis an die 4000 Meter Höhe in den Anden. Braugerste von den steilen Terrassenfeldern wird noch heute in kleinen Mengen an die Mälzereien in Cusco und Arequipa angeliefert (Abb. 5.105–5.108). Noch immer ist die alte französische sechszeilige Sommergerste Grignon als Braugerste im Anbau. Die eigene peruanische Sommerbraugerste „Günter" wurde von einer mälzereieigenen Züchtungsabteilung entwickelt. Die bessere Kornausbildung der zweizeiligen Braugersten führt dazu, dass diese Gersten auch bevorzugt zur Herstellung von Nahrungsmitteln (Graupen, Gerstenmehl) verwendet werden und somit den Mälzereien

Abb. 5.105 u. 5.106: Gerstenanbau auf alten Inkaterrassen in Peru

Abb. 5.107: Sackweise Anlieferung von Braugersten in der Mälzerei Cusco in Peru

Abb. 5.108: Braugersten-Selektionen in Peru [5.116]

Abb. 5.109 u. 5.110:
Trocknung und Reinigung der Gerste durch Sonne und Wind in den Hochanden von Bolivien

nicht in ausreichender Menge zur Verfügung stehen. Auch deshalb ist Peru ein Importeur von Braugerste und Malz. In Versuchen mit europäischen Sorten zeigte sich, dass es durchaus möglich ist, in größeren internationalen Sortimenten Genotypen zu finden, die bei entsprechender Gelbrost-Resistenz auch über 3000 Metern Höhe im Kurztag gute Erträge und Qualitäten bringen können. Diese sind aber im Allgemeinen in der Abreife etwas später. In diesen extremen Klimalagen mit Spät- und Frühfrösten, Dürre, Hagel, schlechten Böden, steilen Hängen und verbreiteten Rostkrankheiten werden hohe Anforderungen an die Züchtung von Braugerstensorten gestellt. In Kooperation mit nationalen und internationalen Universitäten und Institutionen und der Malteria SA in Lima brachte ein spezielles Zuchtprogramm für Braugerste für die extremen Hochgebirgslagen große Fortschritte. Es entstanden inzwischen die folgenden ertragsstarken Braugerstensorten mit guten Resistenzeigenschaften: Zapata 588, UNA 8270, UNA 80, Yanamuclo 87, Buenavista, UNA La Molina und UNA La Molina 96 [5.80].

5.4.7.5 Bolivien

- Gerstenproduktion pro Jahr: ca. 0,1 Mio. t
- Malzproduktion pro Jahr: ca. 10.000 t

Unter gleichen Klimabedingungen wie in Peru werden in Bolivien auch Grignon und Günter aus Peru angebaut. Bei Versuchen mit Gelbrost-toleranten europäischen Sommerbraugersten konnten auch in den bolivianischen Anden Teilerfolge erzielt werden. Bolivien ist auf Malzimporte angewiesen (Abb. 5.109 u. 5.110).

5.4.7.6 Chile

- Gerstenproduktion pro Jahr: 0,1 Mio. t
- Malzproduktion pro Jahr: 0,1 Mio. t

Die höheren Mälzungskapazitäten galten in der Vergangenheit der Produktion für den Malzexport besonders nach Bolivien, Brasilien, Venezuela und Peru. Da aber kanadische Braugersten und Malze billiger sind, ging der Braugerstenanbau in Chile stark zurück. Darüber hinaus konkurrieren fakultative Futtergersten mit den zweizeiligen Sommerbraugersten. Vor der Einrichtung eines nationalen Förderprogramms für Braugersten dominierten bis zu Beginn der 1990er Jahre die weniger Gelbrost-resistenten europäischen Sorten Wisa, Union, Carina, Aramir. Darauf folgten die ersten eigenen chilenischen Sorten: Granifen, Libra, Leo, Acuario.

5.4.7.7 Ecuador

- Gerstenproduktion pro Jahr: ca. 25.000 t
- Malzproduktion pro Jahr: 25.000 t

Der Braugerstenanbau hat in Ecuador eine untergeordnete Bedeutung. Braugerste und Malz werden zum überwiegenden Teil importiert. Aus einem älteren Adaptationsprogramm verblieb nur die resistentere Sorte „Duchicela".

Aus einem internationalen Züchtungsprojekt resultierten die folgenden ertragsstarken multiresistenten Varietäten: Iniap-Shyri 89, Iniap-Calicuchina 92, Iniap-Atahualpa 92, Iniap-Shyri 2000.

5.4.7.8 Kolumbien

- Gerstenproduktion pro Jahr: ca. 3000 t
- Malzproduktion pro Jahr: 0,2 Mio. t

In Kolumbien gibt es keinen Anbau von Braugerste. Die Mälzereien werden ausschließlich mit Importware vorwiegend aus Australien, Argentinien und Nordamerika beliefert.

5.4.8 Braugersten und Malz in Afrika

Mit nur 4 % der weltweiten Gerstenproduktion und max. 1 % der Mälzungskapazität spielt der afrikanische Kontinent aus der Sicht der Erzeugung von Braugerste nur eine untergeordnete Rolle. Während der Trend zum Konsum von hellen Lagerbieren aus Gerstenmalz anhält, haben doch auch die lokalen Biere aus Sorghum besonders in den Dorfgemeinschaften immer noch lokale Bedeutung. Der Anteil islamischer Bevölkerung begrenzt auch in Afrika den Konsum alkoholischer Getränke.

5.4.8.1 Südafrika

- Gerstenproduktion pro Jahr: 0,3 Mio. t
- Malzproduktion pro Jahr: 0,2 Mio. t

Der Anbau der 0,3 Mio. t Gerste wird ausschließlich von der lokalen Malzindustrie (SAM) in direkter Verbindung mit den Landwirten und Genossenschaften organisiert. Reichen Ertrag und Qualität der heimischen Ware nicht aus, werden die vorhandenen Mälzungskapazitäten durch Importe von Braugerste ausgelastet. Der überwiegende Teil der lokalen Braugerste wächst ohne Bewässerung in den Regionen Ruens, Swartland und East Orange Free State. In Transval und am Nordkap wachsen auch mit Bewässerung selektierte europäische Sorten. Die vergleichbare geographische Breite ermöglichte den Anbau der älteren australischen Sommergerstensorten Clipper, Stirling und Schooner. Diese sind jedoch gegenüber den neueren südafrikanischen Zuchtsorten nicht mehr konkurrenzfähig. In einem nationalen Züchtungsprogramm unter Beteiligung staatlicher Institute, einer privaten Züchtungsorganisation (SENSAKO) und der Malzindustrie (SAM) entstanden die folgenden erfolgreichen Neuzüchtungen: SSG 532, SSG 525, B 9412 und SSG 564, SSG 575, SSG 585, SSG 522. Für die Regionen Transvaal und Nord Cape haben sich für den Winteranbau mit Bewässerung bzw. Beregnung die englischen zweizeiligen Qualitäts-Sommerbraugersten Chariot und Blenheim gut bewährt (Abb. 5.111, 5.112).

5.4.8.2 Marokko

- Gerstenproduktion pro Jahr: 1,8 Mio. t
- Malzproduktion pro Jahr: 10.000 t

Abb. 5.111 u. 5.112: Adaptionsversuche europäischer Braugerste mit Bewässerung in Südafrika

Obwohl Marokko die große Menge von 1,8 Mio. t Gerste erzeugt, wird die heimische Gerste überwiegend verfüttert. Es existiert keine gezielte Braugerstenzüchtung.

5.4.8.3 Algerien und Tunesien

- Gerstenproduktion pro Jahr: 0,9 Mio. t
- Malzproduktion pro Jahr: 16.000 t

Die Gerstenernte wird überwiegend verfüttert. Es gibt keine gezielte Braugerstenzüchtung.

5.4.8.4 Ägypten

- Gerstenproduktion pro Jahr: 0,1 Mio. t
- Malzproduktion pro Jahr: 20.000 t

Die nationale Brauindustrie betreibt zwei kleine Mälzereien, die die heimische zweizeilige Sommerbraugerste „Kanesta" verwenden. Diese Sorte ist unbekannten Ursprungs und nach langjährigem Anbau auch nicht mehr sauber. Vor der Ernte sind zwei völlig unterschiedliche Sortentypen in den Beständen zu erkennen. Der Anbau ist auf das Nildelta begrenzt und auf Beregnung angewiesen. Bei sachgemäßer Beregnungstechnik können immerhin bis zu 5 t pro Hektar geerntet werden. Versuche haben gezeigt, dass unter diesen Gegebenheiten auch ausselektierte Sorten europäischer zweizeiliger Sommerbraugersten mit Erfolg im Nildelta angebaut werden können (Abb. 5.113 u. 5.114).

5.4.8.5 Hochland von Äthiopien, Kenia, Tansania und Zimbabwe

Äthiopien

- Gerstenproduktion pro Jahr: 1 Mio. t
- Malzproduktion pro Jahr: 14.000 t

Kenia

- Gerstenproduktion pro Jahr: 50.000 t
- Malzproduktion pro Jahr: 55.000 t

Tansania

- Gerstenproduktion pro Jahr: unbekannt t
- Malzproduktion pro Jahr: 10.000 t

Zimbabwe

- Gerstenproduktion pro Jahr: 25.000 t
- Mälzungskapazitäten pro Jahr: 60.000 t

Auf Initiative der lokalen Brauindustrie werden in diesen Ländern in den kühleren Hochland-Regionen zweizeilige Braugersten entwickelt und auch darüber hinaus angepasste ausländische Varietäten aus Europa und Australien angebaut. Alle übrigen afrikanischen Länder haben aus der Sicht der speziellen Braugersten-Sortenentwicklung, des Anbaus und der Malzherstellung keine größere wirtschaftliche Bedeutung.

Abb. 5.113: Moderne Beregnungstechnik für Braugerste im Nildelta

Abb. 5.114: Vollmechanisierte Braugersten-Erntetechnik im Nildelta

5.5 Produktionstechnik

Die Produktionstechnik für die Erzeugung von Braugerste wird primär am Beispiel mitteleuropäischer Verhältnisse behandelt. Auf Länder mit spezifischen Abweichungen wird hingewiesen. Nicht die Anpassungsfähigkeit, sondern die große Vielfalt ist der Grund, warum Gerste vom 50° südlicher Breite (Argentinien) bis zum 65° nördlicher Breite (Norwegen) angebaut werden kann. Trotzdem gibt es spezielle Umweltkonstellationen (Boden-Klima-Interaktionen), unter deren Einfluss Gersten besonders günstig wachsen und dort hohe Erträge und gute Qualitäten garantieren. Solche guten Wachstumsbedingungen gibt es, wie bereits in Kapitel 5.4.1 ausgeführt, in Zentraleuropa. Deshalb soll diese Region die Grundlage für die Darstellung optimaler Standortbedingungen und Anbauverfahren sein.

5.5.1 Sommergerste

5.5.1.1 Anforderungen an Klima, Witterung und Boden

Nach Reiner et al. [5.83] findet die Sommergerste optimale Wachstumsbedingungen dort vor, wo sie Temperatursummen (Anzahl Tage x Tagesdurchschnittstemperatur) vom ersten Blatt bis zur Reife von ca. 1750 °C vorfindet. Damit liegt die Sommergerste um 350 °C (Temperatursumme) niedriger als Hafer und benötigt zudem 160 l Wasser weniger, um 1 kg Trockensubstanz zu bilden. Bei guter Verteilung der Niederschläge erreicht die Sommergerste damit Höchsterträge in einer relativ kurzen Vegetationsperiode von ca. 130 Tagen zwischen März/April und Juli/August. Sobald der Boden im Frühjahr so weit abgetrocknet ist, dass er mit Maschinen, ohne Strukturschäden zu hinterlassen, befahrbar ist, kann Sommergerste ausgesät werden. Der richtige Zeitpunkt für die Aussaat ist auch dann gekommen, wenn optimale Keimtemperaturen erreicht sind (min. 2 °C bis 4 °C, optimal > 10 °C bis 25 °C) und die Gefahr strenger Fröste gebannt ist (Kältetoleranz –4 °C). Das ist in günstigen Lagen von Europa im März, im Mittelgebirge im April. Bei langem Winter kann es in Skandinavien auch erst im Mai sein. Notwendige kurze Kältereize zur Unterstützung der generativen Phase (Blühen und Kornausbildung) im Bereich um wenige Grad über 0 °C sind in Europa gegeben. Trockene Witterung und Wärme zur Saat, aber kühlere Temperaturen bis zur Bestockung wirken sich wachstumsfördernd aus. Bei der Sommergerste ist der Wasserbedarf beim Ährenschieben sehr hoch. Wassermangel in dieser Phase führt zum „Sitzenbleiben" der Ähren in den Blattscheiden mit Ertrags- und Qualitätsverlusten (Abb. 5.115, 5.116). Ab Beginn des Ährenschiebens wird zur Erreichung einer hohen Assimilationsleistung sowohl ausreichend Wasser als auch warme Witterung benötigt. Oft leidet die Sommergerste in dieser kritischen Phase auf leichten Sandböden mit schlechter Wasserhaltefähigkeit unter Wassermangel. Das führt nicht nur zu Ertragsverlusten, sondern auch zu einer

Abb. 5.115 und 5.116: Dürreschäden bei Sommergerste

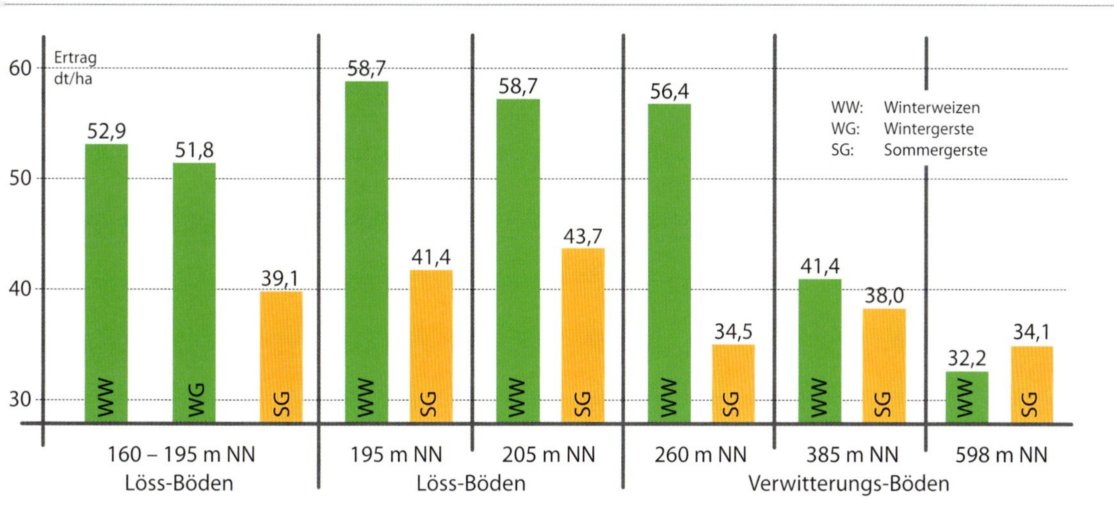

Abb. 5.117: Einfluss von Bodenart und Höhenlage auf die Erträge von Winterweizen, Winter- und Sommergersten [5.84]

schlechteren Vollkörnigkeit und zu hohen Proteingehalten. Für die Reife und Ernte ist dagegen trockenes Wetter erforderlich. Gute, fruchtbare Lössböden in milder Klimalage galten früher als optimale Braugerstenstandorte (Abb. 5.117). Am Beispiel von Versuchen in Nordhessen [5.84] wird gezeigt, dass auf guten Böden die Ertragsunterschiede zwischen dem Wintergetreide und der Sommergerste so groß sind, dass der Anbau von Sommergerste ökonomisch nicht mehr zu rechtfertigen ist. Die Preisunterschiede können den Ertragsabfall bei der Sommergerste nicht kompensieren. Die Versuche zeigen aber auch, dass mit zunehmender Höhe und der damit auch in der Regel abnehmenden Bodenqualität, höheren Niederschlägen und fallenden Temperaturen die Erträge sinken.

Ein besonderes Phänomen ist dabei, dass mit zunehmender Höhenlage von 200 bis 600 Metern die Erträge von Winterweizen viel stärker abfallen als die der Sommergerste. In einer Höhenlage um 600 Meter kann es sogar sein, dass zwar auf einem niedrigeren Niveau die Erträge der Sommergerste höher sind als die des Winterweizens. Unter den eher etwas ungünstigeren Standortbedingungen der Mittelgebirge

Tab. 5.16: Einfluss von Klima und Boden auf Eigenschaften von Gerste und Malz [5.84]

Standort-Beschreibung	**Parabraunerde aus Löss**	**Muschelkalk-Verwitterungsböden**
Höhenlage in NN	**189**	**369**
Ackerzahl	**70 – 80**	**20 – 40**
Ertrag t/h	4,0	3,7
Vollgerste %	77	86
Spelzengehalt	10,0	9,2
Rohprotein %	12,4	11,8
Extrakt %	79,9	80,5
Extrakt-Differenz %	2,6	2,2
Kolbachzahl	37	40

ist deshalb der Braugerstenanbau wieder konkurrenzfähig gegenüber dem Winterweizen. Mit steigender Höhenlage wird dabei die technologische Qualität der Braugerste eher etwas besser (Tab. 5.16). In dem etwas raueren Klima der Mittelgebirge auf den weniger guten Böden sinkt zwar der Ertrag der Sommergersten. Auch bei höheren Saatstärken auf den ungünstigeren Standorten, die trotzdem oft zu dünneren Beständen führen, kommt es zu einer besseren Kornausbildung. Die geringere Produktionsintensität (keine Zuckerrüben und kein Qualitätsweizen) auf den schlechteren Standorten führt bei der Sommerbraugerste zu weniger Protein, mehr Extrakt und einer besseren Malzlösung. So wundert es nicht, dass heute Qualitätsbraugerste verstärkt ihre Nische in den Vorgebirgslagen bis in den Bereich von ca. 450 m über NN Höhe gefunden hat (Abb. 5.118). Das hat aber zur Folge, dass besonders die höheren Sommerniederschläge der Vorgebirgslagen in feuchten Jahren die Ernte verzögern und auch die Belastungen durch Schimmelpilzen mit all ihren negativen Folgen die hygienische Qualität der Braugerste nachhaltig vermindern können. [5.85]

Abb. 5.118: Guter Braugerstenbestand in Vorgebirgslage in Deutschland

5.5.1.2 Stellung in der Fruchtfolge

Mit der Einführung der „Verbesserten Dreifelderwirtschaft“ im 19. Jhd. von Albrecht Thaer [5.86] wurde die Sommergerste Teil eines rationelleren Fruchtfolge-Systems:

- 1. Jahr Blattfrucht: Kartoffeln, Zuckerrüben, Klee
- 2. Jahr Halmfrucht: Wintergetreide (Weizen, Roggen)
- 3. Jahr Halmfrucht: Sommergetreide (Sommergerste, Hafer)

Das Sommergetreide wurde als sogenannte „abtragende Frucht“ ans Ende der dreijährigen Rotation gestellt, bevor wieder mit einer in organische Düngung gestellte Blattfrucht die neue dreijährige Rotation begann. Für die Sommergerste hatte dies zur Folge, dass sie nach dem Wintergetreide auf relativ nährstoffärmeren (abgetragenden) Feldern zum Anbau kam. Das war zwar für die Erträge negativ. Aus der Sicht der Erzielung hoher Brauqualitäten aber eher positiv zu bewerten (weniger Rohprotein). Neue Erkenntnisse und Anbautechniken haben das dargestellte Schema der Vergangenheit flexibler gemacht. Dafür sprechen viele Faktoren:

- Qualitätsweizen mit hoher und später N-Düngung hinterlässt der Nachfrucht (Braugerste) oft zu viel N, der den Proteingehalt erhöht.
- Mais als Vorfrucht für Braugerste birgt die Gefahr einer verstärkten Kontamination der nachgebauten Braugerste mit Schimmelpilzen.
- zwei- und auch mehrjähriger Anbau von Sommerbraugerste auf demselben Feld (Monokultur) ist infolge der Selbstverträglichkeit der Sommergerste möglich.
- Sommergerstenanbau in Folge erlaubt einen zusätzlichen Anbau einer Zwischenfrucht nach der Ernte im gleichen Jahr zur Gründüngung.
- Leguminosen (Erbsen, Bohnen, Kleearten) als Vorfrucht hinterlassen nur schwer kontrollierbare hohe Rest-N-Mengen für die nachfolgende Braugerste.
- Hackfrüchte (Kartoffeln, Zuckerrüben) und auch Raps sind zwar auch für Braugerste

gute Vorfrüchte, sie bringen aber als Vorfrüchte für Wintergetreide deutlich höhere wirtschaftliche Erfolge.

Aus all diesen Argumenten resultiert die folgende unterschiedliche Bewertung der Vorfrüchte für den Qualitäts-Braugerstenanbau (Tab. 5.17 u. 5.18). Der eigene Vorfruchtwert der Sommerbraugerste als „abtragender Frucht" nach Getreide ist geringer zu bewerten. Die frühe Reife der Sommergerste aber macht diese wieder interessant für Raps, der im August/September ausgesät werden sollte, oder für den Zwischenfruchtanbau zur Gründüngung oder Futternutzung für den Rest der Vegetationszeit zwischen August bis Frostbeginn.

5.5.1.3 Bodenvorbereitung

Da die Sommerbraugerste in der Regel nach Getreide steht, beginnt die Bodenvorbereitung mit einer Schälfurche der vorangegangenen Weizenfläche. Stoppeln und Stroh aus der Vorfrucht sollten flach, gleichmäßig und sauber in den Boden, nicht tiefer als ca. 8 cm eingepflügt werden. Am saubersten arbeitet ein Schälpflug. Grubber und Scheibeneggen übernehmen die gleichen Aufgaben bei höherer Leistung. Im Spätherbst wird eine ca. 25 cm tiefe Winterfurche gezogen, bei der auch eine angebaute Zwischenfrucht zur Gründüngung untergepflügt werden kann. Frost im Winter fördert die Bodengare (Krümelstruktur), sodass im folgenden Frühjahr nur noch eine minimale, wassersparende Bodenbearbeitung mit einer Grubber-Eggen-Kombination erforderlich ist. Dies hat zu erfolgen, sobald der Boden „tragfähig" für Traktoren abgetrocknet ist. Zweckmäßigerweise erfolgt vor dem ersten Bodenbearbeitungsgang oder in Kombination mit diesem die komplette Mineraldüngung. Der Trend zur Minimalbodenbearbeitung (Minimum Tillage) mit dem Ziel der Kostensenkung verzichtet in der Regel auf die teueren Arbeiten mit dem Pflug und ersetzt diesen durch Grubbergeräte. Mit speziellen Drillmaschinen ist auch eine Direktsaat in die Stoppeln der Vorfrucht möglich. Der Aufwand an Herbiziden wird dann im Allgemeinen etwas höher.

Tab. 5.18: Bewertung der Vorfrüchte für Sommerbraugerste [5.83, 5.85]

Vorfrucht für Sommerbraugerste	Bewertung
Winterweizen	+–
Wintergerste	– –
Winterroggen	+
Hafer	+
Sommergerste	+
Mais	– –
Erbsen/Bohnen	–
Klee/Luzerne	–
Winterraps	+
Kartoffeln	+
Rüben	+

(+ = als Vorfrucht gut geeignet; – + = tolerierbar; – = ungeeignet)

5.5.1.4 Anforderungen an das Saatgut, Lizenzen

Nach einer erfolgreich abgeschlossenen staatlichen Wertprüfung durch das Bundessortenamt

Tab. 5.17: Praxisrelevante Beispiele für die Fruchtfolge [5.83, 5.85]

	Lössböden in günstiger Klimalage	Verwitterungsböden im Vorgebirge
1. Jahr	Zuckerrüben	Raps
2. Jahr	Winterweizen unter N_{min}-Kontrolle	Winterweizen unter N_{min}-Kontrolle
3. Jahr	Sommerbraugerste	Sommerbraugerste
4. Jahr	Winterraps	Sommerbraugerste
5. Jahr	Wintergerste (mit Zwischenfucht)	Leguminosen/Futterpflanzen

stellen die Züchter jedes Jahr neue, verbesserte Varietäten der Landwirtschaft zur Verfügung. Der Züchter erzeugt Basissaatgut. Die Vermehrung über weitere Generationen zu „Zertifiziertem Saatgut“ Z-1- oder – je nach Land auch ein weiteres Jahr zu Z-2-Saatgut – übernehmen in der Regel dafür ausgewählte landwirtschaftliche Betriebe auf dem Wege über Vermehrungsverträge mit Landhandelsunternehmen im Einvernehmen mit den Züchtern. Um Saatgut in den Markt zu bringen, bedarf es der „Amtlichen Zertifizierung“. Um diese zu erhalten, ist eine Prüfung des Feldbestandes während der Vegetationszeit und eine Qualitätsprüfung einer Saatgutprobe nach der Ernte erforderlich [5.87]. Anerkanntes Saatgut trägt die folgende Kennzeichnung:

- Pre-Basis-Saatgut:
  weißes Etikett mit violetten Streifen
- Basis-Saatgut Vorstufensaatgut:
  weißes Etikett
- Zertifiziertes Saatgut 1. Generation:
  Z 1-Saatgut = blaues Etikett
- Zertifiziertes Saatgut 2. Generation:
  Z 2- Saatgut = rotes Etikett

Im Erfolgsfalle produziert der Züchter Pre-Basis-Saatgut (weißes Etikett mit violettem Streifen). In der Regel erzeugt der Züchter auch die nächst folgende Vermehrungsgeneration, das Basis-Saatgut (Weißes Etikett). Daraus entsteht in der Folgegeneration (in speziellen Vermehrungsbetrieben) das sogenannte Zertifizierte Saatgut 1 (Blaues Etikett). Eine gelegentlich produzierte letzte Vermehrungsstufe ist das Z 2-Saatgut (rotes Etikett). Sowohl die nachfolgende Generation von Z 1- als auch von Z 2-Saatgut werden zur Herstellung von Malz und Bier verwendet.

Auf dem verkauften Saatgut liegen Lizenzgebühren, aus denen der Züchter die Kosten für die Entwicklung der neuen Sorten finanziert. Je nach Anbaustufe liegt die Züchterlizenz bei 10 % bis 15 % des Preises, den die Endverbraucher des Saatgutes bezahlen. Zur Zeit enthält der Z 1-Saatgutpreis in Deutschland etwa 6 €/100 kg an Züchterlizenz. Das sind bei einem jährlich 100-%igen Saatgutzukauf schon beachtliche Kosten allein für die Lizenzgebühren. Dem aber steht gegenüber, dass nach einem einmaligen Kauf von Z-Saatgut und einem dreijährigen eigenen Nachbau durch den Landwirt bei der Sommergerste die Erträge um 18 % abfallen [5.87, 5.88]. Der jährliche Neuzukauf von Z-Saatgut liegt in Deutschland bei ca. 50 % des Gesamtbedarfes. Bei Eigenvermehrung durch den Landwirt selbst wird ein Teilbetrag der sonst fälligen Lizenz (zur Zeit ca. 3 €/100 kg) erhoben. Z-Saatgut der Gerste muss die folgenden Mindestanforderungen erfüllen:

- Keimfähigkeit 92 %
- Technische Reinheit 98 %
- Samen anderer Pflanzenarten in 500 g, max. 3
- Anderes Nicht-Getreide in 500 g, max. 4
- Andere Sorten derselben Art in 500 g, max. 30 [5.87].

5.5.1.5 Saatmenge

Aussaatstärke = Tausendkorngewicht (ca. 40 g) x 300 bis 400 Körner/m^2
bei einer Mindestkeimfähigkeit von 92 %
Saatmenge =
130 – 175 kg pro Hektar

Je nach Standort werden 300 bis 400 keimfähige Körner pro Quadratmeter ausgesät. Daraus ergeben sich die Aussaatstärken aus der Formel, wie sie im Kasten aufgeführt ist. Weltweit schwanken die Saatmengen von 80 kg pro Hektar (Australien) bis 240 kg pro Hektar (Steppen in Asien). In Mitteleuropa liegen die Saatstärken bei 160 bis 180 kg pro Hektar, wobei die besseren Böden auch etwas darunter anzusiedeln sind. Versuche auf leichten Sandböden mit extremer Variation der Saatstärken bei Sommerbraugerste zeigten nach Nuyken [5.89] die in Tabelle 5.19 zusammengestellten Resultate. Bis zu einer bestimmten Grenze steigt sicherlich mit der Saatmenge auch die Anzahl ährentragender Halme. Dabei sinkt die Anzahl der Körner pro Ähre, das TKG und der Einzelährenertrag. Die hohe Bestandsdichte (Ähren tragende Halme) aber kompensiert diese Nachteile und erhöht trotzdem den Kornertrag nachhaltig. Die Vollgerste fällt etwas ab. Hohe Saatstärken redu-

Saatstärke kg pro Hektar	80	160	240
Bestandesdichte Ähren/m²	428	588	659
Kornzahl/Ähre	21	18	17
Tausendkorngewicht g	43	42	39
Einzelährenertrag g	0,9	0,8	0,7
Kornertrag t pro Hektar	3,9	4,3	4,6
Vollgerste %	95	93	89
Vollgerstenertrag t pro Hektar	3,7	4,0	4,1
Rohprotein %	13,1	12,5	12,2
Extrakt %	79,0	79,8	80,1

Tab. 5.19: Saatstärken und Eigenschaften der Sommerbraugerste – Versuche auf leichten Sandböden in Berlin-Dahlem [5.89]

zieren den Proteingehalt und verbessern die Extraktausbeuten (sofern kein Lager auftritt). Alles in allem wirken sich etwas höhere Saatstärken bei der Sommerbraugerste eher positiv auf den Kornertrag und die Malzqualität aus. Aus praktischer Erfahrung sollte sich aber die Erhöhung der Saatmenge bei Braugerste in Grenzen halten und nicht über 10 % bekannter Saatnormen hinausgehen. Mit einer zu starken Erhöhung der Saatnorm und der N-Düngung steigt besonders auf besseren Böden die Gefahr, dass Lager auftritt mit allen negativen Konsequenzen für den Ertrag und die Qualität.

5.5.1.6 Saatzeit

In Europa sollte die Sommerbraugerste im Frühjahr so früh wie möglich zur Aussaat kommen. Dies geht erst ab dem Zeitpunkt, ab dem der Boden mit Maschinen befahren werden kann, ohne Strukturschäden zu hinterlassen. Es ist in den Hauptanbaugebieten der Zeitraum von März bis April. Wie die folgenden Versuche von Schrimpf et al. zeigen [5.90], hat eine Saatzeitverzögerung nachhaltige Konsequenzen auf den Ertrag und die Qualität der Sommerbraugerste (Tab. 5.20). In diesen Versuchen führte eine Saatzeitverzögerung über den Termin von Ende April hinaus zur Verminderung der Ährenzahl, der Kornzahl pro Ähre, des TKG, des Korn- und Vollgerstenertrages und zur Erhöhung des Rohproteins. Damit werden die Ergebnisse aus der Praxis bestätigt.

5.5.1.7 Saattiefe und Reihenabstände

Zwei bis drei Zentimeter sind die praxisrelevanten Saattiefen, auf leichteren Böden wird eher tiefer gesät. Bei zu tiefer Saatgutablage verliert der Keimling zu viel Energie, weil er ein zusätzliches Zwischenknotenstück bilden muss. Dadurch wird nach Aufhammer et al. [5.3] das Wachstum bei der Bewurzelung und Bestockung vermindert (Abb. 5.119) [5.3]. Bei

Saatzeit	16.03	28.03	10.04	22.04
Bestandesdichte Ähren/m²	650	640	634	499
Kornzahl/Ähre	14	14	13	12
Tausendkorngewicht	35	35	34	31
Einzelährenertrag g	0,5	0,5	0,5	0,4
Kornertrag t pro ha	3,1	3,1	2,9	1,9
Vollgerste %	75	73	57	47
Vollgerstenertrag t ha	2,4	2,3	1,6	0,9
Rohprotein %	10,2	10,2	10,5	11,5

Tab. 5.20: Saatzeitversuch mit Sommerbraugerste, Hohenheim 1964/65 [5.90]

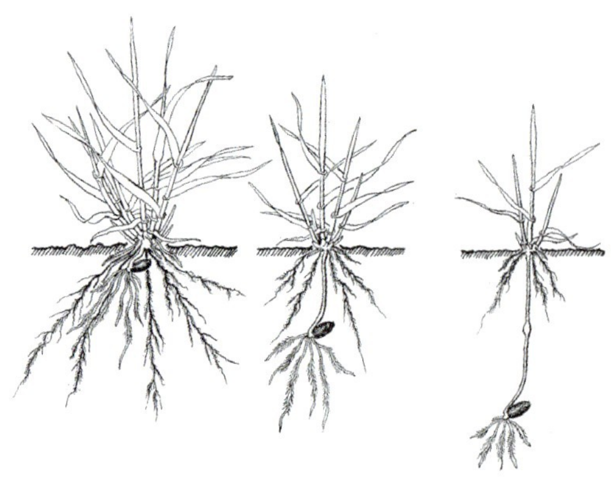

Abb. 5.119:
Einfluss der Saattiefe auf die Bewurzelung und Bestockung der Sommergerste [5.3]

der Sommerbraugerste ist es üblich, Drillreihen in Abständen von ca. 15 cm zu wählen. Bei einer weiteren Verminderung auf bis zu 12 cm kann gelegentlich noch mit kleineren Ertragsverbesserungen gerechnet werden. Unterhalb dieser Grenze sind aber bei Verwendung normaler Drillschare technische Störungen zu erwarten.

5.5.1.8 Grundlagen der Düngung

Da die Braugerste der bedeutendste Rohstoff für die Malz- und Bierherstellung ist und deren Düngung für Ertrag und Qualität einen dominierenden Einfluss nimmt, werden Fragen der Düngung und Nährstoffversorgung am Beispiel der Braugerste an dieser Stelle etwas ausführlicher behandelt. Die grundsätzlichen Erkenntnisse der Braugerstendüngung gelten aber auch gleichermaßen für alle übrigen Getreidearten für Brauzwecke, die in den Kapiteln 6–12 behandelt werden.

Sommerbraugerste entzieht nach Aigner [5.91] über den Korn- und Strohertrag dem Boden pro Ernte die in Tabelle 5.21 aufgeführten Mengen an reinen Kernnährstoffen. Zur Erhaltung der Bodenfruchtbarkeit müssen deshalb diese an den Korn- und Strohernten orientierten Nährstoffmengen dem Boden zurückgegeben werden. Eine optimale Düngung jedoch umfasst neben dem Nährstoffentzug zudem noch einen Zuschlag, da durch Auswaschung und Luxuskonsum der Pflanze sowie durch Verluste an Blattmasse während der Vegetationszeit Nährstoffe verloren gehen. Dabei ist der aktuelle Nährstoffvorrat und der pH-Wert (Kalkbedarf) des Bodens, der die Nährstoffverfügbarkeit mitbestimmt, immer zu beachten.

Kalk- und Magnesium-Versorgung

Ohne ausreichende Kalkversorgung zur Stabilisierung des bodenspezifischen pH-Wertes und zur Ergänzung des Kalkentzuges sowie der Auswaschung durch Niederschläge wächst keine qualitativ hochwertige Braugerste. Für Sommerbraugerste auf Sandböden (Tongehalte bis 5 %) sind Boden-pH-Werte um 5,5 anzustreben. Mit steigendem Tongehalt (12 % bis 17 %) gelten pH-Werte um 6 pH bis 6,5 pH als optimal. Mit steigendem Humusgehalt im Boden können etwas niedrigere pH-Werte akzeptiert werden [5.83, 5.91]. Mit der regelmäßig notwendigen Erhaltungskalkung von 3 bis 5 dt CaO pro Hektar und Jahr (alle 3 Jahre auf Sandböden ca. 8 bis 12 dt pro Hektar CaO als kohlensaurer Kalk, auf Lehmböden ca. 10 bis 15 dt pro Hektar CaO als Branntkalk) dürfte auch die Sommerbraugerste mit versorgt sein. Es kann davon ausgegangen werden, dass die geringen

Nährstoff	Kornertrag in dt/ha			
	40	50	60	70
N	60 – 100	75 – 125	90 – 125	105 – 175
P_2O_5	32 – 48	40 – 60	48 – 72	56 – 84
K_2O	80 – 100	100 – 125	120 – 150	140 – 175
CaO	32 – 48	40 – 60	48 – 72	56 – 84
MgO	8 – 16	10 – 20	12 – 24	14 – 28

Tab. 5.21:
Entzug an Kernnährstoffen in kg/ha bei Sommergerste (Korn + Stroh) [5.91]

Tab. 5.22: Richtwerte für die Phosphatdüngung [5.91]

Gehalts-klasse	mg P_2O_5/ 100 g Boden	Düngebedarf Richtwerte Rein-Nährstoff kg P_2O_5/ha bei einer Ertragserwartung von	
		40 dt/ha	60 dt/ha
A	0 – 8	145	175
B	9 – 18	95	125
C (optimal)	19 – 30	45	75
D	31 – 44	20	50
D	> 45	0	0

Mg-Entzüge durch die Düngung von Handelskalken, die Mg als Verunreinigung enthalten, mit abgedeckt werden können.

Phosphat-Versorgung

Aufgrund von Gehaltsklassen an P_2O_5-Mengen im Boden werden für Sommergerste folgende Richtwerte für die Düngung in Tabelle 5.22 gegeben [5.91].

Kali-Versorgung

Auch hier wird mit Gehaltsklassen gearbeitet. Es sind die K_2O-Mengen/100 g Boden in Abhängigkeit vom Tongehalt im Boden, weil mit steigendem Tonanteil die Pflanzenverfügbarkeit des Kaliums vermindert wird [5.91] (Tab. 5.23).

Stickstoff-Versorgung

Eine umweltschonende und ökonomisch sinnvolle Produktionstechnik ist besonders bei der N-Düngung zu Sommerbraugerste mit Augenmaß vorzunehmen. Einerseits muss eine Nitratanreicherung in Boden und Grundwasser vermieden werden. Andererseits soll durch die Düngung ein ökonomisch vertretbares hohes Ertragsniveau ausgeschöpft, aber auch gleichzeitig die damit verbundene Erhöhung des Proteingehaltes in Grenzen gehalten werden. Die Höhe der N-Gabe in der Düngung hat sich in der „guten fachlichen Praxis“ am Bodenvorrat von pflanzenverfügbarem N aus der Ernte des Vorjahres zu orientieren. Vor der Aussaat der Braugerste muss im Frühjahr der mineralische Rest-N im Boden (N_{min}) in 0 cm bis 30 cm und 30 cm bis 60 cm Bodentiefe bestimmt werden. Es sollte davon ausgegangen werden, dass 100 kg pro Hektar an insgesamt verfügbarem N für eine gute Ernte der Sommerbraugerste während der kurzen Vegetationszeit (ca. 120 bis 140 Tage) bereitstehen. Am Beispiel der Vorfrüchte Winterroggen und Winterweizen wird ein N-Düngungsmodell für die nachfolgende Sommer-Braugersten-Kultur entwickelt (Tab. 5.24). Die Vorfrucht Winterroggen erhält in der Regel ihren N auf zwei Gaben verteilt. Die Menge ist wesentlich geringer als die für den Qualitäts-

Tab. 5.23: Richtwerte für die Kalidüngung [5.91]

Gehalts-klasse	mg K_2O/100 g Boden bei Tongehalten von			Düngebedarf Richtwerte Rein-Nährstoff kg K_2O/ha bei einer Ertragserwartung von	
	0 – 12 %	13 – 25 %	> 26 %	40 t/ha	60 t/ha
A	0 – 5	0 – 7	0 – 10	180	220
B	6 – 12	8 – 16	11 – 22	130	170
C (optimal)	13 – 21	17 – 27	23 – 36	80	120
D	22 – 32	28 – 40	37 – 52	30	70
D	> 33	> 44	> 53	0	0

Tab. 5.24: N-Versorgung zu Sommerbraugerste (Beispiele)

Sommerbraugerste nach	Vorfrucht Winterrogen	Vorfrucht Qualitätsweizen
Mineralischer Rest N aus der Vorfrucht im Boden (N min) kg/ha in		
0 cm – 30 cm Bodentiefe	20	40
30 cm – 60 cm Bodentiefe	10	40
N_{min} gesamt kg/ha aus dem Bodenvorrat	30	80
N-Düngung zur Sommerbraugerste kg/ha	70	20
Verfügbarer Gesamt-N für Sommerbraugerste kg/ha	100	100

Winterweizen. Deshalb ist auch die im Boden für die nachfolgende Sommerbraugerste verbleibende Rest-N-Menge im Allgemeinen in der Bodentiefe 0 bis 60 cm nur 30 kg N_{min} pro Hektar. Um auch bei der nachfolgenden Sommerbraugerste gute Erträge zu erreichen, wird diese dann mit 70 kg pro Hektar N aufgedüngt. Der Qualitäts-Winterweizen dagegen braucht für hohe Qualitäten und gute Erträge erheblich mehr N, der in drei bis vier Teilgaben verabreicht wird. Dabei erfolgt die letzte Gabe zu einem sehr späten Stadium mit dem Hauptziel der Proteinerhöhung erst nach dem Schossen des Weizens in der Kornbildungsphase. Hier besteht nun die Gefahr, dass besonders bei trockener Witterung der verfügbare N-Anteil nicht mehr vollständig von den Weizenpflanzen verwertet werden kann. Davon bleibt oft ein beträchtlicher Teil als pflanzenverfügbarer Rest-N_{min} für die nachfolgende Sommerbraugerste im Boden. Dieser Anteil muss bei der nachfolgenden Braugerstendüngung Berücksichtigung finden. Die folgende Sommerbraugerste übernimmt demnach die im Frühjahr festgestellte Rest-N-Menge aus der Weizen-Vorfrucht und es erfolgt dann nur noch ein Düngungsausgleich zu Sommerbraugerste von ca. 20 kg pro Hektar auf maximal 100 kg/N Gesamt.

Die Ergänzung entzogener Nährstoffe kann über zwei Wege erfolgen:

A: Über die Düngung mit organischen Stoffen (Stallmist, Anbau von Gründüngungspflanzen), Stroh aus der Vorfrucht

B: Über die Düngung mit Mineralsalzen, Kalk, Magnesium, Kalisalze, Phosphate und synthetischem Stickstoff

5.5.1.8.1 Organische Düngung zu Sommerbraugerste

Zur Erhaltung der Bodenfruchtbarkeit ist eine regelmäßige Versorgung sowohl mit organischem als auch mit mineralischem Dünger erforderlich. Die Menge an organischem Dünger aus der Viehhaltung wird durch eine ganze Reihe von Faktoren begrenzt. Entsprechend klein ist auch der Anfall von Stall- und/oder Flüssigmist. Darüber hinaus ist der Nährstoffgehalt im organischen Dünger vergleichsweise niedrig. Eine Ergänzung durch Mineraldünger ist erforderlich. Der Landwirt gibt in der Regel alle drei bis vier Jahre eine organische Düngung zu den Kulturen, die die organische Masse am besten verwerten. Das sind in erster Linie Zuckerrüben, Kartoffeln und Mais. Eine Düngung mit Stallmist- oder auch Flüssigmist ist deshalb für Braugerste nicht üblich. Aufgrund der frühen Ernte der Braugerste bleibt aber oft im Herbst noch genügend Zeit, um eine Zwischenfrucht zur Gründüngung im selben Jahr (Juli/August bis November) anzubauen und zu ernten. Diese Zwischenfrucht wird je nach Boden im Spätherbst oder im zeitigen Frühjahr vor der Braugerstenaussaat untergepflügt. Diese Maßnahme ist besonders dann aus Gründen der Fruchtfolgehygiene interessant, wenn der Landwirt jedes Jahr auf der

Tab 5.25: Dauerversuch mit und ohne organische Düngung über einen Zeitraum von 42 Jahren. Nachwirkungen auf einen zweijährigen Anbau von Sommerbraugersten auf leichten Sandböden in Berlin-Dahlem [5.92]

	Mit Kalk alle 3 Jahre 6–8 dt/ha CaO			Ohne Kalk über 42 Jahre		
Organische Düngung	**Ohne**	**Stallmist**	**Gründüngung**	**Ohne**	**Stallmist**	**Gründüngung**
Ertrag t pro Hektar	2,8	3,2	2,8	1,5	2,0	1,5
Vollgerste %	79	76	78	71	68	68
Rohprotein %	9,6	10,4	10,2	11,0	11,5	11,0
Extrakt %	81,6	80,8	81,2	80,3	79,9	80,4
Extraktdifferenz %	2,0	2,9	2,6	2,5	3,2	2,9
N Würze mg	655	705	698	724	758	731
Kolbachzahl	46	44	45	43	42	44
α-Amylase DU	75	69	76	81	83	85
Diast. Kraft WK	233	264	252	275	296	250

gleichen Fläche eine Braugersten-Monokultur betreibt.

In einem über 40 Jahre andauernden Düngungsversuch auf Sandboden in Berlin-Dahlem mit und ohne organischer Düngung und Kalk im 3-Jahresrhythmus erbrachte der zweijährige Braugersten-Nachbau die in Tabelle 5.25 ausgewiesenen Effekte der organischen Düngung [5.92]. Sommerbraugerste reagiert sehr negativ auf Kalkmangel. Der Ertrag sinkt rapide ab, die Kornausbildung leidet, der Rohproteingehalt steigt stark an. Malzextrakt und Lösungseigenschaften verschlechtern sich. Die Stallmistdüngung verbessert die Erträge, die Gründüngung zeigte keine Reaktion. Stallmist zu Braugerste erhöht den Proteingehalt und verschlechtert Extrakt und Lösung, aber erhöht die Diastatische Kraft. Insgesamt wirkt sich eine organische Düngung der Sommerbraugerste kaum positiv aus. Organischer Dünger kann zu Hackfrüchten sinnvoller eingesetzt werden. Es kann dann mit einer positiven Nachwirkung in den Folgejahren gerechnet werden. Tolerierbar wäre allenfalls eine Gülleverwertung in kleineren Mengen bis zu 20 m^3 pro Hektar gleichmäßig in die Stoppeln der Vorfrucht.

5.5.1.8.2 Mineralische Düngung zu Sommerbraugerste

Wegen der kurzen Vegetationszeit sollte die gesamte mineralische Düngung bis zur Saat erfolgen.

5.5.1.8.2.1 Beschreibung gebräuchlicher Mineraldünger

Die im Handel verfügbaren Mineraldünger enthalten nur einen begrenzten, auf der Verpackung gekennzeichneten Anteil an Rein-Nährstoffen, angegeben als CaO, P_2O_5, K_2O und N. Bei der Bemessung des Düngebedarfes muss deshalb von den Rein-Nährstoffen im Mineraldünger ausgegangen werden. Dazu folgendes Beispiel:

- P_2O_5-Bedarf für einen Braugersten-Kornertrag von 4 t pro Hektar = 60 kg pro Hektar P_2O_5. Es steht der Mineraldünger Superphosphat mit 18 % P_2O_5 zur Verfügung. 18 kg P_2O_5 sind in 100 kg Superphosphat enthalten. 60 kg P_2O_5 sind demzufolge in 333 kg Superphosphat enthalten und pro Hektar auszubringen. Um demnach bei einer Ertragserwartung von 4 t bis 5 t pro Hektar Braugerste die notwendigen 60 kg pro Hektar P_2O_5 zu düngen, muss der Landwirt 333 kg pro Hektar an Superphosphat mit 18 % P_2O_5 streuen.

	Handelsname	Gehalte in % Rein-Nährstoffe
N-Dünger	Kalkammonsalpeter	26/28 % N + 33 % $CaCO_3$
	Ammonium-Nitrat	34 % N
	Schwefelsaures Ammoniak	21 % N
	Ammoniakwasser	23 % N
	Ammonium-Harnstoff-Lösung (AHL)	28 % N
	Harnstoff	46 % N
P-Dünger	Superphosphat	18 % P_20_5 + 50 % $CaSO_4$
	Thomasphosphat	12–18% P_20_5 + 45 % CaO
	Triple-Superphosphat	46 % P_2O_5
K-Dünger	Kali-Rohsalz	20 % KCL = 12 % K_2O
	50ger Kali	80 % KCL = 50 % K_2O
	60ger Kali	96 % KCL = 60 % K_2O
	Kornkali mit Mg	40 % KCL
	Kalium-Sulfat	50 % K_2SO_4
Ca-Dünger	Branntkalk	85 % CaO + 5 % MgO
	Kohlensauerer Kalk	50 % CaO + 3 % MgO

Tab. 5.26: Die gebräuchlichsten Mineraldünger für Sommerbraugerste [5.93]

Die Industrie bietet aber auch ein breites Spektrum an Mehrnährstoffdüngern an, die auf bestimmte Fruchtarten und Böden abgestimmt sind. Diese Mehrnährstoffdünger erleichtern dem Landwirt – gegen einen entsprechenden Aufpreis – die Arbeit. Nach optimaler Einstellung des pH-Wertes im Boden (Sandböden um 5,5 bis 6,0 pH, bessere Böden um 6 bis 7 pH) und der Versorgungsklasse C dürften sich die durchschnittlichen Nährstoffgaben für Sommerbraugerste in folgenden Bereichen bewegen:

CaO-Versorgung:
Nach pH-Wert stabilisierender Gesundungskalkung reicht für Braugerste eine Erhaltungskalkung von 10 bis 15 dt/ha CaO [5.92]

P_2O_5-Versorgung:
75 kg pro Hektar P_2O_5. Es sollte der leicht lösliche P-Dünger Superphosphat verwendet werden.

K_2O-Versorgung:
120 kg pro Hektar K_2O. Es bieten sich für die Braugerste Kalisalze in verschiedenen Konzentrationen an.

N-Versorgung:
Maximal 100 kg N pro Hektar als Summe aus dem Bodenvorrat und der ergänzenden N-Mineraldüngung.

Einen Überblick zu den bekanntesten Mineraldüngern für die Sommerbraugerste siehe Tab.5.26.

Mehrnährstoff-Dünger sind Mineraldünger mit 1 bis 4 Hauptnährstoffkomponenten. Ihre Gehalte werden in der nachstehenden Reihenfolge

auf dem Etikett angegeben: 1. N, 2. P_2O_5, 3. K_2O, 4. MgO. Es können auch noch verschiedene Spurenelemente (Mikronährstoffe) zugesetzt sein.
Mischung von Mineraldünger im eigenen Betrieb ist möglich: Bestimmte Einzelnährstoffdünger sind auch miteinander mischbar. Diese Praktik ist arbeitswirtschaftlich interessant. Zur Vermeidung von Verlusten/Schädigungen müssen die Grundsätze der Mischbarkeit Beachtung finden. Diese sind in der Mischungstabelle nach Oehmichen [5.93] angeführt (Abb. 5.120).

5.5.1.8.2.2 Einfluss der Kalkdüngung auf Ertrag und Qualität von Sommerbraugerste und Malz

Es wurde bereits in Kap. 5.5.1.8 auf die Bedeutung der Kalkversorgung zur Erhaltung des bodenspezifischen pH-Wertes hingewiesen. Aus Ergebnissen der erweiterten Dahlemer Dauerversuche konnte die Wirkung von Kalkmangel speziell auf Braugersten- und Malzeigenschaften näher untersucht werden [5.92]. Durch Ausscheidung von Wurzelsäuren, Nährstoffentzug durch die Pflanze und Auswaschung durch Regen gehen dem Boden jährlich ca. 400–600 kg pro Hektar an CaO verloren [5.93]. Auf Dauer senken diese Verluste den pH-Wert des Bodens, sofern keine Ergänzung durch Aufkalkung erfolgt.
Wenn einerseits die in Abständen von drei Jahren – in der Regel zu Zuckerrüben – gegebene Erhaltungskalkung erfolgt, so ist es andererseits auch gut möglich, Braugerste zu kalken. Diese Kalkung erfolgt dann zum Beispiel auf die Stoppel des vorangegangenen Winterweizens im Herbst. Langjähriger Kalkmangel (Tab. 5.27) hat verheerende Folgen für den Anbau von

Abb. 5.120: Mischungstafel für Mineraldünger [5.93]

□ mischbar
■ nicht mischbar
☒ bedingt mischbar, möglichst bald nach dem Mischen ausstreuen

	1	2	3	4	5	6	7	8	9	10	11	12
1 Kalksalpeter	□	☒	☒	☒	☒	☒	■	☒	☒	☒	☒	☒
2 Ammonsulfatsalpeter, Stickstoffkali Stickstoffmagnesiumsulfat mit Kupfer	☒	□	□	□	□	■	□	■	☒	□	□	☒
3 Kalkammonsalpeter	☒	□	□	□	□	■	☒	■	☒	□	☒	☒
4 Ammonphosphat, Stickstoffphosphat	☒	□	□	□	□	■	□	■	☒	□	□	□
5 Schwefels. Ammoniak	☒	□	□	□	□	■	□	■	☒	□	□	□
6 Kalkstickstoff (x)	☒	■	■	■	■	□	■	□	□	□	□	☒
7 Superphosphat (x), Novaphos (x) NPK-Phosphatkali (x), Phosphatkali R (x)	■	□	☒	□	□	■	□	■	■	□	□	□
8 Thomasphosphat und Th-Mischdünger Konvertkalk mit Phsophat	☒	■	■	■	■	□	■	□	□	□	□	□
9 Rhe-Ka-Phos, Rhenania-Phosphat	☒	☒	☒	☒	☒	□	■	□	□	□	□	□
10 Hyperphos, Hyperphos-Kali, Nord-Phosphat	☒	☒	□	□	□	□	□	□	□	□	□	□
11 Kalimagnesia grob, Kalisulfat, Kieserit	☒	□	☒	□	□	□	□	□	□	□	□	□
12 40er Kali Standard, 50er Kali grob und Standard, Korn-Kali mit MgO, Magnesia-Kainit grob	☒	☒	☒	□	□	☒	□	□	□	□	□	□

Braugerste, die auch nicht kurzfristig behoben werden können. In Tabelle 5.25 wurden zwar die Folgen einer versäumten Kalkversorgung zu Braugerste neben dem Einfluss der organischen Düngung am Rande mit dargestellt. In Tabelle 5.27 geht es aber auch um die Frage, ob langjähriger Kalkmangel kurzfristig beseitigt werden kann [5.92].

Demnach konnte die über 35 Jahre versäumte Kalkdüngung auf leichten Sandböden selbst nach zwei Kalkungen in den Folgjahren zur nachgebauten Sommerbraugersten-Monokultur die Ertragsschädigungen noch nicht wieder ausgleichen (vergleiche Erträge 3,5 t zu 4,3 t pro Hektar). Erst nach zweijähriger Aufkalkung der Kalk-Mangelparzelle waren die Schäden des langjährigen Kalkmangels bei Vollgerste und Rohprotein beseitigt. Selbst nach der zweijährigen Aufkalkung der Kalk-Mangelparzelle waren noch Schädigungen in Extrakt und Malzlösung zu erkennen. Lediglich bei der α-Amylase tendierte die langjährige Kalkmangel-Variante auf die Zusatzkalkung eher etwas positiv. Alles in allem zeigt dieser einmalige klassische Dauerversuch, dass eine regelmäßige Kalkdüngung – im dreijährigen Turnus – vorzugsweise auch auf die Stoppel der Vorfrucht für die Ertragsbildung und auch für wichtige Qualitätsparameter der Braugerste unerlässlich ist. Es wurde bereits darauf hingewiesen, dass die Düngung mit Magnesium bei regelmäßiger Kalkversorgung zwar entfallen kann. Bei häufiger Verwendung von konzentrierteren Mehrnährstoffdüngern kann aber eine zusätzliche Magnesiumversorgung erforderlich werden.

5.5.1.8.2.3 Einfluss der N-, P-, und K-Mineraldüngung auf Ertrag und Qualität von Sommerbraugerste, Malz und Bier

Auf zehn Standorten in Hessen in Höhenlagen von 166 bis 589 Metern wurden über drei Jahre in Sommergersten-Feldschlägen bei Landwirten Düngungsversuche mit den drei Hauptnährstoffen N, P und K angelegt [5.94]. Am Erntegut von ca. 250 Partien wurden Er-

Tab. 5.27: 3-jähriger Sommerbraugersten-Nachbau von 35 Jahren ohne und mit Kalkversorgung auf leichten Sandböden in Berlin-Dahlem [5.92]

35-jährige Düngung	**Ohne Kalk über 35 Jahre**	**Mit Kalk alle 3 Jahre**	**Ohne Kalk über 35 Jahre**	**Mit Kalk alle 3 Jahre**	**Ohne Kalk über 35 Jahre**	**Mit Kalk alle 3 Jahre**
Danach Sommergersten Nachbau	**Im 1. Nachbau-jahr**	**Im 1. Nachbau-jahr**	**Im 2. Nachbau-jahr**	**Im 2. Nachbau-jahr**	**Im 3. Nachbau-jahr**	**Im 3. Nachbau-jahr**
Zusätzliche Kalkdüngung	**0**	**0**	**40 dt $CaCo_3$**	**0**	**40 dt $CaCo_3$**	**0**
Ertrag t/h	1,5	2,2	1,9	3,4	3,5	4,3
Vollgerste %	86	87	82	84	90	85
Rohprotein %	13,5	10,7	11,3	9,8	9,4	9,4
Extrakt %	13,0	82,0	80,9	81,8	81,3	81,7
Extrakt-differenz %	79,3	3,4	4,7	3,8	2,8	2,6
N Würze mg	834	769	692	629	637	643
Kolbachzahl	41	49	39	43	46	47
α-Amylase DU	96	90	86	68	79	77
Diast. Kraft WK	291	267	276	258	233	245

träge, Gersteneigenschaften, Kleinmälzungen und Malzanalysen vorgenommen und an ca. 120 Malzen Kleinsude im 5-l-Maßstab einschließlich Bieranalysen durchgeführt. Parallel dazu liefen vergleichbare Großversuche. Diese erlaubten es, das Erntegut individuell angepasst zu vermälzen, um so vergleichbare Malzlösungen zu erreichen. Es wurden danach Biere im halbtechnischen 2-hl-Maßstab hergestellt und bis zur Verkostung mit 120 Stimmen einschließlich der Bieranalysen durchgezogen. In diesen orthogonalen Versuchen ging es zum einen darum, den Einfluss der Mineraldüngung von der Gerste über das Malz bis hin zum fertigen Bier lückenlos zu untersuchen und zu dokumentieren. Zum anderen sollte damit aber auch eine seriöse Datengrundlage erstellt werden. Diese ist als wissenschaftlich abgesicherte Antwort zu verstehen auf die Vielzahl von Aussagen zur Thematik Düngung von Braugerste. So gibt es hierzu zwar eine kaum noch zu überblickende Anzahl von Publikationen und veröffentlichten Einzelmeinungen. Allerdings weisen diese in der Regel einen nur eingeschränkten Wert auf, da sie oft nicht auf orthogonalen Vergleichen von derselben Gerste bis hin zum fertigen Bier beruhen. Die Notwendigkeit, die wissenschaftliche Basis zu diesem Thema zu verbreitern, war also dringend geboten. Dies gilt besonders, weil allein durch die Teilbetrachtung der Thematik bereits auch Fehlschlüsse für die praktischen Arbeiten bei der Verarbeitung zu Malz und Bier veröffentlicht, diskutiert und angewendet wurden. Bei all den hier angeführten 30 Feldversuchen kam das Düngungsraster aus Tabelle 5.28 zum Einsatz.

5.5.1.8.3.1 N-, P-, K-Düngung und Gersteneigenschaften

Diese deutlichen Düngungsvariationen mit den einzelnen Hauptnährstoffen und ihrer Kombination nehmen einen nachhaltigen Einfluss auf die Erträge und Korngrößenzusammensetzung (Abb. 5.121).

Bei der aus ökonomischen Gründen uninteressanten Düngung 0 liegen zwar die Erträge am niedrigsten, die Vollgerstengehalte in der rohen Druschware aber mit 88,6 % am höchsten. Durch normale betriebsübliche Düngung (BÜ: Mittel aller 10 Betriebe) steigen die Roherträge als Folge einer besseren Bestockung sehr steil an. Die durch diese Maßnahme gebildete höhere Anzahl der Ähren führt aber zu etwas kleineren Körnern. Die Vollgerstengehalte fallen ab. Trotzdem steigen in dieser Phase noch die Vollgerstenerträge, da die Erhöhung des Rohertrags größer ist als der Vollgerstenverlust. Wenn auch durch eine zusätzliche P- und K-Düngung der Rohertragszuwachs schon etwas geringer wird und damit diese Kurve nicht mehr ganz so steil ansteigt, so werden doch durch die beiden Nährstoffe P und K die Vollgerstengehalte wieder verbessert. Letztlich wird so auch der Vollgerstenertrag noch weiter angehoben. Schließlich bringt die über das BÜ Maß hinausgehende Düngung (diese lag im Mittel der Betriebe bei 51 kg pro Hektar N) zwar in der ersten Stufe noch einen Zuwachs beim Rohertrag. Die Voll-

	Düngungsvarianten kg/ha	N	K_2O	P_2O_5
1	0	0	0	0
2	mittlere betriebsübliche Düngung (BÜ)	51	80	87
3	BÜ + P	–	–	138
4	BÜ + K	–	144	–
5	BÜ + PK	–	144	138
6	BÜ + PKN 1	30	144	138
7	BÜ + PKN 2	60	144	138
8	BÜ + PKN3	90	144	138

Tab. 5.28: Mineraldüngung von Sommerbraugersten an 10 Standorten in Hessen (Mittel aus drei Jahren) [5.95]

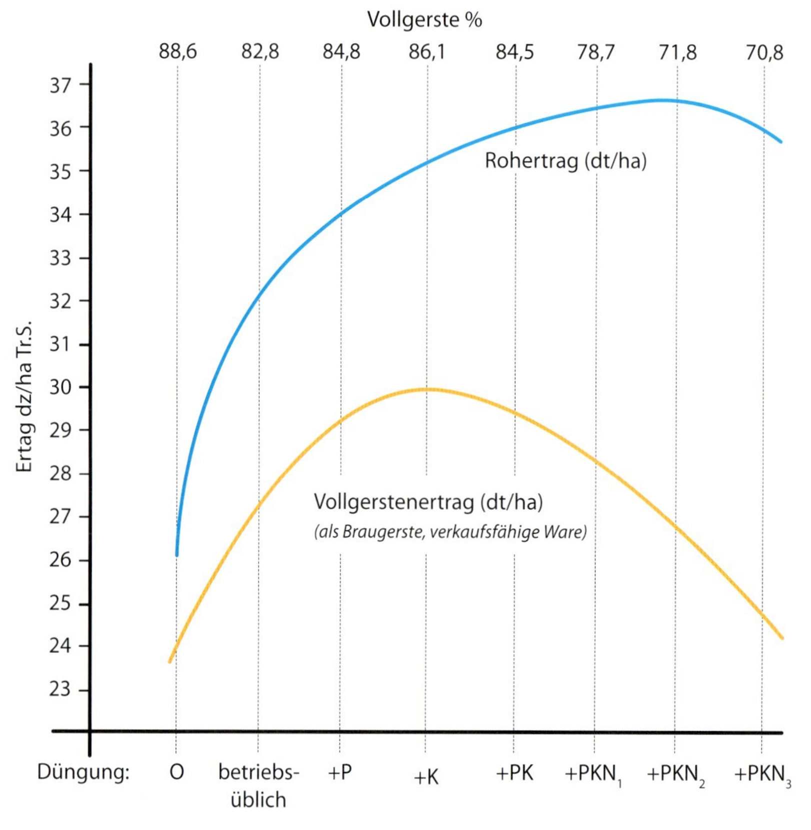

Abb. 5.121: Einfluss der Düngung auf Rohertrag, Vollgerstengehalt und -ertrag, Durchschnitt aus 10 Anbauorten [5.95]

gerstengehalte fallen aber schon ab. Der Anteil an verkaufsfähiger Vollgerste, die entsprechend besser bezahlt wird, fällt schon in einem wirtschaftlich nicht mehr vertretbaren Ausmaß ab. Steigende Roherträge laufen demzufolge – besonders im hohen N-Düngungsbereich – nicht parallel mit den Vollgerstenerträgen (Abb. 5.121). Im Detail ist besonders auch der Zusammenhang zwischen N-Düngung, Ertrag und Rohprotein zu beachten (Abb. 5.123). Im unteren Bereich der N-Düngung besteht bis zur Erreichung des Höchstertrages eine positive Beziehung zwischen Ertrag und Rohproteingehalt. Da der Proteingehalt aber bei einer zunehmenden Steigerung der N-Düngung nicht nur linear ansteigt, sondern dann auch der Ertrag

Abb. 5.122: Großanbauversuch Sommer-Braugerste Rauischholzhauen mit unterschiedlicher N-Düngung Bildmitte = hohe Düngungsstufen PKN_2, PKN_3

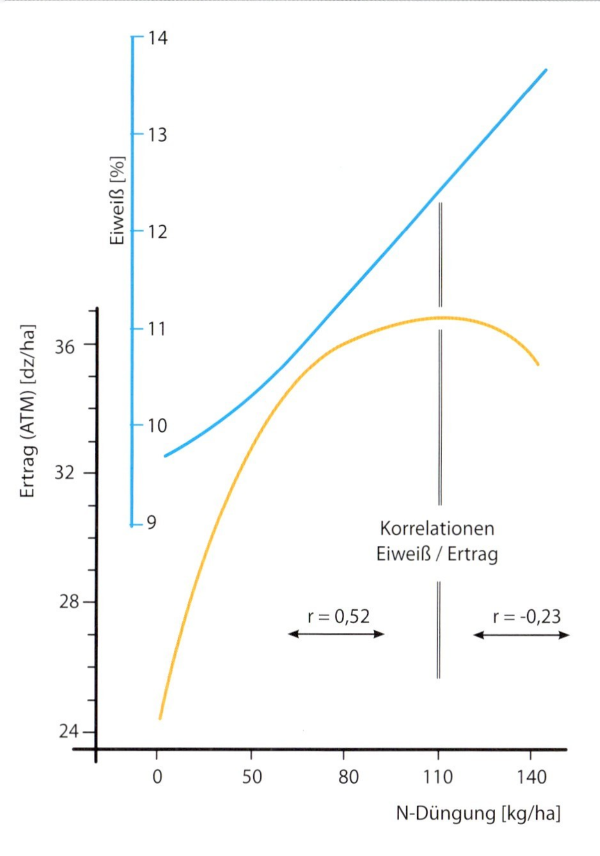

Abb. 5.123:
Ertrag und Rohproteingehalt von Sommerbraugerste [5.96]

durch Lagerbildung abfällt, wird die Korrelation negativ. Eine N-Düngung über den Höchstertrag hinaus ist bei der Braugerstenproduktion wirtschaftlicher Unsinn, weil die Erträge fallen, die Menge an verkaufsfähiger Vollgerste deutlich schlechter wird und die Rohproteingehalte drastisch linear ansteigen. Diese Situation wird in der Regel für Sommerbraugerste bei pflanzenverfügbaren löslichen N-Mengen aus Bodenvorrat und Düngung von über 100 kg pro Hektar erreicht. Im Mittel der Jahre kann davon ausgegangen werden, dass ein brauchbarer Kompromiss bei der Menge an N-Dünger dann eintritt, wenn das Ertragsoptimum im Bereich um 11 % bis 11,5 % Rohprotein liegt (Abb. 5.123). Anders formuliert heißt dies, dass ab ca. 11,5 % Rohprotein der Landwirt bei einer N-Düngung über 100 kg/ha hinaus in vielen Fällen auch an Ertrag verlieren kann. Nun ist aber der Höchstertrag nicht nur von der Mineraldüngung abhängig. Interaktionen zwischen einer Vielzahl von Einflussfaktoren bestimmen letztlich jedes Jahr neu den höchsten zu erreichenden Ertrag. Ist beispielsweise die Witterung während der Vegetationszeit ungünstig (Trockenheit während der Schossphase), wird bei gleichem N-Düngungs-Angebot das Höchstertragsniveau niedriger ausfallen. Da zur Zeit der Düngung das zu erwartende Ertragsniveau noch nicht vorhersehbar ist, kann die N-Düngung zu hoch oder auch zu niedrig bemessen sein. Diese Streuungen sind die eigentlichen Ursachen für die jährlichen Schwankungen selbst bei konstanter N-Düngung über Jahre. Die Düngung 0 brachte aber aufgrund der dünneren Bestände nicht nur schlechte Erträge, sondern auch gute Qualitäten, wie die höheren Vollgersten und günstigeren Rohproteingehalte zeigten (Abb. 5.121). Hohe P- und K-Gaben brachten in diesen Versuchen steigende Erträge mit hohen Vollgersten bei stagnierendem Protein. Wie bereits dargestellt, verschlechterte sich bei zu hohen N-Gaben auch die Vollgerste von 84 % auf 71 % (Abb. 5.121). Auf diesem

Tab. 5.29: N-P-K-Mineraldüngung und Malzqualität Mittel aus 10 Anbauorten in Hessen

Düngung	0	Betriebs-üblich (BÜ)	BÜ + P	BÜ +K	BÜ +PK	BÜ $+PKN_1$	BÜ $+PKN_2$	BÜ $+PKN_3$
Extrakt %	82,4	81,3	81,4	81,3	81,1	80,3	79,1	78,3
Extrakt-Differenz %	1,1	1,8	1,6	1,6	1,7	2,2	2,4	2,8
N Würze mg/100g	633	669	655	650	652	692	696	741
Kolbachzahl	45	41	41	41	40	39	35	34
S.Endvergärung %	76,2	76,1	76,8	76,6	76,2	76,2	75 ,8	75,8
Viskosität mPas 8,6%	1,46	1,48	1,48	1,49	1,49	1,49		
α-Amylase DU	49	51	52	51	51	54	55	59

Wege sank der Vollgerstenertrag von 2,9 t auf nur noch 2,4 t pro Hektar bei steigendem Protein von ca. 11 % auf 13 % (Abb. 5.123).

5.5.1.8.3.2 N-, P-, K-Düngung und Malzqualität

Bei schlechtem Ertrag (Abb. 5.121) bringt die Düngung 0 die beste Malzqualität. Die betriebsübliche Düngung (BÜ), +P, +K, +PK erhöht die Erträge bis zum Optimum bei guter Malzqualität (Tab. 5.29). Höhere zusätzliche N-Gaben (N_3) führen bereits zu Ertrags-Depressionen (Abb. 5.123). Extrakt und Malzlösung verschlechtern sich systematisch mit der N-Steigerung (Tab. 5.29).

5.5.1.8.3.3 N-, P-, K-Düngung, Brau- und Biereigenschaften

Im Gegensatz zu der Vielzahl vorliegender Einzelergebnisse zu den verschiedensten Düngungsproblemen werden in diesem Programm [5.97] orthogonale Versuche mit allen Hauptnährstoffen und deren Kombinationen von der Gerste bis zum Bier durchgezogen.

5.5.1.8.3.3.1 Labor-Brauversuche im 6-l-Maßstab [5.97]

Alle Malze dieser ersten Serien wurden – unabhängig von der Höhe der Düngung und des Rohproteingehaltes – nach dem gleichen Verfahren hergestellt. Unterschiede in der Malzlösung blieben unberücksichtigt. Auch diese Brauversuche im Labormaßstab wurden für alle Sude gleich gehalten. Die absoluten Daten aus diesen Pilotversuchen sind nicht direkt auf den großtechnischen Betrieb zu übertragen. Lediglich die Relationen zwischen den einzelnen Düngungsvarianten geben wertvolle Hinweise über das Verhalten der Düngungsparameter auf die Brau- und Biereigenschaften (Abb. 5.127–5.135). Die Düngungen 0, +K, +PK und $+PKN_1$ brachten die kürzesten Läuterzeiten. Zunehmende N-Düngung dagegen führte zu drastischen Verzögerungen in der Läuterzeit (Abb. 5.124). In der Tendenz scheint eine harmonische Düngung mit allen drei Hauptnährstoffen einen eher günstigen Einfluss auf die Läuterzeit zu nehmen. Es wurde bereits bei der Behandlung der Gersten- und Malzeigenschaften darauf verwiesen, dass die wirtschaftlich eher uninteressante Düngung 0 die beste Qualität liefert. Diese Tendenz setzt sich auch bei den Brau- und Biereigenschaften fort. So auch bei der Sudhausausbeute. Während die BÜ und +P sowie +K und +PK Düngung auch gute Ausbeuten brachten, fielen mit steigender N-Düngung die Sudhausausbeuten – sicherlich als Folge der hohen Rohproteingehalte – systematisch ab (Abb. 5.125). Der nach Einstellung aller Würzen auf 12 % Stammwürze nach der Vergärung verbleibende, unvergorene Restextrakt im fertigen Bier ist ein aussagefähiges Kriterium für den Grad der Vergärbarkeit. Leicht vergärbare Würzen haben wenig Restextrakt und mehr Alkohol (Abb. 5.124 u. 5.125). Wieder zeigt die Düngung 0 gute Eigenschaften (weniger Rest-

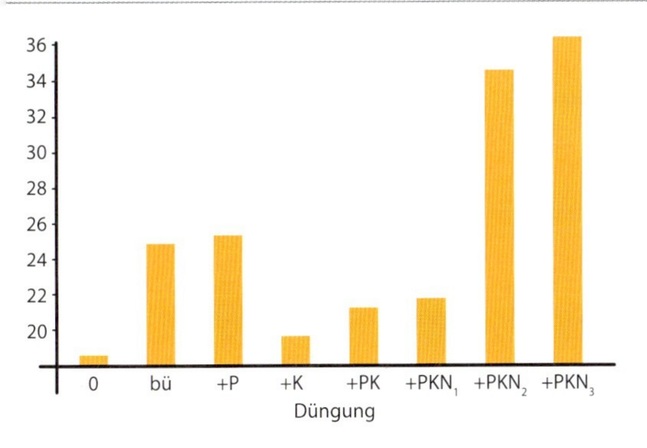

Abb. 5.124: Läuterzeiten in Abhängigkeit von der Düngung der Sommergerste (Durchschnitt von 7 Anbauorten 1969, statistische Sicherung GD 5 %, Düngung 4 min) [5.97]

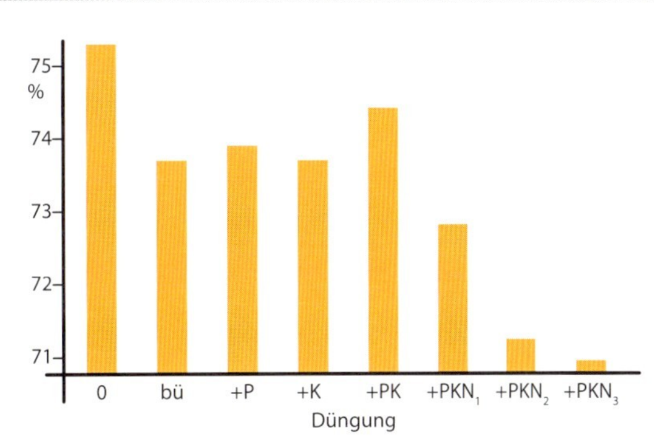

Abb. 5.125: Sudhausausbeute in Abhängigkeit von der Düngung der Sommergerste (Durchschnitt von 7 Anbauorten 1969, statistische Sicherung GD 5 %, Düngung 1,0 %) [5.97]

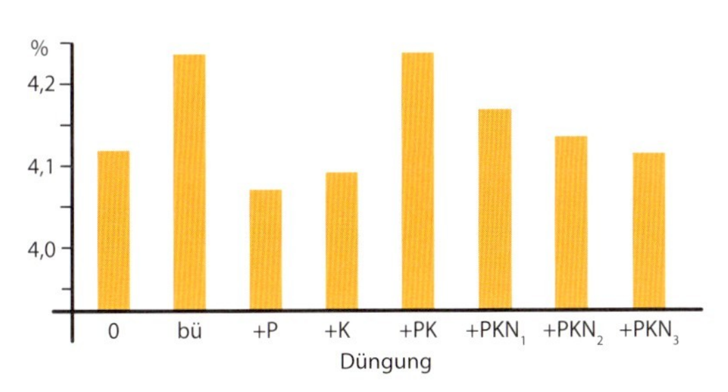

Abb. 5.126: Extraktgehalt im Bier in Abhängigkeit von der Düngung der Sommergerste (Durchschnitt von 7 Anbauorten 1969, statistische Sicherung GD 5 %, s Düngung 0,16 %) [5.97]

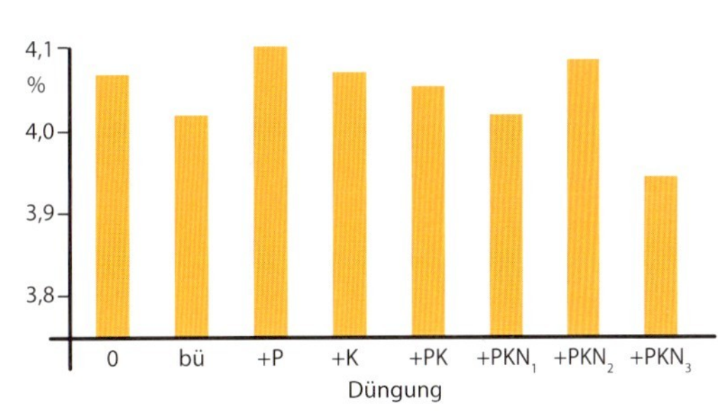

Abb. 5.127: Alkoholgehalt im Bier in Abhängigkeit von der Düngung der Sommergerste (Durchschnitt von 7 Anbauorten 1969, statistische Sicherung GD 5 %, Düngung 0,1 %) [5.97]

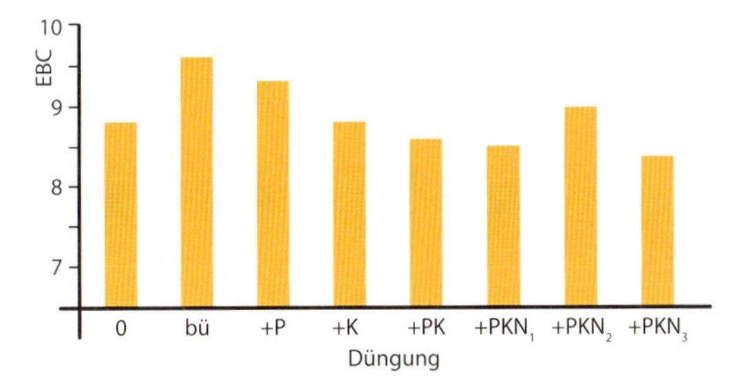

Abb. 5.128: Bierfarbe in Abhängigkeit von der Düngung der Sommergerste (Durchschnitt von 7 Anbauorten 1969, statistische Sicherung GD 5 %, Düngung 0,4 EBC-Einh.) [5.97]

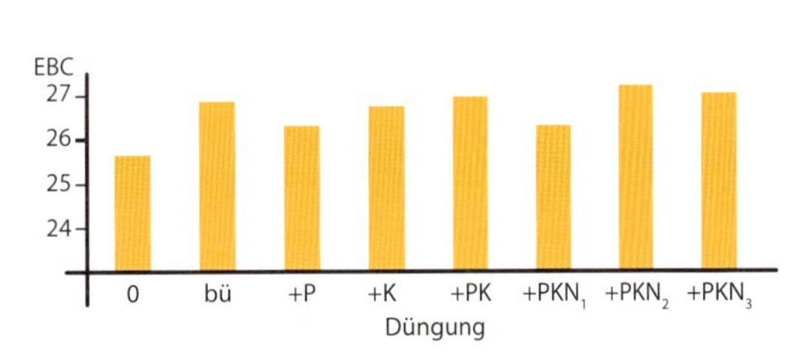

Abb. 5.129: Bitterstoffe im Bier in Abhängigkeit von der Düngung der Sommergerste (Durchschnitt von 7 Anbauorten 1969, statistische Sicherung GD 5 %, Düngung 1,9 BE [5.97]

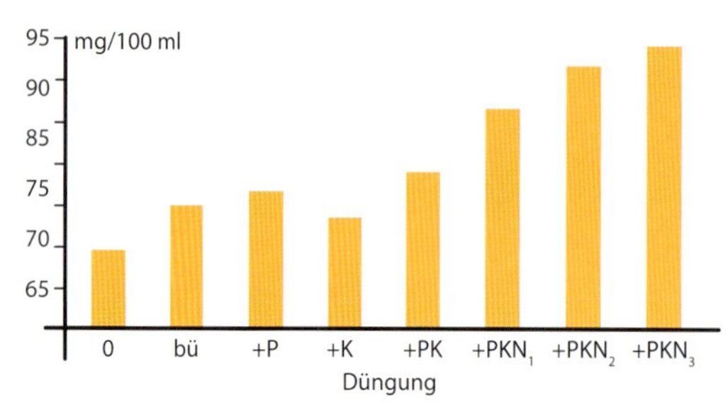

Abb. 5.130: Gesamt-N im Bier in Abhängigkeit von der Düngung der Sommergerste (Durchschnitt von 7 Anbauorten 1969, statistische Sicherung GD 5 %, Düngung 8,9 mg) [5.97]

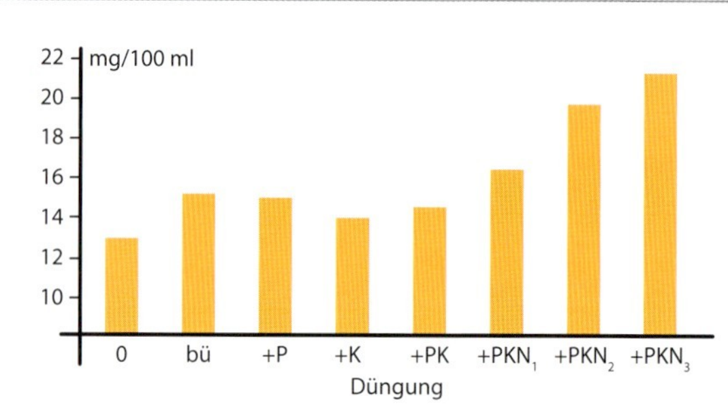

Abb. 5.131: $MgSO_4$-fällbarer N im Bier in Abhängigkeit von der Düngung der Sommergerste (Durchschnitt von 7 Anbauorten 1969, statistische Sicherung GD 5 %, Düngung 1,6 mg) [5.97]

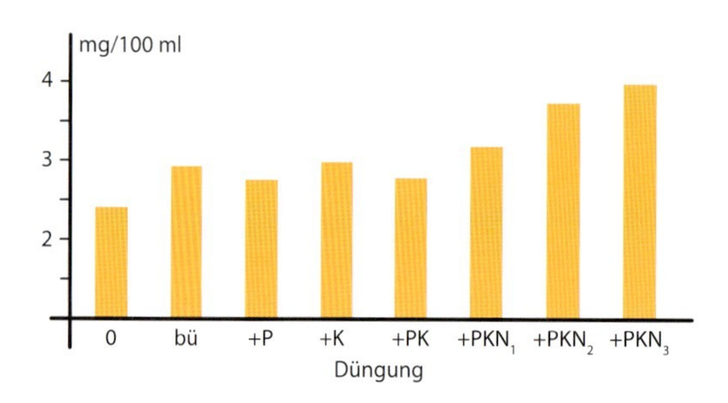

Abb. 5.132: Koagulierbarer N im Bier in Abhängigkeit von der Düngung der Sommergerste (Durchschnitt von 7 Anbauorten 1969, statistische Sicherung GD 5 %, Düngung 0,7 mg) [5.97]

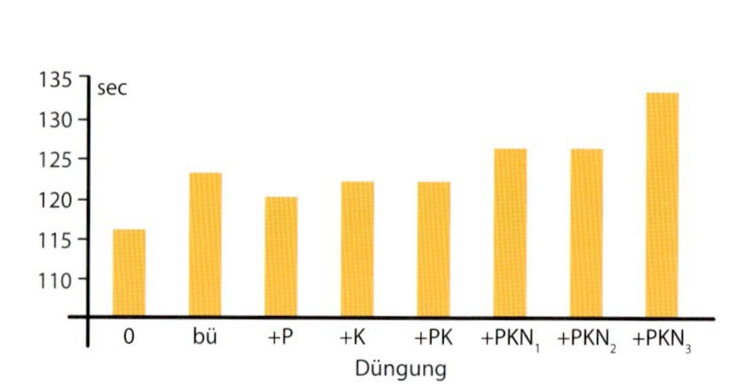

Abb. 5.133: Schaum im Bier in Abhängigkeit von der Düngung der Sommergerste (Durchschnitt von 7 Anbauorten 1969, statistische Sicherung GD 5 %, Düngung 5,4 sec) [5.97]

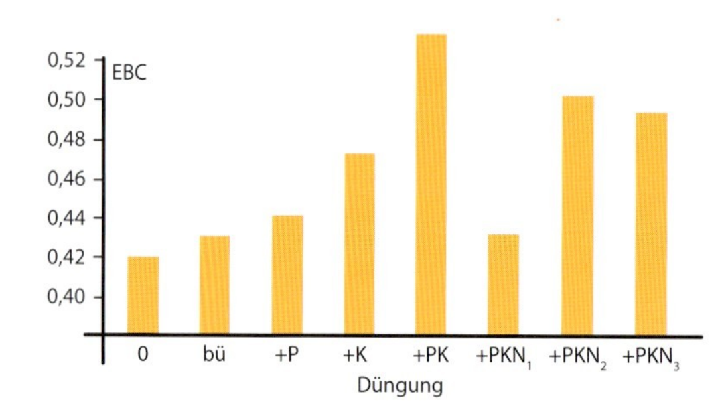

Abb. 5.134: Trübung nach der Abfüllung in Abhängigkeit von der Düngung der Sommergerste (Durchschnitt von 7 Anbauorten 1969, statistische Sicherung GD 5 %, Düngung 0,12 EBC-Einheiten) [5.97]

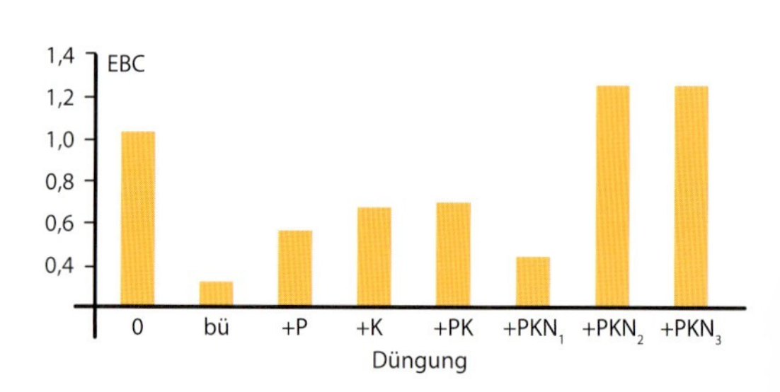

Abb. 5.135: Kältestabilität nach 7 Tagen (Trübungszunahme) in Abhängigkeit von der Düngung der Sommergerste (Durchschnitt von 7 Anbauorten 1969, statistische Sicherung GD 5 %, Düngung 0,63 EBC-Einheiten) [5.97]

extrakt und mehr Alkohol). Die +P- und die +K-Düngung schnitten ebenfalls sehr gut ab. Die Düngungsstufen BÜ und +PK fielen beim Restextrakt aus dem Rahmen. Mit zunehmender N-Düngung aber ging der Restextrakt im Bier und auch der Alkoholgehalt in der Tendenz zurück. Dieser Widerspruch könnte mit dem höheren Proteingehalt und dem damit verbundenen geringeren Anteil an vergärbarem Extrakt im Zusammenhang stehen. Vielleicht liegt in diesem Resultat auch ein wertvoller Hinweis für die Herstellung alkohol- und auch kalorienarmer Biere aus Malzen mit höherem Proteingehalt. Generell scheint mit der Intensivierung der Mineraldüngung in diesen Versuchen die Bierfarbe tendenziell etwas heller zu werden (Abb. 5.128). Das könnte mit der knapperen Lösung der proteinreicheren Malze in Verbindung stehen. Dieses Resultat scheint aber ein Widerspruch zu der Praxismeinung zu sein, nach der durch N-Düngung erreichte höhere Proteingehalte eher zu dunkleren Bierfarben neigen sollen. Die Düngung 0 bringt die niedrigsten Bitterwerte im Bier (Abb. 5.129). Es wäre denkbar, dass durch eine erhöhte Mineraldüngung – besonders mit N – auch die Spelzen gröber und stärker werden und dadurch die Bittere des Bieres etwas stärker wird.

In allen Düngungsvarianten, in denen die N-Versorgung in engen Grenzen blieb (Düngung 0, +BÜ, +P, +K, +PK), waren auch Gesamt-N, koagulierbarer N und auch der mittelmolekulare $MgSO_4$-N niedrig. Mit steigender N-Düngung (+PKN_1 bis +PKN_3) aber stiegen alle N-Fraktionen auch im Bier an (Abb. 5.128–5.130). Diese Zunahme an N-Verbindungen führte aber auch zur Verbesserung des Schaumes (Abb. 5.131). Die extrem hohe +PK-Düngung und auch die höhere N-Düngung +PKN_2 und +PKN_3 führten zu etwas stärkerer Trübung. Interessant ist aber auch, dass bei Nährstoffmangel (Düngung 0) eine etwas geringere Kältestabilität – ähnlich wie bei N-Überdüngung (+PKN_{2-3}) festzustellen war. Darin liegt der Hinweis, dass eine harmonische, dem Bedarf gut angepasste Mineraldüngung für viele Brau- und Biereigenschaften am besten ist (Abb. 5.132, 5.133).

5.5.1.8.3.3.2 Halbtechnische Brauversuche im 2-hl-Maßstab

Die Düngungsstufen wurden aus technischen Gründen in Großanbauversuchen geringfügig verändert. Insbesondere die nachhaltige Verschlechterung von Extrakt und Lösung beispielsweise als Folge der gesteigerten N-Düngung zwang auch in diesem Programm zur individuellen Vermälzung der proteinreicheren Gersten mit dem Ziel, die Lösung so zu verändern, dass die Malze dann in der Brauerei besser verarbeitungsfähig wurden, wie bereits in Kapitel 5.3.4 (Rohprotein der Gerste und Malzqualität) behandelt [5.96, 5.97, 5.18].

Bevorzugte Biere und ihre Begründung sind in der Abbildung 5.136 gekennzeichnet. Die Variante N 0 wurde jeweils gegen N 40, N 70, N 100, N130, N160 kg pro Hektar N-Düngung verkostet. In einem weiteren Schritt wurden auch auf der Vergleichsbasis von N 40, N 100 und N 130 kg pro Hektar die Biere aus den P- und K-Düngungskombinationen gegenübergestellt.

Eine N-Steigerung von 0 auf 40 kg pro Hektar zeigt zwar in diesen Braugersten-Düngungsversuchen aufgrund der statistisch gesicherten richtigen Zuordnung eine allgemeine Bevorzugung des 0-Bieres. Die einzelnen Merkmale ließen dies jedoch nicht erkennen. Der Vergleich N 0 zu N 70 deutet zwar aufgrund der Zuordnung einen signifikanten Unterschied zwischen den beiden Bieren an, Qualitätsdifferenzen waren jedoch nicht feststellbar. Das Bier aus N 100 kg pro Hektar bringt im Vergleich zu N 0 eine signifikante Verschlechterung in der Reinheit des Geschmacks. Das Bier mit der noch höheren N-Düngung von 130 kg pro Hektar war jedoch in der Vollmundigkeit besser. Trotzdem wurde aber keines der Biere von den 30 Verkostern bevorzugt. Das Bier aus der Gerste mit 160 kg pro Hektar N unterschied sich weder in der Zuordnung noch in den Einzelkriterien von dem N 0-Bier. Eine systematische Steigerung der N-Düngung bringt nach diesen Resultaten nur gelegentlich Veränderungen bei den sensorischen Eigenschaften. Eine generel-

Abb. 5.136: Ergebnisse aus der Verkostung

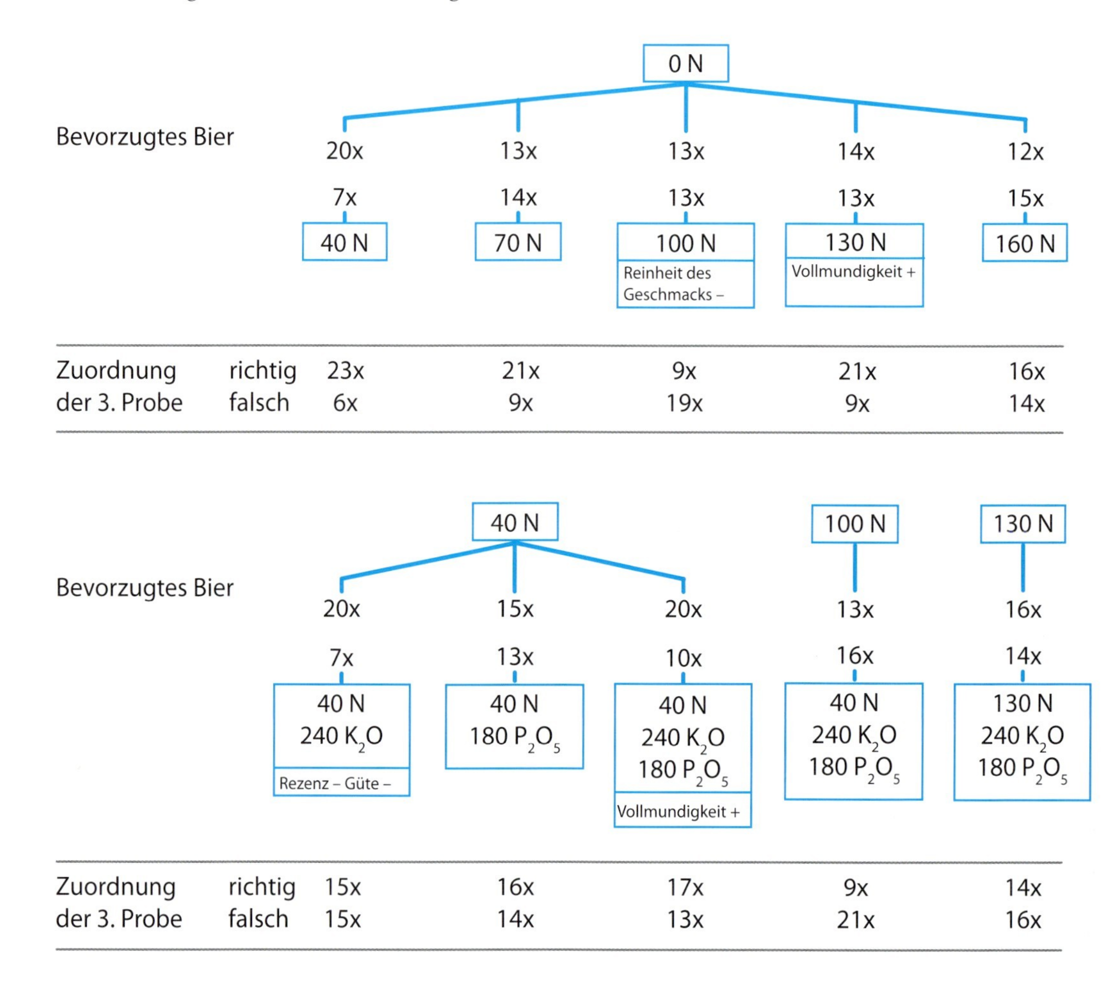

le Verschlechterung konnte jedoch nicht nachgewiesen werden. Die Ergebnisse aus der P- und K-Steigerung lassen erkennen, dass zwar eine richtige Zuordnung der 3. Glasprobe beim Vergleich N 40 zu N 40 + 240 K nicht gelingt. Aufgrund der Bevorzugung bei den Eigenschaften Rezenz und Güte war das Bier der Variante ohne K aber besser. Im Gegensatz dazu bringt die einseitig hohe P-Düngung keine Veränderung. Die hohe, kombinierte P+K-Düngung zeigt zwar eine signifikante Verbesserung der Vollmundigkeit, das Kontrollbier ohne diese hohe P+K-Düngung wurde jedoch gesichert häufiger bevorzugt. Eine Anpassung des N-Düngungsniveaus an die hohen K- und P-Gaben lässt diese kleinen Unterschiede wieder völlig verschwinden. Dieses Ergebnis führt zu der Annahme, dass es nicht einzelne Dünge-Nährstoffe sind, die die sensorischen Eigenschaften des Bieres verändern können. Vielmehr sind es die Relationen der Nährstoffgaben untereinander, die zu diesen Veränderungen führen. Daraus ist zu schließen, dass bei einem ausgeglichenen Nährstoffverhältnis in der Düngung der Braugerste die sensorischen Eigenschaften des Bieres nicht verändert werden. Beziehungen zwischen Gerstenertrag und Sensorik des Bieres konnten nicht festgestellt werden. Die alte Diskussion über die N-Düngung der Braugerste und den damit in Verbindung stehenden Rohproteingehalt einschließlich dessen Einfluss auf die Gersten-, Malz,- Brau- und Biereigenschaften verlangt nach diesen umfangreichen, lückenlosen Resultaten die Berücksichtigung dieser neuen Erkenntnisse. Es sollte nicht unerwähnt bleiben, dass diese 3-jährigen Versuche über bis zu 10 Anbauorte von der orthogonalen Düngung der Gerste bis zum fertigen Bier konsequent durchgezogen wurden und damit auch entsprechende Schlüsse zulassen. Danach ist es nicht so sehr der von der gesteigerten N-Düngung abhängige erhöhte Rohproteingehalt der zu all den diskutierten und in den Lehrbüchern publizierten Nachteilen einer intensiveren N-Düngung zur Braugerste führt. Es ist eher die Malzlösung, die im Zusammenhang mit einem erhöhten Rohproteingehalt bei normaler Mälzung Nachteile bringt. Dem kann aber durch ein an höhere Proteingehalte angepasstes Mälzungsverfahren (z. B. Erhöhung des Weichgrades) wirkungsvoll entgegen getreten werden (siehe auch Tab. 5.5 und 5.6). Wird dies getan, dann ist damit zu rechnen, dass keine technologischen Schwierigkeiten und auch keine Verschlechterungen der Bierqualität bei der Verarbeitung proteinreicherer Gersten auftreten. Zu beachten ist jedoch, dass bei der Vermälzung proteinreicherer Gersten etwas mehr Wasser gebraucht wird, welches beim Darren wieder entfernt werden muss. Entsprechend fällt nicht nur der Schwand höher aus, sondern führen die hohen Proteingehalte auch erwartungsgemäß zu etwas niedrigeren Extrakt- und Sudhausausbeuten.

5.5.1.9 Wasserversorgung, Bewässerung und Beregnung

In den humiden Klimalagen der Erde fällt dort, wo Gerstenanbau möglich ist, genügend natürlicher Niederschlag von jährlich 500 bis 1000 mm (l/m^2). Bei einer einigermaßen angepassten Verteilung reicht diese Menge für eine gute Braugerstenernte aus. Das gilt insbesondere für die Hauptanbaugebiete in Europa und Amerika. Wenn trotzdem auch in Europa gelegentlich mit künstlicher Beregnung zu Braugerste gearbeitet wird, so gilt dies überwiegend für den Braugerstenanbau auf leichten Böden, da hier in der Hauptvegetationszeit oft auch Trockenperioden auftreten und die Sandböden eine geringere Wasser-Speicherkapazität besitzen. Die Landwirte dieser Regionen bauen auf den Sandböden Kartoffeln unter Beregnung an. Hier erlaubt die zwischenzeitliche zusätzliche Nutzung der Beregnungsanlagen für den Braugerstenanbau eine bessere Auslastung der teueren Anlageninvestitionen. An Feldversuchen zu Sommerbraugerste auf Sandböden in Niedersachsen wird die Effizienz einer Zusatzberegnung dargestellt [5.98] (Tab. 5.30).

In Trockenjahren (1973, 1976) brachten die Sandböden ohne zusätzliche Beregnung Braugersten-Missernten (25–28 dt/ha). Dabei verschlechterte sich die Vollgerste gleichzeitig auf nur noch 20 % bis 30 % und die Rohproteingehalte erhöhten sich um ca. 1,5 % auf Werte von 14,4 % bis 15,3 %. Diese Partien waren als Braugersten nicht mehr zu verwerten.

Tab. 5.30: Beregnung zu Sommerbraugerste auf Sandböden in Niedersachsen 1973–1977 [5.98]

		1973	1974	1975	1976	1977	Mittel 5 Jahre
Erträge (dt/ha)	ohne Beregnung	25,8	52,2	44,5	28,6	54,5	41,1
	mit Beregnung	54,4	53,1	50,9	51,8	55,5	53,1
	Beregnungseffekt	+28,4	+0,9	+6,4	+23,2	+1,0	+12,0
Vollgerste (%)	ohne Beregnung	31	87	92	22	94	65
	mit Beregnung	86	85	88	91	94	89
	Beregnungseffekt	+55	-2	-4	+69	0	+24
Rohprotein (%)	ohne Beregnung	15,3	12,5	13,4	14,4	11,7	13,5
	mit Beregnung	13,6	11,7	11,4	13,2	10,5	12,1
	Beregnungseffekt	-1,7	-0,8	-2,0	-1,2	-1,2	-1,4

Umso größer waren die Beregnungseffekte in den Trockenjahren. Die künstliche Beregnung verdoppelte die Erträge auf ein normales Niveau von > 50 dt/ha. Gleichzeitig verbesserte sich die Vollgerste auf Werte um 90 % und die Proteingehalte erreichten deutlich niedrigere Werte. Die zusätzliche künstliche Beregnung war auch in den Jahren mit reichlicheren natürlichen Niederschlägen (1974, 1975, 1977) für die Erreichung akzeptabler niedrigerer Proteingehalte bis 11,7 % erfolgreich. In günstigen, ertragsstarken Jahren (1974, 1977) blieb allerdings der Beregnungseffekt auf den Ertrag marginal. Trotz der großen Schwankungen zwischen den Jahren war im 5-Jahresmittel der Beregnungseffekt positiv (Ertrag = +12 dt/ha, Vollgerste = +24 %, Rohproteingehalt = –1,4 %).

Ganz anders dagegen ist die Situation in den riesigen Steppenregionen Asiens, wo einerseits höhere Temperaturen die Ertragswirkung einer zusätzlichen künstlichen Wasserzufuhr verstärken und andererseits die niedrigen Mengen an natürlichem Niederschlag (oft nur 300 mm/Jahr) auch noch die Vollgerste begrenzen und den Proteingehalt in die Höhe treiben.

Seit Jahrtausenden ist deshalb in den Getreidesteppen Asiens die Bewässerungskultur auch beim Getreide – sofern zusätzliches Wasser zur Verfügung steht – eine wichtige Grundlage für die Entwicklung der Zivilisation (fruchtbarer Halbmond zwischen Euphrat und Tigris). In Trockenjahren werden in diesen Steppen ohne Bewässerung beim Getreide oft nur Erträge um 1 t pro Hektar erreicht (Abb. 5.137). Mit Hilfe der künstlichen Bewässerung aber können diese auf 3 bis 4 t pro Hektar angehoben und damit die Versorgung der Bevölkerung gesichert werden. Sowohl Wassermangel als auch Wasserüberschuss besonders vor der Ernte können zu beträchtlichen Ertragsverlusten auch bei der Braugerste führen (Abb. 5.138). Bei allen älteren Überstau- und Furchen-Bewässerungssystemen sind zwar die großen Investitionen von starken Pumpen-, Rohr- und Regner- sowie Düsen-Systemen nicht erforderlich. Trotzdem aber haben diese klassischen über Jahrtausende praktizierten Bewässerungsverfahren einige gravierende Nachteile (Abb. 5.139–5.142): Der Wasserverbrauch ist zu hoch, er liegt beim Mehrfachen des Pflanzenbedarfes. Die unkontrollierbare, unproduktive Verdunstung führt gerade in wärmeren Regionen zu enormen Wasserverlusten. Die Auswaschung von Nährstoffen aus der Ackerkrume in den Untergrund ist zu hoch. Besonders bei nachfolgender starker Sonneneinstrahlung verkrustet der Boden und behindert dadurch das Pflanzenwachstum. Die Gefahr der Bodenversalzung steigt, weil durch eine starke Sonneneinstrahlung große Mengen des Bewässerungswassers und die darin gelösten Salze an die Bodenoberfläche gefördert werden. Salzkrusten entstehen und behindern das Pflanzenwachstum (Abb. 5.151).

Demgegenüber lassen sich diese Nachteile durch moderne Beregnungssysteme, bei denen eine bedarfsgerechte Wasserdosierung nach Pflanzenart erfolgt, zumindest stark vermindern oder sogar verhindern (Abb. 5.127–5.148). Den hohen Investitionen moderner Düsen-Regnersysteme steht aber darüber hinaus eine beachtliche Einsparung von Wasser gegenüber, die eine deutliche Ausdehnung der Beregnungsfläche ermöglicht (Abb. 5.149, 5.150, 5.152). Alles in allem sichert die Beregnung besonders in ariden Klimagebieten die Erträge ab und führt auch insbesondere durch die Protein absenkende Wirkung bei der Braugerste zu besseren Qualitäten. Auch die Vollgerstengehalte steigen in den wärmeren Klimaten nachhaltig durch künstliche Wasserzufuhr. In humiden Regionen entscheidet neben der Menge an natürlichem Niederschlag der Temperaturverlauf über die Effizienz der Beregnung für die Braugerste.

Bildserie: Entwicklung von Bewässerungssystemen in der Welt über die Jahrhunderte

Abb. 5.137: Totalschaden bei Gerste durch Trockenheit in der Getreide-Steppe Asiens

Abb. 5.138: Wasserschäden an Getreide durch lokal ungünstige Verteilung natürlicher Niederschläge und Bodenverdichtungen in Südaustralien

Abb. 5.139: Wasser aus dem Gebirge in der Grenzregion China/Kasachstan

Abb. 5.140: Furchenbewässerung in Kasachstan

Abb. 5.141: Manuelle Wasserdosierung, Iran

Abb. 5.142: Starke Wasserverluste in offenen Gräben, Iran

Abb. 5.143: Betonschalen verringern Verluste, Andalusien

Abb. 5.144: Energiesparendes Wasserschöpf-System im Orient

Abb. 5.145: Einfache Wasser-Durchflussmessung

Abb. 5.146: Bewässerungswasser aus Tiefbrunnen in der Hochsteppe von Anatolien

Abb. 5.147: Einfache Kreiselpumpe für die Sprinklerberegung in Zentralanatolien

Abb. 5.148: Furchenbewässerung von Baumwolle mit Syphons, Türkei

Abb. 5.149: Sprinklerberegnung

Abb. 5.150: Fahrbare Beregnungskanone, Australien

Abb. 5.151: Versalzungsgefahr

Abb. 5.152 Moderne, rationelle Beregnungssysteme

5.5.1.10 Pflanzenschutz

Bei der allgemeinen Behandlung des Themas Pflanzenschutz (Kap. 4.6, Krankheiten und Schädlinge) wurde bereits darauf hingewiesen, dass auch aufgrund der kurzen Vegetationszeit Sommergerste in der Regel mit einem Minimum an chemischen Pflanzenschutzmitteln (PSM) auskommt. Im Normalfall sind das eine Unkraut- und eine Blattkrankheitsbekämpfung. Nach Farrak et al. [5.99] können dennoch Unkräuter, Krankheiten und Schädlinge auch bei der Sommergerste unter besonderen Stress-Situationen erhebliche Schäden verursachen. Erst wenn alle übrigen ackerbaulichen Maßnahmen der Bekämpfung wirkungslos sind, sollten chemische PSM angewendet werden. Nach Götz [5.100] können in Deutschland ca. 216 verschiedene PSM verwendet werden (Tab. 5.31). Die Sommergerste liegt immer im unteren Bereich.

Die Anwendung setzt eine verantwortungsvolle Mittelauswahl, eine strenge Beachtung der Gebrauchsanleitungen sowie die Applikation mit geprüfter Spritztechnik und die Einhaltung von Mindestabständen zu Nachbarkulturen voraus. In allen landwirtschaftlichen Organisationen stehen erfahrene Fachleute zur Beratung zur Verfügung. Die häufigen Veränderungen der Mittelspektren und ihre Wirkungsmechanismen zwingen Landwirte und Händler zur Einarbeitung in diese sich ständig verändernde Problematik. Auch im Interesse der Vermeidung von Umwelt- und Produktkontaminationen berührt diese Frage auch Mälzer, Brauer und Verbraucher. Zur Begrenzung des Spritzmittelaufwandes existieren Untersuchungen über Schadschwellen für Unkräuter, Pilzkrankheiten und Insekten. Erst bei Überschreitung des Befalls über das Niveau der Schadschwellengrenze hinaus ist nach Gößner et al. [5.101] die Anwendung von chemischen PSM gerechtfertigt.

5.5.1.10.1 Bekämpfung von Unkräutern und Ungräsern in der Sommergerste

Unkräuter und Ungräser entwickeln eine starke Konkurrenzkraft gegen die Kulturpflanzen um Wasser, Nährstoffe und Licht. Ohne eine Bekämpfung sinken die Erträge beachtlich (Abb. 5.153 u. 5.154). Eine chemische Unkrautbekämpfung mit Herbiziden ist bei der Sommergerste aber nur bei Überschreitung der angeführten Bekämpfungsschwellen angebracht (Tab. 5.32, Abb. 5.155). Die große Anzahl der Herbizide für Sommergerste erlaubt an dieser Stelle nur eine grobe Übersicht. Notwendige Detailinformationen geben die regionalen Pflanzenschutzämter der Agrarbehörden. Die aktuellen Präparate des Jahres 2009 sind in Tabelle 5.33 angeführt [5.101].

Die Kosten für eine chemische Unkrautbekämpfung halten sich mit 10 bis 40 € pro Hektar noch in Grenzen, wobei die schwierigere Bekämpfung der Ungräser (Flughafer, Windhalm, Ackerfuchsschwanz) (Abb. 5.156–5.158) eher im oberen Kostenbereich liegen. Die dargestellte Konkurrenzsituation zwischen Braugerste und Unkraut (Entzug von Wasser, Nährstoffen, Licht) dezimieren nicht nur den Ertrag, sondern vermindern auch die Vollgerste. Anderseits führt eine fehlerhafte Herbizidbehandlung (Überdosierung, falsche Anwendungszeit) (Abb. 160) zu Wachstumsstörungen und Mindererträgen auch bei der Sommergerste.

Zulassung für	Anzahl / Mittel	Wirkbereich
Gerste	70	Fungizide
Getreide	82	Insektizide, Allgemeinschädlinge
Sommergerste	64	Herbizide, Wachstumsregler
Gesamt	**216**	

Tab. 5.31: Zugelassene PSM für Braugerste (Stand 2007) [5.100]

Tab. 5.32: Bekämpfungsschwellen für Unkräuter, Krankheiten und Insekten [5.101]

Fruchtart	ES	Schaderreger	Beobachtungsobjekt	Bekämpfungsschwelle
Getreide	11–29	Unkräuter	Klettenlabkraut	0,1 Pfl./m² (alle Getreidearten)
			Sonstige Unkräuter	50 Pfl./m² (WW, WG) 100 Pfl./m² (WR), 80 Pfl./m² (SG)
	11–29	Ungräser	Wildhalm	10–30 Pfl./m² (nur Wintergetreide)
			Ackerfuchsschwanz	5–20 Pfl./m² (alle Getreidearten)
			Trespen	5–10 Pfl./m² (nur Wintergetreide)
			Flughafer	5–10 Pfl./m²
	31–32	Halmbruch	Pflanzen (Halmbasis)	40 % stark befallene Pfl. (WW): Prognose SIMCERC nutzen
	32–61	Mehltau	Pflanzen	60 % befallene Pfl. (Wi- u, So-Getreide)
	32–51	Rhynchosporium	3 obere Blätter	60 % befallene Pfl. (WR, WG, SG)
	32–51	Netzflecken		20 % befallene Pfl. (WG, SG)
	32–61	Rostarten	gesamte Pflanze	30 % befallene Pfl. o. erste Nester 20 % bei WR
	37-61	Septoria tritici	4 obere Blätter	20 % befallene Pfl. (WW)
		Sept. nodorum		30 % befallene Pfl. (WW)
	ab 39	DTR	3 obere Blätter	10 % befallende Pfl. (WW)
	ab 12	Virusvektoren Herbst	gesamte Pflanze	10–20 % befallende Pfl. (WG, WW)
	49–59	Gallmücke	Ähre	0,5–1 Mücke/Ähre (WW)
	39–59	Getr.hähnchen	Fahnenblatt	0,5–1 Larve/Blatt
	51–65	Blattläuse	Blätter + Halm	25 Läuse/Pfl. (WW, Hafer) 15 Läuse /Pfl. (SG)
			Ähre	60 % befallene Ähren

Tab. 5.33: Herbizide zum Einsatz für Sommergerste (Stand 2009) [5.100, 5.101]

Mittel gegen Klettenlabkraut	Amario / Ariane C / Hoestar Super Primus / Starane 180 / Tornugan 180 / Tristar
Mittel gegen Unkräuter	Anisten Super / Artus / Basagran / Biathlon / Duplosan DP / KV / Foxtril Super / Cropper / Loredo / Lotus-Bagran / Mextrol DP / Sunni DP / Platform / Posinto / Refine Extra / Trioflex / Zoom / Zooro-Pac
Mittel gegen Disteln	U 96 D / M. Fluid / Pointer SX
Mittel gegen Ungräser und Unkräuter	Accord Super Pack / Arelon Top / Axial 50 / Axial Cenial Pack / Azur / Concert SX / Husar OD / Power Sel / Ralon Super

Abb. 5.137 u. 5.138: Entwicklung der Ausbringungstechnik für Pflanzenschutzmittel

Abb. 5.139: Geringer Unkrautbesatz bedarf keiner chemischen Bekämpfung

Abb. 5.140: Starker Unkrautbesatz vermindert den Ertrag nachhaltig

Abb. 5.141: Getreidebestand Herbizid-behandelt (l.), ohne Herbizide stark verunkrautet (r.)

Abb. 5.142: Klutschmohn-Verunkrautung in Braugerste

5.5.1.10.2 Bekämpfung von Krankheiten in der Sommergerste

Die Getreidekrankheiten wurden pauschal im Kapitel 4.6. behandelt. Am Beispiel der Sommerbraugerste werden einige bedeutende Krankheitsbilder dargestellt. Die wichtigste Maßnahme zur Krankheitsbekämpfung ist die Resistenzzüchtung. Leider können aber pilzliche Schaderreger die Resistenzen durch Mutationen wieder zunichte machen. Die Resistenzzüchtung kann sich deshalb immer nur einen kleinen zeitlichen Vorsprung von wenigen Jahren vor der Anpassung der Schadorganismen schaffen, welche die Resistenz wieder zerstören. Entscheidend für den Erfolg der Resistenzzüchtung ist das Auffinden von Resistenzgenen, die in der Regel aus Primitivformen der Genzentren stammen. Aufwendige Rückkreuzungen sind erforderlich. Die auf gute Qualität gezüchteten Sommerbraugersten brachten auch aufgrund ihrer schlechteren Mehltauresistenz niedrigere Erträge, aber eine erheblich bessere Malzqualität. Die Züchtung auf Mehltauresistenz sicherte zwar hohe Erträge, die Einkreuzung von resistenten Typen aber vermindert oft die Qualität (Tab. 5.34). Der Einsatz moderner Breitband-

Tab. 5.34: Einfluss des Mehltaubefalls (Erysiphe graminis) bei anfälligen und resistenten Sommergersten auf Gersten- und Malzeigenschaften [5.102]

	Mehltau anfällige Sorten n = 4	Mehltrau resistente Sorten n = 5
Gersteneigenschaften		
Mehltau Bonitur (1 bis 9)	5,0	1,3
Ertrag t/ha	3,9	4,2
Vollgerste %	72	72
Rohprotein %	11,3	11,2
Malzeigenschaften		
Extrakt %	80,3	79,1
Extraktdifferenz %	3,2	3,7
Kolbachzahl	39	37
Scheinbare Endvergärung %	78,3	78,2

Tab. 5.35:
Wirkung der Fungizidbehandlung in Sommergerste, Mittel aus 18 Versuchen 1970–72 [5.102]

Behandlung	ohne Fungizid	mit Fungizid	Fungizideffekt
Mehltau-Bonitur	4,0	2,4	-1,6
Ertrag dt/ha	47,4	49,9	+2,5
Vollgerste %	77,1	79,7	+2,6
Extrakt %	82,4	82,9	+0,5
Extrakt-Differenz	2,8	2,7	–0,1
Kolbachzahl	42	41	–1

Tab. 5.36: Fungizide für Sommergersten [5.103]

Krankheiten	Präparate	AWM (l/ha)	ES	Kosten (€/ha)	Bemerkungen
Netzflecken, Zwergrost Rhynchosporium	Fandango - Input Perfekt Opus Top Amistar Opti + Gladio Juwel Top	0,4–0,5 + 0,4–0,5 0,8–1,0 1,0–1,2 + 0,4 0,6–0,8	37–49 37–49 37–49 37–49	29–45	volle Menge ist nur in Befallsjahren wirtschaftlich
Starker Frühbefall, Rhynchosporium	**Vorlage** Harvesan/Capitan **Folgebehandlung** Opus Top Gladio	 0,6 0,6–0,8 0,4–0,5	 30–34 37–49 37–49	 ∑ SF 39–51	
Starker Frühbefall Mehltau	**Vorlage** Vegas **Folgebehandlung** Opus Top Amistar Opti + Gladio Fandango - input Perfekt	 0,15–0, 25 0,8–1,0 1,0–1,2 + 0,4 0,4–0,5 + 0,4–0,5	 30–34 37–49 37–49 37–49	 ∑SF 41–64	Vegas wirkt nur gegen Mehltau

Fungizide zu Sommerbraugerste brachte im Mittel von 18 Versuchen und 17 Sorten die in Tabelle 5.35 aufgeführten Fungizideffekte.
Auch bei der Bekämpfung von Blattkrankheiten sollte erst dann gespritzt werden, wenn die Bekämpfungsschwellen des Befalls überschritten sind (Tab. 5.32).

5.5.1.10.3 Bekämpfung von Schädlingen in der Sommergerste

Blattläuse und Getreidehähnchen gehören zu den häufigsten Kleinschädlingen in der Sommergerste.

Blattläuse

Die Bekämpfung der Blattläuse sollte dann vorgenommen werden, wenn die Bekämpfungsschwelle von 15 bis 20 Läusen pro Halm auf 60 % der Halme überschritten wird. Blattläuse schädigen in zweierlei Hinsicht: Sie entziehen der Pflanze Nährstoffe und Assimilate (Saugschäden) und sie übertragen Viruskrankheiten während des Saugens (BYDV und BaYMV). In deren Folge treten Schäden am Chlorophyll auf (z.B. Gelbfärbungen an den Blättern), welche die Störung der Assimilationsleistung signalisieren. Die Ertragsverluste können beachtlich sein. Zur Vermeidung von weiteren Infektionsübertragungen sollten dann, wenn der Anbau von Sommer- und Wintergerste im gleichen Betrieb nicht zu verhindern ist, die beiden Gerstenformen in der Fruchtfolge möglichst weit voneinander entfernt gestellt werden. Sofern erforderlich, sollte ein Insektizideinsatz eher

Tab. 5.35: Ausgewählte Insektizide für Sommergerste [5.100]

Schaderreger	Mittel und Aufwandmenge ml bzw. g pro ha	Kosten € pro ha
Blattläuse	Biscaya (300) / Bulldock (300) / Karate / Zeon (75) / Primor Granulat (200 –300)	9–16
Getreidehähnchen	Fastac SC (100) / Sumicidin alpha (200) / Trafo WG (150)	7– 8

in Kombination mit Fungiziden vorgenommen werden. Großen Schaden können besonders im Mittelmeerraum und auch in ariden Zonen (Australien, Südafrika) die Russischen Weizenläuse auch an Braugerste verursachen.

Getreidehähnchen
Fraßschäden können von Getreidehähnchen verursacht werden. Die Schäden halten sich in Grenzen.

Army Worm
Besonders im subtropischen/tropischen Getreideanbau in Südamerika (Brasilien, Uruguay) fallen vor der Ernte (Regenzeit) große Armyworm-Populationen auch in die Gerste ein. Sie klettern bis zur Ähre hoch, beißen diese ab, lassen sich mit der Ähre runter fallen und fressen die Körner auf. Sofern im Bedarfsfalle Insektizidbehandlungen – auch bis unmittelbar vor der Ernte unterbleiben, können in wenigen Tagen Totalschäden entstehen. Bekannte allgemeine Insektizide sind wirksam (Abb. 5.165 u. 5.166).

Nacktschnecken
Gelegentlich können auch bei der Sommergerste Nacktschnecken größere Fraßschäden verursachen. Zugelassene Mittel zur Bekämpfung sind Mesurol, Clartex und Schneckenkorn.

Feldmäuse
Besonders nach regenarmen, milden Wintern können sich Mäuse-Populationen so stark entwickeln, dass sie vor der Ernte durch Körner-

Bildserie: Einige bedeutende Braugersten-Schadfaktoren

Abb. 5.159: Gesunde Braugerste

Abb. 5.160: Herbizidschäden (Anwendungsfehler)

Abb. 5.161: Blattkrankheiten (Mischinfektion)

Abb. 5.162: Weizen-Flugbrand [4.33]

Abb. 5.163: Blattlausbefall in ariden Gebieten Vorderasiens

Abb. 5.164: Viruserkrankung durch Blattlausübertragung

Abb. 5.165: Fraßschäden durch Army-Worm in Brasilien

Abb. 5.166: Der Army Worm beißt die Ähre ab, fällt mit dieser auf den Boden und frisst sie auf, Brasilien

fraß in den Feldbeständen auch der Sommergerste einen beträchtlichen Schaden anrichten. Das Auslegen von Giftködern ist aufwendig und problematisch. Zugelassene Mittel sind Ratron und Giftweizen.

5.5.1.10.4 Nicht-Parasitäre Schädigungen bei Sommergerste

Chlorotische Flecken auf den Blättern

Es wird vermutet, dass dieses Phänomen im Zusammenhang mit der Strahlungsintensität der Sonne oder anderen Umwelteinflüssen steht.

Anthocyan-Verfärbungen der Grannen

Dieses Phänomen tritt häufiger im Mittelgebirge auf. Auslöser sind Spätfröste. Eine Ertragsbeeinflussung ist nicht bekannt.

Weiß-Taubährigkeit bei der Gerste

Im Braugerstenanbau auf den Terra-Rossa-Böden der Subtropen in Südbrasilien tritt häufig Taubährigkeit auf. Die Ähren sind heller, stehen aufrecht und enthalten keine Körner. Ursache für diesen gravierenden Ertragsausfall ist die pflanzentoxische Wirkung des im Boden gelösten, frei verfügbaren Aluminium. Dieses für die tropischen Roterden typische Erscheinungsbild geht einher mit dem zu niedrigen pH-Werten dieser Böden, die auch durch die hohen Niederschläge noch weiter versauern. Über eine ausreichende, kontinuierliche Kalkversorgung muss der pH-Wert so weit angehoben werden, bis das freie Aluminium wieder an die Tonkomplexe des Bodens gebunden wird.

5.5.1.10.5 Saatgutbehandlung

Zur Vorbeugung, insbesondere gegen Pilzkrankheiten, wird auch das Braugerstensaatgut mit Beizmitteln vor der Saat behandelt. Wenn diese phytosanitäre Maßnahme auch für die Sommerbraugerste notwendig erscheint, so dürfte sie für Wintergetreide auch als unerlässlich anzusehen sein. Es steht dafür eine große Palette von Präparaten zur Verfügung. Das Spektrum wird laufend weiter entwickelt. Einige gebräuchliche Beizmittel sind in Tabelle 5.38 beschrieben.

5.5.1.10.6 Einsatz von Wachstumsregulatoren

Nach Schott und Schildbach et al. [5.104, 5.105] führt die Spritzung von Wachstumsregulatoren über die Halmverkürzung zur Verbesserung der Standfestigkeit und zur Verminderung der Lagerneigung auf dem Feld. Bei der Sommergerste wird damit auch das vorzeitige Umknicken der Halme vermindert mit allen negativen Konsequenzen für Ertrag und Qualität. Die Behandlung der Sommerbraugerste mit einem Wachstumsregulator ermöglicht so die Anwendung einer höheren N-Düngung bis in den sortenspezifisch genetisch vorgegebenen Ertrags-Maximalbereich. In allen Jahren erreichte die Terpal-Spritzung eine Halmverkürzung (Abb. 5.167). Die dadurch bewirkte verbesserte Standfestigkeit wurde in dem Jahr mit dem kürzeren Pflanzenwachstum 1979 eigentlich nicht benötigt, weil die Pflanzen witterungsbedingt kürzer geblieben waren. Unter dieser eher ungünstigen Wachstumskonstellation führte die durch das Terpal erreichte Halmverkürzung sogar noch zu einer Verschlechterung des Kornertrages. Nur in den Jahren (1977 und 1978), in denen die Halmverkürzung durch Terpal eine Lagerneigung reduzierte oder verhinderte, konnten Ertragssteigerungen erreicht werden. Die Vermeidung von Lager durch Spritzung von Wachstumsregulatoren verbesserte auch die Vollgersten, Malzlösung und Endvergärung. Im Jahr, in dem kein Lager auftrat (1979), ging durch Terpal nicht nur der Ertrag zurück, auch die Brauqualität wurde schlechter (höheres Protein, sondern weniger Extrakt, abfallende Malzlösung und Vergärung) (Tab. 5.39). Bei

Tab. 5.38: Beispiel für einige aktuelle Beizmittel für Sommerbraugerste (Stand 2008/09) [5.101]

Handelsname	Zardex G	Baytan 2	Efa
Wirkstoffe	Imazali Cyproconazol	Triazoxid Prothioconazol Triadimenol	Fluoxastrobin Prothioconazol Teboconazol Triazoxid
Aufwandmenge ml/dt	300	200 – 160	200 – 160
Fungizide gegen			
- Schneeschimmel	–	X	X
- Flugbrand	X	X	X
- Streifenkrankheit	X	X	X
- Typhula		X	–
- Fusarien		X	–
- Mehltau	–	X	–
Kosten €/ha	10	5–10	5–10

Abb.5.167: Einfluss von Terpal auf die Wuchshöhe, Standfestigkeit und den Etrag von Sommergerste über drei Prüfjahre [5.104, 5.105]

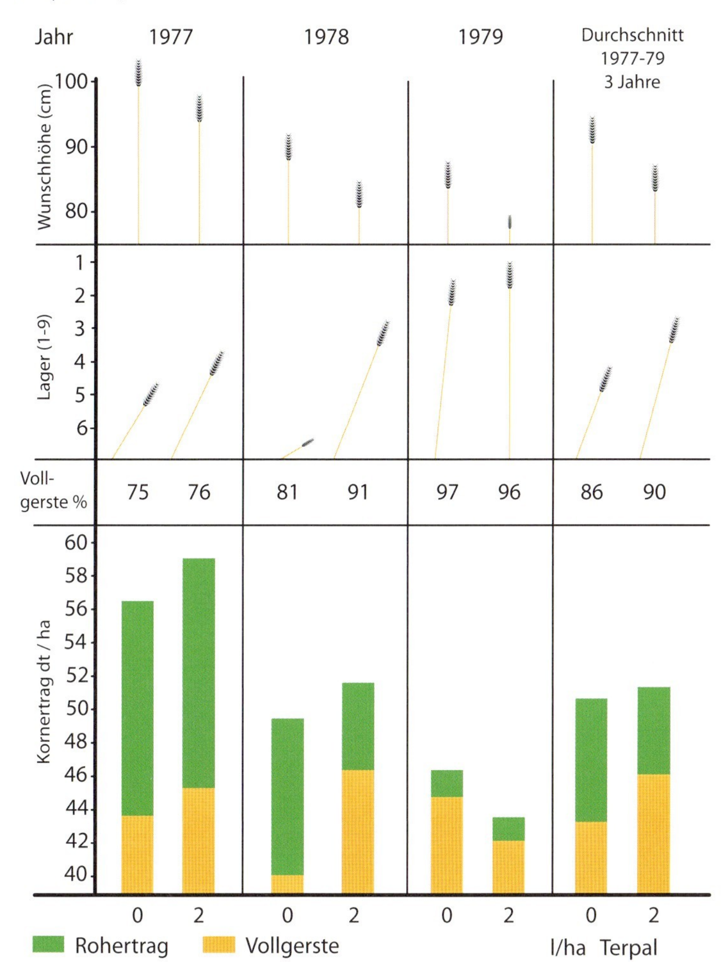

Abb. 5.168: Sommerbraugerste bei maximaler N-Düngung – Vordergrund unbehandelt, Hintergrund mit Wachstumsregulator

einer erhöhten N-Düngung (60 + 30 kg pro Hektar N) verminderte Terpal die Lagerneigung der Sommergerste nur geringfügig, brachte aber trotzdem höhere Vollgerstenerträge und deutlich weniger Protein. Zellwandlösung und Vergärbarkeit wurden ebenfalls etwas verbessert (Tab. 5.40). Alles in allem ist die Halmverkürzung durch Wachstumsregulatoren bei der ohnehin schon sehr kurzen Sommerbraugerste in Verbindung mit einer gesteigerten N-Düngung im Gegensatz zu Wintergerste oder Weizen nicht unbedingt erforderlich. Eine Auswahl standfesterer Sommerbraugerstensorten und eine eher angemessene, bedarfsgerechte und eine am Verwendungszweck orientierte N-Düngung sind sicherlich bessere Alternativen zur Erzielung einer optimalen Kombination von Ertrag und Qualität bei der Erzeugung von Sommerbraugersten.

Bei zu erwartendem Lager infolge zu üppiger Bestände schon im frühen Entwicklungsstadium dagegen ist der Einsatz auch bei der Sommerbraugerste zur Vorbeugung von Schäden durch zu erwartendes Lager sinnvoll. Für Sommergerste wurden 2009 die Mittel in Tabelle 5.41 empfohlen [5.101].

l/ha Terpal		**1977**		**1978**		**1979**	
		0	**2**	**0**	**2**	**0**	**2**
Lager	1–9	4,6	3,8	6,3	2,8	1,2	1,0
Vollgerste	%	75	76	81	91	97	96
Vollgerste	dt/ha	42	45	40	47	45	42
Rohprotein	%	10,0	9,9	9,2	9,1	11,2	11,5
Extraktausbeute	%	81,5	81,6	81,6	82,2	81,4	81,1
Zellwandlösung	ED %	3,0	2,8	1,9	2,4	2,9	3,4
Eiweißlösung	Kolb.Z	38	41	41	44	39	37
Viskos. Würze	cp 8,6	1,68	1,60	1,57	1,63	1,57	1,59
s. Endvergärung	%	79,4	80,1	82,2	81,9	80,1	78,3

Tab. 5.39: Einfluss von Terpal auf die Kornqualität und Malzeigenschaften von Sommergerste [5.104, 5.105]

Terpal l/ha			**0**			**2**	
N-Düngung kg/ha		**60**	**60 +30**	**60 +30 +30**	**60**	**60 +30**	**60 +30 +30**
Lager	1-9	2,6	4,9	6,0	2,1	4,3	4,7
Vollgerste	%	81	75	69	84	76	68
Vollgerste	dt/ha	43	44	38	46	47	41
Rohprotein	%	10,0	12,3	12,1	9,9	11,5	12,6
Extraktausbeute	%	81,5	79,8	78,8	81,6	79,8	77,9
Zellwandlösung	ED %	3,0	4,4	4,2	2,8	4,0	4,0
Eiweißlösung	Kolb.Z	38	36	37	41	37	36
Viskos. Würze	cp 8,6	1,68	1,71	1,68	1,60	1,64	1,68
s. Endvergärung	%	79,4	79,6	78,1	80,1	79,9	77,5

Tab. 5.40: Einfluss von Stickstoffdüngung und Terpal auf die Kornqualität und Malzeigenschaften von Sommergerste, Limburgerhof, 1977 [5.104, 5.105]

Tab. 5.41: Sommergerste – Beispiele für Behandlungsmöglichkeiten [5.101, 5.104, 5.105]

Wachstumsregler für Sommergerste	**Wirkstoff für Sommergerste**	**Stadium der Behandlung**	**Aufwandmenge l/ha**	**Kosten €/ha**
Camposan Extra	Ethephon (660)	37 – 49	0,5	14 – 32
Moddus	Trinexapac (220)	21 – 37	0,6	16 – 44
Terpal	Mepiquatchlorid + Ethephon	39 – 49	1,0	ca. 30

5.5.2 Winterbraugerste

Ertrags- und Qualitätsunterschiede zwischen Sommer- und Wintergersten wurden im Kapitel 5.4.1.2 ausführlich behandelt. Beide Gersten gehören zur gleichen Art *Hordeum vulgare* und sind deshalb auch – unabhängig von der Zeiligkeit – untereinander kreuzbar. Aus der überwältigenden Vielzahl von Gerstenformen wurden diejenigen mit einer besseren Frostresistenz und einem höheren Kältebedürfnis herausselektiert. Moderne Wintergerstensorten bringen heute zwar auch eine ausreichende Kälteresistenz mit, diese ist jedoch nicht so gut wie bei Winterroggen und Winterweizen. In sehr kalten Wintern – besonders dann, wenn eine schützende Schneedecke fehlt – können bei Wintergerste beachtliche Frostschäden durch Abfrieren und Vertrocknen der jungen Pflanzen auftreten. Deshalb gehört auch der Anbau von Wintergerste eher in die Regionen mit den milderen Wintern. Es sind vorwiegend die intensiveren Ackerebenen und ihre Randgebiete in noch geringerer Höhenlage. Im Vergleich zur Sommergerste brauchen die Wintergersten einen stärkeren Kältereiz zur Auslösung der generativen Phase (Blühen, Ähren- und Kornbildung) von Temperaturen von 0 °C bis 3 °C über 20 bis 40 Tage. Demgegenüber benötigt die Sommergerste nur einen Kältereiz von 6 °C bis 8 °C über bis zu 15 Tagen, die auch noch im Frühjahr nach der Saat erreicht werden. Der notwendige stärkere Kältereiz (Vernalisationsbedürfnis) der Wintergerste verbietet ihre Aussaat im Frühjahr. Wird Wintergerste versehentlich trotzdem erst im Frühjahr ausgesät, bestockt sie sich stark, ohne jedoch die Blüh- und Ährenbildungsphase zu erreichen.

Abb. 5.169: Winter- und Frostschäden bei Sommergerste nach Herbstaussaat

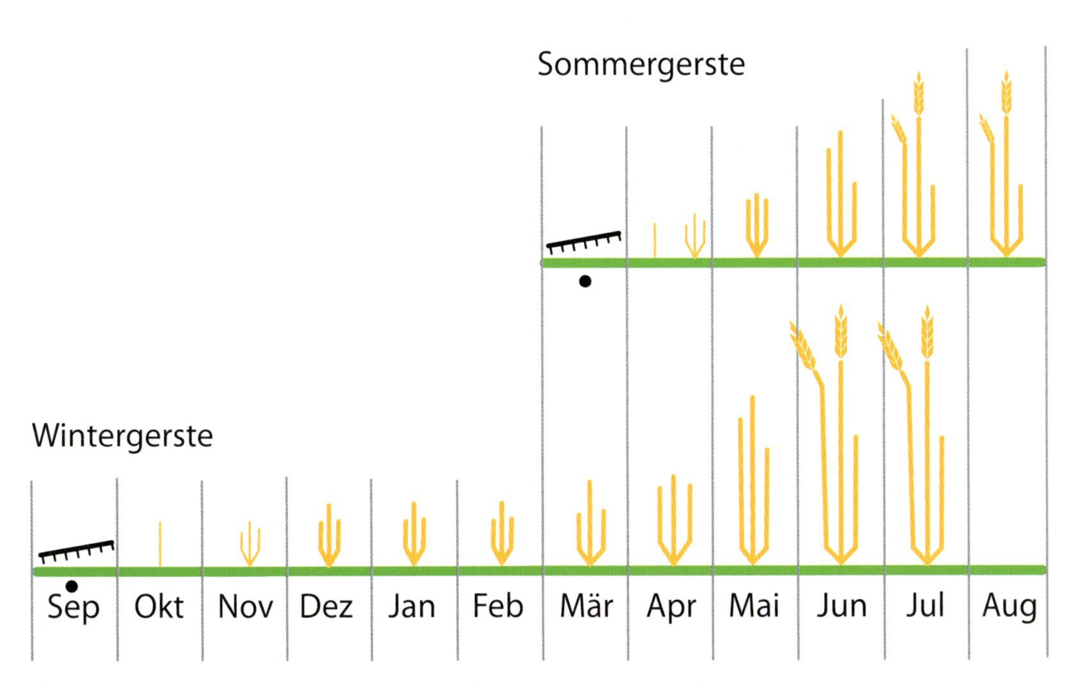

Abb. 5.170: Wachstums- und Entwicklungsverlauf von Sommer- und Wintergersten in Europa

5.5.2.1 Anforderungen an Klima / Witterung und Boden

Im Mittel von drei Jahren (2005 bis 2007) erreichten nach Gauger [5.106] in den drei wichtigsten Wintergerste anbauenden Ländern der EU – Deutschland, Frankreich, Großbritannien – die Wintergersten einen Durchschnittsertrag von 6,4 t pro Hektar. Die Sommergerste dagegen lag nur bei 5,2 t pro Hektar. Diese Ertragsdifferenz von 1,2 t pro Hektar zu Gunsten der Wintergerste hat mehrere Ursachen. Dazu gehören das genetisch festgelegte höhere Ertragspotenzial, die längere Vegetationszeit und der Anbau auf den besseren Böden in milderen Klimalagen. Nach Geisler [5.107] benötigt Wintergerste zur generativen Entwicklung (Körnerbildung) einen Kältereiz von 20 bis 40 Tagen bei 0 °C bis 3 °C, die Sommergerste dagegen nur 0 bis 15 Tage bei 6 °C bis 8 °C. Die Sommergerste ist auch aus wirtschaftlichen Gründen aus den guten Ackerbauregionen in die etwas ungünstigeren Mittelgebirgslagen abgewandert. Damit bleiben aber auch die Möglichkeiten zur Ertragssteigerung in Grenzen. Bei der Wintergerste dagegen steht die Aktivierung des hohen genetischen Ertragspotenzials im Vordergrund. Dies wird in den günstigen Anbaugebieten von der Wintergerste besser genutzt als von der Sommergerste. Die mittleren jährlichen Ertragssteigerungen liegen deshalb nach Reiner et al. [5.108] bei der Wintergerste bei 0,7 dt pro Hektar, während die Sommergerste nur 0,5 dt pro Hektar erreicht. Die intensiven Ackerebenen der humiden Klimazonen von Mittel- und Westeuropa dürften als optimale Wintergerstenregionen dann angesehen werden, wenn die Winter nicht allzu kalt sind. Vor der Aussaat (in Deutschland um den 20. September) sollte der Boden durch ausreichend Regen gut bearbeitungsfähig sein. In den trockeneren Getreideregionen kommt es bei der Wintergerste gelegentlich zu Wassermangel in der Keimphase im Herbst. Dies führt zu unbefriedigenden Feldaufgängen. Eine sorgfältige, rechtzeitige Bodenvorbereitung kann solche Schäden mildern. Gelegentlich hilft das Walzen nach der Saat. Wintergerste sollte im Oktober/November feucht-warme Bedingungen vorfinden, um vor Einbruch des Winters die Bestockung abschließen zu können. Um +5 °C tritt Winterruhe ein. Erfolgt der Temperaturrückgang in den Winter hinein langsam, dann halten die Pflanzen die Kälte besser aus. Wintergerste verträgt kurzzeitig –15 °C bis –20 °C und ist damit am gefährdetsten. Winterweizen akzeptiert –15 °C bis –25 °C und der Winterroggen –25 °C bis –30 °C [5.108]. Damit begrenzt die Frostempfindlichkeit den Wintergerstenanbau wesentlich. Durch Züchtung kann die Frostresistenz verbessert werden. Kühlere Perioden im zeitigen Frühjahr sind eher günstig zu bewerten. Eine zu schnelle Erwärmung fördert den Krankheitsbefall. Nach dem Ährenschieben sollte die Witterung trockener verlaufen. Für eine gute Kornausbildung ist allerdings auch wieder feucht-kühleres Wetter erforderlich. Drei Wochen vor der Ernte sollte trockenes Wetter mit viel Sonne vorherrschen.

Die erheblich kürzere Vegetationszeit der Sommergerste ist der wesentlichste Grund für die niedrigeren Erträge (Abb.5.170). Deutliche Mehrerträge der Wintergerste zeigen auch einen engen Zusammenhang zur Qualität der

Tab. 5.42: Bodenqualität und Erträge bei Wintergersten [5.108]

Bodenqualität Ackerzahl (1–100)	Ertrag t / ha	Ertrag %	Bodenart	Ertrag dt / ha	Ertrag %
< 20	5,1	100	Sand	4,7	100
20–40	5,2	103	Anlehmiger Sand	5,0	106
40–60	5,4	107	Lehmiger Sand	5,2	112
60–80	5,6	110	Sandiger Lehm	5,5	117
> 80	5,7	113	Lehm	5,6	119

Böden [5.108]. Mit steigenden Ackerzahlen und auch mit niedrigerem Sandanteil der Böden steigen die Erträge der Wintergerste beachtlich an. Diese positive Reaktion macht die Wintergerste zu einer leistungsstarken Intensivkultur im mitteleuropäischen Ackerbau (Tab. 5.42).

5.5.2.2 Stellung in der Fruchtfolge

Zwischen der Ernte einer Getreidevorfrucht im Juli/August und der nächsten Aussaat der Sommergerste im März/April des Folgejahres bleibt der Boden in der Regel dann ungenutzt, wenn kein Zwischenfruchtanbau zur Futtergewinnung oder Gründüngung von August bis zum Wintereinbruch betrieben wird. Beim Anbau von Wintergerste ist jedoch die Zeit zwischen der Ernte der Vorfrucht und der Aussaat der Wintergerste zu kurz, um mit Zwischenfrüchten die Humus- und Futterversorgung zu verbessern. Für einen erfolgreichen Wintergerstenanbau in Mitteleuropa ist eine Aussaat im September und damit nur vier Wochen nach der Ernte einer Getreide-Vorfrucht erforderlich. Für eine optimale Bodenvorbereitung ist dieser Zeitraum besonders bei später Getreideernte für die nachfolgende Wintergerste vergleichsweise kurz. Der Zwang zur frühen Aussaat der Wintergerste schon im September begrenzt somit die Möglichkeiten, geeignete Vorfrüchte zu nutzen. Es bleiben danach als ideale Vorfrüchte nur die frühzeitig das Feld räumenden Kulturen, wie Winterraps und Frühkartoffeln. Oder die Wintergerste selbst, die ja auch das Feld schon frühzeitig als erste Getreideart im Juni/Juli geerntet wird. Bei hohen Getreideanteilen in der Fruchtfolge von teilweise mehr als 75 % der gesamten Agrarfläche eines Betriebes lässt es sich oft nicht vermeiden, auch Wintergetreide als Vorfrucht für Wintergerste zu nutzen. Nach mehr als 3000 Ergebnissen aus Landessortenversuchen [5.108] eignen sich mit abnehmenden Erträgen der Wintergerste die nachstehend angeführten Vorfrüchte: Raps, Hafer, Winterweizen und Sommergerste. Wintergerste als Vorfrucht erneut für Wintergerstenanbau ermöglicht wegen der frühen Ernte die rechtzeitige Bodenvorbereitung. Sommer- und auch Wintergersten sind eigentlich hinsichtlich ihrer Ansprüche an die Vorfrucht recht anspruchslos. Der Vorfruchtwert der Wintergerste für nachfolgende Kulturen ist aufgrund der frühen Ernte positiv zu bewerten. Wintergerste schafft genügend Zeit zur Bodenvorbereitung für die anschließende Winterraps-Kultur. Weizen wird als Vorfrucht oft verwendet. Es bleibt die Gefahr eines verstärkten Auftretens von Fußkrankheiten.

5.5.2.3 Bodenvorbereitung

Da in vielen Fällen Wintergerste nach Getreide angebaut werden muss, ist unmittelbar nach der Vorfruchternte eine Stoppelbearbeitung erforderlich. Diese hat die Aufgabe, Unkraut und Ausfallgetreide aus der Vorfrucht zur Keimung und zum Wachstum zu bringen, damit es vor der Wintergerstenaussaat untergepflügt und auf diesem Wege bekämpft werden kann. Eine weitere Aufgabe besteht darin, Stoppeln und Stroh aus der Vorfrucht sauber und gleichmäßig in den Boden einzuarbeiten und Wurzelunkräuter mechanisch zu bekämpfen. Diese Arbeiten werden mit dem Schälpflug bei 8 cm bis 10 cm Pflugfurchentiefe, Grubber, Scheibenegge oder Fräse vorgenommen. Um die Bodenstruktur zu schonen, empfiehlt es sich, die P-, K- und Ca-Mineral-Grunddüngung auf die Stoppeln der Vorfrucht oder bis zum Zeitpunkt vor der Saatfurche auszustreuen. Sofern die 15 cm bis 20 cm tiefe Saatfurche unmittelbar vor der Aussaat erfolgt, empfiehlt es sich in Kombination von Pflug und Krumenpacker auch die unteren Bearbeitungszonen so zu verfestigen, dass eine gleichmäßige kapilare Wasserversorgung der Samen aus tieferen Bodenschichten möglich ist. Bei frühzeitiger Saatfurche wird der gleiche Effekt durch natürliches Absetzen des Bodens erreicht. Vor der Saat reicht dann ein Eggenstrich, der je nach Krümelstruktur auch mit der Drillmaschine kombiniert werden kann. Das Gleiche gilt auch für das Eineggen der Saat nach dem Sävorgang.

5.5.2.4 Saatgut

Im Wesentlichen gelten für die Wintergerste die gleichen Aussagen, die im Kapitel 5.5.1.4. auch für die Sommergerste getroffen wurden. Ergänzend dazu ist anzumerken, dass sowohl bei Winter- als auch bei Sommergersten mehr- und zweizeilige Sorten mit unterschiedlichen Korngrößen, welche die Saatnorm mitbestimmen, auf dem Markt sind. In Zentraleuropa sind die Sommergersten nahezu vollständig zweizeilige Sorten. Bei den Wintergersten sieht es in Deutschland so aus, dass etwa 50 % der Sorten mehrzeilig und 50 % zweizeilig sind. In Nordamerika sind ein Teil der Sommergersten mehrzeilig. Bei den Mindestanforderungen an zertifiziertes Saatgut unterscheiden sich Winter- von Sommergersten nur marginal [Kap. 5.5.1.4.].

5.5.2.5 Saatmengen

Nach Baumer [5.109] werden bei mehrzeiligen Wintergersten mit Saatmengen von 165 kg/ha bei Bestandesdichten von 550 Ähren hohe Erträge erreicht. Bei zweizeiligen Sorten ist diese Relation 213 kg/ha und 700 Ähren pro m². Der unterschiedliche Ertragsaufbau und die verschiedensten Tausendkorngewichte (TKG) verlangen eine differenzierte Bemessung der Saatstärken zwischen mehr- und zweizeiligen Wintergersten. Unter optimalen Bedingungen ergeben sich bei einer Mindestkeimfähigkeit von 92 % Saatmengen, wie sie Tabelle 5.43 ausweist. Zu- und Abschläge von bis zu 15 % sollten in Abhängigkeit von Keimfähigkeit, Saatzeit, Standort und Bodenzustand getätigt werden.

5.5.2.6 Saatzeit

Eine notwendige Voraussetzung für hohe Wintergerstenerträge ist der weitgehende Abschluss der Bestockung und ein kräftiges Wachstum vor Einbruch des Winters. Diese Ziele können nur bei rechtzeitiger Aussaat (in Deutschland um den 20. September) erreicht werden. Im Vergleich dazu ist anzumerken, dass die optimale Saatzeit für Winterroggen zwei bis drei Wochen später liegt und der Winterweizen ab Mitte Oktober und noch bis zum Winteranfang ausgesät werden kann. Nach Schuster et al. [5.110] vermindert die verspätete Aussaat von Wintergerste (Tab. 5.44) die produktive Bestockung (Anzahl Ähren pro m²). Das führte zu Ertragsverlusten von 12 %.

5.5.2.7 Saattiefe

Für die Saattiefe gilt bei der Wintergerste das Gleiche wie für die Sommergerste (s. Kap. 5.5.1.7.).

Tab. 5.43: Errechnung der Saatstärke bei Wintergerste [5.108, 5.109]

	Mehrzeilige Wintergerste	**Zweizeilige Wintergerste**
Ziel: Anzahl Ähren/m² für optimale Erträge	550	700
Produktive Bestockung: Saatstärke/Anzahl Ähren	1/1,5	1/1,8
Saatmenge Anzahl Körner/m² bei 100 % Keimfähigkeit	380	400
Anzahl Körner/m² bei 92 % Keimfähigkeit	413	435
Tausendkorngewicht (TKG) g	40	49
Saatstärke kg/ha	413 x 40 = 165 kg/ha	435 x 49 = 213 kg/ha

Tab. 5.44: Saatzeitversuche mit Wintergerste (Hessen sechs Sorten über 3 Jahre an 5 Standorten) [5.110]

	Saatzeit 1	**Saatzeit 2**	**Differenz t pro Hektar Saatzeit 1 – Saatzeit 2**
Ertrag t pro Hektar	5,3	4,6	+0,7
Anzahl Ähren pro m²	578	513	+65
Mehltaubefall Bonituren 1–9	4,2	4,9	–0,7

5.5.2.8. Reihenentfernung

Alle Getreidearten werden in der Praxis mit der gleichen Drillmaschine ausgesät (Ausnahme Mais). Die Reihenabstände streuen im Bereich von ca. 12 cm bis 20 cm. Die gleichmäßigste Verteilung der Saat ist gegeben, wenn die Reihenabstände so eng wie technisch möglich und die Verteilung innerhalb der Reihe vergleichsweise weit ist.

5.5.2.9 Fahrgassen

Besonders bei Wintergetreide ist infolge der langen Vegetationsdauer und der Notwendigkeit, häufiger Düngungs- und Pflanzenschutzmaßnahmen durchführen zu müssen, ein oftmaliges Befahren der Felder nach der Saat erforderlich. Dadurch können an den Pflanzenbeständen Schäden entstehen. Auch im Interesse einer präzisen Dosierung von Dünge- und Pflanzenschutzmitteln durch Vermeidung von Überlappungen ist es sinnvoll, schon bei der Aussaat pflanzenfreie Traktoren- und Fahrgassen anzulegen, in denen die Räder der Geräte laufen. Ertragsnachteile durch Fahrgassen sind nicht zu erwarten, da sich die Nachbarpflanzen am Rande der pflanzenfreien Fahrgassen besser bestocken und höhere Erträge bringen. Sie kompensieren dadurch den negativen Ertragseffekt der pflanzenfreien Fahrspuren (Abb. 5.171).

5.5.2.10 Entwicklungen bei den Winterbraugerstensorten

Wenn im vergangenen Jahrhundert der Züchtungsschwerpunkt bei den Braugersten auf der Sommergerste lag, so zeigt sich doch, dass durch die kurze Vegetationszeit der Sommerform weitere Ertragssteigerungen an Grenzen stoßen. Die Qualitätsverbesserung der Wintergerste ist erheblich jüngeren Datums. Trotzdem aber sind auch in dieser Richtung Fortschritte erkennbar. Mehrere Länder setzen bei der Entwicklung von Gerstensorten unterschiedliche Schwerpunkte. In Frankreich spielen neben den zweizeiligen Sommerbraugersten die mehrzeiligen Winterbraugerstensorten (Esterel) eine größere Rolle. Ganz anders dagegen ist die Situation in Deutschland. Von den ca. 9 Mio. t jährlicher Wintergerstenernte sind etwa 70 % mehrzeilige Futtergersten. Der Rest sind 25 % zweizeilige Winterfuttergersten und nur 5 % zweizeilige Winterbraugersten. Dabei handelt es sich zur Zeit im Wesentlichen nur um die drei Sorten Wintmalt, Malwinta und Vanessa. In England hat neben der Dominanz der Sommerbraugerste der Anbau von zweizeiliger Winterbraugerste alte Tradition. Es sind etwas weniger frostresistente Qualiätswintergersten, welche die milderen englischen Winter gut überstehen.

5.5.2.11 Düngung der Wintergerste

Analog zur Sommergerste erhält auch die Winterbraugerste im Allgemeinen keine organische Düngung. Eine begrenzte, gleichmäßig dosierte Gülledüngung sollte nur für Winterfuttergersten auf die Stoppeln der Vorfrucht in einer Menge von maximal 20 m^3 pro Hektar erfolgen. Zur mineralischen Düngung werden bei der Winterbraugerste die gleichen Dünger-

Abb. 5.171: Anlage von Fahrgassen [5.108, 5.111]

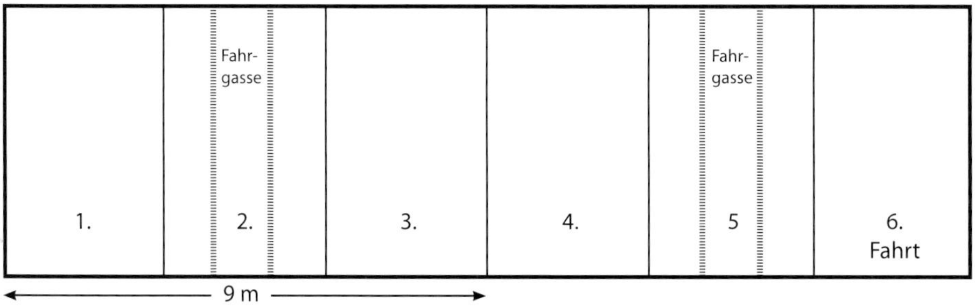

Fahr-
gasse
Fahr-
gasse
1.
2.
3.
4.
5
6.
Fahrt
9 m

Fahrgassensaat mit 3-Meter-Drillmaschine 2 Fahrgassen auf 1 Drillmaschinenbreite – Schieber erstmals bei der 2. Fahrt, dann jede 3. Fahrt schließen, auf 9 Meter Breite Dünger streuen und spritzen

salze verwendet wie bei der Sommerbraugerste. Entsprechend der Ertragsunterschiede liegen allerdings die Sommerbraugersten bezüglich des Düngeaufwandes erheblich niedriger. Auf der Basis der behandelten Versorgungsstufen in der Gehaltsklasse C (Kap. 5.5.1.8) lässt sich bei einer mittleren Ertragserwartung von 6 t pro Hektar bei mittlerer Bodenqualität (Ackerzahl ca. 40) auch folgende Düngungsempfehlung geben (Tab. 5.47). Die Mineralgrunddüngung sollte bei allen Gersten vor der Aussaat in den Boden eingearbeitet werden. Bei den Winter- und Sommer-Futtergersten sollte die N-Menge in drei Teilgaben verabreicht werden. Die erste Gabe enthält den sogenannten Start-N, der zur Saat zu geben ist. Die zweite Gabe im zeitigen Frühjahr sollte so rechtzeitig erfolgen, dass sie noch zum Ende der Bestockung wirksam wird. Schließlich wird die dritte Teilgabe auch bis zum Ende der Schossphase vorwiegend über den höheren Proteingehalt den Futterwert verbessern [5.108].

Die Sommerbraugerste hingegen erhält im Normalfall die gesamte Gabe zur Saat unter Berücksichtigung des N_{min} Vorrates im Boden. Bei einer Produktion von Sommergersten in Deutschland von jährlich ca 2,5 Mio. t kann davon ausgegangen werden, dass davon etwa 70 % als Qualitätsbraugersten verwendet werden. Dies bedeutet, dass zur Erzeugung guter Qualitäten die N-Versorgung (N_{min}+N-Düngung) eher im unteren Bereich bis zu 100 kg pro Hektar anzusiedeln ist. Nur für die restlichen 30 %, die als Futter dienen, sollte voll mit N ausgedüngt werden. Hohe N-Gaben einzubringen in der Hoffnung, trotzdem die Proteingrenze für Braugerste nicht zu überschreiten, ist keine Alternative für den Anbau von Qualitätsbraugersten. Da ohnehin die zweizeiligen Wintergersten zu höheren Rohproteingehalten neigen, muss durch eine ausreichende P- und K-Düngung und eine limitierte N-Versorgung dafür Sorge getragen werden, dass der Rohproteingehalt in Grenzen bleibt. Hinsichtlich der Wirkung der einzelnen Nährstoffe in der Düngung auch auf die Korn-, Malz-, Brau- und Biereigenschaften dürften die gleichen Effekte wie bei der Sommerbraugerste zu erwarten sein (Kap. 5.5.1.8.1 bis 5.5.1.8.3.3).

5.5.2.12 Wasserversrgung, Bewässerung und Beregnung

In Mitteleuropa entwickelt die Wintergerste aufgrund der frühen Saat ein leistungs- und aufnahmefähiges Wurzelsystem und bedeckt vor Einbruch des Winters den Boden schon vollständig. Das sind gute Voraussetzungen auch zur Wasserspeicherung aus den Niederschlägen des Winters und des zeitigen Frühjahrs. Die folgende schnelle Frühjahrsentwicklung und das frühe Schossen und Ährenschieben, zu dem ein Maximum an Wasser gebraucht wird, kann zu einem großen Teil aus der genannten Winter-/Frühjahrsreserve gedeckt werden. Das hat zur Folge, dass die Wintergerste nur noch wenig zusätzliches Wasser aus den Niederschlägen des Vorsommers benötigt. Die Masse der Wintergerste wird zu Futterzwecken angebaut und deshalb auch reichlich mit N versorgt. Eine zusätzliche Beregnung würde die Gefahr des Auftretens von Lager auf dem Feld weiter erhöhen. Auch wegen der geringeren Standfestigkeit der Wintergerste ist eine zusätzliche Beregnung nicht zu empfehlen. Eine Ausnahme könnte die Beregnung in Trockengebieten sein. Trockenzeiten während der Wintergersten-Saatbettvorbereitung, Aussaat, Keim- und Auflaufphase können Zusatzberegnungen erforderlich machen.

Tab. 5.47: Beispiele für die Mineraldüngung zu Gerste [5.87, 5.108]

** unter Einbeziehung von N_{min}*

Düngergaben kg/ha Rein-Nährstoff	N*	P_2O_5	K_2O	MgO
Sommerbraugerste zweizeilig kg/ha	100	80	120	40
Sommerfuttergerste zweizeilig kg/ha	140	70	150	40
Winterbraugerste zweizeilig kg/ha	120	90	150	40
Winterfuttergerste mehrzeilig kg/ha	160	80	180	40

5.5.2.13 Pflanzenschutz

Analog zur Sommergerste gilt auch für die Wintergerste, dass erst dann mit Pestiziden gearbeitet werden sollte, wenn alle übrigen ackerpflanzenbaulichen und bodenhygienischen Maßnahmen erfolglos geblieben sind. Da die Wintergerste doppelt so lange (ca. 10 Monate von September bis Juni) als die Sommergerste (ca. 5 Monate von März bis Juli) auf dem Feld steht, unterliegt sie auch dem stärkeren Druck durch Unkräuter, Krankheiten und Schädlinge. Darüber hinaus verlangt aber auch das höhere Ertragspotenzial eine sorgfältigere Behandlung. Ein an die Bedürfnisse der Wintergerste angepasstes Pflanzenschutzprogramm unterscheidet sich grundsätzlich von dem der Sommergerste. Die Gegenüberstellung zeigt folgende Unterschiede (Tab. 5.46)

Da Mittel und Wirkstoffe laufend weiterentwickelt werden, verändert sich auch das Mittelspektrum ständig. Es kann deshalb an dieser Stelle nur auf den gegenwärtigen Stand verwiesen werden, der von den jeweiligen regionalen Agrarbehörden erarbeitet wird. Zur Festlegung der Behandlungen wird von den Schwellenwerten für Sommergerste ausgegangen (Kap. 5.5.1.10).

5.5.2.13.1 Unkraut- und Ungrasbekämpfung

Herbstbehandlungen [5.100, 5.101]

Eine Herbstbehandlung gegen Ungräser und Unkraut hat sich bewährt. Vorauflaufbehandlungen werden vor dem Auskeimen der Saat eingesetzt. Mittel mit breiter Unkrautwirkung sind: Bacara, Bacara forte, Herold SC, Stomp Aqua+, Boxer, Stomp Aqua und Arelon Top.

Nachauflaufmittel sind Arelon, Axial 50, Femikan, Herbafur, Lentipur 700, Malibu, Orbit, Picona, Pointer SX, Primus, Ralon Super und ToluronS.

Frühjahrsbehandlungen [5.100, 5.101]

Hier ist zu beachten, dass Mittelgruppen für spezifische Unkraut- und Ungras-Floren zum Einsatz kommen. Es gibt spezielle Kombinationen von Präparaten, die Unkräuter und Ungräser gleichermaßen bekämpfen. Andere wiederum wirken nur gegen Unkräuter oder Ungräser. Die meisten Mittel werden eingesetzt, wenn das Unkraut im Blattstadium 2 bis 5 ist. Problematisch ist, dass sich auch bei ohnehin schwer zu bekämpfenden Ungräsern wie Ackerfuchsschwanz und Windhalm Resistenzen gegen bestimmte Herbizid-Wirkstoffe entwickeln. Sie machen die Herbizidwirkung zunichte. Die für Wintergerste im Frühjahr anwendbaren Herbizide sind auch gleichermaßen für die Sommergerste im Einsatz.

5.5.2.13.2 Krankheiten

Bei der Wintergerste tritt eine ungleich größere Palette von Krankheiten auf als bei der Sommergerste. Die Krankheiten der Wintergerste können aber auch auf die Sommergerste übertragen werden. So war der Anbau von Winter- und Sommergersten im gleichen Betrieb in Dänemark über viele Jahre hinweg verboten. Inzwischen ist die breite Palette von Fungiziden so groß und gut geworden, dass auch bei gezielter Behandlung beide Gerstenformen im selben Betrieb erfolgreich angebaut werden können. Das breite Spektrum der Sommergersten-Breitbandfungizide ist auch bei der Wintergerste erfolgreich einsetzbar (Tab. 5.46). Die größere Krankheitsanfälligkeit bei der Wintergerste verlangt aber auch noch den Einsatz von speziellen Fungiziden für besondere Einzelaktionen. Über die Häufigkeit des Auftretens lässt sich nach Fuchs [5.112] die Bedeutung der einzelnen Krankheiten am Beispiel Deutschland wie folgt bestimmen:

	Sommergerste	Wintergerste
Unkrautbekämpfung	1x	2x
Fungizidbehandlung	1x	2x
Schädlingsbekämpfung	(1x)	(1x)
Einsatz eines Wachstumsregulators	–	1x

Tab. 5.46: Einsatz von Pestiziden und Wachstumsregulatoren bei Sommer- und Wintergerste

An 40 Beobachtungsstellen treten die folgenden Krankheiten mit mittel bis erheblichen Schaden auf: Mehltau (40x), Gerstenflugbrand (39x), Streifenkrankheit (31x), Gelbrost (28x), Braunfleckigkeit (26x), Blattfleckenkrankheit (25x) [5.112].

5.5.2.13.3 Schädlinge

Bei den Schädlingen lagen die Schwerpunkte in folgenden Bereichen: Fritfliege (33x), Haferzystennematoden (23x), Getreidehähnchen (22x), Gerstenminierraupe (20x) [5.112]
Die angeführten Krankheiten und Schädlinge treten bei der Sommer- und auch bei der Wintergerste gleichermaßen auf. Die Vermeidungsstrategien sind im Kapitel 5.5.1.10.3 beschrieben.

Nacktschnecken

Besonders wenn der Herbst nach der Wintergerstenaussaat feucht ist, können Nacktschnecken große Fraßschäden an jungen Wintergerstensaaten anrichten. Nach Krüssel [5.113] sind oft Neuansaaten erforderlich. Eine pfluglose Minimalbodenbearbeitung fördert die Schneckenpopulation. Eine gründliche Bodenvorbereitung mit dem Pflug wirkt befallsmindernd. Zurzeit sind neun aktuelle Schneckenköder zugelassen, von denen allein sieben den Wirkstoff Metaldehyd enthalten. Die Mehrzahl der verfügbaren übrigen Insektizide werden sowohl in Sommer- als auch in Wintergerste gegen Nacktschnecken wirkungsvoll eingesetzt (Kap. 5.5.1.10.3).

Feldmäuse

Auch für diesen Schädling gelten die Ausführungen, die bei der Sommergerste getroffen wurden.

5.5.2.14 Saatgutbehandlung

Es kann davon ausgegangen werden, dass wesentliche Beizmittel für Sommer- und Wintergerste gleichermaßen angewendet werden. So kommen auch für die Wintergerste die Beizmittel der Tabelle 5.39 zur Anwendung.

5.5.2.15 Wachstumsregulatoren

Der Einsatz von Wachstumsregulatoren zur Halmverkürzung und -stabilisierung, der für die kürzere Sommergerste seltener in Frage kommt, spielt für die längere und im Stroh weichere Wintergerste eine größere Rolle. Die schwereren Ähren beanspruchen den Halm besonders dann, wenn die Produktionstechnik auf Höchsterträge ausgerichtet ist. Unter dieser Konstellation sollte ein Wachstumsregulator zur Erhöhung und Stabilisierung der Wintergersten-Erträge eingesetzt werden (Kap. 5.5.10.6).

Literaturverweise Kapitel 5

[5.1] Schönfeld, F.:Braugersten im Bild 14 Tafeln. Institut für Gärungsgewerbe Berlin, S. 1–18, 1904

[5.2] Kießling, L., Aufhammer, G.: Bilderatlas zur Braugerstenkunde. Verein zur Förderung des deutschen Braugerstenanbaus E.V., Berlin, S. 3–16; Tafel I - XXIII, 1931

[5.3] Aufhammer, G., Fischbeck, G.: Getreide Produktionstechnnik und Verwertung. Gemeinschaftsverlag, DLG Frankfurt/M., BLV München, Landwirtschaftsverlag Hiltrup, Österr. Agrarverlag, Wien, Verlag Wirz, Aarau Schweiz, S.19 und 209–283, 1973

[5.4] Roemer, Th., Scheibe, A., Schmidt, J., Woermann, E.: Handbuch der Landwirtschaft II., S. 67–77, Paul Parey Berlin u. Hamburg, 1953

[5.5] Aufhammer, G., Bergal, P., Horne, F.R.: Barley Varieties. European Brewery Convention Second Edition. Elselvier Publishing Company Amsterdam, London, New York, Princeton, S. 1–147, 1958

[5.6] Klapp, E.: Lehrbuch des Acker- und Pflanzenbaues. Berlin: Paul Parey, S. 402–413, 1967

[5.7] Mansfeld, R.: Das morphologische System der Saatgerste Hordeum vulgare. Züchter 20, S. 8–24, 1950

[5.8] Whitmore, T.E.: Rapid method for determination of the husk content of barley and malt, J. Inst. Brew. 66, 1960

[5.9] Schildbach, R.: Qualitätskriterien von Braugerste, in: Brauerei Journal Nr. 11, S. 310–312, 1984

[5.10] Palmer, G. H.: Achieving homogeneity in malting. Proceedings. EBC Congress, S. 323–363, 1999

[5.11] Weinfurtner, F., Wullinger, F., Piendl, A.: Neue Erkenntnisse über den Enzymbildungsmechanismus in Keimen der Gerste. Brauwissenschaft 19, H10, S. 390–395, 1966

[5.12] Kunze, Wolfgang: Technologie Brauer und Mälzer. 8. Aufl., Berlin: VLB Berlin, S. 134–143, Bild 2.45, 1998

[5.13] Palmer, G. H. zitiert in: Kunze, W.: Technologie Brauer und Mälzer, 8. Aufl., Berlin: VLB Berlin, S. 135, Abb. 2.46, 1998

[5.14] Schildbach, R., Burbidge, M., Rath, F.: Barley Endosperm Structure and its relationships to Malting Quality. Brewing Room Book, Pauls Malt Eighty Fourth Edition S. 26–30, Printed by Moreton Hall Press Ltd. Bury St. Edmunds Suffolk, 1995–1997

[5.15] Schildbach, R.: Vortragsmanuskript Moskau, unveröffentlicht, 2005

[5.16] Schildbach, R., Sommer, G., Enari, T., Loisa, M., Herrmann, G., Hiefner, R.: Untersuchungen über den Eiweißgehalt der Braugerste. Monatsschrift für Brauerei 27. Jhg. Berlin Okt/Nov., Nr. 10/11, S. 197–259, 1974

[5.17] Schildbach, R.: Zur Problematik von Winter- und Kompromißgersten. Brauerei Journal Nr. 12, 16–22, 1982

[5.18] Schildbach, R.: Eiweißgehalt der Gerste und Bierqualität. Proceedings 13th. Congress of the European Brewery Convention, Estoril Elsevier Publishing Company, Amsterdam, 83–94, 1971

[5.19] Narziß, L.: Abriss der Bierbrauerei, 3. Aufl., Stuttgart: Ferdinand Enke, 20–97, 1972

[5.20] Hall, R. D.: J. Inst. Brew. 64, S. 376, 1958

[5.21] Krauß, G.: Brauwelt 99, S. 666, 1959

[5.22] FAO Statistical appendix tables Food Outlook, Table A5, Barley Stattistics 2007–2009, S. 100, Nov. 2011

[5.23] Gauger, H.M.: World Malting Capacities and Future Constructions. 3–13, 2008

[5.24] Barth-Haas-Group: Der Barth Bericht Weltbiererzeugung 2007/2008. 7, 2009

[5.25] Gauger, H.M.: Statistical Digest 2007–2008, Barley, Malt, Beer; Whisky, 5–49, 2009

[5.26] Schildbach, R.: Braugerste weltweit. Brauwelt 45, Brau Sonderheft II, 2436–2456, 1994

[5.27] FAO Stat. 1995–2010

[5.28] Home, S., Linko, M.: Proccedings European Brewery Convention Congres Copenhagen, S. 55–60, 1981

[5.29] Home, S.: Manuscript EBC Barley and Malt Committee, nicht veröffentlicht, 1985

[5.30] Riggs, T. J. et. al: Journal Agric. Science, Cambridge 97, S. 599–610, 1981

[5.31] Schildbach, R.: Gerstenzüchtung und Anbau in Europa. Invited Lecture EBC Congress, TU Berlin und VLB Berlin, 1987

[5.32] Ackermann, J.: Jahrbuch VLB Berlin, S. 183–197, 1934

[5.33] Aufhammer, G., Fischbeck, G.: Zeitschrift für Pflanzenzüchtung 51, S. 354–373, 1964

[5.34] Schildbach, R.: European Brewery Convention Barley and Malt Committee Field Trials, 1980–2006

[5.35] Baumer, M.: Hopfenrundschau Interna-tional, S. 68–79, 2001/2002

[5.36] Statistisches Bundesamt und ZMB: Besondere Ernteermittlung, zitiert bei Rath, F.: 36th International Malting Barley Seminar – Arbeitsunterlagen, 2007

[5.37] Aufhammer, G.: Bayerisches Landwirtschaftliches Jahrbuch, 53. Jahrgang 5/76, S. 566–583, 1976

[5.38] Schildbach, R.: Vortragsmanuskript Brautechnologisches Symposium in Pilsen, Tschechische Republik, 13./14. Oktober 2004

[5.39] Neumann, O.: Die Wintergerste, Kultur und Verwendungsmöglichkeiten, Landwirtschaftliche Hefte 48, Berlin: Paul Parey Berlin, 1921

[5.40] Schildbach, R., Göpp, K., Rath, F.: Tätigkeitsberichte VLB-Forschungsinstitut für Rohstoffe 1960–2000

[5.41] Rath, F.: International Malting Barley Seminar, Vortrag auf der 94. VLB-Ok-tobertagung, 2007

[5.42] Schildbach, R., Zasio, G.: Vortrag an der Universität Perugia- Forschungszentrum Italien und der Accedemia des Giorgofili Asso Birra in Deruta-Kongresszentrum, 26. September 2008

Innovations by the development of brewery cerelas – World, Europe, Italy. Bierra & Malto, Assiciazione Italiana Tecnici Birrar, S. 14–31, 2009

[5.43] BSA Bundessortenamt: Beschreibende Sortenliste für Getreide, Mais, Ölfrüchte, Leguminosen (großkörnig), Hackfrüchte. Hannover: Deutscher Landwirtschaftsverlag, 21-53, 2012

[5.44] Kunhard, H.: Sorten- und Saatgutrecht Frankfurt a.M.: Verlag Alfred Stroth, S. 9–198 u. 249–252, 1986

[5.45] GFS Gemeinschaftsfonds Saatgetreide Bonn, Broschüre, S. 5–30, 1999

[5.46] BSA Bundessortenamt: Broschüre Schutz und Zulassung neuer Pflanzenarten S. 5–44, 2007

[5.47] Rath, F., Gastl, M.: Berliner Programm der Braugersten-Gemeinschaft.
Rath, F.: Vortrag VLB Brau- und maschinentechnische Arbeitstagung, Bonn/Bad Godesberg, März 2011
Gastl, M.: Handbuch zum Technolgischen Seminar Weihenstephan, Februar 2011

[5.48] Braugersten-Gemeinschaft: Berliner Programm einschließlich Landessortenversuche (LSV), Gersteneigenschaften 2010–2012. aus LSV Thüringen, interner Bericht Thüringen Braugerste, 17–51, 2012; Malzeigenschaften, 2009–2011, Braugersten-Jahrbuch 53, 2012

[5.49] Schildbach, R.: EBC-Gersten- und Malzkomitee, Aktuelle Gerstensorten in Europa Manuskript, 1–4, unveröffentlicht, 2005 /2006

[5.50] Schildbach, R., Basgül, A., Engin, A.: unveröffentlicht

[5.51] Durst Malz: Market Information auf der drinktec, 14.–19. 09. 2009

[5.52] EBC Barley and Malt Committee: The new malting barleys for Europe. European Brewery Convention Broschüre, 2006 / 2007

[5.53] Mauthner, J.: Marktbericht Sommer 2007 Deutschland und Europa 29. 10. 007

[5.54] Agro Atlas – Crop-Hordeum vulgare www.agroatlas.de, Hordeum vulgare, 2004–2009

[5.55] World Grain Forum, www.grainforum.com, 2009

[5.56] Agro Atlas Interactive Agricultural Ecological Atlas of Russia and Neighboring Counties, www.agroatlas.ru (Litauen), 2009

[5.57] Kalinina, S., Bleidere, M.: The results of Barley Breeding in the State Stenda Plant Breeding Station on last 10 years. www.Ibgs.cz, 2003

[5.58] Tamm, U.; Küüts, H.: Estonian Malting Barley Varieties Elo and Anni Baltic American cereal production. Symposium Vecause Latvia 22–23, Lettland, 1995

[5.59] Rietzel, P.: Kultivierung von Braugerste in der Provinz Gansu. SES-Beratungsbericht TIC-GS-BARLEY; 5668-98-860, S. 1–22, 1998

[5.60] Zhang Wujiu: Proc. IOB Conv (Asia Pac,Sect) 24 S. 99–102, 1996

[5.61] Major, B.: Factors affecting malt and barley selection in the Chinese beer market.
Lion Nathan Australia Ltd., 2001

[5.62] Haifeng, Z. et al.: Evaluation of antioxidant activities and total phenolic contents of typical malting barley varieties. Food Chemistry 107, S. 296–304, 2008

[5.63] Institute of Farm Economics FAL Braunschweig: A. Analysis of the Competetiveness of Chinese Malting Barley Production and Processing. Report, S. 30–32, 2007

[5.63a] Schäfer, W.: Mündliche Mitteilung, Fotos

[5.64] Chauhan, D.S.: Progress Report Volume VI, Barley network, Barley Improvement, Procect. Karnal, 13/2001 Haryanen India 2001–2002

[5.65] Indian Council of Agricultural Research: Highlights of 45th All India Wheat and Barley research workers Meet Ind, www.icar.org.in, 1–6, 2006

[5.66] Indian Council of Agricultural Research: Wheat and Barleyvarieties identified for release in the 48th All-India Wheat and barley Research workers Meets held at IARI, New Delhi; Aug. 28–31, www.icar.org.in, 2009

[5.67] Otsuka, S.: Characteristics of Japanese Malting Barley Varieties and Optimtimization of their Malting Process. Technical Quaterly 218, Vol. 33, #4, S. 218–222, 1996

[5.68] Fukuda, K. Takahashi, S., Yoshiro, A.: Proceedings of the 10th Australian Barley Technical Symposium. Canberra ACT Australia Proc. 16–20, 2001

[5.69] Takashi, I.: Kirin Brewers Co Ltd Tokyo, Japan Technical Report, Kirin, S. 30–35, 1995/ 1996

[5.70] Schildbach, R.: Braugerste in Australien Brauwelt Nr. 46 S. 2044–2055, 1984

[5.71] Schildbach, R.: Braugerste weltweit. Proceeding EBC Congress, S. 299–312, 1999

[5.72] Saint, K., ABB Grain Ltd Adelaide Australia, interne E-Mail-Mitteilung, 2009

[5.73] Liu, A.: Grain Pool Pty Ltd CBH Group, West Perth Australia, E-Mail information barley varieties, 2009

[5.74] Viterra (flyer) Commander Malting Barly A.A., Vic, NSW Seed fact sheets, www.viterra.com.au, 2009

[5.75] Cropmark New Zealand, Broschüre: New Zealand Barley Production: A brief history

[5.76] Gilbert, M., McCloy, B., Armsby, V., Schildbach, R.,: Braugerste in Neuseeland, unveröffentlicht

[5.77] Anonym: Abriendo Surcos. Agosto 33, Mexico La cebada en Procambo, 2000

[5.78] Zamora, D. M., et. al.: New Malt Barley Cultivar for the high valleys of the central plateau of Mexico. Agriculture Technico en Mexico. Vol. 34 Num 4 Octobre-Dicembre, S. 411–493, 2008

[5.79] CYMPAY Cerveceria y Malteria Paysandu S.A., Uruguay: Programa Cebada Cervecera Siglo XXI, 2001

[5.80] Loli, R.M. and Pando, G.L.: Barley Breeding in Peru. Breeding Barley in the New Millenium. Proceeding of an International Symposium. CIMYTt International, Maize and Wheat Improvement center 13.–14. March. Ciudad Obregon Sonora Mexico, 34–38, 2000

[5.81] Beratto, M.E.: Contribution of Breeding and Crop management to Increasing Barley Yield and Grain Quality in Chile. Breeding Barley in the new Millenium. Proceedings of the International Symposium CIMMYT International Maize and Wheat Improvement Center 13.–14. March, Ciudad Obregon Sonora Mexico, S. 10–17, 2000

[5.82] Chicaiza, O.: Impact of ICARDA / CIMMYT Barley Germplasm on Barley Breeding in Equador. Breeding Barley in the New Millenium. Proceedings on an International symposium. CIMMYT International Maize and Wheat Improvement Center 13.–14. March ciudad Obregon; Sonora mexico, S. 25–27, 2000

[5.83] Reiner, L. et. al.: Sommergerste aktuell. DLG-Verlag Frankfurt am Main, S. 26–139, 1984

[5.84] Schildbach, R.: Untersuchungen zur deutschen Braugerstenerzeugung aus europäischer Sicht. Vorabdruck, Monatsschrift für Brauerei, März 1972

[5.85] Schildbach, R.: Vorlesungsmanuskript Gerste, 31, 1997/98

[5.86] Roemer, Th., Scheffer, F.: Lehrbuch des Ackerbaues. 5. Auflage, Paul Parey Berlin und Hamburg, S. 190–192, 1959

[5.87] GFS Gemeinschaftsfond Saatgetreide: Augen auf beim, Saatgutkauf. www.bdp-online.de. Broschüre, 5–29, 1999

[5.88] Graß, K.: Hannoversche Land- und Forstwirtschaftliche Zeitschrift Nr 19, 1983

[5.89] Nuyken, W.: Die Wirkung von Standraum und Aussaatmethode auf die ertragsbildenden Eigenschaften und die Qualität von Sommergerstensorten auf Sandböden in halbkontinentaler Klimalage. Dissertation D 83, TU Berlin Nr 23, S. 56-123, 1972

[5.90] Schrimpf, K, Abdel Gawad, A.M.: Beeinflussung der Ertragsstruktur und des Rohproteingehaltes von 3 Sommergerstensorten durch Saatzeit und Düngung. Zeitschrift Acker- und Pflanzenbau, 121, 256, 1964/65

[5.91] Aigner, H., Better, H., Fürchtenicht, K.: Faustzahlen für Landwirtschaft und Gartenbau Pflanzemernährung und Düngung. 10. Auflage, Landwirtschaftsverlag Münster, S. 228–276, 1983

[5.92] Schildbach, R.: Bodenbearbeitung und Anbauempfehlungen hinsichtlich Braugerstenqualität. VDLUFA-Schriftenreihe, 16, Kongressband 1985, S. 543–559, 1986

[5.93] Oehmichen, J.: Pflanzenproduktion Band 1 Grundlagen. Paul Parey Berlin u. Hamburg, S. 347–441, 1983

[5.94] Schildbach, R.: Habilitationsschrift, TU Berlin, Institut für Pflanzenbau im FB 15, S. 39–245, 1972

[5.95] Schildbach, R.: Ertrag contra Qualität bei Braugerste. Die Phosphosäure. Band 30, Folge 1, S. 54–90, 1973

[5.96] Schildbach, R.: Einweißgehalt der Gerste und Brauqualität. Proceedings EBC Congress Estoril. 1971, S. 83 u. 86, Elsevier Publishing, Amsterdam

[5.97] Schildbach, R.: Beziehungen zwischen Braugersten-Düngung und Bierqualität. Zeit. f. Acker- und Pflanzenbau 136, Berlin/Hamburg: Paul Parey, S. 219–237, 1972

[5.98] Landwirtschaftskammer Hannover; Versuchsberichte, zit. auszugsweise in den Tätigkeitsberichten der VLB-Rohstoffabteilung, 1973–1977

[5.99] Farrak, M., Degner, J., Götz, R. Kerchberger, M.: Leitlinie zur effizienten und umweltverträglichen Erzeugung von Sommergerste. Thüringer Landesanstalt für Landwirtschaft, 3. Auflage, S. 10–12, Jena, 1999

[5.100] Götz, R.: Pflanzenschutzmaßnahmen bei Braugerste. Informationsmaterial, 17. Thüringer Landesbraugerstentagung, 8-12, Thür. Braugerstenverein und Thür. Landesanstalt für Landwirtschaft, 6.12.2007

[5.101] Gößner, K., Götz, R., Hahn, K.A., Krüger, B, Schütze, K., Wolfel, S.: Hinweise zum Pflanzenschutz im Ackerbau. Thür. landesanstalt für Landwirtschaft, Schriftenreihe Heft 2, 6–17, 18–48, 2009

[5.102] Schildbach, R.: Rationalisierung in der Landwirtschaft und Braugerstenqualität. Monatsschrift für Brauwissenschaft, 5, S. 193–200, 1986

[5.103] Jentsch, U., Günther, K., Farrack, M.: Landessortenversuche Sommergerste Thüringen. Sachsen-Anhalt; Sachsen, 2008–2011

[5.104] Schott, P.: Bioregulatoranwendung zu Sommer- und Wintergerste unter besonderer Berücksichtigung der Brauqualität. Dissertation TU Berlin D83 Nr. 167, S. 54–163, 1986

[5.105] Schildbach, R., Schott, P.: Med. Korneigenschaften und Brauqualität von Sommergerste nach der Anwendung von Terpal. Med. Fac. Landbouw. Rijksuniv. Gent, ***S. 45/4 Standfestigkeit, 1179-11190, 1980 ???***

[5.106] Gauger, H.M.: Statistical Digest Barley, Malt, Beer, Whisky. S. 17-30, 2006/2007

[5.107] Geisler, G.: Pflanzenbau. Ein Lehrbuch. Verlag Paul Parey, Berlin/Hamburg, S. 91, 1980

[5.108] Reiner, L., Deecke, U., Kühne, P.G., Schwerdtle, G., Kürten, P.W.: Wintergerste aktuell. DLG-Verlag, Frankfurt a. M., Deutsche Landwirtschafts-Gesellschaft e. V., S. 8–137, 1977

[5.109] Baumer, M.: Der Kornertrag bei zwei- und mehrzeiliger Wintergerste in Abhängigkeit von der Bestandesdichte nach Ergebnissen der Wertprüfung. Zitiert in: [5.108], S. 1–60, 1977

[5.110] Schuster, W., Reutzel, H. H.: Saatzeitversuche mit Wintergersten. Ergebnisse von 3-jährigen Feldversuchen in Hessen. L-Informationen. Broschüre

[5.111] Jones, K.: Pflanzenbauversuche 1972–75. Amt für Landwirtschaft und Bodenkultur Würzburg, zitiert in: [5.108], 58, 1977

[5.112] Fuchs, E.: Das Auftreten der wichtigsten Getreidekrankheiten. Zitiert in: [5.108], 1977

[5.113] Krüssel, S.: Pflanzenschutz. Nacktschnecken – eine potenzielle Gefahr für Herbstsaaten. Ldw. Kammer Hannover Niedersachsen, Getreide Magazin 4, S. 210, 2009

[5.114] Foto: wikipedia.org, 2013

[5.115] Foto: Bayerischer Brauerbund

[5.116] Foto: Compania Nacional de Cerveca Callao, Peru, Broschüre

Abb. 6.1: Weizen (Triticum aestivum)

6. Weizen *(Artengruppe Triticum)*

Allgemeine Ausführungen zum Weizen enthält Kapitel 2.1.1. Dort wurde bereits darauf hingewiesen, dass Weizen (Abb. 6.1) mit einer Produktion von ca. 600 Mio. t die wichtigste Getreideart und Hauptbrotfrucht der Welt ist. Wenn auch die allgemeinen Inhaltsstoffe des Weizens in Kapitel 3 behandelt wurden, so bleibt an dieser Stelle doch die spezielle Eignung des Weizens u.a. auch für die Bierherstellung und die dazugehörigen Qualitätskriterien den folgenden Ausführungen vorbehalten. Heutzutage werden weltweit nur noch weniger als 0,1 % der Weizenmenge zur Bierherstellung eingesetzt. Das ändert nichts an den 6000 Jahre alten Überlieferungen [6.1] auf den „Monument blue“ im Louvre, nach denen Emmer-Weizen – entspelzt, gebacken – seinerzeit schon zu Bier verarbeitet wurden. Für die Bierherstellung ist demnach Weizen mindestens genau so alt wie Gerste. Sicherlich waren es Hungersnöte, die die ernährungsphysiologisch hochwertigeren Weizen als Brotfrucht favorisierten, während die etwas minderwertigere, überwiegend bespelzte Gerste für die Bierbereitung verstärkt verwendet wurde.

6.1 Systematik der Weizen-Arten und Sorten

Im lateinischen Namen für Weizen „*Triticum*“ steckt der Begriff „Drei“. Dieser besagt, dass Weizen mindestens drei Unterarten umfasst [6.2, 6.3, 6.4, 6.5]. Diese unterscheiden sich in der Anzahl und der Art der Chromosomen im Zellkern. Die primitivsten Formen sind die diploiden Einkorn-Weizen *Triticum monococcum* mit einer Chromosomenzahl von 2 n = 14 und dem AA-Genom (Abb. 6.2). Bei diesen Weizen bildet sich nur ein Korn auf einer Spindelstufe der Ähre aus. Der Einkorn-Weizen hat sich als Kulturform aus dem Zweistromland zwischen Euphrat und Tigris ab ca. 7600 v. Chr schrittweise über Kleinasien bis nach Europa verbreitet. Nach Müller [6.6] genießt das Einkorn heute wieder besonderen Schutz als seltene Getreideart.

Die Zweikorn- oder Emmer-Reihe *Triticum dicoccoides* verfügt über den doppelten Chromosomensatz von 2 n = 28. Auf jeder Spindelstufe der Ährenspindel sitzen zwei Körner. Hier findet sich die bespelzte Kulturform, das sogenannte Zweikorn, welches bereits in früheren Jahrtausenden auch zu Bier verarbeitet wurde und heute wieder eine Renaissance unter den

Abb. 6.2: Weizen-Systematik [6.2–6.5]

<table>
<tr><th></th><th>Einkorn-Reihe</th><th colspan="2">Zweikorn-Emmer-Reihe</th><th colspan="3">Spelz-Dinkel-Reihe</th></tr>
<tr><td>Chromosomen-Satz</td><td>diploid</td><td colspan="2">tetraploid</td><td colspan="3">hexaploid</td></tr>
<tr><td></td><td>2n = 14</td><td colspan="2">2n = 28</td><td colspan="3">2n = 42</td></tr>
<tr><td>Genom-bezeichnung</td><td>AA</td><td colspan="2">AA BB</td><td colspan="3">AA BB DD</td></tr>
<tr><td rowspan="2">Bespelzte Kulturform</td><td>Triticum monococcum</td><td colspan="2">Triticum dicoccoides</td><td colspan="3">Triticum spelta</td></tr>
<tr><td>Einkorn</td><td colspan="2">Emmer, Zweikorn</td><td colspan="3">Dinkel, Spelz</td></tr>
<tr><td></td><td>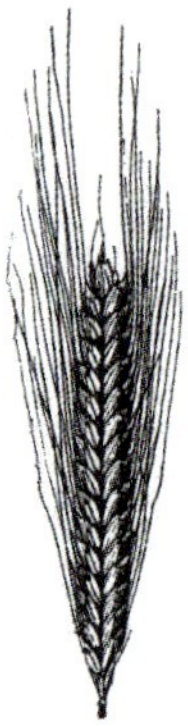</td><td colspan="2"></td><td colspan="3"></td></tr>
<tr><td rowspan="3">Nackte Kulturform</td><td rowspan="3"></td><td>Tr. durum</td><td>Tr. turgidum</td><td colspan="3">Triticum aestivum</td></tr>
<tr><td rowspan="2">Hartweizen</td><td rowspan="2">Rauhweizen</td><td colspan="3">Gemeiner Weizen</td></tr>
<tr><td>locker-ährig</td><td>kolben-förmig</td><td>ei-förmig</td></tr>
<tr><td></td><td></td><td>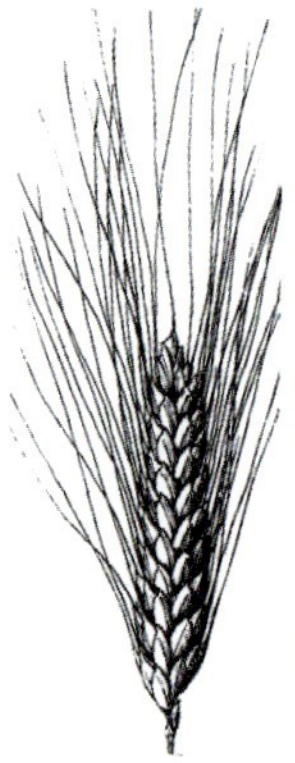</td><td></td><td></td><td></td><td></td></tr>
</table>

Rohstoffen für Bierspezialitäten erfährt. Wenn auch der bespelzte Emmer aus der tetraploiden Reihe die Haupt-Brotfrucht im alten Ägypten gewesen sein muss, so hat dieser Weizen seine frühere wirtschaftliche Bedeutung als Brotgetreide weitgehend verloren. Unter den daraus sich entwickelten tetraploiden Nacktformen hat jedoch der Hartweizen *Triticum durum* für die Grieß- und Spaghetti-Produktion große wirtschaftliche Bedeutung erlangt. Die Hartweizen sind aber für die Bierherstellung nicht geeignet. Schließlich hat die Nacktform des hexaploiden Weizens (Brotweizen) aus der Spelz- bzw. Dinkelreihe mit dem dreifachen Chromosomensatz 2n = 42 und dem Genom AA BB DD die dominierende Stellung in der Welt erlangt (Abb. 6.3–6.7). Der bespelzte hexaploide Dinkel/Spelz wird seit eh und je – auch speziell in Süddeutschland – nach früher Ernte im milchreifen Zustand durch Rösten und Schälen zu dem sogenannten „Grünkern" verarbeitet, aus dem sich schmackhafte Suppen machen lassen. Das Rösten von milchreifem Dinkelweizen wird heute noch im Orient bereits auf dem Feld zur späteren Weiterverarbeitung zu Mehlspeisen durchgeführt, wie die Bilder aus Steppenregionen in Asien zeigen (Abb. 6.14, 6.15).

Nach Zeller [6.5] entfallen ca. 90 % der Welt-Weizenernte auf den Brot-Weichweizen (Hexaploide Dinkelreihe mit 2n = 42 Chromosomen) und ca. 10 % auf Hart-Durumweizen (Tetraploide Emmer-/Zweikornreihe mit 2n = 28 Chromosomen). Nach Angaben des Bundessortenamtes [6.9] produzierte Deutschland 2011 22,4 Mio. t Winter-Weichweizen und 314.000 t Sommer-Weichweizen. Emmer und Dinkel sind von untergeordneter Bedeutung.

Während die Nacktform des Weichweizens hauptsächlich der Brot-/Backwarenherstellung dient, so werden aber seit Jahrhunderten auch andere Lebensmittel aus Weizen hergestellt. Dazu zählen u. a. auch Grünkernprodukte aus geröstetem Dinkel oder auch Grieß-Graupen-Produkte, wie „Bulgur" aus Weichweizen in Vorderasien.

Wenn auch gelegentlich aus bespelztem Emmer und auch aus Dinkel Spezialbiere als Besonderheiten auf dem Markt angeboten werden,

Bildserie: Traditionelle Herstellung von Fladenbrot im Orient

Abb. 6.3: Noch heute verwendeter Mahlstein aus vergangenen Jahrhunderten in Kleinasien

Abb. 6.4: Traditionelle Herstellung von Fladenbrot aus Nacktformen des Brotweizens in bäuerlichen Hausgemeinschaften

Abb. 6.5: Steinofen-Backhaus

Vorbereitung von Brotweizen für die Herstellung von Graupen-/Grießprodukten (Bulgur)

Abb. 6.6: Waschen und Vorquellen

Abb. 6.7: Vortrocknung an der Sonne

so entstammt doch die Masse der aus Weizenmalzen hergestellten Biere vorwiegend obergärigen Brauverfahren mit maximalen Anteilen bis 60 % Malz aus dem Gemeinen Weizen *Triticum aestivum* (auch Brotweizen oder Weichweizen genannt). Die Restschüttung besteht im Allgemeinen aus Gerstenmalz. Diese Biere werden als Weizenbiere oder Weißbiere naturtrüb (Hefeweizen) oder filtriert (Kristallweizen) angeboten. Der größte Markt für diese Art von Weizenbieren ist sicherlich Deutschland mit einer Produktion von ca. 12 Mio. hl = ca. 13 % (Stand 2011) des gesamten deutschen Bierausstoßes [6.7, 6.8]. Im Gegensatz zum tetraploiden Hartweizen ist der hexaploide Weizen ein Weichweizen. Sein Endosperm ist weicher, es enthält mehr Stärke, weniger Protein und ist auch für die Malz- und Bierherstellung besser geeignet.

In der Artengruppe *Triticum* gibt es sowohl Winter- als auch Sommerformen. In Regionen mit ausgeprägten Wintern (statt der Regenzeit) dominieren die Winterformen. Diese werden in Zentraleuropa im Oktober/November ausgesät, verfügen über eine ausreichende Frosttoleranz/-resistenz und benötigen tiefe Temperaturen um +2 °C bis +4 °C Kältereize im Winter/Frühjahr zur Auslösung der generativen Phase (Vernalisation zur Erreichung der Schoss-, Blüh- und Kornbildungsphasen). Die Sommerformen sind in der Regel nicht frostresistent, brauchen aber auch nur geringe Kältereize. Ihre Aussaat beginnt in Zentraleuropa im Allgemeinen ab Mitte Februar. Es gibt aber auch die sogenannten Wechselweizen, die sowohl im Herbst als auch im Winter, wenn es die Bodenstruktur erlaubt, oder auch noch im zeitigen Frühjahr ausgesät werden können. Diese Sommersorten verfügen auch über eine ausreichende Frostresistenz, benötigen aber nur eine geringe Kältestimulation. Die Kornerträge sind niedriger als diejenigen der Winterformen.

6.2 Brau- und Backqualität von Weichweizen

2012 waren allein in Deutschland folgende Weizensorten amtlich zum Anbau vom Bundessortenamt zugelassen [6.9]:

- 118 Winter-Weichweizensorten
- 22 Sommer-Weichweizensorten
- 4 Winter-Hartweizensorten
- 4 Sommer-Hartweizensorten
- 9 Winter-Spelzweizensorten

Bei den Qualitätsanforderungen geht es darum, Weizensorten der ertragreichen *Triticum aestivum*-Art zu entwickeln, die den Anforderungen der Malz-, Brau- und Backindustrie an die Verarbeitbarkeit und der Konsumenten an die äußere und innere Beschaffenheit der Endprodukte gerecht werden. Diese zunächst recht allgemeine Darstellung des Qualitätsbegriffes birgt aber dann, wenn es um die Abgrenzung zwischen Back- und Braueigenschaften geht, eine ganze Reihe von Besonderheiten. So verlangt die Backqualität hohe Proteingehalte und Proteinqualitäten. Diese sind u.a. erreichbar durch eine maximale N-Düngung, die auch mit hohen Erträgen einhergeht. Die Erzeugung von Back-Qualitätsweizen ist auch deshalb für Landwirte und Verarbeiter gleichermaßen positiv, weil gleichzeitig Ertrag und Qualität über die erhöhte N-Düngung verbessert werden können.

Ganz anders ist die Situation bei der Erzeugung von Brauweizen. Hier geht es darum, möglichst viel vergärbare Substanz mit hohem Auflösungsvermögen zu erzeugen, aus der sich dann Alkohol (Bier) herstellen lässt. Dieses Ziel ist zu erreichen durch hohe Stärkegehalte, welche mit dem Rohproteingehalt negativ korrelieren. Will der Landwirt den Ertrag durch eine gesteigerte N-Düngung maximieren, so wird der Proteingehalt gleichermaßen erhöht. Und damit sinkt der Gehalt an dem zu Alkohol vergärbaren Extrakt (weniger Stärke).

Bei der Produktion von Brauweizen sollte deshalb der Landwirt – analog zur Braugerste – im Interesse der Erzielung niedriger Proteingehalte im Bereich bis 11,5 % eher auf eine hohe N-Düngung verzichten. Die Frage nach einem finanziellen Ausgleich bei Verzicht auf eine N-Höchstertragsdüngung bewegt die Beteiligten seit mehr als einem Jahrhundert! Bei steigender N-Düngung ist die Proteinzunahme beim Weizen geringer als bei der Gerste. Weizen kann bei reichlicher N-Düngung weitere Blütchen in den Ährchen zur zusätzlichen ertragswirksamen Kornbildung aktivieren. Dadurch steigt der Ertrag und die Proteinzunahme bleibt in Grenzen. Bei der Gerste dagegen ist eine zusätzliche Kornbildung durch reichlichere N-Nährstoffversorgung nicht möglich. Überschüssige Düngung wandert in die vorher festgelegte Anzahl Körner. Der Ertrag steigt nur noch geringfügig an und der Proteingehalt erhöht sich stärker.

Sommer-Weichweizen bringen niedrigere Erträge als die Winterformen. Sie werden in erster Linie zur Herstellung von Backwaren verwendet. Als Rohstoff für die Malz- und Bierherstellung sind sie von untergeordneter Bedeutung.

6.2.1 Sortenfragen

Die Nacktformen der Weichweizen (*Triticum aestivum*, auch Gemeine Weizen oder Brotweizen genannt) werden nach den Back-Qualitätsklassen E, A, B, C und parallel dazu nach den Back-Qualitätsstufen 1–9 zur Sortenbeschreibung vom Bundessortenamt [6.9] bewertet. Die Tabellen 6.1 und 6.2 beschreiben diese Backweizen-Klassifizierung. Für Brauweizen existiert eine derartige Qualitäts-Klassifizierung jedoch noch nicht.

Wie bereits erwähnt, gehören zu den E- und A-Weizen eher die ertragsschwächeren, pro-

Tab. 6.1: Winter-Weichweizensorten in Deutschland 2012 [6.9]

Sortengruppe	Anzahl Sorten/Gruppe	Anteil an der Saatgutvermehrung %	Ertrag relativ 1-9
E-Eliteweizen	20	14,5	4,6
A-Qualitätsweizen	53	55,0	6,2
B-Brotweizen	34	23,2	7,2
C-Sonstige	10	7,4	8,9

Tab. 6.2:
Wichtigste Winter-Weichweizensorten in Deutschland 2012 in % der Saatgutvermehrungsfläche [6.9]

E-Weizen	A-Weizen	B-Weizen	C-Weizen
Akteur 7,6 %	JB Asano 12,3 %	Tobak 3,8 %	Tobasco 2,9 %
Genius 2,9 %	Meister 7,7 %	Dekan 2,4 %	Lear 1,4 %
Florian 1,2 %	Potenzial 6,1 %	Orcas 2,1 %	Winnetou 1,2 %
	Julius 5,2 %	Ritmo 1,3 %	
	Brilliant 3,2 %	Mulan 1,3 %	
	Discus 2,7 %		

Tab. 6.3: B- und C-Weizen mit größerer Verbreitung in Deutschland 2012 [6.9]

Sorten	Qualitäts-gruppe	Anteil an der Saatgut-vermehrung %	Ertrag relativ 1–9
Inspiration	B	12,8	8
Tobak	B	12,6	9
Dekan	B	7,9	6
Orcas	B	6,8	8
Kredo	B	5,7	7
Ritmo	B	4,2	–
Mulan	B	4,2	7
Matrix	B	4,0	8
Colonia	B	3,7	7
Manager	B	3,3	7
Tobasco	C	9,4	8
Lear	C	4,5	9
Winnetou	C	3,9	8

teinreicheren Backweizen mit Aufmischeffekt, die Zumischungen von Sorten mit etwas verminderter Backqualität zulassen. Die B- und C-Sorten sind ertragreicher, haben aber in der Regel etwas niedrigere Proteingehalte und keinen Aufmischeffekt. Diese Varietäten eignen sich eher zur Verwendung als Brauweizen.

Aus dem Spektrum der 44 Sorten der B+C-Weizen müssen durch weiterführende Versuche (Kleinmälzungen und Brauversuche) diejenigen Varietäten ausgewählt werden, welche sich für die Herstellung von Malz und Bier als Zuschüttung zum Gerstenmalz am besten eignen. Für diese besonderen Eignungsprüfungen bieten sich die in Tabelle 6.3 aufgeführten, am weitesten verbreiteten Weichweizensorten aus der B- und C-Gruppe an.

Untersuchungen an neueren Winter-Weizensorten aus den Jahren 2006–2009 von Schneck [6.10], Sacher [6.11] und auch J.G. Pflanzenzucht [6.12] haben gezeigt, dass sich die folgenden Sorten auch als Brauweizen eignen: Hermann (C), Anthos (B), Romanus (B) und Maltop.

Quaite, Schildbach und Burbidge [6.13] konnten nachweisen, dass proteinelektrophoretische Sortenidentifikationen durch Auftrennung der Gliadine auch bei den deutschen Weichweizensorten weitgehend möglich sind. Von 96 Weizensorten konnten 75 klar zugeordnet werden. Darüber hinaus zeigte die Gruppe der tetraploiden Hartweizensorten (Durumweizen) eine klare Differenzierung gegenüber der Gruppe der hexaploiden Weichweizen (Aestivum-Weizen).

6.2.2 Mälzungs- und Braueigenschaften

Da weltweit hauptsächlich Gerstenmalz zur Bierherstellung eingesetzt wird, steht zunächst die Frage an, ob Malze aus Weizen denen aus Gerste qualitativ entsprechen. In der Annahme der Verwendung eines an Gerste angepassten Mälzungsverfahrens variieren die Daten aus den Malzanalysen verschiedener Autoren in extrem weiten Grenzen [6.10–6.16]. Wenn trotzdem die Unterschiede zwischen Weizen- und Gerstenmalzen als Mittelwerte herausgestellt werden sollen, so stehen diese unter dem genannten Vorbehalt (Tab. 6.4). Die Extraktgehalte der Weizenmalze liegen um 3 % über denen der Gerstenmalze. Eine günstigere Zellwandlösung der Weizenmalze (niedrigere Extrakt-Differenzen) wird durch die höhere Viskosität nicht bestätigt. Es empfiehlt sich daher, zur Charakterisierung der Zellwandlösung nur die Viskosität zu verwenden. Die Endospermstruktur des Weizenmalzes ist härter als die des Gerstenmalzes. Der Einsatz des Friabilimeters zur Charakterisierung der Zellwandlösung ist deshalb beim Weizenmalz weniger geeignet.

Nach Kohnke [6.16] kommen Weichgrade um 45 % bei Keimtemperaturen von 14 °C und eine

Eigenschaften	Weizenmalz	Sommergerstenmalz
Extrakt %	84,4	81,2
Extrakt-Differenz %	1,7	2,7
Rohprotein Malz %	12,3	11,2
N Würze mg/100 g Malz	763	693
Kolbachzahl	37	40
Viskosität mPas 8,6 %	1,77	1,60
S. Endvergärung %	72,8	74,4

Tab. 6.4 Mittelwerte aus Weizen- und Gerstenmalzen [6.14–6.20]

verlängerte Keimzeit bis zu 7 Tagen dem Optimum an Extrakt und Lösung am nächsten. Sicherlich auch als Folge des höheren Proteingehaltes im Weizen ist die absolute Menge an N-Verbindungen in der Weizen-Kongresswürze höher als in derjenigen aus der Gerstenmalz-Würze. Wie die Kolbachzahl zeigt, gelangt aber nur ein geringerer Prozentsatz (37 %) des im Weizenmalz befindlichen N in die Würze. Beim Gerstenmalz waren es immerhin 40 %. Auch die Endvergärungsgrade der Weizenmalze fielen niedriger aus als diejenigen aus den Gerstenmalzen.

Nach Ergebnissen von Kohnke [6.16], die auch von Narziß et al. [6.17, 6.19] und Mändl [6.20] bestätigt wurden, lag beim Weizenbier der hochmolekulare N-Anteil bei 47 % des Gesamt-N und damit mehr als doppelt so hoch wie beim Bier aus Gerstenmalz (Tab. 6.5). Dies deutet auf eine N-Unterbilanzierung im niedermolekularen N-Bereich in der Würze hin. Ein geringeres Aminosäuren-Angebot kann zu Gärstörungen führen. Nach Mändl [6.20] kann es dann zu steigenden Gehalten an vicinalen Diketonen (VDK) und höheren Alkoholen im Bier kommen. Bei den Gärungsnebenprodukten waren insbesondere die VDK als überhöht zu bezeichnen, was auch im Zusammenhang mit Ergebnissen von Morey et al. [6.21] steht. Die Autoren fanden bei der Aminosäuren-Zusammensetzung von Weizenprotein nur geringe Gehalte an Lysin, Threonin und Valin. Da α-Acetolaktat bei der Valin-Synthese als Nebenprodukt entsteht, wird durch Decarboxylierung umso mehr Diacetyl gebildet, je höher der Valingehalt der Hefe ist. Narziss et al. [6.19] berichten, dass selbst bei weitgehend gelösten Weizenmalzen der Formol-N-Wert an der unteren Grenze vergleichbarer Gerstenmalze liegt. Nach Kieninger [6.15] beträgt der α-Amino-N-Gehalt in der Ausschlagwürze aus 100 % Weizenmalz nur ca. 60 % gegenüber den Werten von Gerstenmalzwürzen. Allgemein führten bei der Mälzung mit 45 % Weichgrad, 14 °C Weich-Keimtemperatur und einer Verlängerung der Keimzeit auf 7 Tage zu optimalen Extrakten und Lösungen. Ein individuelles Einstellen der Mälzung auf die speziellen Eigenschaften der Sorten verspricht nach Kohnke [6.16] weitere Verbesserungen. Ein um 25 min im Bereich von 35 °C bis 50 °C verlängertes Maischverfahren förderte über das höhere und bessere N-Angebot auch die Gäreigenschaften. Dabei wurde aber die Bierfarbe dunkler und der Schaum schlechter. Die mit 100 % Weizenmalz hergestellten Sude zeigten bei Obergärung die besseren Gärei-

Tab. 6.5: N-Fraktionen in Bieren aus Sommergerste und Winterweizen [6.16]

Bier aus 100 %	Gesamt-N mg / 1000 ml	Anteil hochmolekularer N am Gesamt-N %	Anteil mittel- und niedermolekularem N am Gesamt-N %	Scheinbarer Endvergärungsgrad %
Gerstenmalz	66,3	21,0	51,3	76,9
Weizenmalz	89,6	47,3	48,4	74,3

genschaften als nach Untergärung [6.16]. Von Bedeutung war auch, dass Weizenbiere im Allgemeinen wesentlich niedrigere Gehalte an Nitrosodimethylamin (NDMA) enthielten als diejenigen aus Gerstenmalz. Schüttungen von 20 % Weizenmalz und 80 % Gerstenmalz verbesserten die Brau- und Biereigenschaften sowohl bei unter- als auch bei obergärigen Bieren. Mit einer richtigen Sortenwahl kann sicherlich auch der Weizenmalzanteil noch weiter erhöht werden. Kieninger [6.15] empfiehlt für obergärige Biere Weizenmalzanteile zwischen 40 und 60 %. Eine stufenweise Zugabe von Weizenmalz brachte analytisch festgestellte Veränderungen, wie sie Tabelle 6.6 ausweist: Mit ansteigendem Weizenmalzanteil von bis zu 60 % wurden die obergärigen Biere sensorisch eher positiv bewertet. Dabei stieg der Extrakt im Malz deutlich an. Die Kriterien der Zytolyse (ED und Viskosität) verhielten sich indifferent. Mit steigendem Weizenmalz-Anteil verzögerte sich die Verzuckerung. Die höheren Proteingehalte des

Tab. 6.6: Veränderungen von Malz- und Bieranalysen bei Mischungen von Gersten- und Weizenmalzen nach Kieninger [6.15]

Gerstenmalz %	**100**	**80**	**60**	**40**	**20**	**0**
Weizenmalz %	**0**	**20**	**40**	**60**	**80**	**100**
Malz						
Extrakt %	81,7	82,2	82,4	83,2	83,5	84,1
Extrakt-Differenz %	1,9	1,4	1,4	1,5	1,4	1,4
Verzuckerung Minuten	10–15	10–15	10–15	10–15	15–20	20–25
Kochfarbe EBC	5,3	4,7	4,8	4,5	4,4	4,2
Rohprotein %	10,2	10,7	11,2	11,7	12,2	12,7
N-Würze mg/100 g Malz	654	677	688	664	680	690
Kolbachzahl	40	40	38	36	35	34
Viskosität mPas 8.6%	1,55	1,58	1,65	1,74	1,81	1,81
α-Amino-N mg/100 g Malz	130	116	101	93	81	73
VZ 45 %	38,1	36,4	35,5	34,5	34,6	33,4
pH-Wert	5,87	5,93	5,97	6,00	6,07	6,14
Scheinb. Endvergärung %	79,3	79,5	78,3	77,3	76.9	76,8
Diastatische Kraft WK	266	313	354	380	409	435
α-Amylase DU	59	53	49	44	40	36
β-Glukan mg/100 g Malz	85	83	69	45	30	25
Sudhausausbeute %	75,0	75,6	76,3	76,4	77,2	77,3
Bier						
Scheinbare Vergärung %	81,6	80.9	82,4	79,7	78,9	79,2
α-Amino-N mg/100 ml	5,5	5,0	5,5	3,4	3,0	2,2
Hochmolek. N mg/100 ml	20,7	24,2	26,0	26,7	25,4	28,7
Viskosität cP	1,74	1,88	1,98	2,03	2,17	2,38
Schaum (R&C) sec	128	132	134	134	134	132
β-Glukan mg/l 12 %	134	115	59	11	10	5
Stabilität	3,1	3,1	2,7	2,2	1,9	1,1
Gerbstoffe mg/l	158	126	112	91	72	50
Anthocyanogene mg/l	43	30	26	19	16	13

Weizenmalzes brachten zwar auch größere N-Mengen in Würze und Bier, trotzdem aber sank der Eiweißlösungsgrad. Mit zunehmendem Anteil Weizenmalz fallen α-Amino-N, Endvergärung, α-Amylase, β-Glukan, Gerbstoffe und Anthocyanogene. Analog zum Extrakt steigt mit der Erhöhung des Weizenmalzanteils auch erwartungsgemäß die Sudhausausbeute. Auch die Diastatische Kraft erhöht sich nachhaltig mit zunehmender Weizenmalzschüttung. Der Anteil an Aminosäuren geht zurück, aber das höhermolekulare Protein steigt an. Stabilität und Schaum wurden besser.

Alles in allem muss bei der Entwicklung von neuen Brauweizensorten darauf geachtet werden, dass neben den höheren Extrakten bei ansteigendem Protein auch gleichzeitig genügend leichtlöslicher N (Aminosäuren) für die Hefeernährung zur Verfügung stehen. Auch in den Versuchen von Kohnke [6.16] hat sich abermals gezeigt, dass die pauschale Aussage, nach der schlechte, proteinärmere Backweizen (Backqualitätsgruppen B und C) automatisch gute Brauweizen sind, die eigentliche Situation nur sehr oberflächlich beschreibt und sich nur an Protein- und Extraktniveau orientiert. Es gibt durchaus sowohl unter den guten wie unter den schlechteren Backweizen einige, die sich gut für die Herstellung von Weizenbieren eignen. In halbtechnischen Versuchen (100-l-Maßstab) von Kohnke [6.16] mit 100 % Weizenmalz traten keine Läuterschwierigkeiten auf. Es kann davon ausgegangen werden, dass die recht starke Frucht- und Samenschale des Weizens die Filterwirkung erfolgreich (an Stelle der Gerstenspelze) übernimmt. Inzwischen beschäftigt sich auch die Pflanzenzüchtung mit der Entwicklung von speziellen Winter-Brauweizensorten, die hohe Erträge mit verbesserten Extrakt- und Lösungseigenschaften bringen und dabei auch höhere Anteile an Aminosäuren enthalten.

Analog zur Braugerste steht auch beim Brauweizen eine hohe Extraktausbeute im Mittelpunkt der Qualitätsanforderungen. Diese korreliert zwar auch beim Brauweizen negativ mit dem Rohproteingehalt. Insofern sind pauschal gesehen die Protein ärmeren Weizen wegen der hohen Extrakte als Brauweizen positiv zu bewerten. In Mälzungs- und Brauversuchen hat sich aber auch gezeigt, dass gerade Weizen mit etwas höheren Proteingehalten hinsichtlich der Aminosäurenversorgung der Hefe eher positiv zu bewerten sind. Wie in Kapitel 6.2.1 bereits dargestellt, sind die Weichweizen der B- und C-Gruppe in der Regel gekennzeichnet durch sehr hohe Erträge von 10 t/ha. Daraus resultieren bei normalen Stärkegehalten immerhin Extraktmengen von 8 t/ha. Die Sommer-Braugerste erreicht bei einem Kornertrag von 5,5 t/ha eine Extraktmenge von nur ca. 4,5 t/ha!

B- und C-Weizen werden in großen Mengen auch als Futtergetreide zu einem niedrigeren Preis als Braugerste vermarktet. Brauweizen aus den B- und C-Gruppen liefern daher preiswertere Extrakte.

6.2.3 Kriterien der Backqualität

6.2.3.1 Winter- und Sommer-Weichweizen

(Triticum aestivum)

An die 22 deutschen Sommer-Weichweizensorten werden die gleichen Qualitätsanforderungen gestellt, wie an die 118 Winter-Weichweizen. Da, wie bereits dargestellt, die Erträge bei den Sommerformen niedriger ausfallen als bei den Winterformen, werden die Sommerweizen in der Regel nur dann angebaut, wenn durch zu spätes Räumen der Vorfrucht (Zu-

Abb 6.8: Weichweizen (Triticum aestivum)

ckerrüben) die Spätherbstwitterung eine rechtzeitige Aussaat des Winterweizens nicht mehr zulässt. Im Auftrag des Bundesministers für Ernährung, Landwirtschaft und Verbraucherschutz prüfen namhafte Institute auch die deutschen Weichweizensorten auf ihre Mehl- und Backeigenschaften (Bundesforschungsanstalt für Ernährung und Lebensmittel, BfEL, Detmold). Die Daten werden jährlich ergänzt durch neu hinzukommende Varietäten. Die Resultate werden – wie bereits in Kapitel 6.2.1 dargestellt – in der „Beschreibenden Sortenliste des Bundessortenamtes (BSA)“ veröffentlicht [6.9]. Danach werden die folgenden Eigenschaften für Back-Weichweizensorten verwendet:

6.2.3.1.1 Indirekte Qualitätseigenschaften [6.9]

6.2.3.1.1.1 Fallzahl

Sie misst die Aktivität Stärke abbauender Enzyme und sollte mindestens 220 sec betragen.

6.2.3.1.1.2 Rohproteingehalt

Für Weizen zur Brotherstellung werden hohe Rohproteingehalte (> 12,5 %), für Kekse dagegen niedrige Proteinwerte (< 12 %) gefordert. Die notwendige Dehnbarkeit des Teiges bei der Brotherstellung steht in enger positiver Beziehung zu Proteingehalt, Proteinqualität und dem daraus resultierenden Kleber. 10 bis 12 % Rohprotein entsprechen nach Aufhammer et al. [6.26] 20 bis 27 % Feuchtkleber.

Hohe Kleberqualitäten und -gehalte entwickeln Teige mit einem deutlichen Widerstand gegen den Druck der Gärgase beim Aufgehen des Teiges. Dies führt zu einer Volumenvergrößerung, ohne dass der Teig aufreißt. Die Porung des Gebäcks wird besser und gleichmäßiger.

6.2.3.1.1.3 Sedimentationswert

Dieses Kriterium korreliert positiv mit dem Proteingehalt und dem Backvolumen. Die Interventionsrichtlinien fordern Mindestwerte von 22 Einheiten.

6.2.3.1.1.4 Griffigkeit

Sie erfasst den Feinheitsgrad des Mehles und ist damit ein Kriterium für die Kornhärte, die bei der Brotherstellung vergleichsweise höher sein soll.

6.2.3.1.1.5 Wasseraufnahme

Diese Eigenschaft bestimmt die Teigausbeute und die Teigfestigkeit. Sie verbessert sich mit steigender Wasseraufnahme.

6.2.3.1.2 Mahleigenschaften [6.9]

Nach der Vermahlung mit einem standardisierten Labor-Mahlautomaten erfolgt die Bewertung der Mehle im Wesentlichen nach zwei Kriterien:

6.2.3.1.2.1 Mineralstoff-Wertzahl

Diese berechnet sich aus den Mineralstoffgehalten und bestimmt den Mehltyp. So enthält der „Mehltyp 550“ = 0,55 % Mineralstoffe. Niedrige Mineralstoffgehalte werden bei den Backeigenschaften positiv bewertet.

6.2.3.1.2.2 Mehlausbeute

Diese berechnet sich auf der Basis der Mehltype 550 bei einem Mineralstoffgehalt von 0,6 % und ist abhängig vom Anteil des Mehlkörpers im Gesamtkorn.

6.2.3.1.3 Backeigenschaften [6.9]

6.2.3.1.3.1 Volumenausbeute

Diese Eigenschaft wird bestimmt im Anschluss an einen Standard-Backversuch (Rapid-Mixtest)

6.2.3.1.3.2 Teigeigenschaften

Das Backverhalten wird maßgeblich von den Eigenschaften des Teiges bestimmt. Dazu gehören:

6.2.3.1.3.3 Elastizität

Abstufungen: normal, etwas kurz, kurz, etwas zäh, zäh, geschmeidig, nachlassend

6.2.3.1.3.4 Oberflächenbeschaffenheit

Bewertungen: normal, etwas trocken, trocken, etwas feucht, feucht, schmierig

6.2.3.2 Qualitätsgruppen

Aus der Vielzahl der angeführten Kriterien lässt sich das Anforderungsprofil an eine Weichweizensorte hinsichtlich ihrer Verwendung zur Herstellung von Backwaren in folgender Übersicht des Bundessortenamtes [6.9] charakterisieren (Tab. 6.7). Zur Orientierung, welchen absoluten Werten die in Tabelle 6.8 dargestellten Ausprägungsstufen 1 bis 9 in etwa entsprechen, wird auf Basis langjähriger Mittelwerte der Qualitäts-Bezugssorten in den Tabellen 6.7 und 6.8 das Absolutniveau der Ausprägungsstufe 5 (= Mittel) angegeben [6.9].

Während die Weichweizensorten der Back-Qualitätsgruppen E und A zur Herstellung von Brot und übrigen Backwaren Verwendung finden, eignen sich, wie bereits erwähnt, einige Sorten der ertragsstärkeren B- und C-Gruppen auch als Brauweizen. Unter den zehn bedeutendsten Winter-Weichweizensorten, die immerhin ca.

Tab. 6.7: Anforderungen für die Zuordnung von Weichweizensorten in Back-Qualitätsgruppen [6.9]

Qualitätsgruppe	**E-Gruppe Elite-Weizen**	**A-Gruppe Qualitätsweizen**	**B-Gruppe Brotweizen**	**C-Gruppe sonst. Weizen**
Volumenausbeute (1-9)	mindestens 8	mindestens 6	mindestens 4	–
Elastizität des Teiges	normal, etwas zäh, zäh	normal, etwas kurz, etwas zäh, zäh	geschmeidig, normal, etwas kurz, zäh	–
Oberflächenbeschaffenheit des Teiges	feucht, etwas feucht, normal	feucht, etwas feucht, normal	feucht, etwas feucht, normal, etwas trocken	–
Fallzahl	mindestens 6	mindestens 5	mindestens 4	–
Rohproteingehalt	mindestens 6	mindestens 4	mindestens 3	–
Sedimationswert	mindestens 7	mindestens 5	mindestens 3	–
Wasseraufnahme	mindestens 4	mindestens 3	mindestens 2	–
Mehlausbeute/Typ 550				
Winter-Weichweizen	mindestens 5	mindestens 5	mindestens 4	–
Sommer-Weichweizen	mindestens 5	mindestens 4	mindestens 3	–

Fallzahl	256–285 sec	Wasseraufnahme	57,9–59,4 %
Rohproteingehalt	13,0–13,3 %	Mineralstoffwertzahl	647–672
Sedimentationswert	33–39	Mehlausbeute	73,8–75,7
Griffigkeit	48–50 %	Volumenausbeute	622–651 ml

Tab. 6.8: Absolutniveau bei der Backweizen-Qualitäts-Ausprägungsstufe 5 [6.9]

Tab. 6.9: Einige bedeutende Winter-Weichweizensorten und ihre Eigenschaften [6.9]

Sorte	**% an der Saatgutvermehrung**	**Ertrag rel. Bewertung 1–9**	**Backqualitätsklasse**
J B Asano	12,3	8	A
Meister	7,7	7	A
Akteur	7,6	6	E
Potenzial	6,1	7	A
Julius	5,2	7	A
Inspiration	3,9	8	B
Tobak	3,8	9	B
Brilliant	3,2	6	A
Tobasco	2,9	8	C
Chevalier	2,2	6	A

55 % der gesamten Saatgut-Vermehrungsfläche des Winter-Weichweizens einnehmen, befinden sich Sorten aus allen vier Qualitätsgruppen (Tab. 6.9).
Der Rohproteingehalt nimmt bei der Qualitätsbeurteilung der Backeigenschaften eine zentrale Stellung ein, weil eine ganze Reihe von Qualitätsparametern mit dem Rohprotein positiv korrelieren.

6.2.3.3 Backversuch

Nach Seibel [6.22] ist ein standardisierter Backversuch ein wichtiger Bestandteil für die Beurteilung von Getreide und Mehl. Der Rapid-Mix-Test (RMT) ist der Standard-Versuch für

Abb. 6.9: RMT-Kastenbackversuch, Weizenmehl mit schwachem Trieb (geringes Volumen, l.) und starkem Trieb (großes Volumen, r.) [6.22]

Abb. 6.10: Sortentypisches Gebäckvolumen von Weizensorten nach Bolling [6.23]

Tab. 6.10: Beurteilungskriterien des RMT-Backversuchs nach Seibel [6.22]

Beurteilung der Teigbeschaffenheit	Beurteilung der Gebäckbeschaffenheit
Teigbeschaffenheit	Ausbund
Teigausbeute	Bräunung
Gebäckausbeute	Rösche
Volumenausbeute	Porung
Ausback- / Auskühlverlust	Krümelelastizität
	Geschmack

Brötchen. Bei der Brotherstellung kommt der RMT-Kastenversuch zum Einsatz (Abb. 6.9, Tab. 6.10).
Versuche von Bolling [6.23] zeigen sortentypische Gebäckvolumen sowohl beim Brot als auch beim Brötchen (Abb. 6.10).

6.2.4 Hartweizen *(Triticum durum)*

Es sind in Europa vorwiegend Sommerformen in den wärmeren südlicheren Klimazonen – auch Winterformen –, die besonders bei ausgeprägter Sommertrockenheit erfolgreich angebaut werden (Abb. 6.11, 6.12). In Deutschland sind die folgenden Durum-Sorten vom Bundessortenamt zugelassen [6.9]:
Winter-Durum: Wintergold
Sommer-Durum: Durabon, Durasol, Wimadur
Diese werden vorwiegend im wärmeren süddeutschen Raum angebaut.

Abb. 6.11: Weichweizen, Triticum aestivum (l.) und Durum-Weizen, Triticum durum (r.) [6.22]

Abb. 6.12: Triticum Durum-Sorten im Anbauversuch

Abb. 6.13: Schimmelpilzbefall an Weizenähren

Im Vergleich zum Winter-Weichweizen sind die Erträge um ca. 30 % niedriger. Die Backfähigkeit im Sinne der Weichweizenqualität ist aufgrund der großen Endospermhärte und der mangelhaften Kleberqualität beim Durum-weizen eher gering. Der hohe Hartgrießanteil des Durum-Weizens, die Proteingehalte > 13 % und die Kleberanteile, welche 2 bis 3 % über denen der Weichweizen liegen, machen *Triticum durum* zu einem begehrten Rohstoff für die Herstellung von Grießen und anderen Qualitätsteigwaren (Makkaroni). In feuchteren Regionen wird *Durum* häufiger von Fusarien befallen, weil die Bauchfurche der Körner sehr tief ist und das Regenwasser länger festhält (Abb. 6.11 u. 6.13). Das führt auch zur Schwarzfleckigkeit der Grieße und wird negativ bewertet. Für die Bierherstellung ist *Triticum durum* ungeeignet.

6.2.5 Dinkel/Spelz *(Triticum spelta)*

Dinkel ist die ertragsschwächere Weizenart für die rauheren, höheren Lagen und die schlechteren Böden. Der verstärkte Anbau von Weichweizen *(Triticum aestivum)* auch in Übergangsregionen hat den Anbau von Dinkel *(Triticum spelta)* weiter verdrängt. Seine Bedeutung ist lokal eng begrenzt. Obwohl es auch Sommerformen gibt, so sind die zugelassenen Sorten – aufgrund der besseren Leistung – ausnahmslos Winterformen. Bei intensiverer Düngung kommt es öfter zu Lager im Feld mit nachhaltigen negativen Konsequenzen für Ertrag und Qualität. Die gängigen Winter-Dinkelsorten bringen Roherträge an bespelzten Körnern von 25 bis 40 dt/ha. Bis zum nackten Korn gehen

Traditionelle Herstellung von Grünkernprodukten aus Spelzformen von Dinkelweizen im Orient:

Abb. 6.14: Rösten von Dinkelweizen auf dem Feld

Abb. 6.15: Geröstete Dinkelähren und -körner

davon noch einmal ca. 30 % wertlose Spelzen verloren [6.26]. Trocken geerntete, reife Körner ergeben feine Mehle. Die daraus hergestellten Brote sind eher etwas trocken und weniger schmackhaft. Im Altertum als Braugetreide sehr geschätzt, wird Malz aus Dinkel nur noch gelegentlich für die Herstellung von Spezialbieren mit verwendet. Einer Ernte in der Milchreife folgt in Süddeutschland ein künstliches Abdarren und Entfernen der Spelzen in einem „Gerbgang". So entsteht der sogenannte „Grünkern" zur Herstellung von schmackhaften Suppen (siehe auch Kap. 6.1). Grünkern wird auch heute noch von den Bauern im Orient aus Dinkel durch Rösten der noch grünen Ähren direkt auf dem Feld hergestellt (Abb. 6.14, 6.15).

6.3 Produktionstechnik [6.24–6.28]

Die produktionstechnischen Grundlagen werden am Beispiel des Weichweizens (*Triticum aestivum*) behandelt, der ca. 90 % der Welt-Weizenernte umfasst. Davon wiederum belegt die Winterform den größten Anteil. Sofern bei den übrigen Weizenarten Abweichungen zum Winter-Weichweizen auftreten, werden diese extra angeführt.

6.3.1 Anforderungen an Klima, Witterung und Boden

Ein begrenzender Faktor für den Anbau des Winterweizens – besonders in Zentral- und Osteuropa – ist der Grad der Winterfestigkeit. Nach Geisler [6.24] vertragen die Wintergetreidearten die folgenden Frosttemperaturen:

- Winterroggen bis zu –25 °C
- Winterweizen bis zu –20 °C
- Wintergerste bis zu –12 °C
- Winterhafer bis zu –8 °C

Danach ist es durchaus möglich bis in die Mittelgebirgslagen von Zentraleuropa hinein, Winterweizen erfolgreich anzubauen. Eine optimale Saatzeit (Mitte Oktober in Mitteleuropa) schützt einerseits vor einem „Überwachsen" im Spätherbst und Ausfaulen in milden Wintern. Andererseits sorgt aber auch eine optimale Saatzeit für eine kräftige und gesunde Jugendentwicklung. Besonders bei spät ausgesätem Weizen (Nov./Dez.) kann ein nachfolgendes kühles Frühjahr noch zu einer ausreichenden Bestockung und Ährenbildung führen. Die früheren Wintergetreidearten Wintergerste und Winterroggen können ihren Wasserbedarf vorwiegend aus der während des Winters angesammelten Feuchtigkeit decken. Winterweizen hat dagegen eine längere Vegetationszeit, die mit höheren Erträgen einhergeht. Dies verlangt aber auch ausreichende spätere Niederschläge während der Schossphase bis hin zur Blüte. Trockenschäden zeigen sich auch beim Weizen besonders dann, wenn der Anbau auf vergleichsweise etwas leichteren Böden mit geringerem Wasserhaltevermögen erfolgt. Wassermangel führt dann zum Aufhellen der Pflanzen, welches die Notreife ankündigt. Extreme Dürreschäden verhindern oder stören das Austreten der Ähren aus den Blattscheiden (Abb. 6.16).

Abb. 6.16: Dürrestress schädigt Ertrag und Qualität bei Weizen nachhaltig, Australien

Abb. 6.17: Wasser-Überschuss schädigt Ertrag und Qualität, Südamerika

Winterweizen benötigt für den Eintritt in die generative Phase (Blühen) im Verlauf des Winters und des zeitigen Frühjahrs Kältereize um 0 °C bis + 4°C über einen Zeitraum von 40 bis 80 Tagen. Sommerweizen dagegen braucht diese Vernalisationsreize nur von 0 °C bis +7 °C über 1 bis 14 Tage. Weizen bevorzugt ein wintermildes, sommerwarmes strahlungsintensives Klima bei guter, gleichmäßiger Niederschlagsverteilung. Bei Wasser-Überschuss, wie er beispielsweise in den eher subtropischen Getreidegebieten im Süden von Südamerika (2000 mm Regen/Jahr und mehr) vorkommt, steigt auch der Aufwand an Pflanzenschutzmitteln stark an (Abb. 6.17).

Auf schlechteren Böden wird der Ertrag von der Höhenlage stärker bestimmt, jedoch können gute Böden die Nachteile einer höheren Lage teilweise kompensieren. Mit zunehmender Höhenlage sinkt aber nicht nur der Ertrag. Die technologische Qualität wird beim Weizen auch schlechter und der Befall mit Schimmelpilzen steigt als Folge der späteren Ernte und der oft feucht-kühleren Witterung im Spätsommer stark an. Gute Böden in günstiger Klimalage sind für ertragsstarke Back-Qualitätsweizen gerade gut genug. Das gilt aber in gleicher Weise für die Erzeugung von Qualitäts-Brauweizen nur dann, wenn es gelingt, den Proteingehalt über eine angepasste N-Düngung in Grenzen zu halten. Dies fällt allerdings beim Brauweizen leichter als bei der Braugerste. Die klassischen Parabraunerden aus Löss mit Ackerzahlen >70 sind zwar die günstigsten Weizenstandorte für hohe Erträge und gute Qualitäten. Aber auch etwas weniger gute Standorte können bei optimaler Wasser- und Nährstoffversorgung beachtliche Ertrags- und Qualitätsleistungen erbringen. Nach Vollmer [6.27] sind feuchtere, lehmige Böden aus Löss (Parabraunerden) für den Weizenanbau günstiger zu bewerten als beste Gerstenstandorte (Abb. 6.18).

6.3.2 Stellung in der Fruchtfolge

Rationalisierungsmaßnahmen in der Landwirtschaft zwingen öfter zum Anbau von Weizen nach Getreidevorfrucht. Es ist aber auch hinreichend in der Praxis bekannt, dass

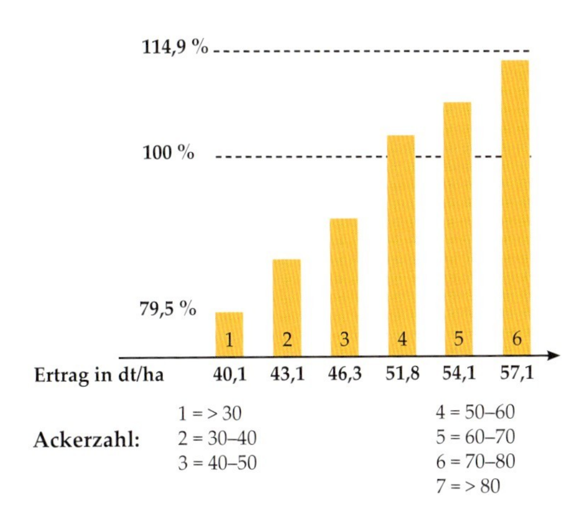

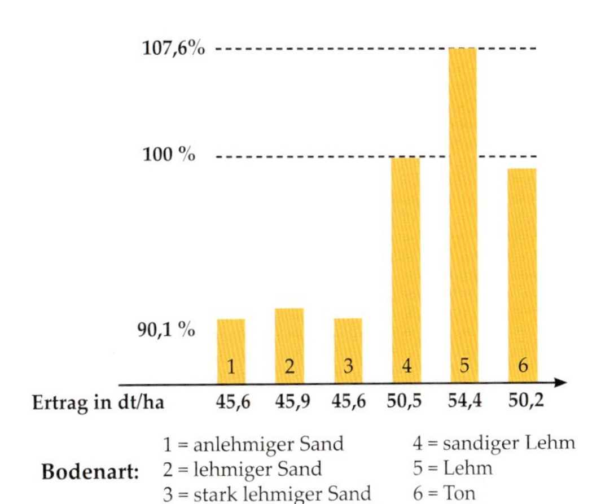

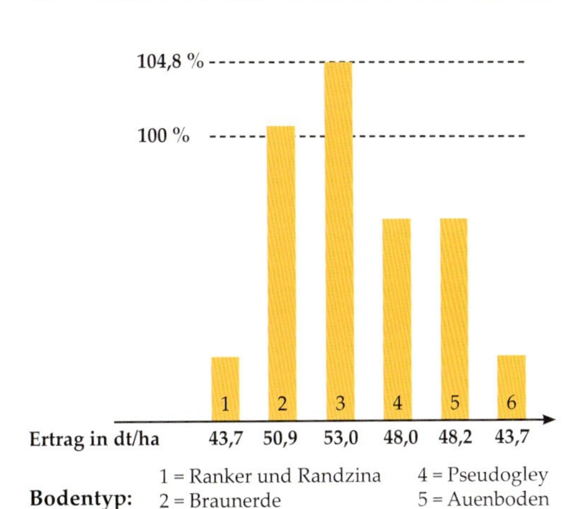

Abb. 6.18: Weizenertrag in Abhängigkeit von Ackerzahl, Bodenart und Bodentyp [6.25]

dann Weizen und auch Gerste durch Fußkrankheitsbefall stärker gefährdet sind. Die klassische Vorfrucht für Winterweizen ist die Zuckerrübe. Mit der deutlichen Anbauerweiterung des Maisanbaus bietet sich eine weitere Möglichkeit der Auflockerung einseitiger Getreidefruchtfolgen. Auf diese Weise ist es möglich, einen Mindestabstand von zwei Jahren zwischen zwei Weizenkulturen auf demselben Feld zu erreichen. Weizen nach Weizen wird zwar gelegentlich praktiziert, führt aber zu Ertragsverlusten. Durch einen nachfolgenden zweijährigen Blattfruchtanbau (Zuckerrüben, Mais, Kartoffeln oder Raps) kann der geschilderte Ertragsabfall durch die Weizen-Monokultur wieder ausgeglichen werden. Ein negativer Einfluss auf die Weizen-Brauqualität ist nur dann zu erwarten, wenn die Weizen-Vorfrucht durch Fusarien stark belastet war (Stoppelreste von Mais, Getreide und Stroh, pfluglose Bodenbearbeitung). Weizen selbst ist für nachfolgende andere Getreidearten eine durchaus akzeptable Vorfrucht. Durch die Einschaltung von Zwischenfrüchten kann bei Weizen-Monokultur (mehrjähriger Weizenanbau hintereinander auf demselben Feld) der Ertrag wieder etwas verbessert werden. Die

Tab. 6.11: Bedeutung verschiedener Vorfrüchte für den Winterweizenertrag [6.25]

Vorfrucht für Winterweizen	Nachfolgender Winterweizen-Ertrag dt/ha
Winterroggen	44,5
Wintergerste	45,5
Hafer	47,6
Kartoffeln	48,3
Weizen	48,7
Leguminosen	50,3
Mais	52,7
Zuckerrüben	52,8
Raps	54,1
Feldfutter	55,2

Weizenerträge aus der normalen Fruchtfolgerotation (Weizen nach anderem Getreide oder Blattfrucht) werden jedoch allein durch Zwischenfruchtanbau nicht erreicht. Bei Getreideanteilen von mehr als 70 % in der Fruchtfolge (3 x Getreideanbau hintereinander auf dem selben Feld) sollten Zwischenfrüchte zur Auflockerung in die Rotation aus pflanzenhygienischen Gründen eingebaut werden (Tab. 6.11).

6.3.3 Bodenbearbeitung und Pflege [6.25–6.27]

Weizen stellt sehr hohe Ansprüche an einen ausgeglichenen Luft- und Wärmehaushalt des Bodens. Jede Missachtung dieser Anforderungen, die bereits bei der Bodenvorbereitung erfüllt werden sollten, erschweren Wachstum und Entwicklung und führen letztlich zu Mindererträgen. Zur Schaffung optimaler Wachstumsbedingungen stehen im Wesentlichen zwei grundlegend verschiedene Bodenbearbeitungssysteme zur Verfügung: Landwirte von leichteren oder auch sehr schweren Böden oder in Trockenregionen tendieren eher zur kostensparenderen, nur lockernden Bodenbearbeitung (pfluglos). Landwirte mit besseren Böden in feuchteren Lagen dagegen befürworten die wendende Pflugkultur.

Die Saatbettvorbereitung für Winterweizen nur mit dem Grubber hat sicherlich nach unkrautfreier Hackfrucht dann Vorteile, wenn der Boden durch die vorangegangenen Hackfrucht-Erntearbeiten der Vorfrucht nicht allzu sehr durch Fahrspuren mechanisch belastet ist. In den getreidereichen Fruchtfolgen steht aber immer häufiger der Winterweizen nach Getreide. In diesen Fällen ist eine Stoppelbearbeitung unmittelbar nach der Ernte der Vorfrucht durch eine flache Bodenbearbeitung (Stoppelumbruch) mit Grubber oder Schälpflug erforderlich. Vor der Weizenbestellung im Oktober ist dann eine saubere Saatfurche mit dem Pflug vorzuziehen. Die Pflugfurche zur Saat sollte in Kombination mit einem Krumenpacker in einem Arbeitsgang erfolgen, um Strukturschäden durch zusätzliche Fahrspuren zu vermeiden. Gegen eine grobschollige Saatbettvorbereitung ist der Weizen auch bei etwas feuchteren Bedingungen weniger empfindlich. Je tiefer die Grundbodenbearbeitung ist, umso höher ist das Ertragsniveau. Mit modernen Saatbettkombinationen wird der Boden so gut vorbereitet, dass eine präzise Saatgutablage in ca. 3 bis 4 cm Tiefe auf einen etwas verfestigten Bodenhorizont präzise möglich ist.

Abb. 6.19: Schimmelpilze an Weizen – dunkle, aufrecht stehende Ähren

Abb. 6.20: Überschäumen des Bieres („Gushing") [6.32]

6.3.4 Weizensorten und Schimmelpilzbefall

Im Kapitel 4.6.1.1.1 wurde dargestellt, dass Schimmelpilze (Abb. 6.19) nicht nur Ursachen für die Bildung von Mykotoxinen sind, sondern auch das unkontrollierte Überschäumen des Bieres beim Öffnen der Flasche (Gushing) (Abb. 6.20) verursachen können. Neben der Sortenwahl nach Kriterien der technologischen Qualität muss bei der Auswahl von Brauweizen besonderer Wert auf Resistenzen gegen Ährenfusarien während der Vegetationszeit und im Mälzungsprozess gelegt werden. Die Nacktformen des Getreides (Weichweizen) können anfälliger sein als die Spelzformen (Braugerste). Durch den leichteren Zugang von Schimmelpilzen ins Korninnere kann sich so bei den Nacktformen die Gefahr der stärkeren Kontamination durch Mykotoxine und Gushing auslösende Substanzen erhöhen. Grundlegende Arbeiten zu diesem Thema liegen auch von Hermandez et al. [6.33] vor. Bei der Zulassungsprüfung neuer Weizensorten bewertet das Bundessortenamt die Anfälligkeit gegenüber Ährenfusarien mit den Noten 1 bis 9 (1 = geringer Befall; 9 = starker Befall) (Tab. 6.12). So erreichen beispielsweise die Brauweizen Hermann (C) die Note 3 und Anthus (B) die Note 4. Ein jüngeres Sortiment lässt auch erkennen, dass keine Be-

Tab. 6.12: Backqualität von Winter-Weichweizen und Fusariumbefall nach dem Bundessortenamt [6.9].

Sorte	Backqualität	Ährenfusarien Bonitur 1–9
Bussard	E	**3**
Adler	E	5
Akteur	B	3
Astron	A	5
Korund	A	6
Anthus	B	4
Actros	B	6
Ritmo	B	7
Herrmann	C	3
Biscay	C	5

Abb. 6.21: Sortenunterschiede bezüglich der Anfälligkeit gegenüber Fusarienbefall

ziehung zwischen technologischer Backqualität und Fusariumanfälligkeit besteht. Sortenunterschiede in der Fusarium-Anfälligkeit sind aber auch im Feld gut zu erkennen (Abb. 6.21).

Über die im Zeitraum 2006–2012 empfohlenen modernen Brau-Winterweizensorten wurde bereits in Kapitel 6.21 berichtet. Es waren Hermann (C), Anthon (B), Romanus (B) und Maltop.

6.3.5 Saatmengen und Saatzeit [6.27]

Da bei den Winterformen mit größeren Pflanzenverlusten während des Winters gerechnet werden muss (Frostschäden und Pilzkrankheiten), gilt generell die Regel einer etwas dickeren Saat als bei Sommergetreide. Die Saatmenge beim Winter-Weichweizen ist stark abhängig von Korngröße, Saatzeit und den geographischen und klimatischen Gegebenheiten. Die Tausendkorngewichte streuen beim Weichweizen in weiten Bereichen um 45 g. Unter günstigen Anbaubedingungen in Deutschland sollten aus einer Saatmenge von 400 keimfähigen Körnern/m² (= ca. 180 kg/ha) in etwa 500 bis 600 Ähren tragende Halme heranwachsen. Wenn Mitte Oktober als optimale Saatzeit in günstigen Lagen angesehen werden kann, so beginnt die Winterweizen-Aussaat in ungünstigeren Regionen bereits Anfang Oktober. Mit einer Saatzeitverzögerung von ca. 10 Tagen sollte sich die Saatmenge um ca. 10 kg/ha erhöhen. Die Berechnung der Saatmenge erfolgt nach dem Schema, wie bei der Gerste beschrieben (Kap. 5.5.1.5.). Nach Vollmer [6.27] erhöht sich auch mit steigender Saatnorm erwartungsgemäß die Anzahl der Keimpflanzen (Tab. 6.13). Bis zur Saatnorm von 200 kg/ha steigt auch die sich entwickelnde Anzahl Ähren. Bei weiterer Erhöhung der Saatmenge auf ca. 250 kg/ha ist die Konkurrenzwirkung zwischen den Pflanzen allerdings bereits so stark, dass die Anzahl Ähren zurückgeht und die Erträge schon etwas abfallen. Die Erträge steigen bis zu einer Saatnorm

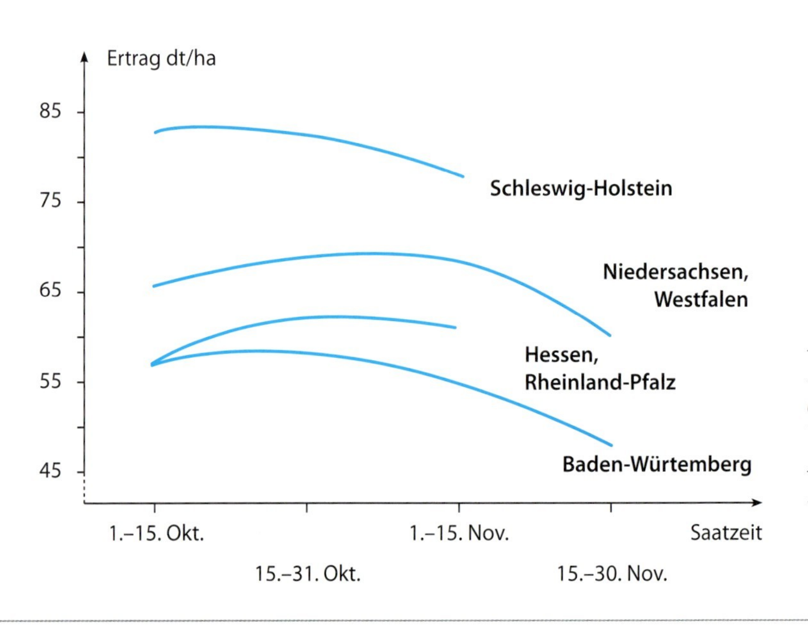

Abb. 6.22: Einfluss der Saatzeit auf die Ertragsleistung von Weizen in verschiedenen Anbaugebieten Deutschlands [6.28]

Tab. 6.13: Aussaatstärke und Ertragsstruktur von Winterweizen [6.27]

Aussaatstärke Körner/m²	250	350	450	550
Aussaatstärke Kg/ha (45 g TKG)	113	158	203	248
Keimpflanzen Anzahl/m²	234	322	400	460
Ähren Anzahl/m²	512	547	604	561
Tausenkorngewicht g	41,5	43,4	47,8	47,5
Ertrag t/ ha	7,8	8,0	8,0	7,8
Abreife Bonitur 1 – 9	2,4	2,4	3,2	4,0

von ca. 160 kg/ha. Eine zu dicke Saat bringt auch noch Reifeverzögerungen. In den Versuchen aus Schleswig-Holstein lag damit die optimale Saatmenge für Winter-Weichweizen bei ca. 160 kg/ha. Das gilt in gleicher Weise sowohl für Back- als auch für Brauweizen. Da nach spät räumenden Zuckerrüben bevorzugt noch Back- oder auch Brauweizen ausgesät wird, ist die Spätsaatverträglichkeit eine wichtige Anforderung an die Sorten. Neben dieser sortenspezifischen Eigenschaft spielen auch regionale Unterschiede eine Rolle. So fallen nach Geisler et al. [6.28] bei verspäteter Saat die Erträge in Schleswig-Holstein und Hessen weniger stark ab als in Niedersachsen und Baden-Württemberg, wie Abbildung 6.22 zeigt.

6.3.6 Saattiefe und Reihenabstände

Die optimale Saattiefe bei Weizen liegt zwischen 2 und 4 cm. Zu tiefe Ablage verzögert den Aufgang. Zu flache Saat schadet der Ährenbildung. Ansonsten gilt für die Saattiefe des Weizens dasselbe wie für die Gerste (Kap. 5.5.1.7). Größere Pflanzenabstände zwischen den Saatreihen bringen einerseits Vorteile bei der Mechanisierung der Arbeitsschritte. Andererseits führen sie bei allen Getreidearten zu verminderten Erträgen. Der notwendige Kompromiss zwischen einem störungsfreien Ablauf der mechanisierten Arbeitsverfahren und dem noch akzeptierbaren Ertragsverlust dürfte bei 12 bis 15 cm Reihenabstand liegen.

6.3.7 Grundlagen der Düngung

Die Mengen an Nährstoffen (anorganische Elemente), welche die Weizenpflanze dem Boden im Verlauf der Vegetationszeit entzieht, ist abhängig von der Höhe der Korn- und Stroherträge, dem Nährstoffvorrat im Boden und dessen Löslichkeit. In den Faustzahlen für Landwirtschaft und Gartenbau [6.29] werden die Entzüge der Hauptnährstoffe wie folgt dargestellt (Tab. 6.14). Um von den Entzugszahlen aus der Korn- und Strohernte zu den notwendigen optimalen Dünger-Aufwandmengen zu kommen, sind Zuschläge aus Verlusten erforderlich (siehe auch Düngung von Gerste, Kap. 5).

Kornerträge dt/ha **Nährstoffentzüge kg/ha**	**60**	**80**	**100**
N	150 – 210	200 – 280	250 – 350
P_2O_5	60 – 84	80 – 112	100 – 140
K_2O	120 – 150	160 – 200	200 – 250
CaO	24 – 48	32 – 64	40 – 80
MgO	12 – 30	16 – 40	20 – 50

Tab. 6.14: Entzug von Kernnährstoffen in kg/ha für Winter- und Sommerweizen (Korn und Stroh) [6.29]

Tab. 6.15: Mineraldüngung (kg/ha Reinnährstoff) für Back- und Brauweizen

Ziel Backweizen	
1.	Grunddüngung im Herbst zur Saat mit z.B. 120 kg/ha P_2O_5 + 200 kg/ha K_2O
2.	Frühjahrsdüngung, sobald der Boden befahrbar ist bis zum Beginn der Bestockung mit z.B. 80 kg/ha N unter Berücksichtigung von N_{min}
3.	Nachdüngung ab Mitte Bestockung bis zur Ährenbildung mit z.B. 60 kg/ha N
4.	Spätdüngung 1 ab Ährenschieben bis Blüte mit z.B. 30 kg/ha N
5.	Spätdüngung 2 in der Blüte mit z. B. 30 kg/ha N
Ziel Brauweizen	
Düngung 1 bis 3 ist identisch mit der Düngung für Backweizen. Auf die beim Backweizen notwendigen Spätdüngungen 1 und 2 muss beim Brauweizen verzichtet werden	

Pauschal wird der Düngebedarf in etwa 15 % über dem Nährstoffentzug anzusiedeln sein. Die Düngungsintensität wird heute sehr kritisch beurteilt. Umweltschonende Aufwandmengen gehören zur guten landwirtschaftlichen Praxis, zumal damit auch hohe Erträge erreicht werden können. Aus Bodenvorrat und Düngung sollten für Brauweizen ca. 150 kg/ha N, 120 kg/ha P_2O_5 und 180 kg/ha K_2O zur Verfügung stehen und eine N-Spätdüngung vermieden werden. Ein ertragsbetonter Brauweizenanbau ist auch unter ökologischen Gesichtspunkten eher positiv zu beurteilen. Eine gezielte Erhöhung des Proteingehaltes durch eine gesteigerte und späte zusätzliche N-Düngung zur Verbesserung der Backqualität ist nicht ohne ökologische Brisanz. In Trockenjahren besteht die Gefahr, dass der zusätzlich verabreichte N nicht mehr vollständig von der Pflanze aufgenommen und verwertet wird. Der Rest-N kann dann den Nitrat-Haushalt in Boden und Wasser belasten. Zur Nährstoff-Grundversorgung der Böden wird auf die Richtwerte für P_2O_5 und K_2O verwiesen, die in Kapitel 5.5.1.8. für die Gerste behandelt wurden. Diese sind im Wesentlichen auch für Weizen anwendbar. Im Gegensatz zur N-Düngung verbessern eine ausreichende K_2O- und P_2O_5-Versorgung auch die Kornausbildung nachhaltig. Die N-Düngung steigert zwar die Erträge und die Proteingehalte, die Vollkörnigkeit aber leidet darunter. Bei der Forderung nach höchsten Proteingehalten für Qualitäts-Backweizen kann es zu einer N-Düngung über das Ertragsmaximum hinaus kommen. Hier besteht dann auch eine zusätzliche Gefahr des Lagerns auf dem Feld. Der Proteingehalt steigt zwar noch, der Ertrag aber geht zurück. Die moderne Weichweizendüngung lässt sich an folgendem Beispiel darstellen, wie Tabelle 6.15 zeigt.

N-Düngung nach dem Ährenschieben kg/ha	Ertrag dt/ha	Tausendkorn-gewicht	Rohprotein %
0	45,1	42	9,6
20	46,6	44	10,8
40	48,3	46	11,8
60	51,0	46	13,2
80	51,4	47	14,4

Tab. 6.16: Einfluss der Stickstoff-Spätdüngung auf Kornertrag, Tausendkorngewicht und Proteingehalt von Winterweizen bei 60 kg/ha N als Frühjahrsdüngung (3 Jahre x 2 Standorte) [6.30]

Die Wirkung der Spätdüngung wurde u.a. auch von Zoschke [6.30] mit den Ergebnissen der Tabelle 6.16 untersucht:
Eine organische Düngung ist im Allgemeinen für Winterweizen nicht üblich. In der Regel erhielt die Vorfrucht Zuckerrüben eine organische Düngung, weil sie diese auch am besten verwertet. Diese erfolgt zur Vorfrucht alternativ in Form von Stallmist, Gülle, Gründüngung auch Stroh aus der Vorfrucht oder auch in Kombinationen der angeführten Arten. Sofern Getreide als Vorfrucht für Winterweizen ansteht, sollte nur dann das Stroh zu Düngungszwecken für Winterweizen Verwendung finden, wenn es rechtzeitig gleichmäßig verteilt flach untergepflügt wurde und zur Saatfurche im Oktober schon teilweise verrottet ist. In solchen Fällen bietet sich auch die Kombination mit der Gülledüngung an. Dadurch würde die Strohrotte durch den N-Ausgleich wesentlich beschleunigt.

6.3.8 Wasserversorgung, Bewässerung und Beregnung

Unter mitteleuropäischen Klimaverhältnissen reichen in normalen Jahren die natürlichen Niederschläge aus, um den Winterweizen ausreichend mit Wasser zu versorgen. Anders dagegen ist die Situation in Steppenregionen mit ausgeprägter Vorsommer-Trockenheit. Zwar bringen unter solchen Bedingungen eine zusätzliche künstliche Wasserzufuhr signifikante Mehrerträge und vor allem die viel wichtigere Ertragssicherheit. Die Investition in aufwendige Beregnungsanlagen stößt schnell an ökonomische Grenzen. Es stehen dann auch die Beregnungseffekte in einem unbefriedigenden Verhältnis zu den Mehrkosten. In solchen Fällen wird dann besonders in Steppenregionen mit Grundwasser-Reserve oft auf nur sehr einfache Wasser-Versorgungssysteme zurückgegriffen (Furchenbewässerung, unkontrollierter Wasser-Überstau).

6.3.9 Wachstumsregulatoren (WR)

Hohe Erträge von 10 t/ha mit hohen Backqualitäten benötigen eine maximale N-Düngung, die wiederum das Lagerrisiko im Feld nachhaltig erhöht. Als Folge von Lager sinken die Erträge und die Vollkörnigkeit wird deutlich verschlechtert (Abb. 6.23, 6.24). Weitere Details zu Wachstumsregulatoren sind in Kapitel 4 ausführlich beschrieben.
Eine Absicherung hoher Erträge mit guter Vollkörnigkeit ist sowohl für Back- als auch für Brauweizen sinnvoll. Bei keiner anderen Getreideart ist die Spritzung eines WR nützlicher als beim Weizen. Sie wird deshalb auch mit großer Regelmäßigkeit 1 bis 2 Mal während der Vegetationszeit vorgenommen. Im frühen Entwicklungsstadium (ES 25–29) werden je nach Lagerneigung 0,6–1,5 l/ha Chlor-Colin-Chlorid

Abb.: 6.23: Lager bei Weizen – mit Wachstumsregulator (hinten) ohne Wachstumsregulator (vorne)

Abb. 6.24: Vollkornanteile bei Weizen – mit Wachstumsregulator (links) ohne Wachstumsregulator (rechts)

(CCC) gespritzt. Später (ES 37–39) kommen je nach Lagergefahr Moddus (0,4 l/ha und auch Mischungen von Moddus 0,4 l/ha + CCC 0,3–0,7 l/ha zur Anwendung. Im späteren Stadium (ES 39–49) wird mit Medax Top 0,6 l/ha + Turbo 0,6 l/ha behandelt.

6.3.10 Pflanzenschutz

Im Kapitel 5 (Gerste) sind wesentliche Grundlagen des Pflanzenschutzes, die auch für den Weizen zutreffen, beschrieben. Das gilt besonders für die Beizung des Saatgutes, die Unkraut-, Schädlings- und Krankheitsbekämpfung.

Wie im Kapitel 4 angeführt, wird das Winterweizen-Saatgut gebeizt. Die Feldbestände erfahren 1 bis 2 Herbizid-, 3 bis 4 Fungizid-, 1 Insektizid- und 1 bis 2 Wachstumsregulator-Behandlungen. Mit diesem Aufwand können hohe Erträge und gute Qualitäten gesichert werden. Nicht ohne Grund ist deshalb der Winter-Weichweizen die ertragsstärkste Getreideart (außer Körnermais in milderen Klimalagen).

Nach Gößner et al. [6.31] stehen allein ca. 10 Beizmittel und ca. 31 Herbizide für die Herbstanwendung zur Verfügung. Für den Winterweizen sind es weitere ca. 57 Mittel für die Spritzung im Frühjahr, ca. 34 Fungizide und ca. 13 Insektizide.

Anwendungs-Regeln und -Auflagen können aufgrund ihres Umfanges an dieser Stelle nicht näher behandelt werden. Diese sind in der einschlägigen Literatur und in den Beipackzetteln nachzulesen.

Sommerweizen braucht – analog zur Sommergerste – auch aufgrund der kürzeren Vegetationsperiode die wenigsten Pflanzenschutzmittel. Es genügt im Allgemeinen eine Saatgutbeizung, eine Herbizidbehandlung und eine Fungizidspritzung.

Ohne den Anspruch auf Vollständigkeit zu erheben, seien einige gebräuchliche Behandlungsbeispiele für Winterweizen angeführt:

- ❑ Saatgutbeizung Fungizid mit Baytan, EfA, Rubin
- ❑ Insektizid: mit Contur Plus, Smaragd forte
- ❑ Herbizidanwendung Herbst: Axial, Bacara, Alistar
- ❑ Frühjahr: Accord Super Pack, Atlantis Super Set
- ❑ Fungizidanwendung: Acanto (Strobilurine); Aho 240 EC (Triazole), Amistar, Sportak
- ❑ Insektizidanwendung: Bulldock, Karate Zeon

Literatur zum Kapitel 6

[6.1] Anonym: Das große Lexikon vom Bier. Scripa Verlag, Scripa Verlags-Gesellschaft, Stuttgart, S. 53–57, 1980

[6.2] Klapp, E.: Lehrbuch des Acker- und Pflanzenbaues. 6. neu bearbeitete Aufl., Verlag Paul Parey Berlin u. Hamburg, S. 389–391, 1967

[6.3] Oehmichen, J.: Pflanzenproduktion, Band 2, Produktionstechnik. Verlag Paul Parey Berlin u. Hamburg, S. 226, 1986

[6.4] Aufhammer, G. u. Fischbeck, G.: Getreide Produktionstechnik und Verwertung. Ge-meinschaftsverlag, DLG-Verlag Frankfurt (Main), S. 75–88, 1975

[6.5] Zeller, F., zitiert in: Hoffmann, W.; Mudra, A; Plarre, W.: Lehrbuch der Züchtung landwirtschaftlicher Kulturpflanzen. Band 2, Spezieller Teil. 2. Auflage, Verlag Paul Parey Berlin und Hamburg, S. 39–40, 1985

[6.6] Müller, K.J. NABU Naturschutzbund Deutschland e.V. Broschüre Einkorn vom Feinsten 4-14, 2000

[6.7] Deutscher Brauer-Bund e.V.: Deutsche Brauwirtschaft in Zahlen, April 2012

[6.8] Kelch, K.: mündl. Mitteilung Weißbier, 2012

[6.9] Bundessortenamt: Beschreibende Sortenliste Getreide. Eigenverlag Bundessortenamt, Sehnde, S. 20–172, 2009

[6.10] Schneck, H.: Tipps zur Erzeugung von guten Brauweizenqualitäten im ökologischen Landbau. Flugschrift, Amt für Landwirtschaft u. Forsten, Sachgebiet Ökologischer Landbau, Regensburg, 2006, S. 1–2

[6.11] Sacher, M.: Pflanzliche Erzeugung, Flugschrift, Ministerium für Landwirtschaft Sachsen, FB 4, 2007, S. 1

[6.12] I G Pflanzenzucht München: Sächsische und Bayerische Brauweizenprüfung, Flugblatt, 2004, S. 1–3

[6.13] Quaite, E., Schildbach, R., Burbidge, M.: Proteinelektrophoretische Identifikation der in der Bundesrepublik Deutschland zugelassenen Weizensorten. Getreide, Mehl und Brot, 41. Jahrg. Heft 9, Deutscher Bäcker Verlag, Bochum, S. 259–264, 1987

[6.14] Piendl, A.: Einfluss von mälzungstechnischen Maßnahmen auf die konventionellen Eigenschaften und die Kohlenhydrate des Weizenmalzes. Brauwelt Jg. 28; Heft 6, S. 177, 1975

[6.15] Kieninger, H.: Malzeinsatz bei obergärigen Bieren. Brauwelt Jg. 117 Nr. 25, 1977, S. 821

[6.16] Kohnke, V.: Versuche zur Optimierung der technologischen Verarbeitung von Weichweizensorten in Mälzerei und Brauerei. Dissertation D86, TU Berlin, FB 13 Lebensmittel- und Biotechnologie, 1986, S. 1–96

[6.17] Sacher, B., Narziss, L.: Rechnerische Auswertung von Kleinmälzungsversuchen mit Winterweizen unter besonderer Berücksichtigung der Ernte 1991–1992. Monatsschrift für Brauwissenschaft, Heft 12; S. 404

[6.18] Anonym: Die Verarbeitung von Weizenmalz. Brautechnik aktuell, Brauwelt 27, 1992, S. 1287

[6.19] Narziss, L., Kieninger, H.: Untersuchungen über die Mälzungs- und Braueigenschaften verschiedene Sommer- und Winterweizensorten der Ernte 1965–1966. Brauwissenschaft 19 (12), S. 47

[6.20] Mändl, B.: 171.Herstellung und Qualität von Weizenbieren. Der Weihenstephaner, 40 (3), 1972, S. 162, 164, 166, 170

[6.21] Morey, D.D., Evans, J.J.: Amino Acid Composition of six Grains and Winter wheat Forage. Cer. Chem. 60, 1983, S. 461

[6.22] Seibel, W. et al.: Warenkunde Getreide (Abb. 8.16). Agrimedia GmbH, Bergen Dumme, 2005, S. 156, Bildtafeln 22, 18

[6.23] Bolling, H., zitiert in: Oehmichen, J.: Pflanzenproduktion, Band 2, Produktionstechnik, Abb. 7.24. Paul Parey, Berlin-Hamburg, 1986, S. 276

[6.24] Geisler, Gerhard, 1980: Pflanzenbau. Ein Lehrbuch. Biologische Grundlagen und Technik der Pflanzenproduktion. 84, 259, 254, Paul Parey, Berlin-Hamburg, 1980

[6.25] Vollmer et al., zitiert in: Oehmichen, J.: Pflanzenproduktion, Band 2, Produktionstechnik. 241, 243, 244, 246, Paul Parey, Berlin-Hamburg, 1986

[6.26] Aufhammer, G., Fischbeck, G.: Getreide – Produktionstechnik und Verwertung. DLG-Verlags GmbH, Frankfurt a.M., 1973, S. 118, 139

[6.27] Vollmer, F. J., in: Oehmichen,J.: Pflanzenproduktion, Band 2, Produktionstechnik Weizen. Paul Parey, Berlin-Hamburg, 1986, S. 253–258

[6.28] Geisler, G.: Ertragsphysiologie 59, Paul Parey, Berlin-Hamburg

[6.29] Ruhr Stickstoff: Faustzahlen für Landwirtschaft und Gartenbau, zitiert in: F. J. Vollmer in Oehmichen, J.: Pflanzennproduktion, Band 2, Produktionstechnik.1986, S. 265

[6.30] Zoschke, M., zitiert in: Buchner, A., Sturm H.: Gezielter düngen. Verlagsunion Agrar; DLG-Verlag, Frankfurt a.M., 1980, S. 171

[6.31] Gößner, K., Götz, R., Hahn, K.-A.. Krüger, B., Schütze, K., Wölfel, S.: Hinweise zum Pflanzenschutz im Ackerbau. Schriftenreihe Landwirtschaft und Landespflege in Thüringen, Thüringer Landesamt für Landwirtschaft, Heft 2, 2009, S. 19–48

[6.32] Untersuchungen zu Gushing am VLB Forschungsinstitut für Rohstoffe, 2009, Foto: Olaf Hendel, VLB

[6.33] Hermandez, M.C., Sacher, B., Back, W.: Untersuchungen zur Fusarium-Problematik bei Brauweizen. Brauwelt Nr. 35; 2000, S. 1385

Abb. 7.1: Roggenbestand und Körner [7.18]

7. Roggen *(Secale cereale)*

7.1 Allgemeines

Allgemeine Ausführungen zum Roggen sind in den Kapiteln 3 und 4 zu finden. In dem folgenden Teil geht es im Wesentlichen um vertiefende ökologische, landwirtschaftliche und technologische Eigenheiten des Roggens, die für die Verwertung von Bedeutung sind [7.1–7.6]. Aus der Urheimat im Vorderen Orient ist Roggen gemeinsam mit dem Weizen und der Gerste schon 1000 Jahre v. Chr. nach Nordwesten in die raueren Klimaräume entlang der nordeuropäischen Küsten und Nordasiens gewandert. Dort konnte sich Roggen auf den sandigen, mageren Böden als eigenständige, anspruchslose Getreideart entwickeln. Roggen hat sich in dieser Region, wo kein anderes Brotgetreide mehr wachsen kann, als Grundnahrungsmittel etabliert. Nach Aufhammer et al. [7.3] bezeichnet Plinius den Roggen als minderwertigen Secale, der jedoch zum Hungerstillen gut geeignet ist. Andererseits betrachtet ihn Thaer als „wohltätiges Geschenk Gottes". Zwar nimmt Roggen in den raueren Klimalagen eine wichtige Rolle als Brotgetreide ein. Dennoch spielt er im Weltmaßstab nur eine untergeordnete Rolle. Von der weltweiten Getreidefläche werden nur 2 bis 3 % mit Roggen bestellt. Nach Seibel et al. [7.2] benötigt Deutschland ca. 1 Mio. t Roggen für die Brotherstellung, ca. 2,5 Mio. t werden verfüttert und kleine Mengen zu Branntwein verarbeitet. Roggenmalz wird nur für wenige Spezialbiere mitverwendet.

In Deutschland ist der Roggenanbau von 1998 bis 2006 von 936.000 ha auf 539.000 ha zurückgegangen, um seither wieder in 2009 auf 759.000 ha zu steigen [7.2]. Zwischen 2010 und 2011 hat sich der Roggenanbau bei etwa 620.000 ha eingependelt [7.4]. Als Getreideart der schlechteren Böden verfügt Roggen zwar über ein geringeres genetisches Ertragspotenzial als Weizen. Aber gerade unter den ärmeren Wachstumsbedingungen (Sandböden) wird Roggen von keiner anderen Getreideart in der Ertragsleistung übertroffen. Im Durchschnitt liegen die Erträge auf Roggenböden bei 4 bis 6 t/ha [7.4]. Auch Roggen hat zwittrige Blüten (beide Geschlechter in der gleichen Blüte). Dennoch ist Roggen ein Fremdbefruchter. Zur Zeit der Blüte ziehen ganze Wolken von Blütenstaub (männliche Geschlechtszellen) über die Bestände und befruchten den weiblichen Blütenteil glei-

Tab. 7.1: Roggen-Anbauflächen im Rye-Belt 2010/2011 nach KWS/Lochow [7.7]

Land	Roggenanbaufläche (1000 ha)	Land	Roggenanbaufläche (1000 ha)
Russland	1800	Tschechien	33
Polen	1430	Lettland	33
Deutschland	602	Schweden	25
Weißrussland	600	Slowakei	20
Ukraine	250	Finnland	14
Dänemark	50	Estland	14
Litauen	48	Norwegen	7
Österreich	46		

cher oder benachbarten Pflanzen. Nach KWS/Lochow [7.7] wird im Roggen-Anbaugürtel – von der norddeutschen Tiefebene bis zum Ural – gegenwärtig im Projekt „Rye Belt" versucht, auch durch Hybridzüchtung und Verbesserung der Anbautechnik Ertrag, Winterfestigkeit und Kornqualität weiter zu entwickeln. Nach Wilde [7.8] verliert zwar einerseits Roggen gegenüber dem Weizen an Bedeutung für die Brotherstellung. Die Nutzbarmachung des genetischen Potenzials für die Entwicklung von speziellen Lebensmitteln und Getränken sowie die Nutzung als nachwachsender Rohstoff für die Energieerzeugung sind hoffnungsvolle Ziele im Rahmen dieses Projektes. Die natürlich vorkommende Vielförmigkeit schließt nicht aus, durch entsprechende Züchtungsaktivitäten und Entwicklung moderner Anbauverfahren jährliche Ertragssteigerungen von 1,2 dt/ha zu erreichen [7.7]. Die Anbaustatistik (Tab. 7.1) zeigt, dass dafür besonders in Russland, Polen, Deutschland und Weißrussland große Reserven ruhen.

7.2 Systematik

In den Heimatgebieten des Roggens finden sich fließend alle Übergänge vom Wildgrasroggen bis zum Kulturroggen (Abb. 7.2), insbesondere auch Formen mit den bevorzugten hellen, gelben, aber auch bis dunkel-graugrünen Körnern. Die Letzteren sind nach Aufhammer et al. [7.3] für die Verarbeitung zu Lebensmitteln weniger erwünscht. Schiemann schuf die in Tabelle 7.2 aufgeführte Systematik der Gattung Secale

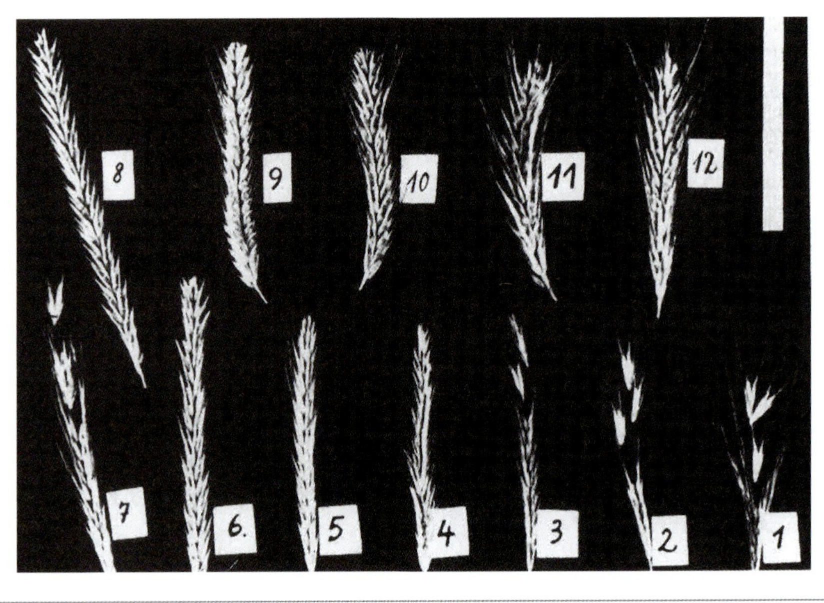

Abb. 7.2: Ährenmuster von Wild- und Kulturroggen nach Plarre [7.1, 7.5]

Tab. 7.2: Systematik der Gattung Secale nach Schiemann [7.3, 7.5]

1. *Sectio Agrestes*	1.1. *Secale sylvestre*	1-jährig	brüchig	wild
	1.2. *Secale montanum*	perennierend	brüchig	wild u. Unkraut
	1.3. *Secale afrikanum*	perennierend	brüchig	wild
2. *Sectio Cerealia*	2.1. *Secale ancestrale*	1-jährig	brüchig	
	2.2. *Secale cereale*	1-jährig	zähspindelig	wild
	2.3. *Secale cereale*	1-jährig	zähspindelig	Unkraut im Weizen
				Kulturroggen

[7.3, 7.5]. Die Roggen aus der Sectio 2 können als Ursprungsformen unserer heutigen Kulturroggen angesehen werden. Diploide Roggen haben 2 n = 14 Chromosomen und sind miteinander kreuzbar. Mit einer künstlichen Verdoppelung des Chromosomensatzes durch Behandlung mit Colchizin (Gift der Herbstzeitlose) können leistungsstarke Tetraroggen mit 4 n = 28 Chromosomen hergestellt werden. Die meisten Roggensorten sind winterharte Winterformen. Nur ca. 2 % der Welt-Roggenernte entstammen Sommerformen. Diese werden unter sehr extremen, kalten Klimabedingungen noch dort im Frühjahr angebaut, wo kein anderes Getreide mehr wächst. Entsprechend niedriger sind die Erträge und auch die Korngrößen.

Nach Plarre [7.1] werden in der Roggenzüchtung heute drei Verfahren angewendet [7.1, 7.9]:

1. **Populationszüchtung:** Beim fremdbefruchtenden Roggen wird in diesem Falle keine Bestäubungslenkung vorgenommen. Es kommt ausschließlich zur Zufallspaarung.
   1.1. Die Züchtung offen bestäubter Sorten wird aus einer genetisch breiten Züchtungspopulation entwickelt und erhalten. (P = Populationssorten)
   1.2. Die Züchtung synthetischer Sorten wird aus gezielt selektierten, genetisch reproduzierbaren Erbkomponenten aufgebaut. (S = synthetische Sorten)
2. **Hybridzüchtung:** Es werden aus zwei genetisch unterschiedlichen Formenkreisen durch wiederholte Selbstbefruchtung Inzuchtlinien erstellt. Nach Testkreuzungen werden die geeigneten Inzuchtlinien miteinander gekreuzt. So entstehen die Hybridsorten, welche über den sogenannten Heterosiseffekt Ertragssteigerungen bis zu +18 % gegenüber den Populationssorten erbringen (H = Hybridsorten).

Auch bei den Populationssorten sind durch gezielte Selektionen leistungsstarker Familien jährliche Ertragsfortschritte von ca. 1 dt/ha möglich. Offen bestäubende und auch synthetische Sorten haben in etwa das gleiche Ertragsniveau. Wirtschaftlich von Bedeutung ist, dass Hybridsaatgut jedes Jahr neu zugekauft werden muss, da der Heterosiseffekt in der Folgegeneration wieder verloren geht und die Heterogenität des Erntegutes zunimmt. Es ist darüber hinaus noch anzumerken, dass aufgrund ihres veränderten Blühverhaltens die Körner von Hybridsorten häufiger von dem giftigen Mutterkornpilz (*Claviceps purpurea*) kontaminiert werden können.

Trotz alledem dominieren heute die Hybridsorten im Markt. Aufgrund des geringen Bedarfes von Roggen für die Bierherstellung und infolge des ungewöhnlich starken Umwelteinflusses auf die Qualitätsparameter existiert keine spezielle Züchtung auf Mälzungs- und Brauqualität. Stark wüchsige Sorten werden gelegentlich auch als Grünfutterroggen-Winterzwischenfrucht im zeitigen Frühjahr genutzt. Der nachfolgende Mais findet dann ab Mai noch gute Wachstumsbedingungen. Auch als nachwachsender Rohstoff für die Silagebereitung zur Biogasgewinnung haben starkwüchsige Roggensorten eine zunehmende Bedeutung.

7.3 Nährwert und Backqualität von Winterroggen [7.1, 7.2, 7.10]

Plarre unterscheidet zwischen Nähr-, Mahl- und Backwert.

7.3.1 Nährwert

Nach Seibel und Steller [7.2] unterscheidet sich Roggen in der chemischen Zusammensetzung nur unwesentlich von anderen Getreidearten. Der Proteingehalt des Roggens liegt unter dem des Weizens. Dafür aber ist die biologische Wertigkeit des Roggen-Proteins höher. Polyploide Sorten enthalten 1 bis 3 % mehr Protein. Roggen hat etwas weniger Fett als Weizen. Die Gehalte an Kohlehydraten liegen beim Weizen höher als beim Roggen. Sie bestehen primär aus Stärke. Roggen enthält wesentlich mehr Ballaststoffe, denen eine Verbesserung der Darmtätigkeit zukommt. Es ist darüber hinaus beim Roggen auf die höheren Gehalte an Calcium und Eisen hinzuweisen (Tab. 7.3). Große züchterische Anstrengungen zur Verbesserung der Nährwertqualität wurden seither nicht unternommen. Gründe dafür sind die Tendenzen zum Rückgang der Roggenerzeugung.

7.3.2 Mahl- und Backwert

Witterungseinflüsse während der Reife und Ernte können den Mahl- und Backwert nachhaltig verändern und damit die genetischen Sorteneinflüsse beim Roggen stärker überlagern. Die intensiven enzymatischen Aktivitäten des Roggens fördern bei feuchter Witterung in der Reifephase den Auswuchs auf dem Feld. Die Enzymaktivitäten bei feuchter Witterung vor der Ernte können so weit gehen, dass große Partien für die Herstellung von Lebensmitteln nicht mehr zu verwenden sind. Es bleibt dann nur noch die Nutzung als Futtergetreide. Zur Erhaltung der Backqualität ist es deshalb sinnvoll, den Roggen eher etwas früher zu ernten. Ein gut mahlfähiges Roggenkorn soll vollbauchig sein und eine flache Bauchfurche besitzen. Langen Körnern drohen Druschverletzungen, zu kurze Körner dagegen fallen leichter auf dem Felde aus. Der Kompromiss liegt im Zuchtziel nach großen, mittellangen Körnern mit hohem TKG. Sorten, die zu Schrumpfkornbildung neigen, verschlechtern die Mehlausbeute. Seibel und Steller [7.2] berichten über weitere Qualitätskriterien, die auch physikalische Parameter mit einbeziehen. Schleimstoffe, Pentosane und Proteine übernehmen beim Roggen die Funktion der Quellstoffe, die beim Weizen von den Kleberproteinen und den Pentosanen wahrgenommen werden. Die hohe Wasserbindung des Roggens hält auch das Roggengebäck länger frisch. Beim Roggen verläuft die Stärkeverkleisterung früher bei niedrigeren Temperaturen ab. Das ist auch ein Zeichen für die sehr hohe enzymatische Aktivität, die sich in der stärkeren Auswuchsneigung widerspiegelt. Der

Tab. 7.3: Nährstoffgehalt von Roggen und Weizen (je 100 g verzehrbarer Menge) nach Seibel und Steller [7.2]

+ = keine Werte vorhanden

		Roggen, ganzes Korn	Weizen, ganzes Korn	Roggenmehl T 1150	Weizenmehl T 1200	Roggenmischbrot	Weizenmischbrot	Roggenvollkornbrot	Weizenvollkornbrot
Energie	kJ	1126	1291	1255	1384	1005	1018	935	930
	kcal	269	309	300	331	240	243	223	222
Eiweiß	g	8,7	11,5	9,0	12,3	7,0	7,5	6,8	7,2
Fett	g	1,7	2,0	1,3	2,2	1,4	1,5	1,2	1,2
Kohlenhydrate	g	53,5	59,4	61,8	63,7	49,0	49,0	45,5	44,9
B1 (Thiamin)	mg	0,35	0,48	0,22	0,35	0,17	0,14	0,18	0,25
B6 (Pyridoxin)	mg	0,29	0,44	+	0,33	0,12	0,09	+	0,36
Folsäure	mg	0,04	0,05	+	0,02	+	+	+	0,06
Calcium	mg	64	44	20	17	23	17	43	63
Eisen	mg	4,6	3,3	2,4	2,8	2,4	1,7	3,3	2,0

Tab. 7.4: Qualitative und quantitative Unterschiede der Korninhaltsstoffe des Weizens und Roggens nach Seibel [7.10]

	Weizen	**Roggen**
Quellstoffe	Kleber	Schleimstoffe
	Protein	Pentosan
	7–13 %	7–9 %
	Pentosan	Protein
	6–7 %	7–13 %
Wasserbindung der Quellstoffe	≡ 2-fach	≡ 6–8-fach
lösliche Stoffe	wenig	viel
	7–9 %	13–16 %
Stärke	später	früher
Verkleisterung	60–88 °C	56–68 °C
enzymatische Angreifbarkeit	klein	groß
Auswuchsgefährdung	vorhanden	groß
Ausmahlung	T.550	T.1150
Verarbeitung	schwach sauer	sauer

höhere Ausmahlungsgrad spricht auch für die dunkleren Mehlfarben [7.9] (Tab. 7.4).
Wesentliche Back-Qualitätsparameter sind nach den Kriterien des Bundessortenamtes [7.4] die folgenden Eigenschaften:

1. Fallzahl
Diese beschreibt die Viskosität eines Stärkegels.
In der relativen Bewertung 1 bis 9 liegen die Fallzahlen in folgenden Bereichen:
Note 1 ≤ 46,6, Note 9 ≥ 135,7
Hohe Werte werden bevorzugt.

2. Rohproteingehalt
Bei der Bewertung des Rohproteins entscheidet der Verwendungszweck.
Futterroggen verlangt hohe Werte.
Ansteigende Proteingehalte erhöhen aber beim Brotroggen die Kornviskosität und vermindern die Mehlausbeute.
Beim Vollkornbrot spielt die Höhe des Proteingehaltes keine Rolle.

3. Amylogrammwerte
Diese besonders wichtigen Kriterien erfassen die Verkleisterungseigenschaften der Stärke und damit das Backverhalten des Roggens.

Nach der Beschreibung des Bundessortenamtes ergibt sich die folgende Bewertung:
„Eine niedrige Viskosität und Temperatur im Verkleisterungsmaximum sind die Folge einer hohen α-Amylasenaktivität und deuten auf eine unelastische Krume und insgesamt ein schlechtes Backverhalten hin“.
Dabei sollte beim Roggen die Temperatur die wichtigere Aussage ergeben.

7.4 Mälzungs- und Brauqualität

Briggs [7.11] berichtet, dass in Großbritannien nur wenig Roggenmalz für die Bierherstellung Verwendung findet. Das trifft auch grundsätzlich für andere Länder zu. Roggenwürzen ließen sich nur langsamer separieren und die Biere waren weniger trübungsstabil. Die Extrakte aus Roggenmalzen waren trotzdem hoch. Das große Potenzial an Stärke abbauenden Enzymen macht dagegen Roggenmalze interessant als Enzymträger für die Verwendung in der Brennerei [7.11]. Im Vergleich zu Weizen und Gerste hat der Roggen deutlich kleinere Körner. Auch aufgrund der Fremdbefruchtung ist das Erntegut in Farbe und Größe sehr unterschiedlich [7.3].
Nach Narziß et al. [7.12] verlangt der spelzenfreie Roggen auch infolge der genannten Eigen-

Abb. 7.3: Heterosis für Kornmenge und -größe bei Roggen. Körner von je 10 Ähren zweier Inzuchtlinien (A, B) und deren Kreuzung (A x B) nach Seibel und Steller [7.2]

schaften eine erhöhte Aufmerksamkeit beim Mälzen. Die Wasseraufnahme beim Weichen erfolgt schneller als bei anderen Getreidearten. Die Kleinkörnigkeit führt zu einer dichteren Struktur des Keimgutes. Die größere Anzahl Keimlinge/Raumeinheit führt zu einer intensiveren Atmung und Erwärmung.

Das Fehlen der Spelzen hat – analog zum Weizen – zur Folge, dass sich der Blattkeim beim Mälzen ungehindert voll entfalten kann. Bei der bespelzten Gerste dagegen zwängt sich der Blattkeim langsamer zwischen Spelze und Epidermis durch. Er wird so in seiner Entfaltung stark gehemmt und bleibt kleiner. Bei Roggen und Weizen dagegen führt das ungehemmte Wachstum während des Mälzens zu höherem Schwand. Es besteht darüber hinaus die Gefahr von Keimlingsverletzungen beim Wenden. In der Folge kann dann verstärkter Schimmelbefall auftreten. Das sind weitere Gründe für die Forderung nach besonderer Sorgfalt im Mälzungsprozess. Beim Roggenmalz streuen die Qualitätskriterien in weiten Grenzen. Briggs [7.11] berichtet über mögliche Extraktausbeuten von mehr als 91 %. Nach Narziß et al. [7.12] gelangen vom Roggenmalz ganz erhebliche Mengen an gelösten N-Verbindungen in die Würze.

Nach Kunze [7.13] lässt sich Roggen infolge hoher Pentosangehalte schwer vermälzen. Die Viskositäten bleiben bei 3,8 bis 4,2 mPas 8,6 % (Gerstenmalz ca. 1,5 mPas 8,6 %) (Tab. 7.5). Der Autor empfiehlt Weichgrade unter 40 % bei Weich-Keimzeiten von ca. 7 Tagen. Intensives Abdarren kann zu einem brotkrustenartigen Biergeschmack führen.

Narziss et al. [7.12] versuchten in einer Tennen-Kleinmälzungsanlage an 15 Roggenpartien die Kleinmälzungsparameter für Roggen zu optimieren. Ein erstes Ziel dabei waren Weichgrade um 43 % zu erreichen. Die Keimzeiten betrugen 5 bzw. 7 Tage (Abb. 7.4). Es wurde mit steigenden Temperaturen im Bereich von 12 °C bis 17 °C gearbeitet. Nach 12 h Schwelken bei 50 °C wurde nach kurzem Aufheizen bis 70 °C dann über 4,5 h bei 84 °C abgedarrt. Daraus ergaben sich die in Tabelle 7.5 aufgeführten Analysendaten.

Zwischen den 15 Roggenmalzen traten extreme Streuungen auf, die in diesen Dimensionen von Gerstenmalzen nicht zu erwarten sind. Zwischen den Keimzeitvarianten 5 und 7 Tage halten sich die Unterschiede in Grenzen. Sie stehen in keinem Verhältnis zu dem zusätzlichen Mälzungsaufwand. Beim Extrakt werden die hohen Werte, die Briggs fand [7.11], bestätigt. Bei der Roggenmälzung verläuft der Zellwandabbau etwas intensiver als bei der Gerste, wie die Extrakt-Differenzen erkennen lassen. Die Extrakt-Differenzen und die Viskositäten stehen sich zwischen Roggen- und Gerstenmalzen widersprüchlich gegenüber. Damit wird die Bewertung der Lösung des Zellwandkomplexes beim Roggenmalz erschwert. Gravierend ist der Unterschied bei der Lösung des Proteinkomplexes zu bewerten. Beim Roggenmalz

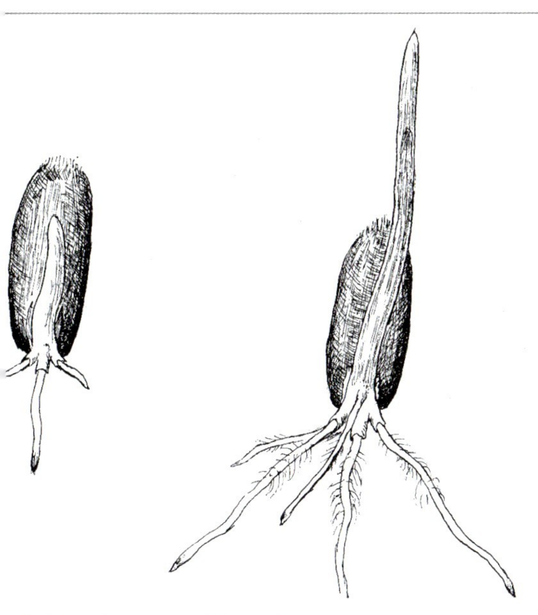

Abb. 7.4: Keimende Roggenkörner
Links am 5, Tag, rechts am 10. Tag [7.5]

verläuft die Proteolyse extrem intensiv, wie die Kolbachzahlen erkennen lassen. Roggenmalze verfügen in der Regel auch über eine höhere Diastatische Aktivität als Gerstenmalze. Sie eignen sich auch deshalb – wie bereits erwähnt – als Enzymträger in der Brennerei. Die wesentlich dunkleren Würzefarben beim Roggenmalz schlagen bis zum Bier durch. Roggenmalze eignen sich deshalb eher für die Herstellung von dunklen Bieren. Die großen Mengen an Eiweißverbindungen (Tab. 7.5), die hohen Gehalte an Quellstoffen und die damit in Zusammenhang stehenden hohen Viskositäten auch in Verbindung mit den dunkleren, rötlichen Farben begrenzen die Verwendung von Roggenmalzen in der Brauerei.

In einer weiteren Arbeit von Narziß et al. [7.14]) wurden vier Roggensorten aus unterschiedlichen Herkünften besonders unter dem Aspekt der Entwicklung hoher Enzymaktivitäten in umfangreichen Kleinmälzungsversuchen geprüft. Es wurde deshalb auch nur bei 50 °C bis 65 °C getrocknet. Maximale Weichgrade von 43 %, 7 Tage Keimzeit und 15 °C Keimtemperatur erwiesen sich bei dem genannten Ziel nach hoher enzymatischer Kraft als vorteilhaft. Der Einsatz von Gibberrelinsäure (0,06 mg/kg) konnte nur die Amylasen etwas fördern. Auf Grund der vorliegenden Resultate könnte eine Verkürzung der Keimzeit um einen Tag möglich sein. Erwartungsgemäß wurde der Einfluss der Sorten durch die Umweltfaktoren (Witterung, Standort) überlagert.

Taylor [7.15] geht davon aus, dass bei maximal 30 % Roggenmalz an der Schüttung die Grenze der akzeptierbaren Verarbeitbarkeit in der Brauerei erreicht ist. Um die Farbe zu verbessern, sollte weniger intensiv abgedarrt werden. Das Aroma des Bieres, welches unter Mitverwendung von Roggenmalz entwickelt

Tab. 7.5: Analysenwerte der Roggenmalze nach 5 und 7 Keimtagen nach Narziß et al. [7.12] im Vergleich zu Malz aus Sommergerste nach Kunze [7.13]

Roggenmalz Keimzeit *(nach Narziß et al.)*	**5 Tage n = 15**	**7 Tage n = 15**	**Streuung bei 5 Tagen**	**Gerstenmalz** *(nach Kunze)*
Rohprotein % Roggen	11,1	11,1	8,4 – 15,3	
Rohprotein % Roggenmalz	10,0	10,1	7,0 – 12,7	< 10,8
Extrakt % TrS	89,9	89,4	87 – 91	> 80
Extrakt-Differenz %	0,6	0,4	0 – 1,4	1,2 – 1,8
Viskosität mPas	4,0		3,8 – 4,2	< 1,55
N Würze mg/100 g Malz	1018	1023	637 – 1470	> 650
Kolbachzahl	64	63	59 – 67	38 – 42
VZ 45 C %	55	59	47 – 68	37 – 41
Verzuckerungszeit min	6 – 11	0 – 3	0 – 15	(5 – 10)
Diastatische Kraft WK	130	315	209 – 437	(> 250)
Würzefarbe EBC	10,5	8,3	7,5 – 12,0	< 3,4

wurde, war recht intensiv. Es harmonierte gut mit dem der Biere aus dunklem Malz. Roggenbier brachte einen guten Schaum. Als Folge der hohen Viskosität führte die Filtration der Roggenbiere zu Schwierigkeiten. Demgegenüber waren Schaum- und Aromastabilität gut [7.15]. Lindner [7.16] berichtet auch über die Notwendigkeit einer der hohen Viskosität angepassten Maisch- und Läuterarbeit und über gewisse Schwierigkeiten bei der Verarbeitung. Geruch und Geschmack der Roggenbiere wurden jedoch recht positiv bewertet. Es wurden feine Noten aus Nelke, Banane und Stachelbeere gefunden. Mit den dargestellten Eigenschaften ist Roggenmalz für die Herstellung von speziellen Bieren mit feinen ausgewählten Aromanoten ein durchaus interessanter Rohstoff. Bei Mengen von bis zu 30 % an Roggenmalz sollte es möglich sein, technologische Verfahren beim Mälzen und Brauen so weiter zu entwickeln, dass die viskositätserhöhenden Komponenten (Quellstoffe) in Grenzen bleiben. Die dunklen Farben der Würzen und Biere bei Verwendung von Roggenmalzen dürften bei der Herstellung von Spezialbieren keine Rolle spielen. Für das Brauen von hellen Bieren sind Malze aus Roggen jedoch eher weniger geeignet.

7.5 Produktionstechnik

7.5.1 Anforderungen an Klima und Boden

In der einschlägigen landwirtschaftlichen Fachliteratur sind die Anforderungen des Roggens mehrfach umfassend beschrieben [7.3, 7.6]. Die notwendigen Ausführungen beziehen sich im Wesentlichen auf die angeführten Quellen. Wie bereits dargestellt, ist Roggen eine sehr anspruchslose Getreideart des gemäßigten, raueren Klimas, wie es in Mittel- und Nordeuropa vorliegt. Roggen wird aber auch noch in den Alpenländern bis auf Höhenlagen von 1800 m (Winterroggen) und 2000 m (Sommerroggen) kultiviert. Roggen benötigt für ein optimales Wachstum eine nur geringe Wärmesumme (Tagesdurchschnittstemperaturen x Tage) von 1800 °C und liegt damit um 400 °C niedriger als Weizen. Auch wiederholte Fröste um –25 °C ohne Schneebedeckung überlebt der Roggen. Er ist damit die kältewiderstandsfähigste Getreideart überhaupt. Dagegen sagen ihm die wärmeren südlicheren Lagen überhaupt nicht zu. Das gleiche gilt für stauende Nässe. Eine besondere Eigenschaft ist seine gute Bestockungsfähigkeit. Auch bei niedrigen Herbsttemperaturen und in milden Wintern wächst Roggen noch weiter. Gegen Frühjahrsfröste ist Roggen resistenter als Weizen. Das sehr intensive Wurzelwachstum schon ab Herbst und der frühe Abschluss der Vegetationszeit schützen vor Schäden durch Vorsommer-Dürre. Erwähnenswert ist die gute Anpassungsfähigkeit auch an extreme Vegetationsverhältnisse. Eine kühle April- und Mai-Witterung verbessert bei dem sonst sehr lageranfälligen Roggen die Standfestigkeit. Die Fremdbefruchtung verlangt zur Vermeidung von Schartigkeit und Taubährigkeit eher trockenes Wetter besonders in der Blütezeit (Pollenflug). Aus ökonomischer Sicht verbleiben dem Anbau des anspruchslosen Roggens nur die niederschlagsabhängigen ärmeren Sandböden, wie sie an den nordeuropäischen Küstenregionen großräumig zu finden sind. Auf solchen Grenzertragsböden und auch im Gebirge ist Roggen unter allen Getreidearten am leistungsfähigsten, am genügsamsten und am ertragssichersten.
Es wurde ebenfalls bereits darauf hingewiesen, dass Roggen unter allen Getreidearten die Species mit der besten Winterfestigkeit ist. Roggen reagiert auf Standortunterschiede nur in engen Grenzen. Problematisch ist allerdings die Auswuchsgefahr auf dem Halm im Feld in feuchten Erntejahren (hohe enzymatische Aktivität).

7.5.2 Stellung in der Fruchtfolge

Die Anforderungen des Roggens an seine Vorfrucht sind gering. Selbst ein permanenter Roggenanbau jedes Jahr auf demselben Feld ist möglich, wie der seit 1878 von J. Kühn in Halle/Saale laufende Roggen-Dauerversuch zeigt [7.6]. Trotzdem sind aber auch für den Roggen die verschiedenen Vorfrüchte für einen erfolgreichen Roggen-Nachbau von unterschiedlichem Wert. In den selten gewordenen Betrieben mit Getreideanteilen von nur 50 % gelten Kartoffeln, Mais, Körnerleguminosen und auch Ölfrüchte als gute Roggen-Vorfrüchte. Für die eher üblichen, normal wirtschaftenden Betriebe mit Getreideanteilen von 70 bis 80 % in der Fruchtfolge ist Roggenanbau nach Getreide nicht zu vermeiden. Als Vorfrüchte für Roggen kommen dann praktisch alle Getreidearten in Frage. Mit abnehmender Bodenqualität steigt auch für den Roggen der Wert der Vorfrucht.

7.5.3 Bodenbearbeitung und Pflege

Eine flache Bodenbearbeitung unmittelbar nach der Ernte der Vorfrucht (Stoppelsturz mit Pflug, Scheibenegge, Kultivatorkombinationen) hat das Ziel, den Wasserhaushalt des Bodens zu schonen, Unkräuter und Ausfallgetreide zu bekämpfen und Ernterückstände einzuarbeiten. Vor der Aussaat des Roggens wird dann die ca. 15 cm tiefe Saatfurche gezogen. Roggen verlangt für ein gleichmäßiges Ankeimen ein gut abgesetztes Saatbett. Dieser Zustand wird mit einer Pflug-Krumenpacker-Kombination in einem Arbeitsgang hergestellt. Nach dem Auflaufen der Saat kann im Herbst noch eine Unkraut-/Ungras-Bekämpfung erforderlich werden. Sofern der Befall durch Krankheiten und Schädlinge in Grenzen bleibt, bedarf es beim Roggen keiner weiteren Pflegemaßnahmen ab Frühjahr bis zur Ernte.

7.5.4 Saatgut und Sorten

Gerade bei dem Fremdbefruchter Roggen empfiehlt es sich, jedes Jahr neu zertifiziertes Saatgut zu verwenden. Das Erntegut daraus ist dann homogener. Bei Verwendung einer Hybridsorte ist der jährliche Saatgutwechsel ohnehin erforderlich. Eine Saatgutbeizung ist insbesondere gegen den Schneeschimmel (*Fusarium nivale*) notwendig. Im Vergleich zu Weizen und Gerste ist die Anzahl amtlich zugelassener Roggensorten – entsprechend seiner untergeordneten Bedeutung – relativ niedrig. In der Beschreibenden Sortenliste 2012 des Bundessortenamtes [7.4] sind beim Winterroggen zur Körnergewinnung 9 Populationssorten (P), 3 synthetische Sorten (S) und 23 Hybridsorten (H) zugelassen. Am weitesten verbreitet sind zur Zeit Dukato (P, 23 %), Brasetto (H, 15 %), Palazzo (H, 15 %), Minello (H, 10,6 %) und Conduct (P, 9,9 %). Diese fünf Sorten belegen 73 % der Winter-Roggen-Vermehrungsfläche. Weiterhin sind 7 besonders schnellwüchsige Winterroggensorten (P) für die Nutzung als Grünfutterpflanzen und 8 für Winterzwischenfrucht zugelassen. Der geringen Bedeutung entsprechend (niedrige Erträge, kleine Körner) enthält die Beschreibende Sortenliste nur die Sommerrogensorten Arantes und Orvid. Zur Zeit gibt es keine Roggensorte, die im Hinblick auf eine Verbesserung der Mälzungs- und Brauqualität gezüchtet wurde.

7.5.5 Saatmengen und Saatzeit

Je nach Anbaubedingungen schwanken in Extremfällen die Saatmengen zwischen 250 und 480 Körnern/m². Werden extreme Situationen ausgeschlossen, so liegt die Saatnorm bei 300 bis 350 Körnern/m². Das entspricht einer Saatmenge von 100 bis 120 kg/ha. Bei normalerweise 300 Körnern/m², einem TKG von 33 g und einer Keimfähigkeit von 95 %, liegt dann die Saatmenge bei 104 kg/ha. Je nach den klimatischen Gegebenheiten ist die günstigste Saatzeit in Mitteleuropa für Winterroggen zwischen dem 20. September und dem 15. Oktober. Unter diesen Bedingungen hat die auflaufende Roggensaat noch genügend Zeit, sich vor dem Winter ausreichend zu bestocken. Bei verspäteter Saat sind Saatmengenzuschläge um 10 % üblich. In rauen Höhenlagen werden bis zu 150 kg/ha verwendet. Sommerroggen benötigt infolge seiner geringen Bestockungsleistung um 20 % höhere Saatmengen.

7.5.6 Saattiefe und Reihenabstand

Roggen sollte in trockenen Boden eingesät werden. Als Flachkeimer ist eine Saattiefe von nicht mehr als 2 bis 3 cm zu wählen. Für eine gleichmäßig flache Ablage der Samen ist besonders auf Sandböden bei der Saatfurche eine Gerätekombination mit dem Krumenpacker hilfreich. Damit wird die Voraussetzung für eine flache Ablage der Samen erreicht. Mit zunehmender Saattiefe verschlechtern sich die Erträge, weil zu viel Energie für das Keimlingswachstum im Boden verloren geht. Durch enge Reihenentfernungen und weite Kornabstände in der Reihe werden optimale Standraumverhältnisse für hohe Erträge geschaffen. Galten in der Vergangenheit als untere technisch erreichbare Grenze Reihenabstände von 16 bis 18 cm, so erlaubt heute die moderne Saattechnik Reihenabstände bis in den Bereich von 10 cm. Analog zu Weizen und Gerste wird auch beim Roggen die Anlage von pflanzenfreien Fahrspuren für nachfolgende präzise Düngungs- und Pflanzenschutzmaßnahmen empfohlen.

7.5.7 Düngung

Grundlagen der Düngung sind am Beispiel der Braugerste im Kapitel 5.5.1.8. abgehandelt. Es werden an dieser Stelle nur einige spezielle Gegebenheiten, die den Roggen betreffen noch zusätzlich angeführt. Mit Ausnahme der Einbringung von Stroh aus der Vorfrucht kommen eigentlich bei der Roggenkultur nur Maßnahmen der Mineraldüngung in Frage. Aufgrund der sehr intensiven Bewurzelung und des hohen Nährstoff-Aneignungsvermögens ist der Roggen die Getreideart mit den geringsten Düngungsansprüchen. Bei Kornerträgen von 5 t/ha entzieht der Roggen dem Boden (Korn und Stroh) die folgenden Mengen an Hauptnährstoffen: 100 bis 120 kg/ha N, 30 bis 90 kg/ha P_2O_5, 80 bis 180 kg/ha K_2O, 25 bis 60 kg/ha CaO, 10 bis 30 kg/ha MgO. Unter Berücksichtigung von Nährstoffverlusten und Luxuskonsum ergeben sich daraus die folgenden höheren Düngergaben: Im Herbst erhält der Roggen in der Regel keinen N-Dünger, um ein zu üppiges Wachstum vor dem Winter in Grenzen zu halten. Zu starke Bestände vor dem Winter können sonst durch Sauerstoffmangel und Pilzbefall unter der Schneedecke stark dezimiert werden. Vom zeitigen Frühjahr bis zum Vorsommer werden bis zu 3 Teilgaben von insgesamt 120 bis 180 kg/ha N verabreicht. 75 bis 100 kg/ha P_2O_5, 100 bis 150 kg/ha K_2O und 40 bis 80 kg/ha MgO werden normalerweise im Herbst vor der Saat gedüngt. Da Roggen eine schwach sauere Bodenreaktion bevorzugt, ist in der Regel eine Kalkdüngung nicht erforderlich.

7.5.8 Wasserversorgung, Bewässerung und Beregnung

Roggen gehört zu den Pflanzen mit niedrigen Wasseransprüchen. Zur Erzeugung von 1 kg Trockensubstanz werden nur 400 bis 500 l Wasser benötigt (Weichweizen = 500 bis 600 l). Bei angemessener Verteilung sind 500 mm Jahresniederschlag auf mittleren Roggenböden für eine normale Ernte ausreichend.

7.5.9 Wachstumsregulatoren

Die langen Roggenhalme sind im intensiveren Roggenanbau auf den etwas besseren Böden besonders empfindlich gegen Lager auf dem Feld. Dies gilt speziell dann, wenn durch eine etwas intensivere Düngung die 6 t-Ertragsgrenze angestrebt wird und gute Kornqualitäten erreicht werden sollen. Roggen reagiert positiv mit Halmverkürzung durch Spritzung von Wachstumsregulatoren. Dadurch verbessert sich die Standfestigkeit nachhaltig. Es werden Camposan, Cycocel 720, Metax Top+Turbo oder Moddus eingesetzt. Details über Mengen und Anwendungstermine sind den Gebrauchsanleitungen zu entnehmen.

7.5.10 Pflanzenschutz

Der recht robuste Roggen ist vergleichsweise weniger anfällig gegen Krankheiten und Schädlinge. Im Normalfall genügt eine Spritzung gegen Unkräuter und Ungräser, die noch im Herbst vorgenommen wird. Eine Saatgutbeizung gegen Schneeschimmel ist dringend geboten. Weitergehende Maßnahmen sind zwar möglich [7.17], in normalen Befallsjahren im Allgemeinen aber beim Roggen nicht erforderlich.

Literatur zu Kapitel 7

[7.1] Plarre, W.: Lehrbuch der Züchtung landwirtschaftlicher Kulturpflanzen, Band 2. Paul Parey Berlin u. Hamburg, S. 137–151, 1985

[7.2] Seibel zitiert in: Seibel, W., Steller, W.: Roggen Anbau, Verarbeitung, Markt. Behr´s Verlag, Hamburg, S. 209–226, 1988

[7.3] Aufhammer, G., Fischbeck, G.: Getreide Produktionstechnik und Verwertung. Gemeinschaftsverlag DLG-Verlag, Frankfurt Main, S.155–208, 1973

[7.4] Bundessortenamt: Beschreibende Sortenliste. 2010–2012

[7.5] Schiemann, E. zitiert in: [7.3], S. 157–158, 1948

[7.6] Oehmichen, J. u. Wetzel, M.: Pflanzenproduktion Band 2, S. 308–332, 1986

[7.7] KWS/Lochow, zitiert in: www.rybelt.com, 2013

[7.8] Wilde, P., zitiert in: Agrarzeitung 21, 2, 25.5.2012

[7.9] Geiger, H. H., zitiert in: Seibel,W., Steller: Roggen, Anbau, Verarbeitung, Markt. Behr's Verlag, Hamburg, 1988

[7.10] Seibel, W.: Warenkunde Getreide. Agrimedia, Bergen Dumme, S. 175–183, 1988

[7.11] Briggs, D.E.: Blackie Academic and Professional Rye malts. Malts and Malting Dept. of Biochemistry University of Birmingham, S. 1998, 1988

[7.12] Narziß, L. Kieninger, H., Sailer, Hj.: Brauwissenschaft, 18, 10, 390–398, 1965

[7.13] Kunze, W.: Technologie Brauer und Mälzer. 8. Auflage, VLB Berlin, S. 178–179, 1998

[7.14] Narziß, L., Hunkel, L.: Brauwissenschaft Jg. 21, 3, 96–106, 1968

[7.15] Taylor, D.G.: Ferment, Dec/Jan 18, 1999/2000

[7.16] Lindner, J.: Brauwelt, 23, 684–688, 2010

[7.17] Gößner, K., Gölz, R. Hahn, K.A., Krüber, B., Schütze, K., Wölfel, S.: Hinweise zum Pflanzenschutz im Ackerbau. Thüringer Landesanstalt für Landwirtschaft, S. 9–57, 2009

[7.18] Foto: Hendel, VLB Berlin

Abb. 8.1: Triticale [8.25]

8. Triticale *(Triticale species x Secale cereale)*

8.1 Allgemeines

Triticale ist ein auf dem Wege der gezielten klassischen Züchtung entstandener Gattungsbastard aus einer Kreuzung von Weizen und Roggen (Abb. 8.1). Münzing [8.1] berichtet, dass nach der Entdeckung natürlicher Weizen-Roggenbastarde durch Wilson im Jahr 1875 die züchterische Bearbeitung begann. Nach Rath et al. [8.2] gelang es Rimpau 1888 [8.5] durch Kreuzung von Weizen (*Triticum aestivum*) x Roggen (*Secale cereale*) teilweise fertile Bastarde herzustellen. Nachdem wesentliche Mängel in den jungen Generationen behoben worden waren (niedrige Erträge, Langstrohigkeit, Lager im Feld, Schrumpfkornbildung, geringe Fertilität, Anfälligkeit für Mutterkornpilze), wurden gerade in den vergangenen Jahrzehnten leistungsstarke, widerstandsfähige Sorten entwickelt. Dank seiner relativen Anspruchslosigkeit, Leistungsfähigkeit und Qualität erfreut sich heute Triticale einer ständig zunehmenden Beliebtheit in der Landwirtschaft. Der Name resultiert jeweils aus Teilen der beiden Eltern. Weizen = *Triticum*; Roggen = *Secale cereale*, daraus ergibt sich das Kunstwort „*Triti-cale*". Bei dieser Kreuzung dient Weizen als weibliche Pflanze, Roggen als männliche. Sofern dagegen Roggen als weibliche Pflanze Verwendung findet, heißt die Kreuzung „*Secalotrica*". Dieses Getreide ist allerdings wirtschaftlich weniger erfolgreich.

Die Hauptanbauländer für Triticale sind heute China, Polen, Deutschland, Frankreich, Australien und Ungarn sowie Russland und die USA. Allein in Deutschland hat sich die Anbaufläche nach der Beschreibenden Sortenliste [8.3] von 1992 bis 2011 von 170.000 ha auf 383.000 ha ausgedehnt. Aufgrund des hohen Proteingehaltes

Abb. 8.2: Ähren von Weizen (A), Roggen (B) und Triticale (C/D) nach Krolow [8.4]

und des beachtlichen Lysinanteils eignet sich nach Korlow [8.4] Triticale sehr gut als Futtergetreide. Vorhandene Mängel bei den müllerei- und backtechnologischen Eigenschaften (Schrumpfkornanteil, tiefe und lange Bauchfurche, Klebermenge und Kleberqualität) stehen nach Rath et al. [8.2] der Verwendung zu Backwaren noch entgegen. Triticale wird aber auch erfolgreich als Rohstoff für die Alkoholgewinnung und zur Produktion von Biomasse eingesetzt. Die enorme Formenmannigfaltigkeit bietet große Chancen, die Verwertungsmöglichkeiten zu erweitern. Damit entstehen auch Chancen, um Triticale als Getreide für die Herstellung von Malz und Bier zu nutzen.

8.2 Entwicklung geeigneter Genotypen

Sowohl die spontan sich gebildeten Weizen-Roggenbastarde als auch die ersten künstlichen Kreuzungen waren steril. Es wurde bereits eingangs erwähnt, dass erst Rimpau [8.5] mit den teilfertilen Typen die Basis für die Triticale-Reproduktion schuf. Schließlich gelang es Müntzing [8.1, 8.2] Ende der 1930er Jahre mit Hilfe von Colchizinbehandlungen durch Verdoppelung des Chromosomensatzes, fertile Triticale zu erzeugen und Saatgut zu gewinnen. Nach Art der Herstellung trennt Müntzing primäre von sekundären Triticale [8.1–8.4]. Diese unterscheiden sich voneinander, wie in Tabelle 8.1 dargestellt. Die heute zugelassenen Triticalesorten sind alle sekundäre Triticale. Sie sind gekennzeichnet durch verbesserte Kornausbildung, höhere Fertilität und bessere Erträge bei höherer Ertragssicherheit [8.6, 8.7]. 1968 wurde die erste Triticalesorte in Ungarn zugelassen. Weltweit wurden nun Triticale-Zuchtprogramme aufgelegt. Besonders zu erwähnen sind die von Rath et al. [8.2] zitierten erfolgreichen polnischen Züchtungsarbeiten von Wolsky. Die 1982 zugelassene Sorte Lasko erzielte weltweit große Anbauerfolge. Analog zum Roggen gibt es auch beim Triticale Winter- und Sommerformen. Die Winterformen überwiegen. Wenn auch nicht alle positiven Eigenschaften von Roggen und Weizen in Triticale vereint werden konnten, so ist doch die erreichte Kombinationsleistung beachtlich. Triticale hat vom Roggen die bessere Anpassungsfähigkeit, die Anbauwürdigkeit auch auf etwas ärmeren Böden, die bessere Krankheitsresistenz und die Kältefestigkeit. Vom Weizen stammt das höhere Ertragspotenzial, die bessere Standfestigkeit im Feld, die etwas geringere Auswuchsneigung und der höhere Proteingehalt. Triticale wird zwar als Selbstbefruchter beschrieben, er zeigt aber eine hohe Fremdbefruchtungsrate.

8.3 Inhaltsstoffe und Qualität

Im Kapitel 3.2 bis 3.6 sind die Inhaltsstoffe aller Getreidearten gegenübergestellt. Im hier vorliegenden Kapitel 8.3 wird nur noch auf einige spezifische Unterschiede zu den Ausgangseltern Weizen und Roggen hingewiesen (Abb. 8.2, Tab. 8.2).

Tab. 8.1: Schema zur Trennung von Triticale nach Münzing [8.1]

Primäre Triticale
Diese stammen aus 1. Kreuzungen von hexaploiden *Triticum aestivum* (Brotweizen) mit diploidem Roggen *Secale cereale* zu oktoploidem Triticale 2. Kreuzungen von tetraploidem *Triticum durum* (Hartweizen) mit diploidem Roggen *Secale cereale* zu hexaploidem Triticale
Sekundäre Triticale
Diese stammen aus 1. Kreuzungen aus Triticalestämmen unterschiedlicher Chromosomensätze mit Roggen oder Weizen oder 2. Kreuzungen von Triticalestämmen mit gleichen Chromosomensätzen zu Rekombinations Triticale

	Weizen	Roggen	Triticale
Rohprotein % TrS	11,7	9,5	12,9
Fett % TrS	2,0	1,7	2,5
Verwertbare Kohlehydrate % TrS	61	61	64
Ballaststoffe % TrS	10,3	13,2	6,7
Energiegehalt Kcal/100 g	309	294	329
Lysin mg/100 g TrS	380	400	430
Linolensäure mg/100 g TrS	76	65	89

Tab. 8.2: Einige Inhaltsstoffe von Triticale im Vergleich zu Weizen und Roggen [8.7–8.10]

Tab. 8.3: Streuung von Triticale-Kornanalysen der Sorte Alamo (1997 und 1998 am Anbauort Bergen) nach Creydt et al. [8.8]

Rohprotein %TrS	9,9 – 13,6
Keimenergie %	92 – 94
Tausendkorngewicht g	42 – 49
Hektolitergewicht kg/hl	76 – 79
Siebfraktion > 2,5 mm %	86 – 100
Siebfraktion 2,2 – 2,5 mm%	12 – 0
Ausputz < 2,2, mm %	2 – 0

Im Vergleich zu seinen Ausgangseltern enthält Triticale:

- mehr Protein und Fett
- höhere Anteile verwertbarer Kohlehydrate
- weniger Ballaststoffe
- einen höheren Energiegehalt
- mehr von der lebenswichtigen essenziellen Aminosäure Lysin.

Auch ist der Anteil an der 3-fach ungesättigten Linolensäure höher.

Am Beispiel der Sorte Alamo zeigt Creydt [8.8] in Tabelle 8.3 die umweltbedingten Streuungen bei den Korneigenschaften.

8.3.1 Triticale als Rohstoff für die Brot- und Backwarenherstellung

Triticale zeigt im Vergleich zu seinen Ausgangseltern aus der Sicht seiner Inhaltsstoffe eine nahezu ideale Zusammensetzung der Nährstoffe. Deshalb wurde in vielen Ländern geprüft, ob Triticale zur Herstellung von Back- und Teigwaren geeignet ist [8.2]. Allerdings konnte sich Triticale seither nicht als Rohstoff für die menschliche Ernährung (Brot- und Backwaren) durchsetzen. Dies liegt jedoch weniger an den Inhaltsstoffen. Triticale liefert sogar höhere Mehlausbeuten und hellere Mehle als Roggen. Sicherlich beeinflussen der Grad der Ungleichmäßigkeit der Körner und der höhere Schrumpfkornanteil die Mahleigenschaften eher negativ. Zudem soll Triticale Schwächen in der Kleberstruktur haben. Nach Seibel [8.7] hat Triticale – sicherlich aus den genannten Gründen – noch keine Bedeutung im Bereich der Herstellung von Brot- und Backwaren erlangt.

8.3.2 Triticale als Futtergetreide

Zweifellos liegt auf diesem Sektor zur Zeit noch die größte Bedeutung für den Anbau von Triticale. Im energetischen Futterwert reiht sich Triticale gut in die übrigen Getreidearten ein (Tab 8.2). Darüber hinaus verfügt er aber über einige interessante Besonderheiten, die speziell in der Jungtierfütterung wertvoll sind: Es handelt sich dabei um den höheren Proteingehalt und seine bessere Verwertbarkeit, das günstige Spektrum an essenziellen Aminosäuren, besonders Lysin, die geringeren Ballaststoffe, der höhere Energiegehalt sowie der größere Anteil an Linolensäure. Die starke Wüchsigkeit, ähnlich dem Roggen, macht auch die Nutzung von ganzen Triticalepflanzen als Grünmasse oder als Silage für die Rinderfütterung und auch für die Biogasproduktion interessant.

8.3.3 Triticale als Rohstoff für die Alkoholgewinnung

Triticale bringt nicht nur hohe Erträge auch auf weniger guten Böden. Der vergleichsweise hohe Energiegehalt, die dem Roggen ähnliche hohe Aktivität Kohlenhydrat abbauender Enzyme und auch der relativ niedrige Preis als Futtergetreide machen Triticale zu einem idealen Rohstoff auch für die Herstellung von Alkohol. Geeignete Sorten verfügen bereits über eine gute Kombination von hoher enzymatischer Kraft, hohen Alkoholausbeuten und günstigen Verarbeitungseigenschaften [8.2].

8.3.4 Triticale als Rohstoff für die Malz- und Brauindustrie

8.3.4.1 Triticale – Malzeigenschaften

Der Rückgang der Qualitäts-Braugerstenproduktion steht im Widerspruch zu dem weltweit steigenden Bedarf. Neue Getreidearten bieten sich als Alternativen dann an, wenn diese die Anforderungen von Landwirtschaft, Malz- und Brauindustrie erfüllen. So haben sich einige internationale Arbeitsgruppen und Autoren auch mit der Eignung von Triticale als Rohstoff für die Malz- und Brauindustrie beschäftigt. In den wissenschaftlichen Arbeiten werden die wesentlichen Merkmale von Triticalemalzen im Vergleich zu Gerstenmalzen behandelt. Die wichtigsten Ergebnisse wurden in der Literaturübersicht [8.10–8.21] zusammengefasst. Daraus resultieren die folgenden Erkenntnisse: Malze aus Triticale brachten im Vergleich zu Gerstenmalzen höhere Extrakte, eine wesentlich stärkere Diastatische Kraft, Neigung zur proteolytischen Überlösung, dunkle bis sehr dunkle Farben, trübe und nur langsam ablaufende Würzen sowie sehr hohe Viskositäten.

Auf der Basis dieser ersten Erkenntnisse haben Creydt et al. [8.8] in umfangreichen Forschungsarbeiten versucht, die angeführten verarbeitungstechnischen und qualitativen Schwächen über eine gezielte Sortenwahl und die Entwicklung eines für Triticale geeigneten Mälzungsverfahrens zu kompensieren. Im ersten Schritt wurden nach dem VLB-Kleinmälzungsverfahren System Heil [8.11] 1-kg-Mälzungen von Triticale aus Deutschland und aus Polen vorgenommen. Es folgten umfangreiche Malzanalysen. Zwischen 1997 und 1998 streuten bei Triticale die Korn-Qualitätskriterien am Beispiel der Sorte Alamo in weiten Grenzen (Tab. 8.3). Ähnlich wie bei anderen Getreidearten, so muss also auch beim Triticale mit großen Streuungen zwischen den Partien in Abhängigkeit von Sorte, Herkunft und Jahrgang gerechnet werden. Die folgenden Resultate beinhalten die Interaktion zwischen Sorten und den unterschiedlichen Umwelteinflüssen. Die Tabellen 8.4, 8.5 und 8.6 zeigen die Mälzungsergebnisse von Creydt et al. [8.8] der Sorte Alamo, Herkunft Deutschland, im Vergleich zu den Sorten Fidelio und Vera aus Polen.

Diese Versuche lassen folgende Schlüsse zu:

1. Obwohl die Proteingehalte beider Triticale-Herkünfte nahezu gleich waren, brachte die polnische Fidelio-Herkunft höhere Extrakte, günstigere Extrakt-Differenzen aber deutlich schlechtere Viskositäten. Bei der polnischen Herkunft war auch die Endvergärung besser und der Würzeablauf schneller. Diese Resultate befriedigten aber trotzdem noch nicht.
2. Die Verlängerung der Mälzungszeit auf 8 Tage brachte zwar in der Tendenz etwas mehr Extrakt und löslichen Stickstoff. Die Endvergärung wurde aber etwas schlechter.
3. Die niedrigere Mälzungstemperatur wirkte in Verbindung mit der Absenkung des Weichgrades eher geringfügig positiv.
4. Die Extrakte lagen beim Triticalemalz mit Werten um 90 % deutlich über denen von Gerstenmalzen (ca. 81 %).
5. Die Vergärbarkeit der Extrakte verlief jedoch unbefriedigend.
6. Viskositäten von Triticalewürzen um 1,8 bis 2,4 mPas sind noch viel zu hoch, um eine gute Verarbeitbarkeit in der Brauerei sicherzustellen (Gerstenmalz ≤ 1,55 mPas).
7. Die Proteolyse von Triticale verlief zu intensiv.
8. Der Würze-pH lag bei Triticale deutlich über dem normaler Gerstenmalzwürzen.
9. Es ist mit erheblichen Sortenunterschieden zu rechnen. Eine züchterische Bearbeitung verspricht Erfolg.
10. In den Versuchen zeigte sich auch, dass die vergleichbar besseren Triticale-Malzqualitäten in der Kleinmälzung mit 5 bis 6 Keimtagen bei 14 °C und Weichgraden um 43 bis 45 %, Schwelken 18 h bei 50 °C und Darren 5 h bei 80 °C erreicht wurden.

Tab. 8.4: Einfluss von Keimzeit, Temperatur und Weichgrad auf die Triticale-Malzqualität bei der Sorte Alamo, Bergen 1998, nach Creydt et al. [8.8]

Mälzung											Würzeablauf nach x min (g)			
Tage	Temp. (°C)	WG (%)	Ex. FS. (% TrS)	Ex. Diff. (% TrS)	Protein (% TrS)	lösl. N (mg/100 g Malz TrS)	Kolbachzahl	Viskosität 8,6 % (mPas s)	EVG sch. (%)	Würze-pH	10	30	60	Filter trocken nach x min.
6	16	48	88,9	1,6	9,0	837	58	1,83	74,7	6,19	100	154	193	X
	14	48	89,6	1,5	9,2	844	57	1,81	74,4	6,14	130	197	212	X
8	16	48	89,1	1,9	9,2	849	57	1,80	73,6	6,12	111	168	207	X
	14	47	90,3	1,9	9,1	861	59	1,80	73,7	6,06	127	194	239	X

X: abgebrochen

Tab. 8.5: Einfluss von Keimzeit, Temperatur und Weichgrad auf die Triticale-Malzqualität bei der Sorte Fidelio, Polen 1998, nach Creydt et al. [8.8]

6	16	47	89,2	1,1	9,4	788	52	2,40	76,9	6,3	6,10	243	344	36
	14	46	89,7	1,0	9,5	787	52	2,41	76,9	6,9	6,12	244	340	40
8	16	47	90,4	0,7	9,4	815	54	2,30	76,3	6,3	6,06	215	323	42
	14	46	91,1	0,7	9,4	830	55	2,27	76,9	6,3	6,07	236	332	38

Tab. 8.6: Einfluss von Keimzeit, Temperatur und Weichgrad auf die Triticale-Malzqualität bei der Sorte Vero, Polen 1998, nach Creydt et al. [8.8]

Mälzung												Würzeablauf nach x min (g)		
Tage	Temp. (°C)	WG (%)	Ex. FS. (% TrS)	Protein (% TrS)	lösl. N (mg/100 g Malz TrS)	Kolbachzahl	Viskosität 8,6 % (mPas s)	EVG sch. (%)	Würzefarbe (EBC)	Verzuckerung (min)	Würze-pH	10	30	Filter trocken nach x min.
3	14	42	85,5	10,9	513	29	2,05	72,6	3,1	nein	6,38	206	305	47
4		43	86,4	10,9	576	33	2,02	74,1	3,8	35	6,35	253	338	31
5		42	87,6	10,9	601	34	2,01	74,3	4,1	15	6,33	230	320	49
		45	87,5	10,7	634	37	1,93	77,3	4,7	10	6,31	240	335	38
6		43	88,1	10,7	658	38	1,94	76,9	5,0	10	6,33	217	319	43

Zur Herstellung verarbeitungsfähiger Triticalemalze sind aufgrund der bisherigen Erfahrungen aus den ersten Experimenten ergänzende Versuche erforderlich. Diese betreffen hauptsächlich die Probleme der erhöhten Würzeviskosität, des langsamen Würzeablaufes und der hohen pH-Werte. All das sind Faktoren, die mit großer Wahrscheinlichkeit auch mit den eingangs dargestellten erhöhten Pentosangehalten im Zusammenhang stehen können (Tab. 8.7).

Annemüller et al. [8.22] fanden heraus, dass die pH-Werte aller Würzen aus Triticalemalzen über denen von normalen Gerstenmalzwürzen lagen. Es wurde deshalb die Maische mit Milchsäure angesäuert. Dadurch sanken erwartungsgemäß der Maische- und Würze-pH. In diesem Zusammenhang verkürzten sich die Verzuckerungszeiten gravierend. Die Extrakte stiegen. Proteolyse und Vergärung wurden ebenfalls verbessert. Auch der Würzeablauf wurde deutlich schneller. Eine Pentosanasenbehandlung erhöhte den Extrakt nachhaltig. Dabei sank aber der Endvergärungsgrad, weil die Abbauprodukte der Pentosane – Arabinose und Xylose – von der Hefe nicht verwertet werden können. Beide Maßnahmen (Maischesäuerung und Pentosanaseneinsatz) haben die technologische Qualität von Triticalemalzen partiell deutlich verbessert. Sicherlich spielen im Hinblick auf die Effizienz dieser Maßnahmen auch das sehr unterschiedliche genetische Potenzial der Triticalesorten eine große Rolle. Zur Optimierung der Verarbeitbarkeit ist deshalb auch das Sortenscreening ein vielversprechender Weg. Weitere Fortschritte in der technologischen Verarbeitung von Triticalemalzen auch bis zum Bier sind sicherlich durch das Herausfinden oder auch durch das gezielte Züchten auf Mälzungs- und Brauqualität noch zu erreichen.

Tab. 8.7: Einfluss von Maischesäuerung und Pentosanaseneinsatz auf die Triticale-Malzqualität nach Annemüller, Creydt et al. [8.22]

1 kg- Kleinmälzung	**5 Tage, 16 °C, 40 % Weichgrad 1997**		**6 Tage, 16 °C, 47/48 % Weichgrad 1998**	
Triticale	**Kongress-Würze unbehandelt**	**Kongress-Würze gesäuert**	**Kongress-Würze unbehandelt**	**Kongress-Würze + Pentosanase**
Extrakt %	86,3	87,6	88,5	90,6
Rohprotein % TrS	13,4	13,4	9,1	9,1
Lösl. N/100 g Malz TrS	809	884	845	835
Kolbachzahl	38	41	58	57
Viskosität mPas 8,6 %	1,92	1,91	1,80	1,52
Würzefarbe EBC			7,2	7,2
Würzeablauf			trüb	klar
S. Endvergärung %	76,0	78,7	74,2	73,1
Verzuckerung min	12	8		
pH Maische	6,0	5,8		
pH Würze	6,30	5,90	5,98	5,98
Würzeablauf nach 10 min g	105	134	123	246
nach 30 min g	159	205	182	341
nach 60 min g	202	256	225	abgebrochen
Filter trocken min	abgebrochen	abgebrochen	abgebrochen	37

8.3.4.2 Triticale – Brau- und Biereigenschaften

Auf der Basis der unter Kapitel 8.3.4.1 gewonnenen Erkenntnisse über die Vermälzbarkeit von Triticale wurden von Annemüller et al. [8.22] Pilot-Brauversuche mit 30, 40 und 50%igen Triticalemalz-Schüttungen zum Gerstenmalz durchgeführt. Es kam ein Infusionsmaischverfahren mit tieferer Einmaischtemperatur zur Anwendung. Dadurch sollte die durch hohe Pentosangehalte verursachte Viskosität vermindert werden. Die reinen Triticale-Ausgangsmalze unterschieden sich in den in Tabelle 8.8 aufgeführten Eigenschaften:

Im Vergleich zum Gerstenmalz bringt das Malz aus Triticale ca. 9 % Extrakt mehr, eine bessere Extrakt-Differenz und eine schnellere Verzuckerung. Trotzdem läuft aber die Würze langsamer ab. Bei leicht erhöhtem pH und deutlich vermindertem Protein gelangt beim Triticalemalz trotz alledem deutlich mehr N in die Würze. Damit steigt auch die Kolbachzahl nachhaltig an. Diese Entwicklung demonstriert wiederholt die außergewöhnlich intensive, einseitige Überbetonung der Proteolyse beim Triticalemalz. Mit dem Ansteigen der Viskosität vermindert sich aber die Extrakt-Differenz. Die Ursache für diese gegenläufige Tendenz könnte mit dem Pentosangehalt im Zusammenhang stehen. Trotz hoher Extrakte befriedigt aber die Endvergärung nicht. Auch dieses Phänomen könnte mit den hohen Pentosanen, die den Extrakt anheben, in Verbindung zu bringen sein. Von Vorteil ist sicherlich die höhere Diastatische Kraft im Triticalemalz. Die Analysendaten der Malzmischungen zeigt Tabelle 8.9.

Selbst bei nur 30 % Triticalemalzanteil werden die hellen Farben und auch die notwendigen niedrigeren Viskositäten der Gerstenmalz-Anstellwürzen noch nicht erreicht. Mit zunehmenden Triticalemalzanteilen bleiben auch die Vergärungsgrade deutlich hinter denen des Gerstenmalzes zurück. Trotz des höheren Proteingehaltes im Gerstenmalz (Tab. 8.8) gelangt deutlich weniger Gesamt-N in die Anstellwürze als bei den Würzen mit Triticalemalz. Mit der Zunahme von Triticalemalz in der Schüttung steigen die Anteile an mittel- und höhermolekularen N-Verbindungen in der Anstellwürze. Der β-Glukangehalt wird durch Triticalemalz Zugaben vermindert. Nur in der Variante mit dem hohen 50 %-Triticalemalzanteil steigt wieder die Sudhausausbeute. Es liegt die Vermutung nahe, dass die Sudhausausbeute bei Triticale-Malzschüttungen mit dem Extrakt des Malzes weniger gut korreliert.

	Malz aus Sommergerste 98	**Malz aus Triticale Fidelio 1998**
Extrakt % TrS	80	89,3
Extrakt-Differenz % TrS	1,1	0,8
Verzuckerung min	10	5
Würzeablauf nach 10 min. g	263	231
pH Würze	6,02	6,16
Rohprotein % TrS	11,5	9,5
Lösl. N mg/100 g Malz TrS	658	764
Kolbachzahl	36	50
Viskosität mPas 8,6 %	1,47	2,40
Glukan % TrS	0,3	0,04
Pentosane % TrS	0,14–1,2	5,8
Scheinb. Endvergärung	81,5	76,5
Diastatische Kraft WK	245	349

Tab.8.8: Qualität der Ausgangsmalze für die Pilot-Brauversuche nach Annemüller, Creydt et al. [8.22]

Anteil Triticalemalz in %	0	30	40	50
Anteil Gerstenmalz in %	**100**	**70**	**60**	**50**
Würzefarbe EBC	5,5	7,8	9,1	8,4
Viskosität mPas 8,6 %	1,56	1,83	1,93	2,01
Scheinb. Endvergärung %	85,0	82,9	81,7	81,1
$MgSO_4$ fällbarer N mg/l	230	297	324	334
Koagulierbarer N mg/l	32	42	39	42
Gesamt N mg/l	948	996	1000	984
β-Glukan mg/l	85,3	78,2	70,4	57,0
Sudhausausbeute %	73,3	71,8	72,7	76,7

Tab. 8.9: Qualitätseigenschaften der Malzmischungen in den Anstellwürzen nach Annemüller, Creydt et al. [8.22]

Analog zur Anstellwürze nehmen auch beim Bier mit steigendem Anteil von Triticalemalz die Vergärungsgrade rapide ab (Tab. 8.10), Viskosität und Pentosane nehmen zu. Die Filtrierbarkeit wird deutlich schlechter. Der Schaum nimmt auch aufgrund des höheren Anteils an mittelmolekularem N zu. Die Kältestabilität wird mit steigendem Triticalemalzanteil schlechter. Der gesamte Gerbstoffkomplex sinkt. Die Farbe wird dunkler. Annemüller et al. [8.22] sind der Meinung, dass sich die Vergärungsgrade durch ein spezielles Dekoktionsverfahren unter stärkerer Betonung der Maltosebildung angleichen lassen. Gärung und Reifung liefen bei allen Suden problemlos ab. Während das reine Gerstenmalzbier endvergoren war, blieb bei den Schüttungen mit Triticalemalz eine Vergärungsgrad-Differenz. Als Ursache dafür könnte ein höherer Gehalt an unvergärbarer Maltotriose sein. Die im Zusammenhang mit dem höheren Pentosangehalt stehende Viskositätserhöhung bei den Triticalemalz-Schüttungen muss in weiteren Forschungen noch genauer untersucht werden. Der Verschlechterung der Filtrierbarkeit kommt in diesem Zusammenhang eine besondere Bedeutung zu. Der Anteil mittel- bis höhermolekularem $MgSO_4$-N in den Triticale-Bieren verbessert einerseits den Schaum, andererseits verstärkt er aber auch die Neigung zu Trübungen. Die sensorischen Prüfungen der Biere brachten Vorteile für das 50 % Triticale-Bier. Alles in allem haben diese Versuche gezeigt, dass es mit ausgewählten, geeigneten Triticalesorten in der Mischung mit Gerstenmalzen möglich ist, Biere herzustellen, die in ihrer sensorischen Qualität normalen untergärigen Lagerbieren nicht nachstehen. Die technologische Verarbeitbarkeit von Triticalemalzen

Anteil Triticalemalz in %	0	30	40	50
Anteil Gerstenmalz in %	**100**	**70**	**60**	**50**
Vergärungsgrad V_s %	85,3	82,4	81,3	79,5
Viskosität mPas 12 %	1,54	1,78	1,93	2,02
Pentosan mg/l (11 %)	1041	1480	1659	1793
Filtrierbarkeit (Esser) g	136	62	72	43
Schaum (NIBEM) sec	231	273	247	272
Alkohol-Kältetest EBC	84	98	110	132
Gesamt-N mg/l (11 %)	686	718	718	724
$MgSO_4$ fällbarer N mg/l	188	261	276	297
Gesamt-Polyphenole mg/l (11 %)	124	99	91	84
Anthocyanogene mg/l (11 %)	34	23	20	15
Farbe EBC	4,7	6,3	6,6	8,1

Tab. 8.10: Analysen der fertigen, unfiltrierten Lagerbiere nach Annemülller, Creydt et al. [8.22]

in bestimmten Anteilen zum Gerstenmalz verlangt sicherlich noch einige Forschungsaktivitäten.
Für die Herstellung dunkler, naturtrüber Biere dürften Triticalemalzanteile bis zu 50 % möglich werden. Für die Produktion von filtrierten, langhaltbaren Bieren ist jedoch noch eine weitergehende technologische Optimierung erforderlich. Das betrifft besonders auch Fragen der Sortenwahl, der Mälzungsverfahren, der Anpassung an die Maischprogramme sowie der Klärung und Stabilisierung.

8.4 Produktionstechnik

8.4.1 Anforderungen an Klima und Boden

Analog zu Weizen und Roggen gibt es auch beim Triticale Winter- und Sommerformen. Die Sommer-Triticale haben ähnlich wie beim Roggen eine untergeordnete Bedeutung. Im Mittel von 5 Jahren (2007 bis 2011) wurden in Deutschland die folgenden Erträge erzielt [8.23]:

- Winterweizen 7,5 t/ha
- Sommerweizen 5,3 t/ha
- Wintergerste 6,3 t/ha
- Sommergerste 4,8 t/ha
- Winterroggen 4,7 t/ha
- Wintertriticale 5,7 t/ha
- Sommerhafer 4,8 t/ha

Diese Leistungen sind eine Interaktion aus Getreideart x Klima x Boden x Bewirtschaftung. Wie bereits erwähnt, wird der Winterweizen hauptsächlich auf den besseren Böden im milderen Klima angebaut. Der Roggen dagegen wird auch noch mit den schlechteren Sandböden in rauer Klimalage fertig. Die wertvollen Eigenschaften der Anpassung und der Anspruchslosigkeit des Roggens wurden zumindest teilweise auch auf den Triticale übertragen. Vom Weizen dagegen hat der Triticale die höheren Erträge geerbt. Sicherlich ist Triticale keine Getreideart, welche auf Roggen-Grenzstandorten angebaut werden sollte. Aber auf mittleren Roggenböden mit Ackerzahlen > 25 (Skala von 1 bis 100) bringt Triticale doch nennenswerte Mehrerträge als Roggen. Die bessere Standfestigkeit und das höhere Ertragspotenzial macht Triticale zu einer anbauwürdigen Getreideart für die verschiedensten Verwendungsalternativen.
Krolow [8.4] berichtet unter Bezug auf Müntzing 1979 und Later 1976, dass in Gebirgsgegenden von China und auch in Kanada in Regionen mit höheren Niederschlägen Triticaleerträge mit denen des Weizens konkurrieren können.

8.4.2 Stellung in der Fruchtfolge

(siehe auch Kapitel 7.6 Roggen)

Analog zum Roggen sind die Anforderungen an die Vorfrucht bei Triticale gering. Getreidevorfrüchte sind die Regel. Natürlich dankt auch Triticale Blattfrüchten als Vorfrucht mit Mehrerträgen.

8.4.3 Bodenbearbeitung und Pflege

(siehe auch Kapitel 7.7 Roggen)

Die Ansprüche an Bodenbearbeitung und Pflege von Triticale sind mit denen des Roggens identisch.

8.4.4 Saatgut und Sorten

Die qualitativen Anforderungen an das Triticale-Saatgut entsprechen denen des Roggens und Weizens. In Deutschland waren 2011 insgesamt 26 Wintertriticale- und 6 Sommertriticalesorten vom Bundessortenamt zugelassen [8.3, 8.23]. Die in Deutschland am weitesten verbreiteten Wintertriticale waren 2011 Grenado (32 %), SW Talentro (20 %), Agostino (14 %), Dinaro (11 %) und Tarzan (10 %). Diese 5 Winter-Triticalesorten belegten 2011 87 % der Saatgutvermehrungsfläche in Deutschland. Der bekannteste Sommertriticale ist zur Zeit die Sorte Logo. Eine spezielle Züchtung auf Mälzungs- und Brauqualität von Triticale existiert zur Zeit noch nicht. Ein umfangreicheres Sorten-Screening hinsichtlich der Mälzungs- und Brauqualität ist notwendig.

8.4.5 Saatmengen und Saatzeit

Bei mittleren Saatnormen von ca. 350 keimfähigen Körner/m², 95 % Keimfähigkeit und einem Tausendkorngewicht um 45 g beträgt die durchschnittliche Saatnorm ca. 165 kg/ha. Triticale sollte nach dem Roggen ausgesät werden. Das wäre in Deutschland auf den mittleren

Roggenstandorten in etwa Ende September bis Mitte Oktober.

8.4.6 Saattiefe und Reihenabstand

(siehe auch Kapitel 7.10 Roggen)
Die Ausführungen über Roggen gelten auch für Triticale.

8.4.7 Düngung

Gegenüber Roggen liefert Triticale im Durchschnitt ca. 15 % bessere Erträge. Entsprechend höher sind auch Nährstoffentzüge und Mineraldüngerbedarf anzusetzen. Analog zum Roggen ist es möglich, dass das Stroh der Vorfrucht als organischer Dünger zu Triticale unmittelbar nach der Ernte fein zerkleinert, gleichmäßig tief in den Boden eingearbeitet wird. Eine weitere organische Düngung ist für Triticale nicht üblich. Für hohe Erträge sind bei der Mineraldüngung in etwa die folgenden Mengen an Rein-Nährstoffen zu empfehlen:

- ❑ N = 140 – 200 kg/ha (einschl. N_{min})
- ❑ P_2O_5 = ca. 100 kg/ha
- ❑ K_2O = 120 – 170 kg/ha

Der Zeitpunkt der Mineraldüngergaben orientiert sich weitgehend an der Praxis, wie sie für Roggen üblich ist. Wie bei der Braugerste, so steigt auch bei Triticale mit der Erhöhung der N-Düngung der Proteingehalt an und der Extrakt sinkt. Bei der Verwendung des Triticale für die Herstellung von Malz, Bier und Alkohol sollte deshalb auch der Proteingehalt durch eine um ca. 20 % reduzierte N-Düngung begrenzt werden. Auch muss für diese Verwendungszwecke auf N-Spätdüngungsmaßnahmen verzichtet werden, da anderenfalls die Ausbeute sinkt (weniger Stärke für die Alkoholproduktion).

8.4.8 Wasserversorgung, Bewässerung und Beregnung

Das vom Roggen auch an den Triticale vererbte stärkere Wurzelsystem macht bei normalen Niederschlägen von 500 mm/Jahr bei guter Verteilung eine zusätzliche, künstliche Wasserzufuhr auch beim Triticale nicht erforderlich.

8.4.9 Wachstumsregulatoren

Triticale ist etwas kürzer und standfester im Stroh als Roggen. Die Spritzung eines Wachstumsregulators zur Halmverkürzung und der damit verbundenen Verbesserung der Standfestigkeit ist deshalb nicht in allen Fällen zwingend. Bei einer gezielten Erzeugung von Brau-Triticale oder von proteinreicher Futtertriticale auf Höchstertragsniveau kann es dagegen sinnvoll sein, die Standfestigkeit mit Hilfe von Wachstumsregulatoren zu verbessern. Mittelspektrum und Anwendungstechnik entsprechen denen des Roggens.

8.4.10 Pflanzenschutz

Triticale gehört einerseits zu den Getreidearten, die vergleichsweise etwas toleranter gegen Krankheiten und Schädlinge sind. Trotzdem aber wird Triticale auch von einer ganzen Reihe von Schadorganismen befallen, die auch beim Weizen bekannt sind. So leidet Triticale ebenfalls unter den Fußkrankheiten *Pseudocercosporella* und auch *Ophiobulus graminis*, die Wurzel und Halmbasis zerstören können. Darüber hinaus sind auch Ährenfusarien und *Septoria nodorum*-Pilze als Schaderreger beim Triticale bekannt. Für Rostkrankheiten ist Triticale anfällig [8.4]. Selbst das sehr giftige Mutterkorn, welches häufig beim Roggen auftritt, befällt auch Triticale. Interessant sind zudem die bei Triticale entgegengesetzt wirkenden Resistenzen. So verfügt Triticale über die Roggenresistenz gegen Weizenmehltau und die Weizenresistenz gegen Roggenmehltau.
Dies führt nach Korlow [8.4] zur Doppelresistenz beim Triticale gegen beide Pilzvarietäten. Wie beim Roggen ist auch beim Triticale eine Saatgutbeizung besonders gegen Schneeschimmel unumgänglich. Spritzungen gegen diverse Pilzerkrankungen im Frühjahr/Vorsommer sind auch bei Triticale erforderlich. Zur Bekämpfung von Unkräutern und Ungräsern empfiehlt sich eine Spritzung noch im Herbst. Der Pflanzenschutz-Aufwand für Triticale entspricht in etwa dem Durchschnitt der Getreidearten. Weitere Details dazu sind u.a. von Gößner et al. [8.24] beschrieben.

Literatur zu Kapitel 8

[8.1] Müntzing, A.: Triticale results and problems. Fortschritte der Pflanzenzüchtung; Beiheft zur Zeitschrift für Pflanzenzüchtung, 10, Paul Parey, Berlin Hamburg, 1979

[8.2] Rath, F., Annemüller, G., Creydt, G., Schildbach, R.: Triticale und Triticale-Malze, Teil I, Einführung in die Geschichte des Triticale. Monatsschrift für Brauwissenschaft, 7/8, 123, 1999

[8.3] Bundessortenamt: Beschreibende Sortenliste Triticale, 80–91 und 20–188, 2012

[8.4] Krolow, K. D., in: Hoffmann,W., Mudra, A., Plarre, W.: Lehrbuch der Züchtung landwirtschaftlicher Kulturpflanzen, Bd. 2, Spezieller Teil, 2. Aufl., Verlag Paul Parey, Berlin und Hamburg, 67–77, 1985

[8.5] Rimpau, W., zitiert in: [8.2], /I,1999

[8.6] Geisler, G.: Pflanzenbau. Ein Lehrbuch; Biologische Grundlagen und Technik der Pflanzenproduktion. 260–261, Paul Parey, Berlin u. Hamburg, 1980

[8.7] Seibel, W.: Warenkunde Getreide. Agri Media, Bergen Dumme, 48–49, 2005

[8.8] Creydt, G., Mietla, B., Rath, F., Annemüller, G., Schildbach, R., Tuszynski, T.:Triticale und Triticale-Malze, Teil II, Orientierende Vermälzung von Triticale. Monatsschrift für Brauwissenschaft, 8/126, 1999

[8.9] Pelshenke, P.: Getreidequalität, Brot und Nahrungsmittel, in: Handbuch der Landwirtschaft Bd. 2, Roemer, Th., Scheibe, A., Schmidt, J., Woermann, E., 122–129

[8.10] Souci, S.W., Fachmann, W., Kraut, H.: Die Zusammensetzung der Lebenmittel, Nährwert-Tabellen, mepharm Scientific Publishers, Stuttgart, 499–570, 1994

[8.11] Kuhn, D.: Beschreibung eines Kleinmälzungsverfahrens als Standardverfahren. Brauwissenschaft, 24, 7, 238–241, 1971

[8.10] Pommeranz,Y., Burkhart, B.A., Monn, L.C.: Triticale in malting and brewing. Proceedings of the American Society of Brewing Chemists. 40, 40–46, 1970

[8.11] Gupta,N.K., et al.: Malting of Triticale. Brewers Digest, 60, Nr. 3., 24–27, 1985

[8.12] Tombros, S., Briggs, D.E.: Micromalting triticale. J. Institut Brewing, 90, 263–265, 1984

[8.13] Malleshi, N.G., Desikachar, H.S.R.: Studies on comparative malting characteristics of some tropical cereals and millets. J. Inst. Brew. 92, 174–176, 1986

[8.14] Antkiewicz, P.: Triticale in malting. Acta Alimentaria Polonica Xiii, Nr 2, 91–97, 1987

[8.15] Perez-Escalmilla, R., Patino, H., Lewis, M.J.: Evaluation of the potential use of Mexican-grown triticale in malting and brewing. Brewers Digest 63, Nr. 12, 28–32, 1988

[8.16] Blanchflower, A.J., Briggs, D.E.: Micromalting triticale: Optimising Processing conditions. J.Sci. Food Agric. 56, 103–115, 1991

[8.17] Blanchflower, A.J., Briggs, D.E.: Micromalting triticale: Comparative malting characteristics. J. Sci.Food Agric. 56, 117–128, 1991

[8.18] Blachflower, A. J., Broggs, D.E.: Micromalting triticale. Quality characteristics of triticale malts and worts. J. Sci. Food Agric. 56, 129–140, 1991

[8.19] Burbidge, M.: Triticale ein neues Braugetreide? Ergebnisse aus Mälzungsversuchen. Vortrag zum 25. Internationalen Jubiläums-Braugersten-Seminar in Berlin, 1996

[8.20] Blazewicz, J.: Estimation of the usability of triticale malts in brewing industry.Pol. J. Food Nutr. Sci., 2/43, Nr.2, 39–45, 1993

[8.21] Henrion, M.: Untersuchungen zur Verarbeitung von Triticale als Rohstoff für die Malz- und Brauindustrie. Diplomarbeit, Technische Universität Berlin, 1998

[8.22] Annemüller, G., Mietla, B, Creydt, G., Rath, F., Schildbach, R., Tuszynski, T.: Triticale und Triticale-Malze Teil 3, Erste Brauversuche mit Triticale-Malzen. Monatsschrift für Brauwissenschaft, 7/8, 131–135, 1999

[8.23] Bundessortenamt: Beschreibende Sortenliste Getreide, 52, 54, 62, 80, 90, 142, 149, 2012

[8.24] Gößner, K., et al.: Hinweise zum Pflanzenschutz im Ackerbau. Schriftenreihe Landwirtschaft und Landschaftspflege in Thüringen. Thüringer Landesamt für Landwirtschaft, Heft 2, 19–48, 2009

[8.25] Foto: Hendel, VLB Berlin

Abb. 9.1: Hafer [9.22]

9. Hafer *(Avena sativa)*

9.1 Allgemeines

Es wurde bereits in Kapitel 2.1.3. darauf hingewiesen, dass Hafer – analog zum Roggen – auch erst in jüngerer Zeit vom Unkraut im Weizen zur Kulturpflanze selektiert und weiterentwickelt wurde. Nach Geisler [9.1] gelten die westasiatischen Zonen – nördlich der Ursprungsregionen von Weizen und Gerste – und auch die Gebiete um das Kaspische und Schwarze Meer zu den Gen-Zentren des Hafers. Maurizio [9.2, 9.3] vermutet, dass slawische Völker aus Osteuropa in der Bronze- und Eisenzeit den Hafer zuerst kultivierten. Sicherlich aufgrund seiner wertvollen Inhaltsstoffe sollen nach Aufhammer et al. [9.4] Haferbrot, -grütze, -brei und -bier sowohl bei den ältesten germanischen Ackerbauern als auch im alemannischen Sprachgebiet ein weit verbreitetes Nahrungsmittel gewesen sein. Während im Mittelalter in Europa die Gerste noch eine untergeordnete Bedeutung einnahm, war Hafer auch in den raueren Regionen von den Alpen bis zur Ostsee eine wertvolle Kulturpflanze. Aus Hafer wurden verschiedene Speisen und auch Brot hergestellt. Sowohl die Hafer-Körnerfrucht als auch die ganze grüne Pflanze dienten zudem als wertvolles Viehfutter. Weltweit werden trotzdem nur weniger als 51 Mio. t Hafer geerntet [9.4]. Dennoch konnten sich Anbauschwerpunkte in den feucht-kühlen Regionen von Mittel- und Nordeuropa und auch in Nordamerika entwickeln. Seine größte Verbreitung hat Hafer zwischen dem 45° und 55° nördlicher Breite. Unter dem Einfluss des Golfstroms wird auch noch bis zum 65° Nord an den Fjorden Norwegens Hafer erfolgreich angebaut. Hafer bevorzugt kühle, wolken- und regenreiche Sommer. So erreicht sein Anbau neben den Küstengebieten auch die Mittelgebirge von 500 bis 600 m Höhenlage. In den südlichen Alpentälern wird Hafer noch bis etwa 1500 m Höhe angebaut [9.4]. Hafer dient in erster Linie als Futtergetreide. Wünschenswert wäre nach Speckmann [9.5] aber auch sein Anbau als Braurohstoff.

9.2 Systematik und morphologische Besonderheiten

Ähnlich wie beim Weizen handelt es sich beim Hafer auch um eine Artengruppe, die sich nach ihrer Chromosomenzahl in diploide, tetraplo-

	diploid (n=7)	**tetraploid (n=14)**	**hexaploid (n=21)**
Wildarten	*A. longiglumis* *(A. clauda)* *(A. pilosa)* *(A. ventricosa)*	*A. barbata*	*A. sterilis* *A. fatua*
Kulturarten	*A. strigosa* *A. brevis* *A. nudibrevis*	*A. abyssinica*	*A. sativa* *A. byzantina* *A. nuda*

Tab. 9.1: Systematik des Hafers (Avena), nach Schiemann et al. [9.1, 9.6], gekürzt

ide und hexaploide Arten aufgliedern lässt (Tab. 9.1).
Viele der zahlreichen Haferarten wurden als Grünfutterpflanzen genutzt. Die zur Körnergewinnung verwendeten Haferarten haben einen hexaploiden Chromosomensatz. Die beiden Kulturarten *Avena sativa* und *Avena byzantina* gehen auf die Wildform *Avena sterilis* zurück. Auch der als Ungras – besonders im Mittelmeerraum stark verbreitete – Flughafer *Avena fatua* lässt sich von *Avena sterilis* ableiten. Die enge Verwandtschaft des Ungrases *Avena fatua* mit dem Kulturhafer *Avena sativa* erschwert eine gezielte Bekämpfung in Kulturhaferbeständen. Flughafer überragt den Kulturhafer und führt zu empfindlichen Ertragsverlusten durch unerwünschte Einkreuzungen, Beschattung, Wasser- und Nährstoffkonkurrenz (Abb. 9.2). Es existieren beim Hafer Spelz- und Nacktformen. Bei den Kultur-Spelzformen (*Avena sativa, Avena byzantina*) umschließen Vor- und Deckspelzen das Korn so, dass diese beim Drusch fest am Korn verbleiben. Bei den wenigen Kultur-Nacktformen (*Avena nuda*) sitzen die Körner so locker in den Spelzen, dass bei starkem Wind vor der Ernte oder auch beim Drusch nackte Körner aus den Spelzen herausfallen können. Dadurch entstehen große Verluste. Erwartungsgemäß sind bei oberflächlicher Betrachtung die Erträge der Nackthafer entsprechend dem Spelzenanteil der Spelzformen um ca. 30 % niedriger. Es sollte bei dieser Gegenüberstellung zu berücksichtigen sein, dass die Spelzen überwiegend aus energetisch nicht verwertbaren Substanzen bestehen. So sind beispielsweise gute Spelzhafererträge von 50 dt/ha, abzüglich 30 % Spelzen aus energetischer Sicht nahezu identisch mit 35 dt/ha Nackthafer. Mit modernen Nackthafersorten dürften diese Leistungen heute erreichbar sein. Die überwiegende Anzahl der Kultursorten sind Sommer-Spelzhaferformen. Es gibt in Mitteleuropa nur einige wenige Winter-Nackthafersorten. Die ebenfalls kleine Gruppe von Winterhafersorten

Abb. 9.2: Flughafer (Avena fatua) unterdrückt das Kulturgetreide bei versäumter Unkrautbekämpfung

Abb. 9.3: links Flughafer (Avena fatua), rechts Kulturhafer (Avena sativa) nach Aufhammer [9.4]

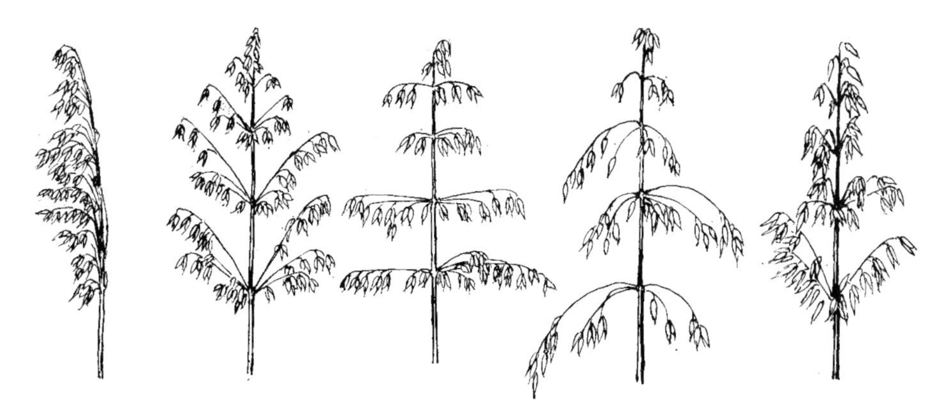

Abb. 9.4: Hafer-Rispenformen (schematisch). Fahnen-Rispe, Steif-Rispe, Sperr-Rispe, Schlaff-Rispe, Starr-Rispe nach Aufhammer et al. [9.4]

sind im allgemeinen Spelzformen. Ihr Anbau beschränkt sich auf die südlichen, milderen Lagen von Südeuropa. Bei den Ähren-Getreidearten (Weizen, Gerste, Roggen, Triticale) sitzen die Ährchen an ganz kurzen Stielchen an der Ährenspindel. Beim Hafer dagegen hängen die Ährchen an langen Stielchen. Diese Blütenstände werden als Rispen bezeichnet. Nach Aufhammer et al. [9.4] sind je nach Sorte/Form die Rispenäste recht unterschiedlich ausgebildet (Abb. 9.4). Bei den Kultursorten des bespelzten Hafers können die Ährchen bis zu 3 Körner von sehr unterschiedlicher Rangfolge und Größe entwickeln (Abb. 9.5). Aus den verschiedenen Kornformen resultieren große Streuungen im Tausendkorngewicht (TKG 40 bis 55 g) und auch im Spelzengehalt (23 bis 31 %). Nach Seibel [9.7] sind auch die hohen Fettgehalte (5 bis 7 %) erwähnenswert (Fettgehalt des Weizens beträgt nur ca. 2 %). Je nach Spelzenfarbe werden Weiß-, Gelb-, Braun- und Schwarzhafer unterschieden [9.7].

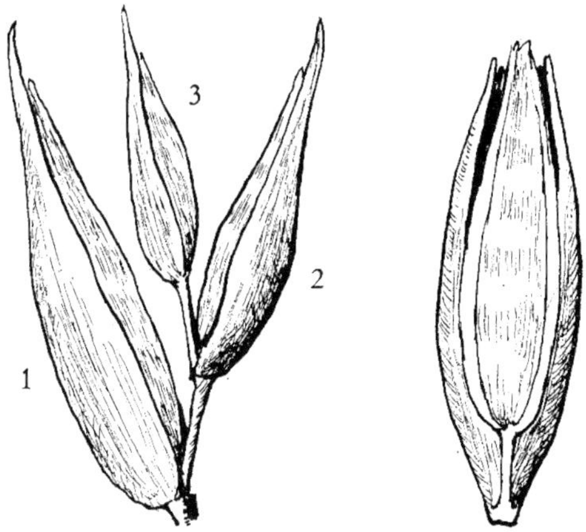

Abb. 9.5:
Dreikorniges Haferährchen (l.) [9.4]
1 = Außenkorn, 2 und 3 = Innenkörner
Doppelkorn, das unfruchtbare Außenkorn umschließt das Innenkorn (r.)

9.3 Nährwert

Im Kapitel 3.2 wurden die Unterschiede bei den allgemeinen Inhaltsstoffen zwischen den Getreidearten gegenübergestellt. Die überragende Bedeutung des Hafers kam dabei durch die folgenden Eigenschaften zur Geltung:

- hohe Proteinwerte (ca. 11 bis 13 %)
- hohe Fettgehalte (5 bis 7 %)
- mehr essenzielle Aminosäuren (Arginin, Lysin, Methionin, Phenylalanin, Threonin, Valin)
- reichlich ungesättigte Fettsäuren und Vitamin B6
- höhere Gehalte an Calcium, Zink und Kobalt

Aus den genannten Gründen gilt Hafer als ernährungsphysiologisch besonders hochwertig. Nach Pelshenke [9.8] werden neben den genannten Inhaltsstoffen auch die Pentosane (Hafer ca. 12 %, Weizen, Gerste, Roggen ca. 8 %), welche beim Aufkochen die Bildung des Haferschleims bewirken, diätetisch als beson-

Tab. 9.2: Anforderungen an die Qualität von Hafer zur Herstellung von Nahrungsmitteln nach Becker [9.9]

Hektolitergewicht kg/hl	min 54
Spelzen %	max 26
Tausendkorngewicht (TKG) g	min 27
Sortierung >2 mm %	min 90
Fettgehalt %	min 6
Proteingehalt %	min 15
Fremdbesatz %	max 3
Kornfarbe	hell
Auswuchsfreiheit, leichte Schälbarkeit, langgestreckte Körner	

ders wertvolle Ballaststoffe bewertet. Ähnliches gilt für die höheren β-Glukangehalte (2,3 bis 8,5 %), die den Cholesterinspiegel im Blut senken sollen und das Risiko von Bluthochdruck und Herz-Kreislauferkrankungen vermindern. Nach Seibel [9.7] und Pelshenke [9.8] machen all diese genannten Eigenschaften Haferprodukte (u.a. Haferflocken, Hafergrütze, Hafermehle) zu wertvollen Lebensmitteln, deren Bedeutung ständig steigt. Die Haferfütterung verleiht den Haustieren ein gesundes Haarkleid und ein glänzendes Fell. Aufgekochter Hafer ist darüber hinaus ein wohlbekanntes Hausmittel zur Behandlung kranker Menschen und Tiere. Nach Becker [9.9] übertrifft Hafer ernährungsphysiologisch die Wertigkeit von Weizen, Gerste und Roggen. Er zeichnet sich auch noch besonders durch hohe Gehalte an Vitamin B1 und E und hohe Mn-Gehalte aus. Für die Verwendung von Hafer zur menschlichen Ernährung müssen nach Becker [9.9] die Anforderungen von Tabelle 9.2 erfüllt werden.

9.4 Mälzungs- und Brauqualität

Hafer für die Malz- und Bierbereitung wurde in der älteren Literatur öfter beschrieben [9.3, 9.4, 9.5]. Nach Maurizio [9.3] lieferte im Mittelalter auch der Hafer den Rohstoff für die Bierherstellung. Bereits aus dem 10. Jhd. ist nach Aufhammer et al. [9.4] bekannt, dass im Kloster St. Gallen das Alltagsbier der Mönche und Pilger aus Hafer gebraut wurde. Es kann davon ausgegangen werden, dass man dabei Hafermalz eingesetzt hat. Schon im 12. Jhd. berichtete die Heilige Hildegard in der „Physika“ über Hafermalz. Nach Speckmann [9.5] war besonders in Österreich und Böhmen Haferbier weit verbreitet und bis etwa 1560 wurde noch Hafermalz verwendet. Große Mengen an Hafermalz wurden auch im Mittelalter eingesetzt. Mit dem deutschen Reinheitsgebot von 1516 verlagerte sich die Brauerei-Rohstoffversorgung vom Hafer auf die Gerste. Nur in Zeiten mit Hungersnöten wurde Gerste wieder verstärkt als Nahrungsmittel verwendet. Hafer, der sich weniger als Brotfrucht eignete, erreichte nach Hornsey [9.10] und Hopkins [9.11] auch in England noch bis zum Zweiten Weltkrieg wieder eine begrenzte Bedeutung als Brauerei-Rohstoff. Hinsichtlich der Brau- und Bierqualität des Hafers gehen die Meinungen weit auseinander. Einige Besonderheiten des Hafers wurden bereits schon Ende des 18. Jahrhunderts beschrieben [9.12]. Hafer keimt sehr hitzig (Abb. 9.6). Er sollte deshalb beim Mälzen häufiger gewendet und bald mit hohen Temperaturen abgedarrt werden. Habich [9.13] berichtet schon 1875, dass Biere mit Haferzusatz einen „sehr beliebten Charakter“ tragen. Andererseits lassen sie sich aber schwerer klären. Grundsätzlich kommen zwei Möglichkeiten der Verwen-

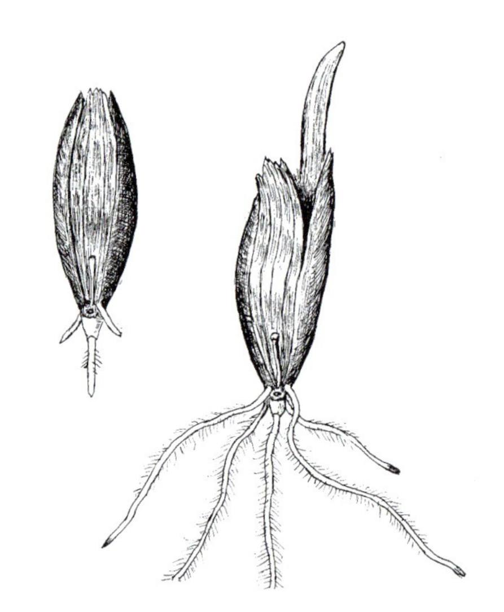

Abb. 9.6: Keimende Haferkörner, links nach 5 Tagen, rechts nach 10 Tagen, der Keimspross kommt unter der Deckspelze hervor, nach Aufhammer et al. [9.4]

dung von Hafer als Brauereirohstoff in Frage: als Hafermalz oder als roher Hafer (gequetscht oder auch als Mehl). Beim Malz und bei dem gequetschten Hafer enthält das Produkt die am Korn anhaftenden Spelzen. Es kann davon ausgegangen werden, dass in Kontinentaleuropa Hafer in vermälzter Form für die Bierbereitung Verwendung fand. In England dagegen ist eher die Nutzung von Hafer als Rohfrucht in Form von Mehl oder Flakes bekannt. In diesem Kapitel steht das Hafermalz im Vordergrund. Hafer als ungemälzte Rohfrucht wird in Kapitel 14, Rohfrucht, behandelt.

Briggs [9.14] berichtet, dass infolge der hohen Hafer-Spelzengehalte von 30 % (Gerste ca. 10 %) die Extrakte nur 55 bis 60 % erreichen. So bietet es sich auch an, Gersten- oder Weizenmalze zuzusetzen.

Hafermalz ist schwach in der α- und β-Amylase-Aktivität. Einem hohen β-Glukangehalt sollte beim Mälzen Rechnung getragen werden. Hafer nimmt beim Mälzen das Wasser sehr schnell auf und vermälzt sich rasch. Der hohe Fettgehalt birgt die Gefahr der Schaumzerstörung. Besonders bei schlechter Lagerung von Hafer und Hafermalz (zu feucht und zu warm) kann durch Ranzigwerden der Fette das Aroma des Bieres negativ beeinflusst werden (off-flavours). Hafermalz sollte schonend abgedarrt werden. Für die Herstellung von Stout-Bier wird in England gelegentlich 5 % Hafermalzmehl zur Gerstenmalz-Schüttung zugegeben. Nach Briggs [9.14] herrschen in England darüber hinaus auch weit verbreitete Meinungen vor, nach denen Hafermalze zu langsamer Würzetrennung, Aromaproblemen, trüben Würzen und stürmischen Gärungen führen können.

Hanke et al. [9.15] vermälzten in jüngerer Zeit zehn verschiedene, moderne Hafersorten und führten anschließend Brauversuche durch. In dieser grundlegenden neueren Arbeit wurden die Ergebnisse von Hafermalz bis zum fertigen Bier systematisch erforscht. Es wurde das folgende Versuchssystem gewählt: Mälzungszeit 7 und 8 Tage, 14,5 °C, 45 % Weichgrad, Darrarbeit 50 °C über 16 h, 70 °C für 1 h, 80 °C über 5 h. Die Resultate des Vergleichs von 100 % Gerstenmalz mit 100 % Hafermalz sind in den Tabellen 9.3 und 9.4 zusammengestellt. Im Vergleich zu den Anforderungen an Gerstenmalze lagen die Hafermalze aufgrund der höheren Spelzen- und Proteingehalte in der Extraktausbeute deutlich um ca. 17 % absolut niedriger als die Anforderungen an ein normales Som-

Tab. 9.3: Gegenüberstellung von Hafer- und Gerstenmalzen nach Hanke et al. [9.15] ergänzt durch [9.16, 9.17]

Malze aus	**Hafer: Sorte Duffy**	**Hafer: Sorte Duffy**	**Sommergerste Anforderungen**
Mälzungszeit Tage	**7**	**8**	**7**
Rohprotein % TrS	12,6	12,3	10 – 11
Extrakt % TrS	64,4	63,7	> 81,5
Scheinb. Endvergärung $V_s$end %	87,1	88,1	> 82
Würzefarbe EBC	3,7	3,7	2,5 – 3,5
Kochfarbe EBC	5,9	6,2	5 – 5,5
pH Würze	5,9	5,9	5,8 – 5,9
N Würze mg/100 g Malz TrS	681	698	700 – 750
FAN mg/100 g Malz Trs	145	145	140 – 150
Kolbachzahl	34	35	38 – 41
Viskosität VZ 65 °C mPas	1,51	1,54	> 1,60
Fettsäuren ges. (12 %) mg/l	22	21	
Spelzengehalt ungemälzt % TrS	30	30	10
Fettgehalt ungemälzt % TrS	5–7	5–7	2

Tab. 9.4: Würze- und Bieranalysen von Lagerbieren aus 100 % Hafermalz nach Hanke et al. [9.15] (Mittel Braugerstenmalz-Betriebswürzen und Biere) [9.16, 9.17]

Würzen aus	**100 % Hafermalz**	**Mittel Braugerstenmalz-Betriebswürzen**
pH-Wert	5,9	5,5
Farbe EBC	14,6	8 – 18
Scheinb. Endvergärung %	78,8	80 – 85
Löslicher N mg/l	1271	900 – 1100
FAN mg/l	326	200 – 250
Koagulierbarer N mg/l	20	20 – 30
Freies DMS µg/l	117	< 10 – 60 ppb
Precursor DMS µg/l	266	20 – 70 ppb
β-Glukan mg/l	28	
Zink mg/l	0,28	0,01–1,08 ppm
Summe an Aminosäuren mg/l	2671	–
Biere aus	**100 % Hafermalz**	**Mittel Biere aus Braugerstenmalzen**
Alkohol % Vol.	4,67	3,5 – 4,8
Restextrakt %	2,73	2,1
pH-Wert	4,99	4,64
Farbe EBC	9,5	7,34
Tannine mg/l	57	44 – 360
Anthocyanogene mg/l	14	6 – 111
Schaum NIBEM s	209	220 – 300
Reduzierende Kraft %	35,6	–
Scheinbare Endvergärung %	76,4	–
DLG-Verkostung frisch /gealtert	4,44 – 4,16	–

mergerstenmalz. Die Vergärungsgrade der Hafermalze liegen aber deutlich über denen der Gerstenmalze. Die Würze- und Kochfarben aus den Hafermalzen waren dunkler. Trotz höherer Proteingehalte im Hafermalz lösten sich aus den Hafermalzen etwas weniger N-Verbindungen. Dadurch sank die Kolbachzahl ab. Die Verlängerung der Mälzungszeit von 7 auf 8 Tage brachte nur noch kleinere Verbesserungen in der Lösung.

In diesem Versuchsprogramm von Hanke et al. [9.15] standen orthogonale Brauversuche mit Hafer- und Gerstenmalzen nicht zur Verfügung. Wenn trotzdem nach Krüger et al. [9.16] und Harms [9.17] Mittelwerte aus Betriebswürzen und Bieren angeführt werden, so haben diese nur einen orientierenden Charakter und geben dennoch brauchbare Anhaltspunkte.

Nach Hanke et al. [9.15] stehen die Würzeanalysen des Hafermalzes denen aus Gerstenmalzen sehr nahe. Der hohe Gehalt an niedermolekularem N in der Betriebswürze aus Hafermalz steht auch in ursächlichem Zusammenhang mit den dunkleren Würzefarben. Die höheren DMS (P)-Werte könnten mit den vergleichsweise niedrigeren Abdarrtemperaturen (max. um 80 °C) zu erklären sein. Der hohe Zinkgehalt um 0,28 mg/l (Minimum = 0,1 bis 0,15 mg/l) fördert die Hefe. Der pH-Wert der Haferbiere war etwas höher. Dies könnte im Zusammenhang mit der Hefeautolyse stehen.

Das Hafermalz-Lagerbier wurde sensorisch gut beurteilt. Insgesamt gesehen, tendierten die Haferbiere zu einem leicht obergärigen Geschmack mit einer speziellen, jedoch angenehmen Note. Die Autoren [9.15] erwähnen darüber hinaus,

dass der hohe Spelzenanteil des Hafermalzes erwartungsgemäß den Treberanteil erhöht, damit aber auch gleichzeitig die Maischefiltration beschleunigt. Das Schrot/Wasserverhältnis sollte bei etwa 1 zu 4 liegen. Aus dieser Mischung resultieren ca. 12-%ige Würzen. Eine Klumpenbildung kann auf diese Weise vermieden werden. Das dargestellte Problem mit dem hohen Hafer-Spelzenanteil geht einher mit einer ganzen Reihe von Vorteilen: So beschleunigt die lockere Textur der Maische nicht nur die Läuterarbeit im Allgemeinen. Eine Zugabe von 5 bis 10 % Hafermalz zu Suden mit hohem Weizenmalz-Anteilen kann die Läuterzeit auch beim Weizenmalz wirkungsvoll beschleunigen.
Nachdem Hafer über Jahrhunderte als Braugetreide eine große Bedeutung besonders in Europa hatte, spielt er seit mehr als 100 Jahren bis in die Gegenwart für die Bierherstellung eigentlich keine Rolle mehr. Die Erfahrungen aus den zahlreichen Überlieferungen und Publikationen haben aber durchaus gezeigt, dass es gut möglich ist, auch aus Hafermalzen Biere herzustellen. Eine spezielle Züchtung von Brauhafer-Sorten gibt es zur Zeit nicht. Um den heutigen Anforderungen der Malz- und Brauindustrie gerade in Richtung auf die Entwicklung von Spezialitäten gerecht zu werden, wäre ein umfassendes Sortenscreening und auch die Züchtung einiger Brauhafersorten wünschenswert. Züchtungs- und Selektionskriterien sollten sich dabei auf folgende Schwerpunkte konzentrieren:

- Erhöhung des Extraktes durch Verminderung von Spelzen und Protein
- Verbesserung der Aktivität zellwandabbauender Enzyme
- Verminderung des Fett- und Glukangehaltes
- Klare Würzen und Biere

Aus technologischer Sicht wären weitergehende Untersuchungen über unterschiedliche Hafermalz-Anteile zu Gersten- und Weizenmalz-Schüttungen wertvoll und innovativ. Alles in allem wird die Aussage von Hanke et al. [9.15] bestätigt, nach der Hafer eine Getreideart mit noch ungenutztem Braupotenzial ist. Dieses sollte wiederentdeckt und genutzt werden.

9.5 Produktionstechnik

9.5.1 Anforderungen an Klima und Boden

Hafer ist eine anspruchslose und anpassungsfähige Getreideart für Regionen, die ausreichend mit Niederschlägen versorgt werden. Sofern jährliche Regenmengen von etwa 700 mm pro m^2 fallen, sind auch leichtere Böden für den Haferanbau geeignet. Der Wasserbedarf für 1 kg Hafer-Trockensubstanz liegt nach Becker [9.9] mit 580 l ca. 15 % über dem des Weizens und ca. 40 % über dem der Gerste. Hafer bevorzugt von Aufgang bis zur Reife kühle Witterung und ist deshalb auch in raueren Mittelgebirgslagen noch anbauwürdig. Für trockenere Lagen in Südeuropa und USA eignen sich nach Aufhammer et al. [9.4] eher die dunkelspelzigen *Avena byzantina*-Arten an Stelle der allgemein verbreiteten hellkörnigen *Avena sativa*-Arten. Durch sein starkes Wurzelsystem ist Hafer in der Lage auch auf ärmeren Böden die wenigen Nährstoffe noch gut zu verwerten. Es bringen aber auch auf guten Böden standfeste, moderne Sorten hohe Erträge. Trotz hoher Keimtemperaturen von 5 bis 6 °C [9.4] (Roggen nur 1 °C bis 2 °C) ist Hafer vergleichsweise unempfindlich gegen Kälte. Im Vergleich zu anderen Getreidearten reift Hafer am spätesten. Besonders in rauen Mittelgebirgslagen, wo er ansonsten noch ganz gut wächst, muss er bei frühem Herbsteinbruch oft geerntet werden, wenn das Stroh noch relativ grün ist. In ungünstigen Lagen bietet sich auch aufgrund der starken Wüchsigkeit die Nutzung der ganzen Pflanze als Grünfutter, Silage oder Heu und Biogas-Rohstoff an.

9.5.2 Stellung in der Fruchtfolge

Hafer folgt auch in modernen Fruchtfolgen in der Regel nach Wintergetreide als sogenannte „abtragende Frucht“. Das starke Wurzelsystem ist in der Lage, die von den Vorfrüchten übrig gebliebenen Rest-Nährstoffe noch gut zu verwerten. In getreidereichen Fruchtfolgen der Gegenwart kommt Hafer als Vorfrucht für Winterweizen eine besondere Bedeutung als sogenannte „Gesundungspflanze“ zu. Seine ausgeprägte Resistenz gegen Fußkrankheiten (*Ophiobolus*; *Cercosporella*) führt zu einem geringeren Fußkrankheitsbefall auch beim nachfolgenden Winterweizen. Trotzdem aber sollte nach Becker [9.9] Hafer nur alle 4 bis 5 Jahre wieder auf demselben Feld angebaut werden [9.9]. Hafer ist sehr anfällig gegen Nemathoden (*Heterodera avenae*), die nach Gliemeroth [9.18] besonders bei Sommergetreide (Hafer) mehr als 35 % Ertragsverlust verursachen können. Als Vorfrucht für Hafer eignen sich alle Früchte außer Hafer selbst.

9.5.3 Bodenbearbeitung und Pflege

Der hohe Wasserbedarf des Hafers zwingt zu wassersparenden Systemen der Bodenbearbeitung. Auf keinen Fall sollte deshalb unter normalen Bedingungen im Frühjahr vor der Saat gepflügt werden. Dadurch würde zu viel von der gespeicherten Winterfeuchtigkeit verloren gehen. Im klassischen Anbau von Hafer nach Winterweizen erfolgt eine flache Schälfurche mit Pflug, Grubber oder Scheibenegge unmittelbar nach der Wintergetreideernte. Ziel ist dabei, das Unkraut zum Keimen zu bringen und den Boden für natürliche Niederschläge aufnahmefähiger zu machen. Es folgt eine tiefere Pflugfurche vor dem Winter. Der Boden bleibt danach in diesem groben Zustand zur Winterruhe liegen.
Sobald der Boden im Frühjahr mit Maschinen befahrbar abgetrocknet ist, wird abgeeggt. Es erfolgt die P- und K-Grunddüngung und ein Teil der N-Düngung. Schließlich wird das Saatbett mit dem Kombikrümler saatfertig hergerichtet und die Aussaat vorgenommen. Zu den weiteren Pflegemaßnahmen gehören eine zweite N-Düngung, die Unkraut- und Schädlingsbekämpfung und gelegentlich der Einsatz von Wachstumsregulatoren zur Verbesserung der Standfestigkeit.

9.5.4 Saatgut und Sorten

Im Interesse der frühen Nutzung des Züchtungsfortschrittes empfiehlt sich auch beim Hafer die Auswertung und Nutzung der jährlichen Landessortenversuche. Neue Sorten und die Verwendung von zertifiziertem Saatgut (blaues Etikett) bringen in der Regel höhere Erträge und bessere Krankheitsresistenzen. Wie die Abbildung 9.5 zeigt, sind die Haferkörner sehr unterschiedlich in Größe und Gewicht. So variieren auch die TKGs von 20 g bis 55 g. Bei der Saatgutaufbereitung sollten eher die größeren Körner für die Aussaat Verwendung finden. Da beim Hafer die gefährlichsten Krankheiten schon im Keimlingsstadium auftreten, ist eine Saatgutbeizung besonders gegen Flugbrandpilze unerlässlich.
In Zentral- und Nordeuropa werden überwiegend bespelzte Sommerhafer angebaut. In Deutschland sind in dieser Gruppe 29 Sorten vom Bundessortenamt zugelassen [9.19]. Am stärksten verbreitet sind Max (32 %), Scorpion (20 %), Ivory (13 %), Aragon (8 %) und Dominik (7 %). Diese fünf Sorten belegten 2012 rund 80 % der Saatgutvermehrungsfläche.
Die Züchtung geht zur Zeit eher in Richtung Ertrag x Nahrungs- und Futterqualität. 2012 waren die zwei Nackthafersorten Samuel und Sandokan in Deutschland zugelassen. Diese sind aus der Sicht der Herstellung von Nahrungsmitteln durchaus erwähnenswert. Leider sind, wie bereits erwähnt, die Erträge noch recht niedrig und die Gefahr des Ausfallens der reifen Körner vor der Ernte kann beachtliche Verluste bringen. Die Winterhafersorte Fleuron für südliche Lagen mit milden Wintern ergänzt das Sortiment in Deutschland.

9.5.5 Saatmengen und Saatzeit

Die Saatnorm liegt unter durchschnittlichen Bedingungen in Deutschland beim Hafer zwischen 350 und 420 keimfähigen Körnern pro m². Bei mittlerer Saatstärke von 370 Körnern/m² x 95 % Keimfähigkeit und 35 g TKG entspricht dies einer Saatmenge von ca. 135 kg/ha. Zur Erzielung ausreichender Bestandsdichten kann sich die Saatmenge in ungünstigen Gebirgslagen auch um bis zu 50 % erhöhen. Nach Aigner et al. [9.20] liegen in Norddeutschland die Saatnormen eher an der oberen Grenze, im Süden überwiegend im unteren Bereich. Die Notwendigkeit der Nutzung der Winterfeuchte und auch aufgrund des Vernalisationsbedürfnisses (Kältereize von 0 °C bis 8 °C) sollte nach Becker [9.9]) der Sommerhafer zum frühest möglichen Termin im zeitigen Frühjahr ausgesät werden. Der richtige Zeitpunkt ist gekommen, sobald der Boden einen Maschineneinsatz, ohne Strukturschäden zu verursachen, zulässt.

9.5.6 Saattiefe und Reihenabstand

Anders als andere Getreidearten muss Hafer mit 3 bis 6 cm eher etwas tiefer ausgesät werden. Dadurch kann der keimende Hafer sicherer an die notwendige Bodenfeuchte herankommen. Analog zu den Ausführungen bei den bereits behandelten Getreidearten braucht auch Hafer einen möglichst engen Reihenabstand. Wenn innerhalb der Reihe weite Kornabstände gewählt werden, entsteht eine optimale Standraumverteilung der Pflanzen. Dies ist dann eine gute Voraussetzung für hohe Erträge. Da auch beim Haferanbau mehrere Male nach der Saat bis zur Ernte für Pflegemaßnahmen in die Bestände gefahren werden muss, empfiehlt sich auch hier, pflanzenfreie Fahrgassen anzulegen, um Schäden an den Pflanzen zu vermeiden.

9.5.7 Düngung

Nach Aigner et al. [9.20] entzieht der Hafer durch die Korn- und Strohernte bei einem Kornertrag um 50 dt/ha an Reinnährstoffen:

- ❑ 100 bis 150 kg/ha N
- ❑ 50 bis 75 kg/ha P_2O_5
- ❑ 150 bis 200 kg/ha K_2O
- ❑ 20 bis 40 kg/ha CaO
- ❑ 15 bis 25 kg/ha MgO

Obwohl auch Hafer eine kombinierte organische und mineralische Düngung mit hohen Erträgen honoriert, erhält er in der Regel keine organische Düngung. Diese bleibt den produktiveren Früchten (Zuckerrüben) vorbehalten. Nach Becker, zitiert bei Oehmichen [9.9], nutzt Hafer aufgrund seines intensiven Wurzelwachstums die Nährstoffe des Bodens besser aus als Gerste und Weizen. Auf der Basis von 50 dt/ha Kornertrag müssen zur mineralischen Grunddüngung im zeitigen Frühjahr für Sommerhafer ausgebracht werden:

- ❑ 50 bis 60 kg/ha P_2O_5
- ❑ 100 bis 150 kg/ha K_2O
- ❑ 20 bis 30 kg/ha MgO

Die Kalkversorgung erfolgt im Rahmen der Fruchtfolge zur Hackfrucht (Zuckerrüben). Die N-Mineraldüngung sollte in gewohnter Weise unter Einbeziehung des Rest-N im Boden aus der Vorfrucht im Bereich um 140 bis 180 kg/ha liegen. Diese ist im Laufe des Frühjahrs in ca. 3 Teilgaben dann zu verabreichen, wenn der Hafer nicht für Brauzwecke angebaut wird. Zur speziellen Brauhafererzeugung mit niedrigem Proteingehalt reichen 2 N-Teilgaben mit reduzierter N-Menge auf 120 kg/ha N. Sollte eine zusätzliche N-Spätdüngung zur Proteinerhöhung (Verbesserung der Nahrungs- und Futterqualität) erforderlich sein, darf diese nicht vor der Befruchtung der Blüten (Stadium 59) erfolgen. Dadurch können zu starkes vegetatives Wachstum und Lager auf dem Feld in Grenzen gehalten werden.

9.5.8 Wasserversorgung, Bewässerung, Beregnung

Da Hafer zu den Getreidearten mit dem höchsten Wasserbedarf gehört, wird er in der Regel im kühlen Klima mit ausreichenden natürlichen Niederschlägen angebaut. Eine zusätzliche künstliche Wasserversorgung ist für Hafer in Europa nicht üblich und in der Regel auch nicht notwendig.

9.5.9 Wachstumsregulatoren

Hafer ist relativ weich im Stroh und neigt deshalb besonders auf besseren Böden bei ausreichender N-Versorgung zu einer sehr starken vegetativen Entwicklung. Diese Faktoren bergen die Gefahr zur Bildung von Lager vor der Ernte auf dem Feld mit allen negativen Folgen für Ertrag und Qualität. Nach Becker [9.9] ist die Spritzung von 2 bis 3 l/ha Cycocel zur Halmverkürzung und -stabilisierung umso wirtschaftlicher, je üppiger der Pflanzenbestand ist. Hohe Bestandesdichten, reichliches Nährstoffangebot, schwerere, bessere Böden und gute Wasserversorgung fördern ebenfalls die Lagerneigung. Alles in allem dürfte im erfolgreichen Haferanbau neben der Züchtung standfesterer Sorten die Spritzung eines Wachstumsregulators zur Halmverkürzung in den Entwicklungsstadien EC 37 bis 49 (nach der Ährendifferenzierung bis zur Blüte) die Lagerneigung nachhaltig vermindern. Beim Hafer kommen nach Gößner et al. [9.21] zur Zeit Cycocel 720 oder Moddus zur Anwendung.

9.5.10 Pflanzenschutz

Sofern mechanische Bekämpfungsmethoden gegen Unkräuter und Ungräser keine ausreichenden Wirkungen zeigen, treten chemische Alternativen in den Vordergrund. Die nahezu unüberschaubare Vielzahl verfügbarer Getreideherbizide gegen Ungräser ist – von wenigen Ausnahmen abgesehen – auch für die Unkrautbekämpfung im Hafer einsetzbar. Ein besonderes Problem bringt aber beim Hafer die Frühjahrsbekämpfung gegen Unkräuter und Ungräser (Flughafer, Windhalm, Ackerfuchsschwanz). Für diese speziellen Fälle stehen nach Gößner et al. [9.21] nur Concert SX und Lexus zur Zeit zur Verfügung. Besonders bei später Saat kann der Befall des Hafers durch Fritfliegen die jungen Pflanzen durch Abfressen vernichten. In solchen Fällen ist eine Spritzung mit einem Insektizid (Karate Zeon) erforderlich. Gegenüber Pilzkrankheiten ist Hafer etwas weniger anfällig. In der Regel reicht, je nach Bedarf, eine Spritzung mit einem gebräuchlichen Getreidefungizid. Spezielle Fungizide für Hafer sind zur Zeit nicht erforderlich.

Literatur Kapitel 9

[9.1] Geisler, G.: Pflanzenbau, ein Lehrbuch. 268–270, Paul Parey, Berlin und Hamburg, 1980

[9.2] Maurizio, A., zit. in: Aufhammer, G., Fischbeck, G.: Getreide. 285-329, Gemeinschaftsverlag DLG Verlag, Frankfurt/Main, 1973

[9.3] Maurizio, A.: Geschichte gegorener Getränke. 104–106, Berlin, Paul Parey, 1933

[9.4] Aufhammer, G., Fischbeck, G.: Getreide. 285–329, Gemeinschaftsverlag DLG Verlag, Frankfurt/Main, 1973

[9.5] Speckmann, W. D.: Fehlt uns ein Haferbier? Brauerei Journal 110, 348–350, 1992

[9.6] Schiemann, E., Zade, A., Nicolaisen, W., Becker-Dillinigen, J., Coftmann, F. A., Mackay, J., zit. in: Aufhammer/Fischbeck [9.4] und Geisler [9.1]

[9.7] Seibel, W.: Warenkunde Getreide. 50–51, Agrimedia, Bergen, 2005

[9.8] Pelshenke, P., zit. in: Roemer et al.: Handbuch der Landwirtschaft II. 129, Paul Parey Berlin u. Hamburg, 1953

[9.9] Becker, F. A., zit. in: Oehmichen, J.: Pflanzenproduktion Band 2, Produktionstechnik, 332–343, Verlag Paul Parey Berlin und Hamburg, 1986

[9.10] Hornsey, I. S.: Brewing. Cambridge, 1999

[9.11] Hopkins, R. H.: The use of Oats in Brewing. J. I. Brewing, 49, 77–87, 1943

[9.12] Anonym: Der vollkommene Bierbrauer. 31–37, Altona und Leipzig, bey Johann Heinrich Kaven, 1795

[9.13] Habich, G. E.: Schule der Bierbrauer, 35–36, Leipzig, von Otto Spamer, 1875

[9.14] Briggs, D. E.: Malts and Malting. Department of Biochemistry University of Birmingham, Birmingham, UK, 728, Blackie Academic and Professional. An Imprint of Chapman and Hall, London, Weinheim, New York, Tokyo, Melbourne, Madra, 199

[9.15] Hanke, S, Zarnkow, M, Kreisz, S., Back, W.: The use of Oats in Brewing. Monatsschrift für Brauwiss., März/ April, 11–17, 2005

[9.16] Krüger, E., Anger, M.: Kennzahlen der Betriebskontrolle und Qualitätsbeschreibung in der Brauwirtschaft. Kap. 7 u. 8, Behrs Verlag, 1990

[9.17] Harms, D.: Interne Mitteilung aus dem VLB-Zentrallabor, Analysen der Biere 2008 und 2009, 2010

[9.18] Gliemeroth, G., Kübler, E.: Zeitschrift für Pflanzenbau, 136, 34–54, 1972

[9.19] Bundessortenamt BSA: Beschreibende Sortenliste Getreide. 56–63, 2010

[9.20] Aigner, H., Vetter, H., Früchtenicht: Faustzahlen für Landwirtschaft und Gartenbau. Ruhr-Stickstoff AG, 10. Aufl., 1983

[9.21] Gößner, K., Götz, R., Hahn, K.A., Krueger, B., Schütze, K., Wölfel, S.: Thüringer Landesanstalt für Landwirtschaft, Schriftenreihe Heft 2, 19–48, 2009

[9.22] Foto: Olaf Hendel, VLB Berlin

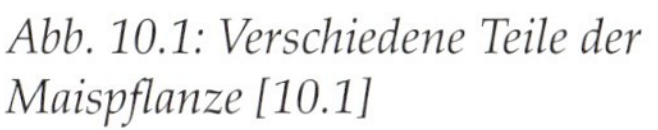

Abb. 10.1: *Verschiedene Teile der Maispflanze [10.1]*

Abb. 10.2:
Mais aus Kreuzungsversuchen mit verschiedenen Sorten [10.2]

10. Mais *(Zea mays)*

10.1 Allgemeines

Obwohl Mais eine Kulturpflanze der Neuen Welt ist, werden nach Seibel [10.3] archäologische Funde aus Mexiko auf ein Alter von 7000 Jahren geschätzt. Im allgemeinen Teil in Kapitel 1 wurde bereits dargestellt, dass Mais weltweit die Getreideart mit den höchsten Erträgen und der größten Produktion ist. Allein von den jährlichen 2,2 bis 2,4 Mrd. t Gesamtgetreide in der Welt entfallen ca. 0,7 Mrd. t auf Mais. Die großen Produktionsmengen und die Zusammensetzung der Inhaltsstoffe machen Mais auch für die Brauindustrie zu einem interessanten und wichtigen Rohstoff. So wird Mais in Form von Rohmais, Grits, Sirupe etc. für die Herstellung von Bier eingesetzt. Die vielseitigen Verwendungsmöglichkeiten in der Nahrungsmittel-, Getränke- und Biotechnologie verlangen umfassende Kenntnisse über diese bedeutende Getreideart. Nachdem Columbus 1493 die ersten Maiskörner primitiver Sorten aus der Neuen Welt (mittel- und südamerikanische Herkünfte) mit nach Europa gebracht hatte, kamen modernere Hybridmaise in der ersten Hälfte des 20. Jahrhunderts ein zweites Mal – nun aus den USA – nach Europa. Diesmal brachte es der Mais infolge der hohen Ertrags- und auch wegen der vielseitigen Verwendungsmöglichkeiten zu einer gewaltigen Flächenausdehnung in Europa. Nach Hepting et al. [10.4] wurden bereits ab 1960 mit modernen Topcross-Hybriden in ca. 20 Jahren Steigerungen von Kornerträgen von etwa 30 % erreicht. Bis in die Gegenwart konnten weitere 20 % Ertragszuwächse erzielt werden bei gleichzeitiger Vorverlegung der Reife. Zur Zeit des Anbaues des alten frei abblühenden Badischen Landmaises bis in die 1960er Jahre galt die Main-Linie als nördlichste Grenze für den Körnermaisanbau in Deutschland. Frühreife, ertragsstarke Hybriden haben aber inzwischen weite Gebiete nördlich des Mains auch für den Körnermaisanbau erschlossen. Das gilt besonders für die sich schneller erwärmenden leichteren Böden des Nordens. Ähnlich rasant

	1992	2000	2011	Vergleich Weizen 2011
Körnermais				
Anbaufläche 1000 ha	296	371	488	3173
Kornertrag t/ha	7,3	9,2	10,7	7,1
Silomais / Gesamtpflanze / Grünmasse				
Anbaufläche 1000 ha	1243	1154	2029	
Grünmasseertrag t/ha	39,6	45,0	47,6	

Tab. 10.1: Entwicklung des Maisanbaus in Deutschland [10.5, 10.6]

verlief die Entwicklung auch in Frankreich. Wenn Mais ursprünglich eher eine Pflanze des subtropischen Klimas war, so hat die moderne Hybridzüchtung dazu beigetragen, dass heute auch der Körnermais weit in die gemäßigten, kühleren Regionen der Erde vordringen konnte (Tab. 10.1). Die starke Anbauerweiterung beim Körnermais ist sicherlich eine Folge der Züchtung auf hohe Kornerträge bei gleichzeitig früherer Abreife [10.4, 10.5]. Die Erträge liegen noch um 2 t pro ha über denen des ohnehin schon ertragsstarken Winter-Weichweizens. Der Anstieg beim Silomais lässt sich zurückführen auf die Bestrebungen der Landwirte, den Anbau der arbeitsaufwendigen Futterrüben durch den vollmechanisierbaren Silomais in der Milchviehfütterung zu ersetzen. Darüber hinaus spielt aber auch Maissilage in Kombination mit der Verwertung von Gülle bei der Herstellung von Biogas eine immer größere Rolle.

10.2 Systematik, züchterische und morphologische Besonderheiten

Es wurde im Kapitel 4.5.2 (Zuchtmethoden) bereits dargestellt, dass beim Mais die beiden Geschlechter zwar auf der gleichen Pflanze, jedoch an unterschiedlichen Organen lokalisiert sind. Mais ist somit einhäusig (monözisch) und getrenntgeschlechtlich. In Abbildung 10.1 ist diese Besonderheit zu erkennen. Der männliche Blütenstand ist als Rispe endständig an der Sprossachse angeordnet. Die weiblichen Blüten sind in Kolben im mittleren Bereich der Sprossachse seitlich deponiert. Die Getrenntgeschlechtlichkeit erleichtert in der Züchtung von Hybriden die Isolation zur Erstellung von Inzuchtlinien. Nach Hahlbruck et al. [10.7] geht es beim Mais im Wesentlichen um die Entwicklung von Inzuchtlinien durch mehrjährige erzwungene Selbstbefruchtung (Isolation durch Eintütung von ganzen Pflanzen während der Blüte). Die über Testkreuzungen ermittelten geeigneten Inzuchtlinien werden dann miteinander gekreuzt und bringen im gewünschten Falle den sogenannten Heterosiseffekt. Dieser beschreibt u.a. den Ertragsvorteil gegenüber den Ursprungseltern der gekreuzten Inzuchtlinien. Unterschiedliche Inzuchtlinien-Kombinationen führen u.a. zu folgenden Hybriden, wie sie Tabelle 10.2 ausweist. Die meisten Hybridsorten liegen im Bereich der genannten Herstellungsverfahren. Diese sind heute nach Hepting et al. [10.4] die weltweiten Züchtungsmethoden beim Mais. Auf die Besonderheiten des Hybridmaises wurde bereits eingegangen (Kap. 4.5.2) [10.7]. Der erwünschte ertragssteigernde Heterosiseffekt der Hybriden verschwindet in der Regel nach dem ersten Anbaujahr. Auch spaltet das Ernte-

Tab. 10.2: Kombinationen von Inzuchtlinien nach Hepting et al. [10.4]

Einfachhybriden =	Kreuzung von Inzuchtlinie IA	x	Kreuzung von Inzuchtlinie IB
3-Wege-Hybriden =	Kreuzung von (IA x IB)	x	(IB)
Doppelhybriden =	Kreuzung von (IA x IB)	x	(IC x ID)

gut beim Nachbau (Mendel`sche Spaltungsregel) in die verschiedensten Genotypen auf. Dies bedeutet, dass das Erntegut mit dem Heterosiseffekt uneinheitlich ist. Aufgrund dieser Besonderheiten muss der Landwirt jedes Jahr neues Hybridsaatgut beim Züchter kaufen, der es aus der Kreuzung seiner Inzuchtlinien jeweils neu herstellt. Dieser Mehraufwand macht das Saatgut teurer. Immerhin steht dem aber entgegen, dass durch die Hybridzüchtung die Maiserträge gegenüber den ehemaligen frei abblühenden Ausgangssorten um bis zu 30 % gestiegen sind. Trotzdem aber müssen altbewährte frei abblühende Sorten wegen ihrer oft sehr guten Resistenzen und auch Qualitätseigenschaften für die Weiterentwicklung von neuen Sorten erhalten bleiben, zumal sich auch nicht jeder Kleinbauer in Entwicklungsländern das teuere Hybridsaatgut leisten kann. Maispflanze und Körner unterscheiden sich wesentlich von den übrigen Getreidearten. Die Maispflanze ist im Vergleich zum Weizen wesentlich länger und kräftiger. Sie braucht für ein optimales Wachstum erheblich mehr Platz. Der Mais wird deshalb mit Einzelkornsämaschinen so abgelegt, dass nur ca. 9 Pflanzen pro m^2 stehen. Beim Weizen sind es bei normaler Drillsaat ca. 350 Pflanzen pro m^2. Im Weltdurchschnitt liegen die Maiserträge bei 4,7 t/ha; die des Weizens bei nur 2,8 t pro ha [10.5, 10.6]. Die Tausendkorngewichte (TKG) erreichen beim Weizen 40 bis 50 g, beim Mais dagegen 200 bis 600 g. Der Keimling im Maiskorn nimmt einen wesentlich größeren Anteil im Korn ein als der des Weizens. Das spielt bei der technologischen Verarbeitung eine gravierende Rolle. Der morphologische Aufbau des Maiskornes zeigt schematisch die Struktur in Abbildung 10.3 [10.8].

Obwohl Mais zu den ältesten Nahrungspflanzen der Welt gehört, sind wilde Urformen nicht bekannt. Die dem Mais am nächsten stehende und auch mit ihm kreuzbare Pflanze ist die Teosinte, eine mittelamerikanische Grasart. Zum Ursprung des Maises gibt es im Wesentlichen zwei verschiedene Hypothesen [10.7]. Die eine betrachtet die Teosinte als wild wachsende Urform. Die andere sieht in einem nicht mehr existierenden Wildmais den Ursprung der Kultursorten. Zwar ist die Systematisierung des Maises nach Kornmerkmalen aus genetischer und morphologischer Sicht nach Sprague und Tavcar [10.4] nicht zu rechtfertigen. Trotzdem aber erscheint es aus Sicht der technologischen Verarbeitbarkeit sinnvoll zu sein, bestimmte Korntypen entsprechend ihrer Verwendungsmöglichkeiten untereinander abzugrenzen. Grebenscikov [10.10] bezeichnet diese Untergruppen als *Zea mays Convarietäten.* Die unterschiedlichen Kornmerkmale sind primär abhängig von der Endospermstruktur. Mudra [10.9] beschreibt unter Bezug auf Grebenscikov [10.10] die folgenden Convarietäten (Abb. 10.4 u. 10.5):

Diese lassen sich wie folgt charakterisieren.

A: Hartmais – *Zea mays Convarietät vulgaris (Flint corn)* Die äußeren Schichten bestehen aus horniger, sehr harter Stärke. Nur im Korninneren ist das Endosperm mehlig. In Europa sind die Hartmaise die wirtschaftlich wichtigsten Formen und die besten Maise für die Herstellung von Nahrungsmitteln.

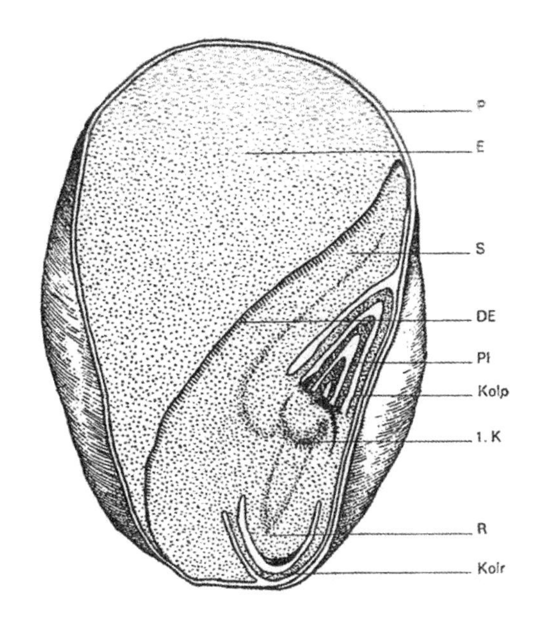

Abb. 10.3: Morphologischer Aufbau eines Maiskornes nach Schrimpf [10.8]
P: pericarp / E: endosperm / S: scutellum / DE: gland epithelium of the scutellum / PI: plumule / Kolp: coleoptile / 1. K: first node / R: radicle / Kolr: coleorhiza

Abb. 10.4: Maiskolben unterschiedlicher Zea mays Convarietäten nach Mudra [10.9]

B: Stärke- oder Weichmais – *Zea mays Convarietät amylacea (Flour corn)* Das Endosperm ist locker und mehlig. Es fehlt die hornige Stärke. In Peru und Bolivien dominieren diese Maise; in den übrigen Ländern sind sie von untergeordneter Bedeutung.

C: Zahnmais – *Zea mays Convarietät dentiformis (Dent corn)* Die hornige Stärke fehlt am Korngipfel. Nur die Kornseiten sind verhornt. Bei der Reife trocknet der weiche Teil an der Kornspitze stärker ein als die Seiten. Dadurch entstehen an der Kornspitze die charakteristischen Pferdezahn-Einsenkungen. Sowohl im nordamerikanischen Maisgürtel als auch in Südeuropa haben die Zahnmaise eine größere wirtschaftliche Bedeutung.

D: Übergangsformen zwischen Zahn- und Hart- bzw. Weichmaisen – *Zea mays Convarietät Aorista.* Die Struktur des Kornes ist wie beim Zahnmais, jedoch bildet sich keine Einsenkung. Die große Vielfalt verspricht bei diesen Maisen kurzfristige Selektionserfolge. Die Kolben sind relativ klein, die Erträge niedrig.

E: Puffmais – *Zea mays Convarietät microsperma (Pop corn)* Das Endosperm besteht fast vollständig aus horniger Stärke. Beim Erhitzen platzt die Samenschale auf und das Endosperm quillt als lockere, weiße Stärkemasse heraus. Dabei kann sich das Volumen bis um das 30-Fache vergrößern. Die wirtschaftliche Bedeutung dieser kleinkörnigen Maise ist gering.

Zea mays Convarietät (c)

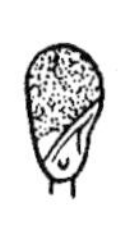

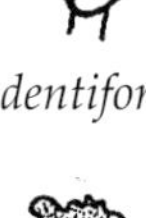

Abb. 10.5: Maiskörner unterschiedlicher Zea mays Convarietäten Längsschnitt durch typische Körner der Mais-Convarietäten (punktiert = hornig bzw. wachsartig) [10.9, 10.10]

F: Zuckermais – *Zea mays Convarietät saccharata (Sugar corn)* An Stelle von Stärke wird das süße Amylodextrin gespeichert, welches bei der Reife stark schrumpft. Die Körner werden runzelig. Von Bedeutung ist weiterhin ein bis zu 9 % ansteigender Fettgehalt, der bei den anderen Maisen nur bei 5 % liegt. Auch enthalten die Zuckermaise 1 % bis 3 % mehr an Protein. Im Stadium der Milchreife werden diese Maise auch als Gemüse verwertet.

G: Zwischenformen von Zucker- und Weichmais – *Zea mays Convarietät amyleasaccharata.* Nur der obere Teil des Kornes ist geschrumpft. Der untere Teil bleibt mehlig. Diese seltene Form hat keine größere wirtschaftliche Bedeutung.

H: Wachsmais – *Zea mays Convarietät ceratina (waxy corn).* Die äußeren Schalen enthalten anstatt horniger Stärke das sogenannte Erythrodextrin, eine harte, stärkehaltige Substanz. Sie hat nichts mit Wachs zu tun.

Alles in allem liefern für europäische Maisanbaugebiete die frühreiferen Hartmaise und die etwas anspruchsvolleren Pferdezahnmaise sowie ihre Zwischenformen die wichtigsten genetischen Grundlagen für das heutige Hybridsortenspektrum. In den Ursprungsländern von Mittel- und Südamerika stehen die Weichmaise auch in Form frei abblühender älterer Sorten stärker im Anbau.

10.3 Reifegruppen

Nach Geisler [10.11] ist beim Mais bei einem Kornwassergehalt von 40 % die Einlagerung von Assimilaten ins Korn abgeschlossen. Gleichzeitig ist damit auch die physiologische Reife erreicht. Bei diesem Wassergehalt ist das Maiskorn druschfähig. Eine weitere Wasserabgabe des Kornes auf dem Feld erfolgt nur sehr zögerlich, weil einerseits die den Kolben umschließenden Lieschblätter der zügigen Wasserabgabe aus dem Korn im Wege stehen und andererseits zur Ernte im Oktober die Luftfeuchtigkeit im Allgemeinen sehr hoch ist. Eine Nachtrocknung bis auf ca. 15 % Kornwassergehalt ist eine wichtige Voraussetzung für die Gesunderhaltung auch bei längerer Lagerung. Weltweit werden die Maissorten mit den sogenannten FAO-Zahlen 100 bis 900 in die Reifegruppen früh bis spät eingeteilt. Die in Deutschland noch anbauwürdigen Körnermaissorten liegen bei max. 260 FAO. Hier orientieren sich die Reifegruppen an den Tages-Durchschnittstemperaturen vom 1. Mai bis 30. September. Danach werden die in Tabelle 10.3 angeführten Reifegruppen unterschieden: Je frühreifer die Sorten sind, umso geringer ist der Kornertrag. Die Industrie bevorzugt gut ausgereifte Maise, die in Deutschland im günstigeren Klima des Südwestens mit frühen und mittelfrühen Sorten noch zu erreichen sind. In Deutschland werden allein von der Stärkeindustrie ca. 800.000 t Körnermais verarbeitet. Diese kommen vorwiegend aus den klimatisch günstigeren Regionen Frankreichs.

10.4 Mais als Nahrungsmittel

Es gibt wohl kaum eine Getreideart, die so vielseitig als Rohstoff für die Lebensmittel- und Getränkeindustrie sowie auch als Körnerfutter verwendet werden kann, wie der Mais. Wie bereits erwähnt, ist der hohe Fettgehalt von etwa 5 %, der damit mehr als doppelt so hoch ist wie der des Weizens, von besonderem Interesse. Bei der Verwendung des Maises als Rohstoff für die Lebensmittel- und Getränkeindustrie kommt den Hart- und Zahnmaisen und ihren Zwischenformen nicht nur wegen ihrer hohen

Tab. 10.3: Körnermais-Reifegruppen [10.11]

Klimalagen	Mittlere Temperatur Mai bis September °C	Reifezahl (FAO-Zahl)	Reifegruppe
Ungünstige Lagen	14 – 15	< 220	früh
Weniger günstige Lagen	15 – 16	230 – 250	mittelfrüh
Günstige Lagen	> 16	>2 60	mittelfrüh/spät

Erträge, sondern auch infolge ihrer guten Verarbeitbarkeit eine große Bedeutung zu.

10.4.1 Trockenvermahlung und ihre Produkte

Die im Trockenmahlverfahren hergestellten Grieße (feiner) und Grits (gröber) bilden durch spezifisches Abtrennen von Keimling und Schalen die auf ca. 1 % Fett reduzierten Zwischenprodukte. Der abgetrennte Keimling enthält 50 bis 60 % eines hochwertigen Pflanzenfettes, das als Rohstoff für die Margarineherstellung eingesetzt wird. Die Schalen sind Futtermittel. Bei der Vermahlung des fettarmen Mehlkörpers fallen unterschiedliche Grießausbeuten an. Mit zunehmender Glasigkeit der Stärke steigen die Grießausbeuten. Diese sind auch stark abhängig von der Herkunft des Maises. Sie streuen zwischen 40 % und 70 % (Abb. 10.6).

Bevorzugte Maise für die Grießherstellung sind nach Maizena [10.12] diejenigen mit dem höchsten Anteil und einem durchgehenden glasigen, harten Endosperm (*Flint corn*) (s. Abb. 10.6) [10.12]. Für die Stärkegewinnung werden jedoch die Maise mit dem überwiegend mehligen Endosperm bevorzugt (*Flour corn*). Nach Seibel [10.3] sind von besonderem Interesse für die Stärkeindustrie die Wachsmaise (*Waxy corn*) mit 2 % Amylose in der Stärke und auch die Amylosemaise (*Starchy sweet corn*), die von den beiden Stärkemolekülen etwa zu 80 % Amylose enthalten. Nach Bolling und Zwingelberg [10.13] und Gerstenkorn [10.14] wird beim Mais-Standardmahlversuch nach der Benetzung der Partie auf

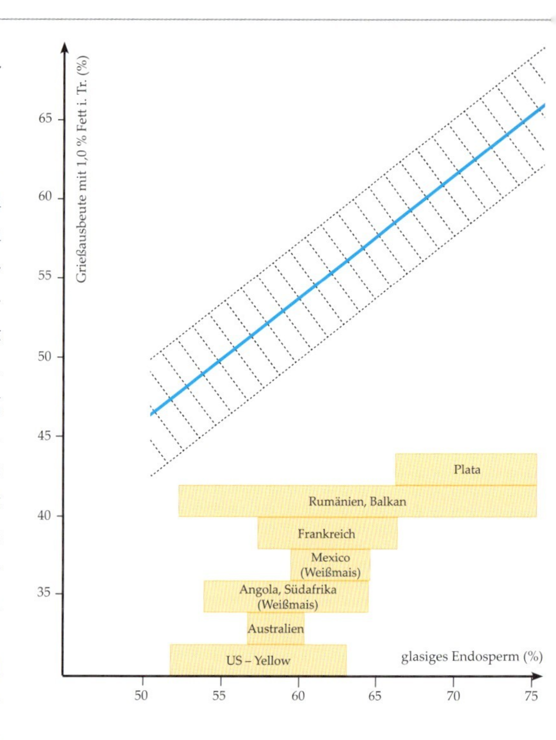

Abb. 10.6: Ausbeute von Grieß mit 1,0 % Fett i.Tr. in Abhängigkeit vom Anteil an glasigem Endosperm für alle Maisherkünfte [10.12]

einen Wassergehalt von 20 % und einer Abstehzeit von 24 h die Vermahlung und Auftrennung in 8 Fraktionen vorgenommen (Tab. 10.4). Die Grießausbeute errechnet sich aus der Summe der Fraktionen 1 bis 3 unter Berücksichtigung eines Fettgehaltes von ca. 1 %. Die Grießfraktion < 1 % Fett hat als Rohfrucht für die Bierbereitung international eine große Bedeutung.

Mais-Ganzkorn [10.33]

Mais-Grieß [10.34]

Mais-Mehl [10.35]

Kornflakes [10.36]

Abb. 10.7: Mais und seine Verarbeitungsprodukte aus der Trockenvermahlung

Fraktion 1	Grieß	grob	Korngrößen	670 – 1250 µm
Fraktion 2	Grieß	fein	Korngrößen	670 – 1000 µm
Fraktion 3	Mehl		Korngrößen	< 261
Fraktion 4	Schalen und Keime als Nebenprodukte			
Fraktion 5	Abscheider Grieß grob als Nachprodukt			
Fraktion 6, 7, 8	Weitere Nachprodukte			

Tab. 10.4: Grießfraktionen für Standardversuche [10.13, 10.14]

Gerstenkorn [10.14] ermittelte in Anbauversuchen in Berlin, dass mit frühen Sorten (FAO 210) immerhin beachtliche Grießausbeuten von ca. 55 % erreicht werden konnten. Mit ansteigender FAO-Zahl bis in den mittelspäten Bereich um FAO 280 fiel jedoch die Grießausbeute bis auf 50 % ab. Nach der Trockenvermahlung können nach Becker und Oleschinski [10.15] u.a. die in Abbildung 10.7 aufgeführten Produkte hergestellt werden.

10.4.2 Nassvermahlung und ihre Produkte

Der gereinigte Mais wird einige Stunden geweicht. Das Weichwasser sollte mit bewährten desinfizierenden Zusätzen zur Bekämpfung von Schimmelpilzen angereichert sein. Während des Quellvorganges nehmen Keimling und Endosperm unterschiedliche Wassermengen auf, die zu Spannungen zwischen Embryo und Endosperm führen. Bei der Grob-Nassvermahlung führt dies zu einem differenzierten Herausbrechen von Keimling und Schalen einerseits. Andererseits fällt das sauber abgetrennte Endosperm an. Die Schalen werden zu Futtermitteln, das wertvolle Keimöl überwiegend zu Margarine verarbeitet. Das Endosperm wird nun fein vermahlen (Abb. 10.8). Es entsteht daraus nach der Proteinabscheidung eine Stärkeemulsion. Diese „Stärkemilch“ nimmt eine zentrale Stellung als Grundstoff für die Weiterverarbeitung zu einer breiten Palette von Stärke- und Zuckerprodukten ein. Dies geschieht durch Trocknen, Reinigen, Rösten und Konvertieren. Bei der Stärkegewinnung werden die Maise mit mehligem Endosperm bevorzugt (*Flour corn*). Nach Maizena [10.12] gehören zu den Stärke-Veredlungsprodukten aus der Stärkemilch u.a. auch Spezialstärken für technische Zwecke und für die Herstellung von Nahrungsmitteln: Sorbit, Dextrose, Glukose- und Stärkesirupe und Kulöre. Für die Bierbereitung sind aus beiden Verarbeitungsverfahren eine ganze Palette von Produkten aus dem Mais von Interesse. Diese wurden jedoch ausnahmslos aus ungemälztem Mais hergestellt. Im noch später zu behandelnden Kapitel 14 „Rohfrucht“ wird noch näher auf diese Thematik eingegangen. Analog zu den bisher behandelten Getreidearten geht es zunächst erst einmal um die Herstellung von Malz aus Mais.

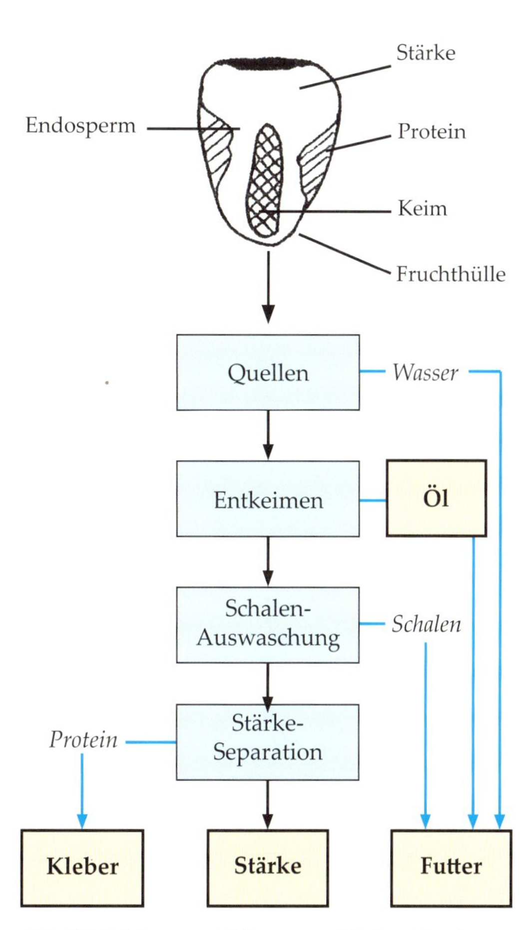

Abb. 10.8: Nassvermahlung von Mais und seine Produkte [10.12]

10.4.3 Malzbereitung aus Mais

Die ersten europäischen Siedler in Nordamerika und auch die Dorfbevölkerung in Afrika verwendeten bereits Mais für die Malz- und Bierbereitung [10.16]. Auch die Andenvölker in Südamerika benutzten für ihre Chicha-Biere lokal hergestellte Malz aus Weichmaisen. Wenn trotzdem der Mais als Mälzungsgetreide heute keine wirtschaftliche Bedeutung mehr hat, so liegt dies sicherlich an einigen Eigenschaften, die im industriellen Mälzungs- und Brauprozess eher als störende Faktoren für die Herstellung von normalen Lagerbieren angesehen werden. Dazu gehören u.a. auch der hohe Fettgehalt (bis 5 %), der überdimensional große Keimling (10 % bis 12 % des Korngewichtes) sowie die Spelzenlosigkeit des Erntegutes, welche zu einem starken Keimlingswachstum und damit zu einer Erhöhung des Schwandes führt (s. Abb. 10.9).

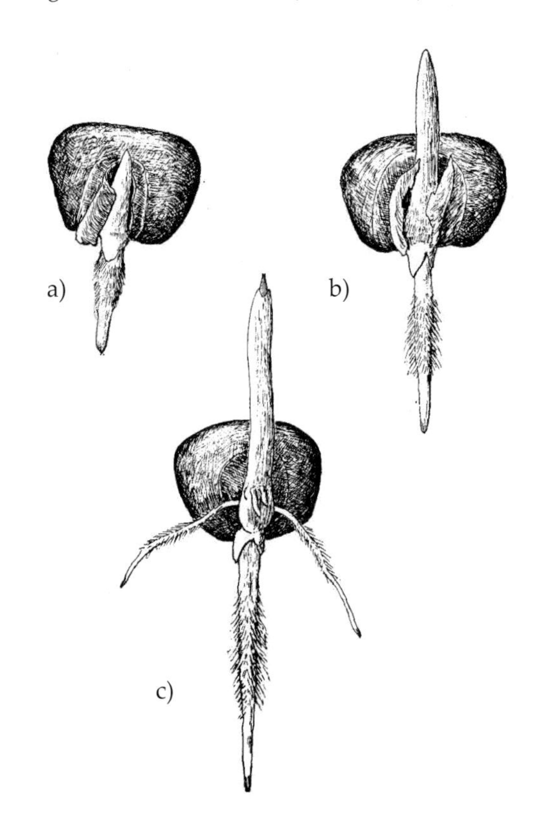

Abb. 10.9: Keimstadien bei Mais [10.22]
a) Keimwurzel und Koleoptyle
b) gestreckte Keimwurzel und Koleoptyle
c) sekundäre Keimwurzel im Durchbruch des ersten Blattes aus der Koleoptyle

Nach Briggs [10.17] verarbeitet sich aus Sicht der Mälzer und Brauer im Allgemeinen Mais zu Malz weniger gut als Sorghum. Und auch Versuche haben gezeigt, dass Maismalz für die Herstellung klarer Biere weniger gut geeignet ist. Winthorp [10.18] berichtet, dass bei Verwendung eines klassischen Gersten-Mälzungssystems das Wurzelwachstum des Maises intensiver verläuft als die Kornmodifikation. Die auf diesem Wege hergestellten Maismalze erwiesen sich in Folge der schlechten Lösung als unbrauchbar. Um eine ausreichende Korn-Auflösung während des Mälzens bei gebremster Keimlingsentwicklung zu erreichen, wurde in früheren Zeiten das Wachstum durch Bedecken der Maiskörner während der Keimung mit 5 bis 8 cm Boden gebremst. Diese Behandlung erfolgte über einen Zeitraum von 10 bis 14 Tagen. Der Prozess wurde beendet, als die grünen Blattkeime die Oberfläche erreichten. Nach sorgfältigem Auswaschen der verfilzten Körner wurden diese an der Sonne oder auf einer Darre getrocknet. Das Endosperm war dann mehlig und süß. Das auf diese Weise hergestellte Maismalz wurde als akzeptabel für die Bierherstellung bezeichnet und dem Bier aus Brot bevorzugt.

Levy et al. [10.19] führten schon 1899 an, dass Maismalz wenig DK-Aktivität besitzt, aber in warmen Ländern (Ungarn) eingesetzt wird. Als Resümee werden aus den verschiedensten Literaturquellen [10.16–10.23] zwei unterschiedliche Mälzungsverfahren für Mais abgeleitet und vorgestellt. Es ist eine Auswertung der Arbeiten mehrerer Autoren, die nicht unbedingt als vollständig angesehen werden kann. Aufgrund der geringeren Bedeutung der Mais-Vermälzung ist die Darstellung der Verfahren und auch die entsprechende Literatur erwartungsgemäß lückenhaft. Die Ergebnisse (Mälzungsverfahren A und B) decken sich nicht immer mit modernen Vorstellungen über die Mälzereitechnologie.

Mälzungsverfahren A

Die Weiche erfolgt bei 25 bis 30 °C für 46 bis 51 h. Bei Temperaturen < 20 °C werden dafür 120 h benötigt. Dies bestätigt, dass das Weichen bei Mais ein sehr langsamer Prozess ist. Im

Keimkasten sollte mit 20 bis 21 °C gefahren werden. Bei der Tennenmälzung wird der keimende Mais mit feuchten Säcken abgedeckt. Nach 52 h sollten Temperaturen von 20 bis 24 °C, nach 60 h von 24 bis 26 °C erreicht sein. Wenn die Temperatur bis auf 30 °C angestiegen ist, wird der Keimprozess beendet. Das Grünmalz muss während der Keimung regelmäßig aufgespritzt werden (im Winter mit warmem Wasser). Die Keimzeit beträgt ca. 7 bis 8 Tage bis die Wurzelkeime 3 Mal so lang sind wie das Korn und die Sprossachse etwa 5 mm erreicht. Es folgt eine schonende Trocknung (bei ca. 50 °C).

Mälzungsverfahren B

Der Mais wird bei 36 °C über 12 h vor dem Einweichen vorgetrocknet. Die Weiche erfolgt über 36 h bei 10 °C mit dem Ziel, einen Weichgrad von ca. 45 % zu erreichen. Dem Weichwasser müssen zur Reduzierung von Schimmelpilz- und Bakterieninfektionen antimikrobielle Agenzien zugegeben werden. Danach ist ein Abwaschen mit verdünnter Natronlauge erforderlich. Häufiger Wasserwechsel oder auch eine Weiche im fließenden Wasser unterstützen die Desinfektion. Während der Keimphase muss alle 12 h gewässert und gewendet werden. Das Gleiche gilt, wenn die Temperaturen im Haufen um 2 °K angestiegen sind. Starke Schimmelbildung kann zum Problem werden. Sofern eine Abdeckung in der Keimphase erfolgt, müssen die Säcke ständig sauber gehalten und mit verdünnten antiseptischen Lösungen getränkt werden. Eine schonende, langsame Trocknung bei 50 °C über 48 h ist notwendig.

Nach Singh et al. [10.20] erhöhen sich mit der Verlängerung der Mälzungszeit Extrakt, Enzymaktivität, Kolbach-Index, aber auch der Mälzungsschwand. Eine starke Gibberellinsäureanwendung (2 mg/kg Mais) verbessert die α-Amylasen, Proteasen, den Extrakt und den Kolbachindex. Maismalze, die bei 45 °C über 24 h getrocknet waren, erbrachten nach 5 Keimtagen 57,7 bis 71,4 % Extrakt. Nach längerer Keimzeit von 7 Tagen erreichten sie 62,7 bis 73,7 % Extrakt. Ähnlich wie bei Sorghum verlangt Mais eine feuchte, warme Mälzung. Dabei darf nach Weichherz [10.21] die Kontamination durch Schimmelpilze nicht unterschätzt werden.

Umfangreiche Untersuchungen liegen von Keßler et al. [10.23] vor. Danach sind den hohen Gelantinisierungstemperaturen des Maises Rechnung zu tragen, die beim Mais im Vergleich zu anderen Zerealien folgende Werte erreichen:

- Mais 76 °C
- Gerste 67 °C
- Weizen 64 °C
- Sorghum 69 °C

Um auch die geringeren Enzymaktivitäten wenigstens zu erhalten, sind die niedrigeren Trocknungstemperaturen bis ca. 50 °C unbedingt einzuhalten. Ein bei 28 °C hergestelltes 6-Tage-Maismalz verzuckerte nur bei Zugabe von 20 % Gerstenmalz. Das ungünstigere technologische Verhalten des Maises im Mälzungsprozess wurde dargestellt. Es erfordert eine weitere, dem Mais angepasste Mälzungstechnologie und Brauversuche mit unterschiedlichen Anteilen aus Gersten- und Maismalzen und ein umfangreiches Sortenscreening zum Herausfinden geeigneter Hybriden.

10.4.4 Chicha-Bier der Indios aus den Hochanden

Stärke-Weichmaise (*Zea mays CV amylaceae, Flower corn*) dominieren nach Schrimpf [10.8] in den andinen Regionen von Lateinamerika. Sie dienen der Herstellung von Nahrungsmitteln und auch dem Brauen von lokalen, naturtrüben Chicha-Bieren. Diese leicht alkoholischen Getränke werden von den Kleinbauern selbst hergestellt. Gekeimter Mais ist der einzige Rohstoff. Das Brauen wird so organisiert, dass – sicherlich auch aus hygienischen Gründen – zuerst das Bier eines Bauern von der Dorfgemeinschaft getrunken wird, bevor das Bier des nächsten Bauern schankreif ist. Der Mais wird auf einfache Weise vermälzt, die Gärung verläuft spontan. Die Herstellung con Chicha-Bier ist in den Abbildungen 10.10 bis 10.18 dokumentiert [10.24].

Bildserie: Herstellung von Chicha-Bier in Peru [10.24]

Abb. 10.10: Weichmaise auf einem Markt in den Anden/Peru

Abb. 10.11: Mais-Lagerhäuser an den vor Hochwasser geschützten Steilhängen

Abb. 10.12: Maisanbau in den Hochtälern (unten), Gerstenanbau an den Steilhängen (oben) in Peru

Abb. 10.13: Bodenvorbereitung zur Maisaussaat mit dem Hakenpflug

Abb. 10.14: Aussaat des Maises von Hand

Abb. 10.15: Ernte und Aufbereitung [10.8]

Abb. 10.16: Mais-Mälzung am wärmeren Straßenrand

Abb. 10.17: Chicha-Brauerei mit Läuterbottich

Abb. 10.18: Lokaler Chicha-Ausschank

10.5 Produktionstechnik

10.5.1 Anforderungen an Klima und Boden

In Kapitel 2 sind die Schwerpunktregionen der Maiserzeugung dargestellt: Von der gesamten Welt-Maisproduktion im Umfang von ca. 650 Mio. t entfallen allein auf die USA 252 Mio. t, China 121 Mio. t, Brasilien 44 Mio. t, Mexiko 21 Mio. t, Frankreich 16 Mio. t, Indien 14 Mio. t und Russland 11 Mio. t.

Die ökologischen und landwirtschaftlichen Anforderungen werden aus Arbeiten von verschiedenen Autoren zusammenfassend wie folgt beschrieben [10.25–10.30]: Der aus den warmen Regionen Mittel- und Südamerikas stammende Mais zeigt, dass die Temperaturen in der Vegetationszeit als limitierender Faktor für einen sicheren Körnermaisanbau anzusehen sind. Die angeführten Schwerpunktländer erfüllen diese Anforderungen. Nach Aufhammer et al. [10.25] liegt in Europa heute die Nordgrenze eines noch lohnenden Körnermaisanbaus auf den wärmeren Böden der norddeutschen Tiefebene und in den sommerwarmen Gebieten des südlichen Englands. Zu früherer Zeit des Anbaues älterer, frei abblühender Sorten galt nicht ohne Grund in Deutschland die Mainlinie als nördlichste Grenze für den Körnermaisanbau. Auch die optimalen Keimtemperaturen des Maises von 32 °C bis 35 °C (Vergleich Gerste 20 °C bis 25 °C) bestätigen erneut, dass Mais eine Pflanze der warmen Regionen ist. In Deutschland werden jährlich Wärmesummen von 2500 bis 3200 °C erreicht (Wärmesumme = Anzahl Tage > 5 °C x Tagesdurchschnittstemperatur). Nach Erfahrungswerten von Aufhammer et al. [10.25], Roemer et al. [10.26] und Hilbert [10.27] benötigen Gerste/Weizen 1400 bis 2200 °C. Mais liegt > 2200 °C. Für den praktischen Anbau in Deutschland sollte der Körnermais auch wegen seiner Frostempfindlichkeit nicht vor Ende April ausgesät werden. Eine Abdeckung mit schwarzen Folien zur Saat brachte nach Lang [10.28] durch die damit erreichte zusätzliche Erwärmung des Bodens einen Mehrertrag von ca. 1,7 t/ha. Mais stellt keine allzu großen Anforderungen an die Bodenqualität. Dennoch erhöhen sich aber die Erträge je nach Qualität der Böden (Tab. 10.5). Auch in klimatischen Grenzlagen mit leichten Sand-, aber auch flachgründigen Kalk- und Mergelböden, die sich schnell erwärmen, bringt der Körnermais noch beachtliche Erträge. Voraussetzung dafür ist aber eine ausreichende Wasserversorgung (eventuell ist eine Zusatzberegnung in der Blüte zur Verbesserung der Befruchtung notwendig). Schwere, anmoorige- und Moorböden, die sich naturgemäß nur langsam erwärmen und oft Spätfrösten im Frühjahr ausgesetzt sind, gelten für den Körnermaisanbau eher als ungeeignet.

10.5.2 Stellung in der Fruchtfolge

An die Gestaltung der Fruchtfolge stellt Mais keine besonderen Anforderungen. Auch ein mehrmaliger Anbau hintereinander auf demselben Feld ist möglich. Auf schweren, von Natur aus nassen Böden, die zu Verdichtung neigen, sollte der jährliche Maisanteil nicht mehr als 30 % der Ackerfläche betragen. Auf durchlässigen Sandböden kann dieser doppelt so hoch sein. Ein regelmäßiger Wechsel von Winter- und Sommergetreide bzw. Mais ist anzustreben. Es ist jedoch anzumerken, dass allzu viele Mais-Strohreste und Mais-Stoppeln dazu führen, dass der Befall durch Schimmelpilze (Fusarien) bei dem nachfolgenden Getreideanbau zu stärkeren Mykotoxinkontaminationen führen kann. Gleiches gilt auch für das unkontrollierte Überschäumen des Bieres (Gushing) beim Öffnen der Flaschen.

10.5.3 Bodenbearbeitung und Pflege

Die späte Aussaat des Maises aufgrund des hohen Wärmebedarfes schafft für den Landwirt Flexibilität bei der Bodenvorbereitung im Frühjahr. Auf den schweren Böden sollte nach Getreide im Spätherbst eine tiefere Winterfurche gezogen werden. Der Boden braucht dann im Frühjahr nicht mehr so tief gelockert zu werden. Die leichten Böden werden erst im Frühjahr vor der Aussaat des Maises gepflügt. Diese Maßnahme erlaubt auch das saubere Unterpflügen von den im Winter abgefrorenen Zwischenfrüchten, die zur Gründüngung des Maises angebaut worden waren. Bis dahin besteht auch noch die Möglichkeit, eine Gülledüngung vorzunehmen. Eine Saatbettvorbereitung kann auch ohne Pflügen im Frühjahr noch erfolgen. Die angestrebten niedrigen Bestandesdichten von nur ca. 7 bis 9 Pflanzen pro m² (Gerste ca. 350 Samen pro m²) bergen die Gefahr von Bodenerosionen bei starkem Regen besonders in Hanglagen. In diesen Fällen kann durch Bodenbearbeitung quer zum Hang, Anbau von Zwischenfrüchten oder auch durch die Anlage von Getreide-Schutzstreifen in Abständen von ca. 30 m, Erosionen entgegengewirkt werden. Bei Reihenabständen von ca. 75 cm kann auch mit Hackmaschinen die notwendige Unkrautbekämpfung und Bodenlockerung zwischen den Reihen vorgenommen werden. In den meisten Fällen wird aber heute die Unkraut- und Ungrasbekämpfung mit Herbiziden ganzflächig durchgeführt.

10.5.4 Saatgut und Sorten

Die Aussaat von Körnermais erfolgt heute ausschließlich mit Einzelkorn-Sämaschinen. Es werden Reihenentfernungen um 70 bis 75 cm

Tab. 10.5: Einfluss von Bestandsdichte und Boden auf den Ertrag von Körnermais bei unterschiedlicher Bodenqualität nach Hilbert [10.27]

Bestandsdichte Pflanzen/m²	Kornertrag t/ha Sandboden AZ 25	Kornertrag t/ha Sandboden AZ 25	Kornertrag t/ha Sandboden AZ 67	Kornertrag t/ha Lehmboden AZ 67
	Frühe Sorte FAO 210	Späte Sorte FAO 250	Frühe Sorte FAO 210	Späte Sorte FAO 250
5	5,3	5,8	8,4	7,8
7	4,5	6,1	9,4	8,9
9	4,2	5,8	9,8	9,8
11	3,6	5,1	9,4	10,6

(AZ = Ackerzahl 1 = sehr schlecht; 100 = sehr gut 100)

und Einzelkornabstände in der Reihe um 15 bis 20 cm gewählt. Tausendkorngewichte (TKG) zwischen Formen und Sorten von 200 bis 600 g bestimmen die Aussaatmengen. Das große Sortenspektrum verlangt eine Differenzierung nach den internationalen Reifegruppen FAO 100 bis 900. Unter den klimatisch günstigeren Klimabedingungen in Süddeutschland sind dort noch mittelspäte Körnermaissorten mit FAO-Zahlen von 250 bis 290 anbauwürdig. Im kühleren Norddeutschland werden nur noch Körnermaise mit FAO-Zahlen von 210 bis 230 reif. Ganz frühe Sorten um FAO 190 bis 210 werden zwar auch unter ungünstigerem Klima in Deutschland reif. Sie sind aber im Ertrag oft nicht mehr konkurrenzfähig gegenüber Winter-Gerste und Winter-Weizen, die besonders auch in ihrem Wassergehalt erheblich niedriger und damit günstiger liegen (hohe Trocknungskosten beim Mais).

Maissaatgut muss eine Labor-Mindestkeimfähigkeit von 90 % erreichen. Kühle und feuchte Witterung nach der Saat führen zu Keimverzögerungen und Keimschädigungen infolge Pilzkrankheiten und Insektenbefall. Eine Beizung oder Inkrustierung des Saatgutes gegen die genannten Schadfaktoren ist notwendig. Da Hybridsaatgut ohnehin jedes Jahr neu zugekauft werden muss, wird die Saatgutbehandlung in der Regel schon vor dem Verkauf beim Saatgutproduzenten vorgenommen. Die Anzahl der beim Bundessortenamt in Deutschland 2012 zur Körnernutzung für den Anbau zugelassenen Sorten ist in Tabelle 10.6 ersichtlich. Diese Sorten sind überwiegend Einfachhybriden. Nur wenige sind Drei-Wege Hybriden. Alle stammen aus den Gruppen der Hart- und Zahnmaise und ihren Zwischentypen. Weitere Informationen enthält die Beschreibende Sortenliste des Bundessortenamtes [10.5].

$$\textbf{Aussaatmenge} = \frac{\text{(geforderte Pflanzenzahl/m}^2 \text{ x TKG)}}{\text{(Keimfähigkeit – Abschlag)}}$$

Beispiel:

$$\frac{(9 \text{ x } 270 \text{ g})}{(95\,\% - 10\,\%)} = \textbf{28,6 kg/ha Aussaatmenge}$$

Abb. 10.19: Berechnung der Aussaatmengen nach Hilbert [10.27]

10.5.5 Saatmengen und Saatzeit

Wesentliche Fakten dazu wurden in Kapitel 10.8 angeführt. Ergänzend sei noch anzumerken, dass gerade aufgrund der enormen Streuungen im TKG die Saatmengen für die Präzisions-Einzelkornsaat im Bereich von 21 bis 64 kg pro ha variieren können. Hilbert [10.27] gibt für die Berechnung der Saatstärke ein entsprechendes Beispiel (Abb. 10.19).

Mais verlangt für die Keimung im Feld eine Bodentemperatur von mindestens 8 bis 10 °C (bei Sommergerste sind es nur 2 bis 4 ° C). Die Temperaturansprüche bestimmen die Aussaatzeit, die bis in den Mai hineinreicht. Vergleichsweise beginnt die Aussaat von Sommergerste bereits schon im März.

10.5.6 Saattiefe, Reihenabstände und Bestandesdichten

Im Vergleich zu den übrigen Getreidearten muss der Mais aufgrund seines höheren Wasserbedarfes bei der Keimung etwas tiefer ausgesät werden. Die optimale Saattiefe liegt bei ca. 5 cm. (Weizen und Gerste = 3 bis 4 cm). Die Reihenabstände haben sich an den Reihenentfernungen der Erntemaschinen zu orientieren.

Tab. 10.6:
Körnermaissorten in Deutschland, Beschreibende Sortenliste Getreide Bundessortenamt 2012 [10.5]

Reifegruppe	Früh	Mittelfrüh	Mittelspät
FAO-Zahl	< 220	230 – 250	> 260
Anzahl Sorten	54	99	78

Diese liegen in Bereichen von 62,5 bis 80 cm. 7 bis 10 Körner pro m^2 garantieren eine ausreichende Pflanzenzahl von 85.000 Pflanzen pro ha für die Körnerproduktion. Auf leichten Böden sollte sich die Pflanzenzahl pro ha eher an der unteren Grenze orientieren, auf besseren Böden kann sich die Saatmenge eher etwas nach oben bewegen. Tabelle 10.5 zeigt Interaktionen zwischen Sorten, Reifegruppen, Böden und Bestandesdichten. Auf dem schlechteren Boden (AZ 25) erreichte die frühe Sorte bei niedrigerer Bestandesdichte von nur 50.000 Pflanzen pro ha die relativ höheren Erträge. Die späte Sorte brachte auf dem schlechteren Boden bei 70.000 Pflanzen pro ha die besten Erträge. Auf dem guten Boden mit der AZ 67 waren in einem trockenen Jahr die Erträge mit > 9 t pro ha mehr als doppelt so hoch wie auf dem schlechteren Sandboden, der unter Trockenheit litt. Die frühe Sorte erzielte den Höchstertrag von 9,8 t pro ha an Körnern mit einer Bestandesdichte von 90 000 Pflanzen pro ha auf dem guten Boden. Die späte Sorte brachte es auf gutem Boden bei 110.000 Pflanzen pro ha auf mehr als 10 t Kornertrag pro ha.

Auf schlechtem Sandboden sind demzufolge besonders in Trockenjahren die dünneren Bestände noch am sichersten im Ertrag. Auf den besseren Böden leidet der Mais weniger unter Trockenheitsstress. Hier wirkt die höhere Pflanzenzahl noch nicht ertragsmindernd (Tab. 10.5). Bei der Sortenwahl für die Verwendung des Maises in der Lebensmittel- und Getränkeindustrie sollte im Interesse von Ertragssicherheit und voller Kornausbildung den genannten agrotechnischen Faktoren unbedingt Rechnung getragen werden.

10.5.7 Düngung

Fragen zur Düngung von Mais werden von Hilbert [10.27] umfassend behandelt. Wenn auch nach der Ernte das Stroh auf dem Feld verbleibt, so dienen diese Nährstoffe im geernteten Korn als Grundlage für die Kalkulation des Düngungsbedarfes. Um zum eigentlichen Düngebedarf zu kommen, sind – wie bereits erwähnt – einige Ergänzungen zu dem genannten Nährstoffentzug erforderlich. Bei einer Ertragserwartung von 10 t Körnermais pro ha werden nach Ruhrstickstoff [10.28] dem Boden die folgenden Rein-Nährstoffmengen entzogen:

- 250 – 300 kg/ha N
- 100 – 150 kg/ha P_2O_5
- 300 – 400 kg/ha K_2O
- 60 – 100 kg/ha CaO
- 60 – 100 kg/ha MgO

Zur Erhaltung der Bodenfruchtbarkeit sollten die kalkulierten Nährstoffentzüge zuzüglich eines Zuschlages für diverse Nährstoffverluste etc. im Bereich um 15 % des Entzuges als Düngergaben angesetzt werden. Beim Mais werden gleichermaßen organische und mineralische Düngerstoffe eingesetzt.

Organische Düngung

Die organische Düngung mit Gülle bietet beim Mais einige betriebswirtschaftliche Vorteile: Die späte Saat im April und Mai gibt dem Landwirt die Möglichkeit, die sich über den Winter angesammelte Gülle über einen längeren Zeitraum im Frühjahr noch nutzbringend einzusetzen. Je nach Tierart schwanken die Nährstoffgehalte der Gülle stark. Eine ausreichende Nährstoffversorgung des Körnermaises ist dann gegeben, wenn neben einer zusätzlichen Mineral-Reihendüngung mit einem schnell löslichen P-Dünger noch 40 bis 50 m^3 Schweine- oder 30 m^3 Hühner- oder 60 bis 70 m^3 pro ha Rindergülle aufgebracht werden [10.27]. Die gesetzlichen Auflagen für die Gülleausbringung sind zu beachten. Sofern Stallmist oder Stroh als organische Dünger verwendet werden, sollten diese im Herbst nach der Getreideernte in den Boden eingepflügt werden. Auf leichten Böden ist es sinnvoll, eine Gründüngung aus Zwischenfrüchten – auch in Kombination mit Gülle erst im Frühjahr – vor der Saat unterzupflügen.

Mineraldüngung

Es steht eine breite Palette von Mineraldüngern zur Verfügung (Kap. 5). Sofern die angeführte organische Düngung (vorzugsweise Gülle) den Nährstoffbedarf des Körnermaises nicht vollständig abdeckt, erfolgt eine Ergänzung durch Mineraldünger.

Kalk- und Magnesiumdüngung

Beim Maisanbau gehen durch Auswaschung und Entzug durch die Pflanze im Anbaujahr ca. 250 bis 350 kg CaO pro ha verloren. Werden bei Sandböden die pH-Werte von 4,8, von lehmigem Sand von 5,6 und von Lehmböden von 6,0 unterschritten, so sind Ergänzungen durch entsprechende Kalkgaben erforderlich. Diese sind z.B. im Bereich um 5 bis 10 t pro ha Kalkmergel zu Mais anzuwenden. In der Regel düngt aber der Landwirt im Rahmen seiner Fruchtfolgerotation nur alle drei Jahre zu einer Hackfrucht so reichlich Kalk, dass dieser für einige Jahre auf derselben Fläche auch für die nachfolgenden Früchte (Mais) ausreicht. Zahlreiche Kalkdünger enthalten Magnesium als natürliche Verunreinigung. Dies reicht bei normaler Kalkversorgung für die Deckung des Pflanzenbedarfes an Magnesium aus.

N-Düngung

Unter Einbeziehung des löslichen N-Bodenvorrates im Frühjahr vor der Aussaat und des gedüngten Gülle-N sollte eine ergänzende N-Mineraldüngung zu Körnermais nur die Differenz zu ca. max. 250 kg pro ha N bei Kalkulation eines Höchstertrages liegen. Die Haupt-N-Menge wird vor der Saat ausgebracht. Besonders auf leichten Böden bewähren sich auch mehrere Teilgaben. Die letzte sollte jedoch beim Körnermais nicht allzu spät erfolgen (bis vor der Blüte), um Reifeverzögerungen zu vermeiden. Der N-Bedarf ist vor Beginn des Rispenschiebens am größten. Bis zu diesem Termin sollte der gesamte N in gelöster Form pflanzenverfügbar sein. Praxisnah ist eine organische und mineralische N-Düngung vor der Saat von 120 bis 160 kg/ha und eine Nachdüngung vor dem Rispenschieben von ca. 60 bis 80 kg/ha. Der Einsatz von Flüssigdüngern (Ammonium-Harnstoff-Lösungen mit 28 % N und auch N-P-Lösungen) ist beim Mais möglich.

P-Düngung

Bei einem mittleren bis guten Bodenvorrat (Versorgungsstufe B) werden praxisnah ca. 140 kg P_2O_5 pro ha aus organischer und mineralischer Düngung gegeben. Davon sollten ca. 40 bis 50 kg pro ha mineralisch als sogenannte Unterfußdüngung bei der Saat 5 cm seitlich der Saatreihe ausgebracht werden.

Kali-Düngung

In der Praxis wird bei Anrechnung des Anteils an K aus der Gülle von einem gesamten Bedarf von 200 bis 300 kg/ha K_2O ausgegangen. Die Hauptmengen werden vor der Saat verabreicht. Bei Sandböden besteht erhöhte Auswaschungsgefahr. In solchen Fällen kann auch noch eine frühe ergänzende K-Kopfdüngung während der Vegetationszeit gegeben werden.

Mg-Düngung

Grundsätzliches dazu wurde im Zusammenhang mit der Kalkversorgung bereits angeführt. Dem Auftreten von Mg-Mangelerscheinungen (Chlorosen) kann durch Blattspritzungen mit Bittersalz entgegengewirkt werden.

Spurenelemente-Düngung

Über die Notwendigkeit der Verabreichung von Spurenelementen muss bodenspezifisch über Maßnahmen der pH-Regulierung entschieden werden. Bei Mangelerscheinungen an den Pflanzen kann durch Zusätze zu Pflanzenschutzmittel-Lösungen auch kurzfristig Abhilfe durch Blattspritzungen geschaffen werden.

10.5.8 Wasserversorgung, Bewässerung und Beregnung

Es ist auf die Notwendigkeit der zusätzlichen

Abb 10.20: Maisberegnung während der Blüte fördert ihre Befruchtung und steigert die Erträge

Tab. 10.7: Einfluss von Beregnung und N-Düngung auf Ertrag und Proteingehalt von Körnermais, Mittel aus 1969 bis 1977 nach Lang [10.29]

Ohne N-Düngung	Ohne N-Düngung	60 kg/ha N-Düngung	120 kg/ha N-Düngung
Beregnung	**Ertrag t/ha**	**Beregnung**	**Ertrag t/ha**
unberegnet	2,8	3,5	3,0
beregnet	4,8	7,5	9,1
Beregnung	**Proteingehalt %**	**Beregnung**	**Proteingehalt**
unberegnet	9,2	10,8	13,6
beregnet	8,3	8,9	11,0

Beregnung, besonders auf leichten Böden, aber auch zur Unterstützung der Befruchtung während der Blüte hinzuweisen. Um auch auf leichten Sandböden mindestens 5 t pro ha Körnermais ernten zu können, sind Niederschläge im Juli und August von 150 bis 170 mm erforderlich. Sofern diese nicht fallen, empfiehlt sich nach Lang [10.29] eine Zusatzberegnung (Tab. 10.7).
Bei einer N-Düngung von 0 brachte auf einem sehr niedrigen Ertragsniveau infolge N-Mangels die Beregnung nur 2 t pro ha Mehrertrag. Infolge der hohen N-Gabe von 180 kg/ha betrug aber dagegen die Beregnungswirkung 6,1 t pro ha, der Proteingehalt sank dazu um ca. 2,6 %. Die Beregnung von Körnermais ist demzufolge bei normaler N-Versorgung nicht nur positiv für den Mais-Kornertrag. Sie verbessert auch gleichzeitig die Braueigenschaften, weil der Proteingehalt um 2,6 % sinkt (Abb. 10.20).

10.5.9 Krankheiten, Schädlinge und Pflanzenschutz [10.39]

Im Kapitel 4.6 sind Krankheiten und Schädlinge pauschal behandelt. Die langsame Jugendentwicklung, die dünnen Bestände bei Einzelkornsaat und auch die morphologischen Besonderheiten verlangen eine zusätzliche, individuelle Behandlung mit Pflanzenschutzmaßnahmen beim Mais. Auf alle Fälle sollten zuerst alle agrotechnischen Maßnahmen des Pflanzenschutzes, wie Fruchtfolgegestaltung, Bodenpflege, Anbau resistenter bzw. toleranterer Sorten, ausgewogene Düngung, mechanische Bestandespflege etc. als Sanitärmaßnahmen durchgeführt werden. Erst dann, wenn diese infolge des Auftretens von Massenbefall (Epidemien) nicht ausreichend sind, empfiehlt sich der Einsatz chemischer Pflanzenschutzmittel. Das Mittelspektrum ist groß und wird von der Industrie laufend weiterentwickelt. Vor einer Anwendung ist eine aktuelle Neuorientierung zwingend erforderlich. Eine ausführlichere Behandlung ist aufgrund der unüberschaubaren Vielfalt an dieser Stelle nicht möglich. Auch die regionalen Pflanzenschutzdienste der Landwirtschaftsbehörden beraten über notwendige Veränderungen, Anwendungstechniken und auch über gesetzliche Auflagen. Details beschreiben Gößner et al. [10.30].

Saatgutbehandlung

Um Keimlingsschädigungen zu verhindern, ist eine Saatgutbeizung gegen Fusarium- und Phytiumpilze u.a. mit Thiuram oder Captan und zusätzlich gegen Vogelfraß erforderlich. Im Handel erworbenes Saatgut ist in der Regel entsprechend gebeizt und/oder inkrustiert.

Krankheiten in späteren Wachstumsstadien

Stengelfäule

Diese durch Fusarien induzierte Krankheit verursacht das Absterben der Stengel. Auch zu dichte Bestände und eine einseitig hohe N-Düngung fördern den Befall. Eine Bekämpfung ist nur durch Vermeidung zu häufigen Maisanbaus in der Fruchtfolge möglich.

Maisbeulenbrand

Besonders am Kolben treten auch größere silbrige später schwarze Beulen auf. Sie werden durch den Pilz *Ustilago maydis* ausgelöst. Der Pilz bildet schwarz-braune Sporenmasse. Die Kolben werden auf diese Weise zerstört. Die

Schäden durch Vernichtung von Körnern und ganzen Kolben können beträchtlich sein. Eine chemische Bekämpfung ist noch nicht möglich. Manuelles Ausbrechen infizierter Kolben und Verbrennen befallener Pflanzen sind zur Zeit die einzigen Bekämpfungsmaßnahmen.

Tierische Schädlinge
Um mechanische Schäden an den Pflanzen zu vermeiden und auch immer rechtzeitig ausreichende Behandlungskapazitäten bereit zu haben, werden oft auch Pflanzenschutzmaßnahmen mit dem Flugzeug vorgenommen. Das trifft besonders für den Einsatz von Insektiziden in fortgeschrittenen Wachstumsphasen zu (Abb. 10.21).

Abb. 10.21: Chemische Pflanzenschutzmaßnahmen beim Mais aus der Luft schonen Boden und Pflanzen, Frankreich

Fritfliege
Durch den Fraßschaden der Maden entsteht Kümmerwuchs. Der kritische Behandlungszeitpunkt ist das 1-3-Blattstadium. Der Fritbefall fördert auch den Maisbeulenbrand. Diverse Insektizide zur Saatgutbeizung und Bodenbehandlung sowie Spritzmittel zum Einsatz an Pflanzen stehen zur Verfügung [10.30].

Maiszünsler
Vorwiegend in warmen Perioden legen die Weibchen an der Unterseite junger Blätter über 1000 Eier in Gruppen von 15 bis 20 Stück ab. Schlüpfende Larven bohren sich in die Stengel und richten große Fraßschäden an. Die Larven überwintern am Stengelgrund. Die Überwinterung im unteren Teil des Stengels kann durch tiefes Abschneiden bei der Ernte vermindert werden. Wirkungsvoll ist eine Insektizidbehandlung, bevor die Larven vom Blatt in die Stengel abwandern. Es steht zur Bekämpfung eine ganze Palette von Insektiziden zur Verfügung [10.30].

Drahtwürmer
Sie schädigen durch Fraß an jungen Pflanzen. Eine Bekämpfung sollte bis zur Saat durch Einarbeitung von geeigneten Insektiziden in den Boden erfolgen. Nach Erkennen des Befalls an abgestorbenen jungen Pflanzen ist eine wirkungsvolle Bekämpfung mit Insektiziden nicht mehr möglich.

Vogelfraß
Besonders Fasanen, aber auch Krähen richten beachtliche Fraßschäden durch Herausziehen der jungen Keimpflanzen an. Beispielsweise können diese Schäden durch Saatgut-Inkrustierung mit entsprechenden Agenzien verhindert werden.

Blattläuse, Engerlinge, Ackerschnecken
Diese Schädlinge können gleichermaßen beachtliche Verluste an Pflanzen anrichten. Geeignete Behandlungsmittel sind im Handel erhältlich.

Unkrautbekämpfung
Es wurde bereits erwähnt, dass normale Reihenentfernungen von ca. 70 cm den Einsatz von Hackmaschinen zur Unkrautbekämpfung zwischen den Reihen zulassen. Es bleibt das Problem der Bekämpfung innerhalb der Reihen. In der Regel werden dafür Herbizide eingesetzt. Die bekanntesten Mittel sind die Atrazinpräparate mit Aufwandmengen um 2 l bzw. kg/ha zur Einarbeitung in den Boden vor der Saat (im Vorauflauf- oder auch später im Nachauflaufstadium). Bei Spätbehandlungen und hohen Aufwandmengen muss mit Schädigungen bei den Nachfolgekulturen gerechnet werden. In der Wasserschutzzone II sind Atrazinpräparate nicht zugelassen. Atrazin-Tankmischungen gegen einjährige Unkräuter haben sich aber bewährt (z.B. Lentagran + Atrazin). Quecken können mit 6 bis 8-l/ha Atrazin oder auch mit Round up im

Herbst bekämpft werden. Disteln im Mais sind sehr schwer zu beherrschen. Eine Bekämpfung muss bereits in den vorangegangenen Kulturen erfolgt sein. Für die Bekämpfung von wilden Hirsen eignen sich z.B. Präparate wie Eradicane, eingearbeitet in den Boden bis 8 cm tief vor der Saat. Bei Anwendungen von Atrazin + Simazin ist ein Nachbau im Folgejahr nur mit Mais möglich. Die spezielle Problematik der chemischen Unkrautbekämpfung im Mais verlangt vorab aktuelle Informationen über das breite Präparatespektrum einschließlich Aufwandmengen, Anwendungszeiten und Einsatzmethoden sowie gesetzliche Einschränkungen. Auch in diesem Bereich sollten die regionalen Pflanzenschutzbehörden zu Rate gezogen werden.

10.6 Besonderheiten bei der Reife, Ernte, Trocknung und Lagerung von Körnermais

Grundsätzliche Ausführungen dazu beim Getreide im Allgemeinen enthalten die Kapitel 4.3. bis 4.5. Sowohl durch den andersartigen morphologischen Aufbau bedingt als auch hinsichtlich seines spezifischen physiologischen Verhaltens sind die Abweichungen des Maises zu den übrigen Getreidearten gravierend. Es bedarf deshalb einer individuelleren Betrachtung. Auf den vergleichsweise dicken Spindeln sitzen im groben Durchschnitt ca. 25 Kornreihen mit je etwa 20 Körnern. Bei einem 1000-Korngewicht um 400 g entspricht dies einem mittleren Kolben-Korngewicht von ca. 200 g. Demgegenüber wiegt eine zweizeilige Gerstenähre mit ca. 25 Körnern nur in etwa 1 g!

Als weitere Besonderheit sind die Maiskolben von dicken Lieschblättern umgeben, die einerseits die zarten Blüten vor mechanischen Beschädigungen schützen. Andererseits aber behindern diese auch die besonders im Herbst vor der Ernte notwendige natürliche Trocknung der Körner. Es wurde schon darauf hingewiesen, dass bei Abschluss der Stoffeinlagerung im Herbst die Maiskörner immer noch einen Wassergehalt von ca. 40 % aufweisen. Dieser lässt sich auch durch weiteres Hinauszögern der Ernte nicht mehr nennenswert vermindern. Die recht groben und feuchten Spindeln und auch die erntereifen Körner lassen sich dann kaum noch weiter natürlich trocknen. Von Vorteil ist, dass selbst bei diesem hohen Wasseranteil die Körner hart genug sind, um ohne nennenswerte Beschädigungen mit dem Mähdrescher geerntet werden zu können. Vergleichsweise dazu ist Weizen im August erntereif bei Wassergehalten um 12 bis 15 %. Moderne, für die Ernte von Körnermais maschinell ausgerüstete Mähdrescher bewältigen heute als Vollerntemaschinen den Drusch und liefern trotz der hohen Feuchtigkeit ein qualitativ brauchbares Mais-Körnergut. Das gilt auch dann, wenn der auf diesem Wege geerntete Körnermais zur Herstellung von Lebensmitteln und Getränken weiterverarbeitet werden soll. Dazu muss aber der Körnermais umgehend nach dem Drusch bis auf maximal 15 % Wassergehalt nachgetrocknet werden, um Lagerfestigkeit zu erreichen. Dies muss so schonend erfolgen, dass keine Kornrissigkeit und auch keine Oxidation der Fette eintritt. Mais für Lebensmittel sollte bei der gezielten künstlichen Trocknung wie normales Saatgut behandelt werden. Nach Heidt [10.31] darf danach die Trocknungsluft-Temperatur nicht mehr als 40 °C bei einem Luftdurchsatz von 1.500 m^3/h pro m^3 Mais betragen. Nach der künstlichen Trocknung dient eine schnelle Abkühlung der Qualitätserhaltung. In vielen wärmeren Ländern der Erde ist der Körnermais ein wichtiges Grundnahrungsmittel, u.a. in Mittel- und Südamerika (s. Bildserie). Der Anbau dient dort primär der Selbstversorgung. Die Betriebe sind oft sehr klein. Es stehen weder Körnermais-Vollerntemaschinen noch künstliche Trocknungsmöglichkeiten zur Verfügung. In diesen Fällen erfolgt die Ernte per Hand in zwei Stufen:

Stufe 1: Das Ausbrechen der reifen Kolben mit den Lieschblättern im Feld in Handarbeit. Da das Entlieschen von Hand sehr arbeitsaufwendig ist, werden die rohen Kolben zunächst auch teils in den Lieschen in der Sonne zwischengelagert (Abb. 10.24). Es folgt das vollständige Entblättern ebenfalls per Hand.

Stufe 2: Die eigentliche natürliche Trocknung. Diese erfolgt sehr schonend durch Sonne und Wind. Diese Methode liefert hochwertige

Kornqualitäten. In kühleren Regionen (Europa) werden oft dort, wo keine künstlichen Trocknungsmöglichkeiten gegeben sind, lange Drahtgitterboxen quer zur Windrichtung auf dem Feld aufgebaut (Abb. 10.24). Zwischen die zwei Drahtreihen im Abstand von max. 1 m werden die Kolben zur weiteren natürlichen Trocknung eingefüllt. Bei später Ernte und notwendiger Lagerung bis Winter/Frühjahr hinein ist eine dachartige Abdeckung erforderlich, um die Kolben vor Niederschlägen zu schützen. Gehen die Kolben durch spätere Reife und Ernte mit höheren Wassergehalten in den Winter, dann können Frostschäden durch Kornrissigkeit entstehen, die die technologische Verarbeitbarkeit nachhaltig verschlechtern (Mikroorganismenbefall, schlechte Mahlfähigkeit, Schädigung der Keimfähigkeit, Fettoxidation).

Abb. 10.22: Spindeln von Maiskolben

Abb. 10.23: Reife Maiskolben

Abb. 10.24: Mais-Zwischenlagerung in Frankreich

Abb. 10.25: Mais-Trocknung und Lagerung durch Außenluft und Sonne in Ungarn

Bildserie: Aufbereitung von Mais in Südamerika, nach Schimpf, Maize [10.32]

Abb. 10.26:
Natürliche Trocknung in Bündeln unter dem Dach

Abb. 10.27:
Lieschblätter zum Bündeln der Kolben

Abb. 10.28:
Trocknung in Drahtgerüsten

Abb. 10.29:
Trocknung unter freiem Himmel

Abb. 10.26–20.29 aus [10.8]

Literatur zu Kapitel 10

[10.1] Thomé. O.W.: Abbildung Flora von Deutschland, Österreich und der Schweiz. Gera, 1885, aus www.wikipedia.de, 2013

[10.2] Foto pixabay.com (public domain)

[10.3] Seibel, W.: Warenkunde Getreide. Agrimedia Verlag, Bergen, S. 51–53, S. 187–188, 2005

[10.4] Hepting, L., Oltmann, W., zit. in: Hoffmann, W., A. Mudra, Plarre, W.: Lehrbuch der Züchtung landwirtschaftlicher Kulturpflanzen, Band 2, Spezieller Teil. 2. Aufl., Berlin: Paul Parey, 152–173, 1985

[10.5] BSA Bundessortenamt: Beschreibende Sortenliste Getreide. 146–184. Hannover, 2012

[10.6] foodnet.fao.org, 2012

[10.7] Hahlbruck et al.: Pflanzenzüchtung aus der Nähe gesehen. Max Plank Institut für Züchtungsforschung, Köln, 14, 1991

[10.8] Schrimpf, K.: Series of Monographs on Tropical and Subtropical crops Maize, Abb. 10.3, Ruhrstickstoff AG, Bochum, 30, 1965

[10.9] Mudra, A., zit. in: Roemer, Th. et al.: Handbuch der Landwirtschaft II. Berlin: Paul Parey, 86–109, 90–93, 1953

[10.10] Abb. 10.6, Grebenscikow, J., zit. in: Mudra, A., Roemer, Handbuch der Landwirtschaft II. 92, Paul Parey, 1953

[10.11] Geisler, G.: Pflanzenbau Lehrbuch – Biologische Grundlagen und Technik der Pflanzenproduktion. 270–279, Paul Parey, 1980

[10.12] Maizena, interne Produktinformation, unveröffentlicht, 1980

[10.13] Bolling, H., Zwingelberg, H.: Die Mühle und Mischfuttertechnik, 109, 40, 631–636 1972 zitiert in: Gerstenkorn. P., Dissertation D 83 TU Berlin, S. 11–34, 1980

[10.14] Gerstenkorn, P.: Dissertation D 83, TU Berlin, S. 37–39, S. 72–84, 1980, siehe auch [14.41]

[10.15] Abb. 10.8, Becker, H.G., Oleschinski, G.: AID Verbraucherdienst informiert. Auswertungs- und Informationsdienst für Ernährung, Landwirtschaft und Forsten, 21–23, 1990

[10.16] Schur, F.: Brauerei Rundschau. 84 Jahrgang, 1, 3–6, 1973

[10.17] Briggs, D. E.: Malts and Malting. Dept. of Biochemistry; University of Birmingham Blackie Academic and Professional, First Edition, 56–57, 734–736, 1998

[10.18] Winthorp zit. in: Briggs, D.E., [10.17], 753, 1998

[10.19] Levy u. Petit zit. in: Briggs, D.E. [10.17], 735, 1998

[10.20] Singh u. Bains zit. in: Briggs, D. E. [10.17], 735, 1998

[10.21] Weichherz zit. in: Briggs, D. E., [10.17], 57, 1998

[10.22] Aufhammer, G.,Fischbeck, G.: Getreide. Gemeinschaftsverlag DLG Frankfurt/Main, S. 331–367, 1973

[10.23] Keßler, M., et al.: Monatsschrift für Brauwissenschaft, 582, Sept/Okt 2005

[10.24] Schildbach, R.,: Bildserie Chicha-Bierherstellung aus Mais in den Hochanden, unveröffentlicht

[10.25] Aufhammer, G. ,Fischbeck, G.: Getreide. Gemeinschaftsverlag DLG Frankfurt/Main, S. 338–340, 1973

[10.26] Roemer, Th., Scheffer, F.: Lehrbuch des Ackerbaues. 5. Aufl., Berlin, Paul Parey, 141–142, 1959

[10.27] Hilbert, M. zit. in: Oehmichen, J.: Pflanzenproduktion. 349–375 Verlag Paul Parey, Berlin und Hamburg, 1986

[10.28] Ruhrstickstoff AG, Faustzahlen für die Landwirtschaft, zitiert in Oehmichen, J., Band 2, Paul Parey, S. 360, 1986

[10.29] Lang, H. in: Oehmichen, J.: Pflanzenproduktion. 350, 358–359, 1986

[10.30] Gößner, K., et al.: Thüringer Landesanstalt für Landwirtschaft, Schriftenreihe Heft 219, 48, 2009

[10.31] Heidt, H.: Die Trocknung von Körnermais. Kuratorium für Technik in der Landwirtschaft, Frankfurt a. M., München, Hellmut-Neureuter-Verlag, Flugblatt Nr. 12, 7, 1963

[10.32] Schrimpf, K.: Maize – Cultivation and Fertilization. Series of Monographs on Tropical and Subtropical Crops. Ruhr Stickstoff AG, Bochum, 1965

[10.33] © L.Klauser - Fotolia.com, 2013

[10.34] © Paulista - Fotolia.com, 2013

[10.35] © lantapix - Fotolia.com, 2013

[10.36] © B@rmaley – Fotolia.com, 2013

Abb. 11.1: Sorghum-Hirsen [11.1]

Abb. 11.2: Millet-Hirsen [11.33]

11. Hirsen *(Sorghum bicolor, Panicum mileacenum und Setaria italica)*

11.1 Allgemeines

In den Kapiteln 2 und 3 sind auch die Hirsen den übrigen Getreidearten pauschal gegenübergestellt. Kapitel 11 enthält dazu noch einige wichtige Details. Die Formenmannigfaltigkeit der Hirsen ist riesengroß (Abb. 11.1–11.4). Gemeinsam ist ihnen im Wesentlichen Trockenresistenz, Salzverträglichkeit und der hohe Wärmebedarf. Nach Wikipedia [11.4] ist Hirse das älteste Getreide und diente schon vor 8000 Jahren der Herstellung von Fladenbrot. Seit mindestens 4000 Jahren wird in China Rispenhirse angebaut. Auch in Europa waren Hirsen wichtige Nahrungsmittel. Die großkörnigen Hirsen werden unter dem Begriff Sorghum-Hirsen behandelt. Die kleinkörnigen Hirsen werden als Millets bezeichnet. Unter diesen beiden eher

Tab.11.1: Überblick Sorghum- und Millet-Hirsen [11.2, 11.3]

A. Sorghum-Hirsen (*Sorghum Bicolor*)	B. Millet-Hirsen
dazu gehören u.a.	dazu gehören u.a.
Kornsorghum *(S. vulgare)*	**Teff** *(Eragrostis tef)*
Mohrenhirse	**Rispenhirsen** *(Panicoide)*
Kafferhirse	
	Rispenhirsen *(Panicum mileaceum)*
	Flatterhirse
	Klumphirse
	Dickhirse
	Kolbenhirse *(Setaria italica)*
	Kleine Rispenhirse
	Mittlere Kolbenhirse
	Große Kolbenhirse

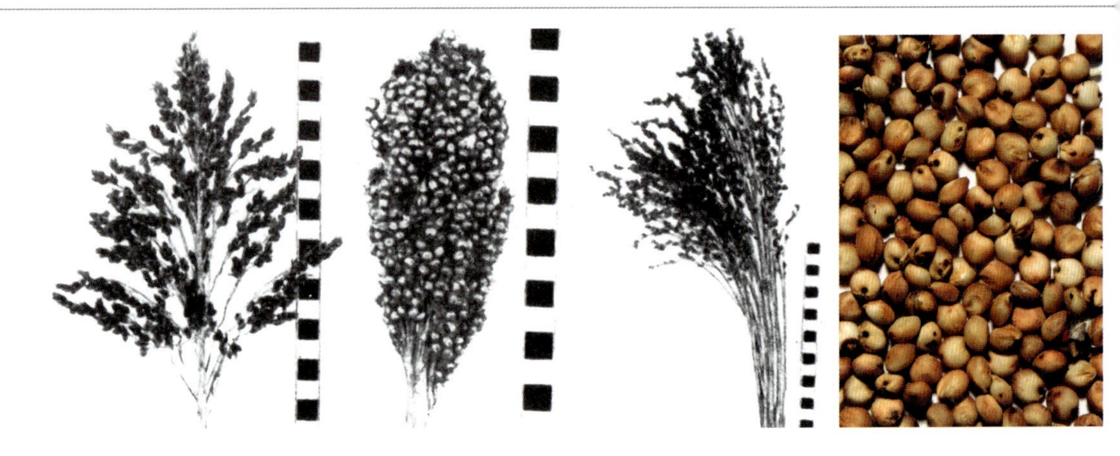

Abb. 11.3: Sorghum-Hirsen (Sorghum bicolor), von links: Zuckerhirse mit lockerer Rispe, Körnerhirse mit dichter Rispe, Besenhirse [11.3], ganz rechts Sorghum-Körner

Abb. 11.4: Millet-Hirsen links: Rispenhirse (Panicum miliaceum), Mitte: Kolbenhirse (Setaria italica) [11.3], rechts: Millet-Körner

Tab.11.2: Hirseproduktion in der Welt 2008–2010 nach FAOSTAT (Mittel aus drei Jahren) [11.6]

	Anbauflächen 1000 ha		Ertrag kg/ha		Produktion 1000 t	
	Sorghum	**Millets**	**Sorghum**	**Millets**	**Sorghum**	**Millets**
Welt	42.262	35.079	1406	882	59.552	31.321
Afrika	25.734	21.239	892	782	22.857	278
Amerika	6277	155	3644	1793	22.857	278
Nordamerika	2371	147	4313	1819	10.169	266
Zentralamerika	1993	2	924	–	–	101
Karibik	11	0	924	–	6897	178
Südamerika	1800	7	3148	1512	5691	994
Asien	9312	13.181	1101	1019	10.247	13.459
Europa	195	465	3979	1259	738	611
Ozeanien	752	38	3544	972	2697	37

Tab.11.3: Verbrauchsstruktur von Hirsen 1971 nach Arnould und Miche [11.8]

Nutzung	Entwickelte Länder %	Entwicklungsländer %	Welt %
Menschliche Ernährung	1,1	82,5	53,3
Futter	95,8	7,7	39,4
Vergorene Getränke, Industrie	1,6	2,3	2,0

aus kommerzieller Sicht verwendeten Begriffen verbirgt sich nach Rehm [11.5] eine sehr große noch unvollständige Anzahl von unterschiedlichen Arten, Varietäten und Formen. Tabelle 11.1 zeigt die Hirsen mit größerer Bedeutung.
Hulse et al. [11.7] berichten, dass sowohl Sorghum als auch Millets kontinuierliche und periodische Trockenheiten, hervorgerufen durch Hitze, tolerieren und überleben können. Hirsen sind deshalb die einzigen Getreidearten, die in den semiariden Tropen von Afrika und Asien noch wachsen und so die Grundlage für die Ernährung der Bevölkerung in diesen Klimazonen bilden.
Erwartungsgemäß liegen die größten Anbauregionen in Afrika und Asien (Tab. 11.2). Dort sind aber aufgrund des heißen und trockenen Klimas die Erträge von Sorghum und Millet sehr niedrig. Die höchsten Sorghumerträge werden in Amerika, Europa und Ozeanien erreicht, bei den Millets in Amerika und Europa. Mit modernen Sorghum-Hybriden in USA oder auch in Europa können bis zu 10 t/ha an Körnern geerntet werden. Der Anbau von Millets tritt gegenüber dem Sorghum deutlich zurück. Die Millet-Produktion ist nur etwa halb so hoch wie die von Sorghum. Nach Arnould et al. [11.8] lässt sich die Verbrauchsstruktur von Hirsen wie in Tabelle 11.3 darstellen.

11.2 Systematik und Morphologie

Die Art *Sorghum bicolor* (L) (Moench) (Mohrenhirse) wird in allen wärmeren Regionen der Erde angebaut. *Sorghum bicolor* (SB) umfasst die kultivierten Formen. Zur Körner- und Grünpflanzen-Nutzung werden nach Rehm [11.9] die in Tabelle 11.4 aufgeführten Sorghum-Hirsen verwendet. Nach Schuster und Rehm [11.9, 11.10] stammen Sorghum-Hirsen wahrscheinlich aus Äquatorialafrika und Abessinien. Kul-

Tab. 11.4: Sorghum-Hirsen nach Rehm [11.9] (SB = Sorghum bicolor)

Bezeichnung	Botanische Varietät	Heimat
zur Körnernutzung		
Kafir	*SB caffrorum*	Ost- und Südafrika
Hegari	*SB caffrorum*	Sudan
Feterita	*SB caudatum*	Ostsudan
Milo	*SB subiglabrescens*	Nord- und Ostafrika, Arabien, Indien
Durra	*SB durra*	Nordostafrika, Vorderasien
White Durra	*SB cernuum*	Vorderasien, Indien
Shallu	*SB roxburghii*	Tropisches Afrika
Kaoliang	*SB nervosum*	Ostasien
zur Futternutzung (Stengel, Blätter)		
Sudangras	*SB sudanense*	Ostafrika
Zuckerhirse, Sirk	*SB saccharatum*	Mittelmeerregion, Ostafrika
Besenhirse	*SB technikum*	Mittelmeerregion, Ostasien

Tab. 11.5: Millet-Hirsen [11.10, 11.11, 11.12]

Bezeichnung	Botanischer Name	Heimat	Verbreitung
1. Unterfamilie: Eragrostoideae			
1.1. Teff	*Eragrostis tef*	Äthiopien	Ostafrika
1.2. Fingerhirse	*Eleosine coracan*	Afrika, Indien	Ost- und Zentralafrika, Indien, China
2. Unterfamilie: Panicoideae			
2.1. Rispenhirsen	*Panicum miliaceum*	China	Ostasien, Russland, China
2.1.1. Flatterhirse	*Panicum effusum*		
2.1.2. Klumphirse	*Panicum contractum*		
2.1.3. Dickhirse	*Panicum compactum*		
2.1.4. Kutkihirse	*Panicum miliare*		Indien, Ceylon
2.2. Weizenhirse/Jap. Hirse	*Echinochl. frum*	Malaysia	Ostafrika, Indien, Ägypten
2.3. Kodahirse	*Papsalum scrobicul.*	Afrika; Indien	Indien
2.3.1. Fonio	*Digitaria exilis*	Nigeria	Westafrika (Savanne)
2.4 Perlhirse	*Penisetum spicatum*	Westafrika	Afrika, Indien, USA, Russland
2.4.1. Kolbenhirse	*Setaria italica Foxt-Hi*	Ostasien	Asien, Nordafrika, Südeuropa

(Diese Systematik erhebt keinen Anspruch auf Vollständigkeit)

tivierte Formen werden zur Art *Sorghum bicolor* zusammengefasst. Ihr Anbau nimmt Dank der modernen Hybriden weltweit ständig zu.
Unter den Millets sollten die Rispenhirsen (*Panicum mileaceum*) in dem großen asiatischen Raum von Ostasien bis Nordwestindien beheimatet sein (Tab. 11.5). Rispenhirsen wurden früher eher auf marginalen Böden und auch wegen ihrer kurzen Vegetationszeit in Europa angebaut. Zu einer weiteren großen Gruppe der Millets gehören die Kolbenhirsen (*Setaria italica*). Sie stammen aus Ostasien (Mandschurei, Korea, Japan). Besonders bei den Millets geht ihre Trocken- und Salztoleranz einher mit geringeren Erträgen. In Regionen mit intensivem Ackerbau sind Millets heute nicht mehr gegenüber anderen Getreidearten konkurrenzfähig. Ihr Anbau ist deshalb rückläufig. In der Weltkollektion in Indien stehen nach Kulp [11.11] ca. 42.000 Sorghum-Genotypen und ca. 1500 Pearl-Millets für die Züchtung zur Verfügung [11.11]. Dendy et al. [11.12] berichten, dass allein im ICRISAT-Institut 33.108 Sorghum- und 29.141 verschiedene Millettypen vorhanden sind, wobei allein die Pearl-Millets auf eine Anzahl von 22.059 kommen, gefolgt von Finger-Millets (3220) und Foxtail-Millets (1452). Die Verbreitung von Sorghum und Millet ist nach Dendy [11.12] in Abbildung 11.5 dargestellt. Den Aufbau eines Sorghumkorns zeigt nach Rooney [11.13] Abbildung 11.6. Der Kornaufbau entspricht im Wesentlichen dem der übrigen Getreidearten, wie u.a. im Kapitel 4 „Gemeinsame Eigenschaften des Getreides" am Beispiel des Weizens beschrieben. Lediglich eine deutlichere Differenzierung des Endosperms in einen körnigen äußeren Teil und in das mehlige Zentrum tritt beim Sorghum deutlicher hervor. Die meist runden Sorghumkörner sind teilweise oder auch ganz von den locker sitzenden Hüllspelzen eingeschlossen. Die Spelzengehalte liegen bei den Kolbenhirsen bei 16 bis 21 % und bei den Rispenhirsen geringfügig höher [11.9].

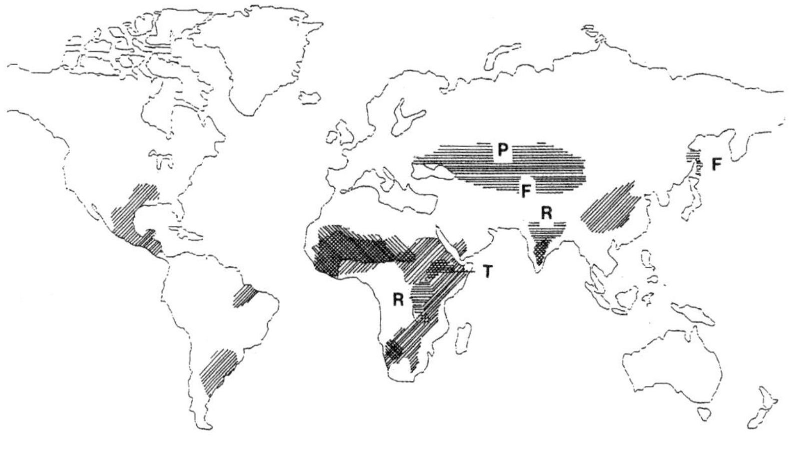

Abb. 11.5: Verbreitung von Sorghum und Millet in den semiariden Tropen nach Dendy [11.12]

///: Sorghum
\\\: Pearl Millet
≡: andere
R: Finger-Millet
T: Teff
F: Foxtail Millet
P: Proso Millet

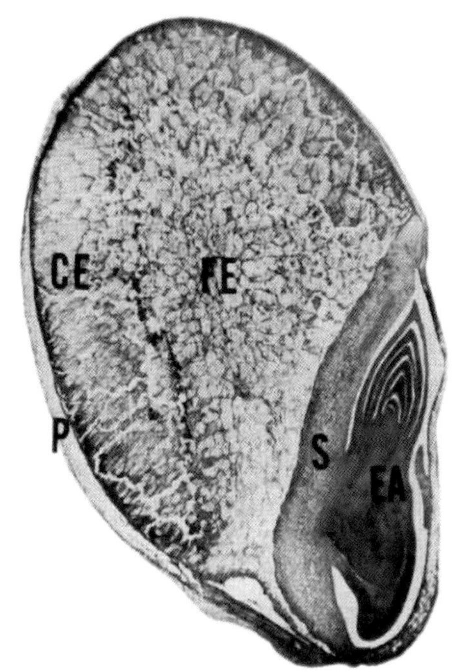

Abb. 11.6: Aufbau eines Sorghum-Kornes nach Rooney [11.13] CE: Corneous Endosperm, FE: Floury Endosperm, P: Pericap, S: Scutellum, EA: Embyonic axis

11.3 Hirsen als Nahrungsmittel

Mit zusätzlichen Dürre- und Salzresistenzen ordnen sich die Hirsen hinsichtlich ihres Wertes als Grundnahrungsmittel sehr gut in die Reihe der Hauptgetreidearten ein.

11.3.1 Bedeutende Inhaltsstoffe

Der weitere Vergleich mit anderen wichtigen Getreidearten führt zu den Ergebnissen in Tabelle 11.6. Nach den Untersuchungen von Dendy [11.12] ist bei den Hirsen die Variationsbreite bei allen Eigenschaften sehr groß. Im Vergleich zu Weizen, Reis oder auch Mais liegen die Fingerhirsen im Proteingehalt sehr niedrig. Die übrigen Hirsen bewegen sich in normalen Getreide-Bereichen von 10 bis 11,5 %. Während die Koda- und Fingerhirsen im Fettgehalt noch deutlich unterhalb des Weizens angesiedelt sind, erreichen einige Rispen- und Kolbenhirsen 4 bis 5 % und rücken damit nahe an den Mais heran. Mit 3,2 % Fett liegt auch Sorghum noch deutlich über dem des Weizens. Bei den Kohlehydraten fiel das japanische Millet deutlich ab. Alle übrigen Hirsen bewegen sich mit Werten um 70 bis 75 % im Bereich von Mais. Mit Ausnahme von Pearl-Millet und Sorghum, die mit Rohfasergehalten von ca. 2 % Werte des Weizens erreichen, liegen die Rispenhirsen und auch die Foxtail-Kolbenhirsen bei einem sehr hohen Rohfaseranteil von ca. 10 bis 15 %. Auch bei den Mineralstoffen (Asche) liegen die Millets in Bereichen von bis zu 4 % deutlich über denen von Weizen, Mais und Reis. Hirsen sind besonders reich an Fluor, Schwefel, Phosphor, Magnesium, Kalium, Silizium und Eisen [11.12]. Im Energiegehalt treten keine wesentlichen Unterschiede zwischen den Getreidearten auf.

Der Unterschied zwischen Sorghum und Millets hinsichtlich ihrer Gehalte an essenziellen AS ist nicht allzu gravierend (Tab. 11.7). Immerhin ist es der Züchtung gelungen, die limitierte AS Lysin über die Grenze von normalem Sorghum hinaus weiter deutlich anzureichern.

Tab. 11.6: Nährstoffgehalte von Getreide (g/100 g bei 12 % Wassergehalt) gekürzt und ergänzt unter Verwendung von Dendy [11.12], Serna-Salvidar/Rooney zitiert in Dendy [11.12]

	Protein g	**Fett g**	**Kohlenhydrate g**	**Rohfaser g**	**Asche g**	**Energie kcal**
Weizen	11,6	2,0	71	2,0	1,6	348
Braunreis	7,9	2,7	76	1,0	1,3	362
Mais	9,2	4,6	73	2,8	1,2	358
Sorghum	10,9	3,2	73	2,3	1,6	329
Millet						
Rispenhirsen						
Prosa Millet Pan miliac.	10,6	4,0	70	12,0	3,2	364
Koda millet Paps. scorb.	11,5	1,3	74	10,4	2,6	353
Jap. barnyard Mill. Ench. frum	10,8	4,5	49	14,7	4,0	–
Kolbenhirsen						
Foxtail Millet Setaria italica	9,9	2,5	72	10,0	3,5	351
Pearl Millet Peniset. typoides	11,0	5,0	69	2,2	1,9	363
Fingerhirse Eleusine coracana	6,0	1,5	75	3,6	2,6	336

Tab. 11.7: Essenzielle Aminosäuren (AS) von Sorghum und Millets nach Dendy [11.12]

Aminosäuren g/100 g Protein	**Normales Sorghum n = 3**	**Lysinreiches Sorghum n = 2**	**Millets n = 7**
Phenylalanin	5,2	5,1	5,5
Histidin	2,2	2,3	2,2
Isoleucin	4,0	4,2	4,7
Leucin	13,8	12,1	11,6
Lysin	2,2	3,3	2,7
Methionin	1,5	1,7	2,4
Threonin	3,3	3,4	3,7
Tryptophan	0,9	0,9	1,2
Valin	5,8	5,3	5,9

Farbunterschiede	**Tanningehalte %**	**Vogel-Fraßschäden**
Braunes Sorghum	4,7	0,2
Rotes Sorghum	0,2	68
Bronzenes Sorghum	0,2	78
	Tanningehalte %	**Protein-Verdaulichkeit %**
	> 1	29,6
	< 0,5	77,1

Tab. 11.8: Tannine in Sorghum nach Hulse [11.7]

Auch wenn die Lysin-reicheren Genotypen im Allgemeinen in ihrer Kornstruktur (höherer Schrumpfkornanteil) zurückbleiben, so können sie doch einen wertvollen Beitrag zur Proteinversorgung in Entwicklungsländern leisten.

11.3.2 Einige Schadfaktoren

11.3.2.1 Kornfarben, Tannine, Verdaulichkeit

Sorghum- und Milletkörner gibt es in vielen Farben von Braun, Rot, Bronze bis Weiß. Diese Nuancen resultieren u.a. aus unterschiedlichen Mengen von Polyphenolen (Tab. 11.8). Im Allgemeinen werden die Körner von Tannin-ärmeren Sorghumsorten von den Vögeln bevorzugt. Die Fraßschäden sind beträchtlich. Tannin-ärmere Sorten verfügen auch über eine wesentlich bessere Protein-Verdaulichkeit. Nach Lang [11.14] und Dendy [11.15] können bei Millets höhere Gehalte an phenolischen Substanzen die Mineralstoffe in den Körnern festlegen [11.14, 11.15].

11.3.2.2 Weitere Schadfaktoren

Zu den weiteren Schadstoffen gehören nach Dendy [11.15] neben den Phenolen u.a. Phytinsäuren, Blausäure-Glykoside und auch Enzym-Hemmstoffe. Speziell bei Sorghum-Grünmasse – und Silagen aus Ganzpflanzen zur Fütterung – wurden nach Untersuchungen aus Thüringen [11.16] Blausäuregehalte bei Sudangras, Zucker- und Futterhirse gefunden, deren Gehalte den vorgeschriebenen Grenzwert von 50 mg Blausäure/kg Trockenmasse bis um das Dreifache überschritten. Im trockenen Korn dagegen lag der Gehalt sehr niedrig bei 1 bis 29 mg/kg. Nach drei Tagen Keimung aber steigt der Blausäuregehalt wieder deutlich an.

11.4 Verarbeitung zu Nahrungsmitteln und Zwischenprodukten

Ähnlich wie beim Mais wird auch Sorghum zu Nahrungsmitteln und Zwischenprodukten technologisch verarbeitet.

11.4.1 Traditionelle Aufbereitung und Verarbeitung

Millets werden nahezu ausschließlich, Sorghum dagegen zu 30 bis 40 % der Welternte zur Produktion von Nahrungsmitteln verwendet. Nach dem Entfernen der Spelzen und der Reinigung werden in Afrika die Hirsen auf den lokalen Märkten als rohe Körner angeboten (Abb. 11.7). Die Hausfrauen kaufen dieses Rohgetreide und bereiten daraus mit großem manuellen Aufwand die meisten Nahrungsmittel selbst zu. Mit Mörsern werden die Körner auf Mahlsteinen von Hand zu Mehl und Gries zerkleinert, die Frauen mahlen täglich frisch für die jeweiligen Mahlzeiten (Abb. 11.8). Die Palette hausgemachter Lebensmittel aus Sorghum und teils auch unter Zusatz von Millets ist nach Kulp [11.11] sehr umfangreich (Tab. 11.9.).

Abb. 11.7:
Sorghum und Millets auf dem Markt in Nigeria

Abb. 11.8:
Mahlsteine einer Dorfgemeinschaft in Nigeria

Abb. 11.9: Rispenhirse, roh [11.34]

Abb. 11.10: Hirsemehl [11.17]

Abb. 11.11: Hirseflocken [11.34]

11.4.2 Industrielle Verarbeitung

11.4.2.1 Trockenvermahlung

Nach der Reinigung und Kalibrierung werden nach Wall et al. [11.18] beim Sorghum – analog zum Mais – auf dem Wege der Trockenvermahlung das Mahlgut in die drei Fraktionen Keimling, Schalen und Mehlkörper zerlegt. Keimling und Schalen werden in der Regel als Futtermittel weiter verwendet. Wie auch beim Mais fallen bei der Vermahlung des Endosperms unterschiedliche Mehl-/Grießfraktionen an. Diese reichen von den groben Grits bis zum Feinmehl. Sie dienen als Zwischenprodukte auch zur Herstellung etwa von Hirseflocken (Abb. 11.9–1.11). Es kann davon ausgegangen werden, dass ähnliche Produkte auch bei der Vermahlung von Millets anfallen.

11.4.2.2 Nassvermahlung

Nach Dendy [11.12] folgt der Reinigung eine 30 bis 40 stündige SO_2-Wasserweiche bis auf 45 % Weichgrad (0,05 bis 0,4g SO_2/ kg Getreide). Danach wird grob nassvermahlen. Es folgt die Abtrennung des Keimlings und der Schalen vom Mehlkörper. Die nachgeschaltete Feinvermahlung des Mehlkörpers führt zur Stärkemilch, aus der sich die Resteiweiße abtrennen lassen. Durch weitere Reinigungs- und Trocknungsschritte entsteht die Trockenstärke. Sowohl aus der Stärkemilch als auch aus der Trockenstärke lassen sich – analog zum Mais – durch enzymatischen Aufschluss oder durch Säurehydrolyse eine breite Palette von Produkten, wie Zucker, Kulöre, Sirupe und Melasse, als Nebenprodukt gewinnen.

Tab. 11.9: Übersicht Lebensmittel aus Hirse nach Kulp [11.11]

Lebensmittel	Üblicher Name	Land
Unfermentiertes Brot	Chapati, roti, rotte	Indien
Fermentiertes Brot	Kisra, dosa, dosai	Afrika, Sudan, Indien
Tortillas		Zentralafrika
Porridge	Ugali, Uji, Ogi	Afrika, Indien, Mexiko, Zentralamerika
Dampfgekochte Produkte	Couscous	Westafrika
Gekochte Ganzkörner	Acha	Afrika, Indien, Haiti
Snack-Produkte		weltweit
Hirsebrei aus Millets		Bekannt in Europa
Fladenbrote		Bekannt in Europa
Alkoholische Getränke	Burukutu	Westafrika
Saures Opaque-Biere	Marisa	Afrika
Helles europäisches Lagerbier	Lagerbier aus Sorghum-Malz	Afrika

Abb. 11.12: Vorbereitung von Sorghum und Millets zur Vermälzung in Nigeria [11.19]

Abb. 11.13: Sorghum- und Millet-Mälzung unter freiem Himmel auf einem Felsen in Nigeria [11.19]

11.5 Malzbereitung aus Hirsen

Nach Taylor et al. [11.20] werden in Afrika seit vielen Jahrhunderten für das Brauen traditioneller Biere, Malze aus Sorghum – auch unter Mitverwendung von Millets – verwendet. Erst seit den vergangenen 40 Jahren wird dafür die Technologie auf wissenschaftlicher Grundlage für die industrielle Produktion eingesetzt. Demgegenüber werden in den Dorfgemeinschaften Afrikas immer noch in großem Rahmen für die Herstellung lokaler, naturtrüber säuerlicher Opaque-Biere die dafür notwendigen Sorghum- und Milletmalze auf eine sehr einfache Weise hergestellt (Abb. 11.12–11.14).

In Nigeria vermälzen die Dorfbewohner ganz individuell ihre Hirsen auf einem gemeinschaftlich genutzten Felsen unter freiem Himmel. Zur Vermeidung zu hoher Temperaturen und zur Regulierung der Feuchtigkeit wird regelmäßig Wasser aufgespritzt und das Keimgut mit feuchten Säcken abgedeckt. Nach wenigen Tagen wird das Grünmalz bei direkter Sonneneinstrahlung (ca. 40 °C) schonend getrocknet. Auf diesem Wege werden die Enzyme geschont.

Nach Taylor et al. [11.20] werden in Südafrika auch Sorghum-Malze in beachtlichem Umfang von 200.000 t Sorghum großtechnisch unter Verwendung einer Tennenmälzerei und auch einer pneumatischen Mälzung in Saladin-Kästen nach folgendem Schema hergestellt: Für Sorghum waren 33 bis 35 % Weichgrad und 24 °C bis 28 °C Keimtemperatur vorgesehen.

Abb. 11.14: Trocknen (Abdarren) von Hirsemalzen bei natürlichen Temperaturen in der Sonne von 40 °C in Nigeria [11.19]

Zum Abbau hoher Tanningehalte wurde eine Formaldehydbehandlung vorgenommen. Zur Vermeidung von Schimmel und Mykotoxinen empfiehlt sich auch eine NaOH-Behandlung Die höchste Diastatische Kraft (DK) wurde nach 5 bis 6 Keimtagen bei 24 °C erreicht [11.20]. Das Tennenmalz wurde in der Sonne getrocknet. Das Malz aus der pneumatischen Mälzung war qualitativ besser. Die DK betrug nach der Tennenmälzung nur 14, nach der pneumatischen Mälzung 29 SDU/g.

Nach Saldivar und Rooney [11.21] werden Sorghum-Sorten mit weichem Endosperm und helleren Farben (weniger Tannin) bevorzugt. Typisch für Sorghum ist die zu erwartende niedrige β-Amylasen-Aktivität. Dies ist problematisch beim Brauen von hellen Lagerbieren. Sorghum reagiert nicht auf die Behandlung mit Gibberelinsäure. Weich- und Keimtemperaturen sollten 25 °C bis 30 °C betragen. Nach traditioneller und individueller Methode werden Gesamtweichzeiten von ein bis drei Tagen und zwei bis sechs Keimtage angegeben. Bei der Tennenmälzung erfolgt in der Regel die Trocknung in der Sonne.

Im großtechnisch industriellen Produktionsprozess wird Sorghum in belüftbaren Tanks geweicht. Die Keimung läuft auf Betonböden (Tennen). Ein tägliches Wenden ist erforderlich. Getrocknet werden kann dann auch schonend mit erwärmter Luft. Ein weiteres angepasstes industrielles Verfahren beinhaltet die folgenden Schritte: Der Reinigung des Sorghums folgt eine bis zu 16 h dauernde Nassweiche bei 28 °C bis 30 °C und anschließend eine 6-tägige Keimzeit bei 25 °C bis 30 °C. Die Trocknung erfolgt mit heißer Luft. In der Regel wird dann das Malz erst gemahlen und danach verpackt und vermarktet.

Daiber und Taylor [11.22] beschreiben das folgende Verfahren zur Herstellung von Sorghum-Malz für das in Afrika lokale, naturtrübe Opaque-Bier. Danach sollte Sorghum in 48 h eine Keimenergie von 92 bis 95 % erreichen und frei von parasitischen Pilzen und Bakterien sein. Erst wenn in den Vogel-resistenten, Gerbstoff-reichen Sorten die Tannine neutralisiert sind, sollte die Ware für die Herstellung von Bier eingesetzt werden. Für beide Verfahren (Tenne oder Saladin-Kästen) werden auch von diesen Autoren Weichgrade von nur 35 % angestrebt. Eine erste 4 h-Weiche in 0,04 bis 0,08 %iger Formaldehydlösung vermindert die Enzymschädigung durch Tannine. Eine maximale Malzqualität wurde erreicht bei ca. 24 °C Keimtemperatur über 4,5 bis 5,5 Tage auf der Tenne. In der Tennenmälzerei müssen durch die Regulierung der Schütthöhe, das Wenden, durch Befeuchtung und Belüftung die angestrebten Parameter eingehalten werden.

Bei der pneumatischen Mälzung lassen sich die genannten Parameter besser steuern. Zur Vermeidung von Mykotoxin-bildenden Schimmelpilzen muss besonders bei der Vermälzung von Sorghum auf Sauberkeit und Hygiene geachtet werden. Auf eine Vorweiche mit Formaldehyd bzw. Na-Hypochlorid-Produkten wird auch bei diesem Verfahren hingewiesen, weil in vielen Ländern (auch Afrika) Hirsen in der Regenzeit feucht geerntet werden müssen. Bei der Anwendung von Desinfektionsmitteln ist auf länderspezifische Anwendungsvorschriften zu achten.

Im Interesse der Schonung des ohnehin schwachen Enzympotenzials der Hirsen, wird – wie bereits erwähnt – eine Trocknungstemperatur von unter 50 °C von allen Autoren vorgeschlagen. Dabei sollten bei reichlicher Belüftung Endwassergehalte von ca. 12 % an-

Abb. 11.15: Keimendes Sorghum mit Neigung zur Klumpenbildung [11.23]

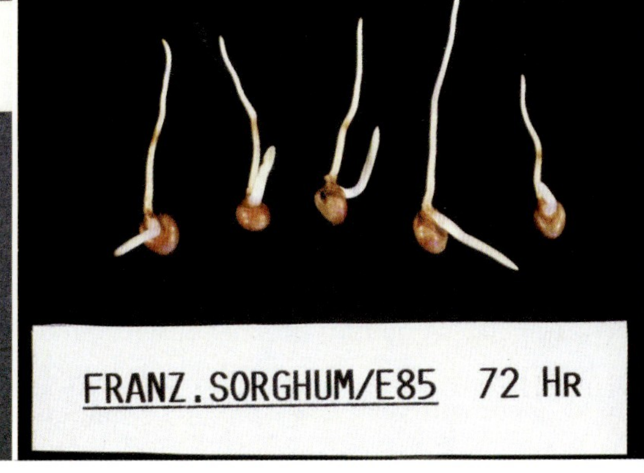

Abb. 11.16: Keimendes Sorghum nach 72 h [11.23]

gestrebt werden. Das trockene Malz wird im Allgemeinen nicht geputzt. Wurzel- und Blattkeime werden mit gemahlen. Diese sind wichtige Quellen für die Versorgung der Hefen mit freiem α-Amino-N (FAN). Anders als bei Gerste oder Weizen entwickelt sich nach Seidl [11.23] beim Sorghum während der Keimung ein sehr langer dünner Keimling außerhalb des Kornes (Abb. 11.15, 11.16). Dieser ist sehr empfindlich gegenüber mechanischen Verletzungen etwa beim Wenden. Das übliche Wenden auf der Tenne ist im Vergleich zum vollmechanischen Wenden im Saladin-Kasten wesentlich schonender. Lässt sich ein Wenden und der Grünmalz-Transport auf dem Wege der pneumatischen Mälzung nicht vermeiden, sollte versucht werden, über niedrigere Schütthöhen im Saladinkasten Beschädigungen der Keimlinge zu minimieren. Auch muss die Bildung von Klumpen durch Verwachsen der Wurzeln untereinander vermieden werden (Abb. 11.15). Eine optimale Alternative ist ein Mälzungssystem, bei dem das Keimgut im Keimkasten schonend in dünnen Schichten von oben abgetragen und nach unten umgeschichtet wird. Da dabei die Keimlinge weniger beschädigt werden, bleibt ihre volle Enzymkraft erhalten (Lausmann-System). Anderenfalls wird durch Beschädigungen und Verklumpungen die Enzym- und FAN-Bildung vermindert.

Generell muss bei der Hirsemälzung aufgrund des intensiven Wachstums mit hohen Schwandwerten von ca. 30 % gerechnet werden. Seidl [11.23] verglich hinsichtlich der Mälzungseigenschaften nigerianisches Sorghum mit deutscher Gerste und kam zu den in Tabelle 11.10 zusammengefassten Resultaten.

Im Vergleich zur Gersten-Mälzung erfolgte die an Sorghum angepasste Mälzung primär durch die Temperatur-Erhöhung. Das Gersten-Mälzungsverfahren bringt bei der Anwendung für Sorghum keine befriedigenden Ergebnisse. Weder Extrakt noch Lösung waren akzeptabel. Auch bei angepasster Mälzung brachten schlechte Sorghum-Sorten noch keine ausreichenden Malzqualitäten. Sorgfältig ausgewählte gute Sorghumsorten dagegen lieferten Extrakte im Bereich guter Braugersten. Proteolyse und Zytolyse kamen deutlich näher an die Gerstenmalze heran. Dabei wurden sehr gute Viskositäten und Endvergärungsgrade erreicht. Dieser Vergleich zeigt, dass die Variabilität der Qualitätseigenschaften zwischen den Sorghumsorten riesengroß ist. Dies zeigt aber auch, dass bei der züchterischen Nutzung der vielen tausend Sorghumsorten und -formen große Züchtungsfortschritte auch in der Qualität möglich sind.

Nach Seidl [11.23] wird in Tabelle 11.11 der Züchtungsfortschritt bei Sorghum am Beispiel einer roten Landsorte und einer modernen Serena-Hybride aus Uganda dargestellt [11.22]. Die Serena-Hybride war zwar sehr kleinkörnig. Sie brachte aber mehr Stärke und weniger Polyphenole. Extrakt und Vergärung lagen trotz des extrem hohen Proteingehaltes deutlich über den Werten der roten Landsorte. Darüber hinaus verfügte die Hybride über eine bessere Enzymausstattung. Normalwerte von Gersten-

Tab. 11.10: Sorghum-Malz aus konventioneller Gersten-Mälzung und aus an Sorghum angepasster Mälzung nach Seidl [11.23], Kleinmälzung VLB/FIR Berlin

Mälzung von:	**Konventionelle Gerste nach Gerstenmälzung**	**Gersten-Mälzungsverfahren mit Sorghum**	**An Sorghum angepasstes Sorghum-Mälzungsverfahren**	
			Schlechtes Sorghum	**Gutes Sorghum**
Extrakt %	81,0	57,9	65,2	83,7
Extrakt-Differenz %	2,0	5,1	13,2	1,9
Viskosität mPas 8,6 %	1,55	1,43	1,66	1,29
N Würze mg/100 g M.	600	5,48	215	427
Kolbachzahl	40	30	14	39
S. Endvergärung %	80	78	65	95

Tab. 11.11: Züchtungsfortschritt durch Hybridzüchtung von Sorghum aus Uganda nach Seidl [11.23]

Kornanalyse		**Rote Landsorte**	**Hybride Serena (n= 4)**
Rohprotein		8,2	20,6
Keimenergie (5 Tage) %		82	84
HL-Gewicht kg/100 l		64	71
Tausendkorngewicht g		12	16
Siebsortierung	> 2,8 mm %	7	3
	2,5 – 2,8 mm %	37	13
	2,2 – 2,5 mm %	40	46
	Ausputz %	15	40
	Vollkornanteil %	44	17
Fettgehalt %		2,6	1,9
Polyphenole TrS %		0,39	0,007
Stärke %		61,3	65,7
Malzanalyse			
Extrakt %		71,7	76,8
Extrakt-Differenz %		1,0	2,4
Viskosität mPas 8,6 %		1,54	1,49
Scheinbare Endvergärung %		73,0	92,4
Würzefarbe EBC		5,3	3,0
pH-Wert		5,82	5,58
Rohprotein %		7,2	8,6
Kolbachzahl		24	34
Diastatische Kraft W.K.		60	115
α-Amylase DU		46	77

malz wurden aber auch mit der Sorghum-Hybride noch nicht erreicht. Der Proteingehalt im Malz blieb infolge des geringen Kornproteins und der niedrigen Kolbachzahl im etwas zu niedrigen Bereich.

Einige Anmerkungen zum Millet-Malz:
Das Mälzungsverfahren für Millet entspricht im wesentlichen dem für Sorghum. Millet wird zur Herstellung von Nahrungsmitteln besonders in Afrika, Indien und China verwendet. In Jahren mit Sorghum-Mangel werden nach Daiber et al. [11.22] regional in Afrika Pearl- und Finger-Millets für die Herstellung der landesüblichen naturtrüben Opaque-Biere verwendet. Pearl-Millet ist in der Tendenz gekennzeichnet durch mehr Protein und weniger Stärke (Tab. 11.6). Sie enthält keine Tannin-Inhibitoren. Finger-Millet soll reicher an Lysin sein, hat aber weniger Fett. Beide Millets enthielten keine Inhibitoren der Diastatischen Kraft. Bei der Mälzung auf geschlitzten Böden besteht die Gefahr, dass die kleinen Milletkörner die Schlitze verstopfen oder auch durchfallen. Das behindert die Belüftung. Zur Vermeidung dieser Nachteile werden oft Sorghum und Millets als Mischung vermälzt. Anderenfalls ist eine Tennenmälzung zu bevorzugen. Darrtemperaturen über 50 °C reduzieren die Diastatische Kraft und auch teilweise die β-Amylase. Die Proteolyse ist weniger temperaturempfindlich. Nach Daiber und Taylor [11.22] brachten im Vergleich zu Gerste und Sorghum Millets die Analysenergebnisse in Tabelle 11.12. Für Versuche zur Herstellung von Mbege-Bier aus Finger-Millets von Tansania verwendeten Jani et al. [11.24, 11.25] das folgende Kleinmälzungsverfahren. Es wurden an der gereinigten 1,6 bis 2,0 mm-Fraktion die Keimenergie bestimmt und eine individuelle Kleinmälzung nach dem abgewandelten Verfahren des Forschungsinstitut für Rohstoffe (FIR) der VLB Berlin vorgenommen:

- Weiche: Weichtemperatur 29 °C in Zyklen von 6 h Nass- und 2 h Trockenweiche über 24 h bei einer relativen Luftfeuchte von > 85 %
- Keimung: 5 Keimtage bei 29 °C. Zur Erhöhung des Weichgrades wurde in 3 h-Intervallen aufgespritzt. Es wurden Weichgrade von 50 % angestrebt
- Trocknung: Getrocknet wurde 24 h bei 50 °C.
- Der Schwand lag nach dem Putzen beim Sorghum bei 20,9 %.

Die Natur des Finger-Millet-Kornes erlaubte keine Trennung von Korn und Keim. Es wurde ungeputzt verwendet. Weich- und Keimvarianten sind in Tabelle 11.13 zusammengestellt. Aufgrund der Kleinkörnigkeit (große Oberfläche) verläuft die Wasseraufnahme während der Weiche beim Millet viel intensiver als beim Sorghum. Die 4-Tage-Mälzung brachte beim Sorghum mit ca. 78 % die höchsten Extrakte, lagen damit aber immer noch wesentlich unter den Anforderungen an Gerstenmalz [11.28}. Von drei auf fünf Tage Mälzungszeit ging die Filterleistung beim Sorghum-Malz deutlich zurück, obwohl die Glukanasen-Aktivität nachhaltig anstieg (Tab. 11.14). Die zunehmende Mäl-

Tab. 11.12: Einige Korn- und Malzkriterien von Gerste, Sorghum und Millets nach Daiber und Taylor [11.22]

Korneigenschaften	Gerste	Sorghumsorte		Millets	
		normal	tanninreich	Perlhirse	Fingerhirse
Stärke-Gelatin. Temp °C	51 – 60	68 – 78	68 – 78	62 – 78	62 – 72
Lipide %	2,9	3,3	3,3	5,4	1,5
Tannine	keine	keine	hoch	keine	verschieden
Malzeigenschaften					
Opt. Mälzungstemperatur °C	14 – 18	24 – 28	24 – 28	25 – 30	25 – 30
Mälzungsschwand %	7	10 – 20	10 – 20	24 – 28	hoch
Diastat. Kraft WK/g M.	150 –200	20 – 60	20 – 60	24 – 28	(20 – 60)
α- Amylase %	18 –50	60 – 80	60 – 80	24 – 28	(60 – 80)
Extrakt bei 60 °C	hoch	mittel	gering		
Extrakt bei 45 – 70 °C	hoch	hoch	mittel		
Effekt von Gibberellinsäure	hoch	keinen	keinen	vorhanden	vorhanden

Tab. 11.13: Einfluss von Weich- und Keimzeit auf den Weichgrad von Sorghum und Millets nach Jani, Annemüller und Schildbach [11.24]

	Weichzeit h			Keimzeit Tage				
Prozessdauer	8	16	24	1	2	3	4	5
Weichgrad % Sorghum	39,5	41,5	43,6	48,1	51,6	57,4	63,2	60,6
Weichgrad % Finger-Millet	41,7	45,9	49,7	54,1	57,8	58,5	61,3	59,4

Tab. 11.14: Malzeigenschaften von Sorghum und Millets aus Tansania nach Jani, Annemüller und Schildbach [11.24] (Modellversuch))

	Sorghum Serena			Braune Finger-Millets		
Keimzeit Tage	3	4	5	2	3	5
Extraktgehalt %	76,5	78,0	76,8	–	–	–
Filtratmenge ml/h	210	193	93	–	–	–
Läuterzeit min.	–	–	–	30	60	120
Glucanaseaktivitäten E /kg	148	208	302	0	29	153
Pentosane g/kg Malz	72	86	105	93	112	131
Viskosität mPas 8,6 %	2,22	2,25	2,30	1,59	1,94	2,71

zungszeit führte zu höheren Pentosangehalten und einer Erhöhung der Viskosität. Dieses Phänomen trat gleichermaßen bei den Malzen aus Sorghum und Millets auf. Es könnte bei Sorghum und Millets so sein, dass die Glukanasen-Aktivität die Pentosan-Freisetzung beeinflusst. Dies könnte der Grund sein, warum die Viskosität ansteigt. Auf diesem Sektor scheinen sich die beiden Getreidearten Sorghum und Millet aus den eher heißen Klimaten anders zu verhalten als etwa Gerste. Bei Letzterer kann davon ausgegangen werden, dass mit steigender Glukanasenaktivität Zellwandlösung und Extraktausbeute besser korrespondieren (Tab. 11.14).

11.6 Bierbereitung aus Hirsen

11.6.1 Traditionelle, lokale Biere

In den Ländern Afrikas wird eine große Anzahl lokaler Biere nach alten über Generationen überlieferten Rezepturen in den Dorfgemeinschaften auf einfachem Wege hergestellt (Abb. 11.17). Diese Biere – vorwiegend aus Sorghum- und Milletmalzen – entstammen einer spontanen Gärung, sind ungehopft, naturtrüb und säuerlich. Es sind im Grunde genommen vergorene, unfiltrierte Maischen. Sie sind nur kurze Zeit haltbar und müssen demnach frisch in wenigen Tagen nach der Herstellung getrunken werden. (Ähnliche Situation wie bei der Herstellung von Chicha-Bier aus Mais der Indios in den Hochanden.)

Dendy [11.12] beschreibt ca. 25 solcher lokalen Biere (oder besser gesagt alkoholhaltige bierähnliche Getränke) aus etwa 20 afrikanischen Ländern. Neben der hauptsächlichen Verwendung von Sorghum- und Milletmalzen (auch in der Mischung) werden je nach Verfügbarkeit und Rezeptur auch Mais, ungemälzte Hirsen und auch Früchte mit verarbeitet. Die Brauweise wird im Folgenden an zwei Beispielen dargestellt.

11.6.1.1 Opaque-Biere

Nach Saldival et al. [11.21] entsteht das traditionelle afrikanische Opaque-Bier durch Verwendung von geschrotetem Sorghum-Malz, gelegentlich auch unter Zusatz von Milletmalz zur Verbesserung der Enzymaktivität. Auch die Mitverwendung von Mais, Sorghum und Millets als Rohfrucht ist üblich. Die Malz-Mischung wird 1:1 mit Wasser versetzt und bei 37 °C eingemaischt. Die Rohfrucht wird zerkleinert und getrennt gekocht. Es folgt eine 24 h Milchsäure-Fermentation, um den ph-Wert abzusenken. Nach dem Kochen und Kühlen erfolgt die Malzzugabe zwecks Aufschluss der Rohfrucht. Nach der Abtrennung der groben Partikel wird die Würze mit Backhefe (oder auch spontan) bei 21 °C bis 30 °C zwei Tage lang vergoren. Die

Abb. 11.17: Brauerei einer Dorfgemeinschaft zur Herstellung lokaler Biere in Nigeria

Abb. 11.18: Naturtrübes Sorghumbier aus der industriellen Großproduktion in Südafrika

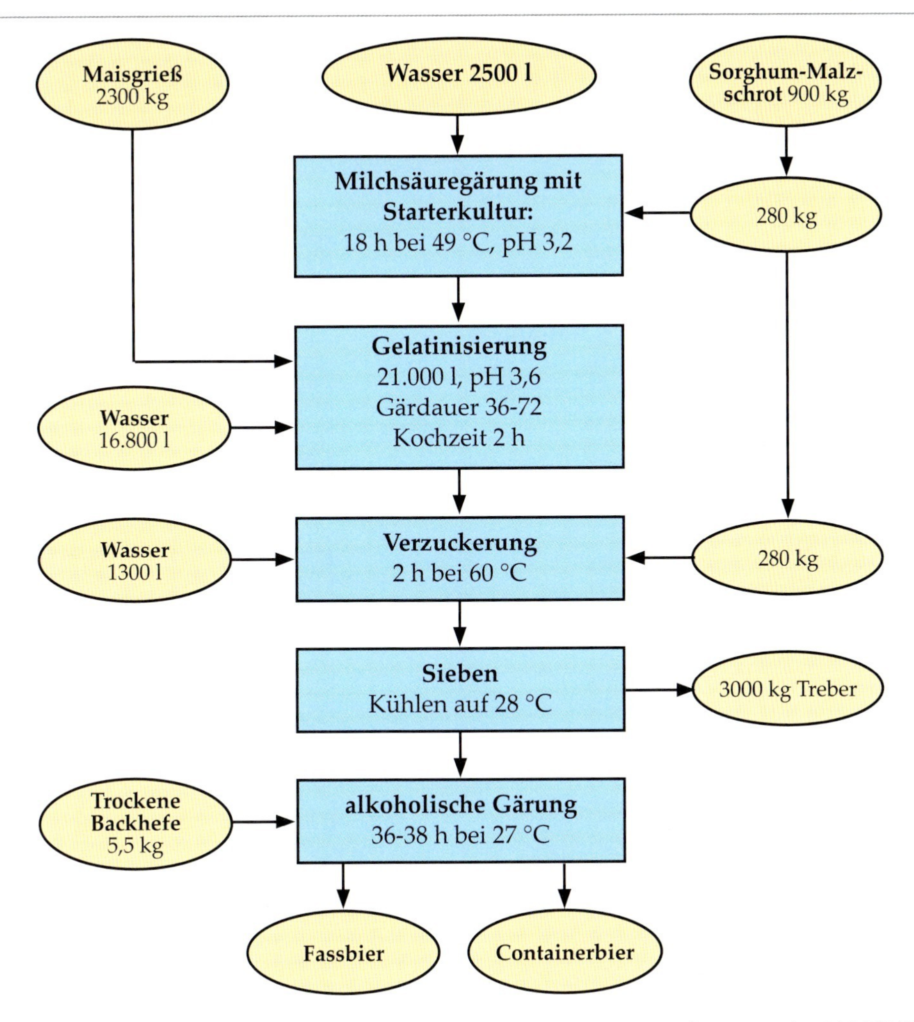

Abb. 11.19: Industrielle Herstellung von Sorghumbier in Südafrika, Prozessdiagramm für 200 hl Würze nach Novellic et al. [11.27]

Würze bleibt ungehopft, es erfolgt auch keine Pasteurisation. Das so entstandene naturtrübe Opaque-Bier enthält gelegentlich auch noch bis zu 10 % feste Bestandteile aus dem Malz. Es sollte in wenigen Tagen getrunken werden. Der Gehalt an Alkohol liegt bei 2 bis 4 %, der an Milchsäure 0,3 bis 0,6 %. Der pH-Wert liegt bei 3,3 bis 3,5. Opaque Bier ist infolge seiner hohen Gehalte an Vitaminen, Mineralstoffen, Proteinen und Kohlehydraten ein wichtiges Nahrungsmittel. In Südafrika wird dieses säuerliche lokale Bier auch großtechnisch in modernen Anlagen hergestellt und in 2-l-Kartonschachteln vermarktet (Abb. 11.18). Das industrielle Herstellungsverfahren zeigt Abbildung 11.19.

11.6.1.2 Mbege-Bier aus Millet (oder Sorghum) und Bananen

In Tansania werden ähnliche lokale Biere auch unter Zusatz von Bananen hergestellt. Jani et al. [11.24, 11.25, 11.26] haben diese Biere näher untersucht und technologische Verbesserungsmöglichkeiten entwickelt. Entsprechende verfahrenstechnologische Vorschläge zur Weiterentwicklung der Mälzungs- und Brauverfahren enthalten die entsprechenden Modelle in den Abbildungen 11.20 und 11.21. Auch die Mbege-Biere enthalten im Unterschied zu den hellen Lagerbieren europäischen Typs um 10 % feste Bestandteile aus dem Kornendosperm und den Bananen. Die Kontamination durch

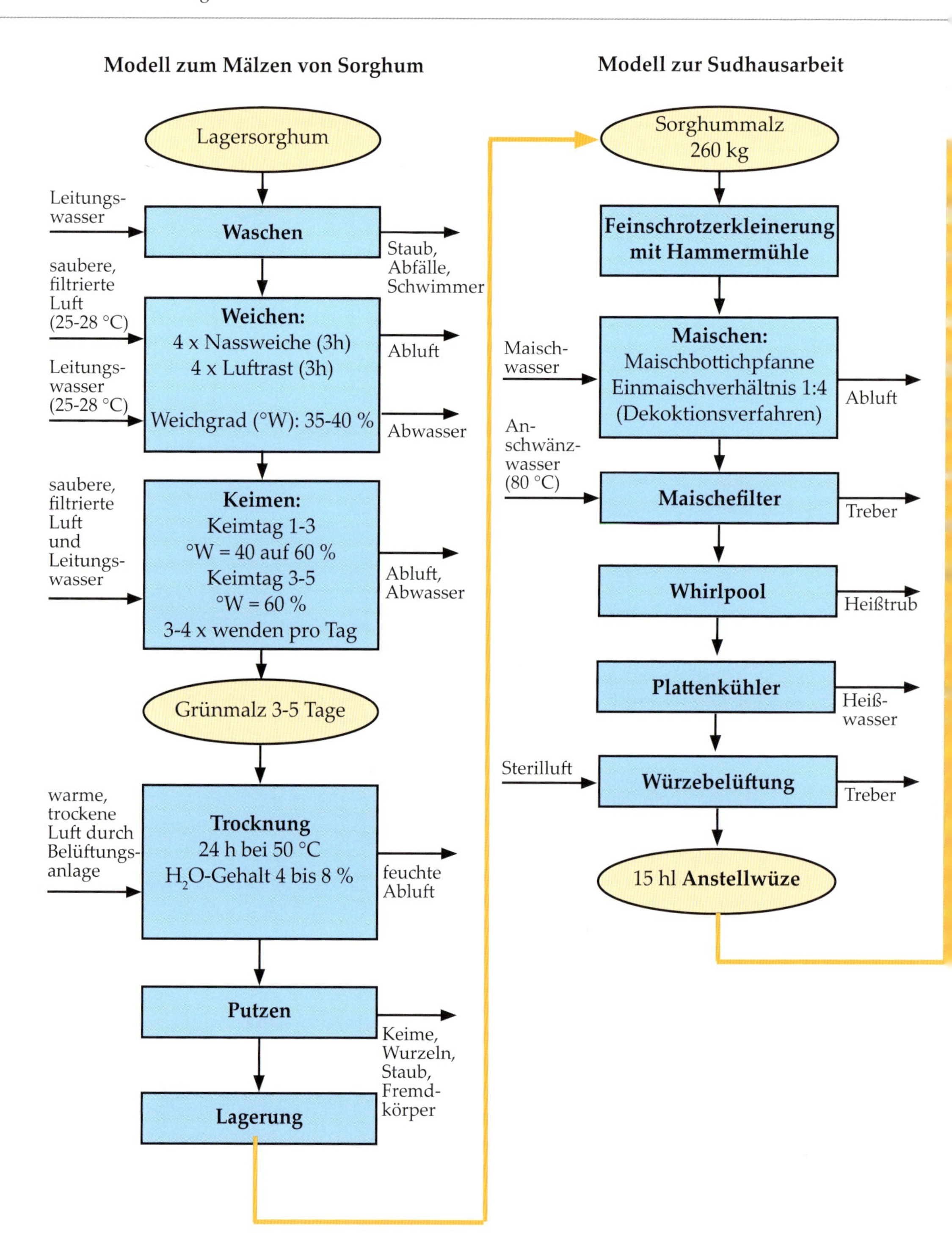

Abb. 11.20:
Fließdiagramme zur Herstellung eines verbesserten Mbege-Bieres nach Jani et al. [11.25]

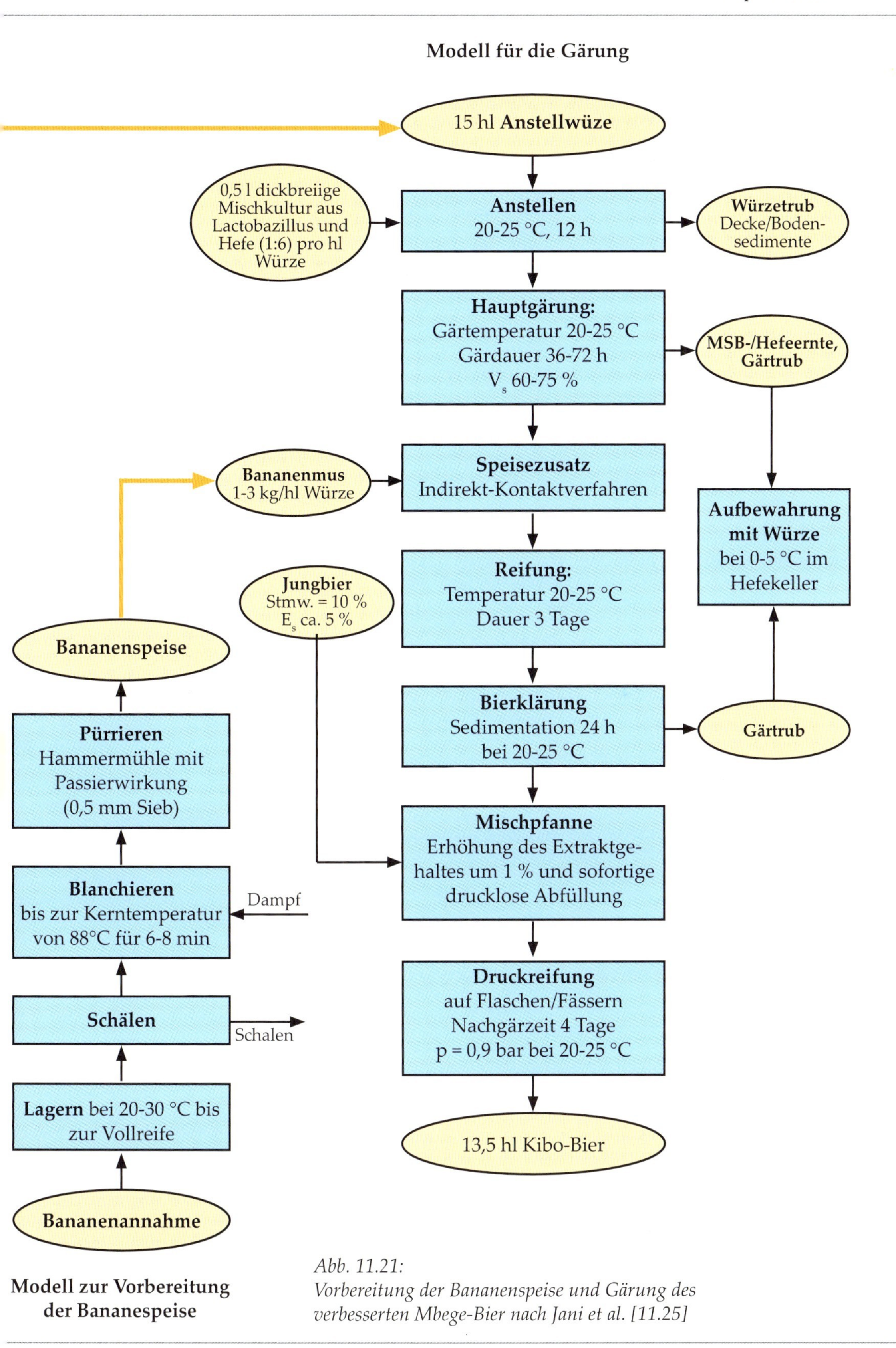

Abb. 11.21:
Vorbereitung der Bananenspeise und Gärung des verbesserten Mbege-Bier nach Jani et al. [11.25]

die unterschiedlichsten Mikroorganismen führt zu einer spontanen Mischgärung. Daher sind die Biere in ihrer Zusammensetzung sehr unterschiedlich und nur wenige Tage haltbar. Es ist nicht auszuschließen, dass bei dieser spontanen Gärung und bei unsauberer Herstellung auch pathogene Mikroorganismen vorkommen können. Das ursprüngliche Mbege-Bier enthielt größere Anteile an höheren Alkoholen. Der Gehalt an Essigsäure war höher als derjenige der Milchsäure. Zur Verbesserung der Gärung wurde das Maischverfahren verändert [11.25]. An Stelle eines Läuterbottichs wurde die Nutzung eines Maischefilters vorgeschlagen. Zur Gärung wurde Reinzuchthefe und eine bewährte Milchsäurekultur eingesetzt. Die Rezepturen Malz/Bananen, die Gärung und Reifung wurden optimiert. Trotz höherer Enzymkräfte im Millet-Malz wurde das Sorghum-Malz bevorzugt. Die kleinen Millet-Körner brachten Verarbeitungsprobleme. Die Würzen aus Millet-Malz waren unangenehm bitter. Zur Schonung des Bananenaromas wurde die Bananenmus-Speise nur blanchiert. Die Haltbarkeit und die Geschmacksstabilität des Bieres konnten auch durch die hohen Endvergärungsgrade, die hygienischere Arbeitsweise und die konsequente anaerobe Gärung verbessert werden. Selbst nach 4 Wochen Lagerzeit bei 20 °C bis 25 °C blieb der Geschmack des verbesserten Mbege-Bieres unbeeinträchtigt.

Details zur Herstellung eines verbesserten Mbege-Bieres nach Jani et al. [11.25] sind in den Fließdiagrammen in den Abbildungen 11.20 und 11.21 zusammengestellt.

11.6.2 Helles Lagerbier europäischen Typs aus Sorghum-Malz

Nach Kulp et al. [11.11] werden im Allgemeinen in Ländern mit Sorghum-Produktion helle Lagerbiere europäischen Typs mit Gerstenmalz und einem Anteil von Sorghum-Grits als Rohfrucht hergestellt. Nach Dendy [11.12] soll auch das Brauen von Lagerbier mit 100 % Sorghum als Rohfrucht unter Anwendung von hitzestabilen externen Enzymen möglich sein. Damit entsteht auch die Frage nach der Möglichkeit des Einsatzes von 100 % Sorghum-Malz für die Herstellung von hellen Lagerbieren. Ein großtechnisch einsetzbares Sorghum-Brauverfahren

Tab. 11.15: Würze- und Bieranalysen aus 100 % Sorghum-Malzen im Vergleich zu normalen Gerstenmalzen nach Seidl [11.23], Harms [11.28] und Kunze [11.29]

Würzeanalyse	Würzen aus 100 % Sorghum-Malz	Würzen aus 100 % Gersten-Malz
Extrakt %	11,6	12,2
EVS %	83,8	81,6
Bitterwert BU	68	41
Gesamt-N mg/100 ml	54	110
Koagulierb. N mg/100 ml	0,7	2,0
FAN mg/100 ml	196	208
Gerbstoffe mg/l	224	–
Viskosität (12 %)	1,62	1,73
Bieranalyse		
Stammwürze %	11,8	11,6
Alkohol %	4,04	3,94
Wirklicher Extrakt %	3,93	3,90
Scheinbarer Extrakt %	2,10	2,09
Scheinbare Endvergärung %	83,2	83,7
Farbe EBC	7,5	7,1
Schaum (Foammeter)	237	–
Bitterwerte EBU	40	27
Gerbstoff mg/l	171	–

Abb. 11.22: Millet-Yams Mischkultur

Abb. 11.23: Sorghum-Yams-Mischkultur

wurde von Novellie et al. [11.27] beschrieben. Nach Seidl [11.23] waren bei Anwendung eines an die Eigenschaften des Soghums angepassten Mälzungssystems bei Verwendung guter Sorghumsorten auch gute Malzlösungen zu erreichen, obwohl die enzymatische Ausstattung des Sorghum-Malzes gegenüber dem Gerstenmalz zurückblieb. Die Ergebnisse der Würze- und Bieranalysen, die nach dem Einsatz eines individuell für Sorghum geeigneten Mälzungs- und Maischverfahrens (Abb. 11.20) und einer Hopfung der Würzen erzielt wurden, sind in Tabelle 11.15 zusammengestellt [11.28]. Geeignete Sortenauswahl und eine angepasste Technologie führen zu beachtlichen Verbesserungen der Mälzungs- und Brauqualität beim Sorghummalz für die Herstellung auch von hellen Lagerbieren europäischen Typs.

11.7 Produktionstechnik

11.7.1 Anforderungen an Klima und Boden

Die semiariden Regionen der Erde charakterisieren die Anbauzonen von Sorghum und Millets. Nach Schieblich [11.2] liegt der Wärmebedarf der Hirsen im Bereich später Maissorten. Hirsen haben aber eine kürzere Vegetationszeit und passen deshalb auch noch in rauere Klimalagen, wenn die kurzen Sommer warm genug sind. Für die Keimung sind 8 °C bis 10 °C Bodentemperatur notwendig. Das Temperatur-Optimum für das Wachstum liegt bei 32 bis 35 °C. Für die Keimung werden nur 25 % des Korngewichtes an Wasser benötigt (Gerste und Weizen brauchen 50 %).

Hirsen sind frostempfindlich. Die Bodenansprüche sind vergleichsweise gering. Schnell erwärmbare Sandböden sind für den Hirseanbau geeignet. Hirsen verhalten sich tolerant gegenüber versalzten Böden.

11.7.2 Stellung in der Fruchtfolge

In vielen Ländern Afrikas steht Hirse in Monokultur. Sie lässt sich aber auch problemlos infolge ihrer Spätsaatverträglichkeit als Sommergetreide in die Fruchtfolge eingliedern. Mischkultur mit Yams ist in Afrika üblich. Nach der Ernte der Hirserispen ranken sich dann die Yamspflanzen an den stehengebliebenen, abgeernteten Hirse-/Gerstestengeln hoch (Abb. 11.22, 11.23).

11.7.3 Bodenbearbeitung und Pflege

Die hohen Anforderungen an die Keimtemperatur erlaubt Spätsaat. Analog zum Mais verlangt die langsame Jugendentwicklung der Hirsen eine sorgfältige Unkrautbekämpfung. Alle weiteren Schritte der Bodenbearbeitung sind mit denen der übrigen Sommergetreidearten – insbesondere des Maises – identisch. Früher war die Maschinenhacke üblich, die heute jedoch kaum noch angewendet wird. Stattdessen werden Behandlungen mit Herbiziden durchgeführt.

11.7.4 Saat und Sorten

Infolge der Kälteempfindlichkeit sollte die Aussaat der Hirsen in unseren geographischen Breiten nicht vor Mai (am besten nach dem Mais)

erfolgen. Bei Millets werden nach flacher Aussaat (ca 1,5 cm tief) und 25 cm Reihenentfernung mit normalen Drillmaschinen ca. 10 bis 15 kg/ha an Saatgut benötigt. Das ist natürlich stark abhängig vom Tausendkorngewicht (TKG). Dieses liegt bei Rispenhirsen bei 2 g und bei Kolbenhirsen auch nur bei 1,7 bis 2,6 g. Im rationellen Sorghum-Hybridanbau werden heute bei TKGs um 25 bis 30 g mit Einzelkornsämaschinen, wie sie im Rübenanbau üblich sind, bei Reihenentfernungen von 45 cm und Kornabständen in der Reihe von 8 bis 10 cm ca. 200.000 bis 250.000 Körner/ha einzeln in den Boden abgelegt. Das entspricht einer Saatnorm um 8 bis 10 kg/ha. Aufgrund der geringen wirtschaftlichen Bedeutung enthält in Deutschland die Beschreibende Sortenliste des Bundessortenamtes zur Zeit weder Sorghum- noch Milletsorten [11.30]. Für Versuche werden zur Zeit noch Sorten aus Süd- und Südwesteuropa verwendet. Auf die große Anzahl beim ICRISAT-Institut in Indien vorhandenen Sorghum- und Millet-Genotypen wurde bereits in Kapitel 11.2 „Systematik und Morphologie“ hingewiesen [11.11, 11.12]
Nachdem es den Züchtern gelungen war, männlich sterile Pflanzen zu entwickeln [11.8] und durch gezielte Kreuzung mit leistungsstarken Genotypen die Erträge nachhaltig zu verbessern, nimmt der Sorghum-Hybridanbau ständig zu. Der Milletanbau dagegen ist rückläufig. Der Hybridanbau verlangt allerdings einen jährlichen Saatgutwechsel, weil beim Nachbau sich der Bestand in ganz unterschiedliche Pflanzen nach der Mendelschen Spaltungsregel aufspaltet. Die Erträge fallen beim Nachbau wieder ab, der sogenannte Heterosiseffekt (Ertragssteigerung) geht wieder verloren.

11.7.6 Düngung

Analog zum Mais bietet die späte Aussaat der Hirse eine gute Gelegenheit zur Verwertung der Gülle vor der Saat. Sie deckt damit den Bedarf an organischem Dünger. Die kurze Vegetationszeit zwingt zur weiteren Anwendung leichtlöslicher Mineraldünger. Die P-K-Grunddüngung muss vor der Saat in den Boden eingearbeitet werden. Die Höhe der Gaben orientiert sich am Mais. Eine Aufteilung der mineralischen N-Düngung in drei Gaben 20 bis 35 Tage nach dem Aufgang ist sinnvoll. Die notwendige N-Düngung hängt u.a. ab vom Sortentyp und der Wasserversorgung. Bei Wassermangel bleibt die Mineraldüngung wirkungslos. Millets erhalten 20 bis 40 kg N/ha, Sorghum-Hybriden brauchen 70 bis 100 kg/ha N. In semiariden Gebieten herrscht oft P-Mangel und K-Überschuss vor. Bodenanalysen können hier weiterhelfen.

11.7.6 Wasserversorgung, Bewässerung und Beregnung

Hirsen sind die trockenresistentesten Getreidearten der Erde. Das heißt aber nicht, dass sie ohne Wasser wachsen können. Jeder Prozess der Bildung organischer Substanz (Photosynthese) braucht Wasser. Auch mit Hirsen können durch künstliche Bewässerung beachtliche Ertragssteigerungen erzielt werden. Nach Sekun [11.32], zitiert in [11.5], stieg bei Sorghum durch Bewässerung beim Schossen und zu Blühbeginn der Kornertrag von 19,8 auf 46,6 dt/ha.

11.7.7 Krankheiten, Schädlinge, Pflanzenschutz

Durch Unkraut, Krankheiten und Schädlinge erleidet auch die Hirsekultur große jährliche Ertragsverluste. Wenn keine mechanische Unkrautbekämpfung mehr erfolgt (Maschinenhacke zwischen den Reihen), ist der Einsatz von geeigneten Herbiziden notwendig. Andernfalls ersticken die Unkräuter und Ungräser die sich im Frühjahr nur sehr langsam wachsenden Hirsepflanzen. Bei der Auswahl von Herbiziden ist darauf zu achten, dass Hirsen empfindlicher auf Herbizid-Stress reagieren als Mais. Nach Angaben des Technologie- und Förderzentrums Bayern [11.31] können in Deutschland die beiden Herbizide Gardo Gold® und Mass-Bauwell WG® bei Sorghum eingesetzt werden. Zur Vorauflaufbehandlung eignen sich u.a. Propazin, Atrazin, Prometryn und später geringe Dosen von 2.4 D-Mitteln. Die Bekämpfung von Unkrauthirse in Kulturhirse-Beständen gestaltet sich schwieriger. Die Vielzahl auftretender Krankheiten und Schädlinge und ihre Bekämpfung kann an dieser Stelle nicht ausreichend behandelt werden. Es wird

Bildserie: Traditionelle Lagerung von Hirse in Afrika

Abb. 11.24: Nachtrocknung von Hirse in Rispen

Abb. 11.25: Lagerung der Hirse in Lehmsilos mit Belüftungs- und Befeuerungsmöglichkeiten (Rauchentwicklung) zur Schädlingsbekämpfung

Abb. 11.26: Kommunale Siloanlage einer Dorfgemeinschaft

Abb. 11.27: Sorten- und Formenvielfalt gelagerter Sorghum-Rispen

Abb. 11.28: Sorghum-Druschgut

Abb. 11.29: Abgeerntetes Sorghumfeld

deshalb auf die entsprechende umfangreiche Fachliteratur verwiesen u.a. [11.12].
In den angestammten Anbaugebieten treten bei Sorghum [11.31] besonders Brandkrankheiten und Mehltau, aber auch Gallmücken, Halmfliegen, Stängelbohrer und Blattläuse auf. Diese können mit den bekannten Fungiziden und Insektiziden bekämpft werden.
Pauschal kann davon ausgegangen werden, dass Fungizide und Insektizide, die im Maisanbau Verwendung finden, auch bei Sorghum und Millets eingesetzt werden können.

11.7.8 Ernte, Trocknung, Lagerung, Aufbereitung

Infolge der Abreife in der Regenzeit kommt es zu Verzögerungen bei der Ernte. Dadurch steigt die Gefahr einer stärkeren Schimmelpilz- und Mykotoxin-Kontamination. Da der Stengel bei Sorghum noch länger grün bleibt als die Rispe, wird dann, wenn die Körner schon abreifen, immer noch Wasser in die Körner nachgeliefert. Um diese Verzögerung der Abreife zu reduzieren, wird die Wassernachlieferung in Rispen und Körner durch manuelles Abknicken der Stengel unterhalb der Rispen vorgenommen. Diese bleiben dann noch einige Tage in abgeknickter Stellung zum schnelleren Abtrocknen an der Pflanze hängen (Abb. 11.23), bevor sie abgeschnitten und geerntet werden. Es folgt eine weitere Nachtrocknung der Rispen an der Sonne, bevor sie in ungedroschenem Zustand in die Silos eingelagert werden.
Erst bei Bedarf (Verkauf oder täglicher Nahrungsmittelherstellung) werden die Körner portionsweise von Hand oder mit kleinen Ribbelmaschinen von den Rispen getrennt. Es bedarf dann noch einer Nachreinigung.

Literatur für Kapitel 11

[11.1] Foto: © Bill Ernest, Fotolia.com, 2013

[11.2] Schieblich, J., zit. in: Mudra et al.: Handbuch der Landwirtschft II. Paul Parey Verlag für Landwirtschaft, Berlin und Hamburg, 109–120, 1953

[11.3] Schuster, W., zit. in: Scheibe, A.,: Lehrbuch der Züchtung landwirtschaftlicher Kulturpflanzen, Band 2, Spezieller Teil, 2. Auflage, Paul Parey Verlag für Landwirtschaft, Berlin u. Hamburg, 123–128, 1985

[11.4] Wikipedia.org: Sorghum, 2011

[11.5] Rehm, S., zit. in: [11.3]

[11.6] FAOSTAT, Division 2013, January 2013

[11.7] Hulse, J. H., Laing, E. M., Pearson, O.E.: Sorghum and Millets. Their Composition and Nutritive Value. International Development Research Center. Ottawa, Canada, Academic Press, Tovanovich Publishers London, New York, Totonto, San Francisco, 16–479, 1980

[11.8] Arnould, J.P., Miche, J.C., zit. in: Franke, G.: Nutzpflanzen der Tropen und Subtropen, Band II., 3. Auflage, S. Hirzel-Verlag, Leipzig, 95–123, 1981

[11.9] Schuster, W., Rehm, S., zit. in: Hoffmann, W., Mudra, A., Plarre, W.: Lehrbuch der Züchtung Landwirtschaftlicher Kulturpflanzen, Bd. 2, Spezieller Teil, 2. Aufl., Verlag Paul Parey Berlin und Hamburg, 123–131, 1985

[11.10] Schuster, W., zit. in: [11.9]

[11.11] Kulp, K., Ponte jr., J.G.: Handbook of Cereal Science and Technology. Second Edition, Marcel Dekker Inc.,New York, 149–201, 2000

[11.12] Dendy, D.A.V.: Sorghum and Millets Chemistry and Technology Grain after Harvest. Upon, Oxford, United Kingdom. American Association of Cereal Chemists, St Paul, Minnesota, USA, Chapter 1–12, C1 House, L.R., C2 Dendy, D.A.V., C3 House, L.R., et al, C4 Serna-Saldivar, S., et al., C5 Kloppenstein, C.F., et al., C6 Mc Farlane, J.A., C7 Murty, D. S., et al, C8 Munk, L.,C9 Hallgreen, L., C10 Daiber, K.H., et al., C11 Pramel-Cox, P.J., et al., C12 Schaffert, R.E., 1–364, 1995

[11.13] Rooney, L.W., zit. in: Hulse et al.: Sorghum and Millets – Their composition and Nutritive Value. Academic Press, S. 46–395, S. 450–467, 1980

[11.14] Lang et al. zit. in: Hulse [11.7], 722–729, 1980

[11.15] Dendy, D.A.V.: Sorghum and Millets, Chemistry and Technology. American Association of Cereal Chemists, St. Paul, USA, 108–114, 1995

[11.16] www.agrarheute.com: Blausäure in Hirse. Thüringer Landesamt für Landwirtschaft, 2009

[11.17] Foto: © Heike Rau - Fotolia.com, 2013

[11.18] Wall, J. S., Ross, W. M.: Sorghum Production and Utilization. The AVI Publishing Company INC, Westport Connecticut, USA, 573–626, 1970

[11.19] Fotos Malzbereitung aus Sorghum und Millets in Nigeria, Schildbach, R.

[11.20] Taylor, J.R.N., Dewar, J.: Procc. 5th Quadrennial Symposium on Sorghum and Millets, Paris France, June 4/5, 55–72, 1992

[11.21] Saldivar, S.S., Rooney, L.W., zit. in: [11.12], 69–124, 2000

[11.22] Daiber, K.H., Taylor, J.R.N., zit. in: Dendy [11.12], 299–323, 1995

[11.23] Seidl, P.: Brauwelt 16/17, 688–700, 1992

[11.24] Jani, M., Annemüller, G., Schildbach,R.: Brauwelt international Vol 19, 52–56, 2001

[11.25] Jani, M.: Dissertation, TU Berlin FB 15 Lebensmittel-Wissenschaft und Biotechnologie, 1998

[11.26] Jani, M., Annemüller, G.: Brauwelt 13/14, 572–578, 1999

[11.27] Novellie, L., De Schaldrijver, P., zit. in: Jani [11.24]

[11.28] Harms, D.: VLB Jahrbuch 2004, 173–174, und mündliche Mitteilungen

[11.29] Kunze, W.: Technologie Brauer und Mälzer, 8. Aufl., VLB Berlin, S. 174–180, 1998

[11.30] Bundessortenamt: Beschreibende Sortenliste. BSA, Hannover, 3–6, 2009

[11.31] Technologie- und Förderzentrum Bayern, www.tfzbayern.de, 08/07, Anbauhinweise Sorghum und Hirse

[11.32] Sekun, zit. in: Franke, G.: Nutzpflanzen der Trone und Subtropne, Band II., S. 104, 1981

[11.33] Fotos: Wikipedia, 2013

[11.34] Foto ©Carola Vahldiek - Fotolia.com

Abb. 12.1: Bewirtschaftung eines Reisfeldes [12.1]

12. Reis *(Oryza sativa)*

12.1 Allgemeines

Die Bedeutung von Reis – jährlich werden mehr als 600 Mio. t geerntet – geht weit über seine Funktion als Nahrungsmittel hinaus. Reis prägt ganze Landschaften und Kulturen. Reis in Asien ist wie Brot in Europa. Die Pflanze stammt vom indisch-chinesischen Subkontinent (Abb. 12.2) [12.3]. Bereits vor 7000 Jahren begann dort seine Erfolgsgeschichte [12.3]. 90 % der weltweiten Produktion liegen in Südostasien. Erst 300 Jahre v. Chr. gelangte das Wissen über Reis über Ägypten nach Europa [12.3]. Nach ten Have [12.4] ernährt Reis heute die Hälfte der Menschheit. 70 % des Reisanbaues in Asien erfolgen als Nassreiskultur [12.2, 12.3, 12.4]. Die hohe Bevölkerungsdichte und die überwiegend kleinbäuerliche Struktur (Betriebsgrößen von 0,2 bis 2,0 ha) sind nach ten Have [12.4] die Gründe, warum die Bauern etwa 50 % der weltweiten Reisernte selbst verbrauchen. Erst 3000 Jahre nach sei-

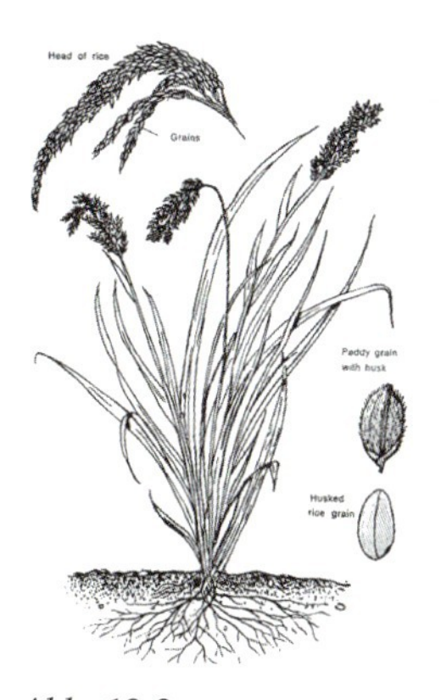

Abb. 12.2: Reispflanze [12.2]

Abb. 12.3: Reisrispen

Abb. 12.4: Roh-Reis (Paddy)

Abb. 12.5: Speise-Reis (entspelzt und geschliffen)

Tab. 12.1: Reisproduktion in der Welt lt. FAO [12.5]

	Anbaufläche (1000 ha)		**Erträge** (kg/ha)		**Produktion** (mio. t)	
	∅ 2001–03	∅ 2009–10	∅ 2001–03	∅ 2009–10	∅ 2001–03	∅ 2009–10
Afrika	8.732	9.442	2.023	2.454	19,5	23,2
Nord- und Zentralamerika	1.965	1.689	6.081	6.986	11,9	11,8
Südamerika	5.092	5.158	3.891	4.752	19,8	24,5
Asien	134.428	141.531	3.957	4.419	531,9	625,4
Europa	569	5.617	5.617	6.180	3,2	4,3
Ozeanien	12	8.829	8.829	7.438	0,1	0,1
Welt	**150.798**	**158.531**	**3.709**	**4.356**	**586,4**	**689,3**

ner Entdeckung breitete sich der Reisanbau in den tropischen Regionen Südostasiens und bis nach Ägypten aus. Die Mauren brachten im 9. Jhd. Kenntnisse über den Anbau von Reis nach Spanien und Portugal. Und von dort aus verbreitete er sich nach Südamerika. Es dauerte bis Anfang des 20. Jhd., bis auch in Kalifornien größere Mengen produziert wurden [12.3, 12.4]. Nach Angaben der FAO [12.5] sind im Weltdurchschnitt die Reiserträge im Zeitraum 2001 bis 2003 und 2009 bis 2010 von 3,7 auf 4,4 t/ha gestiegen [12.5]. Länder mit den höchsten Erträgen sind Australien (ca. 9 t pro ha), Griechenland und Spanien (> 7 t pro ha), Japan und Korea (> 6,5 t pro ha), China und die Türkei (ca. 6 t pro ha). Die niedrigsten Erträge von ca. 1 t pro ha ernten Angola und der Kongo [12.4]. Die Länder mit der höchsten Reisproduktion (2010) sind China (197 Mio. t), Indien (121 Mio. t), Bangladesch (49 Mio. t) sowie Vietnam (40 Mio. t). Die größten Erzeugerländer haben auch den höchsten Eigenbedarf. Nur wenige Länder (Thailand, Burma) haben nennenswerte Überschüsse für den Export. Der geringe Reisanbau in Europa beschränkt sich vor allem auf Italien (Poebene in Oberitalien), Spanien und Russland. Die in Deutschland benötigten kleineren Mengen an Speisereis stammen überwiegend aus Nord- und Südamerika, der Poebene, aus Surinam und Ägypten [12.4, 12.5, 12.6]. Der Reisverbrauch liegt in den Hauptanbauländern in Fernost bei 100 kg bis 160 kg pro Einwohner. In Deutschland dagegen sind es nur 2 kg pro Person und Jahr [12.6]. Im vergangenen Jahrzehnt sind weltweit die Reisanbauflächen, die Erträge und die Produktion um ca. 15 % gestiegen (Tab. 12.1).

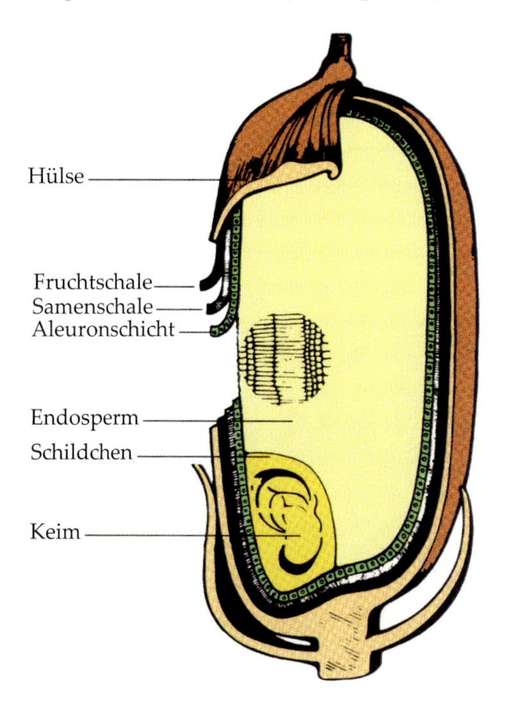

Abb. 12.6: Schnitt durch ein Reiskorn nach Kunde Miag [12.6]

12.2 Systematik und Morphologie

Ähnlich wie Hafer ist Reis ein Rispengetreide. Die Ährchen mit den bespelzten Körnern sitzen an langen Ästchen an den Rispen (Abb. 12.3) (im Gegensatz zum Weizen, bei dem die Ährchen an ganz kurzen Stielchen auf der Ährenspindel angeordnet sind und so die Ähre bilden). Nach ten Have [12.4] gibt es in der Gattung *Oryza* etwa 20 verschiedene Arten. Die Klassifizierung der Wildsippen innerhalb der Gattung *Oryza* ist aber noch nicht abgeschlossen. Reis hat sich aus Südostasien kommend über die tropischen, subtropischen und auch die gemäßigten Zonen der Welt vom 50° Nord bis 35° Süd und bis zu 2500 m NN in den wärmeren Regionen verbreitet. Nach Kunde [12.6] zeigt das Reiskorn unabhängig von seiner äußeren Gestalt den inneren Aufbau wie in Abbildung 12.6 dargestellt. Abgesehen von der Form der Körner ist der innere Aufbau eines Reiskornes weitgehend identisch mit dem der übrigen Getreidearten der gemäßigten Breiten. Die äußere Hülle (Spelzen) ist sehr hart (viel Kieselsäure). Die darunter liegende mehrschichtige Silberhaut (entspricht in etwa der Frucht- und Samenschale und der Aleuronschicht) enthält hauptsächlich Vitamine, Mineralstoffe, Fette und Proteine. Silberhaut und Keim bilden das Reisschleifmehl (Rice bran). Es fällt als wertvolles Futtermittel bei der Aufbereitung an. Der weiße Endospermkern mit seiner Stärke und einem Teil der Proteine verbleiben als Weißreis. Der Blütenstand des Reises ist nach ten Have [12.4] eine 15 cm bis 30 cm lange Rispe mit bis zu 200 fertilen Blüten (Abb. 12.3). Diese werden durch Deck- und Vorspelzen gegeneinander abgegrenzt. Jede einzelne Blüte enthält sowohl männliche als auch weibliche Geschlechtsorgane. Nach der Selbstbefruchtung entwickelt sich zwischen beiden genannten Spelzen je ein Reiskorn. Deck- und Vorspelzen umschließen das Korn so fest, dass diese beim Drusch am Korn verbleiben (Rohreis, Paddy) (Abb. 12.4). Die meisten herkömmlichen tropischen Reissorten haben ca. 1,5 m lange Halme [12.4], die weniger standfest und schwächer im Ertrag sind. Standfeste Kurzstrohreise sind das Zuchtziel und die Voraussetzung für hohe Erträge. Die kurzen Sorten sind gekennzeichnet durch Halmlängen von 0,8 m bis 1,0 m. Aufgrund der Kornform werden nach Kunde [12.6] folgende Klassifizierungen vorgenommen:

12.2.1. Rundkornreise *(Oryza sativa japonica)*
Diese Reise haben ein breites, dickes Korn (Abb. 12.7). Es ist 4 mm bis 5 mm lang und über 1,5 bis 2 Mal so lang wie dick. Sie kochen oft klebrig, sicherlich auch infolge eines niedrigeren Amylosegehaltes. Diese Reise wachsen im Wesentlichen in gemäßigten bis subtropischen Regionen mit langen Sommertagen, so z.B. in Japan, Kalifornien, Ägypten, Spanien, Italien und Portugal.

12.2.2 Langkornreise *(Oryza sativa indica)*
Diese Reise haben lange, dünne, etwas abgeflachte Körner (Abb. 12.8). Sie sind 6 mm bis 8 mm lang und 3 bis 4 mal so lang wie dick. Beim Kochen werden sie infolge ihres höheren Amylosegehaltes nicht klebrig. Sorten dieses Typs kommen vorwiegend in den Tropen zum Anbau. Die wichtigsten Erzeugerländer sind der Süden der USA, Surinam, Thailand, Indonesien und Indien.

12.2.3 Mittelkornreise *(Zwischentypen)*
Die Körner sind 5 mm bis 6 mm lang, aber dicker als Langkornreise. Das Endosperm ist

Abb. 12.7: Rundkorn-Weißreis [12.7]

Abb. 12.8: Langkorn-Weißreis [12.29]

weich und kalkig und ähnelt im Kochverhalten dem Rundkornreis. Anbauschwerpunkte sind Burma und Italien.

12.3 Reis als Nahrungsmittel

Es wurde schon darauf hingewiesen, dass Reis einen ganz beachtlichen Beitrag zur Ernährung der Menschheit leistet. Alle anderen Verwendungsmöglichkeiten haben sich dieser Zielsetzung unterzuordnen. Die Daten über die wertbildenden Inhaltsstoffe gehen weit auseinander (s. Kapitel 3 „Erträge und Inhaltsstoffe"). Kunde [12.6] berichtet über folgende Ergebnisse, die in als Nahrungsmittel aufbereitetem fertigen Weißreis gefunden wurden. Die hohen Mengen an Kohlehydraten bestehen nahezu vollständig aus Stärke (Tab. 12.2). Im Vergleich zu den übrigen Getreidearten sind die anderen Hauptnährstoffe im Reis vergleichsweise niedrig. Die Reisstärke ist sehr feinkörnig und damit leicht verdaulich. Das Fehlen von Gliadin und Glutenin machen den Reis sehr gut verträglich. Im

Tab. 12.2: Inhaltsstoffe von Weißreis nach Kunde [12.6]

Weißreis					
Hauptbestandteile (∅)		**Vitamine (∅)**		**Mineralstoffe (∅)**	
Kohlenhydrate	78,7 %	Vitamin E	0,4 mg	Natrium	6 mg
Eiweiß	7,0 %	Vitamin B1	0,06 mg	Kalium	103 mg
Fett	0,62 %	Vitamin B2	0,032 mg	Calcium	6 mg
Mineralstoffe	0,53 %	Nicotinamid	1,3 mg	Eisen	0,6 mg
Rohfaser	0,24 %	Pantothensäure	0,63 mg	Kobalt	0,6 µg
Wasser	12,9 %	Vitamin B6	0,15 mg	Kupfer	0,13 mg
				Phosphor	120 mg
				Jodid	2,2 µg

Abb. 12.9: Reis-Bearbeitungsschema nach Kunde [12.6]

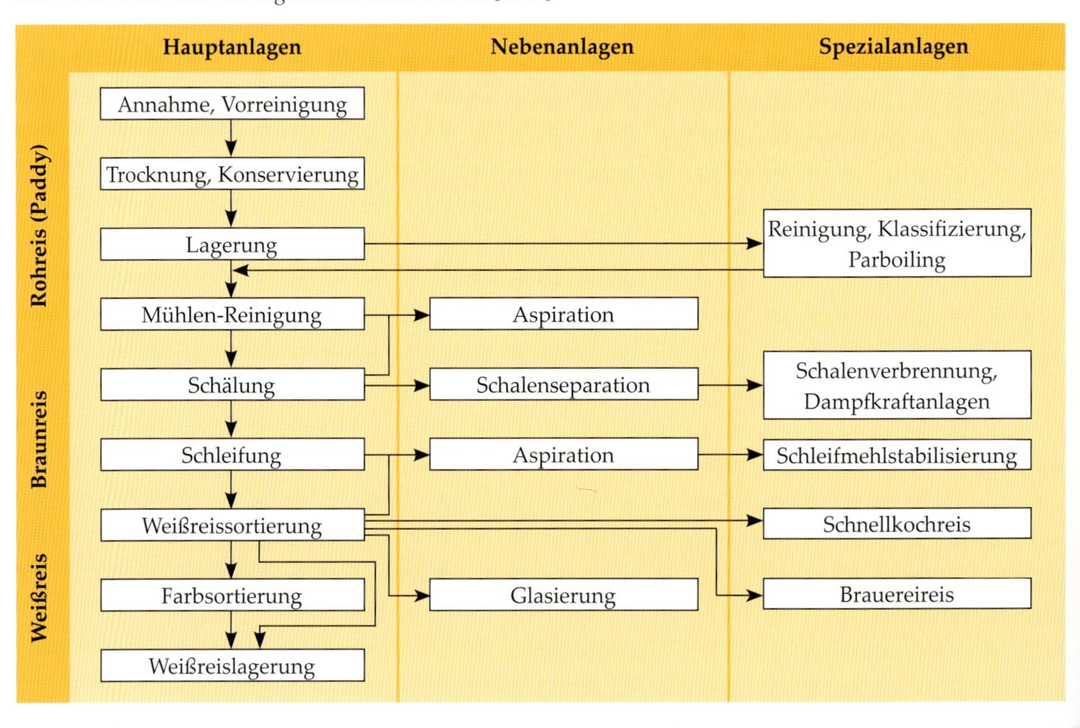

geschälten und polierten Reis (Weißreis) sind zwar die Gehalte an Mineralstoffen niedrig. Ihre Zusammensetzung ist aber auch wegen des geringen Na-Gehaltes Stoffwechsel-positiv. Weißreis enthält nach Seibel lebenswichtige Vitamine [12.8] und trotz seines geringen Proteingehaltes zwölf wichtige Aminosäuren. Reis bildet damit die Grundlage für eine ganze Reihe von Diäten.

12.4 Reisvermahlung

Die Aufbereitung des Rohreises zu fertigen Nahrungsmitteln und ihren Vorstufen nimmt eine zentrale Stellung in der Nahrungsmittel-Herstellung ein. Nach Kunde [12.6] wird der Reis in den Schritten nach Abbildung 12.9 bearbeitet. Nach der Vorreinigung des bespelzten Rohreises (Paddy) muss sofort der Wassergehalt, der oft über 20 % liegt, schonend auf unter 15 % heruntergetrocknet werden, um Kornrissigkeit zu vermeiden. Nach der Lagerung erfolgt die Mühlenreinigung als Vorbereitung für das Abschälen der ca. 20 % Spelzen. Es ent-

Tab. 12.3: Produkte aus der Reisvermahlung nach Kunde [12.6]

Bezeichnung	**Eigenschaften**
Rohreis oder Paddy *(Rough Rice)*	Ungeschälter Reis
Braunreis oder Cargo-Reis *(Brown Rice)*	Geschälter Reis; Rohreis, von dem durch Schälen die Reisschale (oder -hülse) entfernt wurde
Weißreis *(Milled Rice)*	Geschliffener Reis; Braunreis, von dem durch Schleifen die fett-und nährwerthaltigen Schalenschichten (Karyopse) einschließlich der Aleuronschicht entfernt wurden
Ganzreis *(Head Rice)*	Ganzer Reis, ausschließlich Bruch kleiner als ¾ der Kornlänge von Ganzreis
¾-bis ½-Reis *(Second Heads)*	Bruch von Weißreis kleiner als ¾, aber größer als ½ der Kornlänge von Ganzreis
½-bis ¼-Reis *(Screenings)*	Bruch von Weißreis kleiner als ½, aber größer als ¼ der Kornlänge von Ganzreis
¼-Reis *(Brewers)*	Bruch von Weißreis kleiner als ¼ der Kornlänge von Ganzreis
Parboiled Reis *(Parboiled Rice)*	Rohreis, der durch eine hydrothermische Behandlung teilgelatinisiert ist, wodurch er kochfester und durch Verlagerung der Vitamine und Nährwerte nach innen hochwertiger beim Schleifen bleibt
Schnellkoch-Reis *(Quick Cooking Rice)*	Weißreis, der nach div. Patenten vorgegart und wieder getrocknet wird; Rest-Garzeit ca. 3–5 Minuten
Kalkiger Reis *(Chalky Kernels)*	Reiskerne, die nach dem Schleifen ein mehliges Endosperm von mehr als 50 % aufweisen
Roter Reis *(Red Rice)*	Reiskerne mit roter innerer Schalenschicht
Reisschleifmehl *(Rice Bran)*	Ein Produkt, das beim Schleifen von Braunreis anfällt, bestehend aus den inneren Schalenschichten, der Aleuronschicht, dem Keim und geringen Mengen des Endosperms
Reisschale oder Reishülse *(Hulls)*	Strohschale, die den Braunreis locker umschließt
Fremdbesatz *(Seeds)*	Ganze oder gebrochene Kerne aller Art, außer Reis
Beschädigter Reis *(Damaged Kernels)*	Ganze Reiskerne, die entweder durch Wasser Insekten, Hitze oder andere Einflüsse verfärbt oder beschädigt sind sowie Parboiled Reis im normalen Reis

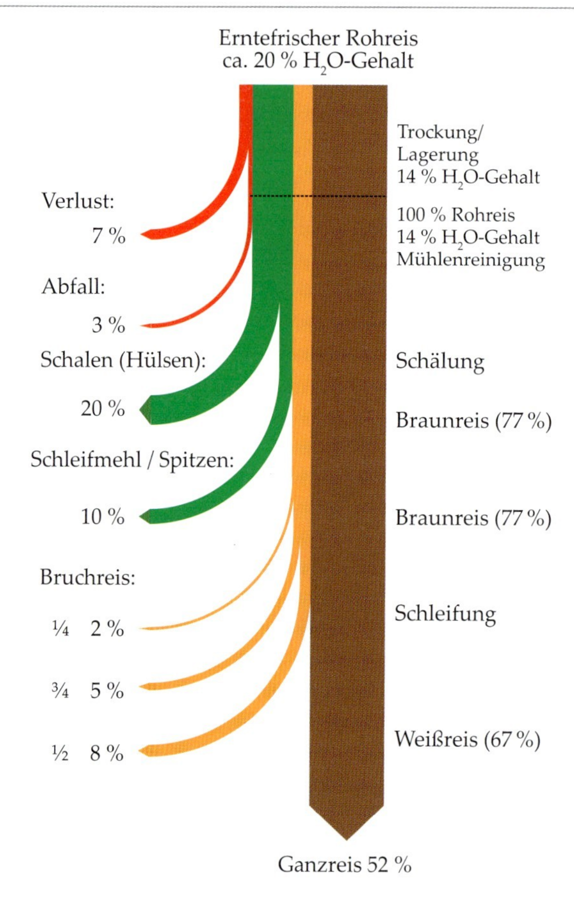

Abb. 12.10: Durchschnittsausbeuten bei der Bearbeitung von amerikanischem Langkornreis nach Kunde [12.6]

steht nun bei der Schälung aus dem Rohreis der Braunreis. Die darunter liegende Frucht- und Samenschale und das Aleuron, die in ihrer Summe die sogenannte Silberhaut darstellen, werden nun abgeschliffen. Es entsteht so aus dem Braunreis der Weißreis. Dabei fallen 10 % wertvolles Schleifmehl und Kornspitzen an. Es folgt die Weißreissortierung in ca. 52 % Ganzreis und 15 % Bruchreis [12.6]. Je nach Qualitätsstufen des Weißreises kommt dieser mit 5 % bis 40 % Bruchreis in den Handel. Weißreis kann aber auch noch weiter – vorgegart – zu Schnellkochreis veredelt werden. Rohreis wird auch durch Zwischenschalten einer hydrothermischen Behandlung qualitativ verbessert (Tab. 12.3). Dabei wandern wertvolle Inhaltsstoffe aus der Silberhaut in das Korninnere. Nach den anschließenden Schleifprozessen ist dieser Reis dann ernährungsphysiologisch wertvoller. Braunreis in seiner natürlichen Nährstoffzusammensetzung wird auch in Reformhäusern angeboten. Der Bruchreisanteil von 15 % lässt sich je nach Größe der Bruchstücke in 2 % ¼-Körner, 5 % ½-Körner und 8 % ¾-Körner aufteilen. Aus diesen Fraktionen resultieren die fett- und proteinarmen Brauerei-Grits, die aber zum überwiegenden Teil aus ¼-Körner-Bruchstücken resultieren. Bruchreis als Nebenprodukt der Weißreisherstellung wird in der Regel zu Reismehl oder Reisflocken weiter ver-

Reismehl *Reisflocken [12.30]* *Naturreis (aufbereitet)* *Bruchreis*

Abb. 12.11: Weitere spezielle Produkte aus der Reisveredelung nach Kunde [12.6])

arbeitet (Abb. 12.11). Ein Großteil aber dient als wertvolle Rohfrucht für die Bierherstellung. Im Kapitel „Rohfrucht" wird die Verwendung von Bruchreis in der Brauerei näher behandelt.

12.5 Malz- und Bierbereitung aus Reis

Für die Malzherstellung kommt erwartungsgemäß nur der ungeschälte Rohreis (Paddy) in Frage. Analog zur Gerste entwickelt sich dann während der Keimung der Blattkeim zwischen Epidermis und Spelzen. Briggs [12.9] berichtet über Autoren, die sich mit der Vermälzung von Reis beschäftigt haben. Die Herstellung eines klaren Bieres gelang ihnen nicht. Die Versuche wurden eingestellt. Auch in Trommeln hergestellte Malze brachten nur harsche Biere. Der hohe Schalenanteil förderte aber die Separation der Maische.

Briggs [12.9] beschreibt unter Bezugnahme auf die Arbeiten von Zimmermann [12.10] das folgende Mälzungsverfahren:

- Weiche: 48 h bis 60 h mit Wasserwechsel alle 12 bis 24 h, Wassergehalt bei der Ausweiche 30 % bis 35 %
- Keimung: in Trommeln 72 h bei 17,8 °C bis 18,9 °C
- Sorgfältige, schonende Trocknung über 48 h mit steigenden Temperaturen von 32 °C bis 66 °C
- Darre 48 h bei steigenden Trocknungstemperaturen 32,2 °C nach 65,6 °C

Nach der Entfernung von Keimling, Spelzen und Aleuron blieb der Kornanteil bei 64 %. Diese wertvolle Fraktion erreichte 92 bis 94 % Extrakt. Das Produkt war teurer und auch knapper gelöst, aber besser als ungemälzter Reis. Verzuckerung und Aroma waren exzellent.

Um das teuer importierte Gerstenmalz in Afrika durch Reismalz zu ersetzen, verwenden Okafor und Iwouno [12.11] folgendes Mälzungsverfahren:

- Mälzungstemperatur: 28 °C bis 30 °C
- Wasserwechsel alle 6 h
- Ausweich-Wassergehalt 32 bis 37 %
- Keimzeit 6 bis 7 Tage
- Trocknung bei niedrigen Temperaturen

Es wurden nur die Keimwurzeln und die Blattkeime (nicht die Spelzen) entfernt. Die Ergebnisse im Mittel von sechs Sorten sind in Tabelle 12.4 [12.11] dargestellt.

Nach diesem Verfahren hatte das Reismalz zwar höhere Kaltwasser-, aber niedrigere Heißwasserextrakte als Gerstenmalz. Beim Extrakt nach EBC fielen Sorghum- und Reismalze wesentlich niedriger aus. Die Diastatische Kraft war bei Reis- und Sorghummalz nur weniger als halb so hoch wie bei Gerstenmalz. Die Proteolyse verlief bei allen drei Malzen schwächer, aber nahezu gleich. Reismalz enthält deutlich weniger Fett. Bei den N-Gehalten tendierte das Reismalz eher nach unten. Der Schwand war beim Reismalz mit 22,5 % mehr als doppelt so hoch wie beim Gerstenmalz. In der Endvergärung schnitt das Reismalz etwas besser ab als Malz aus Gerste. Die Verzuckerung verlief unvollständig und die Läuterzeit war länger.

Malz aus	Gerste	Sorghum	Reis
Kaltwasserextrakt %	18,3	22,4	23,7
Heißwasserextrakt IOB (1°/kg)	302	186	265
EBC-Extrakt %	76,4	53,5	54,7
Diastatische Kraft °L	90	41	43
Alpha-Amylase	44	31	34
Kolbach-Index	37	35	36
Fett %	1,9	2,1	0,6
Gelöster N %	0,5	0,4	0,4
Gesamt N %	1,4	1,3	1,1
Mälzungsschwand %	8–10		22,5
Scheinbare Endvergärung	74,4	78,0	79,4

Tab. 12.4: Analysen von Reismalzen im Vergleich zu denen aus Gerste und Sorghum. Malzanalyse nach individuellem Sorghum-Maischverfahren nach Okafor und Iwouno [12.11]

Bei neueren Versuchen von Ceppi und Brenna [12.12, 12.13] wurde Reis mit dem Ziel der Herstellung Gluten-freier Malze und Biere nach den folgenden Varianten vermälzt:

Keimzeit:	5, 6, 7 Tage bei 20 °C	
Weiche:	48 h, davon 24 h nass, 8 h trocken; 15 h nass, 1 h trocken bei 20 °C	
Darre:	6-Tage Malz	7-Tage-Malz
	8 h 45–65 °C	8 h 48–58 °C
	4 h 60 °C	4 h 58 °C
	5 h 60–85 °C	4 h 58–63 °C
	4 h 85 °C	6 h 63 °C

Das Kontroll-Gerstenmalz entstammte einer klassischen Gerstenmälzung. In Abhängigkeit von der Keimzeit und den Darrvarianten zeigten sich die in Tabelle 12.5 dargestellten Unterschiede bei der Malzanalyse.

Besonders bei der 7-Tage-Variante wurde im Interesse der notwendigen Verbesserungen der Extraktausbeuten schonender abgedarrt. Das ist bei der Vermälzung aller Getreidearten, die in wärmeren Klimazonen zu Hause sind, erforderlich. Dies allein reicht aber für eine gute Kornmodifikation noch nicht aus.

Bei den Mälzungskriterien spielen offenbar auch die Reis-Sorten und -Herkünfte eine beachtliche Rolle, wie die Pilot- und Laborversuche mit italienischen Sorten nach Ceppi und Brenna [12.12, 12.13] belegen. Im Vergleich zu einer Gerstenmälzung war das verwendete Kleinmälzungsverfahren für Reis gekennzeichnet durch lange Nassphasen, höhere Temperaturen und lange Keimzeiten. Bei der 6-Tage Keimzeit-Variante wurde der Prozess eher etwas stärker an das Gersten-Verfahren angepasst. Die 7-Tage-Keimzeitvariante wurde schonender abgedarrt.

Zwar stieg mit der Keimzeit die Extraktausbeute an. Sie lag aber trotzdem beim Reismalz noch deutlich unter der des Gerstenmalzes. Die Verzuckerung verlief beim Reismalz mit ca. 60 Minuten und mehr vier Mal langsamer als beim Gerstenmalz. Die VZ 45 °C war beim Reismalz auch nur halb so hoch wie beim Gerstenmalz. Bei einem deutlich niedrigeren Proteingehalt lag die Viskosität beim Reismalz in der Tendenz etwas höher. Die Kolbachzahl als ein bedeutendes Kriterium für die Proteolyse war beim Reismalz nur halb so hoch wie beim Gerstenmalz. Auch bei diesen Versuchen hat sich erneut gezeigt, dass Reis selbst auch bei einer angepassten Mälzung die Qualität von Gerstenmalz nicht erreichen kann. Die Mängel bei der

Tab. 12.5: Einfluss der Keimzeit auf Reismalz-Eigenschaften nach Ceppi und Brenna [12.12, 12.13]

Keimzeit Tage	6 Tage Reismalz	7 Tage Reismalz	Gersten-Handelsmalz*
Extrakt %	68,8	73,1	81
VZ 45 °C %	21,1	19,6	38 – 40
Würzfarbe EBC	1,9	2,3	< 4
Kochfarbe EBC	4,9	5,3	5
Verzuckerung Min	> 60	> 60	5 15
Viskosität 8,6 mPa s	1,66	1,55	1,55
Protein %	7,4	7,1	10,8
Kolbachzahl	17	24	40

** hergestellt aus Gersten-üblicher Vermälzung (Malzanalysen nach Krüger und Anger [12.14])*

Keimzeit Tage	Extrakt %	Verzuckerung Min	Würzefarbe EBC	Diastatische Kraft W.K.	Alpha-Amylase D U
5-Tage-Reismalz	60,7	60	1,59	100	12
7-Tage-Reismalz	66,6	66	1,63	166	21
Gersten-Handelsmalz	81	10 – 15	2,0	250	60

(Malzanalysen nach Krüger und Anger [12.14])

Tab. 12.6: Einfluss des Maischverfahrens auf Brau- und Biereigenschaften von Reis-Malzen nach Ceppi und Brenna [12.11, 12.12]. Versuche aus einer Pilotanlage 25 l-Chargen Mittel aus 2 Versuchen

Maisch-verfahren	Sudhausaus-beute (%)	Bierfarbe (EBC)	Restextrakt (%)	Alkohol (%)	scheinbare Vergärung (%)
Infusion	52,0	4,3	4,5	3,9	62,2
Dekoktion	59,0	4,0	3,7	4,2	68,5

Reisvermälzung liegen primär im höheren Mälzungsaufwand und dem größeren Schwandanteil. Zudem bringen Reismalze deutlich weniger Extrakt (niedrigere Sudhausausbeuten), geringere enzymatische Aktivitäten, eine mangelhafte Verzuckerung, eine schlechtere Zytolyse und Proteolyse. Dabei bleibt wider Erwarten die Viskosität in Grenzen. Während die Würzefarben sehr hell ausfallen, dunkeln die Kochfarben in etwa auf das Niveau der Gerstenwürzen nach. Auch diesem Programm ist zu entnehmen, dass gegebenenfalls trotz angepasster Mälzung über eine gezielte, individuelle Maischarbeit die enzymatischen Aktivitäten weiter verbessert werden müssen. Wie bereits erwähnt, bietet sich auch nach diesem ausgefeilteren Reis-Mälzungsprogramm die Zugabe von enzymstarken Braugersten-Malzen an, ohne gleich technische Enzyme einsetzen zu müssen.

Erste vorläufige Brauversuche in einer Pilotanlage zeigten, dass Verbesserungen von Ausbeute, Stärkeabbau, Läuterzeit und Vergärbarkeit durch Anwendung eines Dekoktions-Maischverfahrens und weitere Anpassungen für Reismalz notwendig sind (Tab. 12.6). In einer größeren Anlage mit 100 kg Reismalz-Chargen konnte darüber hinaus gezeigt werden, dass aus Reismalz erfolgreich ein bierähnliches Getränk hergestellt werden kann [12.11, 12.12, 12.13]. In allen Fällen blieb aber die unvollständige Verzuckerung problematisch. Bierverkostungen lagen nur in begrenzten Umfang vor. Dabei zeigte sich trotz eines niedrigen Proteingehaltes von nur 7 % bis 7,6 % eine gute Schaumhaltbarkeit des Reisbieres. Es wird auch vermutet, dass der niedrige Proteingehalt im Zusammenhang mit einer verminderten Vollmundigkeit des Reisbieres stehen kann. Weitere Versuche zur Optimierung der Mälzungs- und Brauverfahren sind für Reis erforderlich. Die Verwendung von Reis als Rohfrucht wird ausführlich in Kapitel 14 behandelt.

12.6 Produktionstechnik

12.6.1 Anforderungen an Klima und Boden

Auch wenn nach ten Have [12.4] 80 % der weltweiten Reisernte als Nassreiskultur produziert werden, so ist der Reis ursprünglich keine Wasserpflanze. Über Jahrtausende der natürlichen Selektion und Züchtung hat er sich von der Trockenkultur zur Nasskultur weiterentwickelt. Eine Umstellung während der Vegetationszeit von dem Trockenanbau auf eine Bewässerungskultur ist möglich. Der umgekehrte Schritt gelingt nicht. Für hohe Erträge, wie sie vom Nassreisanbau bekannt sind, werden 3000 bis 5000 Liter fließendes Wasser pro 1 Kilogramm Reisertrag im Laufe der Vegetationszeit benötigt [12.15]. Gerste dagegen benötigt nach Roemer et al. [12.16] 300 bis 500 l pro kg Trockensubstanz. Die mittleren Tagestemperaturen während der Wachstumsphase sollten nicht unter 15 °C fallen. Nach Luh [12.17] liegen die optimalen Tages-Durchschnittstemperaturen im Bereich von 20 °C bis 38 °C bei ausreichender Bewässerung. Der intensive Nassreisanbau bevorzugt eher die tropischen Klimabedingungen. Es kann aber auch davon ausgegangen werden, dass unter Einbeziehung aller Anbau- und Sortenvariationen Reisanbau auf der nördlichen Halbkugel bis zum 45. und auf der südlichen bis zum 40. Breitengrad möglich ist. Für eine Vegetationsperiode benötigt Reis im Allgemeinen zwischen 115 und 135 Tagen.

Im arbeitsintensiven Nassreisanbau der Tropen dient das Wasser nicht nur der Deckung des Wasserbedarfes der Reispflanze für die Photosynthese. Wie bereits angeführt, hilft eine gezielte Überflutung auch gleichermaßen bei der

Unkraut- und Schädlingsbekämpfung. Sowohl die Trockenreiskultur als auch der Nassreisanbau bevorzugen subtropisches und tropisches Klima. Die Trockenreiskultur (Regenfeldbau) verlangt für ausreichende Erträge während einer Vegetationsperiode nach Moorman et al. [12.18] mindestens 800 bis 1500 mm Regen. Für den Nassreisanbau ist die künstliche Bewässerung auch dann besonders notwendig, wenn mehrere Ernten pro Jahr erzielt werden sollen. Pro Ernte werden 1400 mm bis 2000 mm Bewässerungswasser benötigt. Reis ist eine insensitive Kurztagspflanze mit einer relativ kurzen Entwicklungsdauer. Dadurch ist sie gleichermaßen sowohl für den intensiven Bewässerungsanbau mit mehreren Ernten pro Jahr als auch für den extensiveren Trockenfeldbau mit nur einer Jahresernte geeignet. Gute mittelschwere Böden sind eine wichtige Voraussetzung für hohe Reiserträge [12.17–12.21]. Leider lässt aber häufig in den wichtigsten Reisanbauregionen die Bodenqualität zu wünschen übrig. Die in den Tropen weit verbreiteten Roterden sind meist arm an Nährstoffen, sauer und oft auch Al- und Fe-toxisch. Durch pH-Regulierung (höhere Kalkdüngung) lassen sich die genannten Belastungen aber ausgleichen. In den Flussniederungen liegen meist schwere Böden vor. Sie sind auch für den Reisanbau schwerer zu bearbeiten. Ein wesentliches Ziel der Bodenvorbereitung im Wasser ist es, den Boden-Horizont so zu verdichten, dass er das Wasser über eine volle Vegetationszeit halten kann.

12.6.2 Besonderheiten der Reiskultur

Vom Trockenreisanbau bis hin zu den vielfältigsten Nassreis-Anbausystemen bietet der Reis ein breites Spektrum an Anbauvariationen. De Datta beschreibt unter [12.4] schematisch die folgenden unterschiedlichen hydrologischen Anbauverfahren (Abb. 12.12).

12.6.2.1 Reis im Trockenfeldbau

Darunter fallen nach Ponnamerperuma [12.20] u.a. der regenabhängige Bergreisanbau und auch die regenabhängige Niederungsreiskultur. Diese Systeme, welche nur etwa 20 % der gesamten Reisproduktion betreffen, stehen den normalen Getreide-Anbauverfahren in Mitteleuropa (Weizen, Gerste) sehr nahe. Auch die Saatstärken von 80 kg bis 120 kg pro Hektar beim Reis im Trockenfeldbau (Direkteinsaat) sind ähnlich wie diejenigen von Gerste und

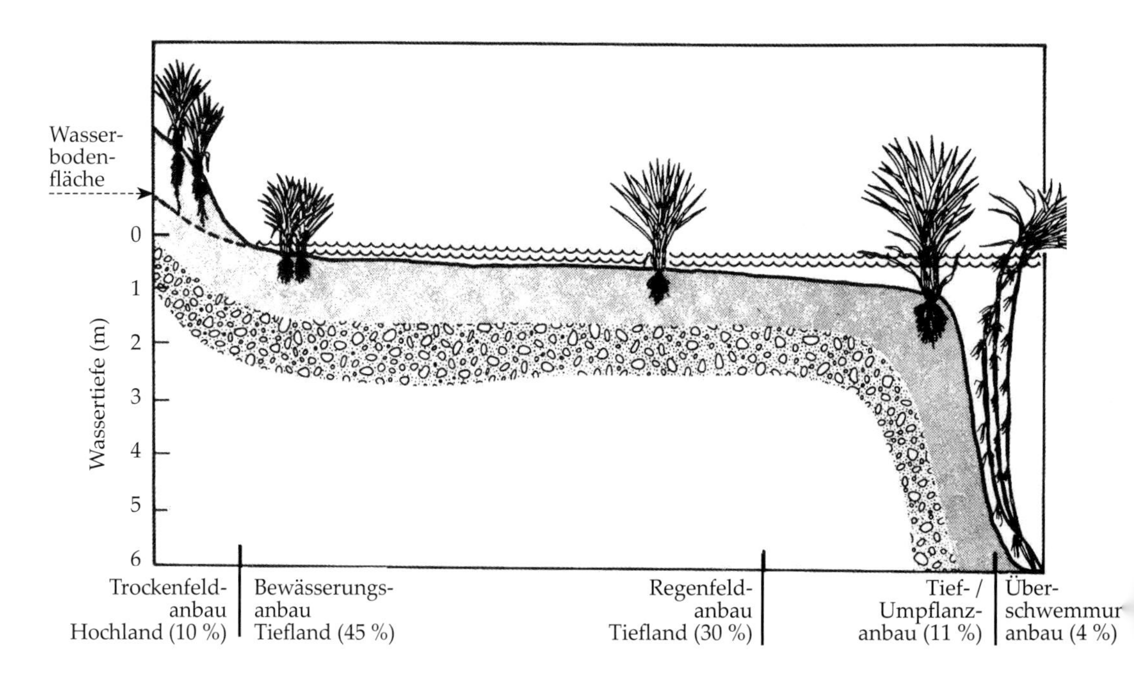

Abb. 12.12: Hydrologische Bedingungen für den Reisbau in der Welt nach De Datta (zitiert in [12.4])

Weizen. Zur Vermeidung von Lager, das Ertrag und Qualität stark dezimiert, sollte die Höhe der N-Düngung in Grenzen bleiben. Die Düngung mit den übrigen Nährstoffen kann in Anlehnung an den Nassreisanbau erfolgen. Besonderes Augenmerk gehört der Unkraut-, Krankheits- und Schädlingsbekämpfung. Da keine künstliche Bewässerung angewendet wird, dürften zur Ernte sowohl der Reis als auch der Boden trocken genug sein, um vollmechanisiert ernten zu können.

Der Trockenfeldbau erlaubt neben dem Anbau als Monokultur (jährlich wiederholt auf derselben Fläche) auch die Eingliederung in normale Fruchtfolgerotationen. Die Erträge liegen mit 1 t bis 2 t pro Hektar relativ niedrig. Trockenreisanbau wird auf einer breiten Palette von sehr unterschiedlichen Böden betrieben. Für die notwendige Aufnahme und Speicherung des Regenwassers spielt die Bodenstruktur und die Bodentextur eine überragende Rolle [12.18–12.21]. Vertisole und Alfisole sind die bedeutendsten Böden für die Trockenreiskultur in Südostasien und in Zentral- und Südamerika. Schwere, feuchte Böden repräsentieren eher den Trockenreisanbau in Westafrika. Begrenzende Faktoren für den Anbau sind nach Fairhurst et al. [12.22] neben ungenügendem Regen oft auch das Fehlen von Eisen, Phosphat und Silizium. Auf saueren Böden leidet der Trockenreisanbau darüber hinaus unter Mn- und Al-Toxizität, auf alkalischen Böden unter dem Mangel an löslichem Eisen.

12.6.2.2 Übergangsformen vom Trocken- zum Nassreisanbau

Eine Variante ist die Aussaat in trockenen Boden. Erst später erfolgt die Überflutung. Das Wasser bleibt dann bis vor der Ernte stehen. Die Erträge sind niedrig. Eine weitere Version ist nach einer trockenen Aussaat und 5 bis 7 Wochen nach dem Aufgang eine Überschwemmung mit Flusswasser bis zu einer Höhe von 1,5 m bis 6 m Wassertiefe. Geht das Wasser des Flusses auf natürlichem Wege vor der Ernte rechtzeitig zurück, kann die Ernte auf trockenem Feld vorgenommen werden. Anderenfalls muss der Reis mit Booten geerntet werden. Unter diesen Bedingungen ist nur eine Ernte im Jahr möglich. Die Erträge liegen recht niedrig im Bereich von etwa 1,5 t/ha.

12.6.2.3 Bewässerungsreis (Tieflandkultur, Nassreisanbau)

Bei dieser Tieflandkultur der Subtropen und Tropen steht der Reis die meiste Zeit während der Vegetation im Wasser. Um eine gleichmäßige künstliche Wasserversorgung zu erreichen, müssen die Felder gut ausnivelliert sein. Die kunstvoll angelegten, sorgfältig gepflegten Reisterrassen kennzeichnen diese intensive Anbautechnik. Für die Bodenvorbereitung werden die Beete mit einigen Zentimetern Wasser überstaut. Durch die vorbereitenden Arbeitsschritte wird ein strukturloser Schlamm erzeugt und der Untergrund so verfestigt, dass das Wasser auch später nicht in den Untergrund versickern kann. Die Höhe des Wasserstandes wird den wachsenden Pflanzen und ihrem Entwicklungsstand angepasst. Ein langsamer Wasseraustausch durch Frischwasser ist für die Sauerstoffversorgung erforderlich. Auf die gleichzeitige Wirkung der präzisen Überflutung auch gegen Unkraut wurde hingewiesen. Reduzierende Verhältnisse durch den Wasser-Überstau stören die Nährstoffaufnahme. Einerseits wird durch die Bewässerung die Lösung wichtiger Pflanzennährstoffe verbessert. Andererseits steigt aber auch die Konzentration an toxischen Substanzen für die Pflanzen. Es werden mit diesen Verfahren aber immerhin 2 t bis 4 t Reis pro Hektar geerntet. Bewässerungsreis steht in der Regel in Monokultur. Das gilt auch besonders dann, wenn nach wiederholten Pflanzungen bis zu drei Ernten im Jahr angestrebt werden. Erfolgt nur eine Ernte pro Jahr, ist der Anbau von Zwischenkulturen in Form von Gemüse oder Futterpflanzen üblich. Der intensive Bewässerungsreisanbau wird nach zwei unterschiedlichen Verfahren betrieben

12.6.2.3.1 Bewässerungsreis mit Umpflanzung

Dies ist das alte klassische Verfahren mit der höchsten Produktivität, aber nach ten Have [12.4] das auch mit dem größten Arbeitsaufwand von 130 bis 200 Mann-Arbeitstagen pro

Bildserie: Traditioneller Reisanbau [12.23]

Abb. 12.13: Abgeerntete Reisfelder zur Weidennutzung, Iran

Abb. 12.14: Bodenbearbeitung mit Hakenpflug vor der Bewässerung, Iran

Abb. 12.15: Pflügen mit Ochsengespann (vor der Bewässerung) im kleinen Familienbetrieb, Iran

Abb. 12.16: Einebnen der Pflanzbeete zur gleichmäßigen Wasserversorgung

Abb. 12.17: Reis-Jungpflanzen, Anzuchtbeete, Taiwan

Abb. 12.18: Jungpflanzen-Ernte und Aufbereitung zu kleinen Büschen, Taiwan

Abb. 12.19: Jungpflanzen-Aufbereitung und -Einpflanzung in die vorbereiteten Beckenfelder, Taiwan

Abb. 12.20: Kunstvoll angelegte Reisterassen kleiner Betriebe

Abb. 12.21: Rationeller Reis-Großanbau, Direkteinsaat in trockenen Boden (keine Pflanzung) mit anschließender Bewässerung, Brasilien

Abb. 12.22: Überstaute Reisfelder nach der Aussaat, Türkei

Abb. 12.23: In den Tropen erlauben verschiedene Pflanzzeiten bis zu drei Reisernten pro Jahr, Taiwan

Abb. 12.24: Erntereifer Reis nach Frühsaat (rechts) neben noch grünen Spätsaatreis, Taiwan

Hektar. Mit dem Ziel der maximalen Nutzung der Vegetationszeit und der kleinen Anbauflächen zur Ernährung der eigenen Bauern-Familien werden parallel zu den Reisproduktionsfeldern auch wieder separat Jungpflanzen in Hausgärten oder am Feldrand vorkultiviert. Nach dem Abernten der Reisfelder sind die parallel in den Anzuchtgärten oder an Feldrändern vorkultivierten Jungpflanzen 4 bis 6 Wochen alt. Sie sind dann schon so weit entwickelt, dass sie zur Reisproduktion in das große Feld eingepflanzt werden können. So wird die Standzeit auf dem Reis-Produktionsfeld um die Periode von der Saat bis zur Pflanzung verkürzt und zum Beispiel eine zweite oder auch dritte Vegetationszeit und Ernte ermöglicht. Nach Patrick et al. [12.21] werden bei der Vorbereitung der Jungpflanzen kleine Büschel mit je 1 bis 3 Einzelpflanzen gebildet. 20 bis 40 solcher Büschel pro Quadratmeter werden in Reihenabständen von 16 cm bis 23 cm ausgepflanzt. Nach diesem Verfahren umgepflanzter Reis bringt pro Ernte 2,5 t bis 4 t pro Hektar an Kornertrag

12.6.2.3.2 Bewässerungsreis mit direkter Einsaat

Diese Methode ist bei Vollmechanisierung auf Großflächen üblich. Grundbodenbearbeitung und Saatbettvorbereitung erfolgen mit Traktoren auf dem trockenen Feld. Zur späteren gleichmäßigen Wasserverteilung für die keimende Saat und die heranwachsenden Jungpflanzen müssen die Felder optimal ausnivelliert und eingedämmt werden. Die Aussaat wird dann mit Saatmengen von 80 kg bis 130 kg pro Hektar mit normalen Drillmaschinen auf dem noch nicht bewässerten trockenen Feld vorgenommen. Es gibt aber auch die Möglichkeit der Aussaat in der Nässe, wenn das Wasser leicht angestaut ist. In diesem Falle erfolgt die Aussaat per Flugzeug. Alle weiteren Schritte verlaufen wie beim Umpflanzverfahren. (Bildserie Traditioneller Reisanbau Abb. 12.13–12.24 [12.23])

12.6.3 Sorten

In den drei Gruppen Langkorn-, Mittelkorn- und Rundkornreis gibt es weltweit nach Kunde [12.6] mindestens 8000 Sorten. Wikipedia [12.15] berichtet über 120.000 Varietäten. Nach Luh [12.17] wurden allein 34.000 Sorten vom Internationalen Reis-Forschungsinstitut IRRI auf ihre Anbaueignung untersucht. Eine weitere Klassifikation unterscheidet die India-Gruppe, die vorwiegend in den Tropen und Subtropen kultiviert wird, von der Japonica-Gruppe aus den gemäßigten und subtropischen Regionen und der Javanica-Gruppe, einer Zwischengruppe. Seit Mitte der 1960er-Jahre gelang es im Rahmen der „Grünen Revolution" in Asien, chinesische Zwergformen in die alten Langstrohsorten mit schlechter Standfestigkeit erfolgreich einzukreuzen. Schon bald entstanden auf diesem Wege standfeste, ertragsstarke Halbzwerge. Nach ten Have [12.4] ist, wie bereits erwähnt, diese neue Sortengeneration der so genannte HYV-Sorten (High Yielding Varieties) aus dem internationalen IRRI-Institut in Manila nur noch 80 cm bis 100 cm lang. Die weltweiten Ertragssteigerungen um 20 % zwischen 1970 bis 1981 waren besonders im intensiven Reisanbau das Ergebnis dieser Initiative. Neuere Zuchtrichtungen sind auch auf die Verbesserung der Sorten für die vielen marginalen Böden in den 100 Reis anbauenden Ländern der Erde ausgerichtet. Nach Wikipedia [12.15] wurde 2010 in China die erste genetisch veränderte Reissorte zum Anbau zugelassen. Diese soll über eine Insektenresistenz und über weitere 8 % höhere Erträge verfügen.

Es ist an dieser Stelle nicht möglich, einen befriedigenden Überblick über die weltweit wichtigsten Reissorten der Hauptanbauländer zu geben. Wikipedia [12.15] beschreibt beispielhaft und sicherlich auch unvollständig die folgenden Herkünfte und dazu gelegentlich einige aktuelle Sorten:

- Arborio-Reis aus der Poebene Oberitaliens, ein Reis mit kurzem Korn
- Bassein-Reis aus Südostasien mit einem etwas härteren Korn
- Basmeti-Duftreis vom Fuß des Himalaya, ein aromatischer Langkornreis.

Eine Anbauempfehlung haben die fünf pakistanischen Sorten erhalten:

- Basmati 198, Basmati 370, Basmati 385, Vernel Basmati, Super Basmati

Folgende indische Sorten sind bekannt:
- Basmati 217, Basmati 386, Dehradun, Haryana, Kasturi, Mahdi, Punjab, Pusa, Ranbir, Taraori
- Bomba-Reis aus Spanien, ein festkochender, stärkearmer Rundkornreis
- Rangun-Reis. Dieser halbtrockene Reis aus Myanmar ist dem Bassein-Reis sehr ähnlich.
- Java- und Lombok-Reis, ein trockener Langkornreis von den Inseln mit hoher Qualität
- Patna-Reis, ein harter Langkornreis, ähnlich dem Java-Reis
- Japan-Reis. Die geographische Lage verlangt viele angepasste Varietäten von *Oryza sativa ssp. japonica*. Diese Reise sind weicher und kürzer als Langkornreise. Sie werden als Milchreise bevorzugt. Die bekanntesten Sorten in Japan sind Koshihikari und Sasanishiki. Diese Formen werden auch in USA, Ägypten, Spanien und Italien angebaut.

Weitere Reissorten aus der Gruppe *Oryza sativa ssp japonica* sind:
- Chigalon, ein Rundkornreis mit Anbau in Südafrika
- Inka-Reis mit langen Grannen (Vogelschutz)
- Irat 285 und Khao Youak für die Sushi-Bereitung
- Süßreis, stammt ursprünglich auch aus Japan
- Jasmin-Reis wird im Norden von Thailand, Laos, Vietnam, Italien angebaut. Dieser Reis duftet angenehm beim Kochen nach Jasmin. Die kleinen Körner sind von hervorragender Qualität
- Roter Natur-Reis. Davon gibt es 3 Formen:
- Camargue-Reis mit rotbrauner Außenhaut und weißem, mittelgroßem Korn. Dieser Reis stammt ursprünglich aus Indien und wird in der Camargue (Südfrankreich) kultiviert.
- Philippinischer roter Bergreis wächst im bergischen Dschungel der Philippinen. Das Korn ist durchgehend rot.
- Bhutan-Reis wächst im Himalaya und wird noch in Höhenlagen von 2000 bis 2600 m angebaut.
- Grüner Reis. Dieser Reis stammt aus Vietnam und wird unreif geerntet, um die Süßkraft zu nutzen.

12.6.4 Düngung

Nach Fairhurst et al. [12.22] sollte auch der Reis im Interesse der langfristigen Erhaltung der Bodenfruchtbarkeit organisch und mineralisch gedüngt werden.

12.6.4.1 Organische Düngung

Einige Abfallprodukte – besonders aus der Tierhaltung – können die Bodenfruchtbarkeit nachhaltig fördern. In der Regel stehen diese aber nicht in ausreichenden Mengen zur Verfügung. Es bleiben im Allgemeinen nur Stroh- und Stoppelreste, welche den Humusgehalt des Bodens ergänzen können. Diese organische Düngungsmaßnahme kann durch begrenzte Urea-Zugaben begünstigt werden. Nach Patrik et al. [12.21] liefert die organische Düngung mit Stroh und Stoppelresten vom Reis für die danach angebauten Kulturen (Reis) die folgenden Anteile an Nährstoffen am Gesamtbedarf [12.21]: N = 40 %, P = 30 % bis 35 %, K = 80 % bis 85 %, S = 40 % bis 50 %.

N-Düngung kg/ha bei einer Ertragserwartung von 4 t/ ha		
	Blattfarbe gelblich grün	**Blattfarbe grün**
14 Tage nach Pflanzung = 21 Tage nach Saat	45	45
Produktive Bestockung	60	25
Sondermaßnahmen	60	35
N- Düngung gesamt kg/ha	165	125

Tab. 12.7: Beispiel für eine N-Düngung in Teilgaben zu einer Reissorte mit guter N-Verwertung nach Fairhurst et al. [12.22]

12.6.4.2 Mineralische Düngung

12.6.4.2.1 Stickstoff

N-Mangel führt erwartungsgemäß zur Farbveränderung der Blätter von Dunkelgrün hin zu Gelb. Nach Fairhurst [12.22] hat das IRRI in Manila [12.21] dazu für Reis eine Farbskala entwickelt, aus der N-Mangel und der daraus resultierende N-Bedarf abgeleitet werden kann (Leaf Colour Chart, LCC): Nach diesem praktischen Beispiel wird die N-Düngung in Abhängigkeit von der Blattfarbe individuell gemessen. Befindet sich der Boden in einem guten N-Versorgungszustand (dunklere grüne Blattfarbe der Pflanzen), dann reichen 125 kg/ha an reiner N-Düngung. Wird der Reis aber im Trockenfeldbau ohne Bewässerung kultiviert, bleiben auch die Erträge niedriger. Dafür reichen dann 100 kg reines N/ha.

12.6.4.2.2 Phosphor

Sofern Stroh und Körner abgefahren werden und keine andere organische und auch mineralische Düngerzufuhr erfolgt, sollten zur Ergänzung des P-Entzuges durch Korn und Stroh unter den Gegebenheiten vor Ort mindestens 30 kg pro Hektar P_2O_5 wieder aufgefüllt werden.

12.6.4.2.3 Kalium

Bleibt das Stroh als organischer Dünger auf dem Feld, so ist das nach der Mineralisierung eine bedeutende Kali-Quelle, da 80 % der gesamten aufgenommenen Kalimenge dann als Dünger auf dem Felde verbleiben. Wird das Stroh vom Feld abgefahren, sollten 30 kg/ha K_2O/t geernteter Reiskörner für die Folgekultur aufgedüngt werden.

12.6.5 Krankheiten, Schädlinge, Pflanzenschutz

Reis im Trockenfeldbau kann behandelt werden, wie die in Kapitel 4.6 dargestellten Pflanzenschutzmaßnahmen für die Getreidearten der gemäßigten Klimazonen. Es ist lediglich darauf hinzuweisen, dass der Reis-Trockenfeldbau in den feucht-warmen Regionen etwas stärker von Unkraut, Schädlingen und Krankheiten heimgesucht werden kann als im gemäßigten Klima. Nach Fairhurst et al. [12.22] sind mehr als 60 verschiedene Reiskrankheiten beschrieben und über zahlreiche Pilze wird berichtet [12.22]. Schädigungen lassen sich gliedern in Virosen, Bakterien- und Pilzkrankheiten, Nematoden und andere. Laufend werden neue Erreger gefunden. Neben den pflanzenhygienisch agrotechnischen Bekämpfungsmaßnahmen (Entfernen befallener Pflanzen, Schaffung optimaler Wachstumsbedingungen) bleiben zur Bekämpfung im Wesentlichen nur noch die Resistenzzüchtung und die Anwendung chemischer Pflanzenschutzmittel. Allein die Darstellung von Details über Schadfaktoren und Pflanzenschutzmaßnahmen sprengen den Rahmen dieses Buches. An dieser Stelle muss deshalb auch wieder auf die umfangreiche Fachliteratur verwiesen werden. Tabelle 12.8 gibt eine Übersicht über einige wichtige Schadfaktoren.

12.6.5.1 Krankheiten

Die chemischen Bekämpfungsmaßnahmen sind den individuellen Gebrauchsanleitungen für Pflanzenschutzmittel in den Packungsbeilagen zu entnehmen. Mechanisch-hygienische Maßnahmen entsprechen beim Reis denen der anderen Getreidearten.

12.6.5.2 Schädlinge

Bowling [12.25] unterscheidet:

- 11 Insekten, die Saatgut, Jungpflanzen und Wurzeln befallen
- 27 Insekten, welche die Blätter und Pflanzen attackieren
- 14 Insekten, die den Halm schädigen
- 12 Insekten, die das Korn in verschiedenen Stadien befallen
- 39 verschiedene Reis-Lagerschädlinge

Alle werden in der einschlägigen Fachliteratur beschrieben. Entsprechende Insektizide stehen zur Verfügung.

12.6.5.3 Unkraut

Wie bereits ausgeführt, reduziert eine kontinuierliche Nassreiskultur durch den Wasser-Überstau das Unkrautwachstum. Im intensiv wirtschaftenden Familienbetrieb wird das

Tab. 12.8: Bedeutende Reiskrankheiten nach Anbauregionen nach Ou, Shu-Huang [12.24] (gekürzt)

	Asien gemäßigt	Asien tropisch	Amerika Nord	Amerika Latein	Afrika West	Afrika Ost
Virosen						
Dwarf	x					
Stripe	x					
Yellow dwarf	x					
Tungro		x				
Hoja Blanca				x		
Bakterien						
Leaf blight	x	x				
Leaf streak		x				
Pilze						
Blast	x	x	x	x	x	x
Sheat blight	x	x	x			
Brown spot	x	x	x	x		
Cercospora leaf	x	x	x			
Steam rot	x	x	x			
Bakanae dis.	x					
False smut						
Nemathoden						
White Tipp		x		x		

Unkraut von Hand entfernt. Trockenphasen fördern den Unkrautwuchs. In größeren Betrieben werden Herbizide in den verschiedensten Wirkstoffkombinationen auch mit Flugzeugen eingesetzt. Die klassischen Herbizide im Reisanbau sind die MCPA-Präparate. Diese können bei rechtzeitiger Anwendung wirkungsvoll verwendet werden.

12.6.6 Ernte, Trocknung und Lagerung

Steffe et al. [12.26] haben dieses Thema ausführlich behandelt. Unter Einbeziehung von praktischen Erfahrungen lässt sich dazu Folgendes zusammenfassen. Mit Wassergehalten von etwa 20 % ist Reis erntereif, aber nicht lagerfest. Im Trockenfeldbau wird Reis genauso geerntet wie das Getreide in den gemäßigten Klimazonen. Bei der intensiven Nassreiskultur der Tropen mit mehreren Ernten im Jahr ist über das ganze Jahr Pflanz- und auch Erntezeit (Abb. 12.23, 12.24). Das Feld wird vor der Ernte trocken gelegt. Dazu werden die Dämme 5 bis 6 Tage vor der Ernte angestochen, um das Wasser abzulassen. Diese Maßnahme schließt aber nicht aus, dass der Boden zu diesem Zeitpunkt immer noch recht nass und schlammig ist. Bei der Handernte wird der Reis mit der Sichel geschnitten, in Garben gebunden und an trockeneren Stellen des Reisbeetes zum Trocknen in Hocken aufgestellt (Abb. 12.25–12.33). Durch Abstreifen der Garben über Zinkenrosten werden dann die Körner vom Stroh getrennt. Die so gewonnenen Rohreiskörner können an der Sonne nachgetrocknet werden, bis ein Wassergehalt von 15 % erreicht ist. Das Gleiche gilt auch für den Rohreis aus dem Direktdrusch mit für die Reisernte umgebauten Mähdreschern. Meist werden aber diese Großpartien aus dem Mähdrusch in künstlichen Trocknungsanlagen bei Temperaturen nicht über 60 °C auf die erforderlichen Wassergehalte < 15% runtergetrocknet. Im Bereich < 15% Wassergehalt ist der Reis dann lagerfähig, wenn die relative Feuchte der Luft keine weitere Wasseraufnahme mehr zulässt.

Bildserie Reisernte aus der Nassreiskultur nach Schildbach [12.27]

Abb. 12.25: Ablassen des Wassers vor der Ernte im Vorfluter durch Anstechen der Dämme, Spanien

Abb. 12.26: Ernte von Hand. Garben binden und Aufstellen zum Trocknen in Hocken, Indonesien

Abb. 12.27: Aufstellen der Hocken an möglichst trockenen Stellen des abgeernteten Feldes, Indonesien

Abb. 12.28: Vollmechanisierte Reisernte, Mähdrescher im Sumpf, Spanien

Abb. 12.29: Reis-Mähdrescher mit Raupenantrieb, Spanien

Abb. 12.30: Abtransport des Reises aus dem Sumpf mit Allradfahrzeugen, Spanien

Bildserie Reisernte aus der Nassreiskultur nach Schildbach [12.27]

Abb. 12.31: Bodenstrukturschäden durch vollmechanisierte Ernte, Spanien

Abb. 12.32: Abbrennen von Reisstroh nach der Ernte, Spanien

Abb. 12.33: Schonendes Trocknen des Rohreises (Paddy) auf Beton-Platten in der Sonne, Spanien

Abb. 12.34: Häufiges Wenden zur gleichmäßigen Trocknung des Rohreises, Spanien

Abb. 12.35: Transport in Reis-Dschunken auf den Wasserstraßen zu den Märkten in Asien, Thailand

Abb. 12.36: Links leere Dschunke, rechts mit Reis beladene Dschunke, Thailand

Auch beim vollmechanisierten Mähdrusch ist der Boden nach dem Ablassen des Wassers in die Vorfluter noch nass. Es kann nur mit Raupen-Mähdreschern und Allrad-Antriebs-Traktoren gearbeitet werden. Diese Erntemethode hinterlässt beachtliche Strukturschäden, wie die Fahrspuren erkennen lassen. Eine separate Bergung des Strohes ist kaum noch möglich. Die Verbrennung vor Ort ist üblich.

12.7 Wildreis *(Zizania palustris)*

Wildreis, auch Indianerreis genannt, ist eine mit dem normalen Reis (*Uryza sativa*) verwandte Getreideart. Sie wächst an den Ufern von Flüssen und Seen in den USA und Kanada. Die langen Körner werden vom Kanu aus geerntet. Diese werden aus den Rispen des Wildreises so abgeschlagen, dass sie auf den Boden des Bootes fallen. Von da aus werden sie von Hand aufgesammelt. Die Ernten sind niedrig und das Sammeln sehr mühevoll. Entsprechend hoch ist der Preis.

Nach Oelke et al. [12.28] wurde Wildreis schon vor einigen 10.000 Jahren von den Ureinwohnern in Nordamerika in seichten Gewässern mit Kanus gesammelt und als Nahrungsmittel genutzt. Seit den 1950er-Jahren wurde der Wildreis züchterisch bearbeitet und leistungsfähigere Zuchtsorten für den Anbau im Norden der USA und in Kanada entwickelt. Die verbesserten Sorten konnten dann auch auf überflutbaren Anbauflächen kultiviert werden. Die Kornerträge waren niedrig und erreichten anfänglich in der Rohware nur um 120–200 lb/acre (ca. 300 kg/ha). In Minnesota konnten allerdings schon bald um 1.800 lb/acre (2 t/ha) erreicht werden. In Kanada liegen die Anbauschwerpunkte in Manitoba und Saskatchewan, in USA in Minnesota und Kalifornien.

Abb. 12.37: Roh-Kultur-Wildreis in Spelzen (Paddy)

Erwähnenswert ist, dass von 100 kg Wild-Rohreis nach der Verarbeitung nur noch ca. 40 kg als Nahrungsmittel übrig bleiben. Nach der Ernte geht es bei der Reinigung primär auch um das Aussortieren von unreifen Körnern. Um eine natürliche Fermentation zu erreichen, bleiben die Körner 4 bis 7 Tage in sogenannten „Windrows" unter freiem Himmel liegen. Während dieser Zeit wird täglich gewendet und gewässert. In dieser Periode reifen die Körner nach und werden dunkler. Die Spelzen werden gelockert und typische Aromakomponenten können sich entwickeln. Danach erfolgt die Trocknung (in Trommeln). Hier wird der Wassergehalt von ca. 40 % auf 7 % reduziert. Dabei

Tab. 12.9: Zusammensetzung von Wildreis, kultiviertem Braunreis und Weizen nach Oelke et al. [12.28] (Auszug, Mittelwerte)

	Wildreis	kultivierter Braunreis	Weizen
Protein (%)	13,8	8,1	14,3
Asche (%)	1,7	1,4	2,0
Fett (%)	0,6	1,9	1,8
Rohfaser (%)	1,2	1,0	2,9
Ether-Extrakt (%)	0,5	2,1	1,9
N-freier Extrakt	82,4	87,4	78,9

gelatinisiert die Stärke im Bereich um 100 °C.
Der Trocknung folgt dann die Entspelzung, Reinigung und Kalibrierung. Als äußere Qualitätskriterien werden neben den Kalibrierungsfraktionen auch die Farbe (schwarz und einheitlich), das Aroma und der Anteil Bruchkörner beurteilt. Nach Oelke et al. [12.28] unterscheidet sich der Wildreis in folgender Weise von kultiviertem Braunreis und Weizen nach den in Tabelle 12.9 dargestellten Kriterien.
Die Hauptnährstoffe von Wildreis liegen allgemein im üblichen Rahmen der Getreidearten. Das Protein von Wildreis tendiert in Richtung Weizen. Der N-freie Extrakt liegt zwischen Braunreis und Weizen. Fett und Etherextrakt sind beim Braunreis niedrig. Die kleinen Erntemengen beim Wildreis und die aufwendige Erzeugung machen das Produkt teuer. Sicherlich könnte Wildreis auch als Rohfrucht für die Bierbereitung verwendet werden oder mit ähnlichen Problemen wie beim normalen Reis Malze hergestellt werden. Zu diesem Zweck sind aber die verfügbaren Mengen viel zu klein und zu teuer. Aufbereiteter Wildreis dient deshalb in erster Linie als exklusives Nahrungsmittel zur Veredlung von Geschmack und Aussehen feiner Speisen.

Literatur zu Kapitel 12

[12.1] Foto: © Bianka Hagge - Fotolia.com, 2013

[12.2] Balzoa, A: Better Framing, Series 20 Upland rice. FAO United Nations 1, Roma, 1970

[12.3] www.lebensmittellexikon.de

[12.4] ten Have, H. zitiert in: Hoffmann,W., Mudra, A., Plarre, W.: Lehrbuch der Züchtung landwirtschaftlicher Kulturpflanzen. Spezieller Teil, Kap. 1.5, Reis, Band 2, 2. Aufl., Paul Parey, Berlin, 110–123, 1985

[12.5] FAO Yearbook: Production Vol. 57. Statistic Series No 177, Food and Agriculture Organization of the United Nations, Rome, 2004, 76-–77, 2003-–2010, faostat.fao.org

[12.6] Kunde, K. Bühler, H., Bühler Miag diagramm 79, Teil 1, S. 2–4, Teil 2, S. 16, Gebrüder Bühler AG, Uzwil, 1984

[12.7] Foto: © Steffen Sinzinger - Fotolia.com, 2013

[12.8] Seibel, W.: Warenkunde Getreide. Agri media, Bergen, 53–55, 366, 367, 2005

[12.9] Briggs, D.E.: Malted Rice. Department of Biochemistry University Birmingham, U.K. Blackie Academic & Professional, London, 740–741, 1998

[12.10] Zimmermann in Briggs [12.9], 740–741, 1938

[12.11] Okafor und Iwouno in Briggs [12.9], 740–741, 1998

[12.12] Ceppi, E. L. M., Brenna, O.V.: Experimental Studies to obtain Rice Malt. Journal of Agricultural and Food Chemistry 58. Department of Food Science and Microbiology, University degli Studi Milano, 7701–7707, 2010

[12.13] Ceppi, E.L.M., Brenna, O.V.: Brewing with Rice Malt – A Gluten-free Alternative. Journal Institute of Brewing, 116 (3), 275–279, 2010

[12.14] Krüger, E., Anger, H.-M.: Kennzahlen zur Betriebskontrolle und Qualitätsbeschreibung in der Brauwirtschaft. Behrs, 20–23, 1990

[12.15] www.wikipedia.org, 7. 1.2011

[12.16] Roemer, Th., Scheffer, F.: Lehrbuch des Ackerbaus. 5. Aufl., 149, 159, Paul Parey, Berlin und Hamburg

[12.17] Luh, P. S.: Rice Production and Utilization. A V I Publishing Company INC Westport Connecticut, USA, 147–288, 1980

[12.18] Moorman, F.,R., Dudal, R., zit. in: Rice Culture, Chap 4, 157, 1965

[12.19] De Datta, Feuer, zit. in: Rice Culture, Chap 4, 157, 1975

[12.20] Ponnamperuma, F. N., zit. in: Rice Culture, Chap. 4, 157, 1975

[12.21] Patrik,W. M., Mikkelsen, D.S., zit. in: Rice Culture, Chap. 4, 158–159, 1971

[12.22] Fairhurst, Th., Witt, Chr., Buresh, R., Dobermann, A.: Rice a Practical Guide of Nutrient Management. Revised Edition A 2, 30–38, IRRI International Rice Research Institute, Manila, Philippines, 2007

[12.23] Schildbach, R., Bildserie Traditioneller Reisanbau

[12.24] Ou, S. H., zit. in: Bor, S., Luh, PhD: Rice production and utilization. Food Technologist Department of Food Science and Technology, University of California, Davis, Chapter 5, 235, 2007

[12.25] Bowling, C. C. zit. in: [12.23], Insect Pests of Rice Plant, Chap 6, 260–288, 1980

[12.26] Steffe,J. F., Singh, R. P., Miller, G. E. zit. in [12.23]: Harvest, Dryingand Storage of Rough Rice. Chap 8, 311–359, 1980

[12.27] Schildbach, R., Bildserie Reisernte aus der Nassreiskultur

[12.28] Oelke, E. A., Boedicker, J.J., zit. in: Handbook of Cereal Science and Technology, Second Edition, edited by Kulp, K., et al., Marcel Dekker Inc., New York, Basel, 275–295

[12.29] Foto © 1px - Fotolia.com, 2013

[12.30] Foto © photocrew - Fotolia.com, 2013

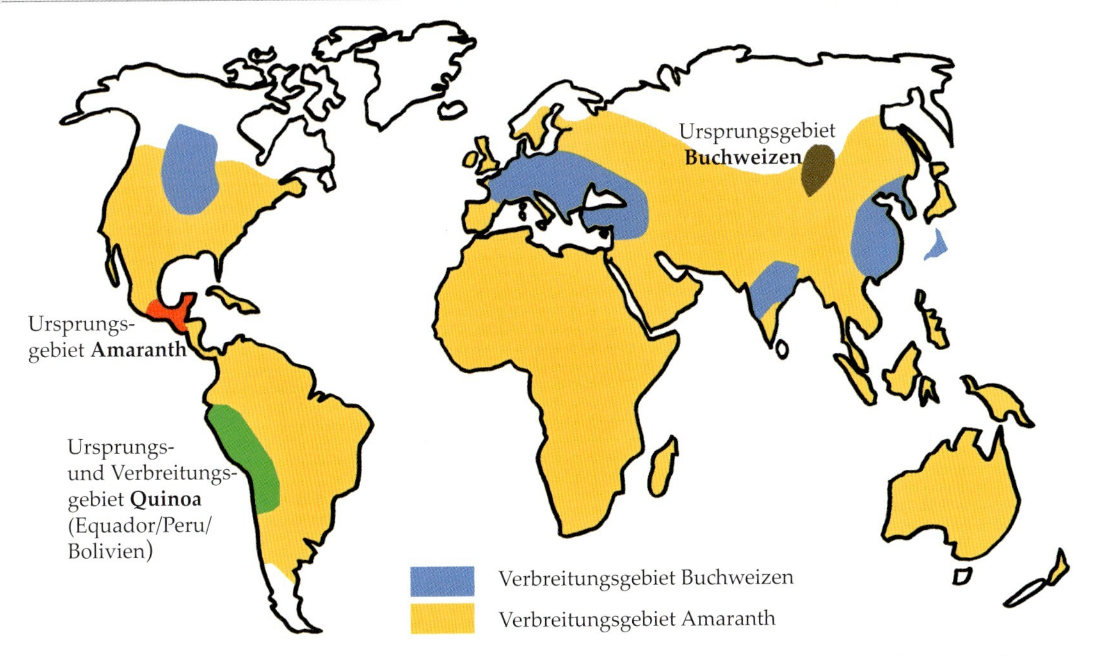

Abb. 13.1: Ursprungs- und Verbreitungsgebiete der bedeutendsten Pseudo-Getreidearten [13.1–13.3]

13. Pseudo-Getreidearten

Allgemeine Informationen zu den Pseudo-Getreidearten enthalten die Kap. 2.1.6, 2.2.6 und 2.2.7. Spezielle Fragen zur Verwendung als Rohstoffe für die Nahrungsmittel- und Getränkeindustrie sowie zum Anbau werden in diesem Kapitel beantwortet. Zu den Pseudo-Getreidearten zählen die dikotylen (zweikeimblättrigen) Pflanzen Buchweizen, Quinoa und Amaranth. Sie unterscheiden sich deutlich in einigen wesentlichen Eigenschaften von den monokotylen (einkeimblättrigen) Getreidearten, wie der Vergleich zum Gemeinen Weizen (Brotweizen) zeigt (Tab. 13.1). Neben der Verwendung zur Herstellung glutenfreier Nahrungsmittel lassen sich die Pseudo-Getreidearten auch zur Produktion glutenfreier Malze und Biere einsetzen.

13.1 Buchweizen *(Fagopyrum esculentum)*

Diese aus Zentral- und Ostasien stammende Kulturpflanze war nach Geisler [13.4] bereits im 13. Jahrhundert in Mitteleuropa bekannt.

Tab. 13.1: Eigenschaften von Pseudo-Getreidearten im Vergleich zum Brotweizen [13.3]

	Brotweizen* *Triticum aestivum*	**Buchweizen** *Fagopyrum esculentum*	**Quinoa** *Chenopodium Quinoa*	**Amaranth** *Amaranthus caudatus*
Tausendkorngewicht g	40	20	3	1
Rohprotein %	11,7	13 – 15	15,2	14,6
Fett %	2,0	1,7	5,0	8,8
Kohlenhydrate %	59	71	60	57
Energie Kcal	309	336	350	365
Produktion weltweit Mio. t	570	5	ca. 0,5	–
Erträge weltweit t/ha	3	1 – 1,5	2 – 4	0,7

**Ergänzung vom Verfasser*

Abb. 13.2: Buchweizenpflanze, vegetative Merkmale [13.1]

Buchweizen fand Verbreitung in Europa, Nordamerika, Indien und Asien. Diese Pflanze (Abb. 13.2) ist heute jedoch nur noch gelegentlich auf ärmeren Sandböden mit geringer Ertragsfähigkeit (1 bis 1,5 t/ha) zu finden.

13.1.1 Buchweizen als Nahrungsmittel

Da auch heute auf den schwächeren Böden durch intensivere Bewirtschaftung mit leistungsfähigeren Getreidearten höhere Erträge erzielt werden, ist der Anbau von Buchweizen stark zurückgegangen. Nach Seibel [13.5] ist aber Buchweizen ernährungsphysiologisch außerordentlich wertvoll, weil die 13 % bis 15 % Gesamtprotein einen hohen Anteil an essenziellen Aminosäuren besitzen (Lysin, Methionin, Tryptophan und Cystein). Die biologische Wertigkeit des Buchweizenproteins ist höher als die der Sojabohne. Der hohe Stärkegehalt von ca. 70 % besteht zu 25 % aus Amylose und 75 % aus Amylopektin. Von großem gesundheitsförderndem Wert sind die Polyphenole. Der hohe Anteil an Rutin, welches zur Behandlung von Venenschwäche zum Einsatz kommt, ist dabei besonders zu erwähnen. Ein weiterer Vorteil von Buchweizen liegt in der Verhinderung von Fettsäuren-Oxidationen. Auch in der Krebs-Prävention werden Produkte aus Buchweizen eingesetzt.

Die geernteten Körner werden zu Grütze, Grieß und Mehl verarbeitet. Die daraus hergestellten Lebensmittel sind in Deutschland neben der Grütze auch Fladen, Pfannkuchen oder auf dem Balkan auch Brot aus 30 % Buchweizenmehl und 70 % Weizenmehl. Buchweizen enthält kein Kleber-Protein und eignet sich deshalb nach Prjanischnikow [13.6] nur für die Herstellung von Fladenbroten. Voluminöse Brote, wie sie in Mitteleuropa üblich sind, können deshalb nur mit hohen Anteilen von Weizenmehlen zum Buchweizenmehl hergestellt werden. Andererseits können aber auch Saponine und Farbstoffe zu Darmschädigungen führen, wenn sie nicht ausgewaschen werden.

Nach Blaise et al. [13.7] werden Buchweizenprodukte auch als gesundheitsschützende Nahrungsmittel eingesetzt. Mit der rapiden Zunahme der Zöliakie-Krankheit als Folge der Unverträglichkeit von Gluten rücken Buchweizenprodukte als glutenfreie Nahrungsmittel verstärkt in den Mittelpunkt des Interesses.

13.1.2 Buchweizen als Rohstoff für die Malz- und Brauindustrie

Nach Wijngaard et al. [13.8] sind beim Buchweizen die Stärkekörner von Proteinschichten umschlossen. Bei der Gerste ist das Protein in der Aleuronschicht konzentriert und nur zum Teil im Endosperm verteilt. Diese Strukturunterschiede stehen sicherlich auch in Beziehung zu den Lösungseigenschaften während des Mälzens. Die Körner von dikotylen Pflanzen unterscheiden sich in ihrem morphologischen Aufbau ohnehin wesentlich von denen monokotyler Getreidearten.

Elektronenmikroskopische Untersuchungen von Wijngaard et al. [13.8] zeigen (Abb. 13.3) im Querschnitt durch ein Buchweizenkorn, dass der Keimling (G) im Kornzentrum an-

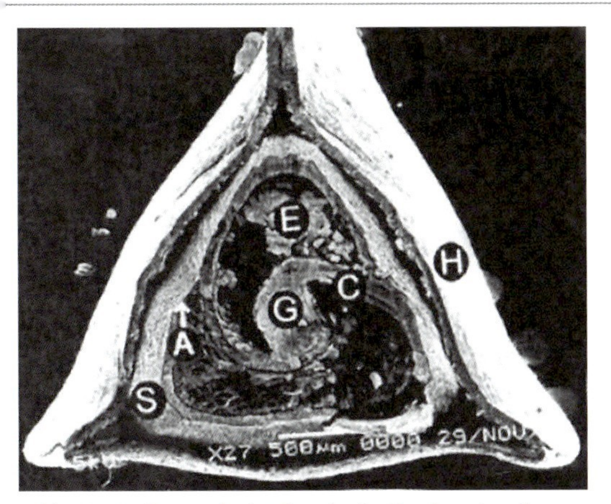

Abb. 13.3: Querschnitt durch ein Buchweizenkorn nach Wijngaard et al. [13.8]
H = Spelzen, S = Samenschale, A = Aleuron, G = embryo, E = Endosprem, C = Keimblätter

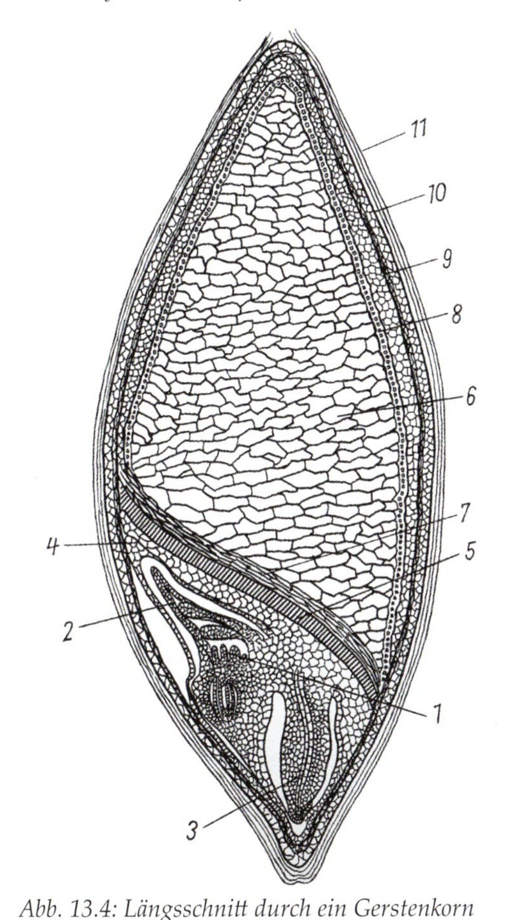

Abb. 13.4: Längsschnitt durch ein Gerstenkorn nach Kunze [13.10]
1 Stammanlage 2 Blattkeimanlage 3 Wurzelkeimanlage 4 Schildchen 5 Epithelschicht 6 Mehlkörper 7 entleerte Zellen 8 Aleuronschicht 9 Samenschale 10 Fruchtschale 11 Spelzen

Abb. 13.5: Buchweizen (Fagopyrum esculentum) geschält, vergrößert

Abb. 13.6: Brotweizen (Triticum aestivum)

geordnet ist. Die beiden Keimblätter (C) sind schon deutlich zu sehen (dikotyle Pflanze). Sie dienen als Nährgewebe und ersetzen ein separates Endosperm. Demgegenüber ist bei der Gerste (Abb. 13.4) (monokotyle Pflanze) die Keimanlage an der Kornbasis unterhalb des großen Endosperms angelegt. Diese morphologischen Unterschiede bleiben sicherlich nicht ohne technologische Konsequenzen bezüglich des Keimungs-, Mälzungs- und Brauverhaltens im Verarbeitungsprozess.

13.1.2.1 Mälzungsverfahren und Malzqualität

Auch in den physikalisch-chemischen Korn- und Malzeigenschaften bestehen nach Wijngaard et al. [13.8] gravierende Unterschiede

Korneigenschaften	Buchweizen	Gerste
Korngröße mm	4–6	8–11
Kornform	dreieckig	symmetrisch
Gesamt N %	2,26	1,63
Malzeigenschaften	**Buchweizen**	**Gerste**
α-Amylase U/g	55	73
β-Amylase	38	712
Gesamt N %	1,75	1,42
Kolbachzahl	32	42
Extrakt %	65	80
FAN mg/l	110	145
Viskosität mPas	2,59	1,59
Vergärbarer Extrakt	40	67

Tab. 13.2: Korn- und Malzeigenschaften von Buchweizen und Gerste nach Wijngaard et al. [13.8]

	Buchweizen Keimzeit 4 Tage	Buchweizen Keimzeit 6 Tage	Gerstenmalz
Würzeablauf nach 90 min ml	200	265	310
Extrakt %	67,1	66,6	80,5
Vergärbarer Extrakt %	40,6	41,0	67,2
Würze-Viskosität m Pas	2,47	2,36	1,59
Summe der Zucker g/l	89	70	109
FAN mg/l	111	114	140
Gesamter gelöster N %	0,53	0,57	0,59
Kolbachzahl	26	28	41

Tab. 13.3: Malz aus Buchweizen und Gerste in Abhängigkeit von der Keimzeit nach Wijngaard et al. [13.8, 13.9] und Kunze [13.10]

zur Gerste. Erfahrungen mit Buchweizen haben gezeigt, dass eine reichliche Wasserversorgung beim Mälzen zu Verklumpungen führen kann. Buchweizenkörner sind im Vergleich zu Gersten- oder Weizenkörnern viel kleiner, dreikantig und reicher an Protein (Abb. 13.5, 13.6). Die Malze aus Buchweizen sind sehr arm an Amylasen und auch viel schwächer in der Proteolyse und Zytolyse (Tab. 13.2). Die Extrakte des Buchweizenmalzes fallen ebenfalls gegenüber denen aus dem Gerstenmalz stark ab.
Kleinmälzungsversuche (Tab. 13.2) wurden von Wijngaard et al. [13.8, 13.9] unter den folgenden Bedingungen durchgeführt:

- ❑ Weiche bei 10 °C über 12 h
- ❑ Keimung bis zu 6 Tagen
- ❑ Abdarren bei 45 °C über 5 h u. 50 °C in 17 h

Die Autoren fanden heraus, dass bei 15 °C Keimtemperatur und einer Keimzeit von 4 bis 5 Tagen das Malz ausreichend gelöst war, ohne größere Nährstoffverluste hinnehmen zu müssen. Bei 6 Tagen Keimung und 16 °C lag der Mälzungsschwand bei Gerste bei ca. 7 %, während der des Buchweizens 10,3 % erreichte. Eine Verlängerung der Keimzeit von 4 auf 6 Tage verbessert zwar den Würzeablauf, bringt aber bei weitgehend konstantem Extrakt nur geringe Verbesserungen in der Lösung. Gerstenmalz ist in allen Qualitätsparametern dem aus Buchweizen deutlich überlegen. Variierte Trocknungstemperaturen von 40 °C (48 h) bis 40 °C (5 h) + 50 °C (3 h) + 60 °C (3 h) brachten nur kleinere Veränderungen in der Qualität des Buchweizenmalzes. Das Qualitätsniveau des Buchweizenmalzes reichte nach Wijngaard [13.9] alles in allem weder an die Qualität von Sorghummalz noch an diejenige von Gerstenmalz heran (Tab. 13.3).

13.1.2.2 Verhalten im Brauprozess und Bierqualität

Infolge der Verwendung einer Buchweizenpartie mit ungünstiger Malzqualität wurde nach Blaise et al. [13.11] das nachstehend angeführte, speziell für Buchweizen-Malz entwickelte

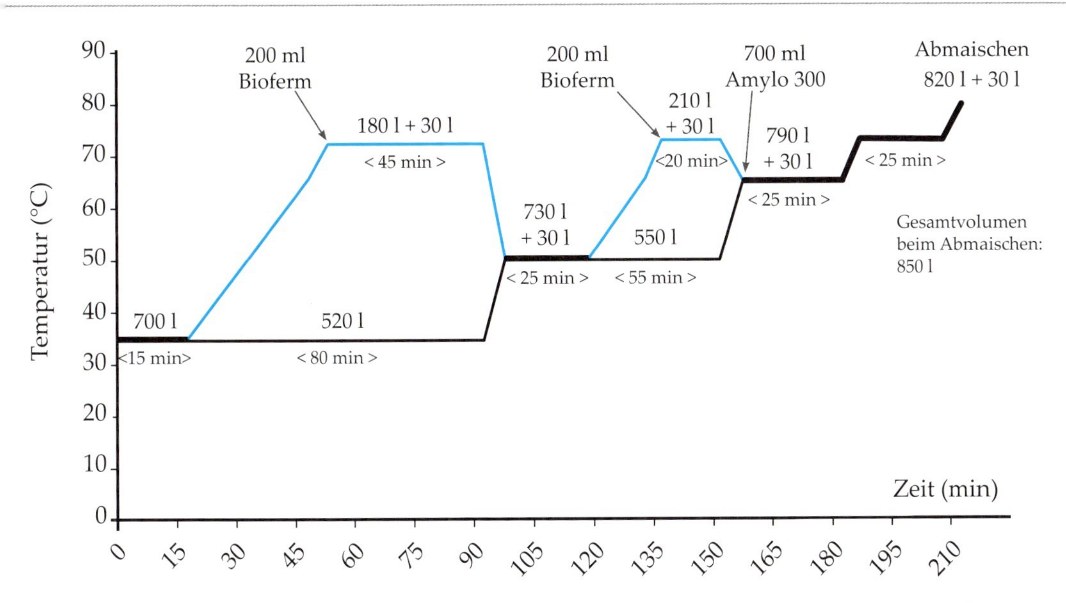

Abb. 13.7: Maischprogramm für Buchweizenmalz verminderter Qualität nach Blaise et al. [13.11]

Maischprogramm angewendet (Abb. 13.7).
Es kamen die Enzympräparate Amylo 300/ Amyloglykosidase aus *Aspergillus niger* und Bioferm L α-Amylase aus *Aspergillus oryzae* für die Herstellung eines obergärigen Bieres aus 100 % Buchweizenmalz zum Einsatz. Zu erwarten ist, dass bei dem aufwändigen Maischverfahren das Aromaprofil und die Haltbarkeit des Bieres auch negativ beeinflusst werden können. Während im Labormaßstab bei den 100 % Buchweizenmalzen Würze-Filtrationsprobleme auftraten, waren diese im Pilot-Brauversuch nicht festzustellen. Ein Anschwänzen war in Ermangelung eines Filterbettes nicht möglich. Die Anzahl der Hefezellen war hoch. Alle übrigen Gärungsparameter verliefen normal. Für eine großtechnische, kommerzielle Produktion von 100 % Buchweizenbier sind sicherlich noch weitere Schritte der Prozessoptimierung erforderlich. Dazu gehören insbesondere eine gezielte Sortenwahl, eine Weiterentwicklung des individuellen, für Buchweizen optimierten Mälzungs- und Maischverfahrens und der Ersatz des Läuterbottichs durch Maischefilter. Aus 100 % Buchweizenmalz lassen sich dann sicherlich auch qualitativ ansprechende Biere herstellen, die sich in Farbe, Aroma und Geschmack von Gerstenmalzbieren unterscheiden und auch eine jüngere Generation von Konsumenten zum Genuss animieren können [13.11]. Glutenfreies Buchweizenbier wird sicherlich auch einen beachtlichen Beitrag zur Verbesserung der Lebensqualität der ständig ansteigenden Anzahl zöliakiekranker Menschen leisten können.

13.1.3 Produktionstechnik

13.1.3.1 Klima- und Bodenansprüche

Als sehr wärmebedürftige Körnerfrucht der schlechteren Böden verlangt Buchweizen Spätsaat im Frühjahr erst dann, wenn der Boden eine Keimtemperatur von 8 °C bis 10 °C erreicht hat [13.4, 13.6, 13.12]. Bei der kurzen Vegetationszeit von nur 10 bis 12 Wochen und dem Anbau auf marginalen Böden ist es, wie bereits erwähnt, nicht verwunderlich, dass die Erträge sehr unsicher und niedrig (max. 1,5 t/ha) ausfallen. In Jahren mit feuchten Sommern kann die starke vegetative Entwicklung (viel Blattmasse) die Kornausbildung negativ beeinflussen, sodass die Kornerträge sinken. Andererseits sind trockene Vorsommerperioden gerade auf den Buchweizenböden (marginale Sande, Heidegebiete; trockengelegte Moorböden, flachgründige Verwitterungsböden) eher positiv für die Kornausbildung zu bewerten. Die Nachtfrost-Empfindlichkeit im Frühjahr verlangt besonders im Mittelgebirge eine späte Aussaat.

13.1.3.2 Agrotechnische Anforderungen

Buchweizen kann infolge seiner Selbstverträglichkeit und seiner kurzen Vegetationszeit auch jedes Jahr wieder auf demselben Feld angebaut werden. Darüber hinaus liegen die weiteren Anforderungen an die Fruchtfolge im Bereich der übrigen Sommergetreidearten. Das trifft auch für die Bodenbearbeitung und Pflege zu. Die starke Entwicklung der vegetativen Phase unterdrückt den Unkrautwuchs. Die Wurzeln des Buchweizens verfügen über ein sehr gutes Nährstoff-Aneignungsvermögen. Sie können auch fester an die Bodenteilchen angelagerte Nährstoffe erschließen. Das gilt auch besonders für die Phosphorsäure. Es ist deshalb in der Regel nur eine geringe Phosphat-Düngung erforderlich. Als Pflanze einer extensiven Wirtschaftsweise ist der Nährstoffbedarf gering. Eine organische Düngung ist nicht notwendig. Die Mineraldüngung kann sich auf ca. 30 bis 40 kg/ha N und ca. 50 bis 60 kg/ha K_2O (chlorfrei) beschränken. In den gemäßigten Breiten von Zentraleuropa sollte die Aussaat erst nach dem Sommergetreide im Bereich der Termine für den Mais erfolgen. Die Saatmengen für die Körnergewinnung liegen bei 60 bis 80 kg/ha. Eine flache Aussaat von 2 bis 4 cm erfolgt bei Reihenentfernungen von 10 bis 15 cm [13.4].

Die Beschreibende Sortenliste Getreide in Deutschland enthielt 2012 keine Buchweizensorten. Bei der kurzen Vegetationszeit und der starken Wüchsigkeit sind chemische Pflanzenschutzmaßnahmen seltener erforderlich. Blüh- und Reifevorgänge verlaufen sehr ungleichmäßig. Um Körnerverluste zu vermeiden, sollte Buchweizen dann geerntet werden, wenn die meisten Körner erste Reifeverfärbungen erkennen lassen. Da die Blattmasse langsamer trocknet, empfiehlt sich das Abmähen und Aufstellen in Hocken zur Nachreife und zum Abtrocknen auf dem Felde.

13.2 Quinoa *(Chenopodium quinoa)*

Quinoa ist ein Gänsefußgewächs. Gemeinsam mit dem Amaranth ist sie seit mehr als 6000 Jahren ein Hauptnahrungsmittel der Anden-Völker [13.2, 13.3]. Beides sind krautartige Gewächse, die eine Höhe von 0,7 bis 3 m erreichen können (Abb. 13.8). Quinoa ist in den Hochanden (Peru, Bolivien, Chile) dort zu Hause, wo oberhalb der normalen Grenze des Getreideanbaues über 3500 m NN kein anderes Getreide (Mais, Gerste) mehr wächst [13.2]. Quinoa wird heute noch vorwiegend auf alten Inka-Terassen an den Steilhängen in Höhenlagen bis zu 4300 m NN angebaut. Als einzige Getreideart dieser extremen Regionen bilden die sehr kleinen Körner (Abb. 13.9) gemeinsam mit Amaranth die Grundlage für die menschliche Ernährung. Aufgrund ihrer Anspruchslosigkeit und infolge des hohen Nährwertes wird Quinoa heute auch in USA, Kanada, Großbritannien und Finnland in kleinen Mengen angebaut.

Abb. 13.8: Quinoa-Pflanze [13.19]

Abb. 13.9: Quinoa

Abb. 13.10: Inka-Terrassen für den Anbau von Quinoa und Amaranth

13.2.1 Quinoa als Nahrungsmittel

Auch wenn die weltweite Produktion von Quinoa nur im Bereich um ca. 60.000 t [13.2] angegeben wird und die Erträge nur bis zu 1 t/ha erreichen, so ist diese Pflanze für die Existenz der Hochanden-Völker ein lebensnotwendiges Grundnahrungsmittel. Im Vergleich zum Brotweizen enthält Quinoa – ähnlich wie Amaranth – deutlich mehr Protein bis ca. 15 % und auch mehr Fett (Tab. 13.1). Besonders herauszustellen sind nach Oshidi et al. [13.13] auch die hohen Gehalte an Magnesium, Eisen und Zink (Tab. 13.4). Bei dem erhöhten Fettgehalt ist noch erwähnenswert, dass über 50 % der Fettsäuren in ungesättigter Form vorliegen. Analog zu Amaranth ist auch Quinoa ein glutenfreies Pseudogetreide. Ein hoher Mineralstoff- und auch Lysingehalt bestätigen die besondere ernährungsphysiologische Bedeutung von Quinoa. Es ist aber auch darauf hinzuweisen, dass die Quinoa-Früchte bittere Saponine enthalten, die von den Indios durch Wässern in Alkali-Lösungen ausgewaschen werden [13.5]. Auch durch Kochen kann der Saponingehalt reduziert werden. Das Korninnere wird zur Herstellung von Suppen und Breinahrung verwendet. Aus Quinoa können Vollkorn- und helle Mehle hergestellt werden, die zu den verschiedensten Backwaren in unterschiedlichen Anteilen verarbeitet werden. Nach Oshidi et al. [13.13] bestehen auch große Unterschiede im Mineralstoffgehalt zwischen Pearl-Millet und Quinoa (Tab. 13.4). Gegenüber Pearl-Millet zeigt Quinoa eine erheblich reichhaltigere Ausstattung in der Zusammensetzung der Mineralstoffe.

Tab. 13.4: Mineralstoffzusammensetzung von Pearl Millet und Quinoa mg/kg nach Oshidi et al. [13.13]

	Pearl Millet	Quinoa
Natrium	182	930
Kalium	5150	7140
Kalzium	490	860
Magnesium	1050	2320
Eisen	50	26
Phosphor	99	220
Kupfer	33	76
Zink	45	38

13.2.2 Quinoa für die Malz- und Bierbereitung

Neben dem Mais wird auch aus Quinoa das Nationalgetränk der Indios – das Chicha-Bier – gebraut. Die einfache Herstellung der Chicha in den Hausgemeinschaften der Kleinbauern in den Anden wurde im Kapitel 10 (Mais) beschrieben. Es handelt sich um spontan vergorene Maische, die naturtrüb, unfiltriert und sehr nahrhaft ist. Die Haltbarkeit beträgt nur wenige Tage. Die Weiterentwicklung und auch die wissenschaftliche Begleitung und Kommerzialisierung des Mälzungs- und Brauverfahrens von Quinoa sind durchaus von Interesse. Da neben Mais und Reis auch Quinoa und Amaranth glutenfrei sind, bieten diese Arten auch im Gemisch interessante innovative Alternativen für die Erweiterung der Getränkepalette

Tab. 13.5: Quinoa-Malzanalysen aus der Kleinmälzung und der Anwendung des Kongress-Maischverfahrens nach Zarnkow et al. [13.14]

Extrakt %	54,7
α-Amylase U/g	5150
β-Amylase U/g	490
Grenzdextrinase U/g	1050
DMSP mg/kg	50
FAN mg/l	45

für Zöliakie-Kranke. Es sind darüber hinaus auch noch kreative Ansätze und Herausforderungen für die Getränketechnologen. Zarnkow et al. [13.14] optimierten das Mälzungsverfahren im Kleinmälzungsmaßstab und kamen zu folgenden Resultaten:

- Das optimale Mälzungsprogramm (300 g Kleinmälzung) betrug: 5 Keimtage, 46 % Weichgrad, 15 °C Weich-Keimtemperatur
- Darrarbeit: 50 °C für 16 h, Rast 60 °C für 1 h, 74 °C für 5 h.

Nach dem Kongress-Maischverfahren ergab sich die Malzanalyse, wie in Tabelle 13.5 angeführt. Selbst nach einer ausgiebigen Modifizierung des Kongress-Maischverfahrens war die Verzuckerung ungenügend. Offenbar lag die Verkleisterungstemperatur über der optimalen Wirkungstemperatur der ohnehin schwachen Enzymausstattung. Das ist sicherlich auch der Grund für die mangelhafte Extraktausbeute. Auf diesem Sektor bleibt weiterer Forschungsbedarf besonders hinsichtlich der Optimierung der Mälzungs- und Maischarbeit. Alles in allem kommen Zarnkow et al. [13.14] zu dem Schluss, dass Quinoa sich für die Malzherstellung eignet. Es liegen nur wenige Informationen über das Verhalten von Quinoa-Malz im Brauprozess vor. Nach Zarnkow et al. [13.15] enthält Quinoa-Bier genauso viel Alkohol wie Bier aus Gerstenmalz. Quinoa hat damit auch ein Potenzial als Rohstoff für die Bierherstellung.

Abb. 13.11: Amaranth-Pflanze [13.18]

13.3 Amaranth *(Amaranthus caudatus)*

Die Gattung Amaranth gehört zur Familie der Fuchsschwanzgewächse in der Ordnung der Nelkenartigen Pflanzen. Die krautartige Pflanze (Abb. 13.11) kann 0,5 bis 3 m hoch werden [13.5]. 60 bis 70 bekannte Arten kommen auf allen Kontinenten (außer der Antarktis) mit Schwerpunkten in den wärmeren Zonen vor. Das Ursprungsgebiet von Armaranth liegt in Mittelamerika. Allein in Nordamerika sind 38 Arten bekannt. In den Andenregionen gehört Amaranth mit zu den ältesten Hauptnahrungsmitteln. In 9000 Jahre alten Grabstätten wurden in Mexiko Amaranthsamen nachgewiesen. In der Alten Welt wurden drei, in der Neuen Welt

Abb. 13.12: Amaranth-Körner

fünf Amarantharten als Nutzpflanzen vorwiegend auf schlechteren Böden angebaut. Als altbekannte Nahrungspflanze aus Zentralamerika hat sich Amaranth über Mexiko auch in Südamerika ausgebreitet. Eine längere Anbautradition hat diese Nutzpflanze nicht nur in den Anden, sondern auch in China, Indien, Russland und den USA.

	Amaranth	Quinoa
Ungesättigte Fettsäuren g/100 g	75	99
Lysin g/100 g Protein	6	6
Wertgebende Eigenschaften		
Gliadinfreies Endosperm	++	++
Squalene (5 – 8 % Rohfett)	++	–
Tocotrienol (0,1 % Rohfett)	++	–
Wertmindernde Eigenschaften		
Phytin	–	–
Tannin	++	–
Saponin	–	++
Trypsininhibitoren	++	–

Tab. 13.6: Wertgebende und wertmindernde Eigenschaften von Amaranth und Quinoa nach Seibel [13.5]

13.3.1 Amaranth als Nahrungsmittel

Es liegen zur Zeit (2012) keine weiteren verbindlichen Welt-Produktionsdaten vor. Die weltweiten Erträge streuen in großen Bereichen und dürften bei etwa 2–4 t/ha liegen. Wenn auch die weltweiten Amaranth-Produktionsmengen von ca. 0,5 Mio. t im Vergleich zum Weizen (Tab. 13.1) sehr klein sind, so mindert das nicht die große Bedeutung von Amaranth als Nahrungsmittel dort, wo aus klimatischen Gründen kein anderes Brotgetreide mehr angebaut werden kann. Die große lokale Bedeutung von Amaranth als Grundnahrungsmittel in Grenzlagen der Zivilisation wird auch durch den vergleichsweise hohen ernährungsphysiologischen Wert besonders betont. Die Körner sind zwar außerordentlich klein (Abb. 13.12), haben aber hohe Protein- und Fettgehalte (Tab. 13.1). Trotz der etwas abfallenden Kohlehydrate ist Amaranth energetisch sehr hochwertig. Ein großer Anteil an Proteinen besteht aus essenziellen Aminosäuren (u.a. Lysin) und auch der Anteil an ungesättigten Fettsäuren ist hoch. Auch das Amaranth-Protein ist glutenfrei. Deshalb sind Amaranth-Produkte ein dringend notwendiger Ersatz für Brot aus Weizen, Roggen und Gerste in der Zöliaki-Diät. Nach Seibel [13.5] ist Amaranth auch aufgrund seiner Zusammensetzung der Inhaltsstoffe von großem ernährungsphysiologischen Wert. Nicht ohne Grund ist diese Pflanze seit Jahrtausenden Grundnahrungsmittel in Südamerika. Inkas und Azteken glauben im Amaranth die Quelle großer Kraft gefunden zu haben. Vor dem Verzehr von Amaranth bedarf es jedoch einer Aufbereitung durch Kochen in einer Kalzium-Hydrxidlösung, um die Aufnahme und Verdauung von Vitaminen, Proteinen und Spurenelementen zu verbessern.

Seibel [13.5] unterscheidet wertgebende und wertmindernde Eigenschaften (Tab. 13.6). Bei der Mehlherstellung fallen aufgrund der Kleinkörnigkeit der Samen auch Feinstkornstärken an, für die die Industrie Interesse zeigt. Ohne Qualitätsverluste können bis zu 20 % Amaranthmehl den Weizenmehlen zur Herstellung von Backwaren zugesetzt werden. Auch Roggenmehle erlauben eine Mitverwendung von Amaranthprodukten.

13.2.3.2 Amaranth für die Malz- und Bierbereitung

Aus der Sicht der Inhaltsstoffe dürfte beim Amaranth zu erwarten sein, dass ein ähnliches Verhalten im Mälzungs- und Brauprozess wie bei den kleinen Millet-Hirsen vorliegt. Lediglich die hohen Fettgehalte könnten Nachteile bringen. Die sehr kleinen Körner mit TKGs von 1 g brauchen in den Keimkästen kleinere Schlitzlochbreiten. Um Klumpenbildungen während der Keimung zu vermeiden, müssen das Aufspritzen im Keimkasten und das Wenden mit großer Sorgfalt vorgenommen werden. Ein getrenntes Entfernen der Keimlinge durch

das klassische Putzen ist bei den sehr kleinen Amaranthkörnern nur begrenzt möglich. Es bleibt schließlich die ungeputzte Verwendung des trockenen Malzes in der Brauerei.
Zarnkow et al. [13.15] haben umfangreiche Mälzungs- und Brauversuche mit Pseudo-Getreide durchgeführt und darüber auf dem Kongress der European Brewery Convention (EBC) 2005 berichtet.
Nach Paredes-Lopez et al. und Mora Escobedo [13.16] wird Amaranth nach 10 min Einweichen 72 h gekeimt. Zarkow et al. [13.15] berichten von 36 h Weichzeit und 54 % Weichgrad bei einer Keimtemperatur von 8 °C über eine Zeitraum von 168 h. Weitere Forschungen sind auch auf diesem Sektor erforderlich.
Klein-Brauversuche gaben Hinweise auf niedrige Alkoholgehalte in Bieren aus Amaranth-Malz. Wenn sich diese Tendenz auch im Praxisversuch bestätigen würde, könnte Amaranth-Malz auch für die Herstellung Alkoholreduzierter Biere von Interesse sein. Nach Fenzl [13.17] kann bis zu 20 % des Gerstenmalzes problemlos durch Malz aus Amaranth ersetzt werden.

Literatur zu Kapitel 13

[13.1] Wikipedia, „Echter Buchweizen", www.wikipedia.de, Januar 2013

[13.2] Wikipedia, „Quinoa", www.wikipedia.de, Februar 2012

[13.3] Wikipedia, „Amaranth", www.wikipedia.de, August 2011

[13.4] Geisler, G.: Pflanzenbau. Ein Lehrbuch; Biologische Grundlagen und Technik der Pflanzenproduktion. Verlag Paul Parey, Berlin u, Hamburg, 381–382, 1980

[13.5] Seibel, W.: Warenkunde Getreide. Agri Media Verlag, Bergen/Dumme, 56–57, 56–60, 2005

[13.6] Prjanischnikow, D. N.: Spezieller Pflanzenbau landwirtschaftlicher Kulturpflanzen. 7. Auflage; hrsg. von Tamm, E. Berlin, Verlag Julius Springer 331–336, 1930

[13.7] Blaise, P., Phiarais, N., Mauch, A., Schehl, B., Zarnkow, M., Gastl, M., Herrmann, M., Zannini, E., Arendt, E.: Processing of a Top Fermented Beer Brewed from 100 % Buckwheat Malt with Sensory and Analytical Charakterisation. J. Inst. Brew., 116, [13.3] 265–274, 2010

[13.8] Wijngaard, H. H.; Renzetti; S., Arendt,E.: Microstructure of Buckwheat and Barley During Malting Observed by Confocal Scanning Laser Microscopy and Scanning Electron Microscopy. J. Inst. Brew., 113 (1), 34–41, 2007

[13.9] Wijngaard, H. H.; Ulmer, H.M., Arendt, E. K.: The Effect of Germination Time on the Final Malt Quality of Buckwheat. In: J. Am. Soc. Brew. Chem., 64 [13.4]: 214–221, 2006

[13.10] Kunze, W.: Technologie Brauer und Mälzer. 8. Aufl., Abb. 1.3, 1998

[13.11] Blaise, P., Phiarais, N., Wijngaard, H., Ahrendt, E.: Kilning Conditions for Optimization of Enzyme Levels in Buckwheat. J. Am. Brew. Chem, 64 [13.4], 187–194, 2006

[13.12] Kiel, W., Schrenk, A.: Landwirtschaftlicher Pflanzenbau. Deutscher Bauernverlag Berlin, 175–176, 1952

[13.13] Oshidi, A.A., Ogungbende, H.N., Olandimegi, M.O., International Journal of Food Science and Nutrition, 50, 325–331, 1999

[13.14] Zarnkow, M., Geyer, T., Lindemann, B., Burberg, F., Back, W., Ahrendt, E., Kreisz, S, Gastl, M.: Optimierung der Mälzungsbedingungen von Quinoa. Brauwelt 14, 374–379, 2008

[13.15] Zarnkow; M., Kleber, M., Burberg, F., Kreisz, S., Back, W.: Gluten free beer from malted cereals and pseudocereals. Proc. 30th EBC-Convention, Prague, Czech Republic, 1041–8, 2005

[13.16] Paredes-Lopez, O., Mora-Escobedo, R.: Germination of Amaranth seeds: Effects on nutrient Composition and colour. J. Food Sci, 54., 761–762 (in: Malting and Brewing with Gluten – free cereals. Blaise, P; Phiarais; Ahrendt, E.K., 1989)

[13.17] Fenzl, G., Berghofer, E., Silberhammer, H., Schwarz, H.: Einsatzmöglichkeiten extrudierter stärkereicher Rohstoffe zur Bierherstellung. Tagungsband, Österr. Brauforum 1; 1–6, 1997

[13.18] Foto wikipedia.de, 2013

[13.19] Foto wikipedia.de, 2013

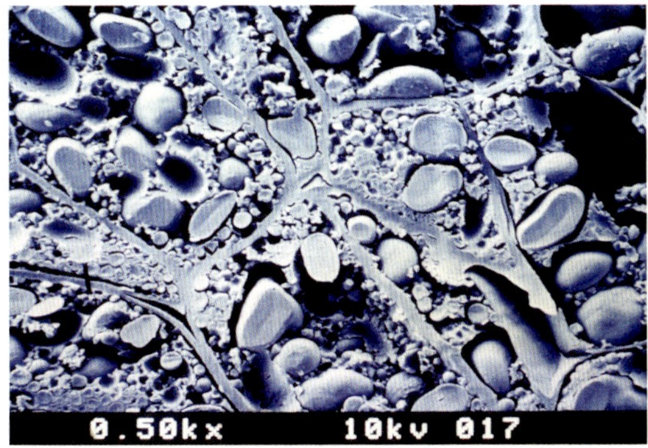

Abb. 14.1: Gersten-Rohfrucht, Endospermstruktur im Kornzentrum, Raster-Elektronenmikroskopische Vergrößerung, 500fach

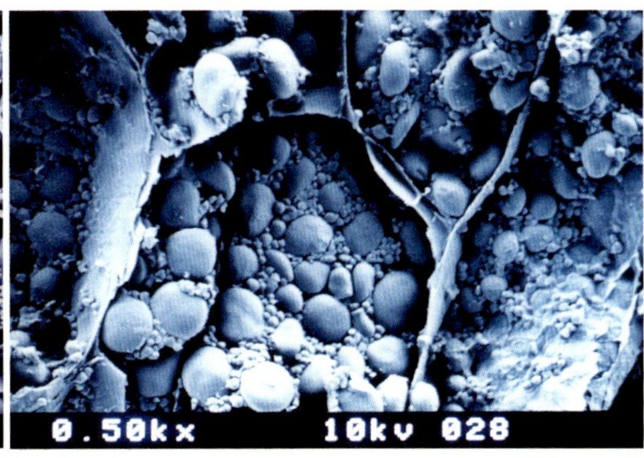

Abb. 14.2: Gersten-Malz, Endospermstruktur im Kornzentrum, Raster-Elektronenmikroskopische Vergrößerung, 500fach

14. Rohfrucht aus Getreide

Die Inhaltsstoffe der Getreidearten sind pauschal in Tabelle 3.2. des Kapitels 3 „Erträge und Inhaltsstoffe von Getreide" behandelt. Kapitel 13 enthält weitere spezifische Daten, die sich auf die Verwendung des Getreides als Rohfrucht für die Bierbereitung beziehen. Einschränkend muss angemerkt werden, dass all diese Daten in Abhängigkeit ihrer Herkunft sehr großen Schwankungen unterliegen. Dies schließt auch die von Briggs [14.1] zitierten Zahlen der verschiedenen Autoren mit ein (Tab. 14.1). Unter dem Begriff Rohfrucht im Sinne der Verwendung in der Brauerei werden in diesem Kapitel ausschließlich Getreide und Pseudo-Getreide roh oder in unvermälzter aufbereiteter Form verstanden.

Briggs [14.1] unterscheidet hinsichtlich der Verwendung von Rohfrucht rohes Getreide von gekochtem, ganzkörnigem Getreide. Bei der Aufbereitung entstehen dann u.a. Grits, Flakes und auch Mehle.

In der Getreide-Rohfrucht sind die kleinen und großen Stärkekörner in den Endospermzellen durch dicke Zellwände abgegrenzt und in dichte Matrix-Strukturen eingebettet (Abb. 14.1). Im Mälzungsprozess erfolgt der Abbau der Zell-

Tab. 14.1: Inhaltsstoffe einiger Getreidearten in % TrS nach Briggs [14.1]

	Zellulose	Stärke u. Zucker-Extrakt	Lipide, Öle, Fette	Andere nicht N-haltige Verbindungen	Roh-protein	Asche
Gerste	5,7	60 – 71	2,3 – 3,5	4,0	8,0 – 14,0	3,1
Weizen	2,9	76	2,0 – 3,0	2,8	14,5 (8 – 18)	2,2
Roggen	2,4	74	2,0 – 3,0	5,8	9,0 – 5,4	1,6 – 2,4
Hafer	12,4	61	6,1	2,4	13,4	3,5
Mais	4,2 – 9,5	70 – 74,3	3,9 – 5,8	7,6	9,5 – 11,6	1,2 – 1,4
Sorghum	0,4 – 7,3	65 – 81	1,4 – 6,2	(-)	8,1 – 6,8	1,2 – 7,1
Reis	0,7 – 2,3	57 – 81	0,5 – 1,9	(-)	7,2 – 9,0	0,4 – 1,0

(Mehrere Zahlen in einer Spalte = Angaben von mehreren Autoren)

wände und der Matrix-Strukturen. Die kleinen und großen Stärkekörner sind freigelegt und stehen zum weiteren Abbau zur Verfügung (Abb. 14.2). Der Einsatz von Rohfrucht verlangt genügend enzymatische Kraft (Zellulasen, Glukanasen, Amylasen, Proteasen), die durch Zugaben von enzymreichen Malzen oder Enzympräparaten mikrobiologischer Herkunft erreicht werden muss.

14.1 Rohes Getreide

Als Rohfrucht wird häufiger normale, unbehandelte Gerste verwendet. Roggen und Triticale aber kommen nach Briggs [14.1] seltener zum Einsatz. Triticale reichert die Würze besonders mit N-Verbindungen an und bringt nach Caralambus et al. [14.2] und Blanchflower et al. [14.3] durch erhöhte Pentosanmengen einen Anstieg in der Viskosität. Bei Verwendung von Roggen können beim Bier Geschmacksprobleme auftreten. Rohes Getreide enthält β-Amylasen, α-Glukosidasen, Phosphatasen und weniger Proteasen-Aktivitäten. Protein-Inhibitoren hemmen die Proteasen und die α-Amylasen. Die niedrigen Gelatinisierungstemperaturen der Stärke aus Gerste, Weizen, Roggen und Triticale, verbunden mit niedrigen Fettgehalten, machen nach geeigneter Zerkleinerung diese Getreidearten zu einer brauchbaren Rohfrucht als Zugabe in den Maischbottich ohne vorherige Kochung (Wieg and Varga [14.4], Koszyk and Lewis [14.5], Lloyd [14.6], Martin [14.7], Canales [14.8], Wieg [14.9]).

Nach Kessler et al. [14.10] unterscheiden sich die rohen Getreidearten deutlich in ihren Gelatinisierungstemperaturen. Im Maischprozess kann die Stärke unterhalb einer bestimmten Temperatur in einer angemessenen Zeit nicht hydrolysiert werden. Bei der Verarbeitung von Rohfrucht ist deshalb den individuellen Anforderungen der Getreidearten Rechnung zu tragen (Tab. 14.2).

Die Möglichkeit, Gerste als Rohfrucht zur Bierbereitung zu verwenden, wurde nach Letters [14.11] in England besonders in Kriegszeiten wahrgenommen. Wurden 26 % bis 35 % des Malzes durch gemahlene Gerste ersetzt, blieb nach Scully und Lloyd [14.12] nach Anwendung eines Infusionsverfahrens die Extraktausbeute infolge unvollständiger Gelatinisierung niedrig.

Tab. 14.2: Durchschnittliche Gelatinisierungstemperaturen in °C unterschiedlicher Getreide- und Pseudo-Getreidearten nach Kessler et al. [14.10])

	Herkunft	Gelatinisierungstemperatur °C	
		Durchschnitt	Streuung
Gerste	Deutschland	67	65 – 69
Weizen	Deutschland	64	63 – 66
Roggen	Deutschland		
Triticale	Deutschland	61	56 – 64
Roggen			
Hafer	Deutschland	90	89 – 91
Buchweizen	Deutschland	70	
Mais	Europa	76	73 – 79
Reis	Europa Süd	81	67 – 91
Sorghum	Deutschland	69	69 – 75 (Lit. Briggs [14.1])
Millet	Deutschland	75	73 – 77
Millet			54 – 80 (Lit. Briggs [14.1])
Quinoa	Peru	64	
Amaranth	Bolivien	64	

Auch war der Gersten-Rohfruchtanteil sicherlich zu hoch. Aus ganzkörnigem Sorghum hergestellte Biere tendierten zu dunkleren Farben und intensiverer Bittere. Mit ganzkörnigem Getreide lässt es sich zwar gut umgehen. Bei der Weiterverarbeitung zu Würze und Bier kann es aber nach Briggs [14.1] zu Schwierigkeiten kommen. Bei der Verwendung der Gerste als Rohfrucht spielen erwartungsgemäß die Keimeigenschaften keine Rolle. Die Ware soll aber sauber, vollkörnig und von guter vergleichbarer Braugerstenqualität sein. Für die Gerstenvermahlung werden vorwiegend zwar Hammermühlen, aber auch Walzenmühlen verwendet. Nach Wieg [14.9] sollte bei Nassvermahlung eine alkalische Weiche vorausgehen. Nach Brenner [14.13] Button und Palmer [14.14] Lisbjerg und Nielsen [14.15] können 10 % bis 20 % Gersten-Mahlgut durch die Enzyme von 80 % bis 90 % einer guten Malzschüttung unter Anwendung eines erweiterten Dekoktions-Maischverfahrens gelöst werden. Anderenfalls ist ein Maischzusatz aus einer Mischung von mikrobiellen α-Amylasen und β-Glukanasen erforderlich, um niedrige Extraktausbeuten, Läuter- und Filtrationsprobleme zu vermeiden. Würzen mit hohen Gersten-Rohfruchtanteilen, Enzymzugaben und intensiverer Maischarbeit sind nach Button und Palmer [14.14] und Wieg [14.9] denen aus dem reinen Gerstenmalz sehr ähnlich. In Afrika hat sich nach Mac Fadden, Bajomo und Young [14.16] Sorghum-Rohfrucht zur Herstellung heller Biere unter Enzymeinsatz bewährt.

14.2 Erhitztes Ganzkorngetreide

Erhitztes Ganzkorngetreide hat den Vorteil, dass es wie Malz gelagert und für den Brauprozess vorbereitet werden kann [14.1]. Ein Vorkochen vor dem Maischen ist nicht erforderlich. Der Extrakt ist höher als beim Rohgetreide. Erhitztes Ganzkorngetreide kann aber auch mit Enzymzusatz vorgemaischt werden [14.1]. Das Getreide mit Wassergehalten von ca. 14 % bis 18 % wird nach Britnell [14.17] und Coors [14.18] mit 65,6 °C vorgewärmt, bevor es mit Heißluft von 260 °C weiter behandelt wird. Nach der Abkühlung beträgt der Wassergehalt 4 % bis 6 %. Nach Reeve und Walker [14.19] sind dann die Enzyme und auch andere Proteine denaturiert. Die Zellwände sind aufgebrochen und die Stärkekörner sind gelatinisiert. Die Erhitzung reduziert auch teilweise das β-Glukan und weitere Hemizellulosen. Dabei sinkt die Viskosität. Auch durch Infrarot-Bestrahlung kann das Getreide bei einer inneren Temperatur von 140 °C behandelt werden [14.1].

14.3 Grits

Nach Briggs [14.1] sind Grits rohe Fragmente des stärkereichen Endosperms aus Getreide. Sie werden vorwiegend aus Mais, Sorghum und Reis hergestellt. Sie können aber auch anderen Getreidearten entstammen. Schalen und Keimlinge werden mechanisch entfernt (Trockenvermahlung), um Fette, Proteine, Mineralstoffe und Ballaststoffe zu reduzieren. Der Stärkegehalt ist deutlich höher als der des Rohgetreides. Munk et al. [14.20] fanden in Grits aus geschälter Gerste 86 % Extrakt, die normale Gerste dagegen erreichte nur 75 %. Die Gerstengrits hatten auch weniger Fett, Rohfaser und Polyphenole. Sie waren aber reicher an β-Glukan und brachten eine höhere Viskosität, die durch den Zusatz von β-Glukanasen zu reduzieren war.

Wie bereits in Kapitel 12 behandelt, ist Reis primär ein wichtiges Nahrungsmittel für den Direktverzehr. Während seiner Aufbereitung zu den verschiedensten Nahrungsmitteln fallen Reisgrits oder auch Bruchreis als Nebenprodukte an, die eine bedeutende Rohfrucht für die Bierherstellung darstellen. Nach Bradee [14.21] sind die Bruchstücke aus Langkornreissorten für die Verwendung in der Brauerei ungeeignet. Besser sind Mittel- und Kurzkornsorten. Die Gelatinisierungstemperaturen für Reis sind vergleichsweise hoch. Der Fettgehalt der aufgebrochenen Reiskörner verlangt eine sorgfältige Lagerung, um „Off Flavour" im Bier zu vermeiden. Eine separate Kochung – ggf. unter Druck – und auch die Zugabe einer thermostabilen α-Amylase sind sinnvoll. Mit Reisgrits sind helle, saubere und neutrale Biere herstellbar. Die größte Bedeutung als Getreide-Rohfrucht für die Bierbereitung haben sicherlich die Maisgrits (Tab. 14.3). Die Herstellung von Maisgrits ist im Kapitel 10 „Mais" unter 10.4.1. Trocken-

Tab. 14.3: Analysen verschiedener Rohfrüchte nach Briggs [14.1] (gekürzt)

	Wasser %	Extrakt %	Extrakt % TrM	Protein %	Fett/Öl %	Asche %	Gelatinisierungstemperatur °C
Maisgrits	9,1 – 12,5	78,0 – 83,2	87,7 – 92,8	8,5 – 9,5	0,1 – 1,1	0,3 – 0,5	61,6 – 73,9
Maisflakes	4,7 – 11,3	82,1 – 88,2	91,0 – 93,4	–	0,31 – 0,54	–	–
Maisstärke	6,5 – 12,3	90,6 – 98,3	101,2 – 105,6	0,4	0,04	–	61,5 – 73,9
Reisgrits	9,5 – 13,4	80,5 – 83,8	92,2 – 90,1	5,4 / 7,5	0,2 – 1,1	0,5 – 0,8	61,1 – 77,8
Sorghumgrits	10,8 – 11,7	81,7 / 81,3	91,4 – 91,1	8,7 / 10,4	0,5 – 0,65	0,3 – 0,4	67,2 – 78,9
Weizenmehl	11,5	80,1	90,7	11,4	0,7	0,8	–
Weizenstärke	11,1 – 11,4	86,5 / 95,2	105,2 / 97,5	0,2	0,4	–	51,7 – 63,9
Weizen geröst.	4,9	74,4	78,2	12,2	1,0	–	–
Gerste geröstet.	6,0	67,9	72,2	13,5	1,5	–	–

(mehrere Zahlen/Spalte = Angaben mehrerer Autoren)

vermahlung ausführlich behandelt. Nach Bradee [14.21] und Canales [14.22] werden für die Maisgrits-Herstellung zur Bierbereitung vorwiegend gelbe Pferdezahnmaise verwendet. Nach dem Absieben und Reinigen werden durch Dampfbehandlung Schalen und Keimlinge erweicht und in einem Feuchtmahlprozess separat vom Endosperm abgetrennt. Der Mehlkörper wird nach dem Vermahlen in drei Fraktionen getrennt: Grieße (Grits) grob, Grieße fein und Mehle. 55 % des Rohmaises fallen als fett- und proteinarme Grits an. Nach dem separaten Kochen werden im Maischprozess gute Extrakte erzielt [14.1]. Bei der Herstellung von Maisgrits als Brauerei-Rohstoff geht es primär um die Reduzierung des Fettgehaltes von ca. 5 % auf unter 1 %. Das wird erreicht durch ein gezieltes Abschälen des Keimlings. Sofern dies nicht erfolgt, ist davon auszugehen, dass die hohen Fettgehalte bei der Verarbeitung von ungeschältem Rohmais zur Verschlechterung des Schaumes und zur beschleunigten Alterung der Biere führen können.

Die Verwendung von Sorghum als Rohfrucht bringt im Allgemeinen schlechtere, bitterere Biere. Durch geeignete Sortenwahl (helle Kornfarben) und verbesserte Mahltechnik (Brandee [14.21], Canales [14.22], Canales und Sierra [14.23]) und Kent [14.24] sind bei Sorghum 35 % Gritsausbeuten und 12 % Mehl zu erreichen. Für die Verwendung zum Maischen sollten die Grits gekocht werden, um die Endospermstrukturen aufzubrechen und die Stärke zu gelatinisieren. Die gekochten Grits werden dann einer Malzmaische zugesetzt, um die restliche Stärke und weitere Inhaltsstoffe zu konvertieren. 5 % Hoch-Diastasemalz oder mikrobielle α-Amylasen sollten zugegeben werden, bevor höhere Temperaturen die Enzymaktivitäten reduzieren.

13.4 Flocken (Flakes)

Nach Briggs [14.1] liegt bei den Getreideflocken die Stärke in gelatinisierter Form vor. Die Endospermstruktur ist aufgebrochen und die dünnen Produkte sind für Enzyme leicht durchlässig. Beim Maischen gehen die Stärke-Abbauprodukte in Lösung.

Reis- und Maisflakes werden in England bevorzugt eingesetzt. Aber auch andere Getreidearten eignen sich für die Herstellung von Flocken. Eine separate Kochung ist nicht erforderlich. Sie lassen sich nach dem Infusionsverfahren gut mit Malz vermischen und verarbeiten. Während des Maischens kommt es zu einer Verdünnung des Proteins, die möglicherweise auch einen geringen Einfluss auf das Aroma nehmen kann. Das fein zerkleinerte Getreide wird bei 90 °C bis 100 °C 20 Minuten lang mit Dampf oder unter Druck gekocht. Danach wird das noch heiße Material mit Hilfe von Walzen zerquetscht. Das Produkt hat einen Wassergehalt von 7 % bis 8 %. Nach Collier [14.25] ist eine weitere Trocknung nicht erforderlich.

In der Vergangenheit wurden in England Haferflakes für die Herstellung von Stout-Bieren mit verwendet. Fett-, Protein- und Glukangehalte waren sehr hoch. Größere Spelzenanteile förderten zwar das Abläutern. Die hohen Viskositäten und eine schwächere Vergärung waren jedoch nach Hind [14.26] deutliche Nachteile. Reisflocken aus Grits liefern hohe Extrakte, ein neutrales Aroma bei Fettgehalten um 0,4 %, sind aber sehr teuer. Maisflocken aus Grits werden oft eingesetzt. In der Regel wird auch bei den Maisflocken der Fettgehalt auf weniger als 1 % begrenzt. Flocken aus ganzen Weizen- und Gerstenkörnern finden ebenfalls Verwendung. Gerste wird aber auch in geschälter Form verwendet. Gerstenflocken können nach Collier [14.27] infolge ihrer hohen Viskosität (hohe Glukangehalte) Probleme bei der Verarbeitung bringen. In England führte ein Besprühen der Flocken mit bakteriellen Enzymen, die α- und β-Amylasen enthielten zu normalen Extrakten und Viskositäten.

14.5 Extrudiertes Getreide

Nach Briggs et al. [14.1, 14.28] wird das Getreide in einer Schnecke unter Zugabe von Dampf, Wasser oder auch anderen Substanzen vorkonditioniert. Es gelangt dann über einen Mischzylinder in die auf ca. 200 °C erhitzte Extruderschnecke. Beim Austritt aus dieser Schnecke entspannt sich der Teig. Die so entstehenden lufthaltigen Pellets nehmen leicht Wasser oder auch Enzymlösungen auf. Während des thermischen Aufschlusses im Extruder wird die Stärke gelatinisiert. Die Zellen werden aufgebrochen und die Proteine denaturiert. In Maischversuchen mit Gersten-Weizen-Mais- und Sorghum-Extrudaten konnte zwar gezeigt werden, dass die Gelatinisierung erfolgreich war. Ohne Enzymzusatz aber traten Probleme beim Läutern infolge hoher Viskositäten auf. Diese waren verursacht durch das β-Glukan und die Pentosane. Nach Briggs et al. [14.28] sind diese mit der Zugabe von β-Glukanasen zu lösen. Beim Ersatz von 20 % bis 30 % des Malzes durch Extruderprodukte und der Anwendung eines angepassten Maischverfahrens wurden bei allen extrudierten Getreideprodukten Extraktverbesserungen durch die Zugabe von Enzympräparaten erzielt.

14.5 Mehle

Zur Mehlherstellung können alle Getreidearten verwendet werden. Sorghum- und Maismehle fallen auch als Nebenprodukte bei der Herstellung von Grits an. Zum Einmaischen wird das Getreide vorher gemahlen. Ziel nach dieser Zerkleinerung ist dann die Trennung des stärkereichen Endosperms als Mehl von den Keimlingen und den Schalen. Zur Optimierung des Mahlprozesses wird eine Konditionierung auf 15 % bis 17,5 % Wassergehalt vorgenommen. Das Mehl sollte keine ungebrochenen Stärke- und Proteinfragmente mehr enthalten. So kann etwa ein solches Weizenmehl direkt beim Maischen zugegeben werden. Eine Fraktionierung auf Partikelgrößen von 17 µm bis 35 µm Durchmesser reichert nach Rumpf und Kaiser [14.29], Eggit [14.30] und Kent [14.24] die Stärke an und vermindert den Proteingehalt. Eine alternative Methode zur Herstellung von Mehlen für die Brauereien ist dann gegeben, wenn nach Hough et al. [14.31] das Weizen-Endosperm 45 % Partikel größer als 100 µm (Mikrometer) im Durchmesser enthält und der Anteil der Partikel kleiner als 20 µm nicht mehr als 4 % ausmacht. Die Herstellung von Pellets erleichtert die Verarbeitung. Zur Vermeidung von Läuterproblemen können mikrobiologische Enzyme eingesetzt werden. Nach Canales [14.22] wird in Nordamerika Weizenmehl mit Wasser versetzt und bei Vermeidung von Klumpenbildungen verarbeitet. Anschließend wird bei weniger als 98 °C gekocht und nach dem Infusionsverfahren bei Zugabe von mindestens 10 % Malz vermaischt. Nach Forrest et al. [14.32] war eine Verarbeitung von 25 % bis 36 % Weizenmehl dann möglich, wenn mikrobiologische Hemizellulasen und Pentosanasen zugegeben wurden. Die besondere Struktur der N-Substanzen im Weizenmehl verbesserte die Schaumstabilität. Deshalb nahmen nach Anderson [14.33] und Leach [14.34] die englischen Brauer das Risiko eines langsameren Abläutern in Kauf. Nach Stowell [14.35] wurden Mehle aus Roggen- und Millet-Rohfrucht gerade wegen ihrer besseren Schaumhaltbarkeit bevorzugt. Weizenbiere verfügten über eine gute Haltbarkeit. In den USA fanden nach Briggs [14.1] auch Sojamehle Verwendung.

14.6 Einige weitere technologische Aspekte zur Rohfruchtverarbeitung

Gerstenkorn [14.40] stellte Maisgrieße her und setzte diese in rohem und aufgeschlossenem Zustand in Mengen von 10–70 % zur Gerstenmalz-Schüttung zu. Der Aufschluss erfolgte durch Erhitzen einer Maisgrieß-Suspension auf 90 °C mit anschließender Abkühlung auf 45 °C unter Zugabe von 2 % Gerstenmalz-Schrot und 5 min Kochzeit. Die daraus resultierenden Extraktausbeuten sind in Tab. 14.4 zusammengestellt. Die Erhöhung der Anteile roher Grieße zum Gerstenmalz verminderte einerseits die Extraktausbeute nachhaltig. Andererseits brachten die aufgeschlossenen Grieße mit steigenden Anteilen eine deutliche Verbesserung der Extrakte. Maisgrieße sollten daher nur in aufgeschlossener Form zur Bierherstellung eingesetzt werden.

Kreisz [14.36] braute Bier aus 100 % Gerste unter Anwendung von kombinierten Enzympräparaten und erreichte folgende Resultate: Mit der Zugabe von amylolytischen Enzymen wurde in Kombination mit der Gersten-eigenen β-Amylase ein stark Maltose betontes Zuckerprofil in der Würze erreicht. Zytolytische Enzyme verbesserten Viskosität und Extraktausbeute.

Lipasen reduzierten die Würzetrübung, Exo- und Endo-Proteasen erhöhten die FAN-Produktion. Bei Verwendung von Enzymen wurden geringere Anforderungen an die Qualität der Gerste gestellt. Die Maischarbeit muss angepasst werden. Beim Einsatz von ausschließlich Rohgerste und Enzympräparaten sollte die Läuterarbeit durch Konditionierung, Spelzentrennung und, wenn möglich, durch Verwendung einer 6-Walzenmühle optimiert werden. Im Sudhaus war bei Verwendung von Rohgerste und Enzymen eine Optimierung der Nachgüsse erforderlich. Es besteht aber auch die Möglichkeit der Verkürzung der Kochzeit, weil kein DMSP in der Würze vorhanden ist. Trotz eines niedrigeren FAN-Gehaltes verliefen beim Gersten-Enzymbier die Gärung und Lagerung normal. Die Unterschiede bei den Ver-

Tab. 14.4: Extraktausbeuten bei steigendem Maisgrießanteil in der Schüttung nach Gerstenkorn [14.40]

	Maisgrießzugaben zum Gerstenmalz %		
	10 %	**40 %**	**70 %**
Maisgrießzugabe, roh	78 %	72 %	69 %
Maisgrießzugabe, aufgeschlossen	80 %	83 %	87 %

	Stärke %	**Protein %**	**Hemi-zellulose %**	**Lipide %**	**Asche %**
Gerste	62,0	10,6 – 11,8	2,3 / 3,5	4,0	3,1
Reis	85,0	7,4	2,0 / 3,0	2,8	2,2
Mais	71,8	57 – 81	0,5 / 1,9	(-)	1,2

Tab. 14.5: Analyse von Rohgetreide nach Annemüller [14.37]

Tab. 14.6: Verarbeitungseigenschaften von Rohfrucht im Vergleich zu Malz nach Annemüller [14.37])

	Gerstenmalz (GM)	**Weizenmalz (WM)**	**Rohfrucht Gerstenschrot (GRF)**	**Rohfrucht Maisgrieß (MG)**	**Rohfrucht Reisgrieß (RG)**
Maximale Schüttung %	bis zu 100	bis zu 50 ≤ 50 GM	bis zu 50 ≥ 50 GM	bis zu 40 ≥ 60 GM	bis zu 30 ≥ 70 GM
Verkleisterungs-temperatur	58 – 62	58 – 62	72 – 76	78 – 82	65 – 90
Enzymzugabe	0	0	+ Endo-β-Glukanase	+ thermostabile α-Amylase	+ thermostabile α-Amylase
Extrakt-Kosten Malzgleichwert €/kg	0,42	–	0,26	0,20 – 0,25	0,37 – 0,38

Tab. 14.7: Empfohlene Schrotsortierung für Läuterbottiche, bestimmt mit dem Pfungstädter Plansichter nach Annemüller [14.37]

Fraktion	Malzschrot	Gerstenschrot	Maisgrieß	Reisgrieß
Spelzen	> 20	< 25	0,1	0,6
Grobgrieß	< 10	< 10	3,7	0
Feingrieß 1	35 – 45	35 – 45	53	4,4
Feingrieße 2			36	95
Grießmehl	25 – 35	25 – 35	6	0
Pudermehl			1,2	0

kostungen waren marginal. Gegenüber dem Bier aus Malz wurden bei dem beschriebenen Gersten-Rohfruchtbier nach Kreisz [14.36] bei der Herstellung 3000 t CO_2 je 1 Mio. hl und Jahr eingespart. Es entstehen Enzymkosten von 1,04 €/hl. Dem stehen Rohstoffkosten beim Malz von 4,58 €/hl und nur 1,80 €/hl bei der Verwendung der Gerste gegenüber [14.36].

Die umfangreichen Arbeiten zur Verwendung von Rohfrucht aus dem ehemaligen Institut für Gärungsgewerbe der Humboldt-Universität Berlin wurden von Annemüller [14.37, 14.38] an Beispielen von Gersten-, Mais- und Reis-Rohfrucht dargestellt. Der Autor ging in seinen Arbeiten von den Analysen des Rohgetreides und der Verarbeitungskriterien aus, wie sie in den Tabellen 14.5 und 14.6 zusammengefasst sind.

Mais- und Reisprodukte verlangen höhere Verkleisterungstemperaturen. Die Verarbeitung von Gerstenrohfrucht benötigt schon ab 10 % Malzersatz durch Gerstenrohfrucht zwingend den Einsatz von Endo-β-Glukanasen. Nach Annemüller [14.38] enthalten aber normale bakterielle Endo-β-Glukanasen auch meistens bis zu 80 °C thermostabile α-Amylasen. Diese fördern die Nachverzuckerung beim Stärkeabbau. Deshalb ist die Zugabe von bakteriellen α-Amylasen bei der Mitverwendung normaler Pilsener Malze nicht unbedingt erforderlich.

Annemüller berichtet weiter [14.37, 14.38], dass auch beim Einsatz von Reis- und Maisprodukten von bis zu 30 % Reis bzw. 40 % Maisgrits zum Gerstenmalz keine mikrobiellen Enzyme notwendig sind. Allerdings verlangt diese Technologie die Verwendung eines Dekoktions-Maischverfahrens an Stelle des Infusions-Maischsystems. Trotzdem aber erleichtert und beschleunigt die Verwendung einer thermostabilen α-Amylase die Maischarbeit. Die Extraktkosten betrugen bei ausschließlicher Verwendung von

- ❑ Gerstenmalz 0,42 €/kg Malzgleichwert
- ❑ Gerstenschrot 0,26 €/kg Malzgleichwert
- ❑ Maisprodukten 0,20 bis 0,25 €/kg Malzgleichwert
- ❑ Reisgrieß 0,37 bis 0,38 €/kg Malzgleichwert.

Die Rohfruchtschüttung veränderte die Würzezusammensetzung nachhaltig. Es werden sowohl Hammer- als auch Walzenmühlen zur Zerkleinerung der Gerstenrohfrucht eingesetzt. In Ergänzung zu dieser eher allgemeinen Aussage berichtet Annemüller [14.38], dass sich

Tendenzen im Vergleich zu 100 % Malzschüttung

Schüttung	10 – 30 % Reis 10 – 40 % Mais	10–35–50 % Gerste
α-Aminostickstoff	↓	↓
β-Glukangehalt	↓	↑↑
Viskosität	↓	↑
$MgSO_4$-Stickstoff	↓	± 0
$V_S$end	↑	↓
Maltosegehalt	↑	↓

Tab. 14.8: Einfluss der Rohfruchtanteile in der Schüttung auf die Zusammensetzung der Würzen im Vergleich zu einer 100 %-Malzschüttung nach Annemüller [14.37]
↓ = abfallende Tendenz
↑ = aufsteigende Tendenz

Tab. 14.9: Veränderungen der N-Verbindungen und der Polyphenole in der Anstellwürze bei 50 % Gerstenrohfrucht-Zugabe zum Gerstenmalz nach Annemüller [14.37]

Anstellwürze	Richtwerte für 100 % Malzwürze mg/l	Veränderung in % bei 50 % Gerstenrohfrucht ohne Enzyme
Gesamt löslicher N	1000 – 1400	–20 bis –30
$MgSO_4$-fällbarer N	250 – 300	+/–5
α-Amino N	> 200	–35 bis –50
Gesamt-Polyphenole	180 – 220	–20 bis –30
Anthocyanogene	70 – 120	–40 bis –50

Hammermühlen zur Zerkleinerung der harten Gerstenkörner zwar eignen, Walzenmühlen aber die Spelzen stärker schonen und damit die Läuterarbeit verbessern. Um eine ausreichende Läuterschicht bei der Würzegewinnung mit dem Läuterbottich zu erreichen, muss nach Annemüller [14.37] eine Siebgröße für die Hammermühle so ausgewählt werden, dass sie noch einen Schrotanteil auf Sieb 1 des „Pfungstädter Plansichters" von ca. 20 % gewährleistet und gleichzeitig die Grobgrieße (Sieb 2) auf unter 10 % reduziert sind (Tab. 14.7).

Annemüller [14.37] weist auch auf die niedrigen Zinkgehalte der Rohfrucht hin und stellt darüber hinaus die weiteren folgenden Unterschiede heraus:

- Reis- und Maisgrieße sind etwas extraktreicher als Gerstenmalz.
- Die Verkleisterung der Reis- und Maisstärke erfolgt bei höheren Temperaturen als bei Produkten aus der Gerste. Die Anwendung eines Dekoktions-Maischverfahrens wird empfohlen.
- Mais- und Reisbiere liefern Protein- und β-Glukan-ärmere Biere. Dadurch werden Filtrierbarkeit und kolloidale Stabilität verbessert.
- Eine Entkeimung des Maises zur Reduzierung des Fettgehaltes unter 1 % ist erforderlich. Bruchreis als Nebenprodukt der Speisereis-Aufbereitung aus Kurzkornsorten dient als Rohfrucht für die Bierherstellung.
- Reis- und Maisgrieße sind frei von Spelzen. Sie können somit nicht wesentlich zum Aufbau einer funktionsfähigen Läuterschicht beitragen.

Ohne Enzyme reduzierte die Gerstenrohfrucht die N- und Polyphenolgehalte beträchtlich, wie Tabelle 14.9 [14.37] erkennen lässt. In Praxisversuchen [14.37, 14.38] führten ca. 20 % Reiszugabe und der Einsatz von 80 % Gerstenmalz

Tab. 14.10:
N-Verbindungen und Polyphenole im Bier bei Mitverwendung von Reis nach Annemüller [14.37]

Biere aus	Gesamtlöslicher N (mg/l)	Koagulierbarer N (mg/l)	$MgSO_4$-fällbarer N (mg/l)	Polyphenole (mg/l)
100 % Gerstenmalz	827	21,9	22,5	155
80 % Gerstenmalz + 20 % Reis	647	10,4	15,7	110

Tab. 14.11: Veränderungen bei Wegfall der Enzymgabe nach Annemüller [14.37]

	Anstellwürze %	Unfiltriertes Lagerbier %
Viskosität	+5,4	+0,6
Viskosität der gelösten Stoffe	+14,5	+1,85
β-Glukangehalt	+269	+496
Gesamt-Gummistoffe	+1,46	+1,01
Veränderung der Filtrierbarkeit nach 14 Tagen Kaltlagerung bei 2 °C	–	46

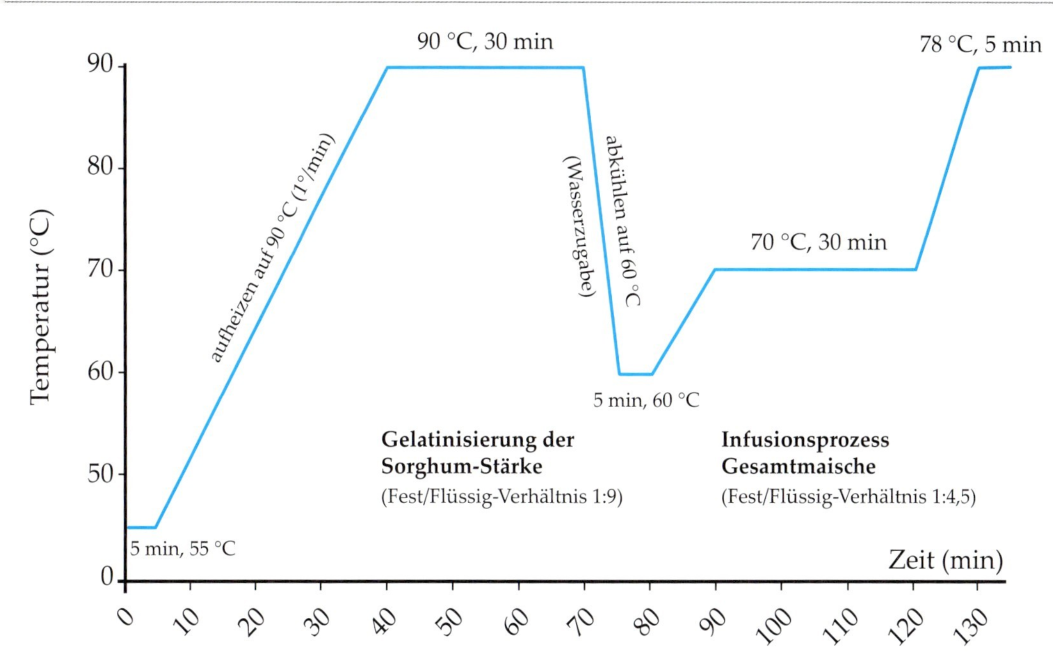

Abb. 14.3: Doppel-Infusions-Maischsystem nach Schmitzenbauer et al. [14.39]

zu einer deutlichen Verminderung der N- und Polyphenol-Gehalte im Bier (Tab. 14.9].
Vom Gerstenmalz wird ein FAN-Eintrag um 200 mg/l Anstellwürze erwartet. Reis- und Maisgrieße bringen aber nur ca. 160 bis 165 mg N/l ein. Zur Erhöhung des FAN empfiehlt Annemüller [14.38] auch die Betonung der Maischrasten im Bereich von 48 °C bis 52 °C, die Maischesäuerung auf den pH-Wert 5,5 und – sofern erlaubt – den Einsatz von Gibberellinsäure beim Mälzen. Neben der bereits erwähnten Notwendigkeit des Einsatzes einer bakteriellen Endo-β-Glukanase ab 10 % Gersten-Rohfruchtanteil, muss darüber hinaus auch der Zunahme des Maischevolumens um ca. 0,25 % je 1 % substituierter Malzmenge Rechnung getragen werden [14.7, 14.8]. Eine Zugabe von Gerstenrohfrucht (+35 % und +50 %) vermindert ohne Enzymanwendung den scheinbaren Endvergärungsgrad, erhöht den Gehalt an β-Glukan und verringert die Maltosekonzentration. Die Zugabe einer bakteriellen β-Glukanase zu Gerstenrohfrucht beim Maischen erhöhte die scheinbare Endvergärung, verkürzte die Verzuckerungszeit und verminderte das β-Glukan.
Beim Einsatz von 50 % Malz und 50 % Gerste verschlechterte sich bei Wegfall der Endo-β-Glukanasen-Dosage und nach Anwendung eines Infusions-Maischverfahrens die Würze- und Bierqualität nachhaltig [14.37]. Auch bei der Gersten-Rohfruchtverwendung zeigt sich analog zu Mais und Reis ein ähnliches Defizit bei den leichtlöslichen N-Verbindungen für die Hefeernährung. Insgesamt gesehen werden nach Annemüller [14.37] die Rohfruchtbiere gegenüber den Bieren aus 100 % Malz neutraler und schlanker im Geschmack. Innerhalb der Rohfruchtbiere waren die Maisbiere milder, die Reisbiere trockener und die Gerstenbiere etwas strenger.
Schmitzenbauer et al. [14.39] berichten über 60-l-Brauversuche mit 100 % Gerstemalz im Vergleich zu Mischungen von 40 % rohem Sorghum plus 60 % Gerstenmalz. Zur Hydrolyse der Sorghumstärke wurde das exogene Enzym „Hitempase 2xP“ (1 kg/t Sorghum) eingesetzt. Das Flüssigkeits-/Mahlgutverhältnis betrug 4,5:1. Es wurde ein Doppel-Infusions-Maischverfahren angewendet. (Abb. 14.3) Die Würzetrennung erfolgt erfolgreich mit einem Läuterbottich. Die Hauptgärung verlief bei 10 °C über 10 Tage, die Reifezeit betrug 4 Wochen

bei 4 °C. Im Vergleich zum Gerstenmalz-Bier verhielten sich die Biere mit einem Anteil von 40 % Roh-Sorghum hinsichtlich der Polyphenole recht indifferent. Das weiße Sorghum-Bier enthielt weniger, das rote Sorghum-Bier mehr Polyphenole. Die Biere mit einem Anteil von 40 % Roh-Sorghum hatten ca. 30 mg/l weniger FAN und erreichten eine niedrigere Viskosität. Daher fiel der Schaum des Bieres mit dem roten Sorghum noch etwas stärker ab als der mit weißem Sorghum. Sowohl bei den frischen als auch bei den gealterten Bieren konnte zwischen dem Gerstenmalz-Bier und den Bieren mit Sorghum -Rohfrucht keine signifikanten sensorischen Unterschiede gefunden werden.

Wenn die Gerstenmalzschüttung um 40 % durch rohes, ungemälztes Sorghum und exogene Enzyme ersetzt wurde, konnte das daraus hergestellte Bier gemäß „Codex Alimentarius" offiziell als „Getränk mit sehr niedrigem Glutengehalt" gekennzeichnet werden. Insgesamt gesehen, haben diese Versuche gezeigt, dass mit den angeführten Sorghumpartien als Rohfrucht mit einem Schüttungsanteil bis zu 40 % erfolgreich gearbeitet werden kann.

In einer aktuellen Übersicht setzen sich John et al. [14.41] mit der Verwendung von Sorghum, Reis und Mais als Rohfrucht und als Malz zur Bierherstellung auseinander. Die Autoren weisen ebenfalls auf die um 10 °C höheren Gelatinisierungstemperaturen und die Problematik der N-Versorgung im Vergleich zu anderen Cerealien hin.

Danach müssen bei der Verwendung von Sorghum unter anderem auch der negative Einfluss hoher Tanningehalte (insbesondere bei dunkleren Sorghumsorten), das Enzympotenzial, der lösliche Stickstoff (FAN) und die Bittere des Bieres im Auge behalten werden.

Grundsätzlich sind bei der Verwendung von tropischen Getreidearten als Rohfrucht für die Bierbereitung Einflüsse auf Geruch und Geschmack des Bieres nicht auszuschließen, z.B. Popcorn-Aromen bei Einsatz von Mais- und Reis-Rohfrucht. Allerdings werden die sensorischen Eigenschaften des Bieres überwiegend durch das eingesetzte Malz, die Hefe und den Hopfen geprägt.

Literatur zu Kapitel 14

[14.1] Briggs, D.E.: Malts and Malting. Blackie Academic and Professionell, An Imprint of Chapman and Hall, London, Weinheim, New York, Tokyo, Melbourne, Madras, 533–557, 1998

[14.2] Caralambus, G., Bruckner, K.J.: Proc 16th Congr. EBC, Amsterdam, 179, 1977

[14.3] Blanchflower, A.J., Briggs, D.E., J. Sci Food Agric, 103, 1991

[14.4] Wieg, A.J., Varga, P.: Process Biochem., 4/5, 33, 1969

[14.5] Koszyk, P.F., Lewis, H.J., Am Soc. Brew. Chem., 35, 1977

[14.6] Lloyd, W.J.M. Brewer 64, 84, 1978

[14.7] Martin, P.A., Brewers Guardian, 107, 29, 1978

[14.8] Canales, A.M.: Brewing Science Vol 1. (Pollock, J.R.A. ed) Academic Press, 233, 1979

[14.9] Wieg, A.J.: Brewing Science Vol. 3. (Pollock, J.R.A ed) Academic Press London, 533, 1987

[14.10] Kessler, M., Zarnkow, M., Kreisz, S., Back, W., Monatsschrift für Brauwissenschaft, 82, Sept./ Okt. 2005

[14.11] Letters, R., Louvain Brewing Lett., 4 (3/4), 12, 1990

[14.12] Scully, A.S., Lloyd, M.J., J. Inst. Brewing, 71, 156, 1965

[14.13] Brenner, M.W., MBAA Techn. Quart. 9 (1) 12, 1972

[14.14] Button, A.H., Palmer, J.R., J. Inst. Brew., 80, 206, 1974

[14.15] Lisbjerg, A., Nielsen, H., Proc. 3rd Sci. Tech. Conv. IOB Central and South Afr. Sect., Victoria Falls, 157, 1991

[14.16] McFadden, D.P., Bajomo, Young, Proc. 2nd Sci Tech. Con. IOB Central- and South African Sect., Johannesburg, 306, 1989

[14.17] Britnell, J., MBAA Tech. Quart., 10 (4), 176, 1973

[14.18] Coors, J., MBAA Tech. Quart., 13, 117, 1976

[14.19] Reeve, R.M., Walker, H.G.: Cereal Chem., 46, 227, 1969

[14.20] Munk, L., Lorenzen, K., Proc 16th Congr. EBC, Amsterdam, 369, 1977

[14.21] Bradee, L.H.: The Practical Brewer, a manual for the Brewing Industry. 2. edn., (Broderick, H.M.ed) 40, MBAA, Madison WIS, 1977

[14.22] Canales, A.M., Brewing Science Vol 1 (Pollock, J.R.A. ed), 233, Academic Press London, 1997

[14. 23] Canales, A.M., Sierra, J.A.: MBAA Tech. Quart., 13, 114, 1976

[14.24] Kent, N.: Technology of Cereals, 3. edn. , Pergamon Press, Oxford, 1983

[14. 25] Collier, J.A., Brewer, 61, 350, 1975

[14.26] Hind, H.L., Brewing Science and Practice, Chapman and Hall, London, 1940

[14.27] Collier, J.A., Brewers Guild J., 56, 242, 1970

[14.28] Briggs, D., Wadeson, A., Stratham, R., Taylor, J.P., J. Inst. Brew., 92, 468, 1986

[14.29] Rumpf, H., Kaiser, F., Chem. Ingenieur Technik, 24, 129, 1952

[14.30] Eggit, P.W.R., Brewers` Guild J., 50, 533, 1964

[14.31] Hough, J. S., Wadeson, A., Daniels, N.W.R., Brewers Guardian, 105, (3), 38, 1976

[14.32] Forrest, J. S., Dickson, J. E., Seaton, I C., Proc. 20th Congr. EBC, Helsinki, 363, 1985

[14.33] Anderson, R.G. J. Inst. Brew., 72, 384, 1966

[14.34] Leach, A.A., J. Inst. Brewing, 74, 183, 1968

[14.35] Stowell, K.C., Proc. 20th Congr. EBC, Helsinki, 508, 1985

[14.36] Kreisz, S.: Vortrag auf dem 39. Internationalen Braugersten-Seminar der Versuchs- und Lehranstalt für Brauerei Berlin, Berlin, 18. 10. 2009

[14.37] Annemüller, G.: Vortrag auf dem 3. Moskauer Brau- und Getränkeseminar der Versuchs- und Lehranstalt für Brauerei Berlin, 15. bis 19. Oktober 2007

[14.38] Annemüller, G.: mündliche Mitteilungen

[14.39] Schmitzenbauer, B., Karl, Ch., Jacob, F., Ahrendt, E.K.: Impact of white Nigerian and red Italian Sorghum on the quality and processability of wort and beers, Poster Nr. 68, 34. EBC-Congress, 26.–30. Mai 2013; Luxemburg

[14.40] Gerstenkorn, P.: Dissertation D83, TU Berlin, Fachbereich Lebensmittel- und Biotechnologie, S. 77–84, 1980 (siehe auch [10.14])

[14.41] John, R.N., et al.: 125th Anniversary Review, The science of the tropical cereals sorghum, maize and rice in relation to lager beer brewing. J. Inst. of Brewing, 119, S. 1–14, 2013

Sachindex

H

I

J

K

L

M

T

U

V

Weitere Empfehlungen aus dem Verlagsprogramm der VLB Berlin zum Thema Brauerei-Rohstoffe:

Technologie Brauer und Mälzer

Wolfgang Kunze

Das führende deutsche Lehrbuch zur Ausbildung von Brauern und Mälzern. Seit der ersten Ausgabe 1961 hat das Werk inzwischen eine Gesamtauflage von mehr als 55.000 Exemplaren in 7 Sprachen erreicht.

Auf 1100 Seiten legt der Autor die Grundlagen der Malz- und Bierherstellung einprägsam dar. In seiner Darstellung ist das Buch nicht nur für den Einsteiger, sondern auch für den gestandenen Fachmann als Nachschlagewerk eine große Hilfe. In der bildlichen Verdeutlichung der Vorgänge und Anlagen ist dieses Buch einmalig in der Brauwirtschaft.

10. neu überarbeitete und erweiterte Auflage 2011, 1118 S., über 900 Abb., farbig, fester Einband

verfügbar auch in Englisch, Spanisch, Russisch und Chinesisch

ISBN 978-3-921690-65-9 129,00 €

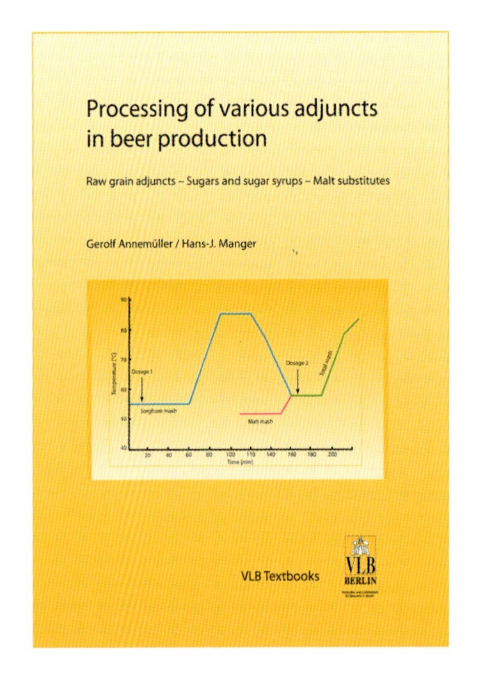

Processing of various adjuncts in beer production

Gerolf Annemüller, Hans.-J. Manger

Auf 164 Seiten geben die Autoren einen umfassenden Überblick über die Verarbeitung von kohlenhydrathaltigen Rohstoffen zur Bierherstellung, die in fast allen Ländern außerhalb des Anwendungsbereiches des Deutschen Reinheitsgebotes verwendet werden. Neben aktuellen Forschungsergebnissen fließen insbesondere die langjährigen und größtenteils bislang unveröffentlichten Erfahrungen der beiden Autoren mit dem Einsatz von Malzersatzstoffen in der DDR ein. Da das Buch hauptsächlich für Brauer außerhalb Deutschlands von Interesse ist, ist es nur in einer englischsprachigen Ausgabe verfügbar.

1. Auflage 2013, Englisch, 164 S., fester Einband, s/w

ISBN 978-3-921690-74-1 69,00 €